中国科学院科学出版基金资助出版

《当代杰出青年科学文库》编委会

主　编：白春礼

副主编（按汉语拼音排序）：

　　程津培　李家洋　谢和平　赵沁平

　　朱道本

编　委（按汉语拼音排序）：

　　柴玉成　崔一平　傅伯杰　高　抒

　　龚健雅　郭　雷　郝吉明　何鸣鸿

　　洪友士　胡海岩　康　乐　李晋闽

　　罗　毅　南策文　彭练矛　沈　岩

　　万立骏　王　牧　魏于全　邬江兴

　　袁亚湘　张　杰　张　荣　张伟平

　　张先恩　张亚平　张玉奎　郑兰荪

当代杰出青年科学文库

无穷维线性系统控制理论

郭宝珠　柴树根　著

科学出版社
北京

内 容 简 介

本书基本上是自洽的. 第一部分介绍了 20 多年来无穷维线性系统控制理论的最新发展, 特别是适定、正则系统的抽象理论. 也讨论了可控性、可观性、能稳性、可检性、可优性、可估性、实现, 以及极点配置等几个主要的基础性概念. 第二部分介绍了适定、正则系统理论在偏微分方程, 主要是在几个经典的高维偏微分方程中的应用. 第 1 章和附录中列出了本书所需的有穷维系统控制、泛函分析、黎曼几何的基本知识, 有利于初学者入门.

本书可以作为从事分布参数控制理论研究人员的参考书以及具有初步泛函分析、偏微分方程基础的研究生的教科书.

图书在版编目 (CIP) 数据

无穷维线性系统控制理论/郭宝珠, 柴树根著. —北京: 科学出版社, 2012

(当代杰出青年科学文库)
ISBN 978-7-03-033330-8

Ⅰ. ①无… Ⅱ. ①郭… ②柴… Ⅲ. ①无限维-线性系统理论: 控制系统理论 Ⅳ. O231

中国版本图书馆 CIP 数据核字(2012) 第 005039 号

责任编辑: 徐园园　赵彦超 / 责任校对: 张凤琴
责任印制: 徐晓晨 / 封面设计: 陈　敬

科学出版社 出版
北京东黄城根北街 16 号
邮政编码: 100717
http://www.sciencep.com

北京虎彩文化传播有限公司 印刷
科学出版社发行　各地新华书店经销

*

2012 年 1 月第 一 版　开本: B5(720×1000)
2018 年 4 月第二次印刷　印张: 26 1/4
字数: 511 000

定价: 158.00 元
(如有印装质量问题, 我社负责调换)

前　　言

20 多年来, 无穷维线性系统控制理论有了极大的发展. 这当然归功于偏微分方程系统控制理论的推动, 一个著名的例子是 J. L. Lions 的 Hilbert 唯一性原理, 因为这是无穷维系统控制的出发点. 但是, 偏微分方程控制本身的研究涉及的主要是数学中几个特别的概念, 如可控性、可观性与最优控制. 联系这些基本性质以及其他控制系统的性质却要在抽象的框架下对有穷维系统理论推广. 事实上, 这两条路线常常平行和相交. 偏微分方程控制提出一些新的问题, 抽象的理论则指导偏微分方程控制的研究方向.

20 世纪 80 年代以前关于无穷维线性系统控制理论的论著主要是两类：一类直接以偏微分方程系统控制的名义, 讨论具体或者抽象的偏微分方程控制, 以 J. L. Lions 的著作为代表, 这类著作实际上是一种应用偏微分方程；另一类以线性时不变系统的抽象框架展开, 但控制算子和输入算子都是有界的, 以 R. F. Curtain 和 H. Zwart 的一本有名的教材为代表. 后者最大的优势在于可以基本将有穷维系统控制的许多理论推广到无穷维系统上去, 但局限也是明显的. 有界的控制算子和输入算子一般对应分布的控制与量测, 在工程上实现困难, 所以对偏微分方程控制的指导有限.

从 20 世纪 80 年代开始, 偏微分方程系统控制特别地注重点控制和点量测, 或者一般的边界控制. 1979 年, 宋健和于景元发表"点测量、点控制的分布参数系统"一文, 认识到输入算子无界的重要性. 他们将所有的算子延拓到比原来的能量空间大得多的阴范空间中使得输入算子有界. 1983 年, L. F. Ho 和 D. L. Russell 发现像宋健和于景元所研究的系统, 虽然输入算子是无界的, 但从能量空间出发的轨道仍然在能量空间中. 这说明假如在阴范空间来研究这类系统, 则系统不可控, 这就失掉了系统最为重要的性质. 1988 年, J. L. Lions 发表其有名的"Hilbert 唯一性原理", 把这一思想从偏微分方程控制的角度发扬光大. 1987 年, D. Salamon 运用 Kalman 的公理化方法, 将无穷维线性系统作了抽象的研究. G. Weiss 在 1989 年关于控制和输出允许的两篇文章把 D. Salamon 的理论简化和系统化, 于是应运而生地出现了适定、正则系统 20 多年的大发展. 适定、正则系统是目前包含边界控制、边界观测等广泛的偏微分方程系统控制在内的非常一般的无穷维系统理论框架, 在关于控制输入、输出、传递函数、可控性、可观性、稳定性、最优控制、观测器、极小实现等诸多方面有了成熟的发展, 吸引了许多一流的分布参数控制学者的参与. 自然地, 新的抽象理论催生了偏微分方程系统控制的新概念, 这就是适定性与正则性在线性偏微分方程控制系统中的引入.

作者亲身参与并见证了这些理论的发展，但常苦于在研究中需要不时寻找这些散见于各种文献中的结果，致使在培养研究生的过程中倍感辛劳. 目前仅有的几本专著或者侧重点不同，或者不适合于研究生学习和研究相关前沿问题，于是萌生了总结这些基本材料的念头. 一方面，便于自己随时查找；另一方面，也可以让研究生有个系统学习的教科书，而不至于难以入门. 本书就是在这种思想指导下的结果.

幸运的是，本书第一作者得到了"山西省百人计划"的资助，第二作者需要在山西大学的讨论班上培养青年教师和学生，于是在边教边写的过程中整理出了本书的基本内容.

本书分为两大部分. 第一部分介绍抽象理论，共 7 章. 第 1 章是预备知识，主要介绍有穷维线性系统的一些主要理论，以及无穷维线性系统所必需的理论知识，如算子理论、连续算子半群理论以及 Sobolev 空间理论. 这里不加证明地列出主要结果，原因之一是这些理论本身就是非常相关的学科，有大量相关著作；原因之二是限于作者的偏好，本书列出的内容基本上局限于作者在推广到无穷维系统时所用到的结果. 第 2 章和第 3 章介绍允许控制算子、允许观测算子的性质以及时域与频域表示. 第 4 章讨论适定系统的表示，特别介绍了在偏微分方程控制中主要研究的两类一阶和二阶系统的适定性. 第 5 章介绍正则系统. 这类系统是无穷维系统中的有穷系统，重点是其时域频域表示以及极重要的允许反馈，其中允许的反馈是第 6 章引入能稳性和可检性的基础. 第 6 章和第 7 章则转入控制理论的抽象讨论. 第 6 章可控性与可观性的讨论导致了一阶和二阶系统的 Russell 原理和开环可控与闭环指数稳定性的等价性. 第 7 章则是可优性、可估性、实现、极点配置等几个控制问题的讨论，其中可优性和可估性是第 6 章能稳性和可检性的推广，它们和无穷维系统的 LQ 问题有极大的关系. 也导致了系统指数稳定性和输入输出稳定性的关系，表明了系统各个概念之间的有机统一. 第二部分是适定、正则系统理论在线性偏微分方程控制中的应用，这是一个由抽象的理论框架导致的全新的高维线性偏微分方程控制理论. 这部分的工作就是要将过去零星的一些线性偏微分方程控制系统纳入到适定、正则系统理论的框架内，以使这些方程具有系统学上的意义，反映了作者及其学生、合作者在这个方向上的努力. 第 8 章讨论高维 Schrödinger 方程的适定性. 第 9 章讨论波动方程的适定性与正则性. 这两章都包括了常系数和变系数的不同情况. 虽然常系数是变系数的特殊情况，但常系数的讨论简单，便于学习，变系数则需要一些黎曼几何的知识. 虽然在附录中介绍了一些黎曼几何的基本知识，但对于不熟悉黎曼几何的读者来说，常系数的讨论可以使他们更快地进入这一研究领域而不为复杂的数学所迷惑. 第 10 章是关于板方程的适定性与正则性的讨论，也分为常系数与变系数两种情况. 第 11 章讨论了一般弹性系统的适定性与正则性，这是一种强耦合的波动方程. 第 12 章讨论了波动方程和板方程在弱耦合情形下的适定性与正则性. 这在噪声控制等领域有非常重要的应用. 第 13 章是 Naghdi 壳的适定性与正则性, 这部分内容不常见于文献. 这些章节所讨论的问题实际上是偏微分方程控制最早研究的对象, 主要的是可控性、可观性和指数稳定性. 这里主要讨论在适定、正则理论框架下的性质. 这部分内容相对比较独立, 读者可根据自己的兴趣取舍. 特别是在 13.4 节, 给出了不是适定的高维偏微分方程的例子, 目的是要告诉读者, 任何一种抽象框架都不可能包罗万象, 事实上也不存在这样的框架. 这正是这门学科还需要不断发展的动力. 每章的后面都有简单的总结, 列出了主要的文献及其相关的工作, 以便读者继续学习参考所用. 附录中主要列出了第二部分需要的相关数学结果, 特别是黎曼几何的知识, 一是为了结论的完整, 二是黎曼几何不同于第 1 章的预备知识, 并不是无穷维系统控制研究人员常具备的知识.

这本讲义性质的著作很难称得上完整, 还需要在教学实践中不断地修订、补充以及简化证明. 无穷维系统控制是公认的运用数学最多的控制分支, 其研究人员也以有数学背景的人居多. 但本书尽量淡化数学知识的介绍, 立足控制理论的基本方向, 虽然这是不容易的. 无穷是一个非常具有数学味道的概念, 没有基本的数学基础, 要讲清楚是很难的, 有时是不可能的. 事实上, 本书仅仅介绍了这个抽象框架的基本结果, 这些结果是任何从事无穷维系统理论研究的研究人员都需要掌握的基础知识, 而过于精细的结果则必须留待不同需求的读者自行浏览相关文献. 无论如何, 作者希望本书有自己的特点, 即研究人员可以以此作为起点, 也可以较轻易地从中查找到自己需要的内容.

作者的观点是抽象的控制理论如同一个房子, 而偏微分方程控制的例子如同房子中的家具. 没有家具的房子仅仅是个摆设, 但没有房子的家具则难以显出其位置. 虽然本书在两个方面都作了努力, 但同其他任何一本著作一样, 不足之处是难免的. 读者的反馈意见是我们的财富.

郭宝珠

中国科学院数学与系统科学研究院

柴树根

山西大学

2011 年 8 月

目 录

前言
符号说明

第一部分　适定、正则系统理论

第 1 章　预备知识 ······ 3
1.1　有穷维线性系统 ······ 3
1.1.1　系统描述 ······ 3
1.1.2　可控性 ······ 5
1.1.3　稳定性 ······ 7
1.1.4　能稳性 ······ 7
1.1.5　可观性 ······ 8
1.1.6　可检性 ······ 11
1.1.7　观测器 ······ 12
1.1.8　时间延迟补偿观测器 ······ 15
1.1.9　最优控制、LQ 问题 ······ 17
1.2　赋范空间及其上的算子 ······ 19
1.2.1　赋范空间 ······ 19
1.2.2　线性算子 ······ 20
1.2.3　线性算子的谱 ······ 23
1.2.4　Gelfand 三嵌入 ······ 24
1.3　C_0-半群 ······ 25
1.3.1　线性算子半群 ······ 25
1.3.2　C_0-半群的生成 ······ 26
1.3.3　压缩 C_0-半群 ······ 27
1.3.4　C_0-半群扰动 ······ 28
1.3.5　发展方程的解 ······ 28
1.3.6　C_0-半群的稳定性 ······ 29
1.4　Sobolev 空间 ······ 30
1.4.1　广义函数和 Sobolev 空间 ······ 31

  1.4.2 迹定理···32
  1.4.3 Sobolev 嵌入定理··33
  1.4.4 Laplace 算子的边值问题··34
 小结和文献说明···35

第 2 章 允许控制算子···36
 2.1 阳范空间 H_1 和阴范空间 H_{-1} ·······································36
 2.2 解与控制算子的允许性···39
 2.3 控制系统的抽象表示···46
 2.4 允许性的算子刻画···51
 小结和文献说明···58

第 3 章 允许观测算子···59
 3.1 观测允许性···59
 3.2 抽象观测系统···63
 3.3 允许的对偶原理···70
 3.4 一个直接输出反馈的闭环系统···71
 小结和文献说明···75

第 4 章 适定系统···77
 4.1 适定系统与传递函数···78
 4.2 适定系统的抽象定义···86
 4.3 抽象一阶系统 $\dot{x} = Ax + Bu$ 和二阶系统 $\ddot{x} + \mathbf{A}x + \mathbf{B}u = 0$ ·······97
 小结和文献说明··100

第 5 章 正则系统··102
 5.1 正则系统的输出表示··102
 5.2 正则系统的频域表示和传递函数··106
 5.3 一阶系统 $\dot{x} = Ax + Bu$ 的正则性···································112
 5.4 正则系统的反馈··113
 小结和文献说明··128

第 6 章 可控性、可观性以及能稳性、可检性··································129
 6.1 可控性及其性质··129
 6.2 可观性及其性质··131
 6.3 一阶系统 $\dot{x} = Ax + Bu$ 可控性和输出反馈稳定性的等价性···········139
 6.4 二阶系统 $\ddot{x} + \mathbf{A}x + \mathbf{B}u = 0$ 可控性和输出反馈稳定性的等价性·····143
 6.5 能稳性与可检性··151
 小结和文献说明··154

第 7 章　可优性、可估性以及几个问题 ······ 156
7.1　可优性 ······ 156
7.2　可估性 ······ 162
7.3　实现问题 ······ 172
7.4　极点配置问题 ······ 177
小结和文献说明 ······ 194

第二部分　在偏微分方程控制系统中的应用

第 8 章　Schrödinger 方程边界控制的适定性 ······ 197
8.1　常系数 Schrödinger 方程边界控制的适定性 ······ 197
8.2　变系数 Schrödinger 方程边界控制的适定性 ······ 203
小结和文献说明 ······ 212

第 9 章　波动方程边界控制的适定性与正则性 ······ 213
9.1　常系数波动方程边界控制的适定性 ······ 213
9.2　常系数波动方程边界控制的正则性 ······ 221
9.3　变系数波动方程边界控制的适定性 ······ 232
9.4　变系数波动方程边界控制的正则性 ······ 233
小结和文献说明 ······ 238

第 10 章　Euler-Bernoulli 板方程边界控制的适定性与正则性 ······ 239
10.1　常系数 Euler-Bernoulli 板方程边界控制的适定性 ······ 239
10.2　常系数 Euler-Bernoulli 板方程边界控制的正则性 ······ 248
10.3　变系数 Euler-Bernoulli 板方程边界控制的适定性 ······ 254
10.4　变系数 Euler-Bernoulli 板方程边界控制的正则性 ······ 264
小结和文献说明 ······ 269

第 11 章　线性弹性系统边界控制的适定性与正则性 ······ 270
11.1　线性弹性系统的适定性 ······ 270
11.2　线性弹性系统的正则性 ······ 286
小结和文献说明 ······ 307

第 12 章　弱耦合波与板方程边界控制的适定性与正则性 ······ 308
12.1　弱耦合波与板方程的适定性 ······ 308
12.2　弱耦合波与板方程的正则性 ······ 318
小结和文献说明 ······ 324

第 13 章　Naghdi 壳的适定性与正则性 ······ 326
13.1　Naghdi 壳模型 ······ 326

13.2　Naghdi 壳的适定性 ··328
　13.3　Naghdi 壳的正则性 ··338
　13.4　不适定系统的例子 ··354
　小结和文献说明 ··359
附录 A　双曲偏微分方程非齐次边值问题 ································361
　A.1　波动方程的非齐次边值问题 ··361
　A.2　线性弹性系统非齐次边值问题 ·····································367
　A.3　弱耦合的波与板方程非齐次边值问题 ·····························377
　A.4　Naghdi 壳方程的非齐次边值问题 ·································383
附录 B　线性弹性系统与 Naghdi 壳方程的微分几何形式表示 ········391
　B.1　微分几何知识和一些记号 ··391
　B.2　线性弹性系统的几何形式 ··395
　B.3　方程 (B.25) 的推导 ··396
参考文献 ··400

符 号 说 明

x	n 维向量 $(x_1, x_2, \cdots, x_n)$
$u(x)$	多元函数 $u(x_1, x_2, \cdots, x_n)$
$\partial\Omega$	区域 Ω 的边界
$u\|_{\partial\Omega}$	函数在边界 $\partial\Omega$ 上的取值
$\mathbb{R}$	$(-\infty, +\infty)$
$\mathbb{R}^+$	$(0, +\infty)$
$\mathbb{C}$	全体复数的集合
$C^m(a,b)$	开区间 (a,b) 上全体 m 阶连续可微函数的集合
$C^m[a,b]$	闭区间 $[a,b]$ 上全体 m 阶连续可微函数的集合
$C^m(\Omega)$	区域 Ω 上全体 m 阶连续可微函数的集合
$C(\mathbb{R})$	实数轴上全体连续函数的集合
$C^m(\mathbb{R})$	实数轴上全体 m 阶连续可微函数的集合
$C_0^m(\mathbb{R})$	实数轴上除有限区间外恒为 0 的全体 m 阶连续可微函数的集合
$C_0^\infty(\mathbb{R})$	实数轴上除有限区间外恒为 0 的全体无穷阶可微函数的集合
$H^m(\Omega)$	区域 Ω 上 m 阶的 Sobolev 空间
$L_{\mathrm{loc}}^2(\Omega)$	区域 Ω 上的局部 L^2 可积函数
H_1	阳范空间
H_{-1}	阴范空间
$\sigma(A)$	算子 A 的谱集合
$\sigma_{\mathrm{p}}(A)$	算子 A 的点谱集合
$\sigma_{\mathrm{r}}(A)$	算子 A 的剩余谱集合
$\sigma_{\mathrm{c}}(A)$	算子 A 的连续谱集合
$\tilde{A}$	算子 A 的延拓
e^{At}	算子 A 生成的 C_0- 半群
C_{L}	算子 C 的 L 延拓
C_Λ	算子 C 的 Λ 延拓
$\Sigma_{\mathrm{c}}(A,B)$	控制系统 $\dot{x}(t) = Ax(t) + Bu(t)$
$\Sigma_{\mathrm{o}}(C,A)$	观测系统 $\dot{x}(t) = Ax(t), y(t) = Cx(t)$
$\mathcal{L}(X,Y)$	X 到 Y 的所有有界线性算子的集合
$\Phi_\tau, \Phi(\tau)$	控制系统 $\Sigma_{\mathrm{c}}(A,B)$ 的输入映射
$\Psi_\tau, \Psi(\tau)$	控制系统 $\Sigma_{\mathrm{o}}(C,B)$ 的输出映射
$F_\tau, F(\tau), F_\infty$	控制系统的输入输出映射

(M,g)	带有度量 g 的黎曼流形
$\mathcal{X}(M) = T(M) = \Lambda(M)$	M 上所有向量场
$T^k(M)$	M 上所有张量场
$D^2 f$	函数 f 的 Hessian 矩阵
$\mathrm{tr} S$	二阶张量 S 的迹
R_{XY}	曲率算子
$R(\cdot,\cdot,\cdot,\cdot)$	曲率张量
$\mathrm{Ric}(\cdot,\cdot)$	Ricci 张量
∇	梯度算子
Δ	Laplace 算子
∇_g	度量 g 下的梯度算子
Δ_g	度量 g 下的 Laplace 算子
$\boldsymbol{\Delta}$	Hodge-Laplace 算子
$\mathrm{div} X$	向量场 X 的散度
$L^2(\Omega, T^k)$	Ω 上平方可积的所有 k 阶张量场
$H^k(\Omega, \Lambda)$	Ω 上所有阶数小于 k 的协变微商都平方可积的 1 形式的全体
$\mathrm{supp}(u)$	u 的支集, 即 u 不为零的自变量的集合

第一部分
适定、正则系统理论

本部分专门讨论适定、正则系统理论的基本内容. 基本思路是从可能不太严格的状态空间出发, 然后到抽象的公理化表示, 力图说明这两者之间是统一的. 状态空间的表述有直观的基础, 而公理化的语言有利于证明的简化. 这些理论是基本的, 基本上是将状态空间的算子表达成有穷维系统的矩阵. 当然, 这只是形式上的, 实际的研究仍需小心. 所有的出发点其实都是如何把状态变量、输出变量用控制输入和初始状态严格地表示出来, 而这些在有穷维系统中都不存在, 这也可以看出无穷维系统控制的难度. 没有基本的准备, 就连状态空间也写不出来. 在抽象化以后的相当部分内容是一些有穷维系统理论在无穷维上的推广, 这里不可能一一推广, 因而我们只注重几个基本的推广. 读者可以透过这些推广领略无穷维系统控制理论本身的特点.

第 1 章 预 备 知 识

本章对本书所需要的基本数学理论作些简单的回顾. 这些知识是必需的, 如算子理论与算子半群理论. 也有一些是启发性的, 如有穷维线性系统控制理论. 我们不可能介绍过多的内容, 因为任何部分事实上都是一个专门的学科. 这里只是列出一些必要的知识且不加证明, 因这些理论对从事无穷维控制理论研究的人来说是熟知的.

1.1 有穷维线性系统

1.1.1 系统描述

古典的调节原理利用频域法研究单输入单输出系统. 在时间域上, 输入输出的关系可以写成

$$y(t) = \int_0^t g(t-\tau)u(\tau)\mathrm{d}\tau, \tag{1.1}$$

其中 u 为系统的输入, y 为系统的输出, 都取值于实数域或复数域. 系统 (1.1) 称为因果的, 因为 t 时刻的系统输出只依赖于 t 时刻以前的系统输入. (1.1) 两边取 Laplace 变换, 就得到系统的频域表示为

$$\hat{y}(s) = G(s)\hat{u}(s),$$

其中 $\hat{f}$ 为函数 f 的 Laplace 变换,

$$\hat{f}(s) = \int_0^\infty \mathrm{e}^{-st} f(t)\mathrm{d}t, \quad s \text{ 为复数}.$$

传递函数由于运算简单, 如上面把卷积运算变为乘法运算, 故在线性系统理论中仍然起着重要的作用. 状态空间法是用时间域来描述系统的, 状态空间法的引入使得系统研究的范围大大扩大了, 虽然对单输入单输出系统来说, 频域法和时频法基本上是等价的. 一个时不变的有穷维控制系统可用如下的常微分方程描述:

$$\begin{cases} \dot{x}(t) = Ax(t) + Bu(t), & t \geqslant 0,\ x(0) = x_0, \\ y(t) = Cx(t) + Du(t), & t \geqslant 0, \end{cases} \tag{1.2}$$

其中 $x(t) \in \mathbb{R}^n$ 称为系统的状态, x_0 为系统状态的初值, $u(t) \in \mathbb{R}^m$ 为系统的控制 (或输入), $y(t) \in \mathbb{R}^p$ 为系统的观测 (或输出), A 为系统矩阵, B 为控制 (或输入) 矩

阵, C 为观测 (或输出) 矩阵, D 为直接传输矩阵. 这里所有的矩阵都假设为实数矩阵, 并且根据空间的维数取适当的维数. 当 $m = p = 1$ 时, 系统就是单输入单输出系统 (SISO); 否则, 为多输入多输出系统 (MIMO). 从 u 到 y 的传递函数 $G(s)$ 定义为

$$\hat{y}(s) = G(s)\hat{u}(s),$$

其中 $\hat{y}$ 和 $\hat{u}$ 分别为 y 和 u 当初值 $x_0 = 0$ 时的 Laplace 变换,

$$G(s) = C(s - A)^{-1}B + D.$$

显然, G 在 A 的特征值外的区域上是 s 的解析矩阵函数, 每一个元素都是真有理分式. 特别地,

$$\frac{G(s) - G(\beta)}{s - \beta} = -C(s - A)^{-1}(\beta - A)^{-1}B \quad 或 \quad G'(s) = -C(s - A)^{-2}B.$$

因此, $G(s)$ 的微分由 (A, B, C) 唯一确定, D 就是 (A, B, C) 确定 $G(s)$ 时的常数矩阵. 一个简化的系统 (1.2) 的表示可以写为

$$\begin{pmatrix} \dot{x} \\ y \end{pmatrix} = \begin{pmatrix} A & B \\ C & D \end{pmatrix} \begin{pmatrix} x \\ u \end{pmatrix}. \tag{1.3}$$

当初值给定, 系统 (1.2) 的动态响应 $x(t)$ 和 $y(t)$ 可由下面的公式确定:

$$\begin{cases} x(t) = e^{At}x_0 + \int_0^t e^{A(t-s)}Bu(s)\mathrm{d}s, \\ y(t) = Ce^{At}x_0 + C\int_0^t e^{A(t-s)}Bu(s)\mathrm{d}s + Du(t), \end{cases} \tag{1.4}$$

或者在时域中写成如下算子的形式:

$$\begin{pmatrix} x(t) \\ y(t) \end{pmatrix} = \begin{pmatrix} e^{At} & \int_0^t e^{A(t-s)}B \cdot \mathrm{d}s \\ Ce^{At} & C\int_0^t e^{A(t-s)}B \cdot \mathrm{d}s + D \end{pmatrix} \begin{pmatrix} x_0 \\ u(\cdot) \end{pmatrix}, \tag{1.5}$$

其中 $e^{A(t-t_0)}$ 称为系统的转移矩阵,

$$e^{A(t-t_0)} = \sum_{n=0}^{\infty} \frac{A^n}{n!}(t - t_0)^n. \tag{1.6}$$

在矩阵范数下, 上面的级数是收敛的. 动态系统 (1.2) 的脉冲矩阵定义为

$$g(t) = \mathcal{L}^{-1}\{G(s)\} = Ce^{At}1_+(t)B + D\delta(t),$$

其中 $\delta(t)$ 为单位脉冲函数, $1_+(t)$ 为单位阶跃函数,

$$1_+(t) = \begin{cases} 1, & t \geqslant 0, \\ 0, & t < 0, \end{cases} \tag{1.7}$$

$\mathcal{L}^{-1}$ 表示逆 Laplace 变换. 于是当初值 $x_0 = 0$ 时, 系统 (1.2) 的输入输出关系可以表示为

$$y(t) = (g * u)(t) = \int_0^t g(t-\tau)u(\tau)\mathrm{d}\tau.$$

这正好是 (1.1) 表示的输入输出关系.

为了讨论方便起见, 简记控制系统

$$\Sigma_{\mathrm{c}}(A,B) : \dot{x}(t) = Ax(t) + Bu(t)$$

和观测系统

$$\Sigma_{\mathrm{o}}(C,A) : \dot{x}(t) = Ax(t),\ y(t) = Cx(t).$$

下面的结论是有穷维线性控制系统的一些基本结果. 除去极点配置的充分条件可能有点难度外, 有兴趣的读者事实上可以对其他内容进行简单的证明.

1.1.2 可控性

可控性是系统最主要的特性. 控制策略对一个可控的系统有几乎任意操纵的能力.

定义 1.1 假设控制 $u \in U$, 其中 U 为 $\mathbb{R}^m$ 中的一个集合. 如果对于任意给定的初始状态 $x(0) = x_0 \in \mathbb{R}^n$, 终端状态 $x_1 \in \mathbb{R}^n$, 存在 $t_1 > 0$ 以及 (分片连续的) 输入 $u(\cdot)$, 使得系统 $\Sigma_{\mathrm{c}}(A,B)$ 的解满足 $x(t_1) = x_1$, 则称系统 $\Sigma_{\mathrm{c}}(A,B)$ 为可控的, 否则, 称为不可控的.

注 1.1 $\Sigma_{\mathrm{c}}(A,B)$ 是可控的当且仅当

$$\bigcup_{t \geqslant 0} \mathrm{Range}\left\{\int_0^t \mathrm{e}^{A(t-s)}Bu(s)\mathrm{d}s,\ \text{对所有分片连续函数}\ u(\cdot) \in U\right\} = \mathbb{R}^n.$$

下面的 Kalman 判据确定了系统 $\Sigma_{\mathrm{c}}(A,B)$ 可控的代数判别准则.

定理 1.1 假设 $U = \mathbb{R}^m$, 则 $\Sigma_{\mathrm{c}}(A,B)$ 可控当且仅当控制矩阵

$$P_{\mathrm{c}} = (B, AB, A^2B, \cdots, A^{n-1}B)$$

满足 $\mathrm{rank}(P_{\mathrm{c}}) = n$.

需要指出的是, 定义 1.1 中的 t_1 可以是任意固定的数, 在证明定理 1.1 的过程中可以看出, 这主要是由于系统的控制没有约束的缘故.

注 1.2 $\Sigma_c(A,B)$ 是可控的当且仅当对某一 $t>0$ (或对所有的 $t>0$),

$$\text{Range}\left\{\int_0^t e^{A(t-s)}Bu(s)\mathrm{d}s, \text{对所有分片连续函数}\, u(\cdot)\in U\right\}=\mathbb{R}^n.$$

注 1.3 注 1.2 表明, 当控制无约束时, 定义 1.1 中的 x_0 或者 x_1 可以定义为零.

注 1.4 可控性在任意的可逆状态变换下保持不变, 即 $\Sigma_c(A,B)$ 可控当且仅当 $\Sigma_c(TAT^{-1},TB)$ 可控.

当系统不可控时, 控制的作用就要小, 但这不表示控制不起作用. 这时, 状态空间可以分解成两个子空间, 在其中的一个子空间上系统可控, 在另一子空间上系统与控制根本无关.

定理 1.2 假设 $U=\mathbb{R}^m$, 则 $\Sigma_c(A,B)$ 不可控且 $\text{rank}(P_c)=q<n$ 当且仅当存在可逆矩阵 T, 使得

$$TAT^{-1}=\begin{pmatrix} A_c & A_{12} \\ 0 & A_2 \end{pmatrix},\quad TB=\begin{pmatrix} B_c \\ 0 \end{pmatrix}, \tag{1.8}$$

其中 A_c 为 $q\times q$ 矩阵, B_c 为 $q\times m$ 矩阵, 并且 $\Sigma_c(A_c,B_c)$ 为可控的.

当系统可控时, 实际找出从一个状态到另一个状态的控制是由 Gram 矩阵实现的.

定理 1.3 假设 $U=\mathbb{R}^m$, 则 $\Sigma_c(A,B)$ 可控当且仅当存在 $t>0$ (或对所有的 $t>0$), Gram 矩阵

$$W_c(t)=\int_0^t e^{As}BB^*e^{A^*s}\mathrm{d}s \tag{1.9}$$

是正定的, 或者说,

$$\int_0^t \|B^*e^{A^*s}x_0\|^2\mathrm{d}s \geqslant C_t\|x_0\|^2,\quad \forall x_0\in\mathbb{R}^n. \tag{1.10}$$

当 (1.10) 成立时, 状态 x_0 在 t 时刻控制到状态 x_1 的控制可取为

$$u_0(s)=-B^*e^{A^*(t-s)}W_c^{-1}(t)\left(e^{At}x_0-x_1\right), \tag{1.11}$$

并且在所有使得状态从 x_0 到 x_1 的控制 u 中, u_0 的能量最小,

$$\int_0^t \|u_0(s)\|^2\mathrm{d}s \leqslant \int_0^t \|u(s)\|^2\mathrm{d}s. \tag{1.12}$$

(1.10) 就是著名的 "观测性不等式". 下面的判别准则称为 Belevitch 或者 Hautus 引理.

定理 1.4 假设 $U=\mathbb{R}^m$, 则 $\Sigma_c(A,B)$ 可控当且仅当对任何 A 的特征值 $\lambda \in \mathbb{C}$ (或等价地, 对任何 $\lambda \in \mathbb{C}$), $\text{rank}(A-\lambda, B)=n$.

形如 $u(t)=Fx(t)$ 的控制称为系统 (1.2) 的状态反馈控制, 寻求反馈的控制是控制设计的主要追求之一. 下面称为极点配置的定理是可控系统最为深刻的结论之一, 在某种程度上说明了控制对系统的驾驭能力, 同时也说明可控性在状态反馈下不变.

定理 1.5 假设 $U=\mathbb{R}^m$, 则 $\Sigma_c(A,B)$ 可控当且仅当对任意给定的复数集 $\{\lambda_1,\lambda_2,\cdots,\lambda_n\} \in \mathbb{C}$, 存在矩阵 F, 使得 $A+BF$ 的特征值恰好为 $\{\lambda_1,\lambda_2,\cdots,\lambda_n\}$.

1.1.3 稳定性

稳定性是系统的另一重要系统特性.

定义 1.2 自由系统 $\dot{x}(t)=Ax(t)$ 称为 (渐近) 稳定的, 或称 A 为稳定矩阵, 如果其任意解满足
$$x(t) \to 0, \quad t \to \infty.$$

因为任何的 $n \times n$ 矩阵都可以相似变换成 Jordan 标准型, 而可逆状态变换不会改变系统的稳定性, 所以 A 是稳定矩阵当且仅当 A 的所有特征值 λ 全在左半平面 $\text{Re}\lambda < 0$. 所有特征值全在左半平面的矩阵称为 Hurwitz 矩阵.

定理 1.6 A 是稳定矩阵当且仅当存在正定矩阵 P, 使得下面的 Lyapunov 方程成立:
$$PA+A^*P=-I,$$
其中 I 表示 $\mathbb{R}^n$ 中的单位矩阵.

定义 1.3 控制系统 (1.2) 称为输入输出稳定的, 如果存在常数 $c_0 > 0$, 使得
$$\int_0^\infty \|y(t)\|^2 dt \leqslant c_0 \int_0^\infty \|u(t)\|^2 dt, \quad \forall\, u \in L^2(0,\infty)$$
成立, 或者等价地, 传递函数 $\|G(s)\|$ 在开右半平面一致有界.

当 A 稳定时, 系统 (1.2) 一定是输入输出稳定的; 反之则不然, 参见后面的例 1.1.

1.1.4 能稳性

控制的作用之一是使得系统稳定.

定义 1.4 控制系统 $\Sigma_c(A,B)$ 称为能稳的, 如果存在状态反馈 $u(t)=Fx(t)$, 使得矩阵 $A+BF$ 是 Hurwitz 矩阵.

由定理 1.5, 可控的系统必是能稳的; 反之则不成立. 当系统不可控时, 能稳就是控制对系统所起的作用之一, 当然并不是所有的系统都是能稳的.

定理 1.7 $\Sigma_c(A,B)$ 是能稳的当且仅当对任意矩阵 A 的满足 $\text{Re}\lambda \geqslant 0$ 的特征值 (或等价地, 对所有实部正的复数) 有 $\text{rank}[A-\lambda, B]=n$.

注 1.5 由定理 1.2 容易知道, 能稳的系统总可以分解为两个子系统, 其中一个是可控的, 另一个已经是稳定的.

当系统 $\Sigma_c(A,B)$ 能稳时, 总是可以找到实现稳定的状态反馈控制.

定理 1.8 假设 $\Sigma_c(A,B)$ 是能稳的, 则

(1) 如果 $\Sigma_c(A,B)$ 可控, 则控制

$$u(t) = -B^* W^{-1}(t_1) x(t), \quad W(t_1) = \int_0^{t_1} e^{-As} BB^* e^{-A^*s} ds \tag{1.13}$$

即为稳定的状态反馈控制.

(2) 如果 $\Sigma_c(A,B)$ 不可控, 则存在分解 (1.8). 此时,

$$u(t) = (-B_c^* \widetilde{W}^{-1}(t_1), 0) Tx(t), \quad \widetilde{W}(t_1) = \int_0^{t_1} e^{-A_c s} B_c B_c^* e^{-A_c^* s} ds \tag{1.14}$$

为稳定的状态反馈控制.

1.1.5 可观性

可观性是系统的另一重要性质. 可观的系统反映了系统的输出包含了系统状态的全部信息.

定义 1.5 系统 (1.2) 称为可观的, 如果存在 $t_1 > 0$, 初值 x_0 (因此, 所有的状态 $x(t)$ $(t>0)$) 可以由 $[0,t_1]$ 中的观测值 y 和控制 u 唯一确定.

由于

$$y(t) = Ce^{At}x_0 + C\int_0^t e^{A(t-s)} Bu(s) ds + Du(t),$$

定义

$$\widetilde{y}(t) = y(t) - C\int_0^t e^{A(t-s)} Bu(s) ds - Du(t),$$

则

$$\widetilde{y}(t) = Ce^{At}x_0.$$

因此在考虑系统 (1.2) 的可观性时, 可以假设 $u=0, D=0$, 即只需谈论系统 $\Sigma_o(C,A)$ 的可观性.

定理 1.9 系统 $\Sigma_o(C,A)$ 可观当且仅当观测矩阵

$$P_o = \begin{pmatrix} C \\ CA \\ \vdots \\ CA^{n-1} \end{pmatrix}$$

满足 $\text{rank}(P_\text{o}) = n$.

同注 1.2 一样, 定理 1.9 的证明中事实上隐含下面的结果.

注 1.6 系统 $\Sigma_\text{o}(C, A)$ 在 $[0, t_1]$ 中可观当且仅当在任意的区间 $[0, t]$ $(t > 0)$ 上可观.

注 1.6 当然是有穷维时不变系统特有的性质. 一般来说, 需要相当的量测长度才能取得系统状态的全部信息. 比较定理 1.1 和定理 1.9, 有如下著名的对偶原理:

定理 1.10 系统 $\Sigma_\text{c}(A, B)$ 可控当且仅当 $\Sigma_\text{o}(B^*, A^*)$ (或者 $\Sigma_\text{o}(B^*, -A^*)$) 可观, 于是下面的结论是等价的:

(1) $\Sigma_\text{o}(C, A)$ 可观;

(2) Gram 矩阵

$$W_\text{o}(t) = \int_0^t \text{e}^{A^*\tau} C^* C \text{e}^{A\tau} \text{d}\tau$$

对某一 (或等价于任何的) $t > 0$ 是正定的, 此时, 初值可以通过观测求得,

$$x_0 = W_\text{o}^{-1}(t) \int_0^t \text{e}^{A^*s} C^* y(s) \text{d}s; \tag{1.15}$$

(3) 观测矩阵

$$P_\text{o} = \begin{pmatrix} C \\ CA \\ \vdots \\ CA^{n-1} \end{pmatrix}$$

满足 $\text{rank}(P_\text{o}) = n$;

(4) 对所有 A 的特征值 λ (或等价地, 对所有的 $\lambda \in \mathbb{C}$),

$$\text{rank} \begin{pmatrix} A - \lambda \\ C \end{pmatrix} = n;$$

(5) $\Sigma_\text{c}(A^*, C^*)$ 可控;

(6) 对任意给定的 n 个复数 $\{\lambda_1, \lambda_2, \cdots, \lambda_n\}$, 存在矩阵 L, 使得 $A + LC$ 的特征值为 $\{\lambda_1, \lambda_2, \cdots, \lambda_n\}$.

注 1.7 定理 1.10 (2) 关于 Gram 矩阵的正定性和不等式 (1.10) 一样为 "观测性不等式". "观测性不等式" 的重要性在于将系统 $\Sigma_\text{c}(A, B)$ 的可控性这样一个控制问题 (寻求或者证明控制的存在) 化为不等式 (1.10) 这样一个关于对偶系统的 "纯数学" 性质, 于是数学的理论就成了可控性研究中极为重要的工具. 定理 1.10 (4) 是有名的 Hautus 引理.

对偶原理还可以给出一些更重要的关系,如显然地,$\Sigma_c(A,B)$ 可控当且仅当 $\Sigma_c(-A,B)$ 可控,于是 $\Sigma_o(B^*,A^*)$ 可观当且仅当 $\Sigma_o(B^*,-A^*)$ 可观. 这主要是由于 e^{At} 可逆的作用. 这个原理在以后的时间可逆系统的可控性中起着极为重要的作用. 事实上,构造关系

$$\begin{cases} \dot{x}(t) = Ax(t) + Bu(t), \\ x(T) = 0, \end{cases} \quad u(t) = y(t), \quad \begin{cases} \dot{z}(t) = -A^* z(t), z(0) = z_0, \\ y(t) = B^* z(t). \end{cases} \tag{1.16}$$

定义映射

$$\mathbb{P} z_0 = -x(0). \tag{1.17}$$

定理 1.11 设映射 $\mathbb{P}$ 由 (1.17) 定义. 如果 $\Sigma_o(B^*, -A^*)$ 可观, 则 $\mathbb{P}$ 是可逆的满射.

证 由

$$0 = x(T) = e^{AT} x(0) + \int_0^T e^{A(T-s)} Bu(s) \mathrm{d}s$$

得

$$x(0) = -\int_0^T e^{-As} Bu(s) \mathrm{d}s,$$

于是存在常数 $C_T > 0$, 使得

$$\|x(0)\|^2 \leqslant C_T \int_0^T \|u(t)\|^2 \mathrm{d}t = C_T \int_0^T \|B^* z(t)\|^2 \mathrm{d}t \leqslant C_T \|z_0\|^2, \tag{1.18}$$

所以 $\mathbb{P}$ 是有界的. 考察系统

$$\begin{cases} \dot{x}(t) = Ax(t) + BB^* z(t), \\ x(T) = 0. \end{cases}$$

两边对 z 取内积得

$$\int_0^T \langle \dot{x}, z \rangle \mathrm{d}t = \int_0^T \langle Ax + BB^* z, z \rangle \mathrm{d}t = \int_0^T \langle x, -\dot{z} \rangle \mathrm{d}t + \int_0^T \|B^* z\|^2 \mathrm{d}t.$$

因此,

$$\langle \mathbb{P} z_0, z_0 \rangle = -\langle x(0), z_0 \rangle = \int_0^T \langle \dot{x}, z \rangle \mathrm{d}t + \int_0^T \langle x, \dot{z} \rangle \mathrm{d}t = \int_0^T \|B^* z\|^2 \mathrm{d}t \geqslant D_T \|z_0\|^2, \tag{1.19}$$

其中 $D_T > 0$ 为常数. (1.19) 的最后一步用到 $\Sigma_o(B^*, -A^*)$ 的可观性或者 "观测性不等式". (1.19) 表明 $\mathbb{P}$ 是可逆的. ∎

根据定理 1.11, 如果 $\Sigma_o(B^*, -A^*)$ 可观, 则对任意的 x_0, 取 $z_0 = \mathbb{P}^{-1}(-x_0)$, 于是得到

$$\begin{cases} \dot{x}(t) = Ax(t) + By(t), \\ x(0) = x_0, x(T) = 0, \end{cases} \qquad \begin{cases} \dot{z}(t) = -A^*z(t), z(0) = \mathbb{P}^{-1}(-x_0), \\ y(t) = B^*z(t). \end{cases}$$

于是系统 $\Sigma_c(A, B)$ 可控, 并且将任意给定初值控制到零的控制可以通过对偶系统构造出来. 不仅如此, 这样构造的控制有最小的能量. 事实上, 如果另一控制 u 满足

$$\dot{x}(t) = Ax(t) + Bu(t), \quad x(0) = x_0, x(T) = 0,$$

上式两边对 z 取内积得

$$\int_0^T \|B^*z\|^2 \mathrm{d}t = \int_0^T u(t)B^*z(t)\mathrm{d}t \leqslant \frac{1}{2}\int_0^T \|u(t)\|^2\mathrm{d}t + \frac{1}{2}\int_0^T \|B^*z\|^2\mathrm{d}t,$$

所以

$$\int_0^T \|B^*z\|^2 \mathrm{d}t \leqslant \int_0^T \|u(t)\|^2 \mathrm{d}t. \tag{1.20}$$

显然, 定理 1.11 的论证和 (1.20) 的导出很少用到矩阵的特殊性, 在无穷维系统中便于推广.

注 1.8 需要指出的是, 虽然一般称观测系统 $\Sigma_o(B^*, -A^*)$ 为控制系统 $\Sigma_c(A, B)$ 的对偶系统, 但由于有界可逆变换不改变可观性, 所以所有等价于 $\Sigma_o(B^*, -A^*)$ 的系统 $\Sigma_o(T^{-1}B^*, -TA^*T^{-1})$ (T 为任一可逆矩阵) 都可以称为系统 $\Sigma_c(A, B)$ 的对偶系统. 这点在应用中非常重要. 但与可控性不同, 状态反馈可能改变系统的可观性. 例如

$$\begin{cases} \dot{x}_1(t) = x_1(t) + x_2(t), \\ \dot{x}_2(t) = x_2(t) + u(t), \\ y(t) = x_1(t) + x_2(t). \end{cases}$$

容易验证, 系统是可观的, 但在反馈控制 $u(t) = -x_2(t)$ 下系统不可观.

1.1.6 可检性

当系统 $\Sigma_o(C, A)$ 不可观时, 得不到系统状态的全部信息, 但部分信息则是可能的. 这就是可检测的概念.

定义 1.6 系统 $\Sigma_o(C, A)$ 称为可检测的, 如果存在矩阵 L, 使得 $A + LC$ 为 Hurwitz 矩阵.

比较定义 1.4 可知, 可检测和能稳性是一对偶的关系. 系统 $\Sigma_o(C, A)$ 可检测当且仅当系统 $\Sigma_c(A^*, C^*)$ 能稳.

定理 1.12 下面的断言是等价的.

(1) $\Sigma_o(C, A)$ 可检测;

(2) 对所有 A 的满足 $\text{Re}\lambda \geqslant 0$ 的特征值 (等价地, 对所有具非负实部的复数 λ),
$$\text{rank}\begin{pmatrix} A - \lambda \\ C \end{pmatrix} = n;$$

(3) 存在矩阵 T, 使得
$$TAT^{-1} = \begin{pmatrix} A_0 & 0 \\ A_{21} & A_2 \end{pmatrix}, \quad CT^{-1} = (C_0, 0),$$

其中 $\Sigma_o(C_0, A_0)$ 为可观的, 并且 A_2 已经为稳定的矩阵, 所以系统可检测等价于不可测的部分是稳定的.

在定义 1.3 中定义了系统 (1.2) 的输入输出稳定性, 同时指出, 当 A 稳定时, 系统 (1.2) 一定是输入输出稳定的; 反之则不然. 简单的例子是如下的例 1.1:

例 1.1
$$\begin{cases} \dot{x}(t) = \begin{pmatrix} -1 & 0 \\ 0 & 1 \end{pmatrix} x(t) + \begin{pmatrix} 1 \\ 1 \end{pmatrix} u(t), \\ y(t) = (1, 0)x(t). \end{cases} \tag{1.21}$$

简单计算可知, 系统有两个本征值 $\lambda_1 = -1, \lambda_2 = 1$, 所以系统不是稳定的. 但系统的传递函数为
$$\hat{y}(s) = \frac{s-1}{(s-1)(s+1)}\hat{u}(s) = \frac{1}{s+1}\hat{u}(s),$$

极点 $s = -1$ 位于左半平面, 故输入输出稳定. 正本征值 $\lambda_1 = 1$ 被系统的零点消掉了, 没有在输入输出中表现出来.

下面的定理刻画了输入输出稳定性.

定理 1.13 线性系统 (1.2) 是稳定的当且仅当 $\Sigma_c(A, B)$ 能稳, $\Sigma_o(C, A)$ 可检测, 并且输入输出稳定.

定理 1.13 具有基本的重要性. 对一个线性定常系统来说, 系统可以分解为 4 个子系统: 能控能观子系统、能控但不能观子系统、能观但不能控子系统和不能控不能观子系统. 系统的输入输出特性只能在能控能观子系统中得到体现, 这就是定理 1.13 所体现的本质.

1.1.7 观测器

虽然控制理论发展了半个多世纪, 但在过程控制、造纸等工业应用中, 超过 90% 的控制仍然是 PID 控制, 即控制取如下形式 (如以 SISO 为例):
$$u(t) = \alpha y(t) + \beta \int_0^t y(\tau)\mathrm{d}\tau + \gamma \dot{y}(t),$$

其中 α,β,γ 为常数. 比例控制 "P" 是输出反馈最简单的形式, 但并不总是有用的.

例 1.2 考察 Newton 系统
$$\begin{cases} \ddot{x}(t) = u(t), \\ y(t) = x(t). \end{cases}$$

这个系统是可控且可观的, 但任何形如 $u(t) = f(y(t))$ 的输出反馈都不能使得系统稳定, 其中 $f: \mathbb{R} \to \mathbb{R}$ 为任意的连续函数. 事实上, 此时, 闭环系统为
$$\ddot{x}(t) = f(x(t)).$$

构造 Lyapunov 函数
$$V(x,\dot{x}) = \dot{x}^2 - 2\int_0^x f(\tau)\mathrm{d}\tau,$$

则沿系统的轨道 $V=$Const. 如果系统稳定, 则当 $t \to \infty$ 时, $(x,\dot{x}) \to 0$, 这样必有 $V = 0$, 但是这与 $V(0,1) = 1$ 矛盾.

微分控制 "D" 在实践中存在很大问题, 因为量测的信号一般有噪声干扰. 例如, 量测信号 ct 被噪声污染后实际得到
$$y(t) = ct + d\sin\omega t, \quad c \text{ 未知}.$$

这样
$$\dot{y}(t) = c + d\omega\cos\omega t.$$

一般噪声的频率 ω 很高, 于是 $\dot{y}$ 远离需要的微分信号 c, 所以一般认为微分控制 "D" 物理不可实现. 解决这一问题的办法是用积分取消噪声干扰. 例如,
$$\frac{2}{t^2}\int_0^t y(\tau)\mathrm{d}\tau = c - \frac{2d}{\omega t^2}(1 - \cos\omega t) \to c, \quad t \to \infty.$$

积分控制 "I" 是一种动态控制. 一般形式是如下的 Luenberger 观测器.

定理 1.14 假设控制系统 $\Sigma_c(A,B)$ 能稳, 观测系统 $\Sigma_o(C,A)$ 可检测, 于是存在矩阵 F, L, 使得 $A+BF, A+LC$ 为 Hurwitz 矩阵. 设计观测器如下:
$$\dot{\hat{x}}(t) = A\hat{x}(t) + L(C\hat{x}(t) - y(t)) + Bu(t), \tag{1.22}$$

则 $\hat{x}(t) \to x(t)(t \to \infty)$, 并且近似输出反馈
$$u(t) = F\hat{x}(t), \tag{1.23}$$

使得如下闭环系统:
$$\begin{cases} \dot{x}(t) = Ax(t) + Bu(t), \\ \dot{\hat{x}}(t) = A\hat{x}(t) + L(C\hat{x}(t) - Cx(t)) + Bu(t) \end{cases} \tag{1.24}$$

稳定.

系统 (1.24) 的稳定性是显然的. 实际上, 令误差 $\varepsilon(t) = \hat{x}(t) - x(t)$, 则系统 (1.24) 等价于

$$\begin{cases} \dot{\varepsilon}(t) = (A + LC)\varepsilon(t), \\ \dot{x}(t) = (A + BF)x(t) + BF\varepsilon(t). \end{cases}$$

这显然是一个稳定系统, 并且特征值由 $A + BF, A + LC$ 的特征值组成. 这个现象称为"分离性原理".

注 1.9 观测器 (1.22) 的初值可以任意给定, 所以是一个已知的系统. 反馈控制有抑制干扰的作用.

例 1.3 考察控制系统

$$\begin{cases} \dot{x}(t) = Ax(t) + Bu(t), \\ x(0) = x_0. \end{cases} \tag{1.25}$$

假设矩阵 A 不稳定, 开环控制 u 使得系统稳定,

$$x(t) = e^{At}x_0 + \int_0^t e^{A(t-s)}Bu(s)\mathrm{d}s \to 0, \quad t \to \infty. \tag{1.26}$$

若初始状态 x_0 有微小扰动 $x_0 + \varepsilon$, 则系统 (1.26) 可能不再稳定. 但如果控制是反馈的形式

$$u(t) = Fx(t),$$

则闭环系统

$$\begin{cases} \dot{x}(t) = Ax(t) + BFx(t), \\ x(0) = x_0 + \varepsilon \end{cases}$$

对任何扰动 ε 都是稳定的.

为了下面的例 1.4, 先叙述一个有用的通过系数来判定多项式稳定的定理, 称为 Routh-Hurwitz 准则.

定理 1.15 假设 $a_0 > 0$. 给定 n 次多项式

$$f(\lambda) = a_0\lambda^n + a_1\lambda^{n-1} + \cdots + a_n,$$

则 f 的根全位于左半平面的充分必要条件是

(1) $a_1 > 0$;

(2) $\phi(\lambda) = f(\lambda) - \dfrac{a_0}{a_1}\lambda\tilde{f}(\lambda)$, 其中 $\tilde{f}(\lambda) = \dfrac{1}{2}[f(\lambda) - (-1)^n f(-\lambda)] = a_1\lambda^{n-1} + a_3\lambda^{n-3} + \cdots$ 的根全位于左半平面.

例 1.4 积分控制 "I" 有消除常值干扰 (静态误差) 的作用. 考察含有未知常数 e 的 Newton 系统

$$\ddot{x}(t) = -\alpha x - \beta \dot{x} + e.$$

容易证明, 当 $e = 0$ 时, 系统稳定, 但当 $e \neq 0$ 时, 系统不稳定. 设计动态控制

$$\begin{cases} \ddot{x}(t) = -\mu x_0(t) - \alpha x(t) - \beta \dot{x}(t) + e, & \alpha, \beta, \mu > 0, \\ \dot{x}_0 = x. \end{cases}$$

令 $\widetilde{x} = x_0 - e/\mu$, 则

$$\begin{cases} \ddot{x}(t) = -\mu \widetilde{x}(t) - \alpha x(t) - \beta \dot{x}(t), \\ \dot{\widetilde{x}} = x, \end{cases}$$

即

$$\frac{\mathrm{d}}{\mathrm{d}t} \begin{pmatrix} x \\ \dot{x} \\ \widetilde{x} \end{pmatrix} = \begin{pmatrix} 0 & 1 & 0 \\ -\alpha & -\beta & -\mu \\ 1 & 0 & 0 \end{pmatrix} \begin{pmatrix} x \\ \dot{x} \\ \widetilde{x} \end{pmatrix},$$

于是当 $\alpha\beta > \mu$ 时, 利用 Routh-Hurwitz 准则, 容易证明

$$(x_0(t), x(t), \dot{x}(t)) \to (e/\mu, 0, 0), \quad t \to \infty.$$

(读者可作为练习证明).

1.1.8 时间延迟补偿观测器

考察输出含有时间延迟的镇定问题

$$\begin{cases} \dot{x}(t) = Ax(t) + Bu(t), \\ y(t) = Cx(t-\tau), \end{cases} \tag{1.27}$$

其中 $\tau > 0$ 为未知时间延迟. 假设系统 $\Sigma_\mathrm{c}(A, B)$ 能稳, $\Sigma_\mathrm{o}(C, A)$ 可检测, 则有矩阵 F, L, 使得 $A + BF, A + LC$ 为 Hurwitz 矩阵. 设 $t > \tau$, 分两步设计观测器和预估器.

第一步 估计 $x(s)$ ($s \in [0, t-\tau]$). 这时, 系统的观测已知, 设计观测器

$$\dot{\hat{x}}(s) = A\hat{x}(s) + Bu(s) + L[C\hat{x}(s) - y(s+\tau)], \quad 0 \leqslant s \leqslant t-\tau,$$

于是

$$\hat{x}(t-\tau) = \mathrm{e}^{A(t-\tau)}\hat{x}(0) + \int_0^{t-\tau} \mathrm{e}^{A(t-\tau-s)} Bu(s) \mathrm{d}s + L\int_0^{t-\tau} \mathrm{e}^{A(t-\tau-s)}[C\hat{x}(s) - y(s+\tau)]\mathrm{d}s. \tag{1.28}$$

第二步 预估 $x(s)$ $(s \in [t-\tau, t])$.

$$\begin{cases} \dot{\hat{x}}_t(s) = A\hat{x}_t(s) + Bu(s), & s \in (t-\tau, t], \\ \hat{x}_t(t-\tau) = \hat{x}(t-\tau), \end{cases}$$

于是得到 t 时刻状态的近似值

$$\hat{x}_t(t) \approx x(t), \quad \forall\, t > \tau.$$

考虑到 (1.28) 得到

$$\begin{aligned}
\hat{x}_t(t) &= e^{A\tau}\hat{x}(t-\tau) + \int_{t-\tau}^{t} e^{A(t-s)}Bu(s)\mathrm{d}s \\
&= e^{At}\hat{x}(0) + \int_0^t e^{A(t-s)}Bu(s)\mathrm{d}s + \int_0^{t-\tau} e^{A(t-s)}[LC\hat{x}(s) - Ly(s+\tau)]\mathrm{d}s,
\end{aligned}$$

$$\hat{x}(t-\tau) = e^{-A\tau}\hat{x}_t(t) - e^{-A\tau}\int_{t-\tau}^{t} e^{A(t-s)}Bu(s)\mathrm{d}s,$$

最终得到

$$\begin{aligned}
\dot{\hat{x}}_t(t) &= A\hat{x}_t(t) + Bu(t) + e^{A\tau}L[C\hat{x}(t-\tau) - y(t)] \\
&= A\hat{x}_t(t) + Bu(t) + e^{A\tau}L\left[Ce^{-A\tau}\hat{x}_t(t) - C\int_{t-\tau}^{t} e^{A(t-\tau-s)}Bu(s)\mathrm{d}s - y(t)\right] \\
&= e^{A\tau}(A+LC)e^{-A\tau}\hat{x}_t(t) + Bu(t) - e^{A\tau}LC\int_{t-\tau}^{t} e^{A(t-\tau-s)}Bu(s)\mathrm{d}s - e^{A\tau}Ly(t).
\end{aligned}$$
(1.29)

这就是输入含有时间延迟时的补偿观测器. 进一步, (1.27) 的输出可以写为

$$y(t) = Cx(t-\tau) = Ce^{-A\tau}x(t) - C\int_{t-\tau}^{t} e^{A(t-\tau-s)}Bu(s)\mathrm{d}s. \tag{1.30}$$

令误差 $\varepsilon(t) = \hat{x}_t(t) - x(t)$, 则由 (1.27), (1.29), (1.30) 得

$$\dot{\varepsilon}(t) = e^{A\tau}(A+LC)e^{-A\tau}\varepsilon(t). \tag{1.31}$$

于是当 $t \to \infty$ 时, $\varepsilon(t) \to 0$. 因为 $A+BF$ 是 Hurwitz 矩阵,

$$u(t) = F\hat{x}_t(t), \quad t > \tau \tag{1.32}$$

就是时间延迟的近似反馈控制. 这是因为此时, 系统 (1.27) 在近似状态反馈下的闭环系统变为

$$\dot{x}(t) = (A+BF)x(t) + BF\varepsilon(t).$$

显然, 当 $t \to \infty$ 时, $(x(t), \varepsilon(t)) \to 0$.

1.1.9 最优控制、LQ 问题

考虑最优控制问题

$$\begin{cases} \dot{x}(t) = f(x(t), u(t)), & u(t) \in U \subset \mathbb{R}^m, 0 \leqslant t \leqslant T, \\ x(0) = x_0. \end{cases} \tag{1.33}$$

给定性能指标泛函

$$J(u) = \int_0^T f_0(x(t), u(t)) \mathrm{d}t + g(x(T)),$$

其中 f_0, f, g 均为各自变量的连续可微函数,$T > 0$,控制约束

$$\Delta = \{u(t) \in U | u(t) \text{ 为 } [0, T] \text{ 中的可测 (或连续分段) 函数}\}.$$

最优控制问题是寻求 $u^* \in \Delta$,使得

$$J(u^*) = \inf_{u \in \Delta} J(u).$$

对 $x, u, \varphi \in \mathbb{R}^n \times \mathbb{R}^m \times \mathbb{R}^n, \varphi_0 \in \mathbb{R}$,定义 Hamilton 函数

$$H(x, u, \varphi) = \varphi_0 f_0(x, u) + \varphi_1 f_1(x, u) + \cdots + \varphi_n f_n(x, u) = \varphi_0 f_0(x, u) + \varphi \cdot f(x, u).$$

Pontryagin 极大值原理是最优控制满足的必要条件.

定理 1.16 如果 u^* 是最优控制,x^* 是相应的最优规道,则存在非零函数 $\varphi^*(t) = (\varphi_1^*(t), \cdots, \varphi_n^*(t))$ 和 φ_0^*,使得

(1) $\dot{x}_i^* = \dfrac{\partial H}{\partial \varphi_i} = f_i(x^*, u^*), x_i^*(0) = x_{i0} \ (i = 1, 2, \cdots, n);$

(2) $\dot{\varphi}_i^* = -\dfrac{\partial H}{\partial x_i} = -\varphi_0 \dfrac{\partial f_0}{\partial x_i}(x^*, u^*) - \varphi_1 \dfrac{\partial f_1}{\partial x_i}(x^*, u^*) - \cdots - \varphi_n \dfrac{\partial f_n}{\partial x_i}(x^*, u^*),$
$\varphi_i^*(T) = -\dfrac{\partial g}{\partial x_i}(x^*(T)) \ (i = 1, 2, \cdots, n);$

(3) φ_0^* 为非负常数;

(4) $H(x^*(t), u^*(t), \varphi^*(t)) = \max\limits_{v \in U} H(x^*(t), v, \varphi^*(t)).$

进一步,$H(x^*(t), u^*(t), \varphi^*(t))$ 在 $[0, T]$ 上为常数.

另外,也可以用动态规划来求解最优控制. 考虑一族控制

$$\begin{cases} \dot{x}(s) = f(x(s), u(s)), & t \leqslant s \leqslant T, \\ x(t) = x_0. \end{cases} \tag{1.34}$$

定义值函数

$$V(x_0, t) = \min_{u \in \Delta} \left[\int_t^T f_0(x(s), u(s)) \mathrm{d}s + g(x(T)) \right].$$

用动态规划求得值函数满足 Hamilton-Bellman-Jacobi (HJB) 方程

$$\begin{cases} V_t(x,t) = -\min_{u \in U}[\nabla_x V(x,t) \cdot f(x,u) + f_0(x,u)], \\ V(x,T) = g(x), \quad \forall\, x \in \mathbb{R}^n. \end{cases} \quad (1.35)$$

如果能求得 (1.35) 的解,就可以得到最优反馈控制,这是最激动人心的课题之一. 我们用 LQ 问题来说明整个过程. LQ 问题如下: 目标泛函为

$$J(u) = \frac{1}{2}\int_0^T [x(t) \cdot Qx(t) + u(t) \cdot Ru(t)]\,\mathrm{d}t + \frac{1}{2}x(T) \cdot Sx(T),$$

其中 $Q, S \geqslant 0$ 为非负对称矩阵,$R > 0$ 为正定对称矩阵. 如果 $U = \mathbb{R}^n$,则此时 LQ 问题的 HJB 方程变为

$$\begin{cases} V_t(x,t) = -\min_{u \in \mathbb{R}^n}\left[\nabla_x V(x,t) \cdot (Ax+Bu) + \frac{1}{2}x \cdot Qx + \frac{1}{2}u \cdot Ru\right], \\ V(x,T) = \frac{1}{2}x \cdot Sx, \quad \forall\, x \in \mathbb{R}^n. \end{cases} \quad (1.36)$$

由简单计算可知, 方程 (1.36) 当

$$u^*(x,t) = -R^{-1}B^\mathrm{T}\nabla_x V(x,t), \quad 0 \leqslant t \leqslant T$$

时取最小值. 这就是最优反馈控制, 只是需要求出值函数的梯度. 将上式代入 (1.36) 得 HJB 方程

$$\begin{cases} V_t(x,t) = -\frac{1}{2}x \cdot Qx - \frac{1}{2}\nabla_x V \cdot BR^{-\mathrm{T}}B^\mathrm{T}\nabla_x V + \nabla_x V \cdot BR^{-1}B^\mathrm{T}\nabla_x V - \nabla_x V \cdot Ax, \\ V(x,T) = \frac{1}{2}x \cdot Sx, \quad \forall\, x \in \mathbb{R}^n. \end{cases} \quad (1.37)$$

寻找形如

$$V(x,t) = \frac{1}{2}x \cdot K(t)x$$

的解,可得 $K(t)$ 满足 Riccati 方程

$$\begin{cases} \dot{K}(t) = -K(t)A - A^\mathrm{T}K(t) + K(t)BR^{-1}B^\mathrm{T}K(t) - Q, \quad 0 \leqslant t \leqslant T, \\ K(T) = S. \end{cases} \quad (1.38)$$

求解 K, 最终得到最优反馈控制的解析形式为

$$u^*(t) = -R^{-1}B^\mathrm{T}K(t)x^*(t), \quad (1.39)$$

并且

$$J(u^*) = \frac{1}{2}x_0 \cdot K(0)x_0.$$

LQ 问题是求得最优反馈控制解析形式的几乎唯一的主要类型. 用 Pontryagin 极大值原理也可以求得同样的最优反馈控制 (1.39).

1.2 赋范空间及其上的算子

1.2.1 赋范空间

$\mathbb{R}^n$ 是有穷维系统的状态空间, 这是一个自然的完备向量空间. $\mathbb{R}^n$ 到 $\mathbb{R}^m$ 的映射就是矩阵. 要研究无穷维系统, 首先就要推广这些概念, 这是泛函分析的主要任务. 在本书中, 谈到实数域 $\mathbb{R}$ (或复数域 $\mathbb{C}$) 上的线性向量空间 X 是指 X 中指定了对加法和数乘运算都线性的封闭集合, 并且加法和数乘要满足交换律和结合律, 有零元素、对加法的逆元和对乘法的单位元, 如 $\mathbb{R}^n$ 中元素的加法和数乘运算一样. X 中的元素称为向量, 于是自然地有向量线性相关和线性独立的概念. 如果线性独立的元素不是有限个, 则称 X 为无穷的线性向量空间. 指定了拓扑的线性向量空间就是线性拓扑向量空间. 这里用到的主要是线性赋范向量空间.

定义 1.7 线性向量空间 X 指定的范数, 记作 $\|\cdot\|: X \to \mathbb{R}^+ = [0, \infty)$, 是一个满足如下性质的非负函数:

(1) $\|x\| = 0$ 当且仅当 $x = 0$;
(2) $\|x+y\| \leqslant \|x\| + \|y\|$ 对所有的 $x, y \in X$ 成立;
(3) $\|\alpha x\| = |\alpha|\|x\|$ 对所有的 $x \in X, \alpha \in \mathbb{R}$ 成立.

指定了范数的线性向量空间称为线性赋范空间, 或简称为赋范空间.

设 X 为赋范空间. 序列 $\{x_n\} \subset X$ 称为收敛的, 如果存在 $x \in X$, 使得 $\lim_{n \to \infty} \|x_n - x\| = 0$. 自然地, x 称为 $\{x_n\}$ 的极限, 简记为 $x_n \to x(n \to \infty)$. 赋范空间在范数下以自然的方式成为线性拓扑向量空间. 例如, X 的子集合 M 称为闭子空间, 如果 M 在 X 的加法和数乘下是封闭的, 并且 M 中收敛序列的极限仍然在 M 中.

有两类最主要的赋范空间, 一类是 Banach 空间, 另一类是 Hilbert 空间. 序列 $\{x_n\} \subset X$ 称为 Cauchy 列, 如果 $\lim_{n,m \to \infty} \|x_n - x_m\| = 0$. 赋范空间 X 称为 Banach 空间, 如果 X 是完备的, 即任意 X 中的 Cauchy 列都含有收敛子序列.

定义 1.8 线性向量空间 H 上的内积是一个映射: $\langle \cdot, \cdot \rangle: H \times H \to K$ (其中 K 为 $\mathbb{R}$ 或 $\mathbb{C}$), 如果满足

(1) $\langle x, x \rangle \geqslant 0$, $\langle x, x \rangle = 0 \Leftrightarrow x = 0$;
(2) $\overline{\langle x, y \rangle} = \langle y, x \rangle$ $(\forall x, y \in H)$;
(3) $\langle \alpha x + \beta y, z \rangle = \alpha \langle x, z \rangle + \beta \langle y, z \rangle$ $(\forall x, y, z \in H, \alpha, \beta \in K)$.

指定了内积的线性向量空间 H 称为内积空间.

内积空间在由内积产生的范数 $\|x\| = \sqrt{\langle x, x \rangle}$ 下成为赋范空间. 完备的内积空间称为 Hilbert 空间. 自然地, Hilbert 空间是特殊的 Banach 空间. 由于 Hilbert 空

间定义了两元素间的角度,所以具有许多平行于 $\mathbb{R}^n$ 的几何性质.

定义 1.9 Hilbert 空间 H 中以范数收敛称为强收敛. 如果 H 中序列 $\{x_n\}$ 满足

$$\lim_{n\to\infty}\langle x_n,y\rangle=\langle x_0,y\rangle,\quad \forall y\in H,$$

则 $\{x_n\}$ 称为弱收敛, x_0 为 $\{x_n\}$ 的弱极限. 显然, 强收敛必然弱收敛, 反过来则不对.

1.2.2 线性算子

设 X,Y 为两个 Banach 空间. 一个线性映射 $A:D(A)(\subset X)\to Y$ 称为一个线性算子. $D(A)\subset X$ 称为算子 A 的定义域, $\mathcal{R}(A)\subset Y$ 称为算子 A 的值域,

$$\mathcal{R}(A)=\{Ax\mid x\in D(A)\}.$$

下面谈到的线性算子全指 Banach 空间到 Banach 空间的算子.

定义 1.10 线性算子 A 称为闭的, 如果任何满足条件 $x_n\in D(A)$ $(n\geqslant 1)$, $x_n\to x, Ax_n\to y$ $(n\to\infty)$ 的序列必有 $x\in D(A), Ax=y$. A 称为有界的, 如果 $D(A)=X$, 并且 A 将 X 的有界集映成 Y 的有界集. 算子有界的充分必要条件是算子是连续的, 即

$$x_n\to x_0\in X\Rightarrow Ax_n\to Ax_0\in Y$$

对所有的 $\{x_n\}\subset X$ 都成立.

显然, 有连续逆的算子一定是闭算子. X 到 Y 的有界线性算子的全体记为 $\mathcal{L}(X,Y)$. 特别地, 当 $X=Y$ 时, $\mathcal{L}(X,Y)$ 简记为 $\mathcal{L}(X)$.

定理 1.17 设 X,Y 为 Banach 空间, 则 $\mathcal{L}(X,Y)$ 依照范数

$$\|A\|=\sup\{\|Ax\|\mid x\in X,\|x\|=1\}$$

成为 Banach 空间.

定义 1.11 设 X 为 Banach 空间. 如果 $Y=\mathbb{R}$ 或 $Y=\mathbb{C}$, 则 $\mathcal{L}(X,Y)$ 中的算子称为有界线性泛函, 通常用 f 等表示. 由定理 1.17, X 上的全体有界线性泛函为 Banach 空间, 称为 X 的对偶空间, 记为 X^*.

此外, 有界算子 A 称为紧算子, 如果 A 将 X 的有界集映成 Y 的紧集 (任何 Cauchy 序列都含有收敛子列且极限也在其中的集合). 对闭算子 A, 可以定义图像空间 $[D(A)]$, 其范数定义为

$$\|x\|_{[D(A)]}=\|x\|+\|Ax\|,\quad \forall x\in D(A).$$

定义 1.12 Banach 空间 X 称为自反的, 如果 X^{**} 与 X 等距同构.

定义 1.13 算子序列 $\{A_n\} \subset \mathcal{L}(X,Y)$ 称为以算子范数收敛到 $A \in \mathcal{L}(X,Y)$, 如果当 $n \to \infty$ 时, $\|A_n - A\| \to 0$. $\{A_n\}$ 称为强收敛到 $A \in \mathcal{L}(X,Y)$, 如果对所有的 $x \in X$, $A_n x \to Ax (n \to \infty)$. $\{A_n\}$ 称为弱 $*$ 收敛到 $A \in \mathcal{L}(X,Y)$, 如果对所有的 $f \in X^*$, $f(A_n x) \to f(Ax)(n \to \infty)$. 一般地, 记为 $\langle Ax_n, f\rangle \to \langle Ax, f\rangle(n \to \infty)$.

下面的定理称为 Eberlein-Shmulyan 定理.

定理 1.18 Banach 空间 X 是自反的充分必要条件是 X 的任何有界子列都包含弱收敛的子序列.

线性泛函分析有下面几个主要的结果.

定理 1.19 (Hahn-Banach 延拓定理) 设 X 为 Banach 空间, f_0 是定义在 X 上的线性子空间 X_0 上的线性有界泛函, 则 f_0 可以保范地延拓成全空间 X 上的线性有界泛函, 即存在 X 上的有界线性范函 f, 使得

(1) $f(x) = f_0(x)$ ($\forall\, x \in X_0$);

(2) $\|f\| = \|f_0\|_0$, 其中 $\|f_0\|_0$ 表示 f_0 在 X_0^* 上的范数.

特别地, 对任意的 $x_0 \in X, x_0 \neq 0$, 存在 $f \in X^*$, 使得

$$f(x_0) = \|x_0\|, \quad \|f\| = 1.$$

定理 1.20 (Banach 逆算子定理) X, Y 为 Banach 空间. 如果定义在全空间上的线性算子 A 是单一的满射, 则 $A^{-1} \in \mathcal{L}(X,Y)$.

定理 1.21 (开映射原理) 设 X, Y 为 Banach 空间, A 为从 X 到 Y 的闭线性算子. 如果 $\mathcal{R}(A) = Y$, 则 A 将 $D(A)$ 的开集映射到 Y 的开集.

定理 1.22 (闭图像定理) 设 A 是定义在 Banach 空间 X 上的闭算子. 如果 $D(A) = X$, 则 A 必为有界算子.

定理 1.23 (共鸣定理) 设 X, Y 为 Banach 空间, $\{T_n\} \subset \mathcal{L}(X,Y)$. 如果

$$\sup_n \{\|T_n x\|\} < \infty, \quad \forall\, x \in X,$$

则 $\sup_n \{\|T_n\|\} < \infty$.

设 A 是 Banach 空间 X 上的线性算子. 如果 $D(A)$ 在 X 中稠密, 则 A 称为稠定算子. 对于稠定算子, 必存在 X^* 上唯一的算子 A^*, 称为 A 的对偶算子, 满足

$$\langle Ax, y\rangle = \langle x, A^* y\rangle, \quad \forall\, x \in D(A), y \in D(A^*),$$

其中

$$D(A^*) = \{f \in X^* |\ \text{存在}\ z \in X^*, \ \text{使得}\ \langle Ax, f\rangle = \langle x, z\rangle\ (\forall\, x \in D(A))\}.$$

当 X 是 Hilbert 空间时, 一般认为 $X^* = X$. 这是由于下面的 Riesz 表示定理.

定理 1.24 (Riesz 表示定理) 设 H 为 Hilbert 空间, 则 $f \in H^*$ 当且仅当存在 $x \in H$, 使得
$$f(y) = \langle y, x \rangle.$$

定理 1.25 (Lax-Milgram 定理) 设 $a(x,y)$ 是 Hilbert 空间 H 上的共轭双线性泛函, 即对变量 x 线性, y 共轭线性, 满足

(1) 存在 $M > 0$, 使得 $|a(x,y)| \leqslant M\|x\|\|y\|$ ($\forall x, y \in H$);

(2) 存在 $\delta > 0$, 使得对任意的 $x \in H$, $|a(x,x)| \geqslant \delta \|x\|^2$,

则存在唯一的 $A \in \mathcal{L}(H)$, 有连续的有界逆, 满足
$$a(x,y) = \langle x, Ay \rangle, \quad \forall x, y \in H.$$

定义 1.14 Hilbert 空间上的算子 A 称为对称的, 如果
$$A^* = A \text{ 在 } D(A) \text{ 上, 并且 } D(A^*) \supseteq D(A).$$

对称算子 A 称为自伴的, 如果 $A^* = A$. 对有界算子来说, 对称和自伴是同一概念.

定理 1.26 设 A 是 Hilbert 空间上的对称算子. 如果对 $s \in \mathbb{C}$, $s - A, \bar{s} - A^*$ 都是满射, 则 A 是自伴的.

定义 1.15 Hilbert 空间上的算子 B 称为 A 有界的, 如果

(1) $D(B) \supset D(A)$;

(2) 存在 $a, b > 0$, 使得
$$\|Bx\| \leqslant a\|Ax\| + b\|x\|, \quad \forall x \in D(A).$$

定理 1.27 (Kato-Rellich 定理) 设 A 是 Hilbert 空间上的自伴算子, B 是对称算子, 关于 A 有界. 如果 $a < 1$, 则 $A + B$ 在 $D(A)$ 上是自伴算子. 特别地, 当 B 是有界自伴算子时, $A + B$ 也是自伴算子.

定义 1.16 设 $A \in \mathcal{L}(H)$ 是 Hilbert 空间 H 上的自伴算子. A 称为正算子, 如果
$$\langle Ax, x \rangle \geqslant 0, \quad \forall x \in H.$$

正算子写作 $A \geqslant 0$. 如果上式的等号只有在 $x = 0$ 时成立, 则 A 称为正定的, 记为 $A > 0$.

定理 1.28 设 $A \in \mathcal{L}(H)$ 是 Hilbert 空间 H 上的正算子, 则存在 H 上的唯一正算子 $A^{1/2}$, 称为 A 的平方根, 使得 $(A^{1/2})^2 = A$, 并且 $A^{1/2}$ 和任何与 A 可交换的有界算子可交换.

定义 1.17 设 $A: D(A)(\subset H) \to H$ 是 Hilbert 空间 H 上的自伴算子. A 称为正算子, 如果
$$\langle Ax, x \rangle \geqslant 0, \quad \forall\, x \in D(A).$$
A 称为严格正的, 如果存在 $m > 0$, 使得
$$\langle Ax, x \rangle \geqslant m\|x\|^2, \quad \forall\, x \in D(A).$$
无界的正算子也简写为 $A \geqslant 0$.

1.2.3 线性算子的谱

总假定 X 是 Banach 空间, $A: D(A)(\subset X) \to X$ 为线性算子. A 的预解集 $\rho(A)$ 是复平面的一个开集, 定义为
$$\rho(A) = \{\lambda \in \mathbb{C} \,|\, (\lambda - A)^{-1} \in \mathcal{L}(X)\}.$$
当 $\lambda \in \rho(A)$ 时, 算子 $(\lambda - A)^{-1}$ 称为 A 的预解算子. 如果预解算子中有一个是紧算子, 则其他的全是紧算子, 这来源于预解公式
$$(\lambda - A)^{-1} - (\mu - A)^{-1} = (\mu - \lambda)(\lambda - A)^{-1}(\mu - A)^{-1}, \quad \forall\, \lambda, \mu \in \rho(A).$$
A 的谱集 $\sigma(A)$ 是复平面除去预解集的部分, 一般分为三部分,
$$\sigma(A) = \sigma_{\mathrm{p}}(A) \cup \sigma_{\mathrm{c}}(A) \cup \sigma_{\mathrm{r}}(A).$$

(1) 点谱 $\sigma_{\mathrm{p}}(A) = \{\lambda \in \mathbb{C} \,|\,$ 存在非零的 $x \in X$, 使得 $Ax = \lambda x\}$, 对矩阵来说, 点谱就是特征值;

(2) 连续谱 $\sigma_{\mathrm{c}}(A) = \{\lambda \in \mathbb{C} \,|\, \lambda - A$ 可逆, 无界且 $\overline{\mathcal{R}(\lambda - A)} = X\}$;

(3) 剩余谱 $\sigma_{\mathrm{r}}(A) = \{\lambda \in \mathbb{C} \,|\, \lambda - A$ 可逆, 但 $\overline{\mathcal{R}(\lambda - A)} \neq X\}$.

当 $\lambda \in \sigma_{\mathrm{p}}(A)$ 时, 满足 $Ax = \lambda x$ 的 x 称为 A 的本征向量, λ 也称为本征值.

定理 1.29 设 $A: D(A)(\subset H) \to H$ 是 Hilbert 空间 H 上的自伴算子, 则

(1) $A^2 \geqslant 0$;

(2) $A \geqslant 0$ 当且仅当 $\sigma(A) \subset [0, \infty)$.

对有界的线性算子 A, 其谱半径可以定义为
$$r(A) \triangleq \sup\{|\lambda| \,\big|\, \lambda \in \sigma(A)\}. \tag{1.40}$$
下面的事实总是成立的:
$$r(A) = \lim_{n \to \infty} \|A^n\|^{1/n}. \tag{1.41}$$
紧算子的谱有特别的性质. 事实上, Hilbert 空间和矩阵有类似性质的算子是具有紧预解算子的自伴算子.

定理 1.30 设 X 是 Banach 空间, $A \in \mathcal{L}(X)$ 为紧算子, 则
(1) 当 $\lambda \neq 0$ 时, 或者 $\lambda \in \sigma_{\mathrm{p}}(A)$, 或者 $\lambda \in \rho(A)$;
(2) $\sigma(A)$ 由至多可数的本征值组成, $\lambda = 0$ 是其聚点;
(3) $\lambda \in \sigma_{\mathrm{p}}(A) \Leftrightarrow \bar{\lambda} \in \sigma_{\mathrm{p}}(A^*)$.

1.2.4 Gelfand 三嵌入

设 V, H 是 Hilbert 空间. $V \subset H$ 称为连续嵌入, 记作 $V \hookrightarrow H$, 如果 V 在 H 中稠密, 并且存在常数 m, 使得

$$\|v\|_H \leqslant m\|v\|_V, \quad \forall\, v \in V. \tag{1.42}$$

于是对任何的 $x \in H$, 以 H 的内积

$$x(v) = \langle v, x \rangle_H, \quad \forall v \in V \tag{1.43}$$

就定义了一个 V 上的连续线性泛函, 即 $x \in V^*$, 或者说, $H \subset V^*$. 注意: 这里的泛函 (1.43) 是用 H 中的内积来定义的, 与 Riesz 表示定理 1.24 并无矛盾. 在 H 中, 定义另一范数为

$$\|x\|_* = \sup_{v \in V, \|v\|_V \leqslant 1} |\langle v, x \rangle_H|. \tag{1.44}$$

定理 1.31 H 在范数 (1.44) 下的完备化与 V^* 同构.

证 首先容易证明, (1.44) 是 H 中的范数. 设 H 在范数 (1.44) 下的完备化为 $\tilde{H}$. 定义算子 $J: \tilde{H} \to V^*$:

$$\langle Jx, v \rangle_{V^*, V} = \lim_{n \to \infty} \langle x_n, v \rangle_H, \quad \forall\, v \in V, \tag{1.45}$$

其中 $\{x_n\} \subset H, x_n \to x (n \to \infty)$ 在 $\tilde{H}$ 中. 首先证明 J 是有界的. 实际上, 对任何的 $x \in \tilde{H}, v \in V$,

$$|\langle Jx, v \rangle_{V^*, V}| = \lim_{n \to \infty} |\langle x_n, v \rangle_H| \leqslant \lim_{n \to \infty} \|x_n\|_* \|v\|_V = \|x\|_* \|v\|_V,$$

所以 $\|Jx\|_{V^*} \leqslant \|x\|_*$, 即 $J \in \mathcal{L}(\tilde{H}, V^*)$. 特别地, 当 $x \in H$ 时,

$$\langle Jx, v \rangle_{V^*, V} = \langle x, v \rangle, \quad \forall\, x \in H, v \in V,$$

于是 $\|Jx\|_{V^*} = \|x\|_*$ 对所有的 $x \in H$ 都成立. 因为 H 在 $\tilde{H}$ 中稠密, $\|Jx\|_{V^*} = \|x\|_*$ 对所有的 $x \in \tilde{H}$ 都成立. 下面证明 J 是到上的. 如果 J 的值域在 V^* 中不稠密, 则存在 $v \in V^{**} = V$, 使得 $\langle Jx, v \rangle_{V^*, V} = 0$ 对一切 $x \in \tilde{H}$ 成立. 取 $x = v$ 得 $\langle Jv, v \rangle_{V^*, V} = \|v\|_H^2 = 0$, 矛盾, 所以 J 的值域在 V^* 中稠密. 由于 J 是定义在全空

间上的等距算子, 自然是闭算子, 所以 J 的值域就是 V^*. 或者说, J 是 $\tilde{H}$ 到 V^* 的等距同构. ∎

由 (1.44) 及 Riesz 表示定理 1.24, 可以将 H 视为与自身等同 $H = H^*$. 再由定理 1.31, 将 Jx 与 x 视为等同. 这样就得到 Gelfand 三嵌入

$$V \hookrightarrow H = H^* \hookrightarrow V^*. \tag{1.46}$$

称 V^* 是以 H 为枢纽空间的 V 的对偶. $\langle \cdot, \cdot \rangle_{V^*, V}$ 称为 V, V^* 间的对偶积.

1.3 C_0-半群

1.3.1 线性算子半群

C_0-半群理论主要是为解决 Banach 空间 X 中线性发展方程的解:

$$\frac{\mathrm{d}x(t)}{\mathrm{d}t} = Ax(t), \quad x(0) = x_0 \tag{1.47}$$

所发展的理论, 其中 $A: D(A)(\subset X) \to X$ 为线性算子. 如果对任意初值 $x_0 \in X$, 方程 (1.47) 存在唯一的连续依赖于初值 x_0 的连续解 $x(t) \in C(0, \infty; X)$, 则系统 (1.47) 就自然地通过 $x(t) = T(t)x_0$ 联系了单参数强连续有界线性算子半群 $T(t)$ 满足 $T(0) = I$, 其中 I 为 X 中的单位算子.

定义 1.18 设 X 为 Banach 空间. X 上的单参数强连续有界线性算子族 $T(t)$ 称为算子半群, 简称 C_0-半群, 如果对任何 $t > 0$, $T(t)$ 都是线性有界算子, 并且满足

(1) $T(0) = I$;

(2) $T(t + s) = T(t)T(s)$ ($\forall t, s \geqslant 0$) (半群性质);

(3) $\lim_{t \downarrow 0} \|T(t)x - x\| = 0$ ($\forall x \in X$) (强连续性).

定义 1.19 设 $T(t)$ 为 Banach 空间 X 上的 C_0-半群.

(1) $T(t)$ 称为一致连续的半群, 如果 $T(t)$ 以算子范数连续;

(2) $T(t)$ 称为 $(t > t_0)$ 可微半群, 如果对任意的 $x \in X$, $T(t)x$ $(t > t_0)$ 关于 t 可微;

(3) $T(t)$ 称为对 $t > t_0$ 是紧的, 是指对于任意 $t > t_0$, $T(t)$ 是 X 上的紧算子, 特别地, 如果 $t_0 = 0$, 则 $T(t)$ 称为紧半群;

(4) $T(t)$ 称为解析半群, 如果对任意的 $x \in X$, $T(t)x$ 关于 t 解析.

定义 1.20 设 $T(t)$ 是 Banach 空间 X 上的 C_0-半群. $T(t)$ 的 (无穷小) 生成算子 A 定义为

$$Ax = \lim_{t \downarrow 0} \frac{T(t)x - x}{t}, \quad \forall x \in D(A),$$

$$D(A) = \left\{ x \in X \ \Big| \ \lim_{t \downarrow 0} \frac{T(t)x - x}{t} \ 存在 \right\}.$$

半群 $T(t)$ 也称为由 A 生成的 C_0- 半群,有时记为 e^{At}.

定理 1.32 设 $T(t)$ 是 Banach 空间 X 上的 C_0- 半群. 则

(1) 对任意的 $x \in X$, $T(t)x$ 对 $t \geqslant 0$ 是强连续的;

(2) $\omega(A) = \inf\limits_{t \geqslant 0} \dfrac{1}{t} \ln \|T(t)\| = \lim\limits_{t \to \infty} \dfrac{1}{t} \ln \|T(t)\|$;

(3) 对任意的 $\varepsilon > 0$,存在 $M_\varepsilon > 0$,使得

$$\|T(t)\| \leqslant M_\varepsilon e^{(\omega(A)+\varepsilon)t}, \quad \forall t \geqslant 0. \tag{1.48}$$

由于定理 1.32, $\omega(A)$ 称为 A 生成的 C_0- 半群的增长阶.

定理 1.33 设 A 是 Banach 空间 X 上的 C_0- 半群 $T(t)$ 的生成元. 则

(1) A 是线性、闭稠定的;

(2) 对任意的 $x \in D(A)$, $T(t)x \in D(A)$ $(t \geqslant 0)$;

(3) $\dfrac{\mathrm{d}}{\mathrm{d}t}(T(t)x) = AT(t)x = T(t)Ax$ $(\forall x \in D(A), t \geqslant 0)$,所以对任何的 $x \in D(A)$, (1.47) 存在古典解;

(4) $\dfrac{\mathrm{d}^n}{\mathrm{d}t^n}(T(t)x) = A^n T(t)x = T(t)A^n x$ $(\forall x \in D(A^n), t > 0)$;

(5) 对任意的 $x \in X$, $\int_0^t T(s)x \mathrm{d}s \in D(A)$,并且 $T(t)x - x = A\int_0^t T(s)x \mathrm{d}s$ $(\forall t \geqslant 0)$;

(6) $\bigcap\limits_{n=0}^{\infty} D(A^n)$ 在 X 中稠密;

(7) $\lim\limits_{\lambda \to \infty} \lambda R(\lambda; A)x = x$ $(\forall x \in X)$;

(8) $T(t)x = \lim\limits_{n \to \infty} \left(I - \dfrac{t}{n}A\right)^{-n} x$ $(\forall x \in X, t \geqslant 0)$.

1.3.2 C_0- 半群的生成

定理 1.34 设 Banach 空间 X 上的 C_0- 半群 $T(t)$ 满足

$$\|T(t)\| \leqslant M e^{\omega t}, \quad \forall t \geqslant 0, M, \omega \ 为常数,$$

并设 A 为 $T(t)$ 的生成算子,则

$$\{\lambda \in \mathbb{C} \mid \mathrm{Re}\lambda > \omega\} \subset \rho(A), \tag{1.49}$$

并且当 $\mathrm{Re}\lambda > \omega$ 时,

$$R(\lambda; A)x = (\lambda - A)^{-1}x = \int_0^\infty e^{-\lambda t} T(t)x \mathrm{d}t, \quad \forall x \in X. \tag{1.50}$$

定理 1.35 (Hille-Yosida 定理) 设 A 是 Banach 空间 X 中一闭稠定线性算子, 则 A 生成 C_0- 半群的充分必要条件是

(1) $\{\lambda \in \mathbb{C} | \text{Re}\lambda > \omega\} \subset \rho(A)$;

(2) $\|(\lambda - A)^{-n}\| \leqslant M(\text{Re}\lambda - \omega)^{-n}$ $(\forall \text{Re}\lambda > \omega, n \geqslant 1)$.

这样由 A 生成的 C_0- 半群 $T(t)$ 必然满足

$$\|T(t)\| \leqslant Me^{\omega t}, \quad \forall t \geqslant 0.$$

注 1.10 定理 1.35 的条件 (1) 和 (2) 可以代之以

(1') $\{\lambda \in \mathbb{R} \mid \lambda > \omega\} \subset \rho(A)$;

(2') $\|(\lambda - A)^{-n}\| \leqslant M(\lambda - \omega)^{-n}$ $(\forall \lambda > \omega, n \geqslant 1)$.

定理 1.36 设 X 是一自反 Banach 空间, $T(t)$ 是 X 上由 A 生成的 C_0- 半群, 则 $T^*(t)$ 是 X^* 上由 A^* 生成的 C_0- 半群.

1.3.3 压缩 C_0- 半群

定义 1.21 Banach 空间上满足条件

$$\|T(t)\| \leqslant 1, \quad \forall t \geqslant 0$$

的 C_0- 半群称为压缩半群.

设 X 是一 Banach 空间, 定义对偶性 (集值) 映射 $F: X \to X^*$ 如下:

$$F(x) = \{x^* \in X^* \mid \langle x, x^* \rangle = \|x\|^2 = \|x^*\|^2\}, \quad x \in X. \tag{1.51}$$

根据 Hahn-Banach 定理, $F(x) \neq \varnothing$ $(\forall x \in X)$.

定义 1.22 Banach 空间 X 上一线性算子 A 称为耗散的, 如果对任意的 $x \in D(A)$, 存在 $x^* \in F(x)$, 使得 $\text{Re}\langle Ax, x^* \rangle \leqslant 0$. 如果 A 还满足 $\mathcal{R}(\lambda - A) = X$ $(\forall \lambda > 0)$, 则 A 称为 m 耗散的.

注 1.11 对于 Hilbert 空间 H, 线性算子 A 的耗散性意味着 $\text{Re}\langle Ax, x \rangle \leqslant 0$ $(\forall x \in D(A))$.

定理 1.37 (Lummer-Phillips 定理) 设 A 是 Banach 空间 X 中一稠定线性算子.

(1) 如果 A 是耗散的, 并且存在 $\lambda_0 > 0$, 使得 $\mathcal{R}(\lambda_0 - A) = X$, 则 A 生成 X 上的压缩 C_0- 半群;

(2) 如果 A 生成 X 上的压缩 C_0- 半群, 则 A 是耗散的, 并且 $\mathcal{R}(\lambda - A) = X$ $(\forall \lambda > 0)$. 此外,

$$\text{Re}\langle Ax, x^* \rangle \leqslant 0, \quad \forall x \in D(A), x^* \in F(x).$$

注 1.12 对于自反 Banach 空间 X, 存在 $\lambda_0 > 0$, 使得 $\mathcal{R}(\lambda_0 - A) = X$ 意味着 A 是稠定的.

定理 1.38 设 A 是 Banach 空间 X 中的闭稠定线性算子. 如果 A 和 A^* 都是耗散的, 则 A 生成 X 上的 C_0- 压缩半群.

自反 Banach 空间 X 上的稠定算子 A 称为反自伴的, 如果

$$A = -A^*.$$

C_0- 半群称为等距 C_0- 半群, 如果 $\|T(t)\| = 1\ (\forall\, t \geqslant 0)$. 显然, 等距半群可以扩展成群, 一般称为 C_0- 群.

定理 1.39 (1) 设 A 是 Banach 空间 X 中闭稠定线性算子, 则 A 生成 C_0- 等距半群必须且只需

$$\sup\left\{\mathrm{Re}\langle Ax, x^*\rangle \mid x^* \in F(x), x \in D(A)\right\} = 0, \quad \mathcal{R}(I - A) = X;$$

(2) 如果 X 是自反的, 则 A 生成等距半群的充分必要条件是 A 为反自伴的.

定理 1.39 (2) 称为 Stone 定理.

1.3.4 C_0- 半群扰动

定理 1.40 设 A 是 Banach 空间 X 上 C_0- 半群 $T(t)$ 的生成算子, 满足 $\|T(t)\| \leqslant M e^{\omega t}\ (\forall\, t \geqslant 0)$, 并且 $B \in \mathcal{L}(X)$, 则 $A + B$ 生成 C_0- 半群 $S(t)$, 并且 $S(t)$ 由下列积分方程唯一确定:

$$S(t)x = T(t)x + \int_0^t T(t-s)BS(s)x\mathrm{d}s, \quad t \geqslant 0, x \in X, \tag{1.52}$$

满足

$$\|S(t)\| \leqslant M e^{(\omega + \|B\|M)t}, \quad \forall\, t \geqslant 0. \tag{1.53}$$

1.3.5 发展方程的解

假设 A 生成 Banach 空间 X 上的 C_0- 半群 $T(t)$. 考虑齐次方程

$$\begin{cases} \dfrac{\mathrm{d}x(t)}{\mathrm{d}t} = Ax(t), & 0 < t \leqslant \infty, \\ x(0) = x_0. \end{cases} \tag{1.54}$$

由定理 1.33 (3), 当 $x_0 \in D(A)$ 时, 方程 (1.54) 存在唯一的古典解

$$x(t) \in C^1(0, \infty; D(A)).$$

下面的定理表明, A 生成 C_0- 半群在某种程度上是方程 (1.54) 存在古典解的充分必要条件.

1.3 C_0-半群

定理 1.41 设 A 是 Banach 空间 X 上的稠定线性算子, $\rho(A) \neq \varnothing$, 则 A 生成 C_0-半群的充分必要条件是对任意的 $x_0 \in D(A)$, 方程 (1.54) 存在唯一的古典解.

定义 1.23 设 X 为 Banach 空间. 如果 A 生成 C_0-半群, 则对任意的 $x_0 \in X$, 称 $x(t) = T(t)x_0 \in C(0, \infty; X)$ 为 (1.54) 的温和解.

注 1.13 温和解是一种弱解. 实际上, 如果 X 是自反 Banach 空间, 则由定理 1.36, A^* 生成 X^* 上的 C_0-半群. 再由定理 1.33 (3), 则可以证明下面的方程 (1.55) 在古典意义下有唯一解, 其解就是 A 生成的 C_0-半群 $T(t)$:

$$\frac{\mathrm{d}}{\mathrm{d}t}\langle x(t), y\rangle = \langle x, A^*y\rangle, \quad \forall\, y \in D(A^*). \tag{1.55}$$

定理 1.42 设 A 是 Banach 空间 X 上 C_0-半群 $T(t)$ 的生成算子, $x_0 \in D(A)$. 假定 $f : [0, \infty) \to X$ 满足下列两个条件之一:

(1) $f \in C(0, \infty; D(A)) \subset D(A)$, $Af \in C(0, \infty; X)$;

(2) $f \in H^1_{\mathrm{loc}}(0, \infty; X)$,

则非齐次初值问题

$$\begin{cases} \dfrac{\mathrm{d}x(t)}{\mathrm{d}t} = Ax(t) + f(t), \\ x(0) = x_0 \end{cases} \tag{1.56}$$

存在唯一古典解 $x(t) \in C(0, \infty; D(A))$, 表示成

$$x(t) = T(t)x_0 + \int_0^t T(t-s)f(s)\mathrm{d}s, \quad 0 \leqslant t \leqslant \infty. \tag{1.57}$$

定理 1.43 设 X 是自反 Banach 空间, $x_0 \in X$. 如果 $f \in C(0, \infty; X)$, 则由 (1.57) 给出的解是方程 (1.56) 的唯一弱解, 即下面的方程存在唯一的古典解:

$$\frac{\mathrm{d}}{\mathrm{d}t}\langle x(t), y\rangle = \langle x(t), A^*y\rangle + \langle f(t), y\rangle, \quad \forall\, t \geqslant 0, y \in D(A^*). \tag{1.58}$$

如果 $f \in L^p_{\mathrm{loc}}(0, \infty; X)$ $(p \geqslant 1)$, 则 (1.58) 对几乎所有的 t 都成立. 此时, (1.58) 实际上等价于积分方程

$$\langle x(t), y\rangle = \langle x_0, y\rangle + \int_0^t \langle x(s), A^*y\rangle\mathrm{d}s + \int_0^t \langle f(s), y\rangle\mathrm{d}s, \quad \forall\, t \geqslant 0, y \in D(A^*). \tag{1.59}$$

1.3.6 C_0-半群的稳定性

和矩阵稳定性的定义 1.2 不同, 半群的稳定性要复杂得多.

定义 1.24 设 $T(t)$ 为 Banach 空间 X 的 C_0-半群.

(1) $T(t)$ 称为指数稳定的, 如果存在 $M, \omega > 0$, 使得

$$\|T(t)\| \leqslant M\mathrm{e}^{-\omega t}, \quad \forall\, t \geqslant 0;$$

(2) $T(t)$ 称为强稳定的, 如果
$$T(t)x \to 0, \quad t \to \infty, \forall\, x \in X;$$

(3) $T(t)$ 称为弱稳定的, 如果
$$\langle T(t)x, y \rangle \to 0, \quad t \to \infty, \forall\, x, y \in X.$$

注 1.14 指数稳定和渐近稳定对有穷维非线性系统来说也不相同. 例如, 系统 $\dot{x}(t) = -x^2(t), x(0) = 1$ 的解 $x(t) = 1/(1+t)$ 就是渐近稳定而非指数稳定的. 一般来说, 非线性系统的稳定性依赖于初值.

定理 1.44 设 $T(t)$ 为 Banach 空间 X 上的 C_0-半群, 则

(1) $T(t)$ 指数稳定的充分必要条件是其增长阶小于零, 即 $\omega(A) < 0$, 其中 $\omega(A)$ 由定理 1.32 定义;

(2) $T(t)$ 指数稳定的充分必要条件是 $\|(s-A)^{-1}\|$ 在右半平面一致有界;

(3) 设 $T(t)$ 的生成元为 A, 如果
$$(\sigma_{\mathrm{r}}(A) \cup \sigma_{\mathrm{p}}(A)) \cap \mathrm{i}\mathbb{R} = \varnothing, \quad \sigma_{\mathrm{c}}(A) \text{ 只有可数个点},$$

则 $T(t)$ 强稳定;

(4) 如果 X 是 Hilbert 空间, 则 $T(t)$ 指数稳定的充分必要条件是对任意的 $x \in X$,
$$\int_0^\infty \|T(t)x\|^2 \mathrm{d}t < \infty.$$

定理 1.45 设 $T(t)$ 为 Banach 空间 X 上指数稳定的 C_0-半群, $f \in C(0, \infty; X)$, $\lim\limits_{t \to \infty} f(t) = f_0$, 则非齐次系统 (1.56) 的解 (1.57) 满足
$$\lim_{t \to \infty} x(t) = -A^{-1} f_0. \tag{1.60}$$

1.4 Sobolev 空间

在 $\mathbb{R}^n$ 中引入多重指标 $\alpha = (\alpha_1, \alpha_2, \cdots, \alpha_n)$, 其中 $\alpha_i\ (i = 1, 2, \cdots, n)$ 为整数.

$$\begin{aligned}
&|\alpha| = \sum_{i=1}^n \alpha_i, \quad \alpha! = \alpha_1! \alpha_2! \cdots \alpha_n!, \\
&x^\alpha = x_1^{\alpha_1} x_2^{\alpha_2} \cdots x_n^{\alpha_n}, \quad \forall\, x = (x_1, x_2, \cdots, x_n) \in \mathbb{R}^n, \\
&\partial^\alpha = \partial_{x_1}^{\alpha_1} \partial_{x_2}^{\alpha_2} \cdots \partial_{x_n}^{\alpha_n}, \\
&\binom{\alpha}{\beta} = \frac{\alpha!}{\beta!(\alpha-\beta)!} = \binom{\alpha_1}{\beta_1}\binom{\alpha_2}{\beta_2}\cdots\binom{\alpha_n}{\beta_n}.
\end{aligned} \tag{1.61}$$

1.4 Sobolev 空间

1.4.1 广义函数和 Sobolev 空间

设 $\Omega \subset \mathbb{R}^n$ 为开集, 其边界 $\partial\Omega$ 充分光滑. 连续函数 φ 的支集定义为

$$\operatorname{supp} \varphi = \overline{\{x \in \Omega \mid \varphi(x) \neq 0\}}.$$

令 $C_0^\infty(\Omega)$ 为定义在 Ω 上取值在 $\mathbb{R}$ 或 $\mathbb{C}$ 中无穷次可微且具紧支集的函数空间. $C_0^\infty(\Omega)$ 上的拓扑定义为 $\{\varphi_n\} \subset C_0^\infty(\Omega)$ 收敛于 0, 如果

(1) 所有 φ_n 的支集都位于 Ω 的一固定紧集中;

(2) φ_n 及其各阶导数均一致收敛于 0.

具有如上拓扑的 $C_0^\infty(\Omega)$ 称为基本空间, 记为 $\mathcal{D}(\Omega)$.

定理 1.46 设 $\Omega \subset \mathbb{R}^n$ 为具有充分光滑边界 $\partial\Omega$ 的有界开集, $\mathcal{D}(\Omega)$ 是序列完备的, 即如果序列 $\{\varphi_n\} \subset \mathcal{D}(\Omega)$ 满足

(1) $\operatorname{supp} \varphi_n \subset K \subset \Omega$, 其中 K 为紧集;

(2) $\max_{x \in K} |\partial^\alpha \varphi_n(x) - \partial^\alpha \varphi_m(x)| \to 0 (n, m \to \infty)$,

则存在 $\varphi_0 \in \mathcal{D}(\Omega)$, 使得 $\varphi_n \to \varphi_0 (n \to \infty)$.

定义 1.25 设 $\Omega \subset \mathbb{R}^n$ 为具有充分光滑边界 $\partial\Omega$ 的有界开集, $\mathcal{D}(\Omega)$ 上的连续线性泛函所组成的空间记为 $\mathcal{D}'(\Omega)$, 称为 Ω 上的广义函数或分布.

函数 $f \in \mathcal{D}'(\Omega)$ 可以定义任意阶导数 $\partial^\alpha f$:

$$\langle \partial^\alpha f, \varphi \rangle = (-1)^{|\alpha|} \langle f, \partial^\alpha \varphi \rangle, \quad \forall \, \varphi \in \mathcal{D}(\Omega),$$

其中 $\langle \cdot, \cdot \rangle$ 表示 $\mathcal{D}'(\Omega)$ 与 $\mathcal{D}(\Omega)$ 之间的对偶积, 即

$$\langle f, \varphi \rangle = f(\varphi)$$

为 f 在 φ 处的取值. 定义在 Ω 上的局部可积函数 f, 由

$$\langle \widetilde{f}, \varphi \rangle = \int_\Omega f(x) \varphi(x) \mathrm{d}x, \quad \forall \, \varphi \in \mathcal{D}(\Omega)$$

定义的 $\widetilde{f}$ 是 Ω 上的分布, 通常把 $\widetilde{f}$ 等同于 f.

定义 1.26 设 $\Omega \subset \mathbb{R}^n$ 为具有充分光滑边界 $\partial\Omega$ 的有界开集, 广义函数序列 $\{f_n\} \subset \mathcal{D}'(\Omega)$ 称为 (弱) 收敛于 $f \in \mathcal{D}'(\Omega)$, 如果其满足

$$\lim_{n \to \infty} \langle f_n, \varphi \rangle = \langle f, \varphi \rangle, \quad \forall \, \varphi \in \mathcal{D}(\Omega).$$

因此, 如果广义函数序列收敛, 则其任意阶导数都收敛.

定义 1.27 设 $\Omega \subset \mathbb{R}^n$ 为具有充分光滑边界 $\partial\Omega$ 的有界开集. 对正整数 m, 令

$$H^m(\Omega) = \{f \in L^2(\Omega) \mid \partial^\alpha f \in L^2(\Omega), \, \forall \, \alpha, \, |\alpha| \leqslant m\}.$$

在 $H^m(\Omega)$ 中定义内积

$$\langle f, g\rangle_{H^m(\Omega)} = \sum_{|\alpha|\leqslant m} \langle \partial^\alpha f, \partial^\alpha g\rangle_{L^2(\Omega)}, \tag{1.62}$$

则 $H^m(\Omega)$ 为 Hilbert 空间.

注 1.15 当 $n=1, \Omega=(a,b)$ 时,

$$H^m(a,b) = \big\{ f \in L^2(a,b) \;\big|\; f, f', \cdots, f^{(m-1)} \text{ 绝对连续,}$$
$$\text{并且 } f^{(m)} \in L^2(a,b) \big\}. \tag{1.63}$$

定义 1.28 设 $\Omega \subset \mathbb{R}^n$ 为具有充分光滑边界 $\partial\Omega$ 的有界开集. 对任意正实数 $s = m + \sigma$ ($\sigma \in (0,1)$), 定义

$$H^s(\Omega) = \bigg\{ f \;\bigg|\; \int_\Omega \int_\Omega \frac{|\partial^\alpha f(x) - \partial^\alpha f(y)|^2}{|x-y|^{m+2\sigma}} \mathrm{d}x\mathrm{d}y < \infty \text{ 对所有的 } |\alpha|=m \bigg\}. \tag{1.64}$$

$H^s(\Omega)$ 的范数定义为

$$\|f\|_{H^s(\Omega)}^2 = \|f\|_{H^m(\Omega)}^2 + \sum_{|\alpha|=m} \int_\Omega \int_\Omega \frac{|\partial^\alpha f(x) - \partial^\alpha f(y)|^2}{|x-y|^{m+2\sigma}} \mathrm{d}x\mathrm{d}y. \tag{1.65}$$

1.4.2 迹定理

定理 1.47 (迹定理) 设 $\Omega \subset \mathbb{R}^n$ 为具有充分光滑边界 $\partial\Omega$ 的有界开集. 对于任意的 $f \in H^m(\Omega)$, 可以定义 f 在边界 $\partial\Omega$ 上的迹为

$$\gamma(f) = \left[f\big|_{\partial\Omega}, \frac{\partial f}{\partial \nu}\Big|_{\partial\Omega}, \cdots, \frac{\partial^{m-1} f}{\partial \nu^{m-1}}\Big|_{\partial\Omega} \right]. \tag{1.66}$$

于是

$$\frac{\partial^k f}{\partial \nu^k} \in H^{m-k-1/2}(\partial\Omega), \quad 0 \leqslant k \leqslant m-1, \tag{1.67}$$

并且

(1) 迹映射 $\gamma: H^m(\Omega) \to \prod_{k=0}^{m-1} H^{m-k-1/2}(\partial\Omega)$ 是线性连续满射;

(2) γ 的零空间

$$\mathcal{N}(\partial\Omega) = \bigg\{ f \in H^m(\Omega) \;\bigg|\; \frac{\partial^k f}{\partial \nu^k} = 0, \; 0 \leqslant k \leqslant m-1 \bigg\}$$

为 $\mathcal{D}(\Omega)$ 在 $H^m(\Omega)$ 中的闭包 $H_0^m(\Omega)$, 从而

$$H_0^m(\Omega) = \bigg\{ f \in H^m(\Omega) \;\bigg|\; \frac{\partial^k f}{\partial \nu^k} = 0, \; 0 \leqslant k \leqslant m-1 \bigg\}.$$

1.4 Sobolev 空间

注 1.16 由于 $\mathcal{D}(\Omega)$ 在 $H_0^m(\Omega)$ 中稠密, 从而可以把 $H_0^m(\Omega)$ 的对偶等同于 $\mathcal{D}'(\Omega)$ 的一个子空间

$$H^{-m}(\Omega) = (H_0^m(\Omega))'. \tag{1.68}$$

显然, 有下面的 Gelfand 三嵌入:

$$H_0^m(\Omega) \hookrightarrow L^2(\Omega) \hookrightarrow H^{-m}(\Omega). \tag{1.69}$$

注 1.17 迹定理对于非整数 $s > 0$ 也成立. 这时, 对于 $f \in H^s(\Omega)$ 有

$$\gamma(f) \in \prod_{k=0}^{m-1} H^{s-k-1/2}(\partial\Omega),$$

其中

$$\gamma(f) = \left[f|_{\partial\Omega}, \frac{\partial f}{\partial \nu}\Big|_{\partial\Omega}, \cdots, \frac{\partial^{m-1} f}{\partial \nu^{m-1}}\Big|_{\partial\Omega} \right], \quad s - m + \frac{1}{2} > 0. \tag{1.70}$$

定理 1.48 设 $\Omega \subset \mathbb{R}^n$ 为具有充分光滑边界 $\partial\Omega$ 的有界开集. 对于 $f \in H^{-m}(\Omega)$, 必定存在 $f_\alpha \in L^2(\Omega)$ $(0 \leqslant |\alpha| \leqslant m)$, 使得

$$f = \sum_{|\alpha| \leqslant m} \partial^\alpha f_\alpha. \tag{1.71}$$

1.4.3 Sobolev 嵌入定理

对于非负整数 m 和 ε $(0 \leqslant \varepsilon < 1)$, $C^{m,\varepsilon}(\Omega)$ 表示 Ω 上直到 m 次连续可微, 并且 m 次导数为 ε- Hölder 连续的函数空间, $f \in C^{m,\varepsilon}(\Omega)$,

$$\|f\|_{C^{m,\varepsilon}} = \sum_{|\alpha| \leqslant m} \sup_{x \in \Omega} |\partial^\alpha f(x)| + \sum_{|\alpha| = m} \sup_{x \neq y} \left\{ \frac{|\partial^\alpha f(x) - \partial^\alpha f(y)|}{|x-y|^\varepsilon} \right\} < \infty. \tag{1.72}$$

定理 1.49 (Sobolev 嵌入定理) 设 $\Omega \subset \mathbb{R}^n$ 为具有充分光滑边界 $\partial\Omega$ 的有界开集, $s = m + n/2 + \varepsilon$, 其中 $0 < \varepsilon < 1$, m 为非负整数, 则嵌入

$$H^s(\Omega) \hookrightarrow C^{m,\varepsilon}(\Omega)$$

是连续的.

定理 1.50 (Sobolev 紧嵌入定理) 设 $\Omega \subset \mathbb{R}^n$ 为具有充分光滑边界 $\partial\Omega$ 的有界开集, $s_1, s_2 \in \mathbb{R}$, $s_2 > s_1$, 则嵌入 $H^{s_2}(\Omega) \hookrightarrow H^{s_1}(\Omega)$ 是紧的, 即对于 $H^{s_2}(\Omega)$ 中的有界序列 $\{f_n\}$, 必有 $\{f_n\}$ 的子序列 $\{f_{k_i}\}$, 使得 $\|f_{n_i} - f\|_{H^{s_1}(\Omega)} \to 0$ $(i \to \infty)$, 其中 $f \in H^{s_1}(\Omega)$.

定理 1.51 设 $\Omega \subset \mathbb{R}^n$ 为具有充分光滑边界 $\partial\Omega$ 的有界开集,则嵌入

$$H^s(\Omega) \hookrightarrow L^p(\Omega), \quad \frac{1}{p} = \frac{1}{2} - \frac{s}{n} > 0$$

和

$$H^s(\Omega) \hookrightarrow L^p(\Omega), \quad \forall p \in [1, \infty), \frac{1}{2} - \frac{s}{n} = 0$$

是连续的. 进一步,如果 Ω 有界,则上述嵌入是紧嵌入.

定理 1.52 (插值不等式) 设 $\Omega \subset \mathbb{R}^n$ 为具有充分光滑边界 $\partial\Omega$ 的有界开集,m 为自然数,则对于任意的 $\varepsilon > 0$, 存在常数 $C(\varepsilon) > 0$, 使得

$$\|f\|_{H^m(\Omega)} \leqslant \varepsilon \sum_{|\alpha|=m} \|\partial^\alpha f\|_{L^2(\Omega)} + C(\varepsilon) \|f\|_{L^2(\Omega)}, \quad \forall f \in H^m(\Omega).$$

定理 1.53 (Poincaré 不等式) 设 $\Omega \subset \mathbb{R}^n$ 为具有充分光滑边界 $\partial\Omega$ 的有界开集,m 为正整数,则存在正常数 $C = C(m, n, \Omega)$, 使得

$$\|\varphi\|_{H^m(\Omega)} \leqslant C \left(\sum_{|\alpha|=m} \|\partial^\alpha \varphi\|^2_{L^2(\Omega)} \right)^{1/2}, \quad \forall \varphi \in H_0^m(\Omega). \tag{1.73}$$

注 1.18 由 Poincaré 不等式,$H_0^m(\Omega)$ 中的范数就可以定义为

$$\|\varphi\|_{H_0^m(\Omega)} = \left(\sum_{|\alpha|=m} \|\partial^\alpha \varphi\|^2_{L^2(\Omega)} \right)^{1/2}, \quad \forall \varphi \in H_0^m(\Omega). \tag{1.74}$$

1.4.4　Laplace 算子的边值问题

考虑 Dirichlet 椭圆边值问题

$$\begin{cases} \Delta w(x) = f(x), & x \in \Omega, \\ w(x) = g(x), & x \in \partial\Omega. \end{cases} \tag{1.75}$$

定理 1.54 设 $f \in H^{r_1}(\Omega)$ $(r_1 \geqslant -1)$, $g \in H^{r_2}(\partial\Omega)$, $r_2 \in \mathbb{R}$, 则 Dirichlet 问题 (1.75) 有唯一 (弱) 解 $w \in H^s(\Omega)$, 其中 $s = \min\{r_1 + 2, r_2 + 1/2\}$, 满足

$$\|w\|_{H^s(\Omega)} \leqslant C \left(\|f\|_{H^{r_1}(\Omega)} + \|g\|_{H^{r_2}(\partial\Omega)} \right), \tag{1.76}$$

其中 C 为仅依赖于 r_1, r_2, 而与 $f \in H^{r_1}(\Omega)$ 和 $g \in H^{r_2}(\partial\Omega)$ 无关的正常数.

注 1.19 (1) 当 $r_1 \geqslant 0$ 和 $r_2 \geqslant 3/2$ 时,$s \geqslant 2$, $\Delta w = f \in L^2(\Omega)$, 从而在这种情形下, (1.75) 的解为古典解;

(2) 若 $g = 0$, 则当 $f \in H^{r_1}(\Omega)$ $(r_1 \geqslant -1)$ 时, (1.75) 的解 $w \in H^{r_1+2}(\Omega)$; 而若 $f = 0$, 则当 $g \in H^{r_2}(\partial\Omega)$ $(r_2 \in \mathbb{R})$ 时, (1.75) 的解 $w \in H^{r_2+1/2}(\Omega)$.

现在考虑 Neumann 边值问题

$$\begin{cases} \Delta w = f \in H^{r_1}(\Omega), \\ \dfrac{\partial w}{\partial \nu}\bigg|_{\partial\Omega} = g \in H^{r_2}(\partial\Omega). \end{cases} \quad (1.77)$$

定理 1.55 假定相容性条件

$$\int_\Omega f \mathrm{d}x = \int_{\partial\Omega} g \mathrm{d}\sigma \quad (1.78)$$

满足, 则 (1.77) 至少有一个解 $w_p \in H^s(\Omega)$, 其中 $s = \min\{r_1+2, r_2+3/2\}$. (1.77) 的通解可以写成 $w = w_p + c$, 其中 $c \in \mathbb{R}$ 为任意常数. 此外, 有估计

$$\inf_{c\in\mathbb{R}} \|w_p + c\|_{H^s(\Omega)} \leqslant C\Big(\|f\|_{H^{r_1}(\Omega)} + \|g\|_{H^{r_2}(\partial\Omega)}\Big), \quad (1.79)$$

其中 C 为仅依赖于 r_1, r_2, 而与 $f \in H^{r_1}(\Omega)$ 和 $g \in H^{r_2}(\partial\Omega)$ 无关的正常数.

小结和文献说明

本章有几个主要目的. 一是列出有可能推广到无穷维系统的线性时不变有穷维系统的相关结果, 这是控制理论的基础, 也是发展最完善的部分. 事实上, 这些内容在几乎所有线性系统控制理论的书中都可以找到, 本章的主要参考文献有 [25], [107], [141], [143]. 二是列出泛函分析的一些基本结果, 这是将 $\mathbb{R}^n$ 空间推广到无穷维状态空间必需的步骤. 这些内容在普通高校的泛函分析课本上就可以找到, 如文献 [147]. 三是如何在无穷维空间中求解一个线性时不变的发展方程. 当然, 这里不是要解析地求出解, 这一般是不可能的, 也没有必要, 但了解了偏微分方程解的性质才能使得无穷维系统控制理论有严格的数学基础. 本章已经充分地体现了无穷维系统和有穷维系统的差别, 不了解这些基本的东西, 甚至连一个偏微分方程控制系统的状态空间也写不出来, 无穷本身是个复杂的概念, 在数学历史上有过诸多的曲折才使得这个概念今天能够被人们所接受. 本章的内容主要是线性算子半群理论和 Sobolev 空间理论. 前者的参考文献有 [85], [94], 后者的标准参考文献是 [1].

第 2 章　允许控制算子

为简单起见, 总假定以后讨论的状态空间为 Hilbert 空间 H. 本章考虑无穷维时不变控制系统

$$\begin{cases} \dot{x}(t) = Ax(t) + Bu(t), \\ x(0) = x_0 \in H, \end{cases} \tag{2.1}$$

其中 A 为系统算子, 总假设生成 H 中的 C_0- 半群 e^{At}, x 为系统的状态, 取值于 H, u 为系统的控制 (或输入), 取值于另一 Hilbert 空间 U, 一般总假定

$$u \in L^2_{\mathrm{loc}}(0, \infty; H), \tag{2.2}$$

其范数表示输入的一种能量. 于是 B 就是从空间 U 到 H 的算子, 是控制 (输入) 算子. 如果 B 无界, 则系统 (2.1) 的解

$$x(t) = \mathrm{e}^{At}x_0 + \int_0^t \mathrm{e}^{A(t-s)} Bu(s) \mathrm{d}s \tag{2.3}$$

中的第二项可能变得没有意义, 或者至少不再在 H 中取值. 这里已经看到无穷维系统和有穷维系统的区别. 为了解释 (2.3) 作为 (2.1) 的解, 必须对 B 加以限制. 如果将 (2.1) 中的控制项看成系统的扰动, B 的无界不能超过 A 的无界, 于是一个自然的假设是 $(\lambda - A)^{-1} B \in \mathcal{L}(U, H)$, 其中 $\lambda \in \rho(A)$, 但这还不够. 讨论 B 的条件, 使得由 (2.3) 定义的解对任何的允许控制 (2.2) 都属于 H 是本章的主题.

2.1　阳范空间 H_1 和阴范空间 H_{-1}

要讨论方程 (2.1) 的解的问题, 有两个由 A 决定的空间有特别的重要性. 在前苏联的一些文献中, 被称为阳范空间和阴范空间.

命题 2.1　设 A 是 H 上的稠定算子, $\rho(A) \neq \varnothing$. 对任意的 $\beta \in \rho(A)$, 在 $D(A)$ 上定义范数

$$\|z\|_1 = \|(\beta - A)z\|, \quad \forall\, z \in D(A). \tag{2.4}$$

这样定义的范数使得 $D(A)$ 成为一个 Hilbert 空间, 并且与 $D(A)$ 的图像范数等价, 记作 H_1, 称 H_1 为阳范空间. 此外,

$$H_1 \hookrightarrow H. \tag{2.5}$$

2.1 阳范空间 H_1 和阴范空间 H_{-1}

证 因为 $\rho(A) \neq \varnothing$, 所以 A 为闭算子. $D(A)$ 按照图像范数

$$\|z\|_{D(A)} = (\|Az\|^2 + \|z\|^2)^{1/2}, \quad \forall\, z \in D(A)$$

成为 Hilbert 空间. 显然, 由 Cauchy 不等式,

$$\|z\|_1 = \|(\beta - A)z\| \leqslant |\beta|\|z\| + \|Az\| \leqslant (1 + |\beta|^2)^{1/2}\|z\|_{[D(A)]}, \quad \forall z \in D(A).$$

反之,

$$\|z\|^2_{[D(A)]} = \|z\|^2 + \|Az\|^2 = \|(\beta-A)^{-1}(\beta-A)z\|^2 + \|(\beta-A)z - \beta z\|^2$$
$$\leqslant [1 + \beta + (1 + \beta + \beta^2)\|(\beta-A)^{-1}\|^2]\|(\beta-A)z\|^2.$$

因此, 由 (2.4) 定义的范数与 $D(A)$ 的图像范数等价. 上式用到 $2ab \leqslant a^2 + b^2$ 对一切实数 $a, b \in \mathbb{R}$ 都成立及其 $\|z\| \leqslant \|(\beta-A)^{-1}\|\|(\beta-A)z\|$, 而后者正是 (2.5) 成立的理由. ∎

命题 2.2 设 A 是 H 上的稠定算子, $\rho(A) \neq \varnothing$. 对任意的 $\beta \in \rho(A)$, 在 H 上定义范数

$$\|z\|_{-1} = \|(\beta - A)^{-1}z\|, \quad \forall\, z \in H, \tag{2.6}$$

则 H 在范数 (2.6) 下的完备化空间正是 Hilbert 空间 $[D(A^*)]^*$ (有时也记为 $(D(A^*))'$ 或 $[D(A^*)]'$).

证 因为 A 是闭稠定算子, 所以有

$$[(\beta - A)^{-1}]^* = (\overline{\beta} - A^*)^{-1}.$$

对任意的 $z \in H$, 由命题 2.1, 可以认为 $\|(\overline{\beta} - A^*) \cdot \|$ 就是 $[D(A^*)]$ 的图像范数. 于是由定理 1.31,

$$\|z\|_{[D(A^*)]^*} = \sup_{x \in D(A^*), x \neq 0} \frac{|\langle z, x\rangle|}{\|(\overline{\beta} - A^*)x\|} = \sup_{x \in D(A^*), x \neq 0} \frac{|\langle (\beta-A)^{-1}z, (\overline{\beta}-A^*)x\rangle|}{\|(\overline{\beta}-A^*)x\|}$$
$$= \|(\beta-A)^{-1}z\| = \|z\|_{-1}. \tag{2.7}$$

一方面, 对于任意的 $z \in H_{-1}$, 存在 H 中的 Cauchy 列 $\{z_n\}$, 使得 $z_n \to z (n \to \infty)$ 在范数 $\|\cdot\|_{-1}$ 下收敛. (2.7) 表明 $\|z_n\|$ 也是 $[D(A^*)]^*$ 中的 Cauchy 列, 所以 $z \in [D(A^*)]^*$, 即 $H_{-1} \subset [D(A^*)]^*$. 另一方面, 定理 1.31 的证明说明, 对于任意的 $z \in [D(A^*)]^*$, 也存在 H 中的 Cauchy 列 $\|z_n\|$, 使得在 $[D(A^*)]^*$ 的范数下, $z_n \to z$. (2.7) 表明 $\|z_n\|$ 也是 H_{-1} 中的 Cauchy 列, 所以 $z \in H_{-1}$, 即 $[D(A^*)]^* \subset H_{-1}$. 于是 $H_{-1} = [D(A^*)]^*$. ∎

由命题 2.1 和命题 2.2 得到

$$H_1 \hookrightarrow H \hookrightarrow H_{-1}. \tag{2.8}$$

现在以以下方式延拓 $A: H \to H_{-1}$:

$$\langle \tilde{A}x, y \rangle_{H_{-1}, D(A^*)} = \langle x, A^*y \rangle, \quad \forall x \in H, y \in D(A^*). \tag{2.9}$$

由定义

$$\langle \tilde{A}x, y \rangle_{H_{-1}, D(A^*)} = \langle x, A^*y \rangle = \langle Ax, y \rangle, \quad \forall x \in D(A), y \in D(A^*),$$

所以 $\tilde{A}x = Ax$ 对所有的 $x \in D(A)$ 成立. 再由稠定性, $\tilde{A}$ 是 A 在 H 中的唯一延拓.

定理 2.1 设 $\tilde{A}$ 由 (2.9) 定义, 则

$$A \in \mathcal{L}(H_1, H), \quad \tilde{A} \in \mathcal{L}(H, H_{-1}), \quad (\beta - A)^{-1} \in \mathcal{L}(H, H_1), \quad (\beta - \tilde{A})^{-1} \in \mathcal{L}(H_{-1}, H). \tag{2.10}$$

证 由定义 $A \in \mathcal{L}(H_1, H), \tilde{A} \in \mathcal{L}(H, H_{-1}), (\beta - A)^{-1} \in \mathcal{L}(H, H_1)$ 是显然的. 下面只证 $(\beta - \tilde{A})^{-1} \in \mathcal{L}(H_{-1}, H)$. 首先, 由 $(\overline{\beta} - A^*)$ 的值域是全空间和

$$\langle (\beta - \tilde{A})x, y \rangle_{H_{-1}, D(A^*)} = \langle x, (\overline{\beta} - A^*)y \rangle, \quad \forall x \in H, y \in D(A^*) \tag{2.11}$$

知, $\beta - \tilde{A}$ 是可逆的. 其次, 证明 $\beta - \tilde{A}$ 是到上的. 因为 (2.11) 说明

$$\|(\beta - \tilde{A})x\|_{H_{-1}} = \|x\|, \quad \forall x \in H, \tag{2.12}$$

所以 $\beta - \tilde{A}$ 是闭算子. 只需说明 $\beta - \tilde{A}$ 的值域在 H_{-1} 中是稠密的. 如果不成立, 则存在 $y \in D(A^*), y \neq 0$, 使得 $\langle (\beta - \tilde{A})x, y \rangle_{H_{-1}, D(A^*)} = 0$ 对所有的 $x \in H$ 成立. 由 (2.11) 知, $\langle x, (\overline{\beta} - A^*)y \rangle$ 对所有的 $x \in H$ 都成立. 于是 $(\overline{\beta} - A^*)y = 0$, 这与 $(\overline{\beta} - A^*)$ 可逆矛盾. ∎

注 2.1 $\tilde{A}$ 可以用另一方式产生. 事实上, 对于任意的 $x \in H$, 由稠密性, 存在 $x_n \in H_1$, 使得在 H 中, $x_n \to x$. 因为

$$(\beta - A)^{-1} A x_n = -x_n + \beta(\beta - A)^{-1} x_n,$$

所以 Ax_n 是 H_{-1} 中的 Cauchy 列. 于是

$$\tilde{A}x = \lim_{n \to \infty} Ax_n \text{ 在 } H_{-1} \text{ 中有定义.} \tag{2.13}$$

(2.13) 与 (2.9) 是相同的. 因为对任意的 $y \in D(A^*)$, 由 (2.13) 定义的 $\tilde{A}$ 满足

$$\langle \tilde{A}x, y \rangle_{H_{-1}, D(A^*)} = \lim_{n \to \infty} \langle Ax_n, y \rangle_{H_{-1}, D(A^*)} = \lim_{n \to \infty} \langle Ax_n, y \rangle$$
$$= \lim_{n \to \infty} \langle x_n, A^*y \rangle = \langle x, A^*y \rangle, \quad \forall y \in D(A^*). \tag{2.14}$$

由上面的讨论可知, $\beta - A$ 实现了 H_1 到 H 的同构, 而 $\beta - \tilde{A}$ 实现了 H 到 H_{-1} 的同构. 由 A 在 H 中生成的 C_0- 半群 e^{At} 限制在 H_1 上和扩充到 H_{-1} 分别构成 C_0- 半群 $T_A(t)$ 和 $\tilde{T}(t)$, 其表达式为

$$T_A(t) = (\beta - A)^{-1}\mathrm{e}^{At}(\beta - A), \quad \tilde{T}(t) = (\beta - \tilde{A})\mathrm{e}^{At}(\beta - \tilde{A})^{-1}. \tag{2.15}$$

正因如此, 在没有混淆的情况下一般文献不加区别地都写为 e^{At}, 许多时候也对 A 和其由 (2.9) 定义的延拓不加区别.

2.2 解与控制算子的允许性

如果 $x \in H$, 则可将 (2.1) 写成 H_{-1} 上的等价积分方程

$$x(t) = x_0 + \int_0^t \tilde{A}x(s)\mathrm{d}s + \int_0^t Bu(s)\mathrm{d}s. \tag{2.16}$$

和半群的温和解 (1.55) 一样, (2.16) 两边用 $y \in D(A^*)$ 作内积得到

$$\langle x(t), y\rangle_{H_{-1}, D(A^*)} - \langle x_0, y\rangle_{H_{-1}, D(A^*)} = \int_0^t \langle x(s), A^*y\rangle \mathrm{d}s + \int_0^t \langle Bu(s), y\rangle_{H_{-1}, D(A^*)} \mathrm{d}s. \tag{2.17}$$

显然, (2.16) 和 (2.17) 是等价的. 为了 (2.16) 中右端的第二项有意义, 一个自然的假设是 $B \in \mathcal{L}(U, H_{-1})$. 容易验证, 这和开始讲的 $\tilde{A}^{-1}B \in \mathcal{L}(U, H)$ 是等价的. 这等于是将方程 (2.1) 看成 H_{-1} 中的方程

$$\begin{cases} \dot{x}(t) = \tilde{A}x(t) + Bu(t), \\ x(0) = x_0 \in H. \end{cases} \tag{2.18}$$

自然地, 在 H_{-1} 中, B 可以看成有界算子, 方程 (2.18) 在 H_{-1} 中有唯一的温和解 $x \in C(0, \infty; H_{-1})$. 可是在许多问题, 如后面将看到的点控制系统中, H_{-1} 太大了, 以至于系统 (2.18) 不可控. 这就失掉了系统的许多有意义的性质, 所以寻求 (2.18) 在 H 中的解十分重要. 首先有命题 2.3.

命题 2.3 设 $B \in \mathcal{L}(U, H_{-1}), x_0 \in H, u \in L^2_{\mathrm{loc}}(0, \infty; U)$. 如果 H_{-1} 中的方程 (2.16) (或等价地 (2.17)) 有解 $x \in H^1_{\mathrm{loc}}(0, \infty; H_{-1})$, 则必有

$$x(t) = \mathrm{e}^{At}x_0 + \int_0^t \mathrm{e}^{\tilde{A}(t-s)}Bu(s)\mathrm{d}s.$$

证 对 $t > 0, y \in D(A^{*2})$, 定义函数 $f: [0, t] \to \mathbb{C}$,

$$f(s) = \langle \mathrm{e}^{\tilde{A}(t-s)}x(s), y\rangle_{H_{-1}, D(A^*)} = \langle x(s), \mathrm{e}^{A^*(t-s)}y\rangle_{H_{-1}, D(A^*)}.$$

因为 $y \in D(A^{*2})$, $e^{A^*(t-s)}y \in C^1(0,t;D(A^*))$, 于是

$$f'(s) = \langle \tilde{A}x(s) + Bu(s), e^{A^*(t-s)}y \rangle_{H_{-1},D(A^*)} - \langle x(s), A^*e^{A^*(t-s)}y \rangle_{H_{-1},D(A^*)}$$

$$= \langle Bu(s), e^{A^*(t-s)}y \rangle_{H_{-1},D(A^*)} = \langle e^{\tilde{A}(t-s)}Bu(s), y \rangle_{H_{-1},D(A^*)}, \quad \forall s \in [0,t] \text{ a.e..}$$

上式两边从 0 到 t 积分得

$$f(t) - f(0) = \left\langle \int_0^t e^{\tilde{A}(t-s)}Bu(s)ds, y \right\rangle_{H_{-1},D(A^*)}.$$

由于 $D(A^{*2})$ 在 H 中稠密, 于是上式就是

$$x(t) - e^{At}x_0 = \int_0^t e^{\tilde{A}(t-s)}Bu(s)ds.$$

证毕. ∎

下面证明当 u 有足够的光滑性时, 系统 (2.18) 确有在 H 中的解.

命题 2.4 假设

$$B \in \mathcal{L}(U, H_{-1}) \Leftrightarrow (\beta - \tilde{A})^{-1}B \in \mathcal{L}(U, H) \Leftrightarrow B^*(\overline{\beta} - A^*)^{-1} \in \mathcal{L}(H, U), \quad \beta \in \rho(A), \tag{2.19}$$

并且

$$u \in H^2_{\text{loc}}(0, \infty; U), \quad \tilde{A}x_0 + Bu(0) \in H, \tag{2.20}$$

则 (2.18) 的解 $x \in C^1(0, \infty; H)$, 并且 $\dot{x}(t) = \tilde{A}x(t) + Bu(t)$ 在 H 中成立.

证 根据假设 (2.19), 在 H_{-1} 中 (2.18) 的解可以写为

$$x(t) = e^{At}x_0 + \int_0^t e^{\tilde{A}(t-s)}Bu(s)ds \in C(0, \infty; H_{-1}).$$

上式两端对 t 求导数得

$$\dot{x}(t) = \tilde{A}x(t) + Bu(t) = e^{\tilde{A}t}\tilde{A}x_0 + Bu(t) + \int_0^t \tilde{A}e^{\tilde{A}(t-s)}Bu(s)ds$$

$$= e^{\tilde{A}t}(\tilde{A}x_0 + Bu(0)) + \int_0^t e^{\tilde{A}(t-s)}B\dot{u}(s)ds \in C(0, \infty; H_{-1}).$$

因为 $\tilde{A}x_0 + Bu(0) \in H$, 上式两端再对 t 求导数得

$$\ddot{x}(t) = \tilde{A}\dot{x}(t) + B\dot{u}(t)$$

$$= e^{\tilde{A}t}\left[\tilde{A}(\tilde{A}x_0 + Bu(0)) + B\dot{u}(0)\right] + \int_0^t e^{\tilde{A}(t-s)}B\ddot{u}(s)ds \in C(0, \infty; H_{-1}).$$

因为 $\dot{u} \in H^1_{\text{loc}}(0,\infty;U) \subset C(0,\infty;U)$, $\ddot{x} \in C(0,\infty;H_{-1})$, 于是有 $\tilde{A}\dot{x} \in C(0,\infty;H_{-1})$. 又由于 $\dot{x} \in C(0,\infty;H_{-1})$, 于是 $(\beta - \tilde{A})\dot{x} \in C(0,\infty;H_{-1})$, 其中 $\beta \in \rho(A)$. 这就说明 $\dot{x} \in C(0,\infty;H)$ 或者 $x \in C^1(0,\infty;H)$, 并且 $\dot{x}(t) = \tilde{A}x(t) + Bu(t)$ 在 H 中成立. 证毕. ∎

下面来看一个一维波动方程的典型例子.

例 2.1
$$\begin{cases} w_{tt}(x,t) = w_{xx}(x,t), & 0 < x < 1, t > 0, \\ w(0,t) = 0, \\ w_x(1,t) = u(t), \\ w(x,0) = w_0(x), w_t(x,0) = w_1(x). \end{cases} \tag{2.21}$$

一维波动方程称为弦方程, 描述弦的弹性振动. 这里有如下几个物理量: $w(x,t)$ 为振动位移, $w_t(x,t)$ 为振动速度, $w_x(x,t)$ 为张力的垂直分量. 系统的振动能量为

$$E(t) = \frac{1}{2}\int_0^1 [w_x^2(x,t) + w_t^2(x,t)]\mathrm{d}x, \tag{2.22}$$

其中第一部分是系统的弹性势能, 第二部分是动能. $u \in L^2_{\text{loc}}(0,\infty)$ 为边界控制. 对振动系统来说, 控制的一个主要目的是抑制振动, 就是使得 $E(t) \to 0 (t \to \infty)$. 自然地, 状态空间取为能量空间 $H = H^1_L(0,1) \times L^2(0,1)$, $H^1_L(0,1) = \{f \in H^1(0,1) | f(0) = 0\}$. 这是一个 Hilbert 空间, 其内积定义为

$$\langle (f_1,g_1),(f_2,g_2) \rangle = \int_0^1 [f_1'(x)\overline{f_2'(x)} + g_1(x)\overline{g_2(x)}]\mathrm{d}x, \quad \forall\, (f_i,g_i) \in H, i=1,2. \tag{2.23}$$

状态变量 (w,w_t) 的范数 $\|(w(\cdot,t),w_t(\cdot,t))\|^2 = 2E(t)$. 当然希望当初始值 $(w_0,w_1) \in H$ 时, 轨道 $(w(\cdot,t),w_t(\cdot,t)) \in H$. 为此, 定义系统的算子为

$$A(f,g) = (g,f''), \quad D(A) = \{(f,g) \in (H^2(0,1) \cap H^1_L(0,1)) \times H^1_L(0,1) | f'(1) = 0\}. \tag{2.24}$$

容易验证, A 是反自伴算子, $A^* = -A$. 至少对光滑的, 如满足 (2.20) 的控制 u, 容易把 (2.21) 写成 H_{-1} 中的状态方程:

$$\begin{cases} \dfrac{\mathrm{d}}{\mathrm{d}t}(w(\cdot,t),w_t(\cdot,t)) = A(w(\cdot,t),w_t(\cdot,t)) + bu(t), \quad b = (0,\delta(x-1)), \\ (w(\cdot,0),w_t(\cdot,0)) = (w_0,w_1), \end{cases} \tag{2.25}$$

其中 δ 为 Dirac 函数, $b \in H_{-1}$,

$$\langle bu, (f,g) \rangle = g(1)u, \quad \forall\, (f,g) \in H_1 = D(A^*) = D(A), u \in U.$$

首先 (2.25) 在 H_{-1} 中存在解

$$(w(\cdot,t), w_t(\cdot,t)) = e^{At}(w_0, w_1) + \int_0^t e^{\tilde{A}(t-s)} b u(s) ds \in C(0,\infty; H_{-1}). \tag{2.26}$$

当 $(w_0, w_1) \in H$ 时,$e^{At}(w_0, w_1) \in C(0,\infty; H)$. 我们断言,

$$B(t)u = \int_0^t e^{\tilde{A}(t-s)} b u(s) ds \in C(0,\infty; H), \quad \forall\, u \in L^2_{\text{loc}}(0,\infty). \tag{2.27}$$

这样对任意的 $(w_0, w_1) \in H$, $u \in L^2_{\text{loc}}(0,\infty)$, (2.25) 的解满足 $(w(\cdot,t), w_t(\cdot,t)) \in C(0,\infty; H)$.

现在来证明 (2.27). 对任意的 $T > 0$, 定义

$$(L_T Z_0)(t) = \langle b, e^{A^* t} Z_0 \rangle, \quad \forall\, Z_0 \in H_1, t \in [0, T]. \tag{2.28}$$

证明 L_T 可以连续延拓成 $L_T \in \mathcal{L}(H, L^2(0,T))$. 这实际上等于证明系统

$$\begin{cases} \dot{Z}(t) = A^* Z(t), Z(0) = Z_0, \\ y(t) = \langle b, Z(t) \rangle = b^* Z(t) \end{cases} \tag{2.29}$$

的解满足

$$\int_0^T |y(t)|^2 dt \leqslant C_T \|Z_0\|_H^2, \tag{2.30}$$

其中 C_T 为不依赖于 Z_0 的常数. 由于 $A^* = -A$, 通过简单计算可知, 方程 (2.29), (2.30) 实际上等同于波动方程

$$\begin{cases} \tilde{w}_{tt}(x,t) = \tilde{w}_{xx}(x,t), \quad 0 < x < 1, t > 0, \\ \tilde{w}(0,t) = \tilde{w}_x(1,t) = 0, \\ \tilde{w}(x,0) = \tilde{w}_0(x), \tilde{w}_t(x,0) = \tilde{w}_1(x) \end{cases} \tag{2.31}$$

的解满足

$$\int_0^T |\tilde{w}_t(1,t)|^2 dt \leqslant C_T \|(\tilde{w}_0, \tilde{w}_1)\|_H^2. \tag{2.32}$$

下面运用能量乘子法. 首先, (2.31) 是保守系统, 其能量

$$\tilde{E}(t) = \frac{1}{2} \int_0^1 [\tilde{w}_x^2(x,t) + \tilde{w}_t^2(x,t)] dx$$

满足 $\tilde{E}(t) = \tilde{E}(0)$ 对所有的 $t \geqslant 0$. 其次, 令

$$\rho(t) = \int_0^1 x \tilde{w}_x(x,t) \tilde{w}_t(x,t) dx.$$

直接计算有
$$|\rho(t)| \leqslant \tilde{E}(t), \quad \dot{\rho}(t) = \frac{1}{2}\tilde{w}_t^2(1,t) - \tilde{E}(t),$$
所以
$$\int_0^T \tilde{w}_t^2(1,t)\mathrm{d}t = 2T\tilde{E}(0) + 2\rho(T) - 2\rho(0) \leqslant 2(T+2)\tilde{E}(0).$$
这就是 (2.32). 于是 $B(t): L^2(0,T) \to H$,
$$\langle B(t)u, Z_0\rangle = \int_0^t \langle b, \mathrm{e}^{A^*(t-s)}Z_0\rangle u(s)\mathrm{d}s, \quad \forall\, Z_0 \in H_1. \tag{2.33}$$
因为 $L_T \in \mathcal{L}(H, L^2(0,T))$, 于是有
$$|\langle B(t)u, Z_0\rangle| \leqslant \|L_T Z_0\|_{L^2(0,T)} \|u\|_{L^2(0,T)} \leqslant \|L_T\| \|Z_0\|_H \|u\|_{L^2(0,T)},$$
所以
$$\|B(t)\| \leqslant \|L_T\|,$$
即 $B(t)$ 是有界算子. 至于 $B(t)u$ 关于 t 连续是简单的运算, 这里略去不证, 给读者留作练习. 这样就证明了 (2.27), 或者等价地,
$$(w(\cdot,t), w_t(\cdot,t)) = \mathrm{e}^{At}(w_0, w_1) + \int_0^t \mathrm{e}^{\tilde{A}(t-s)}bu(s)\mathrm{d}s \in C(0,\infty; H),$$
$$\forall (w_0, w_1) \in H, u \in L^2_{\mathrm{loc}}(0,\infty). \tag{2.34}$$

注 2.2 系统 (2.21) 的边界控制是所谓的 Neumann 控制, 状态空间是能量空间还是比较自然的. 如果是 Dirichlet 控制
$$\begin{cases} w_{tt}(x,t) = w_{xx}(x,t), \quad 0 < x < 1, t > 0, \\ w(0,t) = 0, \\ w(1,t) = u(t), \\ w(x,0) = w_0(x), w_t(x,0) = w_1(x), \end{cases} \tag{2.35}$$
则合适的状态空间是 Sobolev 空间 $H^{-1}(0,1) \times L^2(0,1)$, 这就没那么简单了. 读者在学习了 4.3 节的抽象二阶系统后可以自行写出 (2.35) 的状态空间 (也可参见例 6.2).

(2.34) 说明, 虽然系统 (2.21) 写成抽象形式 (2.25) 时控制算子是无界的, 但其无界不足以使从能量空间出发的轨道跳出能量空间. 这样应该在能量空间 H 而不是延拓后的空间 H_{-1} 中来讨论系统 (2.21). 因为显然, (2.34) 说明在空间 H_{-1} 中, 系统 (2.21) 不可控, 这促使我们给出如下定义:

定义 2.1 控制算子 $B \in \mathcal{L}(U, H_{-1})$ 称为对 C_0- 半群 $T(t)$ (其生成元为 A) 是"允许"的, 或者简称允许的, 如果存在 $\tau > 0$, 使得

$$\Phi_\tau u = \int_0^\tau \tilde{T}(\tau - s)Bu(s)\mathrm{d}s \in H, \quad \forall\, u \in L^2_{\mathrm{loc}}(0, \infty; U). \tag{2.36}$$

注 2.3 在 (2.36) 中的积分可以理解为在 H_{-1} 中进行, 其中 $\tilde{T}(t)$ 是按照 (2.15) $T(t)$ 在 H_{-1} 中的延拓. 当 B 允许时, 积分后的值在 H 中.

命题 2.5 假设 B 是允许的, 则对任意的 $t \geqslant 0$, 由 (2.36) 定义的算子满足

$$\Phi_t \in \mathcal{L}(L^2(0, t; U), H). \tag{2.37}$$

证 选取 $\beta \in \rho(A)$, τ 如 (2.36) 定义, 则

$$\Phi_\tau u = (\beta - A) \int_0^\tau T(\tau - s)(\beta - \tilde{A})^{-1} Bu(s)\mathrm{d}s.$$

上式积分号中的算子是 H 中的有界算子, $\beta - A$ 有有界逆, 因而是闭算子, 所以 Φ_τ 是闭算子. 由闭图像定理, Φ_τ 是有界算子.

为了说明一般情况, 引入记号

$$(u \underset{\tau}{\diamond} v)(t) = \begin{cases} u(t), & t \in [0, \tau), \\ v(t - \tau), & t \geqslant \tau, \end{cases} \tag{2.38}$$

称为 u, v 关于 τ 的关联. 容易验证

$$\Phi_{\tau + t}(u \underset{\tau}{\diamond} v) = T(t)\Phi_\tau u + \Phi_t v, \quad \forall\, u, v \in L^2(0, \infty; U). \tag{2.39}$$

如果 $t \in [0, \tau)$, 则由 (2.39),

$$\Phi_\tau(0 \underset{\tau - t}{\diamond} u) = \Phi_t u.$$

而 $\|u\|_{L^2(0,t)} = \|(0 \underset{\tau-t}{\diamond} u)\|_{L^2(0,\tau)}$. 这说明 $\|\Phi_t\| \leqslant \|\Phi_\tau\|$, 于是 Φ_t 有界, 同时也说明范数 $\|\Phi_t\|$ 是 t 的非减函数.

再利用 (2.39) 得

$$\Phi_{2\tau}(u \underset{\tau}{\diamond} v) = T(\tau)\Phi_\tau u + \Phi_\tau v,$$

于是 $\Phi_{2\tau}$ 也有界. 重复上述过程可知, 对任意的正整数 n, $\Phi_{2^n \tau}$ 有界, 从而证明了对一切 $t \geqslant 0$, Φ_t 有界. ∎

命题 2.6 假设 B 是允许的, $u \in L^2_{\mathrm{loc}}(0, \infty; U)$, 由 (2.36) 定义的 $\Phi_t u$ 关于 t 连续.

2.2 解与控制算子的允许性

证 对 $u \in L^2_{\text{loc}}(0,\infty;U)$,引进另外两个记号

$$(\mathbf{P}_\tau u)(t) = u \underset{\tau}{\diamond} 0 = \begin{cases} u(t), & t \in [0,\tau), \\ 0, & t \geqslant \tau, \end{cases} \quad (\mathbf{S}_\tau u)(t) = 0 \underset{\tau}{\diamond} u = \begin{cases} 0, & t \in [0,\tau), \\ u(t-\tau), & t \geqslant \tau, \end{cases}$$

$$\forall u \in L^2(0,\infty;U). \tag{2.40}$$

$\mathbf{P}_\tau u$ 称为 u 在 $[0,\tau)$ 上的截断, 而 $\mathbf{S}_\tau u$ 称为 $L^2_{\text{loc}}(0,\infty;U)$ 函数被 τ 平移的算子. 于是

$$u \underset{\tau}{\diamond} v = \mathbf{P}_\tau u + \mathbf{S}_\tau v. \tag{2.41}$$

由命题 2.5 的证明可以知道, $\|\Phi_t\|$ 是 t 的非减函数, 于是

$$\|\Phi_t u\| \leqslant \|\Phi_1\| \|\mathbf{P}_t u\|, \quad \forall t \in [0,1].$$

显然, $\|\mathbf{P}_t u\| \to 0 (t \to 0)$, 所以 $\|\Phi_t u\| \to 0 (t \to 0)$. 于是对固定的 $\tau > 0$ 及 $u \underset{\tau}{\diamond} v = u, v(t) = u(t+\tau)$, 由 (2.39),

$$\lim_{t \to 0, t > 0} \Phi_{\tau+t}(u \underset{\tau}{\diamond} v) = \Phi_\tau u,$$

所以 $\Phi_t u$ 在 τ 点右连续. 为了证明 $\Phi_t u$ 在 τ 左连续, 取 $\delta_n \in [0,\tau), \delta_n \to 0 (n \to \infty)$, 则 $u_n(t) = u(t+\delta_n)$ 满足 $u_n \to u (n \to \infty)$ 在 $L^2(0,\tau;U)$ 中. 因为 $u = u \underset{\delta_n}{\diamond} u_n$, 于是由 (2.39),

$$\Phi_{\delta_n + \tau - \delta_n} u = T(\tau - \delta_n) \Phi_{\delta_n} u + \Phi_{\tau - \delta_n} u_n.$$

由此

$$\Phi_\tau u - \Phi_{\tau - \delta_n} u = T(\tau - \delta_n) \Phi_{\delta_n} u + \Phi_{\tau - \delta_n}(u_n - u),$$

所以

$$\|\Phi_\tau u - \Phi_{\tau - \delta_n} u\| \leqslant \|T(\tau - \delta_n)\| \|\Phi_{\delta_n} u\| + \|\Phi_\tau\| \|u_n - u\|_{L^2(0,\tau;U)} \to 0, \quad n \to \infty.$$

$\Phi_t u$ 在 τ 点左连续得证. 于是 $\Phi_t u$ 在 τ 点连续. ∎

注 2.4 引入关联式 (2.39) 和记号 (2.38), (2.40) 是为了和 2.3 节对应, 也使得证明命题 2.5 和命题 2.6 相对简单一点. 其实, 本节的证明完全由定义 2.1 出发就够了. 读者可以自己作为练习尝试.

命题 2.7 $B \in \mathcal{L}(U, H_{-1})$ 为允许的充分必要条件是对某个 $\tau > 0$ (因此, 对所有的 $t > 0$),

$$\int_0^\tau \|B^* T^*(t) z\|^2 dt \leqslant C_\tau^2 \|z\|^2, \quad \forall z \in D(A^*), \tag{2.42}$$

其中 $C_\tau > 0$ 为不依赖于 z 的常数, $B^* : H_1 \to U$ 由下式定义:

$$\langle Bu, z \rangle_{H_{-1}, D(A^*)} = \langle u, B^* z \rangle_U, \quad \forall z \in D(A^*). \tag{2.43}$$

证 对任意的 $z \in D(A^*)$,
$$\left\langle \int_0^\tau \tilde{T}(\tau-s)Bu(s)\mathrm{d}s, z \right\rangle_{H_{-1},D(A^*)} = \int_0^\tau \langle u(s), B^*T^*(\tau-s)z \rangle_U \mathrm{d}s, \quad \forall u \in L^2_{\mathrm{loc}}(0,\infty;U). \tag{2.44}$$

如果 (2.42) 成立, 则
$$\left| \left\langle \int_0^\tau \tilde{T}(\tau-s)Bu(s)\mathrm{d}s, z \right\rangle_{H_{-1},D(A^*)} \right| \leqslant \int_0^\tau \|u(s)\|_U \|B^*T^*(\tau-s)z\|_U \mathrm{d}s$$
$$\leqslant C_\tau \|z\| \|u\|_{L^2(0,\tau;U)}, \quad \forall u \in L^2_{\mathrm{loc}}(0,\infty;U).$$

因为 $D(A^*)$ 在 H 中稠密, 于是由 Riesz 表示定理 $\int_0^\tau \tilde{T}(\tau-s)Bu(s)\mathrm{d}s \in H$, 即 B 是允许的. 反过来, 如果 B 是允许的, 则 $\int_0^\tau \tilde{T}(\tau-s)Bu(s)\mathrm{d}s \in H$ 且

$$\left| \int_0^\tau \langle u(s), B^*T^*(\tau-s)z \rangle_U \mathrm{d}s \right| = \left| \left\langle \int_0^\tau \tilde{T}(\tau-s)Bu(s)\mathrm{d}s, z \right\rangle_{H_{-1},D(A^*)} \right|$$
$$= \left| \left\langle \int_0^\tau \tilde{T}(\tau-s)Bu(s)\mathrm{d}s, z \right\rangle_H \right|$$
$$\leqslant \left\| \int_0^\tau \tilde{T}(\tau-s)Bu(s)\mathrm{d}s \right\| \|z\|$$
$$\leqslant C_\tau \|z\| \|u\|_{L^2(0,\tau;U)}, \quad \forall u \in L^2_{\mathrm{loc}}(0,\infty;U), z \in D(A^*),$$

其中 $C_\tau > 0$ 为不依赖于 z 的常数. 由此得
$$\int_0^\tau \|B^*T^*(\tau-s)z\|_U^2 \mathrm{d}s \leqslant C_\tau^2 \|z\|^2, \quad z \in D(A^*),$$
即 (2.42). ∎

2.3 控制系统的抽象表示

在 2.2 节引入了记号 (2.38), (2.40), 算子 (2.36) 及其关系 (2.39). 本节说明, 关系 (2.39) 和 (2.36) 的直接定义是等价的. 也就是说, 关系 (2.39) 可以作为控制系统的抽象定义, 记作 $\Sigma(T,\Phi)$.

定义 2.2 设 H, U 为 Hilbert 空间. 一个抽象的控制系统是如下的对:
$$\Sigma(T,\Phi), \tag{2.45}$$
如果

(1) $T(t)$ 是 H 上的 C_0- 半群;

(2) H 上关于时间 $t \geqslant 0$ 的有界线性算子族 $\Phi(t) \in \mathcal{L}(L^2(0,\infty;U), H)$ 满足

$$\Phi(\tau+t)(u \underset{\tau}{\Diamond} v) = T(t)\Phi(\tau)u + \Phi(t)v, \quad \forall\, t, \tau \geqslant 0, u, v \in L^2(0,\infty;U), \tag{2.46}$$

其中 $u \underset{\tau}{\Diamond} v$ 由 (2.38) 定义, $\Phi(t)$ 称为控制系统 $\Sigma(T, \Phi)$ 的输入映射.

注 2.5 $L^2_{\text{loc}}(0, \infty; U)$ 在半范数 $p_n(u) = \|\mathbf{P}_n u\|$ $(n \in \mathbb{N})$ 下成为 Fréchet 空间. $L^2(0, \infty; U)$ 上的有界算子可以连续延拓到 $L^2_{\text{loc}}(0, \infty; U)$. 关联符号 (2.38), 截断符号 (2.40) 以及关系 (2.46) 对 $L^2_{\text{loc}}(0, \infty; U)$ 中的函数都可以定义.

命题 2.8 设 $\Sigma(T, \Phi)$ 为抽象控制系统, 则

(1) Φ 具有因果律: $\Phi(t) = \Phi(t)\mathbf{P}_t$, 其中 $\mathbf{P}_t$ 由 (2.40) 定义;

(2) $\Phi(t)u$ 关于 (t, u) ($t \geqslant 0, u \in L^2(0, \infty; U)$) 连续;

(3) 设半群 $T(t)$ 满足 $\|T(t)\| \leqslant Me^{\omega t}$ 对常数 $M > 0, \omega$, 则对所有的 $t \geqslant 0$,

$$\begin{cases} \|\Phi(t)\| \leqslant Le^{\omega t} & \text{对某个常数 } L > 0, \text{ 当 } \omega > 0 \text{ 时,} \\ \|\Phi(t)\| \leqslant L(1+t) & \text{对某个常数 } L > 0, \text{ 当 } \omega = 0 \text{ 时,} \\ \|\Phi(t)\| \leqslant L & \text{对某个常数 } L > 0, \text{ 当 } \omega < 0 \text{ 时.} \end{cases} \tag{2.47}$$

证 注意到 $\mathbf{P}_\tau u = u \underset{\tau}{\Diamond} 0$. 在 (2.46) 中取 $t = \tau = 0$ 得 $\Phi(0) = 0$. 如果只取 $t = 0$, 则得 $\Phi(\tau) = \Phi(\tau)\mathbf{P}_\tau$. 这就是 (1). 取 $u = 0, v$ 使得 $\|v\| = 1$, 则得 $\Phi(t+\tau)(0 \underset{\tau}{\Diamond} v) = \Phi(t)v$. 于是

$$\|\Phi(t)\| \leqslant \|\Phi(t+\tau)\|, \quad \forall\, t, \tau \geqslant 0. \tag{2.48}$$

这就是说, $\|\Phi(t)\|$ 是 t 的非减函数.

对于固定的 $u \in L^2(0, \infty; U)$, 因为关系 (2.39) 和 (2.46) 是相同的, 所以完全照搬命题 2.6 的证明中 Φ_t 关于 t 的连续性的证明可知, $\Phi(t)u$ 关于 t 是连续的. 于是 $\Phi(t)u$ 关于 (t, u) 的连续性由下面的恒等式得到:

$$\Phi(t)u - \Phi(\tau)v = \Phi(t)(u - v) + [\Phi(t) - \Phi(\tau)]v.$$

(2) 得证. 现在

$$\Phi(2)(u_1 \underset{1}{\Diamond} u_2) = T(1)\Phi(1)u_1 + \Phi(1)u_2,$$

$$\Phi(3)((u_1 \underset{1}{\Diamond} u_2) \underset{2}{\Diamond} u_3) = T(1)\Phi(2)(u_1 \underset{1}{\Diamond} u_2) + \Phi(1)u_3 = T(2)\Phi(1)u_1 + T(1)\Phi(1)u_2 + \Phi(1)u_3.$$

由归纳法可证

$$\Phi(n)(\cdots((u_1 \underset{1}{\Diamond} u_2) \underset{2}{\Diamond} u_3) \cdots \underset{n-1}{\Diamond} u_n) = T(n-1)\Phi(1)u_1 + T(n-2)\Phi(1)u_2 + \cdots + \Phi(1)u_n.$$

对 $t \in (n-1, n]$, 由 $\|\Phi(t)\|$ 的单调性可得

$$\|\Phi(t)\| \leqslant \|\Phi(n)\| \leqslant (\|T(n-1)\| + \|T(n-2)\| + \cdots + \|T(0)\|)\|\Phi(1)\|$$

$$\leqslant \begin{cases} M\dfrac{e^{n\omega} - 1}{e^{\omega} - 1}\|\Phi(1)\| \leqslant Le^{\omega t}, L = M\|\Phi(1)\|\dfrac{e^{\omega}}{e^{\omega} - 1}, & \omega > 0, \\ nM\|\Phi(1)\| \leqslant L(1+t), L = M\|\Phi(1)\|, & \omega = 0, \\ M\|\Phi(1)\|\dfrac{1 - e^{n\omega}}{1 - e^{\omega}} \leqslant L, L = M\|\Phi(1)\|\dfrac{1}{1 - e^{\omega}}, & \omega < 0. \end{cases}$$

(3) 得证. ∎

定理 2.2 设 $\Sigma(T, \Phi)$ 为 H 上的抽象控制系统, 则存在唯一的 $B \in \mathcal{L}(U, H_{-1})$, 使得

$$\Phi(t)u = \int_0^t \tilde{T}(t-s)Bu(s)\mathrm{d}s, \quad \forall\, t \geqslant 0, u \in L^2(0, \infty; U). \tag{2.49}$$

这说明抽象系统就是 (2.36) 所定义的系统. 由此, 今后用 Φ_t 或者 $\Phi(t)$ 表示输入映射.

证 任取 $v \in U$, 可视 $v \in L^2_{\mathrm{loc}}(0, \infty; U)$. 由命题 2.8, $\Phi(t) = \Phi(t)\mathbf{P}_t$. 于是

$$\varphi_v(t) = \Phi(t)\mathbf{P}_t v \tag{2.50}$$

是 t 的连续函数, $\varphi_v(0) = 0$. 因为 $\|\mathbf{P}_t v\| = t^{1/2}\|v\|$, 则由命题 2.8, 存在 L, ω, 使得

$$\|\varphi_v\| \leqslant Le^{\omega t} t^{1/2}\|v\|. \tag{2.51}$$

于是对 $s \in \mathbb{C}$, 当 $\mathrm{Re}\, s$ 充分大时, φ_v 的 Laplace 变换 $\hat{\varphi}_v(s)$ 存在. 由 (2.46),

$$\varphi_v(t + \tau) = T(t)\varphi_v(\tau) + \varphi_v(t), \quad \forall t, \tau \geqslant 0.$$

上式两端对 t 求 Laplace 变换得

$$e^{s\tau}\hat{\varphi}_v(s) - e^{s\tau}\int_0^\tau e^{-st}\varphi_v(t)\mathrm{d}t = (s - A)^{-1}\varphi_v(\tau) + \hat{\varphi}_v(s).$$

假设 $\tau > 0$, 合并整理上式得

$$\frac{e^{s\tau} - 1}{\tau}\hat{\varphi}_v(s) = \frac{e^{s\tau}}{\tau}\int_0^\tau e^{-st}\varphi_v(s)\mathrm{d}s + (s - A)^{-1}\frac{\varphi_v(\tau)}{\tau}.$$

依 H 中范数, 令 $\tau \to 0$, 注意到 $\varphi_v(s)$ 连续以及 $\varphi_v(0) = 0$ 得

$$s\hat{\varphi}_v(s) = \lim_{\tau \to 0}(s - A)^{-1}\frac{\varphi_v(\tau)}{\tau} = \lim_{\tau \to 0}(s - \tilde{A})^{-1}\frac{\varphi_v(\tau)}{\tau}. \tag{2.52}$$

2.3 控制系统的抽象表示

特别地, (2.52) 说明其右端极限存在. 定义

$$Bv = \lim_{\tau \to 0} \frac{\varphi_v(\tau)}{\tau}. \tag{2.53}$$

(2.53) 右端以 H 的范数收敛. 于是 (2.53) 定义了一个 U 到 H_{-1} 的算子, 并且由 (2.52),

$$\hat{\varphi}_v(s) = \frac{1}{s}(s-\tilde{A})^{-1}Bv. \tag{2.54}$$

由于

$$\|\hat{\varphi}_v(s)\| \leqslant L \int_0^\infty e^{-(s-\omega)t} t^{1/2} dt \|v\| = M_s\|v\|, \quad \forall\, \mathrm{Re}\, s > \omega$$

对某个常数 M_s 成立, 所以 $\|(s-\tilde{A})^{-1}Bv\| \leqslant |s|M_s\|v\|$, 于是 $B \in \mathcal{L}(U, H_{-1})$.

考虑方程

$$\dot{x}(t) = \tilde{A}x(t) + Bv, \quad x(0) = 0.$$

一方面, 其解为 $x(t) = \int_0^t e^{\tilde{A}(t-s)} Bv\, ds$; 另一方面, 取 Laplace 变换得 $\hat{x}(s) = 1/s(s-\tilde{A})^{-1}Bv$. 在 (2.54) 两端取 Laplace 逆变换得

$$\varphi_v(t) = \Phi(t)\mathbf{P}_t v = \int_0^t \tilde{T}(t-s)Bv\, ds. \tag{2.55}$$

首先证明当 v 为 n 个区间的阶梯函数时, (2.55) 也是对的. $n=1$ 就是 (2.55). 设 $n-1$ 个区间的阶梯函数是对的. 假设 n 个区间的最后一个区间是 $[\tau, t]$. 令 $u_\tau(t) = u(t+\tau)$, 则 $u = u \underset{\tau}{\diamond} u_\tau$. 于是对 $t \geqslant \tau$,

$$\Phi(t)u = \Phi(t-\tau+\tau)(u \underset{\tau}{\diamond} u_\tau) = T(t-\tau)\Phi(\tau)u + \Phi(t-\tau)u_\tau$$

$$= \int_0^\tau \tilde{T}(t-s)Bu(s)ds + \int_0^{t-\tau} \tilde{T}(t-\tau-s)Bu(\tau+s)ds = \int_0^t \tilde{T}(t-s)Bu(s)ds. \tag{2.56}$$

由于阶梯函数在 $L^2(0,\infty;U)$ 中稠密, (2.56) 对一切的 $u \in L^2(0,\infty;U)$ 也成立.

唯一性是显然的. 定理得证. ∎

注 2.6 由 (2.56) 可以看出, 如果 $u \in L^2(0,\infty;U)$ 的 Laplace 变换存在, 则 $\Phi(t)u$ 的 Laplace 变换也存在, 并且

$$\hat{\Phi}(s)u = (s-\tilde{A})^{-1}B\hat{u}(s). \tag{2.57}$$

注 2.7 利用定理 2.2, 命题 2.8 (3) 中当 $\omega = 0$ 时的估计可以得到改进. 为此, 需要由 (2.43) 引进的 $B^* \in \mathcal{L}(H_1, U)$. 对每个 $\tau > 0, y \in D(A^*), u \in L^2(0, \infty; U)$, 由

$$\langle \Phi(\tau)u, y \rangle_{H_{-1}, D(A^*)} = \int_0^\tau \langle \tilde{T}(\tau - t)Bu(t), y \rangle_{H_{-1}, D(A^*)} \mathrm{d}t$$
$$= \int_0^\tau \langle u(t), B^* T^*(\tau - t)y \rangle_U \mathrm{d}t = \langle u, \Phi^*(\tau)y \rangle_{L^2(0, \infty; U)} \quad (2.58)$$

得

$$(\Phi^*(\tau)y)(t) = \begin{cases} B^* T^*(\tau - t)y, & t \in [0, \tau], \forall\, y \in D(A^*), \\ 0, & t > \tau. \end{cases} \quad (2.59)$$

对任意的 $n \in \mathbb{N}$, 分别求 $(\Phi^*(n)y)(t)$ 在 $t \in [i-1, i]$ $(i = 1, 2, \cdots, n)$ 上的值, 则有

$$(\Phi^*(n)y)(t) = (\Phi^*(1)T^*(n-i)y)(t - i + 1), \quad t \in [i-1, i].$$

于是

$$\|\Phi^*(n)y\|_{L^2(0,n)}^2 = \sum_{i=1}^n \|\Phi^*(1)T^*(n-i)y\|_{L^2(0,1)}^2,$$

从而当 $\omega = 0$ 时, 利用命题 2.8 相应证明的记号得

$$\|\Phi(t)\| = \|\Phi^*(t)\| \leqslant \|\Phi^*(n)\| \leqslant (\|\Phi(1)\|Mn)^{1/2} \leqslant L(1+t)^{1/2}. \quad (2.60)$$

当假设 B 允许时, 要求 (2.18) 的解 $x \in C^1(0, \infty; H)$ 的条件要弱一些.

命题 2.9 假设 $B \in \mathcal{L}(U, H_{-1})$ 是允许的. 如果 $x_0 \in H, u \in H_{\text{loc}}^1(0, \infty; U)$, $\tilde{A}x_0 + Bu(0) \in H$, 则 (2.18) 的解

$$x \in C^1(0, \infty; H),$$

并且 $\dot{x}(t) = \tilde{A}x(t) + Bu(t), x(0) = x_0$ 在 H 中成立.

证 设 $x_0 \in H, u \in H_{\text{loc}}^1(0, \infty; U)$, 则

$$\dot{w}(t) = \tilde{A}w(t) + B\dot{u}(t), \quad w(0) = \tilde{A}x_0 + Bu(0) \quad (2.61)$$

的解 $w \in C(0, \infty; H)$. 令

$$x(t) = x_0 + \int_0^t w(s) \mathrm{d}s,$$

则 $x \in C^1(0, \infty; H)$. 两端对 (2.61) 从 0 到 t 积分得

$$\dot{x}(t) = \tilde{A}x(t) + Bu(t), \quad x(0) = x_0.$$

证毕.

2.4 允许性的算子刻画

前面已经说明了直接从微分方程 (2.1) 出发, 或者从抽象关系 (2.46) 都可以得出: 要使得 (2.1) 的从 H 出发的解仍然在 H 中, 除去 $(\beta - \tilde{A})^{-1}B$ 有界外, 还需要 B 是允许的. 下面的任务是关于 B 的允许性的刻画. 命题 2.7 是偏微分方程控制中验证 B 的允许性的主要手段, 在例 2.1 中已经看到. 其实质是说系统 (2.1) 的对偶系统 (参照有穷维系统)

$$\begin{cases} \dot{z}(t) = A^* z(t), z(0) = z_0, \\ y(t) = B^* z(t) \end{cases} \quad (2.62)$$

的解 (一般是温和解而非古典解) 满足

$$\int_0^\tau \|y(t)\|_U^2 dt \leqslant C_\tau^2 \|z_0\|^2 \quad \text{对某个 } \tau > 0 \text{ 和任意的 } z_0 \in H.$$

在偏微分方程中, 这也称为隐性正则性 (hidden regularity). 这一正则性是由于解满足 (2.62)(虽然不在古典意义下) 而隐含的性质, 而不是直接由 Sobolev 嵌入定理得到. 虽然对具体系统来说, 验证这个条件需要有特别的技巧, 就像在例 2.1 中所做的那样, 但这是一个纯粹的数学问题. 理论上如何利用给出系统 (2.1) 时已经知道的 B 和 A 来刻画 B 的允许性是一个有趣的课题. 下面的结果是一个必要条件.

命题 2.10 如果 $B \in \mathcal{L}(U, H_{-1})$ 对 C_0- 半群 $T(t)$ (其生成元为 A) 是允许的, $\|T(t)\| \leqslant M e^{\omega t}$ 对常数 $M > 0, \omega$ 成立, 则对任意的 $\alpha > \omega(A)$, 存在常数 $M_\alpha \geqslant 0$, 使得

$$\|(s - \tilde{A})^{-1} B\| \leqslant \frac{M_\alpha}{\sqrt{\operatorname{Re} s - \alpha}}, \quad \forall s \in \mathbb{C}, \operatorname{Re} s > \alpha. \quad (2.63)$$

证 定义新的 C_0- 半群 $T_\alpha(t) = e^{-\alpha t} T(t)$, 则 $T_\alpha(t)$ 是一个指数稳定的 C_0- 半群, 其生成元为 $A - \alpha$. 显然, B 对 $T(t)$ 是允许的当且仅当 B 对 $T_\alpha(t)$ 允许. 命题 2.8 (3) 表明, 相应于 $T_\alpha(t)$ 的算子

$$\Phi_\alpha(t) u = \int_0^t \tilde{T}_\alpha(t-s) B u(s) ds, \quad \forall u \in L^2(0, \infty; U) \quad (2.64)$$

满足

$$\|\Phi_\alpha(t)\| \leqslant L_\alpha.$$

定义算子 $\Phi_\alpha \in \mathcal{L}(L^2(0, \infty; U), H_{-1})$,

$$\Phi_\alpha u = \int_0^\infty \tilde{T}_\alpha(t) B u(t) dt, \quad \forall u \in L^2(0, \infty; U). \quad (2.65)$$

因为对任意的 $u \in L^2(0,\infty;U)$, 截断函数 $u_n = \mathbf{P}_n u \to u(n \to \infty)$ 在 $L^2(0,\infty;U)$ 中, 而
$$\|\Phi_\alpha u_n\| = \|\Phi_\alpha(n) u\| \leqslant L_\alpha \|u_n\|,$$
所以事实上,
$$\Phi_\alpha \in \mathcal{L}(L^2(0,\infty;U), H)$$
且
$$\|\Phi_\alpha u\| \leqslant L_\alpha \|u\|, \quad \forall\, u \in L^2(0,\infty;U). \tag{2.66}$$
这种性质称为无穷时间的允许性.

任取常值元素 $v \in U, z \in \mathbb{C}, \operatorname{Re} z > 0$, 定义 $u(t) = e^{-zt} v$, 则由 (1.50),
$$\Phi_\alpha u = \int_0^\infty e^{-zt} \tilde{T}_\alpha(t) B v \mathrm{d}t = (z + \alpha - \tilde{A})^{-1} B v.$$
于是
$$\|(z + \alpha - \tilde{A})^{-1} B v\| \leqslant L_\alpha \|u\| \leqslant \frac{L_\alpha}{\sqrt{2}} \frac{1}{\sqrt{\operatorname{Re} z}} \|v\|.$$
令 $s = z + \alpha$ 得
$$\|(s - \tilde{A})^{-1} B\| \leqslant \frac{L_\alpha}{\sqrt{2}} \frac{1}{\sqrt{\operatorname{Re} s - \alpha}} = \frac{M_\alpha}{\sqrt{\operatorname{Re} s - \alpha}}, \quad M_\alpha = \frac{L_\alpha}{\sqrt{2}},$$
即 (2.63). ∎

注 2.8 在 (2.66) 中指出, 如果 $T(t)$ 是指数稳定的 C_0-半群, 则 B 是允许的当且仅当 B 是无穷允许的,
$$\Phi_\infty u = \int_0^\infty \tilde{T}(t) B u(t) \mathrm{d}t \in H, \quad \forall\, u \in L^2(0,\infty;U), \tag{2.67}$$
或者说,
$$\Phi_\infty \in \mathcal{L}(L^2(0,\infty;U), X). \tag{2.68}$$
这又从命题 2.7 的证明可以看出, (2.68) 等价于
$$\int_0^\infty \|B^* T^*(t) z\|^2 \mathrm{d}t \leqslant C_\infty \|z\|, \quad \forall\, z \in D(A^*), \tag{2.69}$$
其中 $C_\infty > 0$ 为常数. 在第 3 章的命题 3.3 将有严格的证明和叙述.

下面的结果说明了无论如何, (2.63) 刻画了几乎所有的 B 的允许性.

命题 2.11 假设在命题 2.10 的条件下, 如果 (2.63) 成立, 则对任意的 $\tau_n \to 0(n \to 0)$, $B_n = \tilde{T}(\tau_n) B \in \mathcal{L}(U, H_{-1})$ 是允许的, 并且
$$\lim_{n \to \infty} B_n u \to B u, \quad \forall\, u \in U \text{ 在 } H_{-1} \text{ 中}. \tag{2.70}$$

2.4 允许性的算子刻画

证 利用命题 2.7 来证明. 此时, $B_n^* = B^* T^*(\tau_n)$, 而条件 (2.63) 为

$$\|B^*(s-A^*)^{-1}\| \leqslant \frac{M_\alpha}{\sqrt{\operatorname{Re} s - \alpha}}, \quad \forall\, s \in \mathbb{C}, \operatorname{Re} s > \alpha, \tag{2.71}$$

其中 $\|T^*(t)\| = \|T(t)\| \leqslant M e^{\omega t}$, $\alpha > \omega(A) = \omega(A^*)$, 从而 $T_\alpha^*(t) = e^{-\alpha t} T^*(t)$ 是指数稳定的 C_0- 半群. 现在对任意的 $z \in D(A^*)$, 由半群性质, $T^*(t) z \in D(A^*)$. 于是

$$\int_0^\tau \|B_n^* T^*(t) z\|_U^2 \mathrm{d}t = \int_0^\tau \|B_n^* T^*(t+\tau_n) z\|_U^2 \mathrm{d}t = \int_{\tau_n}^{\tau+\tau_n} \|B_n^* T^*(t) z\|_U^2 \mathrm{d}t$$

$$\leqslant \frac{e^{2\alpha(\tau+\tau_n)}}{(1-e^{-\tau_n})^2} \int_{\tau_n}^{\tau+\tau_n} \|(1-e^{-t}) B_n^* T_\alpha^*(t) z\|_U^2 \mathrm{d}t$$

$$\leqslant \frac{e^{2\alpha(\tau+\tau_n)}}{(1-e^{-\tau_n})^2} \int_0^\infty \|(1-e^{-t}) B_n^* T_\alpha^*(t) z\|_U^2 \mathrm{d}t. \tag{2.72}$$

注意到 $T_\alpha^*(t)$ 是指数稳定的, 由 (1.50),

$$\int_0^\infty e^{-ist}(1-e^{-t}) B_n^* T_\alpha^*(t) z \mathrm{d}t = B_n^* \left[(\alpha + is - A^*)^{-1} - (1+\alpha+is-A^*)^{-1}\right] z$$

$$= B_n^*(1+\alpha+is-A^*)^{-1}(\alpha+is-A^*)^{-1} z.$$

由 Parseval 恒等式

$$\int_{-\infty}^\infty \|(\alpha+is-A^*)^{-1} z\|^2 \mathrm{d}s = 2\pi \int_0^\infty \|T_\alpha^*(t) z\|^2 \mathrm{d}t < \infty \tag{2.73}$$

和假设

$$\sup_{s \in \mathbb{R}} \|B_n^*(1+\alpha+is-A^*)^{-1}\| \leqslant M_\alpha \|T^*(\tau_n)\|$$

知

$$\int_{-\infty}^\infty \|B_n^*(1+\alpha+is-A^*)^{-1}(\alpha+is-A^*)^{-1} z\|_U^2 \mathrm{d}s$$

$$\leqslant M_\alpha^2 \|T^*(\tau_n)\|^2 \int_{-\infty}^\infty \|(\alpha+is-A^*)^{-1} z\|^2 \mathrm{d}s < \infty. \tag{2.74}$$

于是由 (2.74) 和 Parseval 恒等式有

$$\int_{-\infty}^\infty \|B_n^*(1+\alpha+is-A^*)^{-1}(\alpha+is-A^*)^{-1}z\|_U^2 \mathrm{d}s = 2\pi \int_0^\infty \|(1-e^{-t}) B_n^* T_\alpha^*(t) z\|_U^2 \mathrm{d}t < \infty,$$

从而

$$\int_0^\tau \|B_n^* T^*(t) z\|_U^2 \mathrm{d}t \leqslant \frac{e^{2\alpha(\tau+\tau_n)}}{(1-e^{-\tau_n})^2} \int_0^\infty \|(1-e^{-t}) B_n^* T_\alpha^*(t) z\|_U^2 \mathrm{d}t$$

$$\leqslant \frac{e^{2\alpha(\tau+\tau_n)}}{(1-e^{-\tau_n})^2} M_\alpha^2 \|T^*(\tau_n)\|^2 \int_0^\infty \|T_\alpha^*(t) z\|^2 \mathrm{d}t$$

$$\leqslant \frac{e^{2\alpha(\tau+\tau_n)}}{(1-e^{-\tau_n})^2} M_\alpha^2 \|T^*(\tau_n)\|^2 K_\alpha \|z\|^2, \quad \forall\, z \in D(A^*). \tag{2.75}$$

这里用到了 $T_\alpha^*(t)$ 的指数稳定性

$$\int_0^\infty \|T_\alpha^*(t)z\|^2 \mathrm{d}t \leqslant K_\alpha \|z\|^2.$$

由命题 2.7 和 (2.75) 即得 B_n 的允许性. ∎

在本节的最后,我们说明 (2.63) 并不是 B 允许的充分条件. 因为 $B \in \mathcal{L}(U, H_{-1})$ 对 H 中的 C_0- 半群 $T(t)$ 是允许的当且仅当对任意的 $\alpha > 0$, B 对 $\mathrm{e}^{-\alpha t}T(t)$ 是允许的, 所以一般可以假设无穷允许性. 特别地, 对于指数稳定的半群来说, (2.67) 指出 (有限) 允许和无穷允许是等价的.

定义 2.3 一个 Hilbert 空间 H 中的序列 $\{x_n\}_{n=1}^\infty$ 称为 H 的基, 如果对任意的 $x \in H$, 存在唯一的 (复或实的) 数列 $\{a_n\}$, 使得

$$x = \sum_{n=1}^\infty a_n x_n, \quad \text{即} \lim_{N \to \infty} \left\| x - \sum_{n=1}^N a_n x_n \right\| = 0. \tag{2.76}$$

基序列 $\{x_n\}$ 称为 Bessel 基, 如果存在常数 $c > 0$, 使得对任意的正整数 N,

$$\sum_{n=1}^N |a_n|^2 \leqslant c \left\| \sum_{n=1}^N a_n x_n \right\|^2, \quad \forall\, x = \sum_{n=1}^\infty a_n x_n. \tag{2.77}$$

基序列 $\{x_n\}$ 称为 Hilbert 基, 如果存在常数 $c > 0$, 使得对任意的正整数 N,

$$\left\| \sum_{n=1}^N a_n x_n \right\|^2 \leqslant c \sum_{n=1}^N |a_n|^2, \quad \forall\, x = \sum_{n=1}^\infty a_n x_n. \tag{2.78}$$

例 2.2 设 $0 < \beta < 1/2$, 在 $L^2(-\pi, \pi)$ 中定义的序列 $\{x_n\}_{n=0}^\infty$,

$$x_{2n}(t) = |t|^\beta \mathrm{e}^{\mathrm{i}nt}, \quad x_{2n+1}(t) = |t|^\beta \mathrm{e}^{-\mathrm{i}nt}, \quad t \in [-\pi, \pi], n = 0, 1, 2, \cdots$$

是 Hilbert 基, 但不是 Bessel 基.

引理 2.1 设 $\{x_n\}$ 为 H 中的基, 则下列定义的算子 $\mathbb{P}_N, \tilde{P}_N$ 是一致有界的:

$$\mathbb{P}_N x = \sum_{n=1}^N a_n x_n, \quad \tilde{P}_N x = a_N x_N, \quad \forall\, x = \sum_{n=1}^\infty a_n x_n. \tag{2.79}$$

此外, 如果存在常数 κ, 使得 $\inf_{n \in \mathbb{N}} \|x_n\| > 0$, 则

$$\sup_{n \in \mathbb{N}} |a_n| \leqslant \kappa \|x\|. \tag{2.80}$$

2.4 允许性的算子刻画

证 因为对所有的 $x \in H$, $\mathbb{P}_N x \to x, \tilde{P}_N x \to 0$. 由共鸣定理 1.23, $\mathbb{P}_N, \tilde{P}_N$ 一致有界. 令 $\|\mathbb{P}_N\| \leqslant M$, 则

$$|a_n| = \frac{\|a_n x_n\|}{\|x_n\|} \leqslant \frac{\|\mathbb{P}_n x\| + \|\mathbb{P}_{n-1} x\|}{\|x_n\|} \leqslant \frac{2M\|x\|}{\inf\limits_{n \in \mathbb{N}} \|x_n\|} = \kappa \|x\|,$$

即 (2.80) 成立. ∎

引理 2.2 设 $\{x_n\}$ 为 H 中的基. 对序列 $\{q_n\}$, 定义算子

$$\mathbb{Q} x_n = q_n x_n.$$

如果序列 $\{q_n\} \subset \mathbb{C}$ 有有界变差:

$$\text{Var}(q_n) = \sum_{n=1}^{\infty} |q_{n+1} - q_n| < \infty,$$

则 $\mathbb{Q}$ 可以延拓成 H 上的有界算子, 并且

$$\|\mathbb{Q}\| \leqslant M[\text{Var}(q_n) + \lim_{n \to \infty} |q_n|], \tag{2.81}$$

其中 M 使得 $\|\mathbb{P}_N\| \leqslant M$, $\mathbb{P}_N$ 定义如 (2.79).

证 首先由 $q_1 - q_{N+1} = \sum\limits_{n=1}^{N}(q_n - q_{n+1})$ 知, $\lim\limits_{n \to \infty} q_n$ 存在. 对任意的 $x = \sum\limits_{n=1}^{\infty} a_n x_n$ 有

$$\|\mathbb{Q} x\| = \left\| \sum_{n=1}^{\infty} a_n q_n x_n \right\| = \left\| \lim_{N \to \infty} \sum_{n=1}^{N} a_n q_n x_n \right\|$$

$$= \left\| \lim_{N \to \infty} \left(\sum_{n=1}^{N} \sum_{k=1}^{n} (q_n - q_{n+1}) a_k x_k + \sum_{n=1}^{N} q_{N+1} a_n x_n \right) \right\|$$

$$\leqslant \limsup_{N \to \infty} \left\| \sum_{n=1}^{\infty} (q_n - q_{n+1})(\mathbb{P}_n x) \right\| + \limsup_{N \to \infty} \|q_{N+1}(\mathbb{P}_N x)\|$$

$$\leqslant M\|x\| \sum_{n=1}^{\infty} |q_n - q_{n+1}| + M\|x\| \limsup_{N \to \infty} |q_{N+1}|$$

$$\leqslant M[\text{Var}(q_n) + \lim_{n \to \infty} |q_n|]\|x\|.$$
∎

引理 2.3 设 $\{x_n\}$ 为 H 中的基, $\{\mu_n\} \subset (-\infty, -1]$ 是单调递减序列满足 $\mu_1 = -1$, $\lim\limits_{n \to \infty} \mu_n = -\infty$. 定义

$$T(t) x_n = e^{\mu_n t} x_n, \quad \forall\, n \in \mathbb{N}, \tag{2.82}$$

则 $T(t)$ 为 H 中指数稳定的 C_0- 半群.

证 由假设及引理 2.2, $T(t) \in \mathcal{L}(H)$ 且

$$\|T(t)\| \leqslant Ke^{-t}.$$

$T(0) = I, T(t+s) = T(t)T(s)$ 是显然的. 下面证明强连续性. 对任意的 $x = \sum\limits_{n=1}^{\infty} a_n x_n$, 取定 $\varepsilon > 0$, 存在 $N > 0$, 使得 $\|\mathbb{P}_N x - x\| < \varepsilon$. 再取 $t_0 > 0$, 使得 $\sum\limits_{n=1}^{N} |e^{\mu_n t_0} - 1||a_n| \leqslant \varepsilon$. 于是对任意的 $t \in (0, t_0)$,

$$\|T(t)x - x\| \leqslant \|T(t)x - T(t)\mathbb{P}_N x\| + \|T(t)\mathbb{P}_N x - \mathbb{P}_N x\| + \|\mathbb{P}_N x - x\|$$

$$\leqslant K\varepsilon + \sum_{n=1}^{N} |e^{\mu_n t_0} - 1||a_n| + \varepsilon \leqslant (K+2)\varepsilon,$$

所以 $T(t)$ 是 C_0- 半群. ∎

设 $\{e_n\}$ 是 Hilbert 空间 H 上的基且满足

$$\inf_{n \in \mathbb{N}} \|e_n\| > 0, \tag{2.83}$$

但它不是 Bessel 基. 例 2.2 说明这样的基是存在的. 定义算子

$$Ae_n = \mu_n e_n, \quad \mu_n = -4^n, \quad \forall\, n \in \mathbb{N}. \tag{2.84}$$

引理 2.3 说明 A 生成 H 上指数稳定的 C_0- 半群 $T(t)$. 因为 $A^* = A$, 所以 A^* 生成的半群也是共轭的, $T^*(t) = T(t)$.

定义 $U = \mathbb{C}$ 及算子

$$Bu = u \sum_{n=1}^{\infty} \sqrt{-\mu_n} e_n, \quad B^*x = \sum_{n=1}^{\infty} \sqrt{-\mu_n} a_n, \quad \forall\, x = \sum_{n=1}^{\infty} a_n e_n \in D(A^*), u \in U. \tag{2.85}$$

命题 2.12 设算子 A^*, B^* 定义如 (2.84), (2.85), 则存在 $M > 0$, 使得

$$B^* \in \mathcal{L}(D(A^*), U), \|B^*(s - A^*)^{-1}\| \leqslant \frac{M}{\sqrt{\mathrm{Re}\, s - \alpha}}, \quad \forall\, s \in \mathbb{C}, \mathrm{Re}\, s > \alpha > -1, \tag{2.86}$$

但 B 不是允许的, 或等价地, (2.69) 不成立.

证 由引理 2.1, 对任意的 $x = \sum\limits_{n=1}^{\infty} a_n e_n \in H$, $\|x\| = 1$ 有 $|a_n| \leqslant \kappa$. 于是

$$|B^* A^{*-1} x| = \left|\sum_{n=1}^{\infty} \frac{a_n}{\sqrt{-\mu_n}}\right| \leqslant \kappa \sum_{n=1}^{\infty} 2^{-n} = \kappa,$$

2.4 允许性的算子刻画

所以 $B^* \in \mathcal{L}(D(A^*), U)$. (2.86) 的第一部分得证. 对任意的 $s \in \mathbb{C}$, $\operatorname{Re} s > \alpha > -1$, 注意到 $\|x\| = 1$, 于是有

$$\sqrt{\operatorname{Re} s - \alpha}|B^*(s-A^*)^{-1}x| = \sqrt{\operatorname{Re} s - \alpha}\left|\sum_{n=1}^{\infty}\frac{2^n}{s+4^n}a_n\right|$$

$$\leqslant \sqrt{\operatorname{Re} s - \alpha}\sum_{n=1}^{\infty}\frac{2^n}{|s+4^n|}|a_n| \leqslant \kappa\sqrt{\operatorname{Re} s - \alpha}\sum_{n=1}^{\infty}\frac{2^n}{\operatorname{Re} s + 4^n}.$$

现在考察序列 $a_n = \dfrac{1}{\operatorname{Re} s + n^2}$. 当 $N \geqslant 2^k$ 时,

$$\sum_{n=1}^{N} a_n \geqslant a_1 + a_2 + (a_3 + a_4) + \cdots + (a_{2^{k-1}+1} + \cdots + a_{2^k})$$

$$\geqslant a_2 + 2a_4 + \cdots + 2^{k-1}a_{2^k} = \sum_{n=1}^{K} 2^n a_{2^n}.$$

于是

$$\sum_{n=1}^{\infty}\frac{2^n}{\operatorname{Re} s + 4^n} \leqslant 2\sum_{n=1}^{\infty}\frac{1}{\operatorname{Re} s + n^2},$$

从而当 $-1 < \alpha < \operatorname{Re} s \leqslant 0$ 时, $\sqrt{\operatorname{Re} s - \alpha}|B^*(s-A^*)^{-1}x| \leqslant 2\kappa\dfrac{\sqrt{\operatorname{Re} s - \alpha}}{\operatorname{Re} s + 1}$, 所以只考虑 $\operatorname{Re} s > 0$ 的情况. 此时,

$$\sqrt{\operatorname{Re} s}|B^*(s-A^*)^{-1}x| \leqslant 2\kappa\sqrt{\operatorname{Re} s}\sum_{n=1}^{\infty}\frac{1}{\operatorname{Re} s + n^2} \leqslant 2\kappa\sqrt{\operatorname{Re} s}\int_0^{\infty}\frac{1}{\operatorname{Re} s + t^2}\mathrm{d}t$$

$$\leqslant 2\sqrt{\operatorname{Re} s}\kappa\left(\frac{1}{\sqrt{\operatorname{Re} s}}\arctan\left(\frac{t}{\sqrt{\operatorname{Re} s}}\right)\Big|_0^{\infty}\right) \leqslant 2\kappa\frac{\pi}{2} = \kappa\pi.$$

这就是 (2.86) 的第二部分. 由于 $T^*(t)$ 是指数稳定的, 如果 (2.69) 成立, 则

$$\int_0^{\infty}|B^*T^*(t)x|^2\mathrm{d}t \leqslant C_{\infty}\|x\|^2, \quad \forall\, x \in D(A^*)$$

对某个常数 $C_{\infty} > 0$ 成立. 考虑

$$x = \sum_{n=1}^{N} a_n e_n,$$

则上式表明

$$\int_0^{\infty}\left|\sum_{n=1}^{N}\sqrt{-\mu_n}\mathrm{e}^{\mu_n t}a_n\right|^2\mathrm{d}t \leqslant C_{\infty}\|x\|^2.$$

因为 $\{\sqrt{-\mu_n}e^{\mu_n t}\}$ 为其在 $L^2(0,\infty)$ 中张成的闭子空间的 Riesz 基, 于是存在常数 $C_0 > 0$, 使得

$$\int_0^\infty \left|\sum_{n=1}^N \sqrt{-\mu_n}e^{\mu_n t}a_n\right|^2 \mathrm{d}t \geqslant C_0 \sum_{n=1}^N |a_n|^2. \tag{2.87}$$

这说明 $\{e_n\}$ 是 Bessel 基, 矛盾. ∎

小结和文献说明

文献 [106] 是较早开始考虑边界控制带来无界控制算子的工作, 阴范空间和阳范空间在那里有很好的表述和文献征引. 在偏微分方程控制中也可以找到相应的描述, 如文献 [72], [73]. 文献 [106] 是把所有的算子都延拓到阴范空间来考虑稳定性, 从而使得控制算子有界. 文献 [44] 最早注意到文献 [106] 中的系统并不需要延拓, 能量空间是合适的状态空间, "允许"一词就从这篇文章中提出并延续下来. 与此同时, 文献 [103] 用泛函的抽象观点考察这些无界算子的状态和输出表达式. 文献 [119] 在文献 [103] 的基础上把允许性定义成现在表述的形式, 并提出了抽象的控制系统. 从此, 允许的充分必要条件的刻画成为了许多文章探讨的课题. 文献 [125] 最早把 (2.63) 作为允许性充分必要条件的一个猜测. 这里的反例 (命题 2.12) 来源于文献 [52]. 相接近稍简单的例子可以在文献 [145] 中找到. 例 2.2 来源于文献 [104] 第 428 页. 允许性条件 (2.63) 对压缩半群来说也是充分的, 可参见文献 [54], 这可能是最好的结果. 充分必要条件则要用到预解式的高次幂, 可参见文献 [27]. 命题 2.11 来源于文献 [130]. 当然, 从理论上来说, 这些都是有趣的课题, 但已经偏离了控制的中心目标, 在这里没有更多地讨论, 有兴趣的读者可以自行阅读这些相关文献. 一维的问题可参见文献 [139]. 某些结果也参考了最近的文献 [115]. 关于偏微分方程隐性正则性的许多讨论可参见文献 [59]. (2.87) 是一个深刻的结果, 来源于文献 [93] 的 Lecture XI2: $\{\sqrt{\mathrm{Im}\mu}e^{i\mu t}\}_{\mu\in\Lambda}$ 为其在 $L^2(0,\infty)$ 中张成的闭子空间的 Riesz 基的充分必要条件是 $\delta(\Lambda) > 0$, 其中 $\delta(\Lambda) = \inf\limits_{\mu\in\Lambda}\left\{\prod\limits_{\lambda\in\Lambda,\lambda\neq\mu}\left|\dfrac{\lambda-\mu}{\lambda+\mu}\right|\right\}$. 当 $\Lambda = \{\mathrm{i}q^n\}_{n\in\mathbb{N}}$ ($q > 0$) 时, 容易证明 $\delta(\Lambda) > 0$. 这正好是本章的情况.

第 3 章 允许观测算子

本章考虑系统的观测，仍然假定以后讨论的状态空间为 Hilbert 空间 H. 无穷维时不变观测系统由下面的发展方程描述：

$$\begin{cases} \dot{x}(t) = Ax(t),\ x(0) = x_0 \in H, \\ y(t) = \overline{C}x(t), \end{cases} \tag{3.1}$$

其中 A 为系统算子，总假设生成 H 中的 C_0- 半群 e^{At} (多数情况下写为 $T(t)$)，x 为系统的状态，取值于 H，y 为系统的观测 (量测或输出)，取值于另一 Hilbert 空间 Y，一般总要求

$$y \in L^2_{\mathrm{loc}}(0,\infty;Y). \tag{3.2}$$

和控制一样，y 的 L^2 范数表示系统观测的一种能量. 于是 $\overline{C}$ 就是从空间 H 到 Y 的算子，是观测 (输出) 算子. 如果 $\overline{C}$ 有界，则系统的初始状态和观测的关系为

$$y(t) = \overline{C}\mathrm{e}^{At}x_0. \tag{3.3}$$

可是当 $\overline{C}$ 无界时，如像在例 2.1 中见过的 (2.29) 那样，(3.3) 可能变得没有意义. 因为对于状态来说，一般最好的情况是 $x_0 \in D(A)$，从而有古典解 $x(t) = \mathrm{e}^{At}x_0 \in D(A)$，所以一个自然的假设是观测算子至少可以作用在 $D(A)$ 上，于是通常假设

$$C = \overline{C}|_{D(A)} \in \mathcal{L}(H_1, Y), \tag{3.4}$$

其中 H_1 为 (2.4) 定义的阳范空间. 这样至少对于 $x_0 \in D(A)$，输出可以写为 (3.3) 的形式. 可是对 H 中非光滑的状态，如 $x_0, \mathrm{e}^{At}x_0$ 仅仅属于 H，这时 $y(t) = C\mathrm{e}^{At}x_0$ 可能又变得没有意义. 为了使得 $y(t)$ 对所有的 $x_0 \in H$ 都有意义，和控制算子一样，要求算子 C 是"允许"的. 这些在有穷维系统中并不存在的内容让我们又一次看到了无穷维系统和有穷维系统的显著差别.

3.1 观测允许性

现在引进记号

$$(\Psi_\tau x_0)(t) = \begin{cases} CT(t)x_0, & \forall\, t \in [0,\tau], \\ 0, & \forall\, t > \tau. \end{cases} \tag{3.5}$$

这个记号事实上在 (2.59) 中已经用过. 可以想象如果 Ψ_τ 对 $\dot{x}(t) = Ax(t) + Bu(t)$ 的对偶系统 $\dot{z}(t) = A^*z(t), y(t) = B^*z(t)$ 来说, 就是由 (2.36) 定义的算子 Φ_τ 的对偶 (有一点细微的差别, 将在 3.3 节中详细说明).

因为 $C \in \mathcal{L}(H_1, Y)$, $\Psi_\tau \in \mathcal{L}(H_1, L^2(0, \infty; Y))$. 显然, $\Psi_\tau = \mathbf{P}_\tau \Psi_\tau$, 容易验证下面的式子成立 (注意到关联符号 (2.38)):

$$\Psi_{t+\tau} x_0 = \Psi_\tau x_0 \underset{\tau}{\Diamond} \Psi_t T(\tau) x_0, \quad \forall\, x_0 \in H_1, t, \tau \geqslant 0. \tag{3.6}$$

目的是将 Ψ_τ 延拓, 使其对任意的 $x_0 \in H$ 都有意义. 为此, 需要下面的定义.

注 3.1 和注 2.4 一样, 过早地引入关联式 (3.6) 是为了和 3.2 节对应. 本节的证明完全由下面的定义 3.1 出发就够了. 读者也可以自己作为练习尝试.

定义 3.1 算子 $C \in \mathcal{L}(H_1, Y)$ 称为对 C_0-半群 $T(t)$ 是允许的 (或者简称为允许的), 如果对某个 $\tau > 0$, 存在正常数 C_τ, 使得

$$\int_0^\tau \|CT(t)x_0\|_Y^2 \mathrm{d}t \leqslant C_\tau^2 \|x_0\|^2, \quad \forall\, x_0 \in H_1, \tag{3.7}$$

或者等价地说连续延拓后, $\Psi_\tau \in \mathcal{L}(H, L^2(0, \infty; Y))$.

显然, 有界算子 C 一定是允许的. C 的允许性保证了 $CT(t)$ 可以延拓成 H 到 $L^2(0, \tau; Y)$ 的有界算子, 从而观测 $y(t) = Cx(t) = CT(t)x_0$ 对一切的 $x_0 \in H$ 都有意义.

例 3.1 例 2.1 中关于一维波动方程 (2.31), (2.32) 的证明说明了观测系统

$$\begin{cases} w_{tt}(x,t) = w_{xx}(x,t), & 0 < x < 1, t > 0, \\ w(0,t) = w_x(1,t) = 0, \\ w(x,0) = w_0(x), w_t(x,0) = w_1(x), \\ y(t) = w_t(1,t) \end{cases} \tag{3.8}$$

的观测算子 $C(f,g) = g(1)$ 是允许的. 显然, 这里的 C 无界. 注意到由 (2.23) 定义的系统 (3.8) 的状态空间 $H = H_L^1(0,1) \times L^2(0,1)$. 普通的 H 中的元 $(f,g) \in H$, $C(f,g) = g(1)$ 并无意义, 但 (3.8) 的状态 $(w(\cdot,t), w_t(\cdot,t))$ 并非普通的 H 中的元, 它们是 (3.8) 的解 (虽然是弱解), 所以 $y(t) \in L_{\mathrm{loc}}^2(0,\infty; \mathbb{R})$. 正如在 2.4 节的开头所讲的, 这是一种方程 (3.8) 的解的隐性正则性.

命题 3.1 设 $C \in \mathcal{L}(H_1, Y)$ 是允许的, 即对某个 $\tau > 0$, $\Psi_\tau \in \mathcal{L}(H, L^2(0,\infty;Y))$ 成立, 则对任意的 $t \geqslant 0$, $\Psi_t \in \mathcal{L}(H, L^2(0,\infty;Y))$.

证 当 $t < \tau$ 时, 因为 $\Psi_t = \mathbf{P}_t \Psi_\tau$, 所以 Ψ_t 是有界的. 在 (3.6) 中令 $t = \tau$ 得 $\Psi_{2\tau} x_0 = \Psi_\tau x_0 \underset{\tau}{\Diamond} \Psi_\tau T(\tau) x_0$, 于是 $\Psi_{2\tau}$ 是有界的. 由此可以得到对所有的 $t = 2^n \tau$ $(n \in \mathbb{N})$, Ψ_t 是有界的, 于是 Ψ_t 对所有的 t 都是有界的. ∎

3.1 观测允许性

注意：由 (3.5) 定义的 Ψ_τ 当 $x_0 \in D(A)$ 时，由于 $CT(t)x_0 = CT_A(t)x_0 = C(\beta-A)^{-1}e^{At}(\beta-A)x_0$ 是在区间 $[0,\tau]$ 上是连续的，所以有

$$Cx_0 = (\Psi_\tau x_0)(0), \quad \forall\, x_0 \in D(A). \tag{3.9}$$

与命题 2.8 一样，有下面的结果.

命题 3.2 设 $C \in \mathcal{L}(H_1, Y)$ 是允许的，则由命题 3.1，对任意的 $t \geqslant 0$，$\Psi_t \in \mathcal{L}(H, L^2(0, \infty; Y))$.

(1) $\|\Psi_t\|$ 关于 t 单调非减;

(2) 设半群 $T(t)$ 满足 $\|T(t)\| \leqslant Me^{\omega t}$ 对常数 $M \geqslant 1, \omega$，则对所有的 $t \geqslant 0$,

$$\begin{cases} \|\Psi_t\| \leqslant Le^{\omega t} & \text{对某个常数 } L > 0, \text{ 当 } \omega > 0 \text{ 时,} \\ \|\Psi_t\| \leqslant L(1+t)^{\frac{1}{2}} & \text{对某个常数 } L > 0, \text{ 当 } \omega = 0 \text{ 时,} \\ \|\Psi_t\| \leqslant L & \text{对某个常数 } L > 0, \text{ 当 } \omega < 0 \text{ 时.} \end{cases} \tag{3.10}$$

证 当 $t < \tau$ 时，因为 $\Psi_t = \mathbf{P}_t \Psi_\tau$，所以 $\|\Psi_t\| = \|\mathbf{P}_t \Psi_\tau\| \leqslant \|\Psi_\tau\|$. 这就是 (1). 现在来证明 (2). 显然，对 $x_0 \in D(A), n \in \mathbb{N}$,

$$\|\Psi_n x_0\|^2 = \|\Psi_1 x_0\|^2 + \|\psi_1 T(1) x_0\|^2 + \cdots + \|\Psi_1 T(n-1) x_0\|^2,$$

于是

$$\|\Psi_n x_0\| = \|\Psi_1\| \left(M^2 + M^2 e^{2\omega} + \cdots + M^2 e^{2\omega(n-1)} \right)^{\frac{1}{2}} \|x_0\|.$$

设 $t \in [n-1, n]$，则由 (1) 得，$\|\Psi_t\| \leqslant \|\Psi_n\|$. 于是当 $\omega > 0$ 时,

$$\|\Psi_t\| \leqslant \|\Psi_n\| \leqslant \|\Psi_1\| M \left(\frac{e^{2n\omega}-1}{e^{2\omega}-1} \right)^{\frac{1}{2}} \leqslant \|\Psi_1\| M \frac{e^{n\omega}}{\sqrt{e^{2\omega}-1}} \leqslant Le^{\omega t},$$

$$L = \|\Psi_1\| M \frac{e^\omega}{\sqrt{e^{2\omega}-1}}.$$

当 $\omega = 0$ 时,

$$\|\Psi_t\| \leqslant \|\Psi_n\| \leqslant \|\Psi_1\| M n^{\frac{1}{2}} \leqslant L(1+t)^{\frac{1}{2}}, \quad L = M\|\Psi_1\|.$$

当 $\omega < 0$ 时,

$$\|\Psi_t\| \leqslant \|\Psi_n\| \leqslant \|\Psi_1\| M \left(\frac{e^{2n\omega}-1}{e^{2\omega}-1} \right)^{\frac{1}{2}} \leqslant \|\Psi_1\| M \frac{1}{\sqrt{1-e^{2\omega}}} = L.$$

证毕.

将 $L^2_{\text{loc}}(0,\infty;Y)$ 看成是 Fréchet 空间, 于是因命题 3.1, 可以把由 (3.5) 定义的 Ψ_τ 连续延拓成连续算子 $\Psi: H \to L^2_{\text{loc}}(0,\infty;Y)$,

$$(\Psi x_0)(t) = CT(t)x_0, \quad \forall\, x_0 \in D(A), t \geq 0. \tag{3.11}$$

由 (3.6), 这样延拓的算子 Ψ 满足

$$\Psi x_0 = \Psi_\tau x_0 \underset{\tau}{\Diamond} \Psi T(\tau) x_0, \quad \forall\, x_0 \in D(A), \quad \mathbf{P}_\tau \Psi = \Psi_\tau, \quad \forall\, \tau \geq 0. \tag{3.12}$$

命题 3.3 设 $C \in \mathcal{L}(H_1, Y)$ 是允许的, $T(t)$ 是指数稳定的, 则由 (3.11) 定义的 Ψ 可以延拓成

$$\Psi \in \mathcal{L}(H, L^2(0,\infty;Y)). \tag{3.13}$$

此时, C 称为对 $T(t)$ 是无穷允许的. 由此, 对任意的 $\alpha > \omega(A)$,

$$\Psi^\alpha \in \mathcal{L}(H, L^2(0,\infty;Y)), \quad (\Psi^\alpha x_0)(t) = e^{-\alpha t}(\Psi x_0)(t), \quad \forall\, x_0 \in H. \tag{3.14}$$

证 由于 $T(t)$ 是指数稳定的, 由命题 3.2, $\|\Psi_t\| \leq L$ 一致有界. 于是 $\|\Psi_t x_0\|_{L^2(0,t;Y)} \leq K\|x_0\|^2$ 对所有的 $x_0 \in H$ 都成立. 令 $t \to \infty$, 就得到 (3.13). 至于 (3.14), 可由 (3.13) 和显然的事实: C 对 $T(t)$ 允许当且仅当 C 对 $T^\alpha(t) = e^{-\alpha t}T(t)$ 允许得到. ∎

下面的定理是命题 2.10 的对偶.

命题 3.4 设 $C \in \mathcal{L}(H_1, Y)$ 是允许的, Ψ 由 (3.11) 定义, 则对任意的 $\alpha > \omega(A)$, 存在 K_α, 使得

$$\|C(s-A)^{-1}\| \leq \frac{K_\alpha}{\sqrt{\operatorname{Re} s - \alpha}}, \quad \forall\, s \in \mathbb{C}, \operatorname{Re} s > \alpha \tag{3.15}$$

且

$$(\hat{\Psi} x_0)(s) = C(s-A)^{-1}x_0, \quad \forall\, x_0 \in D(A). \tag{3.16}$$

证 由 (3.14), 当 $\operatorname{Re} s > \alpha$ 时,

$$t \mapsto e^{-st}(\Psi x_0)(t) \in L^2(0,\infty;Y),$$

所以可作 Laplace 变换. 于是对 $\varepsilon = \operatorname{Re} s - \alpha$, 由 (3.14) 得

$$\|(\hat{\Psi} x_0)(s)\| \leq \int_0^\infty |e^{-st}|\|(\Psi x_0)(t)\|dt = \int_0^\infty e^{-\varepsilon t}\|(\Psi^\alpha x_0)(t)\|dt$$

$$\leq \frac{1}{\sqrt{2\varepsilon}}\|\Psi^\alpha x_0\|_{L^2(0,\infty;Y)} \leq \frac{M_\alpha}{\sqrt{2\varepsilon}}\|x_0\|,$$

其中假设 $\|\Psi^\alpha\| \leqslant M_\alpha$. 由此式与 (3.16) 一起可得 (3.15). 当 $x_0 \in D(A)$ 时, $T(t)x_0 = T_A(t)x_0$ 是 H_1 中的连续函数, 并且 $C \in \mathcal{L}(H_1, Y)$. 于是由 (1.50),

$$(\hat{\Psi}x_0)(s) = \int_0^\infty e^{-st} CT(t)x_0 dt = \int_0^\infty e^{-st} CT_A(t)x_0 dt = C(s-A)^{-1}x_0.$$

但由于 $D(A)$ 在 H 中稠密, $C(s-A)^{-1}$ 有界, 于是上式对一切的 x_0 成立. 这就是 (3.16). 证毕. ∎

3.2 抽象观测系统

如同 2.3 节一样, 可以抽象地定义观测系统. 如同关系 (2.39) 和 (2.36) 是等价的一样, 本节来说明 (3.5) 和 (3.6) 是等价的. 也就是说, 关系 (3.6) 可以作为观测系统的抽象定义.

定义 3.2 设 H, Y 为 Hilbert 空间. 一个抽象的观测系统是如下的对:

$$\Sigma(\Psi, T), \tag{3.17}$$

如果

(1) $T(t)$ 是 H 上的 C_0- 半群;

(2) H 上关于时间 $t \geqslant 0$ 的有界线性算子族 $\Psi(t) \in \mathcal{L}(H, L^2(0, \infty; Y))$ 满足关系

$$\Psi(t+\tau)x_0 = \Psi(\tau)x_0 \underset{\tau}{\Diamond} \Psi(t)T(\tau)x_0, \quad \forall\, x_0 \in H, t, \tau \geqslant 0 \text{ 且 } \Psi(0) = 0, \tag{3.18}$$

其中 $u \underset{\tau}{\Diamond} v$ 由 (2.38) 定义. $\Psi(t)$ 称为观测系统 $\Sigma(\Psi, T)$ 的输出映射.

命题 3.5 设 $\Sigma(\Psi, T)$ 是抽象观测系统, 则

(1) $\Psi(\tau) = \mathbf{P}_\tau \Psi(t)$ ($\forall\, t \geqslant \tau$), 所以 $\|\Psi(t)\|$ 关于 t 单调非减;

(2) 设半群 $T(t)$ 满足 $\|T(t)\| \leqslant M e^{\omega t}$ 对常数 $M > 0$ 及 ω, 则对所有的 $t \geqslant 0$

$$\begin{cases} \|\Psi(t)\| \leqslant L e^{\omega t} & \text{对某个常数 } L > 0, \text{当 } \omega > 0 \text{ 时,} \\ \|\Psi(t)\| \leqslant L(1+t) & \text{对某个常数 } L > 0, \text{当 } \omega = 0 \text{ 时,} \\ \|\Psi(t)\| \leqslant L & \text{对某个常数 } L > 0, \text{当 } \omega < 0 \text{ 时;} \end{cases} \tag{3.19}$$

(3) $\Psi(t)x_0$ 关于 (t, x_0) 连续.

证 取 $t = 0$, 由

$$\Psi(\tau)x_0 = \Psi(\tau)x_0 \underset{\tau}{\Diamond} 0 = \mathbf{P}_\tau \Psi(\tau)x_0$$

得 $\Psi(\tau) = \mathbf{P}_\tau \Psi(\tau)$. 此式与 (3.18) 一起得 $\Psi(\tau) = \mathbf{P}_\tau \Psi(t)$. 因此,

$$\|\Psi(\tau)\| \leqslant \|\Psi(t)\|.$$

(1) 得证.

现在来证明 (2). 由 (3.18) 得

$$\Psi(2)x_0 = \Psi(1)x_0 \underset{1}{\Diamond} \Psi(1)T(1)x_0,$$

$$\Psi(3)x_0 = \Psi(2)x_0 \underset{2}{\Diamond} \Psi(1)T(2)x_0 = (\Psi(1)x_0 \underset{1}{\Diamond} \Psi(1)T(1)x_0) \underset{2}{\Diamond} \Psi(1)T(2)x_0,$$

所以

$$\|\Psi(2)x_0\| \leqslant \|\Psi(1)x_0\| + \|\Psi(1)T(1)x_0\|,$$

$$\|\Psi(3)x_0\| \leqslant \|\Psi(1)x_0\| + \|\Psi(1)T(1)x_0\| + \|\Psi(1)T(2)x_0\|.$$

一般地, 由归纳法可得

$$\|\Psi(n)x_0\| \leqslant \|\Psi(1)x_0\| + \|\Psi(1)T(1)x_0\| + \cdots + \|\Psi(1)T(n-1)x_0\|, \quad \forall\, x_0 \in H,$$

所以

$$\|\Psi(n)\| \leqslant \|\Psi(1)[1 + \|T(1)\| + \cdots + \|T(n-1)\|], \quad \forall\, n \in \mathbb{N}^+.$$

设 $t \in [n-1, n]$, 则由 (1), $\|\Psi(t)\| \leqslant \|\Psi(n)\|$. 于是当 $\omega = 0$ 时,

$$\|\Psi(t)\| \leqslant \|\Psi(n)\| \leqslant nM\|\Psi(1)\| \leqslant L(1+t), \quad L = M\|\Psi(1)\|;$$

当 $\omega > 0$ 时,

$$\|\Psi(t)\| \leqslant \|\Psi(n)\| \leqslant M\|\Psi(1)\|\frac{\mathrm{e}^{n\omega}-1}{\mathrm{e}^\omega - 1} \leqslant L\mathrm{e}^{\omega t}, \quad L = M\|\Psi(1)\|\frac{\mathrm{e}^\omega}{\mathrm{e}^\omega - 1};$$

当 $\omega < 0$ 时,

$$\|\Psi(t)\| \leqslant \|\Psi(n)\| \leqslant M\|\Psi(1)\|\frac{\mathrm{e}^{n\omega}-1}{\mathrm{e}^\omega - 1} \leqslant L, \quad L = M\|\Psi(1)\|\frac{1}{1 - \mathrm{e}^\omega}.$$

为了证明 $\Psi(t)x_0$ 关于 (t, x_0) 的连续性, 只需证对任意固定的 x_0, $\Psi(t)x_0$ 关于 t 连续即可. 这是因为

$$\Psi(t)x_0 - \Psi(\tau)x_1 = [\Psi(t) - \Psi(\tau)]x_0 + \Psi(\tau)(x_0 - x_1).$$

现在对任意固定的 x_0, 当 $\tau \in (0,1)$ 时, 因为 $\|\Psi_\tau x_0\| \leqslant \|\Psi(1)x_0\|$, 并且 $\Psi_\tau x_0 = \mathbf{P}_\tau \Psi(\tau)x_0$, 所以

$$\lim_{\tau \to 0} \Psi(\tau)x_0 = 0.$$

于是由 (3.18),

$$\lim_{\tau \to 0} \Psi(t+\tau)x_0 = \Psi(t)x_0,$$

所以 $\Psi(t)x_0$ 对任意的 $t \geqslant 0$ 右连续. 设 $t > 0$, $\Psi(t)x_0$ 在 t 左连续可由

$$\Psi(t)x_0 = \Psi(\varepsilon)x_0 \underset{\varepsilon}{\Diamond} \Psi(t-\varepsilon)T(\varepsilon)x_0$$

及

$$\lim_{\varepsilon \to 0} \Psi(\varepsilon)x_0 = 0$$

得到. ∎

由于 $\mathbf{P}_t\Psi(t) = \Psi(t)$, 可以将 $\Psi(\tau)$ 延拓成 $\Psi(\tau): H \to L^2_{\text{loc}}(0, \infty; Y)$. 于是存在唯一的 $\Psi_\infty: H \to L^2_{\text{loc}}(0, \infty; Y)$, 称为扩张的输出映射, 使得

$$\Psi(t) = \mathbf{P}_t \Psi_\infty. \tag{3.20}$$

而 (3.18) 变为

$$\Psi_\infty x_0 = \Psi_\infty x_0 \underset{\tau}{\Diamond} \Psi_\infty T(\tau)x_0, \quad \forall\, x_0 \in H. \tag{3.21}$$

定理 3.1 设 $\Sigma(\Psi, T)$ 是抽象观测系统, Ψ_∞ 由 (3.20), (3.21) 定义, 则存在唯一的 $C \in \mathcal{L}(H_1, Y)$, 使得

$$(\Psi_\infty x_0)(t) = CT(t)x_0, \quad \forall\, x_0 \in H_1. \tag{3.22}$$

证 假设 $\|T(t)\| \leqslant Me^{\omega t}$. 由命题 3.5, 存在常数 L, 使得

$$\|\Psi(t)\| \leqslant Le^{\omega t}, \quad \forall\, t \geqslant 0.$$

下面证明当 $\text{Re}\, s > \omega$ 时, Laplace 变换

$$\hat{\Psi}_\infty(s)x_0 = \int_0^\infty e^{-st}(\Psi_\infty x_0)(t)dt$$

有意义. 事实上,

$$\int_0^\infty \|e^{-st}(\Psi_\infty x_0)(t)\| dt = \sum_{n=1}^\infty \int_{n-1}^n e^{-\text{Re}st}\|(\Psi_\infty x_0)(t)\|dt$$

$$\leqslant e^{\text{Re}s} \sum_{n=1}^\infty e^{-n\text{Re}s} \left(\int_{n-1}^n \|(\Psi_\infty x_0)(t)\|^2 dt\right)^{\frac{1}{2}}$$

$$\leqslant e^{\text{Re}s} \sum_{n=1}^\infty e^{-n\text{Re}s}\|\Psi(n)\|\|x_0\|$$

$$\leqslant Le^{\text{Re}s} \sum_{n=1}^\infty e^{-n(\text{Re}s - \omega)}\|x_0\|, \quad \forall\, x_0 \in H,$$

所以对所有的 Re$s > \omega$,
$$\hat{\Psi}_\infty(s) \in \mathcal{L}(H, Y). \tag{3.23}$$

两边对 (3.21) 取 Laplace 变换得
$$\hat{\Psi}_\infty(s)x_0 = \int_0^\tau e^{-st}(\Psi_\infty x_0)(t)dt + \int_\tau^\infty e^{-st}(\Psi_\infty T(\tau)x_0)(t-\tau)d\tau$$
$$= \int_0^\tau e^{-st}(\Psi_\infty x_0)(t)dt + e^{-s\tau}\hat{\Psi}_\infty(s)T(\tau)x_0.$$

重新安排次序得
$$\frac{1}{\tau}\int_0^\tau e^{-st}(\Psi_\infty x_0)(t)dt = \frac{1-e^{-s\tau}}{\tau}\hat{\Psi}_\infty(s)x_0 - e^{-s\tau}\hat{\Psi}_\infty(s)\frac{T(\tau)x_0 - x_0}{\tau}. \tag{3.24}$$

对于 $x_0 \in D(A)$, (3.24) 的右端当 $\tau \to 0$ 时收敛, 所以左端也收敛, 并且极限不依赖于 s, 因为
$$\frac{1}{\tau}\int_0^\tau e^{-st}(\Psi_\infty x_0)(t)dt \to \frac{1}{\tau}\int_0^\tau (\Psi_\infty x_0)(t)dt, \quad \tau \to 0. \tag{3.25}$$

定义
$$Cx_0 = \lim_{\tau \to 0}\frac{1}{\tau}\int_0^\tau (\Psi_\infty x_0)(t)dt, \quad \forall\, x_0 \in D(A), \tag{3.26}$$

则 (3.24), (3.25) 意味着
$$Cx_0 = s\hat{\Psi}_\infty(s)x_0 - \hat{\Psi}_\infty(s)Ax_0 = \hat{\Psi}_\infty(s)(s-A)x_0, \quad \forall\, x_0 \in D(A). \tag{3.27}$$

由 (3.27), (3.23) 以及 $A \in \mathcal{L}(H_1, H)$ 得
$$C \in \mathcal{L}(H_1, Y).$$

记 $z = (s-A)x_0$, 则 (3.27) 可以写为
$$\hat{\Psi}_\infty(s)z = C(s-A)^{-1}z, \quad \forall\, z \in H. \tag{3.28}$$

另一方面, 定义
$$\eta_z(t) = CT(t)z, \quad \forall\, z \in D(A).$$

因为 $\|T(t)z\|_{H_1} \leqslant Me^{\omega t}\|z\|_{H_1}$, $C \in \mathcal{L}(H_1, Y)$, $\eta_z(t)$ 的 Laplace 变换 $\hat{\eta}_z(s)$ 存在, 并且
$$\hat{\eta}_z(s) = C(s-A)^{-1}z.$$

由于 Laplace 变换是 1-1 变换, 于是得到
$$(\Psi_\infty z)(t) = CT(t)z, \quad \forall\, z \in D(A). \tag{3.29}$$

这就是 (3.22). 证毕.

注 3.2 定理 3.1 告诉我们, 直接从 C 的允许性 (3.11) 定义的 Ψ 就是抽象系统 (3.20) 定义的 Ψ_∞, 以后就视情况而用 Ψ 或者 Ψ_∞ 表示系统的扩张的输出映射.

从 (3.29) 来看, Ψ_∞ 只对 $z \in D(A)$ 有明确的表达式. 对 $z \in H$, $\Psi_\infty z$ 有意义但没有明确的表达式. 为了克服这个困难, 需要对 C 作扩充, 这是因为 $T(t)z$ 对任何的 $z \in H$ 总是有意义的.

定义 3.3 对算子 $C \in \mathcal{L}(H_1, Y)$, 定义算子 C 的 Lebesgue 延拓 $C_L : D(C_L)(\subset H) \to Y$:

$$C_L z = \lim_{\tau \to 0} C \frac{1}{\tau} \int_0^\tau T(s) z \, ds, \quad D(C_L) = \left\{ z \in H \,\bigg|\, \lim_{\tau \to 0} C \frac{1}{\tau} \int_0^\tau T(s) z \, ds \text{ 存在} \right\}. \tag{3.30}$$

显然, $C_L z = Cz$ 对任意的 $z \in D(A)$ 都成立, 所以 C_L 是 C 的延拓.

注 3.3 如果 $A^{-1} \in \mathcal{L}(H)$, 则

$$C_L z = \lim_{\tau \to 0} C \frac{T(\tau) - I}{\tau} A^{-1} z. \tag{3.31}$$

这是因为由定理 1.33,

$$A \int_0^\tau T(s) z \, ds = T(\tau) z - z, \quad \forall z \in H.$$

命题 3.6 在 $D(C_L)$ 上定义范数

$$\|z\|_{D(C_L)} = \|z\| + \sup_{\tau \in (0,1]} \left\| C \frac{1}{\tau} \int_0^\tau T(s) z \, ds \right\|, \quad \forall z \in D(C_L), \tag{3.32}$$

则 $D(C_L)$ 是 Banach 空间, 并且

$$H_1 \hookrightarrow D(C_L) \hookrightarrow H, \quad C_L \in \mathcal{L}(D(C_L), Y). \tag{3.33}$$

证 因为 $T_A(t) = T(t)|_{H_1}$ 是 H_1 上的 C_0- 半群且 $C \in \mathcal{L}(H_1, Y)$, 所以 $H_1 \hookrightarrow D(C_L)$. $D(C_L) \hookrightarrow H$ 是显然的. 定义算子 $M : D(C_L) \to C(0, 1; Y)$,

$$(Mz)(\tau) = \begin{cases} C \dfrac{1}{\tau} \displaystyle\int_0^\tau T(s) z \, ds, & \tau \in (0, 1], \\ C_L z, & \tau = 0. \end{cases}$$

因为 $\int_0^\tau T(s) z \, ds \in C(0, 1; H_1)$, 所以 $M \in C(0, 1; Y)$. 显然, M 作为定义在 H 上的算子是闭稠定算子, $D(M) = D(C_L)$. 于是 $D(C_L)$ 事实上是 M 在 H 中的图像空间, 因而是 Banach 空间. 因为 $M \in \mathcal{L}(D(C_L), C(0, 1; Y))$, $C_L z = (Mz)(0)$, 所以 $C_L \in \mathcal{L}(D(C_L), Y)$. ∎

对于 $y \in L^1_{\text{loc}}(0,\infty;Y)$, $t \geqslant 0$ 称为 y 的 Lebesgue 点,如果

$$\tilde{y}(t) = \lim_{\tau \to 0} \frac{1}{\tau} \int_t^{t+\tau} y(s) \mathrm{d}s \tag{3.34}$$

存在. 实分析理论告诉我们, 几乎所有的点都是 Lebesgue 点且 $\tilde{y}(t) = y(t)$ 几乎处处成立.

定理 3.2 (1) 对任意的 $z \in H$, $T(t)z \in D(C_\mathrm{L})$ 当且仅当 t 是 $\Psi_\infty z$ 的 Lebesgue 点;

(2) $z \in D(C_\mathrm{L})$ 当且仅当 0 是 $\Psi_\infty z$ 的 Lebesgue 点;

(3) $T(t)x \in D(C_\mathrm{L})$ 且 $(\Psi_\infty z)(t) = C_\mathrm{L} T(t)z$, 对 $t \geqslant 0$ 几乎处处成立. $\tag{3.35}$

证 由 (3.29) 及 $C \in \mathcal{L}(H_1, Y)$, 对 $z \in D(A)$,

$$\frac{1}{\tau}\int_t^{t+\tau}(\Psi_\infty z)(s)\mathrm{d}s = C\frac{1}{\tau}\int_0^\tau T(s)(T(t)z)\mathrm{d}s. \tag{3.36}$$

上式两端连续依赖于 z, 所以对任意的 $z \in H$ 成立. 实际上, 对任意的 $z \in H$, 存在 $z_n \in D(A)$, 使得 $z_n \to z (n \to \infty)$. (3.36) 对 $z = z_n$ 成立. 由定理 1.33, $A\int_0^\tau T(s)(T(t)z_n)\mathrm{d}s = T(s+\tau)z_n - T(s)z_n$, 所以 $\frac{1}{\tau}\int_0^\tau T(s)(T(t)z_n)\mathrm{d}s \in D(A)$ 是 H_1 中的 Cauchy 列,

$$\lim_{n\to\infty}\frac{1}{\tau}\int_0^\tau T(s)(T(t)z_n)\mathrm{d}s = \frac{1}{\tau}\int_0^\tau T(s)(T(t)z)\mathrm{d}s \text{ 在 } H_1 \text{ 中}.$$

而 $C \in \mathcal{L}(H_1, Y)$, 所以 (3.36) 的右端

$$\lim_{n\to\infty} C\frac{1}{\tau}\int_0^\tau T(s)(T(t)z_n)\mathrm{d}s = C\frac{1}{\tau}\int_0^\tau T(s)(T(t)z)\mathrm{d}s \text{ 在 } Y \text{ 中}.$$

另一方面,

$$\frac{1}{\tau}\left\|\int_t^{t+\tau}(\Psi_\infty z)(s)\mathrm{d}s\right\| \leqslant \frac{1}{\tau\sqrt{t+\tau}}\|\Psi(t+\tau)z\| \leqslant \frac{1}{\tau\sqrt{t+\tau}}\|\Psi(t+\tau)\|\|z\|,$$

所以

$$\lim_{n\to\infty}\frac{1}{\tau}\int_t^{t+\tau}(\Psi_\infty z_n)(s)\mathrm{d}s = \frac{1}{\tau}\int_t^{t+\tau}(\Psi_\infty z)(s)\mathrm{d}s \text{ 在 } Y \text{ 中}.$$

于是可以认为 (3.36) 对所有的 $z \in H$ 都成立. 所有的结论都由 (3.36) 可得. ∎

定理 3.2 使得对任意的 $z \in H$, 将 $\Psi_\infty z$ 的表达式通过 C_L 表示了出来. 但是, C_L 的定义 (3.31) 用到了我们不知道的半群 $T(t)$. 下面的定理直接用 (C, A) 刻画了 C_L.

3.2 抽象观测系统

定理 3.3
$$C_{\mathrm{L}}x = \lim_{\lambda \to \infty} C\lambda(\lambda - A)^{-1}x, \quad \forall\, x \in D(C_{\mathrm{L}}). \tag{3.37}$$

证 在 (3.36) 中令 $t = 0$ 得

$$\frac{1}{\tau}\int_0^\tau (\Psi_\infty z)(s)\mathrm{d}s = C\frac{1}{\tau}\int_0^\tau T(s)z\mathrm{d}s,$$

所以

$$C_{\mathrm{L}}z = \lim_{\tau \to 0}\frac{1}{\tau}\int_0^\tau (\Psi_\infty z)(s)\mathrm{d}s,$$

从而

$$\frac{1}{\tau}\int_0^\tau (\Psi_\infty z)(s)\mathrm{d}s = \tau(C_{\mathrm{L}}z + \xi(\tau)), \quad \xi(\tau) \to 0,\ \tau \to 0.$$

上式两端取 Laplace 变换得 (令 λ 充分大)

$$\int_0^\infty \mathrm{e}^{\lambda t}\mathrm{d}t \int_0^t (\Psi_\infty z)(s)\mathrm{d}s = \int_0^\infty t\mathrm{e}^{-\lambda t}\mathrm{d}t\, C_{\mathrm{L}}z + \int_0^\infty t\xi(t)\mathrm{e}^{-\lambda t}\mathrm{d}t.$$

于是由 (3.28) 得

$$\lambda C(\lambda - A)^{-1}z = C_{\mathrm{L}}z + \lambda^2\int_0^\infty t\xi(t)\mathrm{e}^{-\lambda t}\mathrm{d}t$$

且

$$\|\lambda C(\lambda - A)^{-1}z - C_{\mathrm{L}}z\| \leqslant \lambda^2\int_0^\infty t\|\xi(t)\|\mathrm{e}^{-\lambda t}\mathrm{d}t. \tag{3.38}$$

由命题 3.5,

$$\|\xi(\tau)\| \leqslant \|C_{\mathrm{L}}z\| + \frac{1}{\tau}\int_0^\tau \|(\Psi_\infty z)(s)\|\mathrm{d}s \leqslant \|C_{\mathrm{L}}z\| + \frac{1}{\sqrt{\tau}}\|\Psi(\tau)z\|_{L^2(0,\tau,Y)}$$

$$\leqslant \|C_{\mathrm{L}}z\| + \frac{1}{\sqrt{\tau}}L\mathrm{e}^{\omega\tau}, \quad \forall\, \tau > 0$$

对常数 L, ω 成立. 对任意的 $\varepsilon > 0$, 存在 $\delta > 0$, 使得

$$\|\xi(t)\| \leqslant \varepsilon, \quad \forall\, t < \delta.$$

注意到

$$\lambda^2\int_0^\delta t\|\xi(t)\|\mathrm{e}^{-\lambda t}\mathrm{d}t \leqslant \varepsilon\lambda^2\int_0^\delta t\mathrm{e}^{-\lambda t}\mathrm{d}t = \varepsilon\left(-\delta\lambda\mathrm{e}^{-\lambda\delta} + 1 - \mathrm{e}^{-\lambda\delta}\right) \to \varepsilon, \quad \lambda \to \infty.$$

不妨假设 $\|\xi(t)\| \leqslant L\mathrm{e}^{\omega t}\ (t > \delta)$, 于是

$$\lambda^2\int_\delta^\infty t\|\xi(t)\|\mathrm{e}^{-\lambda t}\mathrm{d}t \leqslant L\lambda^2\int_\delta^\infty t\mathrm{e}^{-(\lambda-\omega)t}\mathrm{d}t$$

$$= -L\delta\frac{\lambda^2}{\lambda-\omega}\mathrm{e}^{-(\lambda-\omega)\delta} + L\frac{\lambda^2}{(\lambda-\omega)^2}\mathrm{e}^{-(\lambda-\omega)\delta} \to 0, \quad \lambda \to \infty.$$

上面两式说明当 $\lambda \to \infty$ 时, (3.38) 的右端趋于零. 证毕. ∎

下面的结果说明当初值 $x_0 \in D(A)$ 时, $\Psi_\infty x_0$ 有一定的光滑性.

命题 3.7 设 $C \in \mathcal{L}(H_1, Y)$ 是允许的, Ψ_∞ 的定义如 (3.20), 则对于任意的 $x_0 \in D(A)$,

$$\Psi_\infty x_0 \in H^1_{\text{loc}}(0, \infty; Y), \quad CT(t)x_0 = Cx_0 + \int_0^t (\Psi_\infty A x_0)(s)\mathrm{d}s, \quad \forall\, t \geqslant 0. \quad (3.39)$$

证 取 $x_0 \in D(A^2)$, 使得

$$(\Psi_\infty A x_0)(t) = CT(t)Ax_0, \quad \forall\, t \geqslant 0. \quad (3.40)$$

$T(t)x_0$ 作为 H_1 中的函数, 其导数为 $T(t)Ax_0$. 于是由定理 1.33, $\int_0^t CT(s)Ax_0 \mathrm{d}s = CT(t)x_0 - Cx_0$. 两端对 (3.40) 积分即得 (3.39). 但 $D(A^2)$ 在 H_1 中稠密, 由 C 在 H_1 中的有界性即知, (3.39) 对所有的 $x_0 \in D(A)$ 都成立. ∎

3.3 允许的对偶原理

对偶原理是控制理论中极为重要的原理. 所谓的对偶指的是控制系统 $\Sigma_c(A,B)$ 和观测系统 $\Sigma_o(B^*, A^*)$ 相应算子的对偶.

$$\Sigma_c(A,B): \begin{cases} \dot{x}(t) = Ax(t) + Bu(t), \\ x(0) = x_0 \in H \end{cases} \Leftrightarrow \Sigma_o(B^*, A^*): \begin{cases} \dot{z}(t) = A^* z(t), z(0) = z_0 \in H, \\ y(t) = B^* z(t). \end{cases} \quad (3.41)$$

命题 2.7 说明了对于控制系统 $\Sigma_c(A,B)$ 来说, $B \in \mathcal{L}(U, H_{-1})$ 关于半群 $T(t)$ 允许的充分必要条件是对于观测系统 $\Sigma_o(B^*, A^*)$ 来说, $B^* \in \mathcal{L}([D(A^*)], U)$ 关于 $T(t)$ 的对偶半群 $T^*(t)$ 是允许的, 其中 B^* 由 (2.43) 定义.(2.59) 已经求出,

$$(\mathbf{Q}_\tau (\Psi_*(\tau)z))(t) = (\Phi^*(\tau)z)(t) = \begin{cases} B^* T^*(\tau - t)z, & t \in [0, \tau], \forall\, z \in D(A^*), \\ 0, & t > \tau, \end{cases} \quad (3.42)$$

其中 $\Psi_*(\tau)$ 为 $\Sigma_o(B^*, A^*)$ 对应的输出映射,

$$(\Psi_*(\tau)z)(t) = \begin{cases} B^* T^*(t)z, & t \in [0, \tau], \forall\, z \in D(A^*), \\ 0, & t > \tau, \end{cases} \quad (3.43)$$

$\Phi(\tau)$ 为 $\Sigma_c(A, B)$ 对应的输入映射,

$$\Phi(\tau)u = \int_0^\tau T(t-s)Bu(s)\mathrm{d}s, \quad \forall\, u \in L^2(0, \infty; U), \quad (3.44)$$

$$\mathbf{Q}_\tau \in \mathcal{L}(L^2(0,\infty;U)), \quad (\mathbf{Q}_\tau u)(t) = \begin{cases} u(\tau-t), & t \in [0,\tau], \\ 0, & t > \tau, \end{cases} \quad \forall\, u \in L^2(0,\infty;U). \tag{3.45}$$

注 3.4 设 $\tilde{H}$ 为另一 Hilbert 空间, $T: \tilde{H} \to H$ 是 1-1 到上的映射. 和有穷维系统一样, 观测系统 $\Sigma_o(B^*T, T^{-1}A^*T)$ 也是控制系统 $\Sigma_c(A,B)$ 的对偶系统 (参见例 6.2).

命题 2.7 和表达式 (3.42)~(3.45) 已经说明了下面的命题 3.8.

命题 3.8 设 $B \in \mathcal{L}(U, H_{-1})$, 则 B 对 $T(t)$ 是允许的当且仅当 B^* 对 $T^*(t)$ 允许, 并且

$$\|\Phi^*(\tau)z\| = \|\Psi_*(\tau)z\|, \quad \forall\, z \in H, \tau \geqslant 0.$$

3.4　一个直接输出反馈的闭环系统

本节考虑一个特殊的控制系统

$$\begin{cases} \dot{x}(t) = Ax(t) + Bu(t), x(0) = x_0, \\ y(t) = Cx(t). \end{cases} \tag{3.46}$$

假设 $B \in \mathcal{L}(Y, H)$, 此时如果 C 是允许的, 则直接输出反馈 $u = y$ (不妨假设单位输出反馈) 后的闭环系统变为

$$\begin{cases} \dot{x}^c(t) = Ax^c(t) + BCx^c(t) = Ax^c(t) + By^c(t), x^c(0) = x_0, \\ y^c(t) = Cx^c(t). \end{cases} \tag{3.47}$$

这里要回答两个问题: 一是 $A + BC$ 仍然生成 H 上的 C_0- 半群 $T^c(t)$, 二是 C 对 $T^c(t)$ 也是允许的. 这在偏微分控制系统中经常见到. 形式上, (3.47) 的解可以写为

$$x^c(t) = T(t)x_0 + \int_0^t T(t-s)By^c(s)\mathrm{d}s,$$

$$y^c(t) = CT(t)x_0 + C\int_0^t T(t-s)By^c(s)\mathrm{d}s = \Psi x_0 + (Fy^c)(t). \tag{3.48}$$

如果 $(I - F)^{-1}$ 存在, 则

$$y^c(t) = (I-F)^{-1}\Psi x_0.$$

代入 (3.48) 的第一个式子有

$$T^c(t)x_0 = x^c(t) = T(t)x_0 + \Phi_t y^c.$$

下面来严格证明这些步骤, 在第 5 章中将从系统学的角度给出非常一般的讨论.

定理 3.4 假设 $B \in \mathcal{L}(Y,H)$, $C \in \mathcal{L}(H_1,Y)$ 关于半群 $\mathrm{e}^{At} = T(t)$ 是允许的, 则闭环系统在比例输出反馈 $u(t) = ky(t)$ ($k \in \mathbb{R}$) 下是适定的. 换句话说, $A + BC$ 生成 H 中的 C_0- 半群 $T^c(t)$, $D(A + BC) = D(A)$, 并且 C 关于 $T^c(t)$ 是允许的.

证 因为 B 是有界的, (3.46) 的解和输出可以明确写出,

$$x(t) = T(t)x_0 + \int_0^t T(t-s)Bu(s)\mathrm{d}s,$$

$$y(t) = CT(t)x_0 + C\int_0^t T(t-s)Bu(s)\mathrm{d}s = \Psi x_0 + (Fu)(t), \tag{3.49}$$

其中 Ψ 由 (3.13) 定义. 由定理 1.42, Fu 对 $u \in H^1_{\mathrm{loc}}(0,\infty;Y)$ 是严格有意义的. 回忆空间

$$\mathcal{H}^2(\mathbb{C}_0,Y) = \left\{ f : \mathbb{C}_0 \to Y \text{解析} \,\bigg|\, \sup_{\alpha>0} \int_{-\infty}^{\infty} \|f(\alpha+\mathrm{i}\omega)\|_Y^2 \mathrm{d}\omega < \infty \right\}, \quad \mathbb{C}_0 = \{s \in \mathbb{C}, \mathrm{Re}\,s > 0\}. \tag{3.50}$$

按照 Paley-Wiener 定理, Laplace 变换 $\hat{f}(s) = \mathcal{L}f(t)$ 是 $L^2(0,\infty;Y)$ 到 $\mathcal{H}^2(\mathbb{C}_0,Y)$ 的 1-1 到上的变换, 并且

$$\int_0^{\infty} \|f(t)\|^2 \mathrm{d}t = \frac{1}{2\pi} \int_{-\infty}^{\infty} \|\hat{f}(\mathrm{i}\omega)\|^2 \mathrm{d}\omega = \sup_{\alpha>0} \int_{-\infty}^{\infty} \|f(\alpha+\mathrm{i}\omega)\|^2 \mathrm{d}\omega. \tag{3.51}$$

假设 $\omega > \omega(A)$, 记

$$L^2_{\omega}(0,\infty;Y) = \left\{ f(t) \in Y \,\bigg|\, \int_0^{\infty} \mathrm{e}^{-2\omega t}\|f(t)\|^2 \mathrm{d}t < \infty \right\}. \tag{3.52}$$

下面分几步证明.

第一步 证明 $F \in \mathcal{L}(L^2_{\omega}(0,\infty;Y))$. 假设 $u \in H^1_{\mathrm{loc}}(0,\infty;Y)$, 支集 $\mathrm{supp}(u)$ 是 $\mathbb{R}$ 中的有界集. 由定理 1.42,

$$z(t) = C\int_0^t T(t-s)Bu(s)\mathrm{d}s \in C(0,\infty;H), \quad \forall\, t \geqslant 0.$$

注意到 B 是有界算子, 由 (2.57), $z(t) = (Fu)(t)$ 满足

$$\hat{z}(s) = H(s)\hat{u}(s), \quad H(s) = C(s-A)^{-1}B, \quad \forall\, s \in \mathbb{C}, \mathrm{Re}\,s > \omega(A). \tag{3.53}$$

利用命题 3.4,

$$\|C(s-A)^{-1}\| \leqslant \frac{K_\alpha}{\sqrt{\mathrm{Re}\,s - \alpha}}, \quad \forall\, s \in \mathbb{C}, \mathrm{Re}\,s > \alpha,$$

从而得

$$\sup_{\mathrm{Re}\,s \geqslant \omega} \|H(s)\| \leqslant \frac{K_\alpha \|B\|}{\sqrt{\omega - \alpha}}, \quad \forall\, \omega > \alpha. \tag{3.54}$$

3.4 一个直接输出反馈的闭环系统

于是有

$$\int_0^\infty e^{-2\omega t}\|z(t)\|^2 dt \leqslant \frac{K_\alpha \|B\|}{\sqrt{\omega-\alpha}} \int_0^\infty e^{-2\omega t}\|u(t)\|^2 dt, \quad \forall\, \omega > \alpha. \tag{3.55}$$

第二步 考虑系统 (3.46) 的输出. 因为 $u \in H^1_{\text{loc}}(0,\infty;Y)$, $\text{supp}(u)$ 是 $\mathbb{R}$ 中的有界集, u 在 $L^2_\omega(0,\infty;Y)$ 中稠密, 所以

$$F \in \mathcal{L}(L^2_\omega(0,\infty;Y)), \quad \|F\| \leqslant \frac{K_\alpha \|B\|}{\sqrt{\omega-\alpha}}.$$

上式与 (3.14) 表明, 只要 $u \in L^2_\omega(0,\infty;Y)$, 就有系统 (3.46) 的输出 $y \in L^2_\omega(0,\infty;Y)$. 取 ω 充分大, 使得 $\|F\| < 1$, 则方程

$$y^c = \Psi x_0 + F y^c \tag{3.56}$$

有唯一的解

$$y^c = (I-F)^{-1}\Psi x_0, \quad \Psi^c = (I-F)^{-1}\Psi \in \mathcal{L}(H, L^2_\omega(0,\infty;Y)). \tag{3.57}$$

如同 (3.48), 可以预料由 (3.56) 定义的 y^c 就是单位输出反馈 $u = y$ 后的闭环系统关于观测 C 的输出映射. 于是定义

$$T^c(t) = T(t) + \Phi_t \Psi^c, \tag{3.58}$$

其中 Φ_t 为由 (2.36) 定义的系统 (3.46) 的输入映射. 由于 $\mathbf{P}_t \Phi_t = \Phi_t$, 于是有 $T^c(t) \in \mathcal{L}(H)$.

第三步 证明 $T^c(t)$ 是 C_0-半群. 直接验证由 (2.40) 引进的记号 $\mathbf{S}_\tau$ 有如下性质:

$$(\mathbf{S}_\tau^* u)(t) = u(t+\tau), \forall\, u \in L^2_{\text{loc}}(0,\infty;U), \quad \mathbf{S}_\tau^* \mathbf{S}_\tau = I, \mathbf{S}_\tau \mathbf{S}_\tau^* = I - \mathbf{P}_\tau. \tag{3.59}$$

注意到

$$C\int_0^{t+\tau} T(t+\tau-s)Bu(s)ds = CT(t)\int_0^\tau T(\tau-s)Bu(s)ds + C\int_0^t T(t-s)Bu(s+\tau)ds,$$

则得

$$\mathbf{S}_\tau^* F = F \mathbf{S}_\tau^* + \Psi \Phi_\tau, \tag{3.60}$$

或者

$$(I-F)\mathbf{S}_\tau^* - \mathbf{S}_\tau^*(I-F) = \Psi \Phi_\tau$$

或者
$$S_\tau^*(I-F)^{-1} - (I-F)^{-1}S_\tau^* = \Psi^c \Phi_\tau (I-F)^{-1}.$$

用下面显然的恒等式：
$$\Psi T(\tau) = S_\tau^* \Psi, \quad \Phi_{t+\tau} = T(t)\Phi_\tau \Phi_t S_\tau^*, \tag{3.61}$$

于是
$$\begin{aligned}
T^c(t)T^c(\tau) &= T(t)T(\tau) + \Phi_t \Psi^c T(\tau) + T(t)\Phi_\tau \Psi^c + \Phi_t \Psi^c \Phi_\tau (I-F)^{-1}\Psi \\
&= T(t+\tau) + \Phi_t \Psi^c T(\tau) + T(t)\Phi_\tau \Psi^c + \Phi_t[S_\tau^*(I-F)^{-1} - (I-F)^{-1}S_\tau^*]\Psi \\
&= T(t+\tau) + \Phi_t(I-F)^{-1}[\Psi T(\tau) - S_\tau^* \Psi] + [T(t)\Phi_\tau + \Phi_t S_\tau^*](I-F)^{-1}\Psi \\
&= T(t+\tau) + \Phi_{t+\tau}\Psi^c = T^c(t+\tau).
\end{aligned}$$

显然, $T^c(0) = I$. $T^c(t)$ 的强连续性由 (3.58) 直接得到, 所以 $T^c(t)$ 是 C_0-半群.

第四步 确定 $T^c(t)$ 的生成元. 对 (3.56) 两端取 Laplace 变换, 注意到 (3.16) 得
$$\hat{y}^c(s) = C(s-A)^{-1}x_0 + H(s)\hat{y}^c(s), \quad \forall s \in \mathbb{C}, \operatorname{Re} s > \omega.$$

因为取 ω 使得 $\|F\| < 1$, 这等价于 $\sup_{\operatorname{Re} s \geqslant \omega} \|H(s)\| < 1$, 于是
$$\hat{y}^c(s) = (I - H(s))^{-1}C(s-A)^{-1}x_0, \quad \forall s \in \mathbb{C}, \operatorname{Re} s > \omega.$$

由定义 (3.57), (3.58) 知 $T^c(t)x_0 = T(t)x_0 + \Phi_t y^c$. 注意到 (2.57), (1.50), 此式两端取 Laplace 变换得
$$C(s-A^c)^{-1}x_0 = (s-A)^{-1}x_0 + (s-A)^{-1}B(I-H(s))^{-1}C(s-A)^{-1}x_0, \tag{3.62}$$

其中 A^c 为 $T^c(t)$ 的生成元. 上式表明 $D(A^c) \subset D(A)$. (3.62) 两端用 C 作用得
$$\begin{aligned}
C(s-A^c)^{-1}x_0 &= C(s-A)^{-1}x_0 + H(s)(I-H(s))^{-1}C(s-A)^{-1}x_0 \\
&= (I-H(s))^{-1}C(s-A)^{-1}x_0 = \hat{z}(s). \tag{3.63}
\end{aligned}$$

(3.63) 表明
$$y^c(t) = CT^c(t)x_0, \quad \forall x_0 \in D(A^c). \tag{3.64}$$

因为 y^c 由 (3.57) 给出, 其作为 $L_\omega^2(0,\infty;Y)$ 中的元连续依赖于 x_0. 这就表明 $C^c = C|_{D(A^c)}$ 关于 $T^c(t)$ 是允许的, 并且对应的输出映射为
$$(\Psi^c x_0)(t) = CT^c(t)x_0, \quad \forall t \geqslant 0, x_0 \in D(A^c) \subset D(A). \tag{3.65}$$

如果 $x_0 \in D(A^c)$, 则由 (3.39), $y^c = \Psi^c x_0 \in H^1_{\text{loc}}(0,\infty;Y)$. 由 (3.58), $T^c(t)x_0 = T(t)x_0 + \Phi_t y^c$. 由命题 2.9,

$$\dot{x}^c(t) = \tilde{A}x^c(t) + By^c(t), \quad x \in C(0,\infty;H).$$

特别地, 令 $t = 0$ 得

$$A^c z_0 = (A + BC)x_0, \quad \forall\, x_0 \in D(A^c). \tag{3.66}$$

第五步 证明 $D(A^c) = D(A)$. 因为已经证明 C^c 关于 $T^c(t)$ 是允许的, 可以对 $(A^c, -B, C^c)$ 重复第一至四步, 得到一个 C_0-半群 $T^{c,c}$, 生成元为 $A^{c,c}$. 相应的 (3.66) 变为

$$A^{c,c}x_0 = (A^c - BC^c)x_0 = Ax_0, \quad \forall\, x_0 \in D(A^{c,c}).$$

因为对充分大的 ω, $(\omega - A)^{-1}$ 存在, A 不可能在比 $D(A)$ 更小的空间生成 C_0-半群, 因此, 只能是 $D(A^c) = D(A)$. 证毕. ∎

定理 3.4 的对偶是关于有界的输出算子扰动.

推论 3.1 假设 $B \in \mathcal{L}(U, H_{-1})$ 关于半群 $e^{At} = T(t)$ 是允许的, $C \in \mathcal{L}(H, U)$, 则闭环系统 (3.46) 在比例输出反馈 $u(t) = ky(t)$ ($k \in \mathbb{R}$) 下是适定的. 换句话说, $A + BC$ 生成 H 中的 C_0-半群 $T^b(t)$, 其中

$$D(A + BC) = \{x \in H | (A + BC)x \in H\},$$

并且 B 关于 $T^b(t)$ 允许.

证 推论 3.1 就是定理 3.4 的对偶, 利用对偶算子 (A^*, B^*, C^*) 证明. 只不过要下面的事实:

$$D((A + BC)^*) = \{x \in H | (A^* + C^*B^*)x \in H\}.$$

留给读者作为练习证明 (也可以参见第 5 章的注 5.6).

小结和文献说明

本章的内容基本上取材于文献 [118], 和第 2 章的内容有许多相似之处. 在这里, 最为重要的是 3.3 节的对偶原理, 这在偏微分方程控制中极为重要. 对偶原理在有穷维系统中是由定理 1.10 来表述的, 但在偏微分方程的边界控制中, 由于控制和观测算子的无界性, 对偶原理就需要证明. 这在文献 [78] 的工作中有充分的叙述, 也可以参见文献 [59]. 特别需要注意的是注 3.4, 在文献 [78] 中, 对偶并不是直接的 $\Sigma_\circ(B^*, -A^*)$, 而是要经过一个等价变换, 如注 3.4 所说的那样才能得到.

3.4 节的内容实际上是第 5 章定理 5.9 的推论, 把这个内容写在这里, 也是为了说明第 5 章无穷维系统抽象理论的巨大作用. 这样一个简单的结果, 孤立地去做, 虽然也用了不少系统理论的知识, 但总不是一个一般性的方法, 尽管这里的讨论更加直观一些. 推论 3.1 的一个应用是: 如果 A 生成 H 中的 C_0- 半群 e^{At}, 而扰动算子 $\Delta A \in \mathcal{L}(H, H_{-1})$ 关于 e^{At} 允许, 则 $A + \Delta A$ 也生成 H 中的 C_0- 半群, 这正是文献 [91] 第 188 页中的 Corollary 3.4. 当系统有不确定性时, 系统能否在扰动下仍然保持容许性是一个有趣的课题, 关于这一课题最近的结果可参见文献 [87].

第 4 章 适 定 系 统

本章考虑一般形式的无穷维线性系统

$$\begin{cases} \dot{x}(t) = Ax(t) + Bu(t), x(0) = x_0 \in H, \\ y(t) = \overline{C}x(t), \end{cases} \tag{4.1}$$

其中状态 $x \in H$, 控制 $u \in U$, 观测 $y \in Y$. H, U, Y 都为 Hilbert 空间. 第 2 章已经说明, 如果输入算子 $B \in \mathcal{L}(U, H_{-1})$ 是允许的, 则系统 (4.1) 对任何 $u \in L^2_{\mathrm{loc}}(0, \infty; U)$ 从 H 中出发的状态仍将在 H 中, 并且状态连续依赖于系统的初值和控制输入. 第 3 章说明了当输出算子 $C = \overline{C}|_{H_1} \in \mathcal{L}(H_1, Y)$ 允许时, 观测系统 $\dot{x}(t) = Ax(t), y(t) = Cx(t)$ (相当于在 (4.1) 中 $u = 0$) 的输出也属于 $L^2_{\mathrm{loc}}(0, \infty; Y)$, 并且有表示 (3.35): $y(t) = C_\mathrm{L} x(t)$. 但当控制输入存在时, 由于控制的不光滑和控制算子的无界性, 系统的观测表示就又成了问题. 当观测和控制同时存在时, 考虑系统 (4.1) 的输出 $y(t)$ 如何来用 (A, B, C) 和初值 x_0 以及控制 u 表示是本章关心的问题. 为叙述简单起见, 也记系统 (4.1) 为 $\Sigma(A, B, C)$.

可以用例 2.1 和例 3.1 来说明.

例 4.1 考虑边界控制和观测的一维波动方程

$$\begin{cases} w_{tt}(x,t) = w_{xx}(x,t), \quad 0 < x < 1, t > 0, \\ w(0,t) = 0, \\ w_x(1,t) = u(t), \\ w(x,0) = w_0(x), w_t(x,0) = w_1(x), \\ y(t) = w_t(1,t). \end{cases} \tag{4.2}$$

与例 2.1 和例 3.1 不同的是, 系统 (4.2) 同时考虑了控制和观测. 仍然在由 (2.23) 定义的状态空间 $H = H^1_\mathrm{L}(0,1) \times L^2(0,1)$ 中来考虑系统 (4.2). 例 2.1 已经说明了系统 (4.2) 可以写成 (4.1) 的形式, 其中 $B = (0, \delta(x-1)), C = B^*$. A 由 (2.24) 定义, 并且已经知道 B 和 C 都是允许的. 这表明, 第一, 当初始状态在 H 中, $u \in L^2_{\mathrm{loc}}(0, \infty)$ 时, 状态也在 H 中; 第二, 如果控制为零, 即 $u = 0$, 则系统的输出 $y(t) = C_\mathrm{L}x(t)$ 也在 $L^2_{\mathrm{loc}}(0, \infty)$ 中. 现在的问题是: 当控制不为零, 但 $u \in L^2_{\mathrm{loc}}(0, \infty)$ 时, 系统的输出在什么空间?

假设 $(w_0, w_1) = 0, u \in H^1_{\mathrm{loc}}(0, \infty; U), u(0) = 0$, 则由命题 2.9, (4.2) 的古典解存

在. 两端对 (4.2) 取 Laplace 变换得

$$\begin{cases} s^2\hat{w}(x,s) = \hat{w}_{xx}(x,s), & 0<x<1, s\in\mathbb{C}, \\ \hat{w}(0,s) = 0, \\ \hat{w}_x(1,s) = \hat{u}(s), \\ \hat{y}(s) = s\hat{w}(1,s). \end{cases}$$

解之得

$$\hat{y}(s) = H(s)\hat{u}(s), \quad H(s) = \frac{\mathrm{e}^s - \mathrm{e}^{-s}}{\mathrm{e}^s + \mathrm{e}^{-s}}. \tag{4.3}$$

显然, 对任意的 $\alpha > 0$, 当 $\mathrm{Re}\, s \geqslant \alpha$ 时,

$$\|\hat{y}(s)\| \leqslant \sup_{\mathrm{Re}\, s \geqslant \alpha} \|H(s)\|\|\hat{u}(s)\| = C_\alpha \|\hat{u}(s)\|. \tag{4.4}$$

如果用 (3.51) 和 (3.52) 的记号, 当 $u \in L^2_\alpha(0,\infty)$ 时, (4.4) 说明 $y \in L^2_\alpha(0,\infty)$, 并且

$$\int_0^\infty \mathrm{e}^{-2\alpha t}\|y(t)\|^2 \mathrm{d}t \leqslant C_\alpha \int_0^\infty \mathrm{e}^{-2\alpha t}\|u(t)\|^2 \mathrm{d}t, \quad \forall\, u \in L^2_\alpha(0,\infty). \tag{4.5}$$

这样对任意的 $\tau > 0$, 如果 $u(t) = 0$ 对所有的 $t > \tau$, 则有

$$\int_0^\tau \|y(t)\|^2 \mathrm{d}t \leqslant \mathrm{e}^{2\alpha\tau} \int_0^\tau \mathrm{e}^{-2\alpha t}\|y(t)\|^2 \mathrm{d}t \leqslant \mathrm{e}^{2\alpha\tau} \int_0^\infty \mathrm{e}^{-2\alpha t}\|y(t)\|^2 \mathrm{d}t$$

$$\leqslant C_\alpha \mathrm{e}^{2\alpha\tau} \int_0^\infty \mathrm{e}^{-2\alpha t}\|u(t)\|^2 \mathrm{d}t = C_\alpha \mathrm{e}^{2\alpha\tau} \int_0^\tau \mathrm{e}^{-2\alpha t}\|u(t)\|^2 \mathrm{d}t$$

$$\leqslant C_\alpha \mathrm{e}^{2\alpha\tau} \int_0^\tau \|u(t)\|^2 \mathrm{d}t. \tag{4.6}$$

由于满足 $u \in H^1_{\mathrm{loc}}(0,\infty;U), u(0)=0$ 的 u 在 $L^2_{\mathrm{loc}}(0,\infty)$ 中稠密, 则 (4.6) 说明, 当 $u \in L^2_{\mathrm{loc}}(0,\infty)$ 时, $y \in L^2_{\mathrm{loc}}(0,\infty)$, 并且在 (4.6) 意义下连续依赖于 u.

显然, 导出 (4.6) 的关键是要说明 (4.3) 中的 $H(s)$ 要在某个右半平面有界, $H(s)$ 就是熟知的传递函数. 传递函数在线性系统理论中起着至关重要的作用. 可以说没有传递函数, 就没有线性系统理论. (4.3) 的这种输入/输出关系的表示称为频域表示.

4.1 适定系统与传递函数

假设 $u \in H^1_{\mathrm{loc}}(0,\infty;U), u(0)=0$. 下面来考察系统 $\Sigma(A,B,C)$ 在时域中的输出表示. 首先, 解可表示为

$$x(t) = T(t)x_0 + \int_0^t \tilde{T}(t-s)Bu(s)\mathrm{d}s \in C(0,\infty;H).$$

第一部分 $e^{At}x_0$ 由于 C 的允许性在输出中可以表示成 $C_LT(t)x_0$ (参见 (3.35)), 所以主要是第二部分. 取任意的 $\beta \in \rho(A)$, 令

$$z(t) = \int_0^t \tilde{T}(t-s)Bu(s)\mathrm{d}s - (\beta - \tilde{A})^{-1}Bu(t), \tag{4.7}$$

则

$$\begin{aligned} z(t) &= \int_0^t \left[\frac{\mathrm{d}}{\mathrm{d}s}\tilde{T}(t-s)\right](\beta - \tilde{A})^{-1}Bu(s)\mathrm{d}s + \beta(\beta - \tilde{A})^{-1}\int_0^t \tilde{T}(t-s)Bu(s)\mathrm{d}s \\ &\quad - (\beta - \tilde{A})^{-1}Bu(t) \\ &= (\beta - A)^{-1}\int_0^t \tilde{T}(t-s)[\beta u(s) - \dot{u}(s)]\mathrm{d}s, \end{aligned} \tag{4.8}$$

于是

$$Cz(t) = C(\beta - A)^{-1}\int_0^t \tilde{T}(t-s)[\beta u(s) - \dot{u}(s)]\mathrm{d}s \in C(0,\infty;H).$$

记系统 (4.1) 的输出为

$$y(t) = C_LT(t)x_0 + C\left[\int_0^t \tilde{T}(t-s)Bu(s)\mathrm{d}s - (\beta - \tilde{A})^{-1}Bu(t)\right] + H(\beta)u(t), \tag{4.9}$$

自然假定 $y(t)$ 与 $\beta \in \rho(A)$ 的选取无关. 一方面, 如果在 (4.9) 中用 $s \in \rho(A)$ 代替 β, 则得

$$y(t) = C_LT(t)x_0 + C\left[\int_0^t \tilde{T}(t-s)Bu(s)\mathrm{d}s - (s - \tilde{A})^{-1}Bu(t)\right] + H(s)u(t).$$

上式与 (4.9) 相减得

$$[H(s) - H(\beta)]u(t) = C\left[(s-A)^{-1} - (\beta-A)^{-1}\right]Bu(t), \tag{4.10}$$

于是 $H(\beta)$ 必须满足

$$H(s) - H(\beta) = -(s-\beta)C(s-A)^{-1}(\beta-\tilde{A})^{-1}B, \quad \forall\, s,\beta \in \rho(A), s \neq \beta. \tag{4.11}$$

可见 $H(\beta) \in \mathcal{L}(U,Y)$ 在某右半复平面可微, 因而解析.

另一方面, 对 (4.9) 两端取 Laplace 变换, 注意到 (3.35), (2.57), (3.28) 得

$$\hat{y}(s) = C(s-A)^{-1}x_0 + C\left[(s-\tilde{A})^{-1}B\hat{u}(s) - (\beta-\tilde{A})^{-1}\hat{u}(s)\right] + H(\beta)\hat{u}(s). \tag{4.12}$$

比较 (4.10) 和 (4.12) 就得到

$$\hat{y}(s) = C(s-A)^{-1}x_0 + H(s)\hat{u}(s). \tag{4.13}$$

因此, 自然地, $H(s)$ 就称为传递函数. 于是对于 $u \in H^1_{\mathrm{loc}}(0,\infty;U), u(0) = 0$, 的确可以将系统 $\Sigma(A,B,C)$ 的输出表示成 (4.9) 的形式.

定义 4.1 设 $B \in \mathcal{L}(U, H_{-1}), C \in \mathcal{L}(H_1, Y)$ 是允许的. 如果系统 $\Sigma(A, B, C)$ 的输出输入当初值 $x_0 = 0$ 时有关系

$$\hat{y}(s) = H(s)\hat{u}(s), \tag{4.14}$$

其中 $\hat{u}(s), \hat{y}(s)$ 分别为输入输出的 Laplace 变换, $H(s) \in \mathcal{L}(U, Y)$ 为在 $\mathbb{C}_\alpha$ (其中 α 为某个实数) 中解析的算子值函数,

$$\mathbb{C}_\alpha = \{s \in \mathbb{C} |\ \mathrm{Re}\, s > \alpha\}, \tag{4.15}$$

则 $H(s)$ 称为系统 $\Sigma(A, B, C)$ 的传递函数. 此时, 系统在时域中对满足 $u \in H^1_{\mathrm{loc}}(0, \infty; U), u(0) = 0$ 的光滑输入有表示 (4.9). 显然, 输入输出满足因果律.

注 4.1 由 (4.11) 可知, 传递函数 $H(s)$ 在相差一个常值算子的情况下由 (A, B, C) 唯一确定, 因为

$$H'(s) = -C(s - A)^{-1}(s - \tilde{A})^{-1}B, \quad \forall\, s \in \mathbb{C}_\alpha. \tag{4.16}$$

定义 4.2 设 $B \in \mathcal{L}(U, H_{-1}), C \in \mathcal{L}(H_1, Y)$ 是允许的. 系统 $\Sigma(A, B, C)$ 称为适定的, 如果存在某个实数 α, 使得

$$\sup_{s \in \mathbb{C}_\alpha} \|H(s)\| < \infty. \tag{4.17}$$

定理 4.1 如果系统 $\Sigma(A, B, C)$ 是适定的, 则对任何 $u \in L^2_{\mathrm{loc}}(0, \infty; U)$ 都有 $y \in L^2_{\mathrm{loc}}(0, \infty; Y)$, 并且对任意的 $\tau > 0$, 当初值为零时, 存在 $C_\tau > 0$, 使得

$$\int_0^\tau \|y(t)\|^2 \mathrm{d}t \leqslant C_\tau \int_0^\tau \|u(t)\|^2 \mathrm{d}t, \quad \forall\, u \in L^2_{\mathrm{loc}}(0, \infty; U). \tag{4.18}$$

证 在 (4.17) 的假设下, 证明和从 (4.3) 到 (4.6) 完全相同, 从略. ∎

反过来, 由表示 (4.9) 可以看出, 初值对输出的影响有解析的表达. 不妨假设初值 $x_0 = 0$, 从时间域上来考察系统 $\Sigma(A, B, C)$ 的输入输出关系. 把输入输出的这种关系记作

$$y = F_\infty u, \quad \forall\, u \in L^2_\alpha(0, \infty; U), \tag{4.19}$$

其中 α 为某个常数, $L^2_\alpha(0, \infty; U)$ 的定义见 (3.52). 假设 F_∞ 是 $L^2_\alpha(0, \infty; U)$ 到 $L^2_\alpha(0, \infty; Y)$ 的有界映射, 于是 u, y 的 Laplace 变换 $\hat{u}(s), \hat{y}(s)$ 存在. 如果 $u \in H^1_{\mathrm{loc}}(0, \infty; U), u(0) = 0$, 则由从 (4.7) 到 (4.13) 的推导可知

$$\hat{y}(s) = H(s)\hat{u}(s).$$

4.1 适定系统与传递函数

特别地, (4.9) 说明 F_∞ 是平移不变的.

$$\mathbf{S}_\tau F_\infty = F_\infty \mathbf{S}_\tau, \quad \forall\, \tau \geqslant 0, \tag{4.20}$$

其中平移算子 $\mathbf{S}$ 由 (2.40) 定义. F_∞ 总满足因果律

$$\mathbf{P}_\tau F_\infty = F_\infty \mathbf{P}_\tau, \quad \forall\, \tau \geqslant 0. \tag{4.21}$$

定理 4.2 设 $B \in \mathcal{L}(U, H_{-1}), C \in \mathcal{L}(H_1, Y)$ 是允许的, 由 (4.19) 定义的算子 F_∞ 是平移不变的, 并且存在实数 α, 使得 F_∞ 是 $L^2_\alpha(0, \infty; U)$ 到 $L^2_\alpha(0, \infty; Y)$ 的有界算子, 则存在 $\mathbb{C}_\alpha$ 上解析的有界算子 $H(s) \in \mathcal{L}(U, Y)$, 使得 $\hat{y}(s) = H(s)\hat{u}(s)$ 在 $\mathbb{C}_\alpha$ 上成立, 并且

$$\sup_{s \in \mathbb{C}_\alpha} \|H(s)\| = \|F_\infty\|.$$

证 固定 $s \in \mathbb{C}_\alpha$. 断言, 如果 $y \in L^2_\alpha(0, \infty; Y)$ 对任意的 $\tau > 0$ 都满足

$$\mathbf{S}^*_\tau y = \mathrm{e}^{-s\tau} y, \tag{4.22}$$

则必有唯一的 $y_0 \in Y$, 使得

$$y = y_0 e_{-s,\alpha}, \quad e_{-s,\alpha}(t) = \mathrm{e}^{-(s-2\alpha)t}. \tag{4.23}$$

实际上, 由

$$\mathbf{S}^*_\tau y(t) = \mathrm{e}^{-2\alpha\tau} y(t+\tau) = \mathrm{e}^{-s\tau} y(t)$$

得

$$y(t+\tau) - y(t) = \left(\mathrm{e}^{-(s-2\alpha)\tau} - 1\right) y(t),$$

即 $y'(t) = -(s-2\alpha)y(t)$, 所以 $y(t) = y_0 \mathrm{e}^{-(s-2\alpha)t}, y_0 = y(0)$.

下面对任意的 $v \in U$, 由平移不变性, 对任意的 $\tau > 0$ 有

$$\mathbf{S}^*_\tau F^*_\infty e_{-s,\alpha} v = F^*_\infty \mathbf{S}^*_\tau e_{-s,\alpha} v = \mathrm{e}^{-s\tau} F^*_\infty e_{-s,\alpha} v,$$

所以由 (4.23) 知, 存在 $y_0 \in Y$, 使得

$$F^*_\infty e_{-s,\alpha} v = y_0 e_{-s,\alpha}. \tag{4.24}$$

由于 F_∞ 是有界的, 于是 v 到 y_0 的映射必是有界的. 因为此映射只与 s 有关, 记作 $y_0 = G(s)v$ ($G(s) \in \mathcal{L}(U, Y)$).

对任意的 $u \in L^2_\alpha(0, \infty; U)$, (4.24) 两端在 $L^2_\alpha(0, \infty; U)$ 中作内积得

$$\langle \hat{y}(s), v \rangle = \langle \hat{u}(s), G(s)v \rangle.$$

这正是 $\hat{y}(s) = H(s)\hat{u}(s)$, 其中 $H(s)$ 为 $G^*(s)$ 在 U 上的限制.

对任意的 $v \in U$, 令 $u = e_{-(\alpha+1),\alpha}v$, 则 $\hat{u}(s) = \dfrac{1}{s-\alpha+1}v$. 因为 $\hat{y}(s)$ 在 $\mathbb{C}_\alpha$ 上解析, 而由 $\hat{y}(s) = H(s)\hat{u}(s)$ 得 $H(s)v = (s-\alpha+1)\hat{y}(s)$ 在 $\mathbb{C}_\alpha$ 上解析. 于是 $H(s)$ 按照算子范数在 $\mathbb{C}_\alpha$ 上解析 (参见文献 [142] 第 18 页的定理 1.7.1). 最后, 由 (4.24), 对任意的 $v \in U, v \neq 0, s \in \mathbb{C}_\alpha$,

$$\|G(s)\| = \sup \frac{\|G(s)v\|}{\|v\|} = \sup \frac{\|e_{-s,\alpha}G(s)v\|_{L^2_\alpha(0,\infty;U)}}{\|e_{-s,\alpha}v\|_{L^2_\alpha(0,\infty;U)}}$$
$$= \sup \frac{\|F_\infty^* e_{-s,\alpha}v\|_{L^2_\alpha(0,\infty;U)}}{\|e_{-s,\alpha}v\|_{L^2_\alpha(0,\infty;U)}} = \|F_\infty^*\|.$$

证毕. ∎

定义
$$F_t = \mathbf{P}_t F_\infty. \tag{4.25}$$

F_t 或者 F_∞ 称为系统 $\Sigma(A,B,C)$ 的输入/输出映射和扩张的输入/输出映射. 在 4.2 节的定理 4.7 中, 将证明对适定系统来说, 对任意的 $u \in L^2(0,\infty;U)$,

$$\int_0^t \tilde{T}(t-s)Bu(s)\mathrm{d}s - (\beta-\tilde{A})^{-1}Bu(t) \in D(C_\mathrm{L}), \quad \forall\, t \in [0,\infty) \text{ a.e.}, \tag{4.26}$$

其中 C_L 由 (3.30) 定义. 于是有

$$(F_t u)(s) = C_\mathrm{L}\left[\int_0^s \tilde{T}(s-\rho)Bu(\rho)\mathrm{d}\rho - (\beta-\tilde{A})^{-1}Bu(s)\right] + H(\beta)u(s), \quad s \in [0,t]. \tag{4.27}$$

通过直接验证, F_t 满足

$$F_{t+\tau}(u \underset{\tau}{\Diamond} v) = F_\tau u \underset{\tau}{\Diamond} (\Psi_t \Phi_\tau u + F_t v), \quad \forall\, u,v \in L^2(0,\infty;U) \tag{4.28}$$

对任意的 $\tau \geqslant 0$ 成立, 其中 Φ_τ 由 (2.36) 定义, Ψ_τ 由 (3.5) 定义. 由 B, C 的允许性, 我们可以认为 $\Phi_\tau \in \mathcal{L}(L^2(0,\infty;U), H)$, $\Psi_\tau \in \mathcal{L}(H, L^2(0,\infty;Y))$.

命题 4.1 设 $B \in \mathcal{L}(U, H_{-1}), C \in \mathcal{L}(H_1, Y)$ 是允许的. 假设存在 $\tau > 0$, 使得 $F_\tau \in \mathcal{L}(L^2(0,\infty;U), L^2(0,\infty;Y))$, 则对任意的 $t \geqslant 0$,

$$F_t \in \mathcal{L}(L^2(0,\infty;U), L^2(0,\infty;Y)).$$

证 令 $v(s) = u(s+\tau)$, 则 $u \underset{\tau}{\Diamond} v = u$. 由 (4.28),

$$F_{t+\tau}u = F_\tau u \underset{\tau}{\Diamond} (\Psi_t \Phi_\tau u + F_t v). \tag{4.29}$$

4.1 适定系统与传递函数

在 (4.29) 中, 令 $t = \tau$ 得

$$F_{2\tau}u = F_{\tau}u \underset{\tau}{\Diamond}(\Psi_{\tau}\Phi_{\tau}u + F_{\tau}v),$$

所以 $F_{2\tau} \in \mathcal{L}(L^2(0,\infty;U), L^2(0,\infty;Y))$. 递推下去可得 $F_{2^n\tau} \in \mathcal{L}(L^2(0,\infty;U), L^2(0,\infty;Y))$ 对任意的 $n \in \mathbb{N}$ 成立. 此外, 注意到 (4.28), $\mathbf{P}_{\tau}F_{\tau} = F_{\tau}$ 对任意的 $\tau \geqslant 0$ 成立. (4.29) 表明

$$\|F_t u\| \leqslant \|F_{t+\tau}u\|, \quad \forall\, u \in L^2(0,\infty;U)$$

对任意的 $t,\tau \geqslant 0$ 成立. 于是 $\|F_t\|$ 是单调非减的, 从而对任意的 $t \geqslant 0$, $F_t \in \mathcal{L}(L^2(0,\infty;U), L^2(0,\infty;Y))$. ∎

定理 4.3 设 $B \in \mathcal{L}(U, H_{-1}), C \in \mathcal{L}(H_1, Y)$ 是允许的, F_{∞}, F_t 分别由 (4.19), (4.25) 所定义. 假设存在 $\tau > 0$, 使得 $F_{\tau} \in \mathcal{L}(L^2(0,\infty;U), L^2(0,\infty;Y))$, 则由命题 4.1, 对任意的 $t \geqslant 0$, $F_t \in \mathcal{L}(L^2(0,\infty;U), L^2(0,\infty;Y))$. 如果 $\|T(t)\| \leqslant Me^{\omega t}$ 对某常数 $M \geqslant 1, \omega$ 成立, 则

$$\|F_t\| \leqslant \begin{cases} Le^{\omega t}, & \omega > 0, \\ L(1+t), & \omega = 0, \\ L, & \omega < 0, \end{cases} \tag{4.30}$$

其中 L 为常数.

证 设 $u \in L^2(0,\infty;U), u_n(s) = 0\ (s > n, n \in \mathbb{N})$. 把 u, y 分成 n 段, $u_i(s) = u(s+i-1), y_i(s) = y(s+i-1)\ (i = 1, 2, \cdots, n, s \in [0,1]), u_i(s) = y_i(s) = 0\ (s \notin [0,1])$,

$$u = (\cdots((u_1 \underset{1}{\Diamond} u_2) \underset{2}{\Diamond} u_3) \cdots \underset{n-1}{\Diamond} u_n), \quad y = (\cdots((y_1 \underset{1}{\Diamond} y_2) \underset{2}{\Diamond} y_3) \cdots \underset{n-1}{\Diamond} y_n).$$

显然,

$$\|u\|^2 = \sum_{i=1}^n \|u_i\|^2, \quad \|y\|^2 = \sum_{i=1}^n \|y_i\|^2, \tag{4.31}$$

$y_1 = F_1 u_1$. 由 (4.28),

$$F_2(F_1 u_1 \underset{1}{\Diamond} u_2) = u_1 \underset{1}{\Diamond}(\Psi_1 \Phi_1 u_1 + F_1 u_2)$$

得

$$y_2 = F_1 u_2 + \Psi_1 \Phi_1 u_1.$$

再由 (4.28) 得

$$F_3(u_1 \underset{1}{\Diamond} u_2) \underset{2}{\Diamond} u_3 = F_2(u_1 \underset{1}{\Diamond} u_2) \underset{2}{\Diamond}(\Psi_1 \Phi_2(u_1 \underset{1}{\Diamond} u_2) + F_1 u_3),$$

所以由 (2.39),
$$y_3 = F_1 u_3 + \Psi_1 \Phi_2(u_1 \underset{1}{\Diamond} u_2) = F_1 u_3 + \Psi_1 T(1)\Phi_1 u_1 + \Psi_1 \Phi_1 u_2.$$

一般地, 递推得
$$y_i = F_1 u_i + \sum_{j=1}^{i-1} \Psi_1 T(i-j-1)\Phi_1 u_j, \quad i = 1, 2, \cdots, n, \tag{4.32}$$

从而
$$\|y_i\| \leqslant \sum_{j=1}^{i} m_{i-j}\|u_j\|, \quad m_j = \begin{cases} \|F_1\|, & j = 0, \\ \|\Psi_1 T(j-1)\Phi_1\|, & 1 \leqslant j \leqslant n-1, i = 1, 2, \cdots, n. \end{cases}$$

于是
$$\|F_n\| \leqslant \|F_1\| + \|\Psi_1\|\|\Phi_1\| M \sum_{j=1}^{n-1} e^{\omega(j-1)}.$$

由此, 经简单计算即得定理的结论. 证毕. ∎

推论 4.1 设 $B \in \mathcal{L}(U, H_{-1}), C \in \mathcal{L}(H_1, Y)$ 是允许的, F_∞, F_t 分别由 (4.19), (4.25) 所定义. 假设存在 $\tau > 0$, 使得 $F_\tau \in \mathcal{L}(L^2(0, \infty; U), L^2(0, \infty; Y))$, 则对任意的 $u \in L^2(0, \infty; U)$, y 的 Laplace 变换 $\hat{y}(s)$ 在 $s \in \mathbb{C}_\omega$ 总存在, 其中 ω 为满足 $\|T(t)\| \leqslant M e^{\omega t}$ 的常数. 特别地, 如果 $T(t)$ 是指数稳定的, 则
$$F_\infty \in \mathcal{L}(L^2(0, \infty; U), L^2(0, \infty; Y)). \tag{4.33}$$

于是由命题 4.1, 系统 $\Sigma(A, B, C)$ 是适定的.

证 这是因为在假设下, 对任意的 $t \geqslant 0$, F_t 作为从 $\mathcal{L}(L^2(0, \infty; U))$ 到 $L^2(0, \infty; Y)$ 的算子是有界的, 并且 $\|F_t\| \leqslant L$ 对某个常数 $L > 0$ 成立. 令 $t \to \infty$ 即得 (4.33). ∎

设 W 为 Hilbert 空间. 用 e_λ 表示 $L^2_{\text{loc}}(0, \infty, W)$ 的点乘 $e^{\lambda t}$ 的算子
$$(e_\lambda f)(t) = e^{\lambda t} f(t), \quad \forall f \in L^2_{\text{loc}}(0, \infty, W). \tag{4.34}$$

引理 4.1 设 $B \in \mathcal{L}(U, H_{-1}), C \in \mathcal{L}(H_1, Y)$ 是允许的. 定义
$$T^\lambda(\tau) = e^{\lambda \tau} T(\tau), \quad \Phi_\tau^\lambda = e^{\lambda \tau} \Phi_\tau e_{-\lambda}, \quad \Psi_\tau^\lambda = e_\lambda \Psi_\tau, \quad F_\tau^\lambda = e_\lambda F_\tau e_{-\lambda}, \tag{4.35}$$

则 $\Phi_\tau^\lambda, \Psi_\tau^\lambda, F_\tau^\lambda$ 分别为系统 $\Sigma(A+\lambda, B, C)$ 的输出映射、输入映射和输入/输出映射.

4.1 适定系统与传递函数

证 直接验证

$$\Phi_\tau^\lambda u = \int_0^\tau T^\lambda(\tau-s)Bu(s)\mathrm{d}s = \mathrm{e}^{\lambda\tau}\int_0^\tau T(\tau-s)B\mathrm{e}^{-\lambda s}(s)\mathrm{d}s = \mathrm{e}^{-\lambda\tau}\Phi_\tau e_{-\lambda}.$$

对任意的 $x_0 \in D(A) = D(A+\lambda)$,

$$(\Psi_\tau^\lambda x_0)(s) = \begin{cases} CT^\lambda(s)x_0, & s\in[0,\tau], \\ 0, & s>\tau \end{cases} = \begin{cases} C\mathrm{e}^{\lambda s}T(s)x_0, & s\in[0,\tau], \\ 0, & s>\tau \end{cases} = e_\lambda \Psi_\tau.$$

F_τ^λ 可以通过 (4.27) 直接验证. ∎

定理 4.4 设 $B \in \mathcal{L}(U,H_{-1}), C \in \mathcal{L}(H_1,Y)$ 是允许的, F_∞, F_t 分别由 (4.19), (4.25) 所定义. 假设存在 $\tau > 0$, 使得 $F_\tau \in \mathcal{L}(L^2(0,\tau;U),L^2(0,\tau;Y))$, 则系统 $\Sigma(A,B,C)$ 是适定的.

证 因为 $\mathbf{P}_\tau F_\tau = F_\tau$, 则可以认为

$$F_\tau \in \mathcal{L}(L^2(0,\infty;U),L^2(0,\infty;Y)).$$

假定 $\|T(t)\| \leqslant M\mathrm{e}^{\omega t}$ 对常数 M,ω 成立. 取 $\lambda < -\omega$, 则 $T^\lambda(t)$ 指数稳定. 于是由 (4.33), 系统 $\Sigma(A+\lambda,B,C)$ 的输出映射

$$F_\infty^\lambda \in \mathcal{L}(L^2(0,\infty;U),L^2(0,\infty;Y)).$$

于是由定理 4.2, 系统 $\Sigma(A+\lambda,B,C)$ 是适定的. 由 (4.35), $e_{-\lambda}y = F_\infty^\lambda e_{-\lambda}u$. 取 Laplace 变换得

$$\hat{y}(s-\lambda) = H^\lambda(s)\hat{u}(s-\lambda),$$

即

$$\hat{y}(s) = H^\lambda(s+\lambda)\hat{u}(s),$$

所以 $H^\lambda(s) = H(s-\lambda)$. 于是系统 $\Sigma(A,B,C)$ 是适定的. ∎

由定理 4.4, 可以给出下面的定义.

定义 4.3 设 $B \in \mathcal{L}(U,H_{-1}), C \in \mathcal{L}(H_1,Y)$ 是允许的. 系统 $\Sigma(A,B,C)$ 称为适定的, 如果

(1) A 生成 C_0- 半群 $T(t)$;

(2) 存在 $\tau > 0$ (因此, 对所有的 $t > 0$), 使得

$$\int_0^\tau \tilde{T}(t-s)Bu(s)\mathrm{d}s \in H, \quad \forall\, u \in L^2(0,\tau;U);$$

(3) 存在 $\tau > 0$ (因此, 对所有的 $t > 0$), $C_\tau > 0$, 使得

$$\int_0^\tau \|CT(t)x_0\|^2 \mathrm{d}t \leqslant C_\tau \|x_0\|^2, \quad \forall\, x_0 \in D(A);$$

(4) 存在 $\tau > 0$ (因此, 对所有的 $t > 0$), $D_\tau > 0$, 使得
$$\int_0^\tau \|y(t)\|_Y^2 \mathrm{d}t \leqslant D_\tau \int_0^\tau \|u(t)\|_U^2 \mathrm{d}t, \quad \forall\, x_0 = 0, u \in L^2(0,\tau;U).$$

由定理 4.4, (4) 等价于传递函数在某个右半平面 $\mathbb{C}_\alpha$ 一致有界,
$$\sup_{s \in \mathbb{C}_\alpha} \|H(s)\| < \infty.\qquad\blacksquare$$

最后给出传递函数的一个结果.

定理 4.5 设 $B \in \mathcal{L}(U, H_{-1}), C \in \mathcal{L}(H_1, Y)$ 是允许的. 如果
$$(\lambda - \tilde{A})^{-1} B \subset D(C), \quad \forall \lambda \in \rho(A), \tag{4.36}$$

则系统 $\Sigma(A, B, C)$ 的传递函数为
$$H(s) = C(s - \tilde{A})^{-1} B. \tag{4.37}$$

证 设对某个 $\alpha, \mathbb{C}_\alpha \subset \rho(A)$. 对任意的 $\beta \in \mathbb{C}_\alpha, v \in U$, 令 $u(t) = \mathrm{e}^{\beta t} v$. 解方程
$$\begin{cases} \dot{x}(t) = Ax(t) + Bu(t), \\ y(t) = Cx(t) \end{cases}$$

得
$$x(t) = \mathrm{e}^{\beta t}(\beta - \tilde{A})^{-1} Bv, \quad y(t) = \mathrm{e}^{\beta t} C(\beta - \tilde{A})^{-1} Bv. \tag{4.38}$$

一方面, 由传递函数的定义,
$$\hat{y}(s) = C(s - A)^{-1}(\beta - A)^{-1} Bv = H(s)\hat{u}(s). \tag{4.39}$$

但另一方面, 直接从 (4.38) 取 Laplace 变换得
$$\hat{y}(s) = \frac{1}{s - \beta} C(\beta - A)^{-1} Bv, \quad \hat{u}(s) = \frac{1}{s - \beta} v, \quad \forall \operatorname{Re} s > \beta.$$

上式代入 (4.39), 两边同乘以 $s - \beta$, 并令 $s \to \beta$ 得
$$H(\beta) v = C(\beta - \tilde{A})^{-1} Bv.$$

由 β, v 的任意性即得结果. $\blacksquare$

4.2 适定系统的抽象定义

本节用公理化的方法给出适定系统的抽象定义.

4.2 适定系统的抽象定义

定义 4.4 设 U, H, Y 为抽象 Hilbert 空间. 称 $\Sigma = (T, \Phi, \Psi, F)$ 为一个抽象的适定系统, 如果

(1) $T = \{T(t)\}_{t \geq 0}$ 生成 H 上的 C_0- 半群;

(2) $\Phi = \{\Phi(t)\}_{t \geq 0}$ 为有界线性算子族 $\Phi(t) \in \mathcal{L}(L^2(0,\infty;U), H)$ 满足 (2.46),

$$\Phi(\tau+t)(u \underset{\tau}{\Diamond} v) = T(t)\Phi(\tau)u + \Phi(t)v, \quad \forall\, t, \tau \geq 0, u, v \in L^2(0,\infty;U);$$

(3) $\Psi = \{\Psi(t)\}_{t \geq 0}$ 为有界算子族 $\Psi(t) \in \mathcal{L}(H, L^2(0,\infty;Y))$ 满足 (3.18),

$$\Psi(t+\tau)x_0 = \Psi(\tau)x_0 \underset{\tau}{\Diamond} \Psi(t)T(\tau)x_0, \quad \forall\, x_0 \in H, t, \tau \geq 0 \text{ 且 } \Psi(0) = 0;$$

(4) $F = \{F(t)\}_{t \geq 0}$ 为有界算子族 $F(t) \in \mathcal{L}(L^2(0,\infty;U), L^2(0,\infty;Y))$ 满足 (4.28),

$$F(t+\tau)(u \underset{\tau}{\Diamond} v) = F(\tau)u \underset{\tau}{\Diamond} (\Psi(t)\Phi(\tau)u + F(t)v),$$

$$\forall\, u, v \in L^2(0,\infty;U), \forall\, t, \tau \geq 0, F(0) = 0.$$

U 称为 Σ 的输入空间, H 称为 Σ 的状态空间, Y 称为 Σ 的输出空间 (这在第 2 章和第 3 章已经讨论过了), $\Phi(t)$ 称为 Σ 的输入映射, $\Psi(t)$ 称为 Σ 的输出映射, $F(t)$ 称为 Σ 的输入/输出映射.

关于 $\Phi(t)$ 和 $\Psi(t)$ 的因果性、连续性和增长性, 在命题 2.8 和命题 3.5 中已经证明. 现在说明 $F(t)$ 的相应性质.

命题 4.2 设 $\Sigma = (T, \Phi, \Psi, F)$ 是一个抽象的适定系统, 则

(1)
$$F(t) = F(t)\mathbf{P}_t, \quad F(\tau) = \mathbf{P}_\tau F(t), \quad \forall\, t \geq \tau \geq 0, \tag{4.40}$$

特别地, $F(\tau) = \mathbf{P}_\tau F(\tau)$;

(2) $F(t)u$ 关于 (t, u) 连续;

(3) 若 $\|T(t)\| \leq Me^{\omega t}$, 则

$$\|F(t)\| \leq \begin{cases} Le^{\omega t}, & \omega > 0, \\ L(1+t), & \omega = 0, \\ L, & \omega < 0, \end{cases} \tag{4.41}$$

其中 L 为常数.

证 令 $v(s) = u(s+\tau)$, 则 $u \underset{\tau}{\Diamond} v = u$. 由定义 4.4 (4),

$$F(t+\tau)u = F(\tau)u \underset{\tau}{\Diamond} (\Psi(t)\Phi(\tau)u + F(t)v). \tag{4.42}$$

于是显然有 $F(\tau) = \mathbf{P}_\tau F(t+\tau)$ 对任意的 $t \geqslant 0$ 成立. 在 (4.42) 中, 令 $t=0$ 得 $F(\tau) = F(\tau)\mathbf{P}_\tau$. 在定义 4.4 (4) 中, 令 $t=0, v=0$ 得 $F(\tau)\mathbf{P}_\tau u = F(\tau)(u \underset{\tau}{\Diamond} 0) = F(\tau)u \underset{\tau}{\Diamond} 0 = \mathbf{P}_\tau F(\tau)u$. 所以 $F(\tau) = \mathbf{P}_\tau F(\tau)$. 这就是 (1).

下面证明连续性. 由

$$F(t)u - F(s)v = [F(t) - F(s)]u + F(s)(u-v),$$

只需证明对任意固定的 u, $F(t)u$ 关于 t 连续. 因为 $F(\tau) = \mathbf{P}_\tau F(t)$ ($\forall\, t \geqslant \tau$), 所以 $\|F(\tau)\| \leqslant \|F(t)\|$, 即 $\|F(t)\|$ 关于 t 单调非减. 令 $t \in [0,1]$, 从 $F(t) = F(t)\mathbf{P}_t$ 得

$$\|F(t)u\| \leqslant \|F(1)\|\|\mathbf{P}_t u\| \to 0, \quad t \to 0,$$

在 (4.42) 中令 $t \to 0$ 得

$$F(t+\tau)u \to F(\tau)u, \quad t \to 0,$$

所以 $F(t)u$ 在 τ 点右连续. 在 (4.42) 中换 t 为 $t-\varepsilon$, τ 为 ε, $v_\varepsilon(s) = u(s+\varepsilon)$ 得

$$F(t)u = F(\varepsilon)u \underset{\varepsilon}{\Diamond} (\Psi(t-\varepsilon)\Phi(\varepsilon)u + F(t-\varepsilon)v_\varepsilon).$$

由 $F(\varepsilon)u \to 0 (\varepsilon \to 0)$ 即得

$$F(t-\varepsilon) \to F(t), \quad \varepsilon \to 0.$$

于是 $F(t)u$ 在 t 点左连续. (2) 得证.

(3) 的证明同 (4.30). 证毕. ∎

定义

$$\begin{cases} \Psi_\infty x = \lim_{\tau \to \infty} \Psi(\tau)x, & \forall\, x \in H, \\ F_\infty u = \lim_{\tau \to \infty} F(\tau)u \in L^2_{\text{loc}}(0, \infty; Y), & \forall\, u \in L^2_{\text{loc}}(0, \infty; U), \end{cases} \quad (4.43)$$

则由 (3.21), (4.28),

$$\begin{cases} \Psi_\infty x = \Psi_\infty x \underset{\tau}{\Diamond} \Psi_\infty T(\tau)x, & \forall\, x \in H, \\ F_\infty(u \underset{\tau}{\Diamond} v) = F_\infty u \underset{\tau}{\Diamond} (\Psi_\infty \Phi(\tau)u + F_\infty v), & \forall\, u,v \in L^2_{\text{loc}}(0,\infty;U). \end{cases} \quad (4.44)$$

注 4.2 如果半群 $T(t)$ 是指数稳定的, 则同 (4.33),

$$F_\infty \in \mathcal{L}(L^2(0,\infty;U), L^2(0,\infty;Y)).$$

4.2 适定系统的抽象定义

注 4.3 抽象系统 $\Sigma = (T, \Phi, \Psi, F)$ 的定义是由系统的表示启发的,

$$\begin{pmatrix} x(\tau) \\ \mathbf{P}_\tau y \end{pmatrix} = \begin{pmatrix} T(\tau) & \Phi(\tau) \\ \Psi(\tau) & F(\tau) \end{pmatrix} \begin{pmatrix} x(0) \\ \mathbf{P}_\tau u \end{pmatrix}.$$

由 (2.49), (3.35), 对一个抽象的适定系统 $\Sigma = (T, \Phi, \Psi, F)$, 一定存在唯一的算子 $B \in \mathcal{L}(U, H_{-1}), C \in \mathcal{L}(H_1, Y)$, 使得

$$\begin{cases} \Phi(t)u = \int_0^t \tilde{T}(t-s)Bu(s)\mathrm{d}s, & \forall\, t \geqslant 0, u \in L^2(0, \infty; U), \\ (\Psi(t)x)(s) = C_\mathrm{L} T(s)x, & \forall\, x \in H, s \in [0, t] \text{ a.e..} \end{cases} \quad (4.45)$$

也称 $\Sigma = (T, \Phi, \Psi, F)$ 为由 (A, B, C) 生成的抽象适定系统. 困难的是抽象系统的扩张的输入/输出映射 F_∞ 的表示. 在讨论这个表示之前, 先证明一个命题.

命题 4.3 设 $\Sigma = (T, \Phi, \Psi, F)$ 为一个抽象的适定系统, $\|T(t)\| \leqslant Me^{\omega t}$ 对常数 M, ω 成立.

(1) 如果 $u \in L^2_\alpha(0, \infty; U)$, 则 $y_{\mathrm{out}} = F_\infty u \in L^2_\beta(0, \infty; Y)$, 其中 $\beta = \max\{\omega, \alpha\}$. 特别地, 取 $\alpha > \omega$, 则有

$$F_\infty \in \mathcal{L}(L^2_\alpha(0, \infty; U), L^2_\alpha(0, \infty; Y)), \quad (4.46)$$

于是由定理 4.2, 存在 $\mathbb{C}_\alpha$ 上解析的有界算子 $H(s) \in \mathcal{L}(U, Y)$, 使得 $\hat{y}_{\mathrm{out}}(s) = H(s)\hat{u}(s)$ 在 $\mathbb{C}_\alpha$ 上成立, 并且

$$\sup_{s \in \mathbb{C}_\alpha} \|H(s)\| = \|F_\infty\|;$$

(2) F_∞ 是平移不变的,

$$\mathbf{S}_\tau F_\infty = F_\infty \mathbf{S}_\tau, \quad \forall\, \tau \geqslant 0, \quad (4.47)$$

因此, F_∞ 具有因果律: $\mathbf{P}_\tau F_\infty = F_\infty \mathbf{P}_\tau$, 并且因 $\mathbf{P}_\tau F_{t+\tau} = F_\tau$, 于是有 $\mathbf{P}_\tau F_\infty = F_\tau$.

证 像 (4.35) 那样, 定义抽象系统 $\Sigma^{-\beta} = (T^{-\beta}, \Phi^{-\beta}, \Psi^{-\beta}, F^{-\beta})$, 其相应的算子为 $(A - \beta, B, C)$. 于是有

$$e_{-\beta} y_{\mathrm{out}} = F_\infty^{-\beta} e_{-\beta} u,$$

其中 $F_\infty^{-\beta}$ 为系统 $\Sigma^{-\beta}$ 的输入/输出映射. 注意到 $e_{-\beta} u \in L^2(0, \infty; U)$, $T^{-\beta}$ 为指数稳定的半群, 由注 4.2,

$$e_{-\beta} y_{\mathrm{out}} \in L^2(0, \infty; Y),$$

此即 $y_{\mathrm{out}} \in L^2_\beta(0, \infty; Y)$.

在 (4.44) 的第二个式子中令 $u=0$ 得

$$F_\infty(0 \underset{\tau}{\diamond} v) = 0 \underset{\tau}{\diamond} F_\infty v,$$

此即平移不变性 (4.47). 证毕. ∎

现在要求抽象系统 $\Sigma(T,\Phi,\Psi,F)$ 的输入/输出 F_∞ 的表示. 令

$$y(t,x_0,u) = (F_\infty u)(t) + (\Psi_\infty x_0)(t), \quad \forall u \in L^2_{\text{loc}}(0,\infty;U), x_0 \in H. \tag{4.48}$$

由因果律知, 对任意的 $u \in L^2_{\text{loc}}(0,\infty;U)$ 有 $F_\infty u \in L^2_{\text{loc}}(0,\infty;Y)$, 所以 F_∞ 是 $L^2_{\text{loc}}(0,\infty;U)$ 到 $L^2_{\text{loc}}(0,\infty;Y)$ 的连续映射. 令

$$x(t,x_0,u) = T(t)x_0 + \Phi(t)u, \quad \forall x_0 \in H, u \in L^2_{\text{loc}}(0,\infty;U), \tag{4.49}$$

则由表示 (4.45) 有

$$x(t+s,x_0,u) = x(t,x(s,x_0,u),\sigma_s u), \quad \forall x_0 \in H, u \in L^2_{\text{loc}}(0,\infty;U), \sigma_s u(\rho) = u(\rho+s). \tag{4.50}$$

下面证明

$$y(t+s,x_0,u) = y(t,x(s,x_0,u),\sigma_s u), \quad \forall x_0 \in H, u \in L^2_{\text{loc}}(0,\infty;U). \tag{4.51}$$

实际上, 令 $v(\rho) = u(\rho+t) = (\mathbf{S}^*_t u)(\rho)$, 则 $u \underset{t}{\diamond} v = u$. 如同 (4.42),

$$F(t+s)u = F(t)u \underset{t}{\diamond} (\Psi(s)\Phi(t)u + F(s)v),$$

于是由因果律 $\mathbf{P}_\tau F_\infty = F_\tau$ 及表示 (4.45) 有

$$\begin{aligned} y(t+s,x_0,u) &= (F(s+t)u)(s+t) + C_\mathrm{L} T(t+s)x_0 \\ &= (\Psi(s)\Phi(t)u + F(s)v)(s) + C_\mathrm{L} T(s)T(t)x_0 \\ &= C_\mathrm{L} T(s)x(t,x_0,u) + (F(s)v)(s) = y(s,x(t,x_0,u),v). \end{aligned}$$

由 (t,s) 的对称性即得 (4.51).

引理 4.2 设 $x_0 \in H, u \in H^1_{\text{loc}}(0,\infty;U), x = x(\cdot,x_0,u) \in C^1(0,\infty;H)$, 则

$$y(\cdot,x_0,u) \in H^1_{\text{loc}}(0,\infty;Y), \quad \dot{y}(t,x_0,u) = y(t,\dot{x}(0),\dot{u}), \forall t \in [0,\infty) \text{ a.e..}$$

证 注意到 $h^{-1}(\sigma_h u - u)$ 在 $L^2_{\text{loc}}(0,\infty;U)$ 中收敛到 $\dot{u}$. 所以由 (4.51) 及定义 (4.49), 当 $h \to 0$ 时,

$$\frac{y(t+h,x_0,u) - y(t,x_0,u)}{h} = y\left(t, \frac{x(h,x_0,u) - x_0}{h}, \frac{\sigma_h u - u}{h}\right),$$

在 $L^2_{\text{loc}}(0,\infty;Y)$ 中收敛到 $y(t,\dot{x}(0),\dot{u})$. ∎

4.2 适定系统的抽象定义

定理 4.6 设 $\Sigma = (T, \Phi, \Psi, F)$ 是一个抽象的适定系统, $\tilde{A}x_0 + Bu(0) \in H$, $u \in H^1_{\text{loc}}(0, \infty; U)$, 则

$$(F_\infty u)(t) = C\left[\int_0^t \tilde{T}(t-s)Bu(s)\mathrm{d}s - (\beta - \tilde{A})^{-1}Bu(t)\right] + H(\beta)u(t),$$
$$\forall\, t \in [0, \infty]\text{ a.e.}, u \in L^2(0, \infty; U), \tag{4.52}$$

其中 $H(\beta)$ 为满足 (4.11) 的传递函数, $\widehat{F_\infty u}(s) = H(s)\hat{u}(s)$. 由此, (4.52) 与 $\beta \in \rho(A)$ 的选取无关.

证 由命题 2.9, 如果 $u \in H^1_{\text{loc}}(0, \infty; U)$, $\tilde{A}x_0 + Bu(0) \in H$, 则 $x(t, x_0, u) = T(t)x_0 + \Phi(t)u \in C^1(0, \infty; H)$. 对任意的 $v \in U$, 令 $x_0 = (\lambda - \tilde{A})^{-1}Bv$. 由恒等式

$$A(\lambda - \tilde{A})^{-1}Bv + Bv = \lambda(\lambda - \tilde{A})^{-1}Bv \in H$$

知

$$x(t, (\lambda - \tilde{A})^{-1}Bv, v) \in C^1(0, \infty; H).$$

于是由引理 4.2,

$$y(\cdot, (\lambda - \tilde{A})^{-1}Bv, v) \in H^1_{\text{loc}}(0, \infty; Y), \quad \dot{y}(t, (\lambda - \tilde{A})^{-1}Bv, v) = y(t, \lambda(\lambda - \tilde{A})^{-1}Bv, 0).$$

定义算子 $H(\lambda) \in \mathcal{L}(U, Y)$ $(\lambda \in \rho(A))$,

$$H(\lambda)v = y(0, (\lambda - \tilde{A})^{-1}Bv, v), \quad \forall\, v \in U. \tag{4.53}$$

由预解恒等式可知

$$H(\alpha) - H(\beta) = (\beta - \alpha)C(\alpha - A)^{-1}(\beta - \tilde{A})^{-1}B, \quad \forall\, \alpha, \beta \in \rho(A). \tag{4.54}$$

这就是 (4.11). 假设 $u(0) = 0$. 因为由引理 4.2, $y(\cdot, 0, \sigma_{-\varepsilon}u)$ 是连续的, 并且在 $[0, \varepsilon]$ 上几乎处处为零. 于是 $y(0, 0, u) = y(\varepsilon, 0, \sigma_{-\varepsilon}u) = 0$. 一般地, 如果 $\tilde{A}x_0 + Bu(0) \in H$, 则利用

$$x_0 - (\beta - \tilde{A})^{-1}Bu(0) = (\beta - A)^{-1}(\beta x_0 - Ax_0 - Bu(0)) \in D(A)$$

得

$$y(0, x_0, u) = y(0, x_0 - (\beta - \tilde{A})^{-1}Bu(0), 0) + y(0, (\beta - \tilde{A})^{-1}Bu(0), u(0))$$
$$+ y(0, 0, u - u(0))$$
$$= C(\beta - A)^{-1}(\beta x_0 - Ax_0 - Bu(0)) + H(\beta)u(0).$$

于是
$$y(t, x_0, u) = C[x(t, x_0, u) - (\beta - \tilde{A})^{-1}Bu(t)] + H(\beta)u(t)$$

在 $t = 0$ 成立. 对于一般的 $t > 0$, 由 (4.50) 及 (4.51) $y(s, x_0, u) = y(0, x(s, x_0, u), \sigma_s u)$ 得到. 由定义, (4.52) 得证. ∎

为了证明 (4.52) 对一般的 $u \in L^2_{\text{loc}}(0, \infty; U)$, 需要下面的引理 4.3. 在空间 $\mathcal{H} = H \times L^2_\alpha(0, \infty; U)$ 上定义有界算子

$$\mathbb{T}(t) = \begin{pmatrix} T(t) & \Phi(t) \\ 0 & \sigma_t \end{pmatrix}, \quad \forall\, t \geqslant 0, \tag{4.55}$$

其中 α 如命题 4.3, σ_t 如 (4.50). 容易验证, $\mathbb{T}(t)$ 为 $\mathcal{H}$ 上的 C_0- 半群, 其生成元为

$$\mathbb{A} = \begin{pmatrix} A & B\delta_0 \\ 0 & \dfrac{\mathrm{d}}{\mathrm{d}\xi} \end{pmatrix}, \quad \delta_0 u = u(0),$$
$$D(\mathbb{A}) = \left\{ \begin{pmatrix} x_0 \\ u \end{pmatrix} \in H \times H^1_\alpha(0, \infty; U) \,\bigg|\, \tilde{A}x_0 + Bu(0) \in H \right\}. \tag{4.56}$$

定义算子 $\mathbb{C} : D(\mathbb{A}) \to Y$,

$$\mathbb{C} \begin{pmatrix} x_0 \\ u \end{pmatrix} = C[x_0 - (\beta - \tilde{A})^{-1}Bu(0)] + H(\beta)u(0), \tag{4.57}$$

其中 $H(s)$ 由定理 4.6 定义. 注意到 $x_0 - (\beta - \tilde{A})^{-1}Bu(0) = (\beta - \tilde{A})^{-1}[\beta x_0 - \tilde{A}x_0 - Bu(0)] \in D(A)$, 则 (4.57) 有意义.

考虑观测系统

$$\begin{cases} \dot{X}(t) = \mathbb{A}X(t), \\ Y(t) = \mathbb{C}X(t). \end{cases} \tag{4.58}$$

定理 4.6 告诉我们, $\mathbb{C}$ 对 $\mathbb{T}(t)$ 是允许的, 并且其输出

$$Y(t) = \mathbb{C}e^{\mathbb{A}t} \begin{pmatrix} x_0 \\ u \end{pmatrix} = C[x(t) - (\beta - \tilde{A})^{-1}Bu(t)] + H(\beta)u(t),$$
$$x(t) = T(t)x_0 + \Phi(t)u, \quad \forall\, \begin{pmatrix} x_0 \\ u \end{pmatrix} \in D(\mathbb{A}) \tag{4.59}$$

正是由 (4.48) 定义的 $y(t, x_0, u)$. 经连续延拓, (4.59) 对任意的 $(x_0, u) \in \mathcal{H}$ 成立.

4.2 适定系统的抽象定义

引理 4.3 设 $\Sigma = (T, \Phi, \Psi, F)$ 为一个抽象的适定系统, $\mathbb{A}, \mathbb{C}$ 定义如 (4.56), (4.57). 如果 $\begin{pmatrix} x_0 \\ u \end{pmatrix} \in D(\mathbb{C}_L)$, 其中 $\mathbb{C}_L$ 为由 (3.30) 定义的 $\mathbb{C}$ 的 Lebesgue 延拓,

$$\lim_{\lambda \to \infty} \lambda \hat{u}(\lambda) = u_0 \tag{4.60}$$

在 U 中存在, 则 $x_0 - (\lambda - \tilde{A})^{-1} B u_0 \in D(C_L)$, 并且

$$\begin{pmatrix} x_0 \\ u \end{pmatrix} \in D(\mathbb{C}_L), \quad \mathbb{C}_L \begin{pmatrix} x_0 \\ u \end{pmatrix} = C_L[x_0 - (\beta - \tilde{A})^{-1} B u_0] + H(\beta) u_0. \tag{4.61}$$

证 在 (4.59) 两端取 Laplace 变换, 注意到关系 (4.11) 得

$$\hat{Y}(s) = \mathbb{C}(s - \mathbb{A})^{-1} \begin{pmatrix} x_0 \\ u \end{pmatrix} = C(s - A)^{-1} x_0 + H(s) \hat{u}(s).$$

于是

$$\begin{aligned}
\mathbb{C}\lambda(\lambda - \mathbb{A})^{-1} \begin{pmatrix} x_0 \\ u \end{pmatrix} &= C\lambda(\lambda - A)^{-1}[x_0 - (\beta - \tilde{A})^{-1} B u_0] \\
&\quad + \lambda C(\lambda - A)^{-1}(\beta - \tilde{A})^{-1} B u_0 + H(\lambda) \lambda \hat{u}(\lambda) \\
&= C\lambda(\lambda - A)^{-1}[x_0 - (\beta - \tilde{A})^{-1} B u_0] + \frac{\lambda}{\lambda - \beta} H(\beta) u_0 \\
&\quad + H(\lambda)\left[\lambda \hat{u}(\lambda) - \frac{\lambda}{\lambda - \beta} u_0\right].
\end{aligned}$$

令 $\lambda \to \infty$, 上式第三项为零, 于是由定理 3.3 即得结论. ∎

引理 4.4 设 $w \in L^2(0, \infty; Y)$ 使得

$$\lim_{t \to 0} \frac{1}{t} \int_0^t w(s) \mathrm{d}s = w_0, \tag{4.62}$$

则

$$\lim_{\lambda \to \infty} \lambda \hat{w}(\lambda) = w_0. \tag{4.63}$$

证 对 $t > 0$, 设

$$\int_0^t w(s) \mathrm{d}s = t w_0 + t \delta(t), \quad \delta \in C(0, \infty; Y), \quad \lim_{t \to 0} \|\delta(t)\| = 0.$$

上式两端取 Laplace 变换得

$$\frac{1}{\lambda} \hat{w}(\lambda) = \frac{1}{\lambda^2} w_0 + \int_0^\infty \mathrm{e}^{-\lambda t} t \delta(t) \mathrm{d}t.$$

于是
$$\|\lambda\hat{w}(\lambda) - w_0\| \leqslant \lambda^2 \int_0^\infty e^{-\lambda t} t \|\delta(t)\| dt.$$

和定理 3.3 最后的证明一样, 可以证明, 上式右端当 $\lambda \to 0$ 时趋于零. 证毕. ∎

引理 4.5 设 $w \in L^2(0, \infty; Y)$ 使得
$$\sup_{t>0} \frac{1}{t} \int_0^t \|w(s)\|^2 ds < \infty, \tag{4.64}$$

如果 $\hat{w}$ 满足 (4.63), 则 w 满足 (4.62).

证 令 $M = \sup\limits_{t>0} \dfrac{1}{t} \int_0^t \|w(s)\|^2 ds$, 下面证明
$$\lambda \int_0^\infty e^{-\lambda t} \|w(t)\| dt \leqslant M, \quad \forall\, \lambda \geqslant 0. \tag{4.65}$$

事实上, 对任何的 $\lambda > 0$,
$$\begin{aligned}
\lambda \int_0^\infty e^{-\lambda t} \|w(t)\| dt &= \lambda^2 \int_0^\infty e^{-\lambda t} \left(\int_0^t \|w(s)\| ds \right) dt \\
&\leqslant \lambda^2 \int_0^\infty e^{-\lambda t} t \left(\frac{1}{t} \int_0^t \|w(s)\|^2 ds \right)^{\frac{1}{2}} dt \\
&\leqslant M \lambda^2 \int_0^\infty e^{-\lambda t} t\, dt = M.
\end{aligned}$$

下面证明对任意的连续实函数 $f \in C(0, 1)$,
$$\lim_{\lambda \to \infty} \lambda \int_0^\infty e^{-\lambda t} f(e^{-\lambda t}) w(t) dt = w_0 \int_0^\infty e^{-t} f(e^{-t}) dt. \tag{4.66}$$

事实上,
$$\begin{aligned}
\lim_{\lambda \to \infty} \lambda \int_0^\infty e^{-\lambda t} e^{-n\lambda t} w(t) dt &= \frac{1}{n+1} \lim_{\lambda \to \infty} \lambda(n+1) \hat{w}(\lambda(n+1)) \\
&= \frac{1}{n+1} w_0 = w_0 \int_0^\infty e^{-t} e^{-nt} dt.
\end{aligned}$$

这说明 (4.66) 对于多项式成立.

对任意的有界可测函数 $g : [0, 1] \to \mathbb{R}$ 及 $\lambda > 0$, 定义
$$E(\lambda, g) = \lambda \int_0^\infty e^{-\lambda t} g(e^{-\lambda t}) w(t) dt. \tag{4.67}$$

设多项式 f_n 在 $[0,1]$ 上一致趋于 f, 则由 (4.65),

$$\|E(\lambda, f_n) - E(\lambda, f)\| \leqslant \lambda \int_0^\infty e^{-\lambda t}|f_n(e^{-\lambda t}) - f(e^{-\lambda t})|\|w(t)\|dt$$
$$\leqslant M \sup_{x \in [0,1]} |f_n(x) - f(x)|,$$

所以 $E(\lambda, f_n)$ 一致收敛于 $E(\lambda, f)$, 从而

$$\lim_{\lambda \to \infty} E(\lambda, f) = \lim_{n \to \infty} \lim_{\lambda \to \infty} E(\lambda, f_n).$$

这就是 (4.66). 令

$$f_0(x) = \begin{cases} 0, & x \in [0, e^{-1}), \\ \dfrac{1}{x}, & x \in [e^{-1}, 1]. \end{cases}$$

定义连续函数

$$f_\delta(x) = \begin{cases} f_0(x), & x \in [0,1] \setminus [e^{-1-\delta}, e^{-1}), \\ \dfrac{x - e^{-1-\delta}}{e^{-1} - e^{-1-\delta}} e, & x \in [e^{-1-\delta}, e^{-1}). \end{cases}$$

通过简单验证可知

$$e^{-\lambda t}|f_\delta(e^{-\lambda t}) - f_0(e^{-\lambda t})| \leqslant \chi_{[1/\lambda, 1/(\lambda(1+\delta))]}(t),$$

其中 χ 表示特征函数. 于是

$$\|E(\lambda, f_\delta) - E(\lambda, f_0)\| \leqslant \lambda \int_{1/\lambda}^{(1+\delta)/\lambda} \|w(t)\|dt \leqslant \sqrt{\delta} \left(\lambda \int_{1/\lambda}^{(1+\delta)/\lambda} \|w(t)\|^2 dt\right)^{\frac{1}{2}}.$$

不妨设 $\delta \leqslant 1$, 记 $2/\lambda = \tau$, 由 (4.64) 得

$$\|E(\lambda, f_\delta) - E(\lambda, f_0)\| \leqslant \sqrt{2\delta} \left(\frac{1}{\tau} \int_0^\tau \|w(t)\|^2 dt\right)^{\frac{1}{2}} \leqslant \sqrt{2\delta} M.$$

这表明 $E(\lambda, f_\delta)$ 关于 λ 一致收敛于 $E(\lambda, f_0)$, 于是

$$\lim_{\lambda \to \infty} E(\lambda, f_0) = \lim_{\delta \to 0} \lim_{\lambda \to \infty} E(\lambda, f_\delta).$$

因为 (4.66) 对 $f = f_\delta$ 成立, 于是有

$$\lim_{\lambda \to \infty} \lambda \int_0^{1/\lambda} w(t)dt = w_0.$$

这就是 (4.62). ∎

定理 4.7 设 $\Sigma = (T, \Phi, \Psi, F)$ 为一个抽象的适定系统, 则

$$(F_\infty u)(t) = C_{\mathrm{L}} \left[\int_0^t \tilde{T}(t-s) Bu(s) \mathrm{d}s - (\beta - \tilde{A})^{-1} Bu(t) \right] + H(\beta) u(t),$$
$$\forall\, t \in [0, \infty) \text{ a.e.}, u \in L^2(0, \infty; U), \tag{4.68}$$

其中 $H(\beta)$ 为满足 (4.10) 的传递函数.

证 由命题 4.3, 如果 $(x_0, u) \in \mathcal{H} = H \times L^2_\alpha(0, \infty; U)$, 则由引理 4.3 的证明, 由 (4.59) 定义的 $Y(t) \in L^2_\alpha(0, \infty; Y)$ 并且

$$\hat{Y}(s) = \mathbb{C}(s - \mathbb{A})^{-1} \begin{pmatrix} x_0 \\ u \end{pmatrix}, \quad \forall\, \mathrm{Re}\, s > \alpha.$$

但表示定理 (3.35) 告诉我们

$$Y(t) = \mathbb{C}_{\mathrm{L}} \mathbb{T}(t) \begin{pmatrix} x_0 \\ u \end{pmatrix} = \mathbb{C}_{\mathrm{L}} \begin{pmatrix} x(t) \\ \sigma_t u \end{pmatrix}, \tag{4.69}$$

$$x(t) = T(t) x_0 + \Phi(t) u, \quad \forall\, t \in [0, \infty) \text{ a.e.}, x_0 \in H, u \in L^2_\alpha(0, \infty; U).$$

另一方面, 在 $L^2_\alpha(0, \infty; U)$ 上考虑观测系统

$$\begin{cases} \dot{u}(t) = \dfrac{\mathrm{d}}{\mathrm{d}\xi} u(t), \\ y_u(t) = \delta_0 u(t), \end{cases} \tag{4.70}$$

则 $\dfrac{\mathrm{d}}{\mathrm{d}\xi}$ 生成 C_0- 半群 σ_t, $D\left(\dfrac{\mathrm{d}}{\mathrm{d}\xi}\right) = H^1_\alpha(0, \infty; U)$. 显然, 对 $u \in D\left(\dfrac{\mathrm{d}}{\mathrm{d}\xi}\right)$, $y_u(t) = u(t)$, 即对系统 (4.70), 扩展的输入/输出映射是恒等映射. 由表示定理 (3.35),

$$\sigma_t u \in D(\delta_{0\mathrm{L}}), \quad u(t) = \delta_{0\mathrm{L}} \sigma_t u, \quad \forall\, t \in [0, \infty) \text{ a.e.}. \tag{4.71}$$

对任意的 $u \in L^2_\alpha(0, \infty; U)$, 注意到由引理 4.4 和引理 4.5,

$$\lim_{\tau \to 0} \frac{1}{\tau} \int_0^\tau u(t) \mathrm{d}t \text{ 存在当且仅当 } \lim_{\lambda \to +\infty} \lambda \hat{u}(\lambda) \text{ 存在}.$$

但 $u \in D(\delta_{0\mathrm{L}})$ 当且仅当 $\lim\limits_{\tau \to 0} \dfrac{1}{\tau} \int_0^\tau u(t) \mathrm{d}t$ 存在. 由 (4.70), 对几乎所有的 $t \geqslant 0$,

$$u(t) = \lim_{\lambda \to +\infty} \lambda \widehat{\sigma_t u}(\lambda).$$

于是由 (4.69), 取 $x_0 = x(t), u = \sigma_t u, u_0 = u(t)$, 则引理 4.3 的条件全部满足, 于是 (4.68) 成立. ∎

4.3 抽象一阶系统 $\dot{x} = Ax + Bu$ 和二阶系统 $\ddot{x} + \mathbf{A}x + \mathbf{B}u = 0$

本节讨论两类在应用中常见的同位控制系统, 即输出算子是输入算子的共轭. 一类是一阶系统, Schödinger 方程的同位控制常可以纳入此类; 另一类是二阶系统, 时间可逆的系统的同位控制常归于此类. 这两类系统的适定性有一个共同的特点, 即允许性由输入/输出映射的连续依赖性得出.

设 $H, U = Y$ 为 Hilbert 空间. 首先考虑一阶系统

$$\begin{cases} \dot{x}(t) = Ax(t) + Bu(t), x(0) = x_0, \\ y(t) = B^*x(t). \end{cases} \tag{4.72}$$

假设

(H1) $A: D(A)(\subset H) \to H$ 生成 H 上的 C_0- 群且 $A^* = -A$ 是反自伴的, 于是 $A = iS$, 其中 S 为 H 上的自伴算子. 不失一般性, 假设 S 是正定的 (见定义 1.16). 于是算子 S, A, A^* 的分数次幂就可以定义, 从而下面的 Gelfand 三嵌入成立:

$$D(A^{1/2}) \hookrightarrow H \hookrightarrow D(A^{1/2})^*, \tag{4.73}$$

其中 $D(A^{1/2})^*$ 为图像空间 $D(A^{1/2})$ 将 H 作为枢纽空间的对偶.

(H2) $B \in \mathcal{L}(U, D(A^{1/2})^*)$. 这等价于 $Q = \widetilde{A}^{-1/2}B \in \mathcal{L}(U, H)$ 或 $B^*A^{*-1/2} \in \mathcal{L}(H, U)$, 其中 $\widetilde{A} \in \mathcal{L}(D(A^{1/2}), D(A^{1/2})^*)$ 定义为

$$\langle \widetilde{A}x, z \rangle_{D(A^{1/2})^*, D(A^{1/2})} = -i\langle A^{1/2}x, A^{1/2}z \rangle_H, \quad \forall\, x, z \in D(A^{1/2}). \tag{4.74}$$

由 Lax-Milgram 定理 1.25, $\widetilde{A}$ 是 $D(A^{1/2})$ 到 $D(A^{1/2})^*$ 的同构.

(H3) $B^* \in \mathcal{L}(D(A^{1/2}), U)$ 定义为

$$\langle B^*x, u \rangle_{U,U} = \langle x, Bu \rangle_{D(A^{1/2}), D(A^{1/2})^*}, \quad \forall\, x \in D(A^{1/2}), u \in U. \tag{4.75}$$

定理 4.8 假设 (H1)~(H3) 成立, 如果存在 $T > 0, C_T > 0$, 使得系统 (4.72) 的输出输入满足

$$\int_0^T \|y(t)\|_U^2 dt \leqslant C_T \int_0^T \|u(t)\|_U^2 dt, \quad x_0 = 0, \tag{4.76}$$

则 Φ_T (见定义 (2.36)) 是从 $L^2(0, T; U)$ 到 H 的有界算子, 从而系统 $\Sigma(A, B, B^*)$ 是适定的.

证 **令**
$$x(t) = \int_0^t e^{-\widetilde{A}s} Bu(s)ds.$$

如果 $u \in H^1(0,T;U)$, 则对任意的 $t \in [0,T]$,

$$\begin{aligned}
x(t) &= -\int_0^t \frac{de^{-\widetilde{A}s}}{ds} \widetilde{A}^{-1} Bu(s)ds \\
&= -e^{-At}\widetilde{A}^{-1}Bu(t) + \widetilde{A}^{-1}Bu(0) + \int_0^t e^{-As}\widetilde{A}^{-1}B\dot{u}(s)ds \in D(A^{1/2}),
\end{aligned}$$

并且
$$\dot{x}(t) = e^{-\widetilde{A}t}Bu(t) \in [D(A^{1/2})]^*,$$

其中 $e^{\widetilde{A}t}$ 为由 $\widetilde{A}$ 在 $[D(A^{1/2})]^*$ 中生成的 C_0- 半群. 因此,

$$\begin{aligned}
C_T\|u\|^2_{L^2(0,T;U)} &\geqslant \int_0^T \langle (B^*\Phi_T u)(t), u(t)\rangle_U dt \\
&= \int_0^T \left\langle \int_0^t e^{\widetilde{A}(t-s)}Bu(s)ds, Bu(t) \right\rangle_{D(A^{1/2}),(D(A^{1/2}))^*} dt \\
&= \int_0^T \left\langle \int_0^t e^{-\widetilde{A}s}Bu(s)ds, e^{-\widetilde{A}t}Bu(t) \right\rangle_{D(A^{1/2}),D(A^{1/2})^*} dt \\
&= \int_0^T \langle x(t), \dot{x}(t)\rangle_{D(A^{1/2}),(D(A^{1/2}))^*} dt \\
&= \frac{1}{2}\int_0^T \frac{d}{dt}\langle x(t),x(t)\rangle_H dt = \frac{1}{2}\|x(T)\|^2_H = \frac{1}{2}\left\|\int_0^T e^{-\widetilde{A}s}Bu(s)ds\right\|^2_H \\
&= \frac{1}{2}\left\|e^{-AT}\int_0^T e^{\widetilde{A}(T-s)}Bu(s)ds\right\|^2_H,
\end{aligned}$$

从而
$$\left\|\int_0^T e^{\widetilde{A}(T-s)}Bu(s)ds\right\|^2_H \leqslant \|e^{AT}\|\left\|e^{-AT}\int_0^T e^{\widetilde{A}(T-s)}Bu(s)ds\right\|^2_H$$
$$\leqslant 2C_T\|e^{AT}\|\|u\|^2_{L^2(0,T;U)}.$$

这就证明了
$$\|\Phi_T u\|_H \leqslant C_T\|u\|_{L^2(0,T;U)}, \quad \forall\, u \in H^1(0,T;U).$$

因为 $H^1(0,T;U)$ 在 $L^2(0,T;U)$ 中稠密, 所以
$$\Phi_T \in \mathcal{L}(L^2(0,T;U), H).$$

或者说, B 是允许的. 由对偶关系, B^* 也是允许的, 所以 $\Sigma(A,B,B^*)$ 是适定的. ∎

4.3 抽象一阶系统 $\dot{x} = Ax + Bu$ 和二阶系统 $\ddot{x} + \mathbf{A}x + \mathbf{B}u = 0$

推论 4.2 假设 (H1)~(H3) 成立，则系统 (4.72) 的传递函数为
$$H(s) = C(s - \widetilde{A})^{-1}B.$$

证 因为 $(\lambda - \widetilde{A})^{-1}B \in D(B^*)$，由定理 4.5 可得结论. ∎

下面讨论二阶系统. 虽然形式上可以化为一阶系统的形式，但假设不同.
$$\begin{cases} \ddot{x}(t) + \mathbf{A}x(t) + \mathbf{B}u(t) = 0, \\ y(t) = \mathbf{B}^* \dot{x}(t). \end{cases} \tag{4.77}$$

仍用 $U = Y$ 表示输入输出空间. 作如下假设：

(H4) $\mathbf{A}$ 是 Hilbert 空间 $\mathbf{H}$ 上的自伴正定算子；

(H5) $\mathbf{B} \in \mathcal{L}(U, (D(\mathbf{A}^{1/2}))^*)$，或者等价地，$\widetilde{\mathbf{A}}^{-1/2}\mathbf{B} \in \mathcal{L}(U, \mathbf{H})$，其中 $\widetilde{\mathbf{A}} \in \mathcal{L}(D(\mathbf{A}^{1/2}), (D(\mathbf{A}^{1/2}))^*)$ 为 $\mathbf{A}$ 的延拓，定义为
$$\langle \widetilde{\mathbf{A}}x, z \rangle_{(D(\mathbf{A}^{1/2}))^*, D(\mathbf{A}^{1/2})} = \langle \mathbf{A}^{1/2}x, \mathbf{A}^{1/2}z \rangle_{\mathbf{H}}, \quad \forall\, x, z \in D(\mathbf{A}^{1/2}). \tag{4.78}$$

由定义，$\mathbf{B}^* \in \mathcal{L}(D(\mathbf{A}^{1/2}), U)$ 由下式定义：
$$\langle \mathbf{B}^*z, u \rangle_{U,U} = \langle z, \mathbf{B}u \rangle_{D(\mathbf{A}^{1/2}), (D(\mathbf{A}^{1/2}))^*}, \quad \forall\, z \in D(\mathbf{A}^{1/2}), u \in U. \tag{4.79}$$

在状态空间 $H = D(\mathbf{A}^{1/2}) \times \mathbf{H}$，输入输出空间 $U = Y$ 中来考察系统 (4.77).

定理 4.9 假设 (H4), (H5) 成立，如果系统 (4.77) 当初值为零时的输入输出有连续依赖关系
$$\|y\|_{L^2(0,T;U)} \leqslant C_T \|u\|_{L^2(0,T;U)}, \quad x(0) = \dot{x}(0) = 0,\ \forall\, u \in L^2_{\text{loc}}(0,\infty;U), \tag{4.80}$$
其中 $T > 0$ 为某个常数，$C_T > 0$ 不依赖于 u，则系统 (4.77) 是适定的,
$$\|(x(T), \dot{x}(T))\|_H \leqslant \sqrt{2C_T} \|u\|_{L^2(0,T;U)}, \quad x(0) = \dot{x}(0) = 0,\ \forall\, u \in L^2_{\text{loc}}(0,\infty;U). \tag{4.81}$$

证 假设 $x(0) = \dot{x}(0) = 0, u \in C^2(0,T;U), u(0) = \dot{u}(0) = 0$，则 (4.77) 的解为
$$\begin{aligned} x(t) &= -\int_0^t \frac{e^{i\sqrt{\mathbf{A}}(t-s)} - e^{-i\sqrt{\mathbf{A}}(t-s)}}{2i} \widetilde{\mathbf{A}}^{-1/2} \mathbf{B} u(s) \mathrm{d}s \\ &= -\widetilde{\mathbf{A}}^{-1}\mathbf{B}u(t) + \int_0^t \frac{e^{i\sqrt{\mathbf{A}}(t-s)} + e^{-i\sqrt{\mathbf{A}}(t-s)}}{2} \widetilde{\mathbf{A}}^{-1}\mathbf{B}\dot{u}(s) \mathrm{d}s \in D(\mathbf{A}^{1/2}), \quad \forall\, t \geqslant 0, \end{aligned} \tag{4.82}$$

其中 $e^{i\sqrt{\mathbf{A}}t}$ 为 $i\mathbf{A}^{1/2}$ 在 $\mathbf{H}$ 中生成的 C_0-群，$e^{-i\sqrt{\mathbf{A}}t}$ 为 $-i\mathbf{A}^{1/2}$ 在 $\mathbf{H}$ 中生成的 C_0-群.

$$\begin{aligned} \dot{x}(t) &= -\int_0^t \frac{e^{i\sqrt{\mathbf{A}}(t-s)} - e^{-i\sqrt{\mathbf{A}}(t-s)}}{2i} \widetilde{\mathbf{A}}^{-1/2} \mathbf{B}\dot{u}(s) \mathrm{d}s \\ &= -\widetilde{\mathbf{A}}^{-1}\mathbf{B}\dot{u}(t) + \int_0^t \frac{e^{i\sqrt{\mathbf{A}}(t-s)} + e^{-i\sqrt{\mathbf{A}}(t-s)}}{2} \widetilde{\mathbf{A}}^{-1}\mathbf{B}\ddot{u}(s) \mathrm{d}s \\ &\in D(\mathbf{A}^{1/2}), \quad \forall\, t \geqslant 0 \end{aligned} \tag{4.83}$$

及

$$\ddot{x}(t) = -\int_0^t \frac{e^{i\sqrt{\mathbf{A}}(t-s)} - e^{-i\sqrt{\mathbf{A}}(t-s)}}{2i} \tilde{\mathbf{A}}^{-1/2}\mathbf{B}\ddot{u}(s)ds \in \mathbf{H}, \quad \forall\, t \geqslant 0. \tag{4.84}$$

现在, 因为 (4.82) 定义的 $x(t)$ 是 (4.77) 的初值为零的解,

$$\ddot{x}(t) + \tilde{\mathbf{A}}x(t) + \mathbf{B}u(t) = 0, \quad x(0) = \dot{x}(0) = 0 \ 在\ (D(\mathbf{A}^{1/2}))^* \ 中. \tag{4.85}$$

上式两端对 $\dot{x}(t) \in D(\mathbf{A}^{1/2})$ 取 $D(\mathbf{A}^{1/2})$ 和 $D(\mathbf{A}^{1/2})^*$ 基于枢纽空间 $\mathbf{H}$ 的对偶积得

$$\begin{aligned}
&\langle \ddot{x}(t), \dot{x}(t)\rangle_{(D(\mathbf{A}^{1/2}))^*, D(\mathbf{A}^{1/2})} + \langle \tilde{\mathbf{A}}x(t), \dot{x}(t)\rangle_{(D(\mathbf{A}^{1/2}))^*, D(\mathbf{A}^{1/2})} \\
&+ \langle \mathbf{B}u(t), \dot{x}(t)\rangle_{(D(\mathbf{A}^{1/2}))^*, D(\mathbf{A}^{1/2})} \\
&= \langle \ddot{x}(t), \dot{x}(t)\rangle_{\mathbf{H}} + \langle \mathbf{A}^{1/2}x(t), \mathbf{A}^{1/2}\dot{x}(t)\rangle_{\mathbf{H}} + \langle u(t), \mathbf{B}^*\dot{x}(t)\rangle_U \\
&= \frac{1}{2}\frac{d}{dt}\left[\|\dot{x}(t)\|_{\mathbf{H}}^2 + \|\mathbf{A}^{1/2}x(t)\|_{\mathbf{H}}^2\right] + \langle u(t), \mathbf{B}^*\dot{x}(t)\rangle_U = 0, \quad \forall\, t \geqslant 0.
\end{aligned} \tag{4.86}$$

对给定的 $T > 0$, 上式两端从 $[0, T]$ 对 t 积分得

$$\|(x(T), \dot{x}(T))\|_X^2 = \|\dot{x}(T)\|_{\mathbf{H}}^2 + \|\mathbf{A}^{1/2}x(T)\|_{\mathbf{H}}^2 = -2\int_0^T \langle u(t), \mathbf{B}^*\dot{x}(t)\rangle_U dt. \tag{4.87}$$

由 (4.87) 与假设 (4.80) 得到

$$C_T\|u\|_{L^2(0,T;U)}^2 \geqslant |\langle y, u\rangle_{L^2(0,T;U)}| = |\langle \mathbf{B}^*\dot{x}, u\rangle_{L^2(0,T;U)}| = \frac{1}{2}\left[\|(x(T), \dot{x}(T))\|_X^2\right]$$

对任意的 $u \in C^2(0, T; U)$, $u(0) = \dot{u}(0) = 0$ 成立. 这就是 (4.81). 因为 $C^2(0, T; U)$ 中满足 $u(0) = \dot{u}(0) = 0$ 的函数 u 在 $L^2(0, T; U)$ 中稠密, (4.81) 对所有的 $u \in L^2_{\text{loc}}(0, T; U)$ 都成立. 证毕. ∎

同推论 4.2 一样, 有下面的结论.

推论 4.3 假设 (H4), (H5) 成立, 则系统 (4.77) 的传递函数为

$$H(s) = -s(s^2 + \tilde{\mathbf{A}})^{-1}\mathbf{B}.$$

小结和文献说明

抽象适定系统最早见于文献 [102] 和 [103] 的研究. 文献 [102] 对无穷维是不变线性系统的处理又可以追溯到文献 [57] 对有穷时不变系统的抽象定义. 文献 [131] 也有非常类似的描述. 文献 [120] 写成现在 4.2 节定义的形式. 正式的讨论参见文献 [122]. 在 4.1 节中用直观的方式把传递函数先对光滑的控制的处理来自于文献

[120], 其他技巧可参见文献 [16], [126]. 定理 4.5 来源于文献 [39]. 表示定理 4.7 最早由文献 [16] 宣布, 但没有证明, 完整的证明参见文献 [108]. 这里的证明是结合了文献 [102], [108], [122] 而得到的详细处理. (4.11) 可以作为传递函数的定义, 但即使是适定系统, 一般也不能写为 $H(s) = C(s-\tilde{A})^{-1}B + D$ 的形式, 这与 B 或者 C 有界的情形不同. 写成这种形式的系统是第 5 章的任务. 然而文献 [108] 证明了适定系统的传递函数总可以表示成 $H(s) = \overline{C}(s-\tilde{A})^{-1}B + D$ 的形式, 但 $(\overline{C}, D)$ 不是唯一的. 定理 4.8 由文献 [66] 首先得到. 定理 4.9 的正确证明参见文献 [11].

第 5 章 正 则 系 统

第 4 章讨论了适定系统, 说明了从 $\Sigma(A,B,C)$ 出发和抽象表示 $\Sigma = (T,\Phi,\Psi,F)$ 出发是一回事. 本章就用 $\Sigma = (T,\Phi,\Psi,F)$ 表示抽象系统, 其相应的系统算子为 A, 输入、输出算子分别为 B,C, 输入、输出映射由 (4.45) 给出.

对于一个适定系统, 其输入/输出在时域中的关系为

$$\begin{aligned} y(t) &= (F_\infty u)(t) \\ &= C_\mathrm{L} \left[\int_0^t \tilde{T}(t-s)Bu(s)\mathrm{d}s - (\beta - \tilde{A})^{-1} Bu(t) \right] + H(\beta) u(t), \\ &\quad \forall\, t \geqslant 0 \text{ a.e.}, \ u \in L^2(0,\infty;U), \end{aligned}$$

与通常看到的有穷维或者输入算子、输出算子有界时的线性系统的输入/输出时域表示

$$y(t) = C \int_0^t T(t-s) Bu(s)\mathrm{d}s + Du(t)$$

不一样, 并且由于 (A,B,C) 并不能唯一确定 F_∞, 所以只能在相差一个常有界算子的情况下唯一决定. 本章讨论一类特殊的适定系统, 称为正则系统. 对于正则系统来说, (A,B,C) 唯一地确定了 F_∞, 输入/输出时域表示与有穷维系统几乎相同, 其相差的常有界算子 D 就是直接传输算子. 这类系统有与有穷维系许多类似的性质, 可以说是无穷维系统中的有穷维系统, 但允许输入输出算子无界. 到目前为止, 除数学构造的例子外, 还没有发现有物理背景的偏微分适定系统不是正则的.

简单地说, 一个系统是正则的, 如果其阶跃响应在零点不是过分的不连续. 准确地说是, 阶跃输出在 $[0,\tau]$ 上的均值当 $\tau \to 0$ 时有极限.

5.1 正则系统的输出表示

对任意的 $v \in U$, 定义抽象系统 $\Sigma = (T,\Phi,\Psi,F)$ 对应于 v 的阶跃输出响应为

$$y_v(t) = (F_\infty v)(t) \in L^2_{\mathrm{loc}}(0,\infty;Y). \tag{5.1}$$

定义 5.1 抽象系统 $\Sigma = (T,\Phi,\Psi,F)$ 称为正则的, 如果 0 是阶跃输出的 Lebesgue 点,

$$\lim_{\tau \to 0} \frac{1}{\tau} \int_0^\tau y_v(t) \mathrm{d}t = Dv, \quad \forall\, v \in U. \tag{5.2}$$

5.1 正则系统的输出表示

命题 5.1 如果抽象适定系统 $\Sigma = (T, \Phi, \Psi, F)$ 是正则的, D 定义如 (5.2), 则 $D \in \mathcal{L}(U, Y)$, 称为系统 $\Sigma = (T, \Phi, \Psi, F)$ 的直接传输算子.

证 因为对任意的 $\tau > 0$, 由因果律 $\mathbf{P}_\tau F_\infty = F_\infty \mathbf{P}_\tau$ (见命题 4.3), $u = \mathbf{P}_\tau v \in L^2(0, \infty; U)$, 于是有

$$\left\| \int_0^\tau y_v(t) dt \right\| \leqslant \int_0^\tau \|(F(\tau)u)(t)\| dt \leqslant \sqrt{\tau} \|F(\tau)u\| \leqslant \tau \|F(\tau)\| \|v\|,$$

所以

$$D_\tau v = \frac{1}{\tau} \int_0^\tau y_v(t) dt \in \mathcal{L}(U, Y), \quad \forall v \in U. \tag{5.3}$$

如果抽象系统 $\Sigma = (T, \Phi, \Psi, F)$ 是正则的, 则由共鸣定理 1.23, $D \in \mathcal{L}(U, Y)$. ■

定理 5.1 如果抽象适定系统 $\Sigma = (T, \Phi, \Psi, F)$ 是正则的, (A, B, C) 是相应的系统, 输入、输出算子 (见 (4.45)), 则下面的结论是等价的:

(1) $\Sigma = (T, \Phi, \Psi, F)$ 是正则的;
(2) 对任何的 (等价于对某个)$s \in \rho(A)$, $v \in U$ 有 $(s - \tilde{A})^{-1} Bv \in D(C_L)$;
(3) $C_L(s - \tilde{A})^{-1} B$ 是 $\rho(A)$ 上的 $\mathcal{L}(U, Y)$ 值解析函数.

证 由 (4.44) 的第二个式子及表示 (3.35),

$$y_v(t + \tau) = (\Psi_\infty \Phi(\tau) v)(t) + y_v(t) = C_L T(t) \Phi(\tau) v + y_v(t),$$

$$\forall \tau \geqslant 0, v \in U, t \in [0, \infty), \text{ a.e..} \tag{5.4}$$

同定理 3.1 对 Ψ_∞ 的证明, Laplace 变换 $\hat{y}_v(s)$ 存在. (5.4) 两端取 Laplace 变换得

$$e^{s\tau} \hat{y}_v(s) - e^{s\tau} \int_0^\tau e^{-st} y_v(t) dt = C(s - A)^{-1} \Phi(\tau) v + \hat{y}_v(s).$$

由 (4.45), $\Phi(\tau) v = \int_0^\tau \tilde{T}(\tau - \sigma) Bv d\sigma$, 于是有

$$\frac{e^{s\tau} - 1}{\tau} \hat{y}_v(s) = C \frac{1}{\tau} \int_0^\tau \tilde{T}(\tau - \sigma)(s - \tilde{A})^{-1} Bv d\sigma + e^{s\tau} \frac{1}{\tau} \int_0^\tau e^{-st} y_v(t) dt. \tag{5.5}$$

当 $\tau \to 0$ 时, (5.5) 左端有极限, 所以右端的极限也存在. 由 C_L 的定义 (3.30) 和正则性定义 (5.2), (1) 和 (2) 等价.

(3) 当然意味着 (2). 现在假设 (2) 成立, 在 (5.5) 中令 $\tau \to 0$ 得

$$s \hat{y}_v(s) = C_L(s - \tilde{A})^{-1} Bv + Dv.$$

因为 $\hat{y}_v(s)$ 连续依赖于 v, 所以对充分大的 $\text{Re} s_0$,

$$C_L(s_0 - \tilde{A})^{-1} B \in \mathcal{L}(U, Y).$$

于是对任意的 $s \in \rho(A)$,

$$C_{\mathrm{L}}(s_0 - \tilde{A})^{-1}B + C(s_0 - s)(s_0 - \tilde{A})^{-1}(s - \tilde{A})^{-1}B \in \mathcal{L}(U, Y).$$

由预解恒等式就得到 $(s - \tilde{A})^{-1}B \in D(C_{\mathrm{L}})$, 并且

$$\begin{aligned}C_{\mathrm{L}}(s - \tilde{A})^{-1}B &= C_{\mathrm{L}}(s_0 - \tilde{A})^{-1}B + (s_0 - s)C(s_0 - A)^{-1}(s - \tilde{A})^{-1}B \\ &= C_{\mathrm{L}}(s_0 - \tilde{A})^{-1}B + (s_0 - s)C(s_0 - A)^{-2}B \\ &\quad + (s_0 - s)^2 C(s_0 - A)^{-1}(s - \tilde{A})^{-1}(s_0 - \tilde{A})^{-1}B.\end{aligned}$$

上式右端是 s 的 $\mathcal{L}(U, Y)$ 值解析函数. 于是 (3) 成立. 证毕. ■

注 5.1 必须指出的是, 定理 5.1(2) 必须理解为 $C \in \mathcal{L}(D(A), Y)$. 例如, 在第 4 章讨论的系统 (4.72)(或者系统 (4.77)), 虽然有 $(s - \tilde{A})^{-1}B \in D(B^*)$, 但那里的 B^* 并不是定义在 $D(A)$ 上的算子, 所以不能简单地应用定理 5.1(2) 得出这些系统是正则的. 事实上, 下面将证明系统 (4.72) 的确是正则的, 但系统 (4.77) 的正则性则很复杂. 这个事实在以后的偏微分方程控制例子中会讨论到.

引理 5.1 设 $u \in L^2_{\mathrm{loc}}(0, \infty; U)$, 则对几乎所有的 $t \geqslant 0$,

$$\lim_{\tau \to 0} \frac{1}{\tau} \int_0^\tau \|u(t + \sigma) - u(t)\|^2 \mathrm{d}\sigma = 0. \tag{5.6}$$

证 通过改变一个零测集, 可使得 u 的值域 $\{u(t) | t \in [0, \infty)\}$ 有一个可数的稠密集 $\{\nu_n | n \in \mathbb{N}\}$. 对任意的 $n \in \mathbb{N}$, 数值函数 $\varphi_n(t) = \|u(t) - \nu_n\|^2 \in L^1_{\mathrm{loc}}(0, \infty)$ 满足

$$\lim_{\tau \to 0} \frac{1}{\tau} \int_0^\tau \varphi_n(t + \sigma) \mathrm{d}\sigma = \varphi_n(t), \quad \forall\, t \geqslant 0 \text{ a.e..} \tag{5.7}$$

设使得 (5.7) 成立的 t 的集合为 E. 下面证明 (5.6) 对 $t \in E$ 成立. 事实上, 对任何的 $t, \tau \geqslant 0$,

$$\begin{aligned}&\left(\frac{1}{\tau} \int_0^\tau \|u(t + \sigma) - u(t)\|^2 \mathrm{d}\sigma\right)^{\frac{1}{2}} \\ &\leqslant \left(\frac{1}{\tau} \int_0^\tau \|u(t + \sigma) - \nu_n\|^2 \mathrm{d}\sigma\right)^{\frac{1}{2}} + \|\nu_n - u(t)\| \\ &= \left[\left(\frac{1}{\tau} \int_0^\tau \varphi_n(t + \sigma) \mathrm{d}\sigma\right)^{\frac{1}{2}} - (\varphi_n(t))^{1/2}\right] + 2\|\nu_n - u(t)\|.\end{aligned}$$

对固定的 $t \in E$ 和给定的 $\varepsilon > 0$, 存在 $n \in \mathbb{N}$, 使得上式右端第二项 $\leqslant \varepsilon$. 当 τ 充分小时, 第一项 $\leqslant \varepsilon$. 这说明 (5.6) 对 $t \in E$ 成立. 因为 E 的补集的测度为零, 引理得证. ■

5.1 正则系统的输出表示

定理 5.2 设抽象适定系统 $\Sigma = (T, \Phi, \Psi, F)$ 是正则的, 则

$$\int_0^t \tilde{T}(t-s)Bu(s)\mathrm{d}s \in D(C_\mathrm{L}), \quad \forall\, t \geqslant 0 \text{ a.e.}, u \in L^2_{\mathrm{loc}}(0,\infty;U), \tag{5.8}$$

$$(F_\infty u)(t) = C_\mathrm{L} \int_0^t \tilde{T}(t-s)Bu(s)\mathrm{d}s + Du(t), \quad \forall\, t \geqslant 0 \text{ a.e.}, u \in L^2_{\mathrm{loc}}(0,\infty;U). \tag{5.9}$$

证 令 $y(t) = (F_\infty u)(t)$. 由表示定理 4.7, $y \in L^2_{\mathrm{loc}}(0,\infty;Y)$. 不妨认为 u, y 在每一点都有定义的有限值. 用 $\mathcal{T}$ 表示所有的 $t \in [0,\infty)$, 使得

(1) y 在 t 有 Lebesgue 点, 并且

$$y(t) = \lim_{\tau \to 0} \frac{1}{\tau} \int_0^\tau y(t+\sigma)\mathrm{d}\sigma;$$

(2) (5.6) 成立. 由引理 5.1, $[0,\infty) \setminus \mathcal{T}$ 是零测集. 对 $t \in \mathcal{T}$, 下面证明 (5.8), (5.9) 成立.

对 $t \in \mathcal{T}$, 定义

$$\delta(\sigma) = u(t+\sigma) - u(t) \in L^2_{\mathrm{loc}}(0,\infty;U),$$

则

$$u = u \underset{t}{\Diamond} (u(t) + \delta).$$

由 (4.44) 的第二个关系式,

$$y(t+\sigma) = [\Psi_\infty \Phi(t)u + F_\infty(u(t)+\delta)](\sigma) = (\Psi_\infty \Phi(t)u)(\sigma) + y_{u(t)}(\sigma) + (F_\infty \delta)(\sigma), \tag{5.10}$$

其中 $y_{u(t)}$ 为对应于 $u(t)$ 的阶跃输出响应. 先证

$$\lim_{\tau \to 0} \frac{1}{\tau} \int_0^\tau (F_\infty \delta)(\sigma)\mathrm{d}\sigma = 0. \tag{5.11}$$

事实上, 对任意的 $\tau \in (0,1]$, 由因果律,

$$\left\|\frac{1}{\tau}\int_0^\tau (F_\infty \delta)(\sigma)\mathrm{d}\sigma\right\| \leqslant \frac{1}{\tau}\int_0^\tau \|(F(1)\delta)(\sigma)\|\mathrm{d}\sigma \leqslant \left(\frac{1}{\tau}\int_0^\tau \|(F(1)\delta)(\sigma)\|^2\mathrm{d}\sigma\right)^{\frac{1}{2}}$$

$$\leqslant \|F(1)\|\left(\frac{1}{\tau}\int_0^\tau \|\delta(\sigma)\|^2\mathrm{d}\sigma\right)^{\frac{1}{2}}.$$

由 δ 的定义及开头的假设 (2), 上式当 $\tau \to 0$ 时趋于零. 这就是 (5.11).

注意到开头的假设 (1), 在 (5.10) 两端从 0 到 τ 积分, 除以 τ, 并令 $\tau \to 0$ 得

$$y(t) = \lim_{\tau \to 0} \frac{1}{\tau}\int_0^\tau (\Psi_\infty \Phi(t)u)(\sigma)\mathrm{d}\sigma + Du(t).$$

由 (3.36), $\Phi(t)u \in D(C_L)$ 且

$$y(t) = C_L \Phi(t)u + Du(t).$$

由表示定理 (4.45), (5.8) 和 (5.9) 成立. 证毕. ∎

由表示定理 (4.45) 和定理 5.2, 有下面的结果.

定理 5.3 设抽象适定系统 $\Sigma = (T, \Phi, \Psi, F)$ 是正则的, 其对应的系统算子、控制算子和观测算子分别为 A, B, C. 用 C_L 表示 C 的 Lebesgue 延拓, D 是由 (5.2) 确定的直接传输算子, 则对任意的 $x_0 \in H$, $u \in L^2_{loc}(0, \infty; U)$, 函数 $x \in C(0, \infty; H)$, $y \in L^2_{loc}(0, \infty; Y)$,

$$\begin{cases} x(t) = T(t)x_0 + \Phi(t)u, \\ y(t) = \Psi_\infty x_0 + F_\infty u \end{cases} \tag{5.12}$$

满足方程

$$\begin{cases} \dot{x}(t) = \tilde{A}x(t) + Bu(t), \\ y(t) = C_L x(t) + Du(t), \quad \forall\, t \in [0, \infty) \text{ a.e.}. \end{cases} \tag{5.13}$$

5.2 正则系统的频域表示和传递函数

至少从表示上来看, 定理 5.3 告诉我们正则系统已经和有穷维系统非常类似了. 和定理 5.3 相对应的是正则系统的频域表示. 从表面上来看, 在 (5.13) 的第二个式子取 Laplace 变换得

$$\hat{y}(s) = C(s - A)^{-1}x_0 + C_L(s - \tilde{A})^{-1}B\hat{u}(s).$$

也就是说, 正则系统的传递函数为 $H(s) = C_L(s - \tilde{A})^{-1}B$. 但这是需要证明的, 因为不知道 C_L 是不是可闭的算子, 能不能从 Laplace 变换的积分号中取出来.

定义

$$C_L^\tau z = C \frac{1}{\tau} \int_0^\tau T(t)z \mathrm{d}t. \tag{5.14}$$

显然, 如果 $z \in D(C_L)$, 则 $\lim_{\tau \to 0} C_L^\tau z = C_L z$. 由定理 5.2, 如果 $x(t)$ 是抽象系统 $\Sigma(T, \Phi)$ 的由 (5.13) 定义的状态 $x(t)$, 则对几乎所有的 $t \geqslant 0$, $\lim_{\tau \to 0} C_L^\tau x(t) = C_L x(t)$. 下面的结果从另一角度说明了这个收敛性.

引理 5.2 设 $x(t) = T(t)x_0 + \Phi(t)u \in C(0, \infty; H)$ 是抽象控制系统 $\Sigma(T, \Phi)$ 对应于 $u \in L^2_\alpha(0, \infty; U)$ 的状态, 其中 $\alpha > \omega$, ω 为使得 $\|T(t)\| \leqslant Me^{\omega t}$ 满足的常数, C_L^τ 定义如 (5.14), 则

$$\lim_{\tau \to 0} C_L^\tau x = C_L x$$

在 $L^2_\alpha(0, \infty; Y)$ 中成立.

5.2 正则系统的频域表示和传递函数

证 对任意的 $v \in U$, 定义 $D^\tau \in \mathcal{L}(U,Y)$,

$$D^\tau v = \frac{1}{\tau}\int_0^\tau (F_\infty v)(\sigma)\mathrm{d}\sigma. \tag{5.15}$$

由定义 5.1, $\lim_{\tau \to 0} D^\tau v = Dv$. 于是由共鸣定理 1.23, D^τ 在 $\tau \in (0,1]$ 上一致有界. 再由 Lebesgue 控制收敛定理,

$$\lim_{\tau \to 0} D^\tau u = Du \text{ 在 } L_\alpha^2(0,\infty;U) \text{ 中.} \tag{5.16}$$

对任意的 $t \geqslant 0$, 视 $\mathbf{S}_t$ 为 $L_{\mathrm{loc}}^2(0,\infty;Y)$ 中的算子, 则 $(\mathbf{S}_t^* u)(\sigma) = u(t+\sigma)$. 于是显然有 $\mathbf{S}_t^*(y_1 \underset{t}{\diamond} y_2) = y_2$. 应用这个关系到 (4.44) 得

$$\mathbf{S}_t^* \Psi_\infty z = \Psi_\infty T(t)z, \quad \forall\, z \in H,$$

$$\mathbf{S}_t^* F_\infty (u_1 \underset{t}{\diamond} u_2) = \Psi_\infty \Phi(t) u_1 + F_\infty u_2, \quad \forall\, u_1, u_2 \in L_{\mathrm{loc}}^2(0,\infty;U).$$

因为 $f = f \underset{t}{\diamond} \mathbf{S}_t^* f$, 所以

$$\mathbf{S}_t^* F_\infty f = \Psi_\infty \Phi(t) f + F_\infty \mathbf{S}_t^* f.$$

于是

$$\mathbf{S}_t^* (\Psi_\infty z + F_\infty f) = \Psi_\infty(T(t)z + \Phi(t)f) + F_\infty \mathbf{S}_t^* f, \quad \forall\, z \in H, f \in L_{\mathrm{loc}}^2(0,\infty;U).$$

设系统的初始状态为 x_0, $y = \Psi_\infty x_0 + F_\infty u$. 由命题 4.3, $y \in L_{\mathrm{loc}}^2(0,\infty;Y)$. 令 $z = x_0, f = y$ 得

$$\mathbf{S}_t^* y = \Psi_\infty x(t) + F_\infty \mathbf{S}_t^* u, \quad \forall\, x_0 \in H, u \in L_{\mathrm{loc}}^2(0,\infty;U). \tag{5.17}$$

这里认为 $u(t)$ 在每一点都有意义. 令

$$\delta_t(\sigma) = u(t+\sigma) - u(t), \tag{5.18}$$

则 $\mathbf{S}_t^* u = u(t) + \delta_t$. 将此代入 (5.17) 再从 $[0,\tau]$ 积分, 注意到 (3.36) 得

$$\int_0^\tau y(t+\sigma)\mathrm{d}\sigma = C\int_0^\tau T(\sigma)x(t)\mathrm{d}\sigma + \int_0^\tau (F_\infty u(t))(\sigma)\mathrm{d}\sigma + \int_0^\tau (F_\infty \delta_t)(\sigma)\mathrm{d}\sigma. \tag{5.19}$$

(5.19) 除以 τ, 并利用 (5.14) 及 (5.15) 得

$$\frac{1}{\tau}\int_0^\tau y(t+\sigma)\mathrm{d}\sigma = C_\mathrm{L}^\tau x(t) + D^\tau u(t) + \frac{1}{\tau}\int_0^\tau (F_\infty \delta_t)(\sigma)\mathrm{d}\sigma. \tag{5.20}$$

对任意的 $\tau \in (0,1]$, 因为 $\mathbf{P}_\tau F_\infty = F(\tau), \|F(\tau)\| \leqslant \|F(1)\|$, 则有

$$\left\|\frac{1}{\tau}\int_0^\tau (F_\infty \delta_t)(\sigma)\mathrm{d}\sigma\right\| \leqslant \frac{1}{\tau}\int_0^\tau \|(F_\infty \delta_t)(\sigma)\|\mathrm{d}\sigma \leqslant \left(\frac{1}{\tau}\int_0^\tau \|(F_\infty \delta_t)(\sigma)\|^2\mathrm{d}\sigma\right)^{\frac{1}{2}}$$
$$\leqslant \|F_1\| \left(\frac{1}{\tau}\int_0^\tau \|\delta_t(\sigma)\|^2\mathrm{d}\sigma\right)^{\frac{1}{2}}.$$

上式作为 $L_\alpha^2(0,\infty;Y)$ 中的函数对 $t\in[0,\infty)$ 成立. 于是由 Fubini 定理,

$$\left\|\frac{1}{\tau}\int_0^\tau (F_\infty \delta_t)(\sigma)\mathrm{d}\sigma\right\|^2_{L_\alpha^2} \leqslant \|F(1)\|^2 \int_0^\infty \mathrm{e}^{-2\alpha t}\left(\frac{1}{\tau}\int_0^\tau \|\delta_t(\sigma)\|^2\mathrm{d}\sigma\right)\mathrm{d}t$$
$$= \|F(1)\|^2 \frac{1}{\tau}\int_0^\tau \int_0^\infty \mathrm{e}^{-2\alpha t}\|\delta_t(\sigma)\|^2 \mathrm{d}t\mathrm{d}\sigma$$
$$= \|F(1)\|^2 \frac{1}{\tau}\int_0^\tau \|\mathbf{S}_\sigma^* u - u\|^2_{L_\alpha^2}\mathrm{d}\sigma.$$

因为 $\{\mathbf{S}_\sigma^*\}_{\sigma\geqslant 0}$ 是 $L_\alpha^2(0,\infty,Y)$ 上的 C_0- 半群, 于是

$$\lim_{\tau\to 0}\frac{1}{\tau}\int_0^\tau (F_\infty \delta_t)(\sigma)\mathrm{d}\sigma = 0 \ \ \text{在} \ L_\alpha^2(0,\infty;Y) \ \text{中}.$$

另一方面, 容易证明

$$\lim_{\tau\to 0}\frac{1}{\tau}\int_0^\tau y(t+\sigma)\mathrm{d}\sigma = y(t) \ \ \text{在} \ L_\alpha^2(0,\infty;Y) \ \text{中}.$$

由上面两式和 (5.16), (5.20) 得到

$$\lim_{\tau\to 0}\frac{1}{\tau}\int_0^\tau y(t+\sigma)\mathrm{d}\sigma = C_\mathrm{L} x(t) + Du(t) \ \ \text{在} \ L_\alpha^2(0,\infty;Y) \ \text{中}. \tag{5.21}$$

引理得证. ∎

注 5.2 由因果律, $\mathbf{P}_\tau C_\mathrm{L}^\tau x = \mathbf{P}_\tau C_\mathrm{L}^\tau x_\tau$, 其中 x_τ 表示 $[0,\tau]$ 内的状态. 在 $L^2(0,\infty;Y)$ 中, $\mathbf{P}_\tau C_\mathrm{L}^\tau x \to \mathbf{P}_\tau C_\mathrm{L}^\tau x_\tau$. 对 C_L 也有类似的结论. 于是有

$$\lim_{\tau\to 0}\mathbf{P}_\tau C_\mathrm{L}^\tau x = \mathbf{P}_\tau C_\mathrm{L} x \ \text{在} \ L_\alpha^2(0,\infty;Y) \ \text{中}.$$

这样可以认为

$$\lim_{\tau\to 0}C_\mathrm{L}^\tau x = C_\mathrm{L} x \ \text{在} \ L_\mathrm{loc}^2(0,\infty;Y) \ \text{中}.$$

下面的一般定理说明可以将 C_L 从积分号下提出来.

定理 5.4 设 $x(t) = T(t)x_0 + \Phi(t)u \in C(0,\infty;H)$ 是抽象控制系统 $\Sigma(T,\Phi)$ 对应于 $u\in L_\alpha^2(0,\infty;U)$ 的状态, 其中 $\alpha > \omega$, ω 为使得 $\|T(t)\|\leqslant M\mathrm{e}^{\omega t}$ 满足的常数, C_L^τ 定义如 (5.14). 如果 $\beta \in L_{-\alpha}^2(0,\infty)$, 则

$$\int_0^\infty C_\mathrm{L}\beta(t)x(t)\mathrm{d}t = C_\mathrm{L}\int_0^\infty \beta(t)x(t)\mathrm{d}t. \tag{5.22}$$

5.2 正则系统的频域表示和传递函数

证 设 C_L^τ 定义如 (5.14). 由命题 2.8 和命题 3.5, $x, C_L^\tau x, C_L x \in L_\alpha^2$. 于是由假设 $\beta x, C_L^\tau \beta x, C_L \beta x \in L^1$. 由引理 5.2,

$$\lim_{\tau \to 0} C_L^\tau \beta x = C_L \beta x \text{ 在 } L^1(0, \infty; Y) \text{ 中},$$

但 C_L^τ 可以和积分符号交换, 于是

$$\lim_{\tau \to 0} C_L^\tau \int_0^\infty \beta(t) x(t) \mathrm{d}t = \int_0^\infty C_L \beta(t) x(t) \mathrm{d}t.$$

由 C_L 的定义 (3.30), 上式说明 $\int_0^\infty \beta(t) x(t) \mathrm{d}t \in D(C_L)$ 且 (5.22) 成立. ∎

定理 5.5 设抽象适定系统 $\Sigma = (T, \Phi, \Psi, F)$ 是正则的, 其对应的系统算子、控制算子和观测算子分别为 A, B, C. 用 C_L 表示 C 的 Lebesgue 延拓, D 是由 (5.2) 确定的直接传输算子, 则 $\Sigma = (T, \Phi, \Psi, F)$ 的 Laplace 变换为

$$H(s) = C_L(s - \tilde{A})^{-1} B + D. \tag{5.23}$$

特别地, $(s - \tilde{A})^{-1} BU \subset D(C_L)$. 这和定理 5.1 一致.

证 取 $\beta(t) = \mathrm{e}^{-st}, x_0 = 0$. 利用 (5.22), (5.13) 以及 (2.57) 即得 (5.23). ∎

在本节的最后叙述正则性的频域刻画.

定理 5.6 设抽象适定系统 $\Sigma = (T, \Phi, \Psi, F)$ 对应的系统算子、控制算子和观测算子分别为 A, B, C. 用 C_L 表示 C 的 Lebesgue 延拓, D 是由 (5.2) 确定的直接传输算子, 则 $\Sigma = (T, \Phi, \Psi, F)$ 是正则的充分必要条件是其传递函数沿实轴有极限

$$\lim_{\lambda \to +\infty} H(\lambda) v = Dv, \quad \forall\, v \in U. \tag{5.24}$$

证 因为对任意的 $v \in U$, $(s - \tilde{A})^{-1} Bv \in D(C_L)$. 由 C_L 的算子刻画 (3.37),

$$G(s)v = \lim_{\lambda \to +\infty} C\lambda(\lambda - A)^{-1}(s - \tilde{A})^{-1} Bv, \quad \forall\, v \in U, \tag{5.25}$$

其中 $G(s) = C_L(s - \tilde{A})^{-1} B$. 因为对任意的 $z \in H$, $\lim_{\lambda \to +\infty} (\lambda - A)^{-1} z = 0$ 在 H_1 中成立, 而 $C \in \mathcal{L}(H_1, H)$, 所以对任意的 $s \in \rho(A)$,

$$\lim_{\lambda \to +\infty} Cs(\lambda - A)^{-1}(s - \tilde{A})^{-1} Bv = 0, \quad \forall\, v \in U.$$

上式与 (5.25) 相减, 利用预解恒等式得

$$\lim_{\lambda \to +\infty} [G(s) - G(\lambda)] v = G(s) v.$$

这说明

$$\lim_{\lambda\to+\infty} G(\lambda)v = 0, \quad \forall\, v \in U, \tag{5.26}$$

所以 (5.24) 成立.

反过来, 对任何的 $v \in U$, $y_v(t) = (F_\infty v)(t) \in L^2_{\mathrm{loc}}(0,\infty;Y)$ 为由 (5.1) 定义的对应于 v 的阶跃响应. 由定理 5.4 和命题 4.3,

$$s\hat{y}_v(s) = H(s)v.$$

如果 (5.24) 成立, 则 $\hat{y}$ 满足 (4.63). 对任何的 $t \in (0,1]$, 由因果律 $\mathbf{P}_t F_\infty = F(t)$, $\|F(t)\| \leqslant \|F(1)\|$ 得

$$\frac{1}{t}\int_0^t \|y_v(\sigma)\|^2 d\sigma \leqslant \|F(1)\|^2 \frac{1}{t}\int_0^t \|v\|^2 d\sigma = \|F(1)\|^2 \|v\|^2, \quad \forall\, t \in (0,1]. \tag{5.27}$$

把 y_v 分解成 $y_v = y_{1v} + y_{2v}$, 其中 y_{1v} 的支集在 $[0,1]$ 内, y_{2v} 的支集在 $[1,\infty]$ 内. 因为 y_{2v} 满足 (4.62)

$$\lim_{t\to 0} \frac{1}{t}\int_0^t y_{2v}(s) ds = 0,$$

由引理 4.4, $\lim_{\lambda\to+\infty}\lambda\hat{y}_{2v}(\lambda) = 0$, 所以 $\lim_{\lambda\to+\infty}\lambda\hat{y}_{1v}(\lambda) = Dv$. 但对于 y_{1v} 来说, (5.27) 说明 (4.64) 满足. 于是由引理 4.5,

$$\lim_{t\to 0}\frac{1}{t}\int_0^t y_{1v}(\sigma) d\sigma = \lim_{t\to 0}\frac{1}{t}\int_0^t y_v(\sigma) d\sigma = Dv,$$

即抽象系统 $\Sigma = (T, \Phi, \Psi, F)$ 是正则的. 证毕. ∎

下面引入算子 C 的 Λ 延拓 C_Λ,

$$\begin{cases} C_\Lambda x_0 = \lim_{\lambda\to\infty} C\lambda(\lambda - A)^{-1} x_0, & \forall\, x \in D(C_\Lambda), \\ D(C_\Lambda) = \left\{ x_0 \in H \,\middle|\, \lim_{\lambda\to\infty} C\lambda(\lambda - A)^{-1} x_0 \text{ 存在} \right\}. \end{cases} \tag{5.28}$$

从 (3.30), (3.37) 知, C 的 Lebesgue 延拓 C_L 满足 $D(C_L) \subset D(C_\Lambda)$.

由定理 5.6 第一部分的证明和定理 5.1(1), (2), 立刻可以得到下面的定理 5.7.

定理 5.7 设抽象适定系统 $\Sigma = (T, \Phi, \Psi, F)$ 对应的系统算子、控制算子和观测算子分别为 A, B, C. 用 C_L 表示 C 的 Lebesgue 延拓, C_Λ 表示 C 的 Λ 延拓, D 是由 (5.2) 确定的直接传输算子, 则 $\Sigma = (T, \Phi, \Psi, F)$ 是正则的充分必要条件是对任何的 (等价于对某个) $s \in \rho(A)$, $v \in U$ 有 $(s - \tilde{A})^{-1} Bv \in D(C_\Lambda)$.

任取 $\lambda_0 \in \mathbb{R}$, 使得 $[\lambda_0, \infty) \subset \rho(A)$. 在 $D(C_\Lambda)$ 上定义范数

$$\|x\|_{D(C_\Lambda)} = \|x\|_H + \sup_{\lambda \geqslant \lambda_0} \|C\lambda(\lambda - A)^{-1}x\|_Y. \tag{5.29}$$

稍微改动一下命题 3.6 的证明即可证明下面的命题 5.2.

命题 5.2 $D(C_\Lambda)$ 在 (5.29) 所定义的范数下成为 Banach 空间, 并且 $C_\Lambda \in \mathcal{L}(D(C_\Lambda), Y), (s-\tilde{A})^{-1}B \in \mathcal{L}(U, D(C_\Lambda))$.

最后证明 H_1 在 $D(C_L)$ 中稠密.

命题 5.3 H_1 在 Banach 空间 $D(C_L)$ 中稠密.

证 取 $x_0 \in D(C_L)$. 对任意的 $t > 0$, 定义 $x_t = \dfrac{1}{t}\displaystyle\int_0^t T(\sigma)x_0 \mathrm{d}\sigma$, 则 $\lim\limits_{t\to 0} x_t = x_0$ 在 H 中成立. 下面来证明在 $D(C_L)$ 中也成立. 为此, 定义函数 $\psi : [0,1]\times[0,1] \to Y$,

$$\psi(\tau, t) = \begin{cases} C\dfrac{1}{\tau t}\displaystyle\int_0^\tau \int_0^t T(\sigma+\mu)x_0 \mathrm{d}\mu\mathrm{d}\sigma, & (\tau, t) \in (0,1]\times(0,1], \\ C\dfrac{1}{\tau}\displaystyle\int_0^\tau T(\sigma)x_0 \mathrm{d}\sigma, & \tau \in (0,1], t = 0, \\ C\dfrac{1}{t}\displaystyle\int_0^t T(\mu)\mathrm{d}\mu x_0, & \tau \in (0,1], t = 0, \\ C_L x_0, & \tau = t = 0. \end{cases}$$

显然,
$$\|x_t - x_0\|_{D(C_L)} = \|x_t - x_0\|_H + \sup_{\tau \in (0,1]} \|\psi(\tau, t) - \psi(\tau, 0)\|_Y.$$

上式第一项当 $t \to 0$ 时趋于零. 如果能证明 ψ 在 $[0,1]\times[0,1]$ 上是连续的, 则第二项当 $t \to 0$ 时也趋于零.

ψ 的连续性除去 $(0,0)$ 以外是显然的. 当 (τ, t) 沿 $\tau = 0$ 或者 $t = 0$ 趋于零时, ψ 在 $(0,0)$ 的连续性也是显然的. 剩下只要证明当 $\tau, t > 0, (\tau, t) \to 0$ 时, $\psi(\tau, t) \to \psi(0, 0)$ 就可以了.

由简单的变量代换可知, 当 $\tau, t > 0$ 时,
$$\psi(\tau, t) = C\int_0^{\tau+t} w_{\tau,t}(s)T(s)x_0 \mathrm{d}s,$$

其中
$$w_{\tau,t}(s) = \begin{cases} \dfrac{s}{t\tau}, & s \in [0, \tau], \\ \dfrac{1}{t}, & s \in [\tau, t+\tau], \ \tau \leqslant t \ . \\ -\dfrac{1}{t\tau}(s-\tau-t). \end{cases}$$

当 $\tau > t$ 时, 上式 τ, t 转换次序即得 $\psi(\tau, t)$, 注意到 $\displaystyle\int_0^{\tau+t} w_{\tau,t}(s)\mathrm{d}s = 1$.

定义函数
$$f(t) = C\int_0^t T(\sigma)x_0 \mathrm{d}\sigma,$$

则由定义 (3.30), $f(t) = t(C_L x_0 + \varepsilon(t))$, 其中 $\varepsilon : [0, \infty) \to Y$ 是连续的, 并且 $\varepsilon(0) = 0$. 分部积分两次, 并利用定理 5.4 得到

$$\psi(\tau, t) = -\int_0^{\tau+t} w'_{\tau,t}(s) f(s) \mathrm{d}s = C_L x_0 - \delta(\tau, t),$$

其中 $\delta(\tau, t) = \int_0^{\tau+t} w'_{\tau,t}(s) s \varepsilon(s) \mathrm{d}s$. 现在只要证明 $\lim_{\tau, t \to 0} \delta(\tau, t) = 0$ 就可以了. 注意到

$$\|\delta(\tau, t)\| \leqslant \left(\int_0^{\tau+t} |w'_{\tau,t}(s)| s \mathrm{d}s \right) \cdot \sup_{s \in [0, \tau+t]} \|\varepsilon(s)\|$$

以及 $\varepsilon(0) = 0$ 就得到 $\lim_{\tau, t \to 0} \delta(\tau, t) = 0$. ∎

推论 5.1

$$H_1 \hookrightarrow D(C_L) \hookrightarrow D(C_\Lambda) \hookrightarrow H. \tag{5.30}$$

证 第一部分的连续嵌入性已经在命题 3.6 中证明了. 第三部分的连续嵌入性是显然的. 为了证明第二部分的连续嵌入性, 取序列 $\{x_n\} \subset D(C_L)$, 使得在 $D(C_L), D(C_\Lambda)$ 中都收敛. 但因为 $D(C_L), D(C_\Lambda)$ 都连续嵌入 H, 所以极限必然相等, 于是嵌入算子是闭算子. 由闭图像定理 1.22, 即得第二部分的连续嵌入性. ∎

例 5.1 考虑例 4.1 描述的边界控制和观测的一维波动方程

$$\begin{cases} w_{tt}(x, t) = w_{xx}(x, t), \quad 0 < x < 1, t > 0, \\ w(0, t) = 0, \\ w_x(1, t) = u(t), \\ w(x, 0) = w_0(x), w_t(x, 0) = w_1(x), \\ y(t) = w_t(1, t). \end{cases} \tag{5.31}$$

因为由 (4.3), (5.31) 的传递函数

$$H(s) = \frac{\mathrm{e}^s - \mathrm{e}^{-s}}{\mathrm{e}^s + \mathrm{e}^{-s}},$$

所以系统是正则的, 并且其直接传输算子 $D = I$,

$$Dv = \lim_{s \to +\infty} H(s) v = v, \quad \forall v \in \mathbb{C}.$$

5.3 一阶系统 $\dot{x} = Ax + Bu$ 的正则性

本节考察系统 (4.72) 的正则性. 假设 (4.72) 下面的三个假设 (H1)~(H3) 成立.

定理 5.8 设抽象一阶系统 (4.72) 是适定的, 即 (4.76) 成立, 则在假设 (H1)~(H3) (见 (4.72)~(4.75)) 下, 系统 (4.72) 也是正则的, 并且直接传输算子为零.

证 仍然不妨假设 $A^{-1} \in \mathcal{L}(H)$, 则由定理 5.7, 系统 (4.72) 的正则性等价于对任意的 $v \in U$,
$$A^{-1}Bv \in D(B_\Lambda^*),$$
其中 B_Λ^* 为 $B^*|_{D(A)}$ 的 Λ 延拓,
$$B_\Lambda^* z = \lim_{\lambda \to +\infty} B^*|_{D(A)} \lambda(\lambda - A)^{-1} z, \quad \forall\, z \in D(B_\Lambda^*).$$
因为 A 生成 H 上的 C_0- 半群, 则由定理 1.33 (7),
$$\lim_{\lambda \to +\infty} \lambda(\lambda - A)^{-1} z = z, \quad \forall\, z \in H.$$
因为在 $D(A)$ 上, $B_\Lambda^* = B^*$ 且 $B^* A^{-1/2} \in \mathcal{L}(H, U)$, 所以对任意的 $z \in D(A^{1/2})$ 有
$$\lim_{\lambda \to +\infty} B^*|_{D(A)} \lambda(\lambda - A)^{-1} z = \lim_{\lambda \to +\infty} B^* \lambda(\lambda - A)^{-1} z$$
$$= \lim_{\lambda \to +\infty} B^* A^{-1/2} \lambda(\lambda - A)^{-1} A^{1/2} z = B^* z.$$
因此,
$$D(A^{1/2}) \subset D(B_\Lambda^*) \text{ 以及 } B_\Lambda^* = B^* \text{ 在 } D(A^{1/2}) \text{ 中}. \tag{5.32}$$
于是由定理 5.7, 系统 (4.72) 是正则的. 又由推论 4.2, 系统 (4.72) 的传递函数为
$$H(s) = B^*(s - \tilde{A})^{-1} B.$$
另一方面, 由 (5.23) 及 $D(B_L^*) \subset D(B_\Lambda^*)$, 系统 (4.72) 的传递函数为
$$H(s) = B_L^*(s - \tilde{A})^{-1} B + D = B_\Lambda^*(s - \tilde{A})^{-1} B + D.$$
比较上面两式即得直接传输算子 $D = 0$. 证毕. ∎

5.4 正则系统的反馈

考虑有穷维系统
$$\Sigma(A, B, C, D) : \begin{cases} \dot{x}(t) = Ax(t) + Bu(t), \\ y(t) = Cx(t) + Du(t), \end{cases} \tag{5.33}$$
其中 A, B, C, D 为相应的矩阵. 考虑输出反馈
$$u(t) = Ky(t) + v(t), \tag{5.34}$$

其中 K 为反馈矩阵, v 为新的输入. 称矩阵 K 为允许的, 如果闭环系统仍然具有 (5.33) 的形式:

$$\Sigma(A^K, B^K, C^K, D^K): \begin{cases} \dot{x}(t) = A^K x(t) + B^K v(t), \\ y(t) = C^K x(t) + D^K v(t). \end{cases} \tag{5.35}$$

之所以这样要求, 目的是希望一个正则的无穷维系统在诸如 (5.34) 的输出反馈下仍然是一个正则系统, 而一个正则系统按照 (5.13) 应当具有 (5.35) 的形式.

先看如果对有穷维系统来说, 这个条件应当是什么. 将 (5.34) 代入到 (5.33), 容易验证, K 是允许的当且仅当

$$I - DK \text{ 是可逆的,}$$

或等价地,

$$I - KD \text{ 是可逆的.} \tag{5.36}$$

此时,

$$\begin{cases} A^K = A + BK(I - DK)^{-1}C, \ B^K = B(I - KD)^{-1}, \\ C^K = (I - DK)^{-1}C, \ D^K = (I - DK)^{-1}D. \end{cases} \tag{5.37}$$

这是时域中的条件. 如果在频域中来表示, 则其开环系统 $\Sigma(A, B, C, D)$ 的传递函数 $H(s)$ 与闭环系统 $\Sigma(A^K, B^K, C^K, D^K)$ 的传递函数 $H^K(s)$ 有如下关系:

$$H(s) = C(s - A)^{-1}B + D, \quad H^K(s) = H(s)(I - KH(s))^{-1} = (I - H(s)K)^{-1}H(s). \tag{5.38}$$

仍然设 Hilbert 空间 H, U, Y 分别为状态空间、输入空间和输出空间. 受 (5.38) 的启发, 给出下面的定义.

定义 5.2 由定义 4.3, 传递函数 $H(s) \in \mathcal{L}(U, Y)$ 称为适定的, 如果 $H(s)$ 在某个右半平面是解析, 并且是一致有界的. 线性算子 $K \in \mathcal{L}(Y, U)$ 称为是关于 $H(s)$ 允许的反馈算子, 如果存在唯一的适定传递函数 $H^K(s)$ 满足

$$H^K(s) - H(s) = H(s)KH^K(s), \tag{5.39}$$

$H^K(s)$ 称为闭环系统的传递函数.

以后对两个在某个右半平面取值相同的适定传递函数不加区别.

命题 5.4 设 U, Y 为 Hilbert 空间, $H(s) \in \mathcal{L}(U, Y)$ 为适定的传递函数, $K \in \mathcal{L}(Y, U)$, 则下面的断言是等价的:

(1) $I - KH(s)$ 是可逆的, 并且逆为适定的传递函数;

(2) $I - H(s)K$ 是可逆的, 并且逆为适定的传递函数;

(3) K 是对 $H(s)$ 允许的反馈算子.

5.4 正则系统的反馈

如果上述断言成立, 则 (5.39) 有唯一解
$$H^K(s) = (I - H(s)K)^{-1}H(s).$$

证 (1)⇔(2) 假设 (1) 成立, 定义适定传递函数
$$L(s) = I + H(s)(I - KH(s))^{-1}K.$$

直接计算得 $L(s)(I - H(s)K) = I = (I - H(s)K)L(s)$. 这就是 (2). 反过来的证明是类似的.

(2)⇒(3) 显然, 当 (2) 成立时, $H^K(s) = (I - H(s)K)^{-1}H(s)$ 是 (5.39) 的唯一解.

(3)⇒(2) 假设 (3) 成立且闭环传递函数 $H^K(s) = (I - H(s)K)^{-1}H(s)$, 则 $H^K(s) = (I - H(s)K)^{-1}H(s)$ 满足 (5.39). 由此得
$$[I - H(s)K][I + H^K(s)K] = I. \tag{5.40}$$

这说明 $I - H(s)K$ 有右逆.

现在来说明左逆的存在. 定义如下两个适定传递函数算子:
$$(MG)(s) = [I - H(s)K]G(s), \quad (QG)(s) = [I + H^K(s)K]G(s).$$

(5.40) 说明 $MQ = I$. 这说明 M 是到上的映射, 并且 (5.39) 说明 $MH^K(s) = H(s)$. 假设 (3) 说明 $H^K(s)$ 是唯一的解, 所以 M 是 1-1 映射. 这说明 M 有唯一的逆, 此逆即为 $Q: QM = I$, 从而
$$[I + H^K(s)K][I - H(s)K] = I.$$

于是 (2) 成立. 证毕. ∎

命题 5.5 设 $H(s), H^K(s), K$ 定义如定义 5.2, 则
$$[I - H(s)K]^{-1} = I + H^K(s)K, \quad [I - KH(s)]^{-1} = I + KH^K(s), \tag{5.41}$$
$$H(s)KH^K(s) = H^K(s)KH(s). \tag{5.42}$$

证 (5.41) 的第一个等式来自 (5.40). 第二个等式的证明和第一个类似. 为了证明 (5.42), 注意到 $H^K(s) = (I - H(s)K)^{-1}H(s)$ 及 $(I-T)^{-1}T = T(I-T)^{-1}, T = H(s)K$, 即得 (5.42). ∎

注 5.3 在定义 5.2 中, K 的唯一性不可少. 例如, 考虑 $U = U = \ell^2$ 中的右平移算子 $\mathcal{P}$,
$$\mathcal{P}(a_1, a_2, \cdots, a_n, \cdots) = (0, a_1, a_2, \cdots, a_n, \cdots), \quad \forall (a_1, a_2, \cdots, a_n, \cdots) \in \ell^2,$$

其共轭算子 $\mathcal{P}^*$ 为左平移算子,
$$\mathcal{P}^*(a_1, a_2, \cdots, a_n, \cdots) = (a_2, a_3, \cdots, a_n, \cdots), \quad \forall (a_1, a_2, \cdots, a_n, \cdots) \in \ell^2.$$
令 $K = I$,
$$H(s) = I - \mathcal{P}^*, \quad \forall s \in \mathbb{C}$$
为常函数, 则 (5.39) 有无穷解
$$H^K(a_1, a_2, \cdots, a_n, \cdots) = (ca_1, a_1 - a_2, \cdots, a_{n-1} - a_n, \cdots),$$
$$\forall (a_1, a_2, \cdots, a_n, \cdots) \in \ell^2,$$
其中 $c \in \mathbb{C}$ 为任意常数. 当 $c = -1$ 时, $H^K(s) = \mathcal{P} - I$.

注 5.4 定义 5.2 中 K 的唯一性可以由 (5.42) 代替. 实际上, 如果 $H^K(s)$ 是 (5.39) 的解, 则必是唯一解. 这是因为在条件 (5.42) 下, 由直接计算可知, (5.40) 及 $[I + H^K(s)K][I - H(s)K] = I$ 成立, 所以 $I - H(s)K$ 是可逆的, 即 K 关于 $H(s)$ 允许.

命题 5.6 设 $H(s), H^K(s), K$ 定义如定义 5.2, 则下面的断言是等价的:
(1) M 是关于 $H^K(s)$ 的允许反馈算子;
(2) $K + M$ 是关于 $H(s)$ 的允许反馈算子.
如果 (1) 或 (2) 成立, 则
$$(H^K)^M(s) = H^{K+M}(s). \tag{5.43}$$

证 假设 (1) 成立. 由定义, 存在唯一的适定传递函数 $(H^K)^M(s)$, 使得 $(H^K)^M(s) - H^K(s) = (H^K)^M(s)MH^K(s)$. 两端左乘 $(I - H(s)K)$, 重新安排次序即得
$$(H^K)^M(s) - H(s) = H(s)(K+M)(H^K)^M(s). \tag{5.44}$$
由 (5.42), $(H^K)^M(s)MH^K(s) = H^K(s)M(H^K)^M(s)$, 所以 $(H^K)^M(s) - H(s) = (H^K)^M(s)MH^K(s)$. 此式两端右乘 $(I - KH(s))$, 重新安排次序得
$$(H^K)^M(s) - H(s) = (H^K)^M(s)(K+M)H(s).$$
由注 5.4, (5.44) 的解 $(H^K)^M(s)$ 是唯一的. 于是 (2) 和 (5.43) 成立. 从 (2) 到 (1) 的推导是类似的. ∎

注 5.5 在命题 5.6 中, 令 $M = -K$ 即得 $-K$ 是关于 $H^K(s)$ 的允许反馈算子, 相应的闭环传递函数就是 $H(s)$.

下面主要讨论正则系统的允许反馈, 下面的定义其实就是 (5.24).

5.4 正则系统的反馈

定义 5.3 适定的传递函数 $H(s) \in \mathcal{L}(U,Y)$ 称为正则的, 如果
$$\lim_{\lambda \to +\infty} H(\lambda)v = Dv, \quad \forall\, v \in U, \tag{5.45}$$
其中 D 称为传递函数 $H(s)$ 的直接传输算子.

命题 5.7 设 J, K 是传递函数 $H(s)$ 的允许反馈算子, $H^J(s), H^K(s)$ 是相应的闭环传递函数, 则 $J - K$ 是 $H^K(s)$ 的允许反馈算子, 其对应的闭环传递函数为 $H^J(s)$, 并且
$$H^J(s) - H^K(s) = H^J(s)(J-K)H^K(s) = H^K(J-K)H^J(s).$$

证 这可由命题 5.6 和 (5.39) 直接得到. ∎

命题 5.8 设 $H(s) \in \mathcal{L}(U,Y)$ 是正则的传递函数, D 是其相应的直接传输算子, K 是其允许反馈算子, 则 $I - DK$ 有左逆. 特别地, 如果 U, Y 中有一个是有限维的, 则 $I - DK$ (或者 $I - KD$) 是可逆的.

证 由命题 5.4, 存在 $\gamma \in \mathbb{R}$, 使得当 $\lambda \geqslant \gamma$ 时, $I - H(\lambda)K$ 是可逆的, 并且 $(I - H(\lambda)K)^{-1}$ 在 $\mathbb{C}_\gamma$ 中一致有界. 于是对任意的 $w \in Y, \lambda \geqslant \gamma$,
$$(I - H(\lambda)K)w = (I - DK)w + \varepsilon(\lambda), \quad \lim_{\lambda \to \infty}\varepsilon(\lambda) = 0.$$
上式两端同乘 $(I - H(\lambda)K)^{-1}$ 得
$$\lim_{\lambda \to \infty}(I - H(\lambda)K)^{-1}(I - DK)w = w. \tag{5.46}$$
这意味着对任意的 $w \in Y$,
$$\limsup_{\lambda \to \infty}\|(I - H(\lambda)K)^{-1}\|\|(I - DK)w\| \geqslant \|w\|.$$
由于上极限是有限数, 这说明 $I - DK$ 有左逆 $(I - DK)^{-1}_{\text{left}}$. 令
$$L = I + K(I - DK)^{-1}_{\text{left}}D,$$
由直接计算得到 $L(I - KD) = I$. 这说明 $I - KD$ 也是左可逆的, 因为任何有限维空间的左可逆算子一定是可逆的, 并且 $I - KD$ 可逆当且仅当 $I - DK$ 可逆. 证毕. ∎

定理 5.9 设 $H(s), D, K$ 如命题 5.8, $H^K(s)$ 是对应于 $H(s), K$ 的闭环传递函数, 则 $H^K(s)$ 是正则的充分必要条件是
$$I - DK \text{ 是可逆的}. \tag{5.47}$$
如果 $H^K(s)$ 是正则的, 则直接传输算子 D^K 为
$$D^K = (I - DK)^{-1}D. \tag{5.48}$$

证 设 U, Y, γ 如命题 5.8 的证明. 如果 (5.47) 成立, 则对任意的 $y \in Y$, 在 (5.46) 中取 $w = (I - DK)^{-1}y$ 得

$$\lim_{\lambda \to \infty} (I - H(\lambda)K)^{-1}y = (I - DK)^{-1}y. \tag{5.49}$$

对任意的 $v \in U$, 由 (5.45),

$$H(\lambda)v = Dv + \delta(\lambda), \quad \lim_{\lambda \to \infty} \delta(\lambda) = 0.$$

在 (5.49) 中, 令 $y = Dv$, 由 $(I - H(\lambda)K)^{-1}$ 在 $\mathbb{C}_\gamma$ 中的一致有界性得

$$\lim_{\lambda \to \infty} (I - H(\lambda)K)^{-1}H(\lambda)v = (I - DK)^{-1}Dv, \quad \forall\, v \in U.$$

由命题 5.4, $H^K(s)$ 是正则的.

反过来, 如果 $H^K(s)$ 是正则的, 并且其直接传输算子为 D^K, 则在命题 5.6 中, 取 $M = -K$, 并由命题 5.4 知, $I + H^K(s)K$ 是可逆的, 从而

$$(I + H^K(\lambda)K)w = (I + D^K K)w + \varepsilon(\lambda), \quad \forall\, w \in Y,$$

其中 $\varepsilon(\lambda) \to 0 (\lambda \to \infty)$. 因为由 (5.41) 知, $I - H(\lambda)K = (I + H^K(\lambda)K)^{-1}$. 上式两端作用 $I - H(\lambda)K$ 得

$$w = (I - H(\lambda)K)(I + D^K)w + (I - H(\lambda)K)\varepsilon(\lambda).$$

令 $\lambda \to \infty$ 得

$$w = (I - DK)(I + D^K K)w.$$

这说明 $I - DK$ 是右可逆的. 命题 5.8 说明 $I - DK$ 也是左可逆的, 因而是可逆的. 证毕. ∎

设 $H(s)$ 是适定的传递函数, 则函数

$$H^{\mathrm{d}}(s) = H^*(\bar{s}) \tag{5.50}$$

也是适定的. $H^{\mathrm{d}}(s)$ 称为 $H(s)$ 的对偶. 由命题 5.4, K 是关于 $H(s)$ 允许反馈算子, 当且仅当 K^* 是关于 $H^{\mathrm{d}}(s)$ 的允许反馈算子. 然而, 有例子表明 $H(s)$ 正则, $H^{\mathrm{d}}(s)$ 不正则. 如果 $H(s), H^{\mathrm{d}}(s)$ 都正则, 并且 $H(s)$ 的直接传输算子为 D, 则 $H^{\mathrm{d}}(s)$ 的直接传输算子为 D^*.

命题 5.9 设 $H(s), D, K$ 如命题 5.8, 如果 $H^{\mathrm{d}}(s)$ 是正则的, 则 $I - DK$ 是可逆的.

证 已经指出, D^* 是 $H^{\mathrm{d}}(s)$ 的直接传输算子. 因为 K^* 是关于 $H^{\mathrm{d}}(s)$ 的允许反馈算子, 由命题 5.8, $I - K^*D^*$ 是左可逆的, 于是 $I - DK$ 右可逆. 命题 5.8 说明 $I - DK$ 也是左可逆的, 因而是可逆的. 证毕. ∎

下面的定理在没有正则性假设的情况下说明了闭环系统解的存在与唯一性.

5.4 正则系统的反馈

定理 5.10 假设抽象系统 $\Sigma = (T, \Phi, \Psi, F)$ 是适定的,$H(s)$ 是相应的传递函数,K 是关于 $H(s)$ 允许的反馈算子,则存在抽象适定系统 $\Sigma^K = (T^K, \Phi^K, \Psi^K, F^K)$,使得

$$\Sigma_\tau^K - \Sigma_\tau = \Sigma_\tau \begin{pmatrix} 0 & 0 \\ 0 & K \end{pmatrix} \Sigma_\tau^K \tag{5.51}$$

对任意的 $\tau \geqslant 0$ 有唯一解,其中

$$\Sigma_\tau = \begin{pmatrix} T(\tau) & \Phi(\tau) \\ \Psi(\tau) & F(\tau) \end{pmatrix}, \quad \Sigma_\tau^K = \begin{pmatrix} T^K(\tau) & \Phi^K(\tau) \\ \Psi^K(\tau) & F^K(\tau) \end{pmatrix}.$$

Σ^K 称为对应于 Σ, K 的闭环系统,其传递函数就是由 (5.39) 定义的 $H^K(s)$.

证 约定 $\Phi_\infty, \Psi_\infty, F_\infty$ 是对应于 Σ 的输入、输出和输入/输出映射.

第一步 证明 (5.51) 有唯一的解. 设 $H^K(s)$ 是相应 $H(s), K$ 的适定传递函数. 假设 $\sup_{s \in \mathbb{C}_\alpha} \|H^K(s)\| < \infty$,对任意的 $u \in L_\alpha^2(0, \infty; U)$,定义算子 $F_\infty^K : L_\alpha^2(0, \infty; U) \to L_\alpha^2(0, \infty; Y)$,

$$F_\infty^K u = y, \tag{5.52}$$

其中 y 满足

$$\hat{y}(s) = H^K(s)\hat{u}(s), \quad \forall \, \mathrm{Re}\, s \geqslant \alpha. \tag{5.53}$$

由 Paley-Wiener 定理以及 $\sup_{s \in \mathbb{C}_\alpha} \|H^K(s)\| < \infty$ 知

$$\|y\|_{L_\alpha^2(0,\infty;Y)}^2 = \frac{1}{2\pi} \sup_{\omega > 0} \int_{-\infty}^\infty \|\hat{y}(\alpha + i\omega)\|_Y^2 d\omega \leqslant \sup_{s \in \mathbb{C}_\alpha} \|H^K(s)\|^2 \|u\|_{L_\alpha^2(0,\infty;U)}^2,$$

所以 F_∞^K 是 $L_\alpha^2(0, \infty; U)$ 到 $L_\alpha^2(0, \infty; Y)$ 的有界连续算子. 定理 4.2 说明,由 (5.52) 定义的算子 F_∞^K 是平移不变的,并且

$$\sup_{s \in \mathbb{C}_\alpha} \|H^K(s)\| = \|F_\infty^K\|.$$

上述结论实际上是定理 4.2 的反定理,满足 (5.52) 的平移不变算子显然是唯一的. 由 (5.39) 和 (5.42),

$$F_\infty^K - F_\infty = F_\infty K F_\infty^K = F_\infty^K K F_\infty. \tag{5.54}$$

因为 F_∞ 是平移不变的,所以满足因果律 $\mathbf{P}_\tau F_\infty = \mathbf{P}_\tau F_\infty \mathbf{P}_\tau$. 这对 F_∞^K 同样成立. 设 $F^K(\tau) = F_\infty^K \mathbf{P}_\tau$,(5.54) 的两端作用 $\mathbf{P}_\tau$ 得

$$F^K(\tau) - F(\tau) = F(\tau) K F^K(\tau) = F^K(\tau) K F(\tau).$$

如同注 5.4 一样,上式经简单计算可得

$$(I - F(\tau)K)(I + F^K(\tau)K) = I = (I + F^K(\tau)K)(I - F(\tau)K).$$

于是
$$(I - F(\tau)K)^{-1} = I + F^K(\tau)K. \tag{5.55}$$
又因为
$$I - \Sigma_\tau \begin{pmatrix} 0 & 0 \\ 0 & K \end{pmatrix} = \begin{pmatrix} I & -\Phi(\tau)K \\ 0 & I - F(\tau)K \end{pmatrix},$$
所以上面的算子是可逆的. 因此, (5.51) 有唯一解
$$\Sigma_\tau^K = \left(I - \Sigma_\tau \begin{pmatrix} 0 & 0 \\ 0 & K \end{pmatrix}\right)^{-1} \Sigma_\tau. \tag{5.56}$$

第二步 确定 Φ^K, Ψ^K. 由 (5.51) 右上角的恒等式, $\Phi^K(\tau) = \Phi(\tau)(I + KF^K(\tau))$. 因为 $\Phi(\tau), F^K(\tau)$ 满足因果律, 由 $F^K(\tau)$ 的定义知, Φ^K 也满足因果律,
$$\Phi^K(\tau)\mathbf{P}_\tau = \Phi^K(\tau). \tag{5.57}$$

定义 $\Psi_\infty^K = (I + F_\infty^K K)\Psi_\infty$. 两边作用 $\mathbf{P}_\tau$ 得 $\mathbf{P}_\tau \Psi_\infty^K(\tau) = (I + F^K(\tau)K)\Psi(\tau)$. 利用 (5.55) 和 (5.51) 左下角的恒等式得
$$\mathbf{P}_\tau \Psi_\infty^K = \Psi^K(\tau). \tag{5.58}$$

第三步 证明某些表示 Σ 时不变的公式. 对于 $t_1 > 0, x_0 \in H, v \in L^2(0, t_1; Y)$, 定义
$$\begin{cases} x(t_1) = T^K(t_1)x_0 + \Phi^K(t_1)v, \\ \mathbf{P}_{t_1}y = \Psi^K(t_1)x_0 + F^K(t_1)v. \end{cases} \tag{5.59}$$
由 (5.58) 以及 $F^K(\tau)$ 的定义, (5.59) 对所有的 $\tau \in [0, t_1]$ 成立. 定义 $u = Ky + v$. 令 $t, \tau \geqslant 0, t + \tau \leqslant t_1$, 则有
$$\begin{pmatrix} x(\tau) \\ \mathbf{P}_\tau y \end{pmatrix} = \Sigma_\tau^K \begin{pmatrix} x_0 \\ v \end{pmatrix} = \Sigma_\tau \left(I + \begin{pmatrix} 0 & 0 \\ 0 & K \end{pmatrix} \Sigma_\tau^K \right) \begin{pmatrix} x_0 \\ v \end{pmatrix} = \Sigma_\tau \begin{pmatrix} x_0 \\ u \end{pmatrix}, \tag{5.60}$$
即 (5.59) 意味着
$$\begin{pmatrix} x(\tau) \\ \mathbf{P}_\tau y \end{pmatrix} = \begin{pmatrix} T(\tau) & \Phi(\tau) \\ \Psi(\tau) & F(\tau) \end{pmatrix} \begin{pmatrix} x_0 \\ \mathbf{P}_\tau u \end{pmatrix} \tag{5.61}$$
对所有的 $\tau \in [0, t_1]$ 成立. 作分解
$$\mathbf{P}_{t+\tau}v = v_1 \underset{\tau}{\Diamond} v_2, \quad \mathbf{P}_{t+\tau}y = y_1 \underset{\tau}{\Diamond} y_2, \quad \mathbf{P}_{t+\tau}u = u_1 \underset{\tau}{\Diamond} u_2.$$

由 (4.68), (5.58),

5.4 正则系统的反馈

$$\begin{cases} x(\tau) = T^K(\tau)x_0 + \Phi^K(\tau)v_1, \\ y_1 = \Psi^K(\tau)x_0 + F^K(\tau)v_1. \end{cases} \quad (5.62)$$

再由 (4.49) 描述的系统 Σ 的不变性有

$$\begin{cases} x(\tau+t) = T(t)x(\tau) + \Phi(t)u_2, \\ y_2 = \Psi(t)x(\tau) + F(t)u_2. \end{cases} \quad (5.63)$$

下面证明 Σ^K 的相似性质:

$$\begin{cases} x(\tau+t) = T^K(t)x(\tau) + \Phi^K(t)v_2, \\ y_2 = \Psi^K(t)x(\tau) + F^K(t)v_2. \end{cases} \quad (5.64)$$

因为 $u_2 = Ky_2 + v_2$, 由 (5.63) 的第二个公式得 $(I - F(t)K)y_2 = \Psi(t)x(\tau) + F(t)v_2$, 或

$$y_2 = (I - F(t)K)^{-1}\Psi(t)x(\tau) + (I - F(t)K)^{-1}F(t)v_2.$$

结合 (5.51) 下端的两个恒等式, 就得到 (5.64) 的第二个等式. 再由 (5.63) 的第一个等式 $u_2 = Ky_2 + v_2$ 和 (5.64) 的第二个等式有

$$\begin{aligned} x(\tau+t) &= T(t)x(\tau) + \Phi(t)Ky_2 + \Phi(t)v_2 \\ &= [T(t) + \Phi(t)K\Psi^K(t)]x(\tau) + [\Phi(t) + \Phi(t)KF^K(t)]v_2. \end{aligned}$$

结合 (5.51) 上端的两个恒等式就得到 (5.64) 的第一个等式.

第四步 证明 Σ^K 的四个算子族满足定义 4.4 中的条件. 在 (5.57) 和 (5.62) 的第一个等式中用 $t+\tau$ 代替 τ, 再结合 (5.62) 的第一个等式和 (5.64) 的第一个等式得

$$\begin{aligned} T^K(\tau+t)x_0 + \Phi^K(\tau+t)(v_1 \underset{\tau}{\diamond} v_2) &= T^K(\tau+t)x_0 + \Phi^K(\tau+t)v \\ &= T^K(t)T^K(\tau)x_0 + T^K(t)\Phi^K(\tau)v_1 + \Phi^K(t)v_2. \end{aligned}$$

令 $x_0 = v = 0$ 得

$$T^K(\tau+t) = T^K(t)T^K(\tau), \quad \Phi^K(\tau+t)(v_1 \underset{\tau}{\diamond} v_2) = T^K(t)\Phi^K(\tau)v_1 + \Phi^K(t)v_2.$$

这就是定义 4.4 中 $T^K(t), \Phi^K(t)$ 所要求的条件. $T^K(0) = I$ 来自 (5.51) $\tau = 0$ 的情形. 因为 (5.61) 对所有的 $\tau \in [0, t_1]$ 都成立, 所以函数 x 是系统 Σ 在 $[0, t_1]$ 上的一段, 于是 x 是连续的. 在 (5.62) 的第一个等式中取 $v = 0$, 即得 $T^K(t)$ 的强连续性.

在 (5.62) 的第二个式子中从 $\tau+t$ 代替 τ, 并结合 (5.63) 的第二个等式得

$$\Psi^K(\tau+t)x_0 + F^K(\tau+t)(v_1 \underset{\tau}{\diamond} v_2)$$

$$= \mathbf{P}_{\tau+t} y = y_1 \underset{\tau}{\diamond} y_2 = (\Psi^K(\tau)x_0 + F^K(\tau)v_1) \underset{\tau}{\diamond} (\Psi^K(t)x(\tau) + F^K(t)v_2).$$

考虑到 (5.62) 的第二个等式并令 $x_0 = v = 0$ 得

$$\Psi^K(\tau+t)x_0 = \Psi^K(\tau)x_0 \underset{\tau}{\diamond} \Psi^K(t)T^K(\tau)x_0,$$

$$F^K(\tau+t)(v_1 \underset{\tau}{\diamond} v_2) = F^K(\tau)v_1 \underset{\tau}{\diamond} (\Psi^K(t)\Phi^K(\tau)v_1 + F^K(t)v_2).$$

这就是定义 4.4 中 $\Psi^K(t), F^K(t)$ 所要求的条件. $\Psi^K(0) = F^K(0) = 0$ 来自 (5.51) $\tau = 0$ 的情形.

第五步 由第一步中 F_∞^K 的定义知, Σ^K 的传递函数为 $H^K(s)$. 证毕. ∎

命题 5.10 设 A, B, C 为系统 Σ 的系统算子、控制算子和观测算子, 相应于系统 Σ^K 的这些算子记为 A^K, B^K, C^K. 设 A, A^K 生成的半群的增长阶为 $\omega(A), \omega(A^K)$, 则对任意的 $s \in \mathbb{C}, \mathrm{Re}\, s < \max\{\omega(A), \omega(A^K)\}$,

$$\begin{aligned}(s - A^K)^{-1} - (s - A)^{-1} &= (s - A)^{-1} BKC^K (s - A^K)^{-1} \\ &= (s - A^K)^{-1} B^K KC (s - A)^{-1}.\end{aligned} \quad (5.65)$$

此外,

$$A^K x_0 = (A + BKC^K)x_0, \quad Az_0 = (A^K - B^K KC)z_0, \quad \forall\, x_0 \in D(A^K), z_0 \in D(A). \tag{5.66}$$

证 从 (5.51) 知

$$T^K(t) - T(t) = \Phi(t)K\Psi^K(t). \tag{5.67}$$

再由 (5.58), 命题 2.8 (1) 和 (4.40), (5.67) 变为 $T^K(t)x_0 - T(t)x_0 = \Phi(t)K\Psi_\infty^K x_0$ 对任何的 $x_0 \in H$ 成立. 此式两边取 Laplace 变换, 注意到 (2.57), (3.28) 得就得到 (5.65) 的第一个等式. 对换 Σ 和 Σ^K 就得到 (5.65) 的第二个等式.

在 (5.65) 的第一个等式两边先作用 $s - \tilde{A}$, 后作用 $s - \tilde{A}^K$ 就得到 (5.66) 的第一个等式. 第二个等式的证明是相似的. 证毕. ∎

注意到由 (5.28) 引入的算子 C 的 Λ 延拓 C_Λ, 于是有下面的定理.

命题 5.11 如果 Σ 是正则的, 则 $D(C_\Lambda^K) \subset D(C_\Lambda)$ 且

$$(I - DK)C_\Lambda^K x_0 = C_\Lambda x_0, \quad \forall\, x_0 \in D(C_\Lambda^K). \tag{5.68}$$

如果 $I - DK$ 是可逆的, 则

$$D(C_\Lambda^K) = D(C_\Lambda). \tag{5.69}$$

证 由命题 2.8 (1), 命题 3.5 (1), 以及 (4.21) 得, (5.51) 的左下端的恒等式可以写为

$$\Psi_\infty^K - \Psi_\infty = F_\infty K \Psi_\infty^K.$$

5.4 正则系统的反馈

上式两端取 Laplace 变换, 再乘以 s, 则对任意的 $x_0 \in H$,

$$(I - H(s)K)C^K s(s - A^K)^{-1} x_0 = Cs(s - A)^{-1} x_0 \tag{5.70}$$

对实部充分大的 s 成立. 如果 $x_0 \in D(C_\Lambda^K)$, 则由 C_Λ^K 的定义和 (5.45) 所说的 $H(s)$ 的正则性, (5.70) 的左端趋向于 $(I - DK)C_\Lambda^K x_0 (s \to +\infty)$, 所以右端也收敛, 而这意味着 $x_0 \in D(C_\Lambda)$.

如果 $I - DK$ 可逆, 则由定理 5.9, Σ^K 是正则的. 和注 5.5 一样, Σ 是 Σ^K 对应于反馈算子 $-K$ 的闭环系统. 于是在上述证明中调换 Σ 和 Σ^K 的位置得 $D(C_\Lambda) \subset D(C_\Lambda^K)$. 证毕. ∎

定理 5.9 确定了 D^K, 下面的定理确定了 A^K, C^K.

定理 5.11 设系统 Σ 是正则的, $(I - DK)_{\text{left}}^{-1}$ 为 $I - DK$ 的左逆 (由命题 5.8, 是存在的), 则

$$A^K x_0 = (A + BK(I - DK)_{\text{left}}^{-1} C_\text{L}) x_0, \quad \forall\, x_0 \in D(A^K), \tag{5.71}$$

$$D(A^K) = \left\{ x_0 \in D(C_\text{L}) \,\middle|\, C_\text{L} x_0 \in (I - DK)Y, (A + BK(I - DK)_{\text{left}}^{-1} C_\text{L}) x_0 \in H \right\}, \tag{5.72}$$

$$C^K x_0 = (I - DK)_{\text{left}}^{-1} C_\text{L} x_0. \tag{5.73}$$

证 **第一步** 证明 $D(A^K) \subset D(C_\text{L})$. 对任意的 $x_0 \in D(A^K), s \in \mathbb{C}, \mathrm{Re}\, s > \max\{\omega(A), \omega(A^K)\}$, 存在 $w_0 \in H$, 使得 $x_0 = (s - A^K)^{-1} w_0$. 从 (5.65) 的第一个等式可得

$$x_0 = (s - A)^{-1} w_0 + (s - A)^{-1} BK C^K x_0.$$

上式右端第一项在 $D(A)$ 中. 由定理 5.1(2), 第二项在 $D(C_\text{L})$ 中. 因为 $D(A) \subset D(C_\text{L})$, 所以 $x_0 \in D(C_\text{L})$.

第二步 证明 (5.71) 和 (5.73) 对 $x_0 \in D(A^K)$ 成立. 由 (5.69),

$$(I - DK) C^K x_0 = C_\text{L} x_0. \tag{5.74}$$

(5.74) 两端作用 $(I - DK)_{\text{left}}^{-1}$ 即得 (5.73). 将 (5.73) 带入 (5.66) 的第一个等式即得 (5.71).

第三步 证明 $D(A^K) \subset \mathcal{D}$. 这里 $\mathcal{D}$ 表示 (5.72) 的右端集合. 对任意的 $x_0 \in D(A^K)$, 由第一步可知 $x_0 \in D(C_\text{L})$. 由 (5.74), $C_\text{L} x_0 \in (I - DK)Y$. 由于 (5.71) 和 $x_0 \in D(A^K)$, $\mathcal{D}$ 中的最后一个条件成立.

第四步 证明 $D(A^K) = \mathcal{D}$. 如果这不成立, 令 $\mathcal{A} = A + BK(I - DK)_{\text{left}}^{-1} C_\text{L}$ 为 A^K 在 $\mathcal{D}$ 中的延拓. 同第一步, 取 $s \in \mathbb{C}, \xi \in \mathcal{D}$ 但不属于 $D(A^K)$, 定义 $\tilde{\xi} = (s - A^K)^{-1}(s - \mathcal{A})\xi \in D(A^K)$, $z_0 = \xi - \tilde{\xi}$, 则有

$$z_0 \in \mathcal{D}, \quad z_0 \neq 0, \quad (s - \mathcal{A}) z_0 = 0.$$

由 $\mathcal{D}$ 的定义, 存在 $y_0 \in Y$, 使得 $C_L z_0 = (I - DK) y_0$, 即 $y_0 = (I - DK)_{\text{left}}^{-1} C_L z_0$. 注意到恒等式 $(s - \mathcal{A}) z_0 = 0$ 可写为

$$z_0 = (s - A)^{-1} B K y_0,$$

于是 $y_0 \neq 0$. 用 C_L 作用于上式两端得 $(I - DK) y_0 = C_L (s - A)^{-1} B K y_0$. 利用 (5.23), 此式可以写为 $[(I - H(s)K)] y_0 = 0$, 这与命题 5.4 矛盾. 证毕. ∎

剩下的就是确定 B^K. 为此, 引进一些复杂的记号. 如同 H_{-1} 表示 H 在范数

$$\|x\|_{-1} = \|(\beta - A)^{-1} x\|_H$$

下的完备化一样, 用 H_{-1}^K 表示 H 在范数

$$\|x\|_{-1}^K = \|(\beta - A^K)^{-1} x\|_H$$

下的完备化. 定义

$$Jx = \lim_{\lambda \to +\infty} \lambda (\lambda - A)^{-1} x \text{ 在 } H_{-1}^K \text{ 中}, \quad (5.75)$$

$$D(J) = \{x \in H_{-1} | (5.75) \text{ 中的极限存在}\}, \quad (5.76)$$

显然, J 是 H 中恒等算子的延拓,

$$Jx = x, \quad \forall x \in H. \quad (5.77)$$

再定义 Banach 空间 $V = (\beta - A)^{-1} D(C_\Lambda) (\beta \in \rho(A))$, 范数为

$$\|x\|_V = \|(\beta - A) x\|_{D(C_\Lambda)}. \quad (5.78)$$

显然, $(\beta - A)^{-1}$ 是从 V 到 $D(C_\Lambda)$ 的同构映射,

$$H \subset V \subset H_{-1}. \quad (5.79)$$

同理, 定义

$$V^K = (\beta - A^K) D(C_\Lambda^K). \quad (5.80)$$

同 (5.79), $H \subset V^K \subset H_{-1}^K$.

引理 5.3 $V \subset D(J)$. 如果 Σ 是正则的且 $I - DK$ 可逆, 则

$$J \in \mathcal{L}(V, V^K). \quad (5.81)$$

5.4 正则系统的反馈

证 任取 $x_0 \in V$, 要证明 $x_0 \in D(J)$ 即要证明当 $\lambda \to +\infty$ 时, $\lambda(\lambda - A)^{-1}x_0$ 在 H_{-1}^K 中有极限. 取 $\beta \in \rho(A) \cap \rho(A^K)$, 这等价于

$$(\beta - A^K)^{-1}Jx_0 = \lim_{\lambda \to +\infty}(\beta - A^K)^{-1}\lambda(\lambda - A)^{-1}x_0.$$

利用 (5.65) 并令 $z_0 = (\beta - A)^{-1}x_0$, 则上式变为

$$(\beta - A^K)^{-1}Jx_0 = \lim_{\lambda \to +\infty}[(\beta - A)^{-1} + (\beta - A^K)^{-1}B^K KC(\beta - A)^{-1}]\lambda(\lambda - A)^{-1}x_0$$
$$= \lim_{\lambda \to +\infty}\lambda(\lambda - A)^{-1}z_0 + (\beta - A^K)^{-1}B^K K\lim_{\lambda \to +\infty}C\lambda(\lambda - A)^{-1}z_0.$$

上式右端第一项的极限为 z_0. 因为 $z_0 \in D(C_\Lambda)$, 第二项的极限也存在,

$$\lim_{\lambda \to +\infty}C\lambda(\lambda - A)^{-1}z_0 = C_\Lambda z_0.$$

于是证明了 $x_0 \in D(J)$, 并且

$$(\beta - A^K)^{-1}Jx_0 = (\beta - A)^{-1}x_0 + (\beta - A^K)^{-1}B^K KC_\Lambda(\beta - A)^{-1}x_0. \tag{5.82}$$

注意到 (5.82) 和 (5.65) 有某种相似性.

现在假设 Σ 是正则的, $I - DK$ 可逆, 则由定理 5.9, Σ^K 也是正则的. 于是由命题 5.2, $(\beta - A^K)^{-1}B^K \in \mathcal{L}(U, D(C_\Lambda^K))$, $C_\Lambda^K \in \mathcal{L}(D(C_\Lambda^K), Y)$, 所以 (5.82) 右端的第二项从 V 到 $D(C_\Lambda^K)$ 是有界的. 由定义, 这就是 (5.81). ∎

因为当 Σ 可以看成 Σ^K 在允许反馈 $-K$ 下的闭环系统时, 可以定义相应的 J^K 如下:

$$\begin{cases} J^K z = \lim_{\lambda \to +\infty}\lambda(\lambda - A^K)^{-1}z \text{ 在 } H_{-1} \text{ 中}, \\ D(J^K) = \left\{z \in H_{-1} \Big| \lim_{\lambda \to +\infty}\lambda(\lambda - A^K)^{-1}z \text{ 存在}\right\}. \end{cases}$$

相应于 (5.77) 的是

$$J^K z = x, \quad \forall z \in H. \tag{5.83}$$

对称地, 引理 5.3 说明, 如果 Σ 是正则的且 $I - DK$ 可逆, 则

$$V^K \subset D(J^K), \quad J^K \in \mathcal{L}(V^K, V).$$

设 W_1 为 H_1 在 $D(C_\Lambda)$ 的闭包, 自然地, W_1 中的范数由 (5.29) 给出, 于是

$$H_1 \subset W_1 \subset D(C_\Lambda).$$

引入空间 V 的目的是为了引入 Banach 空间 W, 定义为 H 在 V 中的闭包. 显然, 对 $\beta \in \rho(A)$,

$$W = (\beta - A)W_1.$$

于是由推论 5.1, 下面的嵌入为稠密连续嵌入:

$$H \hookrightarrow W \hookrightarrow H_{-1}.$$

再定义相应的 W^K, 则有稠密连续嵌入

$$H \hookrightarrow W^K \hookrightarrow H_{-1}^K.$$

定理 5.12 设 Σ 是正则的且 $I - DK$ 可逆, 则 J 是 W 到 W^K 的同构, 其逆映射为 J^K.

证 由 (5.77) 和 (5.81), J 将 H 在 V 中的闭包映射到 H 在 V^K 中的闭包, 即 $J \in \mathcal{L}(W, W^K)$. 同理, $J^K \in \mathcal{L}(W^K, W)$. 现在只要证明

$$J^K J x = x, \forall\, x \in W \quad \text{和} \quad J J^K z = z, \forall\, z \in W \tag{5.84}$$

就可以了. 显然, $J^K J \in \mathcal{L}(W)$, 并且由 (5.77) 和 (5.83) 知, $J^K J$ 在 H 上的限制是 I. 因为 H 在 W 中稠密, 从而得到 (5.84) 的第一个等式. 第二个等式是类似的. ∎

设 Σ 是正则的且 $I - DK$ 可逆, 定理 5.12 使得可以通过 J 将 W 和 W^K 等同起来. 这样就不用区别 $x \in W$ 和 $Jx \in W^K$ 了. 如果认同这个约定, 就有

$$W \subset H_{-1} \cap H_{-1}^K. \tag{5.85}$$

于是由 J, J^K 的定义, 对任意的 $x \in W$,

$$x = \lim_{\lambda \to +\infty} \lambda(\lambda - A)^{-1} x = \lim_{\lambda \to +\infty} \lambda(\lambda - A^K)^{-1} x \ \text{在}\ H_{-1}\ \text{和}\ H_{-1}^K\ \text{中}. \tag{5.86}$$

由 (5.86) 即有

$$B, B^K \in \mathcal{L}(U, W). \tag{5.87}$$

实际上, 由命题 3.6 和推论 5.1, $(\beta - \tilde{A})^{-1} B \in \mathcal{L}(U, W_1)$. 据此, $B \in \mathcal{L}(U, W)$. 同理, $B^K \in \mathcal{L}(U, W^K)$.

定理 5.13 设 Σ 是正则的且 $I - DK$ 可逆, 则

$$B^K = B(I - KD)^{-1}. \tag{5.88}$$

证 首先由定理 1.33 的 (7),

$$\lim_{\lambda \to \infty} \lambda(\lambda - \tilde{A})^{-1} Bv = Bv, \quad \forall\, v \in U \ \text{在}\ H_{-1}^K\ \text{中}.$$

于是由共鸣定理 1.23, 存在 $M > 0$ 及 $\lambda_0 \in \mathbb{R}$, 使得当 $\lambda \geqslant \lambda_0$ 时, $\lambda \in \rho(A)$ 且

$$\|\lambda(\lambda - \tilde{A})^{-1} B\|_{\mathcal{L}(U, H_{-1}^K)} \leqslant M, \quad \forall\, \lambda \in [\lambda_0, \infty). \tag{5.89}$$

5.4 正则系统的反馈

由 (5.56), 和证明 (5.42) 同样的理由, 可以得到

$$\Sigma_\tau \begin{pmatrix} 0 & 0 \\ 0 & K \end{pmatrix} \Sigma_\tau^K = \Sigma_\tau^K \begin{pmatrix} 0 & 0 \\ 0 & K \end{pmatrix} \Sigma_\tau. \tag{5.90}$$

由此及 (5.51) 得

$$\Phi^K(\tau) = \Phi(\tau)(I + KF^K(\tau)), \quad \Phi(\tau) = \Phi^K(\tau)(I - KF(\tau)). \tag{5.91}$$

由命题 2.8, 命题 3.5 及命题 4.2(1), 可以将 (5.91) 的第一个等式写为

$$\Phi^K(\tau) = \Phi(\tau)(I + KF_\infty^K).$$

上式两端作用于 $u \in L^2(0,\infty;U)$, 再取 Laplace 变换得

$$(s - \tilde{A}^K)^{-1} B^K = (s - \tilde{A})^{-1} B[I + KH^K(s)] \tag{5.92}$$

对实部充分大的 $s \in \mathbb{C}$ 成立.

取 $v \in U$. 因为由定理 5.9, Σ^K 是正则的,

$$[I + KH^K(\lambda)]v = (I + KD^K)v + \varepsilon(\lambda)$$

对充分大的 λ 成立, 其中 $\lim_{\lambda \to +\infty} \varepsilon(\lambda) = 0$. 将上式代入 (5.92) 得

$$\lambda(\lambda - \tilde{A}^K)^{-1} B^K v = \lambda(\lambda - \tilde{A})^{-1} B(I + KD^K)v + \lambda(\lambda - \tilde{A})^{-1} B\varepsilon(\lambda).$$

由 (5.89), 上式右端最后一项当 $\lambda \to +\infty$ 时在 H_{-1}^K 中趋于零. 于是在 H_{-1}^K 中取极限, 由 (5.86) 得

$$B^K v = B(I + KD^K)v.$$

由 (5.48) 即得 (5.88). 证毕. ∎

注 5.6 本节的结论是在系统控制的观点下进行的, 其结论对 C_0-半群的生成也是一个巨大的贡献. 在定理 3.4 中用复杂的形式讨论了半群生成问题. 例如, 现在可以很容易地得到推论 3.1. 因为 $B \in \mathcal{L}(U, H_{-1}), C \in \mathcal{L}(H, U)$, 则由定理 5.1, (A, B, C) 生成的系统 $\Sigma(A, B, C)$ 总是正则的, 其传递函数可由 (5.23) 设为 $H(s) = C(s - \tilde{A})^{-1} B$. 由 (2.63), $\lim_{\text{Re}s \to \infty} H(s) = 0$. 于是任意的输出反馈 $u = y$ 是允许的, 并且由定理 5.9, 闭环系统是正则的. 于是由定理 5.11,

$$A^K = A + BC$$

生成 C_0-半群, 并且由 (5.88), $B^K = B$ 对由 A^K 生成的 C_0-半群允许. 这就是推论 3.1.

小结和文献说明

正则系统由文献 [120] 引入, 并刻画了正则系统的时域形式. 频域刻画由文献 [122] 给出, 这里主要用文献 [122] 的方法. C_Λ 由文献 [121] 引入. 命题 5.3 就取自文献 [121]. 正则系统的反馈部分取自文献 [121] 和 [122]. 5.3 节的内容来自于本书第一作者未完成的手稿. 例 7.1 说明并非所有的适定系统都是正则的.

第6章 可控性、可观性以及能稳性、可检性

在控制系统的诸多性质中,可控性与可观性也许是其中最为重要的两个性质. 偏微分方程控制的大部分研究都集中在这两个概念上. 可控性描述了控制对于系统的驾驭能力,可观性则描述了系统的量测输出对系统状态的了解程度. 对有穷维系统来说,只有一种等价的可控性、可观性定义;但对无穷维系统来说,有许多可控性、可观性定义,常用的,如精确可控性、近似可控性、谱可控性等. 另外一个大的区别是,有穷维系统的可控性与控制时间区间的长度无关,无穷维系统则与控制时间区间有很大的关系. 这也可以看出无穷维系统带来的特别性质. 理论上,可控性与可观性常为对偶关系:原系统的可控性与其对偶系统的可观性是等价的. 可控性自然是一个控制问题,如要构造把给定状态控制到另一状态的控制;而可观性通常则表现为一个被称为 "可观性不等式" 的数学问题. 但两个概念之间的对偶对无穷维系统来说是一个复杂的问题. 到目前为止,比较合适的讨论这两个问题的抽象框架,也许是前面讨论的适定系统. 在适定系统的框架内,可控性与可观性确有对偶关系. 本章主要讨论这两个问题.

6.1 可控性及其性质

设 H, U 为 Hilbert 空间, A 生成 H 上的 C_0- 半群, $B \in \mathcal{L}(U, H_{-1})$ 是允许的. 考察系统

$$\Sigma_{\mathrm{c}}(A,B) : \dot{x}(t) = Ax(t) + Bu(t). \tag{6.1}$$

对任意的 $\tau \geqslant 0$, 系统 (6.1) 的输入映射为

$$\Phi(\tau)u = \int_0^\tau \tilde{T}(t-s)Bu(s)\mathrm{d}s, \quad \forall\, u \in L^2_{\mathrm{loc}}(0,\infty;U), \tag{6.2}$$

$\Phi(\tau)$ 是 $L^2(0,\infty;U)$ 到 H 的有界算子.

定义 6.1 (1) 系统 $\Sigma_{\mathrm{c}}(A,B)$ 称为在 $[0,\tau]$ 内是精确可控的, 如果输入映射 $\Phi(\tau)$ 的值域为全空间 (本章为精确起见, 用 Range(A) 而不用 $\mathcal{R}(A)$ 表示算子 A 的值域),

$$\mathrm{Range}(\Phi(\tau)) = H;$$

(2) 系统 $\Sigma_{\mathrm{c}}(A,B)$ 称为在 $[0,\tau]$ 内是近似精确可控的, 如果输入映射 $\Phi(\tau)$ 的值域在全空间稠密,

$$\overline{\mathrm{Range}(\Phi(\tau))} = H;$$

(3) 系统 $\Sigma_{\mathrm{c}}(A,B)$ 称为在 $[0,\tau]$ 内是零可控的, 如果输入映射 $\Phi(\tau)$ 的值域包含半群的值域,

$$\mathrm{Range}(\Phi(\tau)) \supseteq \mathrm{Range}(T(\tau)).$$

注 6.1 为简单计, 称系统 $\Sigma_{\mathrm{c}}(A,B)$ 是精确 (近似或零) 可控的, 如果存在 $\tau > 0$, 使得系统 $\Sigma_{\mathrm{c}}(A,B)$ 在 $[0,\tau]$ 内精确 (近似或零) 可控. 一个显然的事实是: 系统 $\Sigma_{\mathrm{c}}(A,B)$ 精确 (近似或零) 可控当且仅当对于任何的 $\lambda \in \mathbb{C}$, 系统 $\Sigma_{\mathrm{c}}(A-\lambda,B)$ 精确 (近似或零) 可控.

显然, 系统 $\Sigma_{\mathrm{c}}(A,B)$ 精确可控当且仅当对 H 中任意指定的初始状态 x_0 和终值状态 x_1, 存在控制 $u \in L^2_{\mathrm{loc}}(0,\infty;U)$, 使得系统 (6.1) 的解满足 $x(\tau) = x_1$. 系统 $\Sigma_{\mathrm{c}}(A,B)$ 近似可控当且仅当对 H 中任意指定的初始状态 x_0, 终值状态 x_1 和 $\varepsilon > 0$, 存在控制 $u \in L^2_{\mathrm{loc}}(0,\infty;U)$, 使得系统 (6.1) 的解满足 $|x(\tau)-x_1| \leqslant \varepsilon$. 系统 $\Sigma_{\mathrm{c}}(A,B)$ 零可控当且仅当对 H 中任意指定的初始状态 x_0, 存在控制 $u \in L^2_{\mathrm{loc}}(0,\infty;U)$, 使得系统 (6.1) 的解满足 $x(\tau) = 0$.

自然地, 系统 $\Sigma_{\mathrm{c}}(A,B)$ 在 $[0,\tau]$ 内精确 (近似或零) 可控, 则对任意的 $t > \tau$, $\Sigma_{\mathrm{c}}(A,B)$ 在 $[0,t]$ 内精确 (近似或零) 可控.

注 6.2 如果 $T(t)$ 是可逆的, 则精确可控性等价于零可控性. 近似可控性等价于对 H 中任意指定的初始状态 $x_0, \tau > 0$ 和 $\varepsilon > 0$, 存在控制 $u \in L^2(0,\tau;U)$, 使得系统 (6.1) 的解满足 $|x(\tau)| \leqslant \varepsilon$. 此时, $\Sigma_{\mathrm{c}}(A,B)$ 精确 (近似) 可控当且仅当 $\Sigma_{\mathrm{c}}(-A,B)$ 精确 (近似) 可控. 这些观测对研究时间可逆系统, 如双曲系统的可控性有基本的重要性.

本节需要泛函分析中的一个简单结论.

引理 6.1 设 X, Z 为 Hilbert 空间, $G \in \mathcal{L}(X,Z)$, 则下面的断言是等价的:

(1) $\mathrm{Range}(G) = Z$;

(2) 存在常数 $c > 0$, 使得

$$\|G^*z\|_X \geqslant c\|z\|_Z, \quad \forall\, z \in Z;$$

(3) GG^* 是严格正的 (见定义 1.16, 此时必有 $(GG^*)^{-1} \in \mathcal{L}(Z)$).

定理 6.1 系统 $\Sigma_{\mathrm{c}}(A,B)$ 在 $[0,\tau]$ 内精确可控当且仅当可控性 Gram 算子

$$P^\tau = \Phi(\tau)\Phi^*(\tau) \text{ 是严格正的}, \tag{6.3}$$

并且对于 H 中任意指定的初始状态 x_0 和终值状态 x_1, 控制

$$u_0 = \Phi^*(\tau)(P^\tau)^{-1}[x_1 - T(\tau)x_0] \in L^2_{\mathrm{loc}}(0,\infty;U) \tag{6.4}$$

使得系统 (6.1) 的解满足 $x(\tau) = x_1$. 对于任何满足这样性质的控制 $u \in L^2_{\mathrm{loc}}(0,\infty;U)$ 都有

$$\int_0^\tau \|u_0(t)\|_U^2 \mathrm{d}t \leqslant \int_0^\tau \|u(t)\|_U^2 \mathrm{d}t. \tag{6.5}$$

证 由定义 1.16 及引理 6.1 可以立刻得到系统 $\Sigma_\mathrm{c}(A,B)$ 在 $[0,\tau]$ 内精确可控当且仅当 P^τ 是严格正的. 定义 u_0 如 (6.4), 则 $u_0 \in L_\mathrm{loc}^2(0,\infty;U)$, 并且

$$\Phi(\tau)u_0 = x_1 - T(\tau)x_0 \quad \text{或} \quad x_1 = T(\tau)x_0 + \Phi(\tau)u_0 = x(\tau).$$

这就是定理的第一部分. 如果有控制 $u \in L_\mathrm{loc}^2(0,\infty;U)$, 使得 (6.1) 的解满足 $x(\tau) = x_1$, 则

$$\Phi(\tau)[u - u_0] = 0,$$

于是 $\langle \Phi(\tau)[u - u_0], (P^\tau)^{-1}[x_1 - T(\tau)x_0]\rangle = 0$. 由表达式 (6.4), 此即为

$$\langle u - u_0, u_0\rangle_{L^2(0,\tau;U)} = 0,$$

从而

$$\|u_0\|_{L^2(0,\tau;U)}^2 = \langle u, u_0\rangle_{L^2(0,\tau;U)} \leqslant \frac{1}{2}\|u_0\|_{L^2(0,\tau;U)}^2 + \frac{1}{2}\|u\|_{L^2(0,\tau;U)}^2.$$

这就是 (6.5). ∎

6.2 可观性及其性质

设 H, Y 为 Hilbert 空间, A 生成 H 上的 C_0-半群, $C \in \mathcal{L}(H_1, Y)$ 是允许的. 考察系统

$$\Sigma_\mathrm{o}(C,A): \begin{cases} \dot{x}(t) = Ax(t), \\ y(t) = Cx(t). \end{cases} \tag{6.6}$$

定义 6.2 (1) 称系统 $\Sigma_\mathrm{o}(C,A)$ 在 $[0,\tau]$ 内是精确可观的, 如果输出映射 $\Psi(\tau)$ 有下界, 即存在 $D_\tau > 0$, 使得

$$\int_0^\tau \|CT(t)x_0\|_Y^2 \mathrm{d}t \geqslant D_\tau^2 \|x_0\|_H^2, \quad \forall\, x_0 \in D(A); \tag{6.7}$$

(2) 称系统 $\Sigma_\mathrm{o}(C,A)$ 在 $[0,\tau]$ 内是近似精确可观的, 如果输出映射 $\Psi(\tau)$ 满足 $\mathrm{Ker}(\Psi(\tau)) = \{0\}$.

注 6.3 同注 6.2 一样, 为简单计, 称系统 $\Sigma_\mathrm{o}(C,A)$ 为精确 (近似) 可观的, 如果存在 $\tau > 0$, 使得系统 $\Sigma_\mathrm{c}(A,B)$ 在 $[0,\tau]$ 内精确 (近似) 可观. 称 (6.7) 为可观性不等式.

注 6.4 系统 $\Sigma_\mathrm{o}(C,A)$ 在 $[0,\tau]$ 内精确 (近似) 可观意味着在任何的 $[0,t](t > \tau)$ 内精确 (近似) 可观, 并且 (6.7) 与 (3.7) 一起成为

$$C_\tau^2\|x_0\|^2 \leqslant \int_0^\tau \|CT(t)x_0\|_Y^2 \mathrm{d}t \leqslant D_\tau^2\|x_0\|^2, \quad \forall\, x_0 \in D(A). \tag{6.8}$$

因为 $D(A)$ 在 H 中稠密, 所以

$$\left(\int_0^\tau \|CT(t)x_0\|_Y^2 \mathrm{d}t\right)^{1/2}$$

成为与 H 中等价的范数, 所以验证可观性其实就是验证微分方程 $\dot{x}=Ax, x(0)=x_0$ 的解 $x(t)=T(t)x_0$ 满足 (6.8), 这是一个 "纯粹的数学问题".

定理 6.2 如果系统 $\Sigma_o(C,A)$ 在 $[0,\tau]$ 内精确可观, 则可观性 Gram 算子

$$Q^\tau = \Psi^*(\tau)\Psi(\tau) \in \mathcal{L}(H) \text{ 是严格正的}, \tag{6.9}$$

并且系统 (6.6) 的状态完全由 $\{y(t)|t\in[0,\tau]\}$ 确定,

$$x_0 = (Q^\tau)^{-1}\Psi^*(\tau)y, \quad x(t)=T(t)x_0, \quad \forall\, t\geqslant 0. \tag{6.10}$$

证 系统 $\Sigma_o(C,A)$ 在 $[0,\tau]$ 内精确可观当且仅当 Q^τ 是严格正的. 由定义是显然的. 因为

$$y(t) = (\Psi(\tau)x_0)(t), \quad t\in[0,\tau],$$

其中 x_0 为系统 (6.6) 的初始状态 $x(0)=x_0$, 所以

$$x_0 = (Q^\tau)^{-1}\Psi^*(\tau)y, \quad x(t)=T(t)x_0, \quad \forall\, t\geqslant 0.$$

证毕. ∎

联系精确 (近似) 可控和精确 (近似) 可观的是下面的对偶原理, 它在研究系统的可控性中起着最为关键的作用.

定理 6.3 设 $B\in\mathcal{L}(U,H_{-1}), C\in\mathcal{L}(H_1,Y)$ 分别是允许的输入、输出算子, 则

(1) 系统 $\Sigma_c(A,B)$ 在 $[0,\tau]$ 内精确可控当且仅当系统 $\Sigma_o(B^*,A^*)$ 在 $[0,\tau]$ 内精确可观;

(2) 系统 $\Sigma_c(A,B)$ 在 $[0,\tau]$ 内近似可控当且仅当系统 $\Sigma_o(B^*,A^*)$ 在 $[0,\tau]$ 内近似可观.

证 由命题 3.8, B 对 $T(t)$ 允许当且仅当 B^* 对 $T^*(t)$ 允许. (3.42) 说明

$$\Phi^*(\tau) = \mathbf{Q}_\tau(\Psi_*(\tau)), \tag{6.11}$$

其中 $\Psi_*(\tau)$ 为 $\Sigma_o(B^*,A^*)$ 对应的输出映射. $\mathbf{Q}_\tau$ 由 (3.45) 定义. 为了证明 (1), 用到引理 6.1,

$$\operatorname{Range}(\Phi(\tau))=H \Leftrightarrow \|\Phi^*(\tau)z\|\geqslant c\|z\|, \quad c>0, \forall\, z\in H. \tag{6.12}$$

于是由 (3.45),

$$\operatorname{Range}(\Phi(\tau))=H \Leftrightarrow \|\Psi_*(\tau)z\|\geqslant c\|z\|, \quad c>0, \forall\, z\in H.$$

(1) 得证.

为了证明 (2), 注意到

$$\text{Range}(\Phi(\tau)) = \text{Ker}(\Phi^*(\tau)).$$

上述事实对任何稠定算子都是成立的, 于是

$$\overline{\text{Range}(\Phi(\tau))} = H \Leftrightarrow \text{Ker}(\Phi^*(\tau)) = \{0\}.$$

由 (6.11),

$$\overline{\text{Range}(\Phi(\tau))} = H \Leftrightarrow \text{Ker}(\Psi_*(\tau)) = \{0\}.$$

证毕. ∎

对偶原理最大的作用是如同 (6.4) 一样, 精确可控的系统 $\Sigma_c(A,B)$ 从任意状态转移到指定状态的开环控制可以通过对偶系统 $\Sigma_o(B^*,A^*)$ 的输出构造出来. 用 $T(t)$ 为群的情况来说明. 注意到由注 6.2, 当 A 生成 C_0- 群时, $\Sigma_o(B^*,-A^*)$ 精确可观等价于系统 $\Sigma_c(A,B)$ 精确可控或零可控.

定理 6.4 设 $B \in \mathcal{L}(U, H_{-1})$, $C \in \mathcal{L}(H_1, Y)$ 分别是允许的输入、输出算子, A 生成 H 上的 C_0- 群. 如果系统 $\Sigma_c(A,B)$ 在 $[0,T]$ 上精确可控, 则对于任意的 $x_0 \in H$, 存在 $z_0 \in H$, 使得对偶系统

$$\begin{cases} \dot{z}(t) = -A^* z(t), z(0) = z_0, \\ y(t) = B^* z(t) \end{cases} \tag{6.13}$$

的输出作为控制 $u(t) = y(t)$, 控制系统 $\Sigma_c(A,B)$ 满足

$$\begin{cases} \dot{x}(t) = Ax(t) + Bu(t), \quad t \in (0,T), \\ x(0) = x_0, x(T) = 0 \end{cases} \tag{6.14}$$

有解.

证 定义映射

$$\mathbb{P} z_0 = -x_0, \tag{6.15}$$

其中 z_0 为系统 (6.13) 第一个方程的任意取值于 H 中的初值, x_0 为系统

$$\begin{cases} \dot{x}(t) = \tilde{A} x(t) + By(t), \\ x(T) = 0 \end{cases} \tag{6.16}$$

确定的初值 $x_0 = x(0)$, y 为系统 (6.13) 的输出. 于是 $\mathbb{P}$ 是适当定义的. 实际上, 由 B^* 的允许性, 存在 $c_T > 0$, 使得

$$\int_0^T \|y(t)\|_U^2 dt = \int_0^T \|B^* e^{-A^* t} z_0\|^2 dt \leqslant c_T \|z_0\|^2,$$

所以 $y \in L^2(0,T;U)$. 再由 B 的允许性和 A 生成 C_0- 群的假设, 方程 (6.16) 存在唯一解 $x \in C(0,T;H)$, 从而 $\mathbb{P}$ 是定义在全空间上的算子.

首先证明 $\mathbb{P}$ 是有界的. 实际上, 由

$$0 = x(T) = e^{AT}x_0 + \int_0^T e^{A(T-s)}By(s)\mathrm{d}s$$

得

$$x_0 = -\int_0^T e^{-As}By(s)\mathrm{d}s.$$

于是由 B 的允许性, 存在 $C_T > 0$, 使得

$$\|x_0\|_H^2 \leqslant C_T \int_0^T \|y(t)\|_U^2 \mathrm{d}t \leqslant c_T C_T \|z_0\|_H^2.$$

这说明由 (6.15) 定义的算子 $\mathbb{P}$ 是有界的.

其次证明 $\mathbb{P}$ 是到上的映射. 为此, 在 $H_{-1} = (D(A^*))^*$ 中理解方程 (6.16). 于是对 $z_0 \in D(A^*)$, 方程 (6.13) 的解满足 $z \in D(A^*)$. (6.16) 两端用 z 作内积得

$$\int_0^T \langle \dot{x}, z\rangle_{H_{-1},D(A^*)}\mathrm{d}t = \int_0^T \langle \tilde{A}x + BB^*z, z\rangle_{H_{-1},D(A^*)}\mathrm{d}t$$
$$= \int_0^T \langle x, -\dot{z}\rangle_H \mathrm{d}t + \int_0^T \|B^*z\|_U^2 \mathrm{d}t.$$

于是

$$\langle \mathbb{P}z_0, z_0\rangle_H = -\langle x_0, z_0\rangle_H = \int_0^T \langle \dot{x}, z\rangle_{H_{-1},D(A^*)}\mathrm{d}t + \int_0^T \langle x, \dot{z}\rangle_{H_{-1},D(A^*)}\mathrm{d}t$$
$$= \int_0^T \|B^*z\|_U^2 \mathrm{d}t.$$

由于 $\Sigma_o(B^*, -A^*)$ 在 $[0,T]$ 上精确可观, 于是存在 $D_T > 0$, 使得

$$\int_0^T \|B^*z\|_U^2 \mathrm{d}t \geqslant D_T \|z_0\|_H^2, \quad \forall\, z_0 \in H.$$

于是

$$\langle \mathbb{P}z_0, z_0\rangle_H \geqslant D_T \|z_0\|_H^2, \quad \forall\, z_0 \in D(A^*). \tag{6.17}$$

但由于 $D(A^*)$ 在 H 中稠密及 $\mathbb{P}$ 是有界的, 所以 (6.17) 对任意的 $z_0 \in H$ 成立. 由 Lax-Milgram 定理 1.25, 算子 $\mathbb{P}$ 有有界的连续逆. 于是对任意给定的 x_0, 取 $z_0 = \mathbb{P}^{-1}(-x_0)$ 就得到

$$\begin{cases} \dot{x}(t) = \tilde{A}x(t) + By(t), \\ x(0) = x_0, x(T) = 0. \end{cases} \tag{6.18}$$

这就是 (6.14). 证毕.

6.2 可观性及其性质

注 6.5 定理 6.4 的方法在许多偏微分控制的文献中被称为 Hilbert 唯一性方法.

最后指出, 对有穷维系统来说, 输出反馈不改变系统的可控性与可观性 (状态反馈也不改变系统的可控性, 但却可能改变系统的可观性, 见注 1.8). 下面的定理说明, 允许的输出反馈也不改变无穷维系统的可控性与可观性.

定理 6.5 假设抽象系统 $\Sigma = (T, \Phi, \Psi, F)$ 是适定的, $H(s)$ 是相应的传递函数, K 是关于 $H(s)$ 允许的反馈算子. 闭环抽象适定系统为 $\Sigma^K = (T^K, \Phi^K, \Psi^K, F^K)$, 则 Σ 精确 (近似) 可控当且仅当 Σ^K 精确 (近似) 可控.

证 由 (5.51), (5.90) 有

$$\Phi^K(\tau) = \Phi(\tau)(I + F^K(\tau)), \quad \Phi(\tau) = \Phi^K(\tau)(I - KF(\tau)),$$
$$\Psi^K(\tau) = (I + F^K(\tau)K)\Psi(\tau), \quad \Psi(\tau) = (I - F(\tau)K)\Psi^K(\tau), \tag{6.19}$$

所以 $\mathrm{Range}(\Phi(\tau)) = H$ (或者 $\overline{\mathrm{Range}(\Phi(\tau))} = H$) 当且仅当 $\mathrm{Range}(\Phi^K(\tau)) = H$ (或者 $\overline{\mathrm{Range}(\Phi^K(\tau))} = H$). $\Psi(\tau)$ 下有界 (或者 $\mathrm{Ker}\Psi(\tau) = \{0\}$) 当且仅当 $\Psi^K(\tau)$ 下有界 (或者 $\mathrm{Ker}\Psi^K(\tau) = \{0\}$). 证毕. ∎

在注 1.7 中提到, 定理 1.10 (4) 称为 Hautus 引理, 推广到无穷维系统有很大的困难, 因为算子难以引进秩的概念. 但对于有穷系统来说, Hautus 引理有一个等价的形式. 由此出发, 推广到无穷维系统就成为可能.

引理 6.2 设 A, C 分别为 $n \times n$ 和 $p \times n$ 阶矩阵, 则观测系统 $\Sigma_o(C, A)$ 可观的充分必要条件是存在 $k > 0$, 使得对所有的 $s \in \mathbb{C}$,

$$\|(s-A)x\|^2 + \|Cx\|^2 \geqslant k\|x\|^2, \quad \forall x \in \mathbb{C}^n. \tag{6.20}$$

证 首先如果 (6.20) 成立, 则显然有

$$\mathrm{rank} \begin{pmatrix} A - \lambda \\ C \end{pmatrix} = n, \quad \forall \lambda \in \mathbb{C}. \tag{6.21}$$

于是由定理 1.10 (4), 观测系统 $\Sigma_o(C, A)$ 可观. 反过来, 如果观测系统 $\Sigma_o(C, A)$ 可观, 则 (6.21) 成立. 于是

$$\begin{pmatrix} A - s \\ C \end{pmatrix}^* \begin{pmatrix} A - s \\ C \end{pmatrix} > 0, \quad \forall s \in \mathbb{C}.$$

显然, 上面的 Hermite 矩阵的最小特征值 $\lambda(s)$ 是 s 的连续函数, 并且 $\lim\limits_{s \to \infty} \lambda(s) = \infty$. 于是存在 $k > 0$, 使得 $\lambda(s) \geqslant k$ 对所有的 $s \in \mathbb{C}$ 都成立. 因为任何的 Hermite 矩阵都酉相似于对角矩阵, 于是有

$$(s-A)^*(s-A) + C^*C \geqslant k, \quad \forall s \in \mathbb{C}.$$

这就是 (6.20). ∎

注 6.6 引理 6.2 的证明只用到 Hautus 引理, 但其形式不用矩阵秩的概念, 可望推广到无穷的系统中去.

当然, 推广引理 6.2 到无穷系统中去不是一件简单的事情. 为此, 引入一种比较强的可观性, 是一种由 (6.7) 表述的自然推广.

定义 6.3 系统 $\Sigma_o(C,A)$ 称为无穷时间精确可观的, 如果存在 $k>0$, 使得

$$\int_0^\infty \|CT(t)x_0\|_Y^2 dt \geq k\|x_0\|_H^2, \quad \forall\, x_0 \in D(A); \tag{6.22}$$

称为无穷时间近似精确可观的, 如果输出映射满足 $\mathrm{Ker}(\Psi_\infty) = \{0\}$.

无穷时间精确可观是有穷时间精确可观的推广.

命题 6.1 无穷时间精确可观的系统必定是精确可观的.

证 不妨设 $T(t)$ 是指数稳定的, 这是因为由注 6.1, 平移算子不改变系统的可观性: $\Sigma_o(C,A)$ 精确可观当且仅当 $\Sigma_o(C, A-\lambda)$ 精确可观, 其中 $\lambda \in \mathbb{C}$ 为任意的常数.

注意到对任何的 $\tau > 0, x_0 \in D(A)$ 有

$$\int_0^\tau \|CT(t)x_0\|_Y^2 dt = \int_0^\infty \|CT(t)x_0\|^2 dt - \int_0^\infty \|CT(t)T(\tau)x_0\|_Y^2 dt.$$

因为 $T(t)$ 指数稳定, 由命题 3.5 (2), 可以假设存在 $K > 0$, 使得

$$\int_0^\infty \|CT(t)x_0\|_Y^2 dt \leq K\|x_0\|^2, \quad \forall\, x_0 \in D(A). \tag{6.23}$$

由 (6.23) 和 (6.22) 得到

$$\int_0^\tau \|CT(t)x_0\|_Y^2 dt \geq k\|x_0\|^2 - K\|T(\tau)x_0\|^2 \geq (k - K\|T(\tau)\|^2)\|x_0\|^2.$$

再由 $T(t)$ 的指数稳定性可知, 当 τ 充分大时, $k - K\|T(\tau)\|^2 > 0$. 于是由 (6.7), 系统 $\Sigma_o(C,A)$ 对充分大的 τ 在 $[0,\tau]$ 内精确可观. ∎

于是有下面的无穷维 Hautus 判据.

定理 6.6 设系统 $\Sigma_o(C,A)$ 是无穷时间精确可观的, A 生成指数稳定的 C_0-半群, 则存在 $m > 0$, 使得对所有复数 $s \in \mathbb{C}, \mathrm{Re}\, s < 0$,

$$\frac{1}{|\mathrm{Re}\, s|^2}\|(s-A)x_0\|^2 + \frac{1}{|\mathrm{Re}\, s|}\|Cx_0\|^2 \geq m\|x_0\|^2, \quad \forall\, x_0 \in D(A). \tag{6.24}$$

证 设 Ψ_∞ 是观测系统 $\Sigma(C,A)$ 的输出映射, $s \in \mathbb{C}, \mathrm{Re}\, s < 0, x_0 \in D(A)$. 令

$$x = (A-s)x_0,$$

并定义 $\xi(t) = T(t)x_0$, 则

6.2 可观性及其性质

$$\dot{\xi}(t) = T(t)Ax_0 = T(t)(sx_0 + x) = s\xi(t) + T(t)x.$$

于是

$$\xi(t) = e^{st}x_0 + \int_0^t e^{s(t-\sigma)}T(\sigma)x d\sigma.$$

由稠密性, 不妨假设 $x_0 \in D(A^2)$, 于是 $x \in D(A)$,

$$(\Psi_\infty x_0)(t) = C\xi(t) = e^{st}Cx_0 + \int_0^t e^{s(t-\sigma)}CT(\sigma)x d\sigma = e^{st}Cx_0 + (e_s * \Psi_\infty x)(t),$$

其中 $*$ 表示卷积, $e_s(t) = e^{st}$. 于是

$$\|\Psi_\infty x_0\|_{L^2(0,\infty)} \leqslant \|e_s\|_{L^2(0,\infty)}\|Cx_0\| + \|e_s\|_{L^1(0,\infty)}\|\Psi_\infty x\|_{L^2(0,\infty)}$$

$$\leqslant \frac{1}{\sqrt{2|\operatorname{Res}|}}\|Cx_0\| + \frac{1}{|\operatorname{Res}|}\|\Psi_\infty\|\|x\|.$$

用不等式 $(a\alpha + b\beta)^2 \leqslant (a^2 + b^2)(\alpha^2 + \beta^2)$, 由 (6.22) 可以得到

$$k\|x_0\|^2 \leqslant \|\Psi_\infty x_0\|_{L^2(0,\infty;Y)}^2 \leqslant \left(\frac{1}{2} + \|\Psi_\infty\|^2\right)\left(\frac{1}{|\operatorname{Res}|^2}\|x\|^2 + \frac{1}{|\operatorname{Res}|}\|Cx_0\|^2\right).$$

这就是所要的结论. ∎

注 6.7 如果 (6.23) 成立, 则称 $\mathbb{C}$ 关于 e^{At} 为无穷允许的 (见注 2.8). 在无穷允许的假设下, 定理 6.6 中关于半群的指数稳定性可以用无穷允许性来代替. 从证明的过程中可以看到, 这两者都导致 Ψ_∞ 在 $L^2(0,\infty;Y)$ 中的有界性.

命题 6.2 如果 (6.24) 成立, A 生成指数稳定的 C_0-半群, 则观测系统 $\Sigma_o(C, A)$ 是无穷时间近似可观的.

证 由 (3.21)

$$\|\Psi T(\tau)x\| \leqslant \|\Psi x\|, \quad \forall \tau \geqslant 0, x \in H. \tag{6.25}$$

记 $Z = \operatorname{Ker}(\Psi)$, (6.25) 表明 Z 是 $T(t)$ 的不变子空间. 设 $T_z(t)$ 是 $T(t)$ 在 Z 上的限制, 则 $T_z(t)$ 是 Z 上的 C_0-半群, 其生成元 A_z 满足

$$D(A_z) = D(A) \cap Z, \quad D(A_z) \subset \operatorname{Ker}(C).$$

如果 (6.24) 成立, 则对任意的 $x_0 \in D(A_z), s \in \mathbb{C}, \operatorname{Res} < 0$,

$$\frac{1}{|\operatorname{Res}|^2}\|(s-A)x_0\|^2 \geqslant m\|x_0\|^2, \quad \forall x_0 \in D(A_z).$$

上式等价于

$$\|(s-A_z)^{-1}\| \leqslant \frac{1}{\sqrt{m|\operatorname{Res}|}}, \quad \forall s \in \rho(A_z), \operatorname{Res} < 0. \tag{6.26}$$

因为 $T_z(t)$ 是指数稳定的, 由定理 1.44 (2), 存在 $\alpha > 0$, 使得 $\|(s-A_z)^{-1}\|$ 在 $\operatorname{Res} \geqslant -\alpha$ 一致有界. 这个事实和 (6.26) 一起说明 $\|(s-A_z)^{-1}\|$ 在 $\rho(A_z)$ 是一致

有界的. 这说明 $\sigma(A_z) = \varnothing$. 于是 $(s-A_z)^{-1}$ 在全平面解析, 并且以算子范数一致有界. 由 Liouville 定理, $(s-A_z)^{-1}$ 为常值算子. 但 Hille-Yosida 定理 1.35 说明 $\lim\limits_{s\to+\infty} \|(s-A_z)^{-1}\| = 0$, 所以 $(s-A_z)^{-1} = 0$ 对所有 $s \in \mathbb{C}$ 都成立, 于是 $Z = \{0\}$. 证毕. ■

下面的命题说明 (6.24) 在相当程度上刻画了无穷时间近似可观性.

命题 6.3 如果 (6.24) 对 $s \in (-\infty, -\alpha)(\alpha > 0), m \geqslant 1$ 成立, A 生成指数稳定的 C_0- 半群, 则观测系统 $\Sigma_o(C, A)$ 是无穷时间近似可观的, 因而由命题 6.1, 系统是精确可观的.

证 假设意味着

$$\|(s-A)x_0\|^2 - s\|Cx_0\|^2 \geqslant s^2\|x_0\|^2, \quad \forall\, x_0 \in D(A), s \in (-\infty, -\alpha).$$

这等价于

$$2\mathrm{Re}\langle Ax_0, x_0\rangle + \frac{1}{|s|}\|Ax_0\|^2 + \|Cx_0\|^2 \geqslant 0, \quad \forall\, x_0 \in D(A).$$

令 $s \to -\infty$ 并用 $T(t)x_0$ 代替 x_0 得

$$2\mathrm{Re}\langle AT(t)x_0, T(t)x_0\rangle + \|CT(t)x_0\|^2 \geqslant 0, \quad \forall\, x_0 \in D(A). \tag{6.27}$$

上式两端从 0 到 ∞ 关于 t 积分, 并注意到 $T(t)$ 的指数稳定性得

$$\int_0^\infty \|CT(t)x_0\|^2 \mathrm{d}t \geqslant \|x_0\|^2, \quad \forall\, x_0 \in D(A).$$

证毕. ■

例 6.1 仍然考虑一维波动方程

$$\begin{cases} w_{tt}(x,t) = w_{xx}(x,t), & 0 < x < 1, t > 0, \\ w(0,t) = w_x(1,t) = 0, \\ y(t) = w(1,t), \end{cases} \tag{6.28}$$

则系统 (6.28) 是近似可观的, 但不是精确可观的. 实际上, 对任何的 $n \geqslant 1$,

$$(w(x,t), w_t(x,t)) = \mathrm{e}^{\mathrm{i}(n-\frac{1}{2})\pi t}\left(\frac{\sin\left(n-\frac{1}{2}\right)\pi x}{\left(n-\frac{1}{2}\right)\pi}, \mathrm{i}\sin\left(n-\frac{1}{2}\right)\pi x\right),$$

$$(w_0(x), w_1(x)) = \left(\frac{\sin\left(n-\frac{1}{2}\right)\pi x}{\left(n-\frac{1}{2}\right)\pi}, \mathrm{i}\sin\left(n-\frac{1}{2}\right)\pi x\right)$$

总是方程 (6.28) 的解, 但对应的 $|y(t)| = 1/[(n-1/2)\pi]$, $\|(w_0,w_1)\|^2 \to 1 (n \to \infty)$. 显然, 不可能对任意的 n 在由 (2.23) 定义的能量空间中满足可观性不等式 (6.7), 但可以证明系统 (6.1) 是近似可观的. 用例 2.1 的做法, 因为

$$E(t) = \frac{1}{2}\int_0^1 [w_x^2(x,t) + w_t^2(x,t)]dx$$

满足 $E(t) = E(0)$ 对所有的 $t \geqslant 0$, 并且

$$\rho(t) = \int_0^1 xw_x(x,t)w_t(x,t)dx$$

满足

$$|\rho(t)| \leqslant E(t), \quad \dot\rho(t) = \frac{1}{2}w_t^2(1,t) - E(t),$$

所以

$$\int_0^T w_t^2(1,t)dt = 2TE(0) + 2\rho(T) - 2\rho(0) \geqslant 2(T-2)E(0). \tag{6.29}$$

(6.29) 是系统 (6.28) 关于输出 $y_w(t) = w_t(1,t)$ 的观测性不等式, 这说明系统关于 y_w 在 $[0,2]$ 上是精确可控的 (可见分布参数的可观性需要时间. 实际上, $[0,2]$ 是最小的可观区间, 是波传播需要的最少时间). 但也说明关于 $y(t) = w(1,t)$ 不是精确可控的, 因为由 $y \equiv 0$, 在 $t \in [0,2]$ 导出 $w_t \equiv 0$, 从而由 (6.29), $E(0) = 0$.

6.3 一阶系统 $\dot x = Ax + Bu$ 可控性和输出反馈稳定性的等价性

在 4.3 节讨论了一阶系统

$$\begin{cases} \dot x(t) = Ax(t) + Bu(t), x(0) = x_0, \\ y(t) = B^*x(t) \end{cases} \tag{6.30}$$

在假设 (4.73)~(4.75) 下的适定性, 指出这样的系统只要输入输出连续依赖, 就意味着 B 是允许的, 从而是适定的. 本节将证明, 如果系统 (6.30) 是适定的, 则其开环的精确可控 (可观) 性等价于在直接比例输出反馈 $u = -y$ 下闭环系统的稳定性. 这个关系表明了系统的各个概念之间千丝万缕的联系, 以后还可以看到许多这样的性质.

仍用 $U = Y$ 表示输入输出空间. 总设 4.3 节的假设 (H1)~(H3), 即 (4.72)~(4.75) 成立.

命题 6.4 设 4.3 节中的假设 (H1)~(H3)(见 (4.72)~(4.75)) 成立. 定义直接比例输出反馈 $u = -y$ 下闭环系统的算子为

$$A_F x = (\tilde{A} - BB^*)x, \quad \forall\, x \in D(A_F) = \{x \in D(A^{1/2}) | (\tilde{A} - BB^*)x \in H\}, \quad (6.31)$$

则

(1) $D(A_F) = \tilde{A}^{1/2}(I - \mathrm{i}QQ^*)A^{1/2} \subset D(A^{1/2}) \subset D(B^*), A_F^{-1} = A^{-1/2}(I - \mathrm{i}QQ^*)^{-1}A^{-1/2}$,其中 $Q = \tilde{A}^{-1/2}B \in \mathcal{L}(U, H)$;

(2) $A_F^* x = (-\tilde{A} - BB^*)x, \forall\, x \in D(A_F^*) = \{x \in D(A^{1/2}) | (-\tilde{A} - BB^*)x \in H\}$;

(3) A_F 生成 H 上的压缩 C_0- 半群.

于是系统 (6.30) 在直接比例输出反馈 $u = -y$ 下闭环系统在 H 中是适定的,即存在 C_0- 半群解.

证 对于任何的 $x \in D(A_F)$,

$$\begin{aligned}A_F x &= (\tilde{A} - BB^*)x = \tilde{A}^{-1/2}[I - (\tilde{A}^{-1/2}B)(B^*A^{-1/2})]A^{1/2}x \\ &= \tilde{A}^{1/2}(I - \mathrm{i}QQ^*)A^{1/2}x,\end{aligned}$$

其中由假设 $Q = \tilde{A}^{-1/2}B \in \mathcal{L}(U, H), Q^* = B^*A^{*-1/2} \in \mathcal{L}(H, U)$ 为 Q 的对偶.这里用到假设 $A^* = -A$,于是 $A^{*1/2} = \mathrm{i}A^{1/2}, A^{*-1/2} = -\mathrm{i}A^{-1/2}, B^*A^{-1/2} = \mathrm{i}B^*A^{*-1/2} = \mathrm{i}Q^*$.显然,$QQ^* \in \mathcal{L}(H)$ 是非负的,所以 $I - \mathrm{i}QQ^*$ 有界可逆,于是 $A_F^{-1} = A^{-1/2}(I - \mathrm{i}QQ^*)^{-1}A^{-1/2}$, (1) 得证.再由 $A_F^{*-1} = -A^{-1/2}(I + \mathrm{i}QQ^*)^{-1}A^{-1/2}$ 得 $A_F^* = -A^{1/2}(I + \mathrm{i}QQ^*)A^{1/2} = -\tilde{A} - BB^*$,这就是 (2).

现在证明 A_F 是耗散的.对于任何的 $x \in D(A_F)$,由 (4.74),(4.75),

$$\begin{aligned}\mathrm{Re}\langle A_F x, x\rangle &= \mathrm{Re}\langle(\tilde{A} - BB^*)x, x\rangle = \mathrm{Re}(-\mathrm{i})\|A^{1/2}x\|^2 - \|B^*x\|^2 \\ &= -\|B^*x\|^2 \leqslant 0.\end{aligned} \quad (6.32)$$

因此,注意到 A_F^{-1} 有界,由 Lummer-Phillips 定理 1.37, A_F 生成 H 上的 C_0- 压缩半群. 证毕. ∎

下面的定理称为 Russell 原理.

定理 6.7 设 4.3 节中的假设 (H1)~(H3)(见 (4.72)~(4.75)) 成立. 如果由 (6.31) 定义的算子 A_F 生成指数稳定的 C_0- 半群,则开环系统 (6.30) 是精确可控的.

证 首先,注意到由命题 6.4,闭环系统

$$\dot{w}(t) = A_F w(t) = \tilde{A}w(t) - BB^*w(t), \quad w(0) = w_0 \quad (6.33)$$

生成 C_0- 半群. 对任何的 $w_0 \in D(A_F)$, $w \in D(A_F) \subset D(A^{1/2}) \subset D(B^*)$, (6.33) 两端用 x 内积,并由 (6.32) 得能量恒等式

$$2\int_0^t \|B^*w(s)\|^2 \mathrm{d}s = \|w_0\|^2 - \|w(t)\|^2 \leqslant \|w_0\|^2, \quad \forall\, w_0 \in D(A_F), t > 0. \quad (6.34)$$

6.3　一阶系统 $\dot{x} = Ax + Bu$ 可控性和输出反馈稳定性的等价性

由于 $D(A_F)$ 在 H 中稠密, 可以理解 (6.34) 对任何的 $w_0 \in H$ 都有意义, 即对任何的 $w_0 \in H, t > 0, B^*w \in L^2(0, t; U)$. 因为 $\mathrm{e}^{A_F t}$ 是指数稳定的, $\mathrm{e}^{A_F^* t}$ 也是指数稳定的, 于是存在 $T_0 > 0$, 使得对所有的 $T > T_0$,

$$\|\mathrm{e}^{A_F^* T}\| < 1. \tag{6.35}$$

注意到 (6.34), (6.33) 对任意初值 $w_0 \in H$ 的解也可以写为

$$w(t) = \mathrm{e}^{At} w_0 + \int_0^t \mathrm{e}^{\tilde{A}(t-s)} B u_1(s) \mathrm{d}s = \mathrm{e}^{At} w_0 + \Phi_t u_1 \in C(0, T; H),$$
$$u_1 = -B^* w \in L^2(0, T; U). \tag{6.36}$$

其次, 考虑方程

$$\dot{z} = -A_F^* z, \quad z(T) = w(T), \tag{6.37}$$

其中 w 为方程 (6.33) 的解. 令 $\eta(t) = z(T - t)$, 则 η 满足

$$\dot{\eta} = A_F^* \eta, \quad \eta(0) = w(T). \tag{6.38}$$

由能量恒等式 (6.34), (6.38) 的解 $\eta \in C(0, T; H)$ 且满足 $B^*\eta \in L^2(0, T; U)$, 所以 $z \in C(0, T; H), u_2 = B^* z \in L^2(0, T; U)$. 与 (6.36) 相同, (6.37) 的解可以写为

$$z(t) = \mathrm{e}^{At} z(0) + \int_0^t \mathrm{e}^{\tilde{A}(t-s)} B u_2(s) \mathrm{d}s = \mathrm{e}^{At} z(0) + \Phi_t u_2, \quad u_2 = B^* z \in L^2(0, T; U). \tag{6.39}$$

令 $x = w - z \in C(0, T; H), u = u_1 - u_2 \in L^2(0, T; U)$, 则由 (6.36) 和 (6.39) 得

$$x(t) = \mathrm{e}^{At}[w_0 - z(0)] + \Phi_t u, \quad x(T) = 0. \tag{6.40}$$

因为 A 生成 C_0- 群, 由注 6.2, 系统 (6.30) 的精确可控等价于零可控, 于是只要证明对任意的 $x_0 \in H$, 存在 $w_0 \in H$, 使得

$$w_0 - z(0) = x_0 \tag{6.41}$$

就完成了定理的证明. 由 (6.38),

$$\eta(t) = \mathrm{e}^{A_F^* t} w(T).$$

再由 (6.35),

$$\|z(0)\| \leqslant \|\mathrm{e}^{A_F^* T}\| \|w(T)\| \leqslant \|\mathrm{e}^{A_F^* T}\|^2 \|w_0\|,$$

于是映射

$$w_0 \to z(0) = \mathcal{P} w_0$$

是一个压缩映射. 因此,
$$w_0 - z(0) = (I - \mathcal{P})w_0 = x_0$$
存在唯一解
$$w_0 = (I - \mathcal{P})^{-1}x_0.$$
定理得证. ∎

注 6.8 从定理 6.7 的证明来看, 甚至不需要假设 B 的允许性. 系统 (6.30) 在 $[0,T]$ 上的精确可控性可以这样描述: 对于任意的 $x_0, x^* \in H$, 存在控制 $u \in L^2(0,T;U)$, 使得系统 (6.30) 的解满足 $x \in C(0,T;H)$, 并且 $x(0) = x_0, x(T) = x^*$.

注 6.9 能量恒等式 (6.34) 说明系统
$$\begin{cases} \dot{w}(t) = A_F w(t), \\ y_w(t) = B^* w \end{cases} \tag{6.42}$$
的输出算子永远是允许的.

下面的定理表明, 在适定的条件下, 定理 6.7 的逆也是正确的.

定理 6.8 设 4.3 节中的假设 (H1)~(H3) (见 (4.72)~(4.75)) 成立. 如果开环系统 (6.30) 是适定的、精确可控的, 则由 (6.31) 定义的算子 A_F 生成指数稳定的 C_0- 半群.

证 由定理 5.8 和适定性假设, 系统 (6.30) 是正则的, 并且直接传输算子为零. 把闭环系统 (6.33) 的解写为

$$e^{A_F t} w_0 = e^{At} w_0 - \Phi_t B^* e^{A_F \cdot} w_0 \in D(A_F) \subset D(A^{1/2}), \quad \forall w_0 \in D(A_F). \tag{6.43}$$

于是由 (5.9), (5.32),

$$B_L^* e^{At} w_0 = B^* e^{A_F t} w_0 + F_t B^* e^{A_F \cdot} w_0, \quad \forall w_0 \in D(A_F), \tag{6.44}$$

其中 F_t 为系统 (6.30) 的输入/输出映射. 由假设, 系统 (6.30) 是适定的, 所以对任意的 $T > 0$, $F_T \in \mathcal{L}(L^2(0,T;U))$. 假设 $c_T = \|F_T\|$, 于是由 (6.34),

$$\|B_L^* e^{A \cdot} w_0\|_{L^2(0,T;U)} \leqslant (1+c_T)\|B^* e^{A_F \cdot} w_0\|_{L^2(0,T;U)}, \quad \forall w_0 \in D(A_F). \tag{6.45}$$

因为 $A^* = -A$, $\Sigma_c(A, B)$ 的精确可控性等价于 $\Sigma_o(B^*, A)$ 的精确可观性, 于是存在 $D_T > 0$, 使得

$$\|w_0\|^2 \leqslant D_T \int_0^T \|B_L^* e^{At} w_0\|_U^2 dt$$
$$\leqslant D_T (1+c_T)^2 \int_0^T \|B^* e^{A_F t} w_0\|_U^2 dt, \quad \forall w_0 \in D(A_F). \tag{6.46}$$

另一方面, 由能量恒等式 (6.34) 及 (6.46), 对任意的 $w_0 \in D(A_F)$ 有

$$\|e^{A_F T} w_0\|^2 \leqslant \|w_0\|^2 \leqslant D_T(1+c_T)^2 \int_0^T \|B^* e^{A_F t} w_0\|_U^2 dt$$
$$= \frac{1}{2} D_T (1+c_T)^2 [\|w_0\|^2 - \|e^{A_F T} w_0\|^2].$$

由此,

$$\|e^{A_F T} w_0\|^2 \leqslant \frac{D_T(1+c_T)^2}{2+D_T(1+c_T)^2} \|w_0\|^2, \quad \forall\, w_0 \in D(A_F).$$

因为 $D(A_F)$ 在 H 中稠密, 上式说明 $\|e^{A_F T}\| < 1$. 由定理 1.32, $e^{A_F t}$ 指数稳定. ∎

6.4 二阶系统 $\ddot{x} + \mathbf{A}x + \mathbf{B}u = 0$ 可控性 和输出反馈稳定性的等价性

在 4.3 节中讨论了二阶系统

$$\begin{cases} \ddot{x}(t) + \mathbf{A}x(t) + \mathbf{B}u(t) = 0, x(0) = x_0, \dot{x}(0) = x_1, \\ y(t) = \mathbf{B}^* \dot{x}(t) \end{cases} \tag{6.47}$$

的适定性, 也指出了输出输入连续依赖就意味着系统是适定的. 同 6.3 节, 本节证明如果系统 (6.30) 是适定的, 则其开环的精确可控 (可观) 性等价于在直接比例输出反馈 $u = y$ 下闭环系统的稳定性.

仍用 $U = Y$ 表示输入输出空间. 总设 4.3 节的假设 (H4) 和 (H5), 即 (4.78) 和 (4.79) 成立. 系统 (6.47) 也可以写成 $H = D(\mathbf{A}^{1/2}) \times \mathbf{H}$ 中的一阶系统

$$\begin{cases} \dfrac{d}{dt}\begin{pmatrix} x(t) \\ \dot{x}(t) \end{pmatrix} = \mathbb{A} \begin{pmatrix} x(t) \\ \dot{x}(t) \end{pmatrix} + \mathbb{B} u(t), \\ y(t) = \mathbb{B}^* \begin{pmatrix} x(t) \\ \dot{x}(t) \end{pmatrix}, \\ \mathbb{A} = \begin{pmatrix} 0 & I \\ -\mathbf{A} & 0 \end{pmatrix}, \tilde{\mathbb{A}} = \begin{pmatrix} 0 & I \\ -\tilde{\mathbf{A}} & 0 \end{pmatrix}, \quad \mathbb{B} = \begin{pmatrix} 0 \\ -\mathbf{B} \end{pmatrix}, \mathbb{B}^* = (0, \mathbf{B}^*). \end{cases} \tag{6.48}$$

系统 (6.47) 在直接比例输出反馈 $u = y$ 下的闭环系统为

$$\ddot{x} + \tilde{\mathbf{A}} x + \mathbf{B}\mathbf{B}^* \dot{x} = 0 \text{ 在 } D(\mathbf{A}^{1/2})^* \text{ 中}, \tag{6.49}$$

或者写成一阶系统的形式

$$\frac{d}{dt} \begin{pmatrix} x \\ \dot{x} \end{pmatrix} = \begin{pmatrix} 0 & I \\ -\tilde{\mathbf{A}} & -\mathbf{B}\mathbf{B}^* \end{pmatrix} \begin{pmatrix} x \\ \dot{x} \end{pmatrix} \text{ 在 } D(\mathbf{A}^{1/2}) \times D(\mathbf{A}^{1/2})^* \text{ 中}. \tag{6.50}$$

定义算子
$$\mathcal{A}\begin{pmatrix} f \\ g \end{pmatrix} = \begin{pmatrix} 0 & I \\ -\tilde{\mathbf{A}} & -\mathbf{BB}^* \end{pmatrix} \begin{pmatrix} f \\ g \end{pmatrix} = \begin{pmatrix} g \\ -\tilde{\mathbf{A}}f - \mathbf{BB}^*g \end{pmatrix}, \quad \forall \, (f,g)^{\mathrm{T}} \in D(\mathcal{A}), \tag{6.51}$$

其中
$$D(\mathcal{A}) = \{(f,g)^{\mathrm{T}} | f, g \in D(\mathbf{A}^{1/2}), -\tilde{\mathbf{A}}f - \mathbf{BB}^*g \in \mathbf{H}\}. \tag{6.52}$$

命题 6.5 由 (6.51), (6.52) 定义的算子 $\mathcal{A}$ 在 H 上生成压缩的 C_0- 半群.

证 首先证明 $\mathcal{A}$ 是耗散的. 对任意的 $(f,g)^{\mathrm{T}} \in D(\mathcal{A})$ 有

$$\begin{aligned}
\mathrm{Re}\langle \mathcal{A}(f,g)^{\mathrm{T}}, (f,g)^{\mathrm{T}} \rangle &= \mathrm{Re}\langle A^{1/2}g, A^{1/2}f \rangle_{\mathbf{H}} - \mathrm{Re}\langle \tilde{\mathbf{A}}f + \mathbf{BB}^*g, g \rangle_{\mathbf{H}} \\
&= \mathrm{Re}\langle \mathbf{A}^{1/2}g, \mathbf{A}^{1/2}f \rangle_{\mathbf{H}} - \mathrm{Re}\langle \tilde{\mathbf{A}}f + \mathbf{BB}^*g, g \rangle_{D(\mathbf{A}^{1/2})^*, D(\mathbf{A}^{1/2})} \\
&= \mathrm{Re}\langle \tilde{\mathbf{A}}f, g \rangle_{D(\mathbf{A}^{1/2}), D(\mathbf{A}^{1/2})^*} - \mathrm{Re}\langle \tilde{\mathbf{A}}f + \mathbf{BB}^*g, g \rangle_{D(\mathbf{A}^{1/2})^*, D(\mathbf{A}^{1/2})} \\
&= -\mathrm{Re}\langle \mathbf{BB}^*g, g \rangle_{D(\mathbf{A}^{1/2})^*, D(\mathbf{A}^{1/2})} \\
&= -\mathrm{Re}\langle \mathbf{B}^*g, \mathbf{B}^*g \rangle_U = -\|B^*g\|_U^2 \leqslant 0, \tag{6.53}
\end{aligned}$$

所以 $\mathcal{A}$ 是耗散的.

其次证明 $\mathcal{A}^{-1}$ 存在有界. 解方程
$$\mathcal{A}\begin{pmatrix} f \\ g \end{pmatrix} = \begin{pmatrix} g \\ -\tilde{\mathbf{A}}f - \mathbf{BB}^*g \end{pmatrix} = \begin{pmatrix} \phi \\ \psi \end{pmatrix} \in H,$$

于是有 $g = \phi \in D(\mathbf{A}^{1/2}), -\tilde{\mathbf{A}}f - \mathbf{BB}^*g = \psi$. 后者等价于

$$\tilde{\mathbf{A}}f = -\mathbf{BB}^*\phi - \psi \in D(\mathbf{A}^{1/2})^*.$$

因为 $\tilde{\mathbf{A}}$ 是从 $D(\mathbf{A}^{1/2})$ 到 $D(\mathbf{A}^{1/2})^*$ 的等距变换, 于是上面的方程在 $D(\mathbf{A}^{1/2})$ 中有解

$$f = \tilde{\mathbf{A}}^{-1}(-\mathbf{BB}^*\phi - \psi),$$

所以
$$\mathcal{A}^{-1} \begin{pmatrix} \phi \\ \psi \end{pmatrix} = \begin{pmatrix} \tilde{\mathbf{A}}^{-1}(-\mathbf{BB}^*\phi - \psi) \\ \phi \end{pmatrix}. \tag{6.54}$$

由 Lummer-Phillips 定理 1.37, $\mathcal{A}$ 生成 H 上的 C_0- 压缩半群. 证毕. ∎

推论 6.1 $\mathbf{B}^*$ 满足能量恒等式

$$\int_0^T \|\mathbf{B}^*\dot{x}(t)\|_U^2 \mathrm{d}t = E(0) - E(T) \leqslant \frac{1}{2}\|(x_0, x_1)\|_H^2, \quad \forall \, (x_0, x_1)^{\mathrm{T}} \in D(\mathcal{A}), T > 0, \tag{6.55}$$

其中
$$E(t) = \frac{1}{2}[\|\mathbf{A}^{1/2}x\|^2 + \|\dot{x}\|^2] \qquad (6.56)$$
为系统能量.

证 因为 $(x_0, x_1)^{\mathrm{T}} \in D(\mathcal{A})$, $\mathcal{A}$ 生成 C_0- 半群, 所以 $(x, \dot{x})^{\mathrm{T}} \in D(\mathcal{A})$.
$$\frac{\mathrm{d}}{\mathrm{d}t}\begin{pmatrix} x \\ \dot{x} \end{pmatrix} = \mathcal{A}\begin{pmatrix} x \\ \dot{x} \end{pmatrix} \in H,$$
两端用 $(x, \dot{x})^{\mathrm{T}}$ 在 H 中作内积, 注意到 (6.53) 得
$$\mathrm{Re}\langle \ddot{x}, \dot{x}\rangle + \mathrm{Re}\langle \mathbf{A}^{1/2}x, \mathbf{A}^{1/2}\dot{x}\rangle = -\|\mathbf{B}^*\dot{x}\|^2,$$
即
$$\dot{E}(t) = -\|\mathbf{B}^*\dot{x}\|_U^2.$$
因此,
$$\int_0^T \|\mathbf{B}^*\dot{x}\|_U^2 \mathrm{d}t = E(0) - E(T) \leqslant E(0),$$
此即 (6.55). ∎

注 6.10 推论 6.1 说明, 对于闭环系统 (6.49) 来说, 虽然对于任意的初值 $(x_0, x_1)^{\mathrm{T}} \in H$, 其解仅仅满足 $(x, \dot{x})^{\mathrm{T}} \in H$, 但是 $\mathbf{B}^*\dot{x} \in L^2(0, T; U)$ 对任意的 $T > 0$ 总成立. 换句话说, 映射
$$\Pi(w_0, w_1)^{\mathrm{T}} = \mathbf{B}^*\dot{x} \qquad (6.57)$$
是 H 到 $L^2(0, T; U)$ 的有界线性算子. 以后对任意的初值 $(x_0, x_1)^{\mathrm{T}} \in H$, 总在 (6.57) 的意义上理解 $\mathbf{B}^*\dot{x}$. 或者像注 6.9 一样, 系统
$$\begin{cases} \dot{w}(t) = \mathcal{A}w(t), \\ y_w(t) = \mathbb{B}^*w \end{cases} \qquad (6.58)$$
的输出算子永远是允许的.

对系统 (6.47), 也有下面的 Russell 原理.

定理 6.9 设 4.3 节的假设 (H4) 和 (H5), 即 (4.78) 和 (4.79) 成立. 如果由 (6.51), (6.52) 定义的算子 $\mathcal{A}$ 生成指数稳定的 C_0- 半群, 则开环系统 (6.47) 是精确可控的.

证 因为 $\mathcal{A}$ 生成指数稳定的 C_0- 半群, 所以存在 $T_0 > 0$, 使得对所有的 $T > T_0$,
$$\|\mathrm{e}^{\mathcal{A}T}\| < 1. \qquad (6.59)$$
注意到方程
$$\begin{pmatrix} w(t) \\ \dot{w}(t) \end{pmatrix} = \mathrm{e}^{\mathcal{A}t}\begin{pmatrix} w_0 \\ w_1 \end{pmatrix} \in C(0, T; H) \qquad (6.60)$$

定义了闭环系统 (6.49) 以 $(w_0, w_1)^{\mathrm{T}} \in H$ 为初值的解. 由注 6.10, $u_1 = \mathbf{B}^* \dot{w} \in L^2(0, T; U)$, 并且 $(w, \dot{w})^{\mathrm{T}}$ 可以写为

$$\begin{pmatrix} w(t) \\ \dot{w}(t) \end{pmatrix} = \mathrm{e}^{\mathbb{A}t} \begin{pmatrix} w_0 \\ w_1 \end{pmatrix} + \Phi(t) u_1, \tag{6.61}$$

其中 $\Phi(t)$ 为系统 (6.47) 的输入映射.

考虑

$$\begin{cases} \ddot{z} + \tilde{\mathbf{A}} z - \mathbf{B}\mathbf{B}^* \dot{z} = 0, \\ z(T) = w(T), \dot{z}(T) = \dot{w}(T). \end{cases} \tag{6.62}$$

令 $\eta(t) = z(T - t)$, 则 η 满足

$$\begin{cases} \ddot{\eta} + \tilde{\mathbf{A}} \eta + \mathbf{B}\mathbf{B}^* \dot{\eta} = 0, \\ \eta(0) = w(T), \dot{\eta}(0) = -\dot{w}(T). \end{cases} \tag{6.63}$$

再由注 6.10, $u_2(t) = -\mathbf{B}^* \dot{\eta}(T - t) = \mathbf{B}^* \dot{z}(t) \in L^2(0, T; U)$, 于是 (6.62) 的解可以写为

$$\begin{pmatrix} z(t) \\ \dot{z}(t) \end{pmatrix} = \mathrm{e}^{\mathbb{A}t} \begin{pmatrix} z(0) \\ \dot{z}(0) \end{pmatrix} - \Phi(t) u_2. \tag{6.64}$$

令

$$(x, \dot{x})^{\mathrm{T}} = (w - z, \dot{w} - \dot{z})^{\mathrm{T}} \in C(0, T; H), \quad u = u_1 + u_2 \in L^2(0, T; U),$$

于是由 (6.61), (6.64) 得

$$\begin{pmatrix} x(t) \\ \dot{x}(t) \end{pmatrix} = \mathrm{e}^{\mathbb{A}t} \begin{pmatrix} w(0) - z(0) \\ \dot{w}(0) - \dot{z}(0) \end{pmatrix} + \Phi(t) u, \quad x(T) = \dot{x}(T) = 0. \tag{6.65}$$

因为 $\mathbb{A}$ 生成 C_0- 群, 由注 6.2, 系统 (6.47) 的精确可控等价于零可控, 于是只要证明对任意的 $(x_0, x_1)^{\mathrm{T}} \in H$, 存在 $(w_0, w_1)^{\mathrm{T}} \in H$, 使得

$$\begin{pmatrix} w_0 \\ w_1 \end{pmatrix} - \begin{pmatrix} z(0) \\ \dot{z}(0) \end{pmatrix} = \begin{pmatrix} x_0 \\ x_1 \end{pmatrix} \tag{6.66}$$

就完成了定理的证明. (6.66) 是正确的, 因为由 (6.63),

$$\begin{pmatrix} \eta(t) \\ \dot{\eta}(t) \end{pmatrix} = \mathrm{e}^{\mathcal{A}t} \begin{pmatrix} w(T) \\ -\dot{w}(T) \end{pmatrix},$$

于是

$$\left\| \begin{pmatrix} z(0) \\ \dot{z}(0) \end{pmatrix} \right\| \leqslant \| \mathrm{e}^{\mathcal{A}T} \| \left\| \begin{pmatrix} w(T) \\ -\dot{w}(T) \end{pmatrix} \right\| \leqslant \| \mathrm{e}^{\mathcal{A}T} \|^2 \left\| \begin{pmatrix} w_0 \\ w_1 \end{pmatrix} \right\|,$$

6.4 二阶系统 $\ddot{x} + \mathbf{A}x + \mathbf{B}u = 0$ 可控性和输出反馈稳定性的等价性

所以映射

$$\begin{pmatrix} w_0 \\ w_1 \end{pmatrix} \to \begin{pmatrix} z(0) \\ \dot{z}(0) \end{pmatrix} = \mathcal{P} \begin{pmatrix} w_0 \\ w_1 \end{pmatrix}$$

是压缩映射, 从而

$$\begin{pmatrix} w_0 \\ w_1 \end{pmatrix} - \begin{pmatrix} z(0) \\ \dot{z}(0) \end{pmatrix} = (I - \mathcal{P}) \begin{pmatrix} w_0 \\ w_1 \end{pmatrix} = \begin{pmatrix} x_0 \\ x_1 \end{pmatrix}$$

有唯一解

$$\begin{pmatrix} w_0 \\ w_1 \end{pmatrix} = (I - \mathcal{P})^{-1} \begin{pmatrix} x_0 \\ x_1 \end{pmatrix}. \tag{6.67}$$

定理得证. ∎

注 6.11 同注 6.8 一样, 从定理 6.9 的证明来看, 甚至不需要假设 $\mathbb{B}$ 的允许性. 系统 (6.47) 在 $[0, T]$ 上的精确可控性可以这样描述: 对于任意的 $(x_0, x_1)^\mathrm{T}, (x_0^*, x_1^*)^\mathrm{T} \in H$, 存在控制 $u \in L^2(0, T; U)$, 使得系统 (6.47) 的解满足 $(x, \dot{x})^\mathrm{T} \in C(0, T; H)$, 并且 $(x(0), \dot{x}(0))^\mathrm{T} = (x_0, x_1)^\mathrm{T}, (x(T), \dot{x}(T))^\mathrm{T} = (x_0^*, x_1^*)^\mathrm{T}$.

下面的定理表明, 在适定的条件下, 和定理 6.8 一样, 定理 6.9 的逆也是正确的.

定理 6.10 设 4.3 节的假设 (H4) 和 (H5), 即 (4.78) 和 (4.79) 成立. 如果开环系统 (6.47) 是适定的、精确可控的, 则由 (6.51), (6.52) 定义的算子 $\mathcal{A}$ 生成指数稳定的 C_0- 半群.

证 和一阶系统的情况不同, 并不知道二阶系统是否正则, 所以很难利用适定系统的输入/输出映射的复杂表达式. 需要另外的办法来证明定理 6.10.

假设 $\Sigma_c(\mathbb{A}, \mathbb{B})$ 在 $[0, T]$ 精确可控. 把 (6.60) 的解写为 (6.61), 实际上就是

$$\mathrm{e}^{\mathcal{A}t} \begin{pmatrix} w_0 \\ w_1 \end{pmatrix} = \mathrm{e}^{\mathbb{A}t} \begin{pmatrix} w_0 \\ w_1 \end{pmatrix} + \Phi(t) \mathbb{B}^* \mathrm{e}^{\mathcal{A}\cdot} \begin{pmatrix} w_0 \\ w_1 \end{pmatrix}. \tag{6.68}$$

考虑方程

$$\begin{cases} \ddot{\phi}(t) + \tilde{\mathbf{A}}\phi(t) = -\mathbf{B}u(t), u(t) = \mathbf{B}^* \dot{w}(t) \in L^2(0, T), & t > 0, \\ \phi(0) = 0, \dot{\phi}(0) = 0. \end{cases} \tag{6.69}$$

注意到由定理 4.9 和适定性假设, $\mathbb{B}$ 是允许的, 所以 (6.69) 在空间 H 中存在唯一的连续解 $(\phi, \dot{\phi})^\mathrm{T} \in C(0, \infty; H)$. 现在证明在适定性的假设下, $\mathbf{B}^* \dot{\phi}$ 有意义. 事实上, 由 Laplace 变换 (2.57) 有

$$\widehat{\phi}(s) = -(s^2 + \mathbf{A})^{-1} \mathbf{B} \widehat{u}(s), \quad \forall \, \mathrm{Re}\, s > 0.$$

由定理 4.2, 适定性假设意味着传递函数 $H(s)$ 在某个右半平面一致有界. 于是由推论 4.3 中传递函数的表达式, 对于所有的 $\mathrm{Re}\, s > 0$,

$$s\mathbf{B}^*\widehat{\phi}(s) = H(s)\widehat{u}(s), \quad H(s) = -s(s^2+\tilde{\mathbf{A}})^{-1}\mathbf{B}, \quad \forall\,\mathrm{Re}\,s > 0.$$

上式意味着存在某个 $\sigma > 0$ 和常数 $C_\sigma > 0$, 使得

$$\int_{-\infty}^{\infty} \|(\sigma+\mathrm{i}\eta)\mathbf{B}^*\widehat{\phi}(\sigma+\mathrm{i}\eta)\|^2\,\mathrm{d}\eta \leqslant C_\sigma \int_{-\infty}^{\infty} \|u(\sigma+\mathrm{i}\eta)\|^2\,\mathrm{d}\eta. \tag{6.70}$$

由 Parseval 不等式, (6.70) 说明 $\mathrm{e}^{-\sigma t}\mathbf{B}^*\phi \in H^1(\mathbb{R};U)$ (由于零初值, 可以认为 ϕ 和 u 在负实轴上为零), 所以

$$\mathbf{B}^*\dot{\phi} \in C(0,T;U). \tag{6.71}$$

注意到 $\phi(t) = \Phi(t)\mathbb{B}^*\mathrm{e}^{\mathcal{A}\cdot}$, 其中 Φ 为系统 (6.48) 的输入映射. 于是由注 6.10,

$$\mathbb{B}^*\mathrm{e}^{\mathbb{A}t}\begin{pmatrix}w_0\\w_1\end{pmatrix} = \mathbb{B}^*\mathrm{e}^{\mathcal{A}t}\begin{pmatrix}w_0\\w_1\end{pmatrix} - \mathbb{B}^*\Phi(t)\mathbb{B}^*\mathrm{e}^{\mathcal{A}\cdot}\begin{pmatrix}w_0\\w_1\end{pmatrix},$$

$$\mathbb{B}^*\mathrm{e}^{\mathcal{A}\cdot}\begin{pmatrix}w_0\\w_1\end{pmatrix} \in L^2(0,T;U). \tag{6.72}$$

由 (6.71), (6.55), 上式右端两项都有意义, 所以左端也有意义, 而 $\mathbb{B}^*\Phi(t) = F(t)$ 就是系统 (6.47) 的输入/输出映射. 由适定性假设, $F(T) \in \mathcal{L}(L^2(0,T;U))$. 可以设 $\|F(T)\| = c_T$, 于是

$$\left\|\mathbb{B}^*\mathrm{e}^{\mathbb{A}\cdot}\begin{pmatrix}w_0\\w_1\end{pmatrix}\right\|_{L^2(0,T;U)} \leqslant (1+c_T)\left\|\mathbb{B}^*\mathrm{e}^{\mathcal{A}\cdot}\begin{pmatrix}w_0\\w_1\end{pmatrix}\right\|_{L^2(0,T;U)}. \tag{6.73}$$

因为 $\Sigma_c(\mathbb{A},\mathbb{B})$ 在 $[0,T]$ 内精确可控, 由适定性假设和对偶原理, $\Sigma_o(\mathbb{B}^*,\mathbb{A}^*)$ 在 $[0,T]$ 内精确可观, 但 $\mathbb{A}^* = -\mathbb{A}$, 所以 $\Sigma_o(\mathbb{B}^*,\mathbb{A})$ 在 $[0,T]$ 内精确可观. 于是存在常数 $D_T > 0$, 使得

$$\left\|\begin{pmatrix}w_0\\w_1\end{pmatrix}\right\|^2 \leqslant D_T \int_0^T \left\|\mathbb{B}^*\mathrm{e}^{\mathbb{A}t}\begin{pmatrix}w_0\\w_1\end{pmatrix}\right\|_U^2 \mathrm{d}t$$

$$\leqslant D_T(1+c_T)^2 \int_0^T \left\|\mathbb{B}^*\mathrm{e}^{\mathcal{A}t}\begin{pmatrix}w_0\\w_1\end{pmatrix}\right\|_U^2 \mathrm{d}t. \tag{6.74}$$

由能量恒等式 (6.37), 结合 (6.74) 得到

$$\left\|\mathrm{e}^{\mathcal{A}T}\begin{pmatrix}w_0\\w_1\end{pmatrix}\right\|^2 \leqslant \left\|\begin{pmatrix}w_0\\w_1\end{pmatrix}\right\|^2 \leqslant D_T(1+c_T)^2 \int_0^T \left\|\mathbb{B}^*\mathrm{e}^{\mathcal{A}t}\begin{pmatrix}w_0\\w_1\end{pmatrix}\right\|_U^2 \mathrm{d}t$$

$$= \frac{1}{2}D_T(1+c_T)^2 \left[\left\|\begin{pmatrix}w_0\\w_1\end{pmatrix}\right\|^2 - \left\|\mathrm{e}^{\mathcal{A}T}\begin{pmatrix}w_0\\w_1\end{pmatrix}\right\|^2\right]. \tag{6.75}$$

6.4 二阶系统 $\ddot{x} + \mathbf{A}x + \mathbf{B}u = 0$ 可控性和输出反馈稳定性的等价性

于是

$$\left\| e^{\mathcal{A}T} \begin{pmatrix} w_0 \\ w_1 \end{pmatrix} \right\|^2 \leqslant \frac{D_T(1+c_T)^2}{2+D_T(1+c_T)^2} \left\| \begin{pmatrix} w_0 \\ w_1 \end{pmatrix} \right\|^2,$$

从而 $\|e^{\mathcal{A}T}\| < 1$. 由定理 1.32, $e^{\mathcal{A}t}$ 指数稳定. 定理得证. ∎

例 6.2 考虑一维波动方程的 Dirichlet 边界控制

$$\begin{cases} w_{tt}(x,t) = w_{xx}(x,t), & 0 < x < 1, t > 0, \\ w(0,t) = 0, w(1,t) = u(t). \end{cases} \quad (6.76)$$

可以把问题 (6.76) 化为二阶系统 (6.47) 的典型事例. 令 $\mathbf{H} = H^{-1}(0,1)$ 为 Sobolev 空间 $H_0^1(0,1)$ 的对偶空间 (见 (1.68)). 设 A 是 $H_0^1(0,1)$ 的双线性型产生的 $\mathbf{H}$ 上的自伴算子,

$$\langle Af, g \rangle_{H^{-1}(0,1), H_0^1(0,1)} = a(f,g) = \int_0^1 f'(x)\overline{g'(x)}\mathrm{d}x, \quad \forall f, g \in H_0^1(0,1). \quad (6.77)$$

由 Lax-Milgram 定理 1.25, $\mathbf{A}$ 是 $D(\mathbf{A}) = H_0^1(0,1)$ 到 $H^{-1}(0,1)$ 的等距同构. 容易证明, 对任意的 $f \in H^2(0,1) \cap H_0^1(0,1)$, $\mathbf{A}f = -\Delta f = -f''$, 其中 $-\Delta$ 是通常的 Laplace 算子, 并且对任意的 $g \in L^2(0,1), \mathbf{A}^{-1}g = (-\Delta)^{-1}g$, 所以 $\mathbf{A}$ 是通常的 Laplace 算子在 $H_0^1(0,1)$ 上的延拓.

注意到 $D(\mathbf{A}^{1/2}) = L^2(0,1)$, $\tilde{\mathbf{A}}$ 如 (4.78) 定义. 把 (6.76) 写成 (6.47) 的形式为

$$\begin{aligned} w_{tt}(\cdot,t) + \mathbf{A}[w(\cdot,t) - xu(t)] &= w_{tt}(\cdot,t) + \tilde{\mathbf{A}}w(\cdot,t) - u(t)\tilde{\mathbf{A}}x \\ &= w_{tt}(\cdot,t) + \tilde{\mathbf{A}}w(\cdot,t) + \mathbf{B}u(t) = 0, \end{aligned} \quad (6.78)$$

其中

$$\mathbf{B}u = -u\tilde{\mathbf{A}}x \in (D(\mathbf{A}^{1/2}))^*. \quad (6.79)$$

于是系统 (6.76) 的能量空间是 $H = L^2(0,1) \times H^{-1}(0,1)$. 这是和例 2.1 完全不同的地方.

因为 $\mathbf{B}^*$ 是从 $D(\mathbf{A}^{1/2}) = L^2(0,1)$ 到输入/输出空间 $Y = U = \mathbb{C}$ 的有界算子, 由

$$\begin{aligned} \langle \mathbf{B}^*f, u \rangle &= \langle f, bu \rangle_{[D(\mathbf{A}^{1/2})], [D(\mathbf{A}^{1/2})]^*} = \langle \mathbf{A}^{-1/2}f, \mathbf{A}^{-1/2}u \rangle_{L^2, L^2} \\ &= -u\int_0^1 xf(x)\mathrm{d}x, \quad \forall f \in L^2(0,1) \end{aligned}$$

得

$$\mathbf{B}^*f = -\int_0^1 xf(x)\mathrm{d}x, \quad \forall f \in L^2(0,1). \quad (6.80)$$

现在来求系统的传递函数. 对任意的 $u \in \mathbb{C}$, 令 $p = (s^2 + \tilde{\mathbf{A}})^{-1}\mathbf{B}u$, 则 p 满足

$$s^2 p(x) - p''(x) = 0, \quad p(0) = p(1) = 0.$$

解之得

$$p(x) = \frac{e^{sx} - e^{-sx}}{e^s - e^{-s}} u.$$

于是由推论 4.3,

$$H(s) = -s(s^2 + \tilde{\mathbf{A}})^{-1} \mathbf{B} = \left[-\frac{e^s + e^{-s}}{e^s - e^{-s}} + \frac{1}{s} \right] u,$$

从而

$$\lim_{s \to +\infty} H(s) u = -u, \quad \forall\, u \in \mathbb{C}.$$

所以系统 (6.76) 在输出 $y = \mathbf{B}^* w_t$ 下是适定且正则的, 并且直接传输算子为 $D = -I$. 由对偶原理定理 6.3, 系统 (6.76) 的精确可控性等价于对偶系统

$$\begin{cases} w_{tt}(\cdot, t) + \mathbf{A} w(\cdot, t) = 0, \\ y(t) = \mathbf{B}^* w_t(\cdot, t) \end{cases}$$

的精确能观性. 但这在状态空间 $H = L^2(0,1) \times H^{-1}(0,1)$ 上不好讨论, 并且从观测的表达式 (6.80) 来看, 还不是点观测. 作状态空间 H 到光滑空间 $H_0^1(0,1) \times L^2(0,1)$ 的一个等距变换,

$$T \begin{pmatrix} f \\ g \end{pmatrix} = \begin{pmatrix} 0 & -\mathbf{A}^{-1} \\ I & 0 \end{pmatrix} = \begin{pmatrix} -\mathbf{A}^{-1} g \\ g \end{pmatrix} \in H_0^1(0,1) \times L^2(0,1), \ \forall\, (f,g) \in H, \quad (6.81)$$

则

$$T \mathbb{A} T^{-1} = \mathbb{A}, \quad \mathbb{B}^* T^{-1} = (0, \mathbf{B}^*) T^{-1} = (-\mathbf{B}^* \mathbf{A}, 0), \quad (6.82)$$

其中 $\mathbb{A}, \mathbb{B}$ 由 (6.48) 定义. 注意到当 $f \in H^2(0,1) \cap H_0^1(0,1)$ 时, $\mathbf{A} = -f''$, 因此,

$$-\mathbf{B}^* \mathbf{A} f = f'(1).$$

于是系统 (6.82) 在 H 中的精确可观性等价于下面的系统:

$$\begin{cases} w_{tt}(x,t) - w_{xx}(x,t) = 0, \\ w(0,t) = w(1,t) = 0, \\ y_w(t) = w_x(1,t) \end{cases} \quad (6.83)$$

在光滑空间 $H_0^1(0,1) \times L^2(0,1)$ 中的精确可观性. 而系统 (6.83) 是一个点观测系统. 按照注 3.4, 系统 (6.83) 也是系统 (6.76) 的对偶系统. 可以证明, 系统 (6.83) 在 $[0,2]$ 上是精确可观的. 读者可以仿照例 6.1 给出证明.

6.5 能稳性与可检性

在 1.1.4 小节中谈到对一个控制系统 $\Sigma_c(A,B)$ 来说, 其能稳性是指系统在状态反馈 $u(t) = Fx(t)$ 下闭环系统稳定. 对有穷维系统来说, 闭环系统矩阵为 $A + BF$. 但对无穷维系统来说, 由于算子 A, B 的无界性, 如何才能使 $A + BF$ 有意义首先就是个问题. 一个启发性的例子是在 5.4 节中讨论了正则系统

$$\Sigma(A,B,C,D): \begin{cases} \dot{x}(t) = Ax(t) + Bu(t), \\ y(t) = Cx(t) + Du(t) \end{cases} \quad (6.84)$$

在允许输出反馈 $u = Ky + v$ 下的正则性, 并指出 (见定理 5.11), 如果 $K \in \mathcal{L}(Y,U)$ 是允许的, 闭环系统 $\Sigma(A^k, B^K, C^K, D^K)$ 是正则的, 则闭环系统的算子 A^K 生成 C_0- 半群, 并且

$$\begin{cases} A^K = A + BK(I-DK)^{-1}C_\Lambda, \\ D(A^K) = \{x \in D(C_\Lambda) | \ C_\Lambda x \in (I-DK)Y, (A+BK(I-DK)^{-1}C_\Lambda)x \in H\}, \end{cases} \quad (6.85)$$

所以如果 $\Sigma(A,B,C,0)$ 是正则的, 则 $K = I$ 是允许的反馈算子. 由定理 5.9, 闭环系统 $\Sigma(A^k, B^K, C^K, D^K)$ 是正则的, $A^K = A + BC_\Lambda$ 有意义且是 C_0- 半群的生成元. 这启发我们给出如下定义:

定义 6.4 设 $B \in \mathcal{L}(U, H_{-1})$ 是允许的, 控制系统 $\Sigma_c(A,B)$ 称为能稳的, 如果存在算子 $F \in \mathcal{L}(H_1, U)$, 使得

(1) $\Sigma(A, B, F, 0)$ 是正则的;

(2) I 是关于正则系统 $\Sigma(A, B, F, 0)$ 允许的反馈算子;

(3) $A + BF_\Lambda$ 为指数稳定的 C_0- 半群的生成元.

在上述条件下, 称 F 能稳控制系统 $\Sigma_c(A,B)$.

称 A 为指数稳定的, 如果 A 生成指数稳定的 C_0- 半群.

命题 6.6 假设系统 $\Sigma_c(A,B)$ 是能稳的, 则 A 是指数稳定的当且仅当 $\|(s-\tilde{A})^{-1}B\|_{\mathcal{L}(U,H)}$ 在开右半平面一致有界.

证 必要性由 (2.63) 立即得到. 为了证明充分性, 由 $\Sigma_c(A,B)$ 的能稳性, 可设存在算子 $F \in \mathcal{L}(H_1, U)$, 使得 $A_f = A + BF_\Lambda$ 是指数稳定的. 由 (6.84), 正则系统 $\Sigma(A_f, B, F_\Lambda, 0)$ 是正则系统 $\Sigma(A, B, F, 0)$ 在允许反馈 I 下的闭环系统. 由 (5.65), (5.68),

$$(s-A_f)^{-1} - (s-A)^{-1} = (s-\tilde{A})^{-1}BF_\Lambda(s-A_f)^{-1}. \quad (6.86)$$

由 Hille-Yosida 定理 1.35, A_f 指数稳定意味着 $\|(s-A_f)^{-1}\|$ 在右半平面一致有界. 由 (3.15) 知, $\|F_\Lambda(s-A_f)^{-1}\|$ 在开右半平面一致有界. 如果 $\|(s-\tilde{A})^{-1}B\|_{\mathcal{L}(U,H)}$ 在

开右半平面一致有界,则由 (6.86), $\|(s-A)^{-1}\|$ 在开右半平面一致有界. 应用定理 1.44 (2) 可知, A 指数稳定. ∎

命题 6.7 假设系统 $\Sigma(A,B,C,D)$ 是正则系统, K 是允许的反馈算子, $I-DK$ 可逆. 如果对应的闭环系统是稳定的,则算子 $F=K(I-DK)^{-1}C$ 能稳系统 $\Sigma_c(A,B)$.

证 由定理 5.1 (3) 及 $\Sigma(A,B,C)$ 的正则性知, $\Sigma(A,B,F)$ 也是正则的,于是定义 6.4 (1) 成立. 因为

$$I - F_\Lambda(s-\tilde A)^{-1}B = (I-KD)^{-1}[I-KD-KC_\Lambda(s-\tilde A)^{-1}B]$$
$$= (I-KD)^{-1}(I-KH(s)),$$

其中 $H(s)$ 为系统 $\Sigma(A,B,C,0)$ 的传递函数,所以 F_Λ 是 $K(I-DK)C_\Lambda$ 的扩张. 由 K 的允许性假设,上式说明定义 6.4 (2) 满足. 最后定义 6.4 (3) 也满足,这是因为由 (6.85), $A+BF_\Lambda$ 正是闭环系统的生成元. ∎

命题 6.8 假设 A,B,C,D,K 如命题 6.7. 设闭环系统的生成算子为 (A^K,B^K,C^K,D^K), 如果 F 能稳系统 $\Sigma_c(A,B)$, 则 F_K 能稳 $\Sigma_c(A^K,B^K)$, 其中

$$F_K x = [F_\Lambda - K(C_\Lambda + DF_\Lambda)]x, \quad \forall\, x \in D(A^K).$$

证 设 $\Sigma_e = \Sigma(A,B,(F,C)^T,(0,D)^T)$, 则直接计算 Σ_e 是正则系统, 其传递函数为

$$H_e(s) = \begin{pmatrix} F_\Lambda(s-\tilde A)^{-1}B \\ H(s) \end{pmatrix},$$

其中 $H(s)$ 为 $\Sigma(A,B,C,D)$ 的传递函数. 显然, $\mathcal{J}=(I,0)$ 是 Σ_e 允许的反馈算子. 由 (6.85), $\Sigma(A,B,C,D)$ 在反馈 $\mathcal{J}$ 下的闭环系统 $\Sigma_e^{\mathcal{J}}$ 的生成元为 $A+BF_L$, 所以是指数稳定的. $\Sigma(A,B,C,D)$ 的另一个允许反馈为 $\mathcal{K}=(0,K)$, 其闭环 $\Sigma_e^{\mathcal{K}}$ 的生成算子为 $(A^K,B^K,(F^K,C^K)^T,(0,D^K)^T)$. 由命题 5.7, $\mathcal{J}-\mathcal{K}$ 是 $\Sigma_e^{\mathcal{K}}$ 的允许反馈算子. 因为 $\Sigma_e^{\mathcal{K}}$ 是指数稳定的, 利用命题 6.7,

$$E = (\mathcal{J}-\mathcal{K})\left(I - \begin{pmatrix} 0 \\ D^K \end{pmatrix}(\mathcal{J}-\mathcal{K})\right)^{-1}\begin{pmatrix} F^K \\ C^K \end{pmatrix}$$

能稳系统 $\Sigma_c(A^K,B^K)$. 通过简单计算可知, 对任意的 $x \in D(A^K)$,

$$Ex = (I,-K)\begin{pmatrix} I & 0 \\ -D^K & I+D^K K \end{pmatrix}^{-1}\begin{pmatrix} F^K \\ C^K \end{pmatrix}$$
$$= (I,-K)\begin{pmatrix} I & 0 \\ D & I-DK \end{pmatrix}^{-1}\begin{pmatrix} F_\Lambda \\ (I-DK)^{-1}C_\Lambda \end{pmatrix}x.$$

6.5 能稳性与可检性

整理可得 $E=F_K$. ∎

由注 5.5, $\Sigma(A,B,C,D)$ 和 $\Sigma(A^K,B^K,C^K,D^K)$ 可以互相转化, 于是立刻得到正则系统的能稳性在允许反馈下不变.

推论 6.2 记号如命题 6.8, 则 $\Sigma_c(A,B)$ 能稳当且仅当 $\Sigma_c(A^K,B^K)$ 能稳.

可检性是能稳性的对偶概念. 在 1.1.6 小节中, 有穷维系统 $\Sigma_o(C,A)$ 称为可检测的, 如果存在矩阵 L, 使得 $A+LC$ 为稳定矩阵. 对无穷维系统来说, 首先要保证 $A+LC$ 有意义. 从本节开头的讨论可以看出, 如果 $\Sigma(A,L,C,0)$ 是正则的, $K=I$ 是允许的反馈算子, 则闭环系统 $\Sigma(A^K,L^K,C^K,D^K)$ 是正则的, 并且闭环算子 $A^K=A+BC_\Lambda$ 有意义且是 C_0-半群的生成元. 这启发我们给出如下定义:

定义 6.5 设 $C\in\mathcal{L}(H_1,Y)$ 是允许的. 观测系统 $\Sigma_o(C,A)$ 称为可检测的, 如果存在算子 $L\in\mathcal{L}(Y,H_{-1})$, 使得

(1) $\Sigma(A,L,C)$ 是正则的;
(2) I 是关于系统 $\Sigma(A,L,C,0)$ 允许的反馈算子;
(3) $A+LC_\Lambda$ 为指数稳定的 C_0-半群的生成元.

在上述条件下, 称 L 检测系统 $\Sigma_o(C,A)$.

命题 6.9 假设系统 $\Sigma_o(C,A)$ 是可检的, 则 A 是指数稳定的当且仅当 $\|C(s-\tilde{A})^{-1}\|_{\mathcal{L}(H,Y)}$ 在开右半平面一致有界.

证 必要性由 (3.15) 立即得到. 为了证明充分性, 由 $\Sigma_o(B,A)$ 的可检性, 可设存在算子 $L\in\mathcal{L}(Y,H_{-1})$, 使得 $A_F=A+LC_\Lambda$ 是指数稳定的. 由 (6.85), 正则系统 $\Sigma(A_F,L,C_\Lambda,0)$ 是正则系统 $\Sigma(A,L,C,0)$ 在允许反馈 I 下的闭环系统. 由 (5.65), (5.68),

$$(s-A_F)^{-1}-(s-A)^{-1}=(s-A_F)^{-1}LC(s-A)^{-1}. \quad (6.87)$$

由 Hille-Yosida 定理 1.35, A_F 指数稳定意味着 $\|(s-A_F)^{-1}\|$ 在右半平面一致有界. 由 (3.15) 知, $\|L_\Lambda(s-A_F)^{-1}\|$ 在开右半平面一致有界. 如果 $\|C(s-A)^{-1}\|_{\mathcal{L}(H,Y)}$ 在开右半平面一致有界, 则由 (6.87), $\|(s-A)^{-1}\|$ 在开右半平面一致有界. 应用定理 1.44 (2) 可知, A 指数稳定. 证毕. ∎

应该期待 $\Sigma_c(A,B)$ 能稳当且仅当 $\Sigma_o(B^*,A^*)$ 可检, 但这里的困难是 $\Sigma(A,B,F)$ 的正则性不足以保证 $\Sigma(A^*,F^*,B^*)$ 的正则性. 另一个困难是 $A+BF_\Lambda$ 的对偶算子是否是 $A^*+F_\Lambda^*B^*$. 有结果表明当 Y 是有限维时, 对偶关系是成立的. 另一个问题是精确可控 (可观) 性是否意味着能稳 (可检) 性, 这是一个不清楚的问题. 尽管如此, 有命题 6.8 和推论 6.2 的对应结果.

命题 6.10 假设 A,B,C,D,K 如命题 6.7. 设闭环系统的生成算子为 (A^K, B^K,C^K,D^K), 如果 L 检测系统 $\Sigma_o(C,A)$, 则 L_K 检测系统 $\Sigma_o(B^K,A^K)$, 其中

$$L_K = L - (B + LD)K. \tag{6.88}$$

于是正则系统在允许反馈下可检性不变,系统 $\Sigma_o(B,A)$ 可检当且仅当系统 $\Sigma_o(B^K, A^K)$ 可检.

定义 6.6 适定系统 $\Sigma(A,B,C)$ 称为指数稳定的,如果 A 是指数稳定的;称为输入输出稳定的,如果输入/输出映射满足

$$F_\infty \in \mathcal{L}(L^2(0,\infty;U), L^2(0,\infty;Y)).$$

上式等价于系统 $\Sigma(A,B,C)$ 的传递函数在右半平面一致有界.

(4.46) 表明,如果适定系统 $\Sigma(A,B,C)$ 是指数稳定的,则必为输入输出稳定的. 反过来,对有穷维系统也不正确 (见例 1.1). 但对正则系统来说,有下面关于定理 1.13 在无穷维系统中的推广. 这又一次从一个侧面说明了系统各个性质之间的联系.

定理 6.11 假设系统 $\Sigma(A,B,C)$ 是正则的,则系统 $\Sigma(A,B,C)$ 是指数稳定的,当且仅当 $\Sigma_c(A,B)$ 能稳, $\Sigma_o(C,A)$ 可检,并且 $\Sigma(A,B,C)$ 输入输出稳定.

证 如果系统 $\Sigma(A,B,C)$ 是指数稳定的,则在定义 6.4 和定义 6.5 中,取 $F = 0, L = 0$, 于是系统 $\Sigma_c(A,B)$ 能稳, $\Sigma_o(C,A)$ 可检,并且由 (4.46),系统 $\Sigma(A,B,C)$ 是输入输出稳定的. 为了证明充分性,设正则系统 $\Sigma(A,B,C)$ 的直接传输算子为 D, 设 L 检测系统 $\Sigma_o(C,A)$ 且 $A_F = A + LC_\Lambda$, 于是反馈算子 $(0,I)^T$ 关于正则系统 $\Sigma(A,(B,L),C,(0,0))$ 是允许的,于是对这个反馈系统,应用 (5.65) 得 (6.87). 由 (5.88),闭环系统的控制算子仍然是 (B,H), 于是 B 和 H 都关于 C_0- 半群 $e^{A_F t}$ 允许 (这一点非常有趣,因为这里只用到可检性和原系统的正则性). 由 A_F 的指数稳定性和命题 6.6, 命题 6.9, $\|(s-\tilde{A}_F)^{-1}B\|_{\mathcal{L}(U,H)}, \|L(s-A_F)^{-1}\|_{\mathcal{L}(H,Y)}$ 在开右半平面一致有界. 现在设 $\Sigma(A,B,C)$ 是输入输出稳定的,则 $\|C_\Lambda(s-A)^{-1}B\|_{\mathcal{L}(U,Y)}$ 在开右半平面一致有界. 在 (6.87) 右乘 B 就得到 $\|(s-\tilde{A})^{-1}B\|_{\mathcal{L}(U,H)}$ 开右半平面一致有界. 由命题 6.6, 这意味着 A 指数稳定. 证毕. ∎

小结和文献说明

本章领略到了几个主要的控制概念在无穷维系统中的推广. 精确能观 (可控) 性对应有穷维系统的能观 (可控) 性,但近似能观在分布参数辨识中有非常重要的应用. 如果希望通过输出来辨识系统的初值,则只需输出是近似能观就行了. 在适定系统假设的框架下推广 Hautus 引理是主要的研究方向. 最早的努力是文献 [100], 这里的叙述主要来自于文献 [115], 目前最好的结果可能是文献 [55], 在偏微分方程控制中的应用可见文献 [116], Russell 不变性原理最早出现在文献 [101] 中. 这里对

小结和文献说明

一阶系统的证明部分参见文献 [65], 二阶系统的证明参见文献 [39], 但文献 [39] 有一步不全, 这里结合了文献 [4], [39]. 最先引入能稳性、可检性的是文献 [96], 但那里的证明较为复杂, 本章采用的证明来自于文献 [123]. 指数稳定和输入输出稳定性之间的关系是推广有穷维到无穷维系统的一个主要的努力方向, 第 7 章还会回到这个问题上来.

第 7 章 可优性、可估性以及几个问题

本章致力于几个控制问题的讨论. 首先推广能稳性到可优性, 推广可检性到可估性. 这是比 6.5 节的能稳性、可检性更弱的, 但却与这两个重要概念具有同等地位的概念, 并且与精确可控性、精确可观性的关系非常清楚. 在方法上, 与无穷维系统无限时区的二次最优控制 (即 LQ 问题) 有关. 由此可以知道研究 LQ 问题的方法. 而把 LQ 问题的解推广到无穷维系统是许多工作的努力方向, 但无穷维线性系统因为涉及无界算子, 即使 LQ 问题也不是一件简单的事情.

7.1 可 优 性

可优性是 6.5 节能稳性的推广, 其作用完全类似于能稳性. 由于与精确可控性的关系十分清楚, 所以在偏微分控制系统中容易应用. 这个概念与 7.2 节的可估性特别地联系了系统指数稳定性、输入输出稳定性. 更值得注意的是, 可优性是一种特殊的无穷维系统无穷时间区间的 LQ 问题.

设 $\Sigma = (T, \Phi, \Psi, F)$ 为状态空间 H, 输入空间 U, 输出空间 Y 上的一个抽象适定系统, 其生成算子为 (A, B, C). 考虑无穷时间区间的 LQ 问题:

$$J(x_0, u) = \int_0^\infty [\|u(t)\|_U^2 + \|y(t)\|_Y^2]\mathrm{d}t, \tag{7.1}$$

其中 u 为系统的输入, y 为系统的输出, x_0 为系统的初始状态.

定义 7.1 称抽象适定系统 $\Sigma = (T, \Phi, \Psi, F)$ 为可优化的, 如果对任意的 $x_0 \in H$, 存在 $u \in L^2(0, \infty; U)$, 使得

$$J(x_0, u) < \infty. \tag{7.2}$$

注 7.1 如果令 $C = I, Y = H$, 则 $y = x$. 定义 7.1 退化为控制系统 $\Sigma_c(A, B)$ 可优化. 此时, (7.2) 等价于状态 $x \in L^2(0, \infty; H)$.

显然, 控制系统 $\Sigma_c(A, B)$ 是精确可控的, 则必为可优化的. 这里指出, 如果 $\Sigma_c(A, B)$ 是能稳的, 则 $\Sigma_c(A, B)$ 也必定是可优化的. 事实上, 如果 F 稳定 $\Sigma_c(A, B)$, 则令 $u(t) = F_\Lambda \mathrm{e}^{(A+BF_\lambda)t}x_0$. 由 (5.67) (在 (5.71) 中取 $K = I, D = 0, C = F$),

$$\mathrm{e}^{(A+BF_\lambda)t}x_0 = T(t)x_0 + \int_0^t \tilde{T}(t-s)BF_\Lambda \mathrm{e}^{(A+BF_\lambda)s}x_0 \mathrm{d}s. \tag{7.3}$$

但由于 $\mathrm{e}^{(A+BF_\lambda)t}$ 指数稳定, 所以 (见 (3.19)) $u(t) = F_\Lambda \mathrm{e}^{(A+BF_\lambda)t}x_0 \in L^2(0, \infty; U)$.

7.1 可优性

在控制 u 的作用下, $\Sigma_c(A,B)$ 的状态正是 $x(t) = e^{(A+BF_\lambda)t}x_0 \in L^2(0,\infty;H)$. 由此可见, 可优化是一种可能代替能稳性的概念, 但与能稳性不同的是, 十分清楚其与精确可控性的关系.

引进空间 $\mathcal{X} = L^2(0,\infty;U) \times L^2(0,\infty;Y)$ 及其上的内积

$$\langle (u_1,y_1),(u_2,y_2) \rangle = \int_0^\infty [\langle u_1(t),u_2(t) \rangle_U + \langle y_1(t),y_2(t) \rangle_Y] dt, \quad \forall (u_i,y_i) \in \mathcal{X}, i=1,2. \tag{7.4}$$

定义

$$V(x_0) = \{(u,y) \in \mathcal{X} | \, x(t) = T(t)x_0 + \Phi(t)\mathbf{P}_t u(\cdot), \mathbf{P}_t y = \Psi(t)x_0 + F(t)\mathbf{P}_t u(\cdot)\}, \tag{7.5}$$

其中 x 为系统 Σ 的状态, $\mathbf{P}_t$ 由 (2.40) 定义.

引理 7.1 假设系统 $\Sigma = (T,\Phi,\Psi,F)$ 是可优化的, 则下面的性质成立:

(1) 对所有的 $x_0 \in H, V(x_0) \neq \varnothing$;
(2) $V(x_0) = V(0) + (u,y)$ 对某个 $(u,y) \in V(x_0)$ 成立;
(3) $V(0)$ 是 $\mathcal{X}$ 的线性闭子空间.

证 (1) 直接来源于定义 7.1. 现在证明 (2). 设 $(u,y) \in V(x_0), (u_0,y_0) \in V(0)$, 则有相应于 (u,y) 和 (u_0,y_0) 的状态 $x(\cdot), x_0(\cdot)$, 使得

$$x(t) + x_0(t) = T(t)x_0 + \Phi(t)\mathbf{P}_t u(\cdot) + T(t)0 + \Phi(t)\mathbf{P}_t u_0(\cdot)$$
$$= T(t)x_0 + \Phi(t)\mathbf{P}_t(u+u_0)(\cdot),$$
$$\mathbf{P}_t y + \mathbf{P}_t y_0 = \Psi(t)x_0 + F(t)\mathbf{P}_t u(\cdot) + F(t)\mathbf{P}_t u_0(\cdot) = \Psi(t)x_0 + F(t)\mathbf{P}_t(u+u_0)(\cdot),$$

所以 $(u+u_0, y+y_0) \in V(x_0)$, 此即 $V(0) + (u,y) \subset V(x_0)$. 反过来的证明是相似的.

$V(0)$ 的线性性和 (2) 的证明类似. 下面证明闭性. 设 $(u_n,y_n) \to (u_\infty,y_\infty)(n \to \infty)$, 因为 $\mathbf{P}_t y_n = F(t)\mathbf{P}_t u_n(\cdot)$ 对任意的 $t>0$ 成立, 而 $F(t) \in \mathcal{L}(L^2(0,t;U), L^2(0,t;Y))$, 所以 $\mathbf{P}_t y_\infty = F(t)\mathbf{P}_t u_\infty(\cdot)$, 此即 $(u_\infty, y_\infty) \in V(0)$. (3) 得证. ∎

定理 7.1 假设系统 $\Sigma = (T,\Phi,\Psi,F)$ 是可优化的, 则对任意的 $x_0 \in H$, 存在唯一的 $u^{\min}(\cdot, x_0) \in L^2(0,\infty;U)$, 使得

$$J(x_0, u^{\min}(\cdot, x_0)) \leqslant J(x_0, u), \quad \forall u \in L^2(0,\infty;U).$$

设 $y^{\min}(\cdot, x_0), x^{\min}(\cdot, x_0)$ 是相应于初值 x_0, 输入 $u^{\min}(\cdot, x_0)$ 的输出和状态, 则 $Q: H \to \mathcal{X}$,

$$Qx_0 = (u^{\min}(\cdot, x_0), y^{\min}(\cdot, x_0)) \tag{7.6}$$

是线性有界算子, 并且 $J(x_0, u^{\min}(\cdot, x_0)) = \langle x_0, Q^*Qx_0 \rangle$.

证 注意到 $J(x_0, u) = \|(u,y)\|_{\mathcal{X}}^2$, (u,y) 满足 (7.5), 所以求 J 的极小值就是在 $\mathcal{X}$ 的仿射线性子空间上求极值. 于是由 Hilbert 空间的直交投影引理,

$$\min_u J(x_0, u) = \min_{(u,y)\in V(x_0)} \|(u,y)\|_{\mathcal{X}}^2 = \|P_{V(0)^\perp}(u,y)\|^2,$$

其中 $P_{V(0)^\perp}$ 为 $V(0)^\perp$ 上的直交投影. $P_{V(0)^\perp}(u,y) \in V(x_0)$ 是唯一的. 记

$$P_{V(0)^\perp}(u,y) = (u^{\min}(\cdot, x_0), y^{\min}(\cdot, x_0)).$$

定义 $x^{\min}(t, x_0) = T(t)x_0 + \Phi(t)\mathbf{P}_t u^{\min}(\cdot)$ 为相应的状态, 定义算子 Q 如 (7.6). 因为 $P_{V(0)^\perp}$ 是线性的, 所以 Q 是线性的. 现在证明 Q 是闭的.

设 $Qx_{n0} = (u_n, y_n) \to (u_\infty, y_\infty)$, $x_{n0} \to x_\infty (n \to \infty)$, $(u_n, y_n) = V(x_{n0})$, 与引理 7.1 类似地可以证明 $(u_\infty, y_\infty) \in V(x_\infty)$.

注意到 $V(x_\infty)$ 中的极小向量是唯一的元素垂直于闭子空间 $V(0)$. 因为 (u_n, y_n) 是极小元, 所以 $(u_n, y_n) \perp V(0)$, 但 $(u_n, y_n) \to (u_\infty, y_\infty)(n \to \infty)$, 所以 $(u_\infty, y_\infty) \perp V(0)$, 于是 $u_\infty(\cdot) = u^{\min}(\cdot, x_\infty)$. 因此, Q 是定义在整个空间 H 上的闭算子, 从而是有界的, $Q \in \mathcal{L}(H, \mathcal{X})$. 最后, 由 Q 的定义,

$$\min_u J(x_0, u) = \|(u^{\min}(\cdot, x_0), y^{\min}(\cdot, x_0))\|_{\mathcal{X}}^2 = \langle Qx_0, Qx_0\rangle_{\mathcal{X}} = \langle x_0, Q^*Qx_0\rangle_H.$$

证毕. ∎

下面分析最优解的性质.

命题 7.1 设记号如定理 7.1. 定义 $T^{\min}(t)x_0 = x^{\min}(t, x_0)$, 则 $T^{\min}(t)$ 为 H 上的 C_0-半群.

证 首先 $T^{\min}(t)x_0 = x_0$ 是显然的. 对任何 $t > 0$, 注意到系统的时不变性 ((4.50), (4.51)), 于是有

$$\int_0^\infty (\|y^{\min}(s, x_0)\|^2 + \|u^{\min}(s, x_0)\|^2)\mathrm{d}s$$
$$= \int_0^t (\|y^{\min}(s, x_0)\|^2 + \|u^{\min}(s, x_0)\|^2)\mathrm{d}s$$
$$+ \int_t^\infty (\|y^{\min}(s, x_0)\|^2 + \|u^{\min}(s, x_0)\|^2)\mathrm{d}s$$
$$= \int_0^t (\|y^{\min}(s, x_0)\|^2 + \|u^{\min}(s, x_0)\|^2)\mathrm{d}s$$
$$+ \int_0^\infty (\|y^{\min}(t+s, x_0)\|^2 + \|u^{\min}(t+s, x_0)\|^2)\mathrm{d}s$$
$$= \int_0^t (\|y^{\min}(s, x_0)\|^2 + \|u^{\min}(s, x_0)\|^2)\mathrm{d}s + J(x^{\min}(t, x_0), u^{\min}(t+\cdot, x_0)). \quad (7.7)$$

7.1 可优性

假设存在 v, 使得

$$J(x^{\min}(t,x_0),v) < J(x^{\min}(t,x_0),u^{\min}(t+\cdot,x_0)),$$

则由 (7.7),

$$\widetilde{u}(s) = \begin{cases} u^{\min}(s,x_0), & 0 \leqslant s < t, \\ v(s), & s > t \end{cases}$$

满足 $J(x_0,\widetilde{u}) < J(x_0,u^{\min}(\cdot,x_0))$, 这与 $u^{\min}(\cdot,x_0)$ 的最优性矛盾. 由极小元的唯一性有

$$u^{\min}(\cdot,x^{\min}(t,x_0)) = u^{\min}(t+\cdot,x_0) \tag{7.8}$$

在 $L^2(0,\infty;U)$ 中成立. 因此,

$$\begin{aligned} x^{\min}(s,u^{\min}(t,x_0)) &= x^{\min}(s+t,x_0), \quad \forall\, \tau \geqslant 0, \\ y^{\min}(\cdot,x^{\min}(t,x_0)) &= y^{\min}(t+\cdot,x_0) \text{ 在 } L^2(0,\infty;H) \text{ 中}. \end{aligned} \tag{7.9}$$

由 (7.7),

$$\begin{aligned} \langle x_0, Q^*Qx_0 \rangle = &\int_0^t (\|y^{\min}(s,x_0)\|^2 + \|u^{\min}(s,x_0)\|^2)\mathrm{d}s \\ &+ \langle x^{\min}(t,x_0), Q^*Qx^{\min}(t,x_0) \rangle, \end{aligned} \tag{7.10}$$

由 (7.9),

$$\begin{aligned} T^{\min}(s+t)x_0 &= x^{\min}(s+t,x_0) = x^{\min}(s,x^{\min}(t,x_0)) = T^{\min}(s)x^{\min}(t,x_0) \\ &= T^{\min}(s)T^{\min}(t)x_0. \end{aligned}$$

于是 $T^{\min}(t)$ 满足半群性质. 因为 $x^{\min}(t,x_0)$ 是适定系统 Σ 关于控制 $u^{\min}(\cdot)$ 的状态, 因而关于 t 是连续的, 所以 $T^{\min}(t)$ 关于 t 强连续, 即 $T^{\min}(t)$ 是 C_0- 半群. ∎

注 7.2 如果令 $C = I, Y = H$, 则 $y = x$, 可优化导致 $x^{\min}(\cdot,x_0) \in L^2(0,\infty;H)$. 于是由命题 7.1 及定理 1.44 (4), $T^{\min}(t)$ 指数稳定. 最主要的是 $T^{\min}(t)$ 满足

$$\begin{aligned} T^{\min}(t)x_0 &= T(t)x_0 + \Phi(t)\mathbf{P}_t u^{\min}(\cdot,x_0) \\ &= T(t)x_0 + \int_0^t \widetilde{T}(t-s)Bu^{\min}(s,x_0)\mathrm{d}s, \quad \forall\, x_0 \in H. \end{aligned} \tag{7.11}$$

注 7.2 表明可优化导致指数稳定的 C_0- 半群, 这和能稳性的目的一致. 下面的定理表明, 最优控制的确是状态反馈.

命题 7.2 用 $A^{\min}$ 表示由命题 7.1 确定的 C_0- 半群 $T^{\min}(t)$ 的生成元.
(1) 映射

$$\Psi_F(t): x_0 \to \mathbf{P}_t u^{\min}(\cdot,x_0) \tag{7.12}$$

是关于半群 $T^{\min}(t)$ 的允许输出映射;

(2) 存在反馈 $F^{\min}: D(A^{\min}) \to U$, 使得对任意的 $x_0 \in D(A^{\min})$,

$$\Psi_F(t)x_0 = \mathbf{P}_t F^{\min} T^{\min}(\cdot)x_0 \quad \text{或者} \quad u^{\min}(t,x_0) = F^{\min} T^{\min}(t)x_0. \tag{7.13}$$

由此及 (7.11) (在 H_{-1} 中作运算) 有

$$A^{\min} x_0 = (\tilde{A} + BF^{\min})x_0, \quad \forall\, x_0 \in D(A^{\min}). \tag{7.14}$$

证 (2) 由 (1) 和定理 3.1 直接得到. 只需证明 (1). 设映射 $\Psi_F(t)$ 由 (7.12) 定义, 则由定理 7.1, $\Psi_F(t)$ 是线性有界算子. 由 (7.8) 和命题 7.1,

$$\Psi_F(t+\tau)x_0 = \mathbf{P}_t u^{\min}(\cdot, x_0) = \mathbf{P}_\tau u^{\min}(\cdot, x_0) \underset{\tau}{\Diamond} \mathbf{P}_t u^{\min}(\cdot + \tau, x_0)$$
$$= \Psi_F(\tau)x_0 \underset{\tau}{\Diamond} \mathbf{P}_t u^{\min}(\cdot, x^{\min}(\tau, x_0)) = \Psi_F(\tau)x_0 \underset{\tau}{\Diamond} \Psi_F(t) T^{\min}(\tau)x_0.$$

由定义 (3.18), (1) 得证. ∎

类似于命题 7.2, 有下面的命题 7.3.

命题 7.3 用 $A^{\min}$ 表示由命题 7.1 确定的 C_0- 半群 $T^{\min}(t)$ 的生成元.

(1) 映射

$$\Psi_L(t): x_0 \to \mathbf{P}_t y^{\min}(\cdot, x_0) \tag{7.15}$$

是关于半群 $T^{\min}(t)$ 的允许输出映射;

(2) 存在算子 $L^{\min}: D(A^{\min}) \to Y$, 使得对任意的 $x_0 \in D(A^{\min})$,

$$\Psi_L(t)x_0 = \mathbf{P}_t L^{\min} T^{\min}(\cdot)x_0. \tag{7.16}$$

在方程 (7.10) 两端同除 t 并令 $t \to \infty$, 利用命题 7.3 可以得到 Q^*Q 满足的 Lyapunov 方程

$$\langle Q^*Qx_0, A^{\min}x_0\rangle + \langle A^{\min}x_0, Q^*Qx_0\rangle = -\langle L^{\min}x_0, L^{\min}x_0\rangle - \langle F^{\min}x_0, F^{\min}x_0\rangle,$$
$$\forall\, x_0 \in D(A^{\min}). \tag{7.17}$$

由 (7.13), 可以记

$$u^{\min}(t, x_0) = F_\Lambda^{\min} T^{\min}(t)x_0. \tag{7.18}$$

由此和 (7.11) 得

$$T^{\min}(t)x_0 = T(t)x_0 + \int_0^t \tilde{T}(t-s) BF_\Lambda^{\min} T^{\min}(t)x_0 \mathrm{d}s, \quad \forall\, x_0 \in H. \tag{7.19}$$

由定义 6.4 也有

7.1 可优性

$$T^f(t)x_0 = T(t)x_0 + \int_0^t \tilde{T}(t-s)BF_\Lambda T^f(t)x_0 \mathrm{d}s, \quad \forall\, x_0 \in H, \tag{7.20}$$

其中 $T^f(t)$ 为 $A + BF_\Lambda$ 生成的 C_0-半群. 所不同的是, 在 (7.20) 中, B 关于 $T^f(t)$ 是允许的, 但却不知道在 (7.19) 中, B 是否关于 $T^{\min}(t)$ 允许.

与命题 6.6 相对应的是下面的命题.

命题 7.4 定义如注 7.1, 则下面的结论是等价的:

(1) 控制系统 $\Sigma_c(A, B)$ 可优化且 $\|(s-\tilde{A})^{-1}B\|$ 在右半平面一致有界;

(2) A 是指数稳定的.

证 由定义和 (2.63) 立即得到, (2) 显然意味着 (1). 现在假设 (1) 成立. 对 (7.11) 和 (7.13) 作 Laplace 变换, 则有

$$(s - A^{\min})^{-1} - (s - A)^{-1} = (s - \tilde{A})^{-1} B F^{\min}(s - A^{\min})^{-1}. \tag{7.21}$$

因为由注 7.2, $T^{\min}(t)$ 指数稳定, 而由命题 7.2(1), $F^{\min}$ 关于 $T^{\min}(t)$ 允许, 所以 $\|F^{\min}(s - A^{\min})^{-1}\|$ 在右半平面一致有界. 但假设 $\|(s-\tilde{A})^{-1}B\|$ 在右半平面一致有界, 而由定理 1.44, $A^{\min}$ 指数稳定意味着 $\|(s-A^{\min})^{-1}\|$ 在右半平面一致有界, 于是 (7.21) 说明 $\|(s-A)^{-1}\|$ 在右半平面一致有界. 再由定理 1.44, A 指数稳定. ∎

下面要说明可优性在允许反馈下是不变的.

引理 7.2 定义如注 7.1. 设控制系统 $\Sigma_c(A,B)$ 可优化, $x_0, u \in L^2(0,\infty;U)$ 使得状态 $x \in L^2(0,\infty;H)$, 则对任意的 $\tau > 0$,

$$\sum_{n=1}^\infty \|x(n\tau)\|^2 < \infty.$$

证 定义 $u_n \in L^2(0,\tau;U), u_n(t) = u((n-1)\tau + t), x_n \in L^2(0,\tau;H), x_n(t) = x((n-1)\tau + t)$, 于是 $\|u_n\|, \|x_n\|$ 都为 ℓ^2 可和序列. 由 (2.49), (3.61),

$$x(n\tau) = T(t)x_n(\tau - t) + \Phi(t)\mathbf{S}^*_{\tau-t} u_n.$$

设 $m_1 = \sup_{t \in [0,\tau]} \|T(t)\|, m_2 = \|\Phi(\tau)\|$, 则对所有的 $t \in [0,\tau], \|\Phi(t)\| \leqslant m_2$, 于是

$$\|x(n\tau)\| \leqslant m_1 \|x_n(\tau - t)\| + m_2 \|u_n\|.$$

由此, $\|x(n\tau)\|^2 \leqslant m(\|x_n(\tau-t)\|^2 + \|u_n\|^2), m = m_1^2 + m_2^2$. 此式关于 t 在 $[0,\tau]$ 积分得

$$\tau \|x(n\tau)\|^2 \leqslant m(\|x_n(\tau-t)\|^2 + m\tau\|u_n\|^2).$$

于是序列 $\|x(n\tau)\|$ 是 ℓ^2 可和的. ∎

下面引理说明 $\Sigma_c(A,B)$ 的可优性导致定义 7.1 中的可优性.

引理 7.3 定义如注 7.1. 如果控制系统 $\Sigma_c(A,B)$ 可优化, 则适定系统 $\Sigma = (T,\Phi,\Psi,F)$ 可优化. 确切地说, 如果 $x_0, u \in L^2(0,\infty;U)$ 使得状态 $x \in L^2(0,\infty;H)$, 则相应的输出也满足 $y \in L^2(0,\infty;Y)$.

证 取 $\tau > 0$. 定义 $u_n \in L^2(0,\tau;U), u_n(t) = u((n-1)\tau + t), y_n \in L^2(0,\tau;Y)$, $y_n(t) = y((n-1)\tau + t)$, 则由 (3.60), (3.61),

$$\mathbf{S}_\tau^* y = \Psi x(\tau) + F \mathbf{S}_\tau^* u, \tag{7.22}$$

于是

$$y_n = \mathbf{P}_\tau \Psi x((n-1)\tau) + \mathbf{P}_\tau F u_n.$$

因为 $\mathbf{P}_\tau \Psi, \mathbf{P}_\tau F$ 都为有界算子, 于是存在 $c > 0$, 使得

$$\|y_n\| \leqslant c(\|x((n-1)\tau)\| + \|u_n\|).$$

由假设和引理 7.2, 序列 $\|x((n-1)\tau)\|$ 和 $\|u_n\|$ 都是 ℓ^2 可和的, 所以 $\|y_n\| \ell^2$ 可和. ∎

定理 7.2 设抽象系统 $\Sigma = \Sigma(A,B,C)$ 是适定的, K 是 Σ 允许的反馈算子, 闭环系统为 $\Sigma^K = \Sigma(A^K, B^K, C^K)$, 则控制系统 $\Sigma_c(A,B)$ 可优化当且仅当系统 $\Sigma_c(A^K, B^K)$ 可优化.

证 假设系统 $\Sigma_c(A^K, B^K)$ 可优化, 则存在 $x_0^K \in H, v^K \in L^2(0,\infty;U)$, 使得系统 $\Sigma_c(A^K, B^K)$ 的状态 $x^K \in L^2(0,\infty;H)$. 由引理 7.3, 相应的输出 $y^K \in L^2(0,\infty;Y)$. 由同样的初值 x_0 即控制输入 $u = v + Ky \in L^2(0,\infty;U)$ 产生了系统 Σ 的状态 $x = x^K \in L^2(0,\infty;H)$, 所以 $\Sigma_c(A,B)$ 可优化. 由于 Σ 是由 Σ^K 由允许反馈 $-K$ 得到的 (注 5.5), 所以反过来也是正确的. 证毕. ∎

7.2 可 估 性

可估性是可优性的对偶概念.

定义 7.2 设 $C \in \mathcal{L}(H_1, Y)$ 关于 e^{At} 允许. 观测系统 $\Sigma_c(C,A)$ 称为可估的, 如果控制系统 $\Sigma_c(A^*, C^*)$ 是可优的.

设控制系统 $\Sigma_c(A^*, C^*)$ 是可优的. $T^{\min}(t)$ 为由 (A^*, C^*) 产生的满足 (7.19) 的指数稳定的 C_0-半群,

$$T^{\min}(t)x_0 = T^*(t)x_0 + \int_0^t \tilde{T}^*(t-s) C^* F_\Lambda^{\min} T^{\min}(t) x_0 \mathrm{d}s, \quad \forall\, x_0 \in H, \tag{7.23}$$

其中 $F^{\min}: D(A^{\min}) \to U$ 由命题 7.2 关于 $T^{\min}(t)$ 允许. 设 $T^{\min}(t)$ 的生成元是 $A^{\min}$, 由 (7.14),

$$A^{\min} x_0 = (\tilde{A} + C^* F^{\min}) x_0, \quad \forall\, x_0 \in D(A^{\min}).$$

7.2 可估性

记 $A_\mathrm{d}^\mathrm{min}$ 为 A^min 的对偶算子, H^min 为算子 F^min 的对偶, $H^\mathrm{min} \in \mathcal{L}(U, H_{-1}^d)$, 其中 H_{-1}^d 为由算子 A^min 产生的阴范空间. 再设 $S^\mathrm{min}(t)$ 为 $A_\mathrm{d}^\mathrm{min}$ 生成的 C_0-半群. 由对偶原理 (命题 2.7), H^min 关于 $S^\mathrm{min}(t)$ 允许.

现在写出 (7.14), (7.19) 的对偶形式.

命题 7.5 如果观测系统 $\Sigma_\mathrm{o}(C, A)$ 是可估的, 则

$$S^\mathrm{min}(t)x_0 = T(t)x_0 + \int_0^t \tilde{S}^\mathrm{min}(t-s)H^\mathrm{min}C_\Lambda T(s)x_0 \mathrm{d}s, \quad \forall\, x_0 \in H, \tag{7.24}$$

$$Ax_0 = (A_\mathrm{d}^\mathrm{min} - H^\mathrm{min}C)x_0, \quad \forall\, x_0 \in D(A). \tag{7.25}$$

证 (7.24) 可由 (7.23) 通过简单计算直接得到. 对 (7.24) 两边取 Laplace 变换得

$$(s - A_\mathrm{d}^\mathrm{min})^{-1}x_0 - (s-A)^{-1}x_0 = (s-A_\mathrm{d}^\mathrm{min})^{-1}H^\mathrm{min}C(s-A)^{-1}x_0, \quad \forall\, x_0 \in H. \tag{7.26}$$

(7.26) 两端作用 $s - A_\mathrm{d}^\mathrm{min}$ 并令 $z_0 = (s-A)^{-1}x_0$ 得到

$$(s-A)^{-1}z_0 - (s-A_\mathrm{d}^\mathrm{min})^{-1}z_0 = H^\mathrm{min}Cz_0. \tag{7.27}$$

这就是 (7.25). ∎

命题 7.6 如果观测系统 $\Sigma_\mathrm{o}(C, A)$ 是可估的, 则存在常数 $k > 0$, 使得对任意的 $x_0 \in D(A)$ 以及任意的 $T \geqslant 0$,

$$\int_0^T \|T(t)x_0\|^2 \mathrm{d}t \leqslant k\left(\|x_0\|^2 + \int_0^T \|CT(t)x_0\|^2 \mathrm{d}t\right). \tag{7.28}$$

证 因为 H^min 关于 $S^\mathrm{min}(t)$ 允许, $S^\mathrm{min}(t)$ 指数稳定, 所以由 (3.15), $(s-A_\mathrm{d}^\mathrm{min})^{-1}H^\mathrm{min}$ 在右半平面一致有界. 令

$$c = \sup_{\mathrm{Re}\,s > 0} \|(s - A_\mathrm{d}^\mathrm{min})^{-1}H^\mathrm{min}\|.$$

如果 $y \in L^2(0, \infty; Y)$, 定义

$$w(t) = \int_0^1 S^\mathrm{min}(t-s)H^\mathrm{min}y(s)\mathrm{d}s.$$

则 $\widehat{w}(s) = (s-A_\mathrm{d}^\mathrm{min})^{-1}H^\mathrm{min}$, 所以

$$\int_0^T \|w(t)\|^2 \mathrm{d}t \leqslant c^2 \int_0^T \|y(t)\|^2 \mathrm{d}t. \tag{7.29}$$

取 $y(t) = C_\Lambda T(t)x_0$, 则由 (7.24), (7.29) 得

$$\left(\int_0^T \|T(t)x_0\|^2 dt\right)^{\frac{1}{2}} \leqslant \left(\int_0^T \|S^{\min}(t)x_0\|^2 dt\right)^{\frac{1}{2}} + c\left(\int_0^T \|C_\Lambda T(t)x_0\|^2 dt\right)^{\frac{1}{2}}.$$

上式右端第一项由于 $S^{\min}(t)$ 指数稳定不超过 $M\|x_0\|$(见定理 1.44 (4)). 取 $k = M^2 + c^2$ 就从上式得到 (7.28). ∎

下面的命题即所谓的 Hautus 判据 (比较 (6.24)).

命题 7.7 如果观测系统 $\Sigma_o(C,A)$ 是可估的, 则存在 $\delta > 0, m > 0$, 使得对任意的 $s \in \mathbb{C}, \operatorname{Re} s > -\delta$,

$$\|(s-A)x_0\| + \|Cx_0\| \geqslant m\|x_0\|, \quad \forall\, x_0 \in D(A). \tag{7.30}$$

证 由 (7.27),
$$(s - A_d^{\min})^{-1}(s - A - H^{\min}C)x_0 = x_0, \quad \forall\, x_0 \in D(A).$$

上式表示
$$[(s-A_d^{\min})^{-1}, -(s-A_d^{\min})^{-1}H^{\min}]\begin{bmatrix} s-A \\ C \end{bmatrix} x_0 = x_0, \quad \forall\, x_0 \in D(A). \tag{7.31}$$

因为 $S^{\min}(t)$ 指数稳定, 所以由 (3.15), $\|(s-A_d^{\min})^{-1}H^{\min}\|$ 在某个右半平面 $\operatorname{Re} s > -\delta (\delta > 0)$ 一致有界. 于是存在 $M > 0$, 使得对任意的 $s \in \mathbb{C}, \operatorname{Re} s > -\delta$,

$$\|[(s-A_d^{\min})^{-1}, -(s-A_d^{\min})^{-1}H^{\min}]\|_{\mathcal{L}(H \times Y, H)} \leqslant M.$$

于是由 (7.31) 得
$$\|x_0\| \leqslant M \left\|\begin{bmatrix} s-A \\ C \end{bmatrix} x_0 \right\| \leqslant M(\|(s-A)x_0\| + \|Cx_0\|).$$

令 $m = M^{-1}$ 即得 (7.30). ∎

下面的命题是命题 7.4 的直接对偶, 不再证明.

命题 7.8 下面的结论是等价的:

(1) 观测系统 $\Sigma_o(C,A)$ 可估且 $\|C(s-A)^{-1}\|$ 在右半平面一致有界;

(2) A 是指数稳定的.

可估性在允许反馈下不变.

定理 7.3 设抽象系统 $\Sigma = \Sigma(A,B,C)$ 是适定的, K 是 Σ 允许的反馈算子, 闭环系统为 $\Sigma^K = \Sigma(A^K, B^K, C^K)$, 则观测系统 $\Sigma_o(C,A)$ 可估当且仅当观测系统 $\Sigma_c(C^K, A^K)$ 可估.

证 由第 5 章, 抽象系统 $\Sigma^* = \Sigma(A^*, B^*, C^*)$ 是适定的, 并且 K^* 为其允许的控制算子. 和定理 7.2 的证明一样, 可以得到所需要的结论. ∎

本节主要的结果是相应于定理 6.11 的结论.

7.2 可 估 性

定理 7.4 假设系统 $\Sigma(A,B,C)$ 是适定的, 则 A 是指数稳定的当且仅当 $\Sigma_\mathrm{c}(A,B)$ 可优, $\Sigma_\mathrm{o}(C,A)$ 可估, 并且 $\Sigma(A,B,C)$ 输入输出稳定.

证 设 $H(s)$ 为系统的传递函数, 输入输出稳定等价于 $\|H(s)\|$ 在右半平面一致有界. 如果 A 是指数稳定的, 则由定义, 显然 $\Sigma_\mathrm{c}(A,B)$ 可优, $\Sigma_\mathrm{o}(C,A)$ 可估, 并且 $\Sigma(A,B,C)$ 输入输出稳定. 现在证明逆也是正确的. 注意到

$$(\mathbf{F}^{\min}x_0)(t) = F_\Lambda^{\min} T^{\min}(t)x_0, \tag{7.32}$$

其中 $F^{\min}$ 由 (7.13) 所定义. 把 (7.11) 重新写为

$$T^{\min}(t)x_0 = T(t)x_0 + \Phi(t)\mathbf{P}_t u^{\min}. \tag{7.33}$$

定义 $\Psi_\infty^{\min} = \Psi + F\mathbf{F}^{\min}$, 则

$$\Psi_\infty^{\min} x_0 = \Psi x_0 + F u^{\min} \tag{7.34}$$

是最优控制对应的输出函数. 断言: $\Psi_\infty^{\min}$ 是 $T^{\min}(t)$ 的输出映射, 即

$$\mathbf{S}_\tau^* \Psi_\infty^{\min} = \Psi_\infty^{\min} T^{\min}(\tau), \quad \forall\, \tau \geqslant 0. \tag{7.35}$$

实际上, 由 (7.22), (7.33), (7.34) 知

$$\begin{aligned}\mathbf{S}_\tau^* \Psi_\infty^{\min} x_0 &= \mathbf{S}_\tau^* \Psi x_0 + \mathbf{S}_\tau^* F u^{\min} = \Psi T(\tau)x_0 + \Psi\Phi(\tau)u^{\min} + F\mathbf{S}_\tau^* u^{\min} \\ &= \Psi T^{\min}(\tau)x_0 + F\mathbf{S}_\tau^* \mathbf{F}^{\min} x_0.\end{aligned} \tag{7.36}$$

因为由命题 7.2, $\mathbf{F}^{\min}$ 是 $T^{\min}$ 的输出映射, 即

$$\mathbf{S}_\tau^* \mathbf{F}^{\min} = \mathbf{F}^{\min} T^{\min}(\tau), \quad \forall\, \tau \geqslant 0.$$

将上式代入 (7.36) 得

$$\mathbf{S}_\tau^* \Psi_\infty^{\min} x_0 = (\Psi + F\mathbf{F}^{\min}) T^{\min}(\tau)x_0.$$

这就是 (7.35). 由表示定理 3.1, 存在算子 $C^{\min} : D(A^{\min}) \to Y$, 使得

$$(\Psi_\infty^{\min} x_0)(t) = C^{\min} T^{\min}(t)x_0, \quad \forall\, x_0 \in D(A^{\min}).$$

(7.34) 的两端取 Laplace 变换, 注意到 $u^{\min}$ 的定义 (7.13), 则有

$$C^{\min}(s - A^{\min})^{-1} = C(s - A)^{-1} + H(s)^{\min} F^{\min}(s - A^{\min})^{-1}. \tag{7.37}$$

由命题 7.2, $F^{\min}$ 和 $C^{\min}$ 都关于 $T^{\min}(t)$ 的输出算子是允许的. 因为 $T^{\min}(t)$ 指数稳定, 由 (3.15), $\|F^{\min}(s - A^{\min})^{-1}\|$ 和 $\|C^{\min}(s - A^{\min})^{-1}\|$ 在右半平面一致有界. 于是由 (7.37), $\|C(s-A)^{-1}\|$ 在右半平面一致有界. 由命题 7.8, A 指数稳定. 证毕.

注 7.3 注意到如果系统 $\Sigma(A,B,C)$ 是正则的，其直接传输算子为 D，则由 (7.21) 和 (5.23)，$D(A^{\min}) \subset D(C_\Lambda)$，并且

$$C_\Lambda(s-A^{\min})^{-1} - C(s-A)^{-1} = [H(s)-D]F^{\min}(s-A^{\min})^{-1}.$$

上式与 (7.37) 比较得

$$C^{\min}x_0 = (C_\Lambda + DF^{\min})x_0, \quad \forall\, x_0 \in D(A^{\min}). \tag{7.38}$$

推论 7.1 设 A,B,C 如定理 7.4。$H(s)$ 为系统的传递函数，$\sup\limits_{\text{Re}\,s>\alpha} \|H(s)\| < \infty$ 对某个 α 成立。如果系统 $\Sigma_c(A,B)$ 可控，$\Sigma_o(C,A)$ 可观，则对任意的 $\beta < \alpha$，存在 $M \geqslant 1$，使得

$$\|T(t)\| \leqslant Me^{\beta t}. \tag{7.39}$$

证 引进平移系统 $\Sigma^\alpha(A-\alpha, B, C)$。已经知道，平移算子不改变系统的可控可观性，所以 Σ^α 仍然是可控可观的，并且其传递函数为 $H^\alpha(s) = H(s+\alpha)$。由注 7.1，$\Sigma^\alpha$ 是可优和可估的。由定理 7.4，$A-\alpha$ 是指数稳定的。这和 (7.39) 等价。∎

命题 7.9 下面的结论是等价的：
(1) 观测系统 $\Sigma_o(C,A)$ 可估且 C 是无穷允许的（见命题 3.3）；
(2) A 是指数稳定的。

证 由 (3.15), (3.16), (2) 显然意味着 (1)。反过来，如果 C 是无穷允许的，则对任意的 $x_0 \in H, \|C(s-A)^{-1}x_0\|$ 由 (3.15) 在右半平面一致有界。又因为观测系统 $\Sigma_o(C,A)$ 是可估的，由命题 7.5 的证明有 (7.26)，其中 $A_d^{\min}$ 为指数稳定的，所以由定理 1.44、命题 3.5、定理 3.2、命题 7.3，$\|(s-A_d^{\min})^{-1}\|$ 和 $\|(s-A_d^{\min})^{-1}H^{\min}\|$ 都在右半平面一致有界，从而 $\|(s-A)^{-1}x_0\|$ 在右半平面一致有界。再由定理 1.44 (2)，A 指数稳定。∎

例 7.1 在例 2.1 和例 4.1 中讨论了一维波动方程

$$\begin{cases} w_{tt}(x,t) = w_{xx}(x,t), & 0 < x < 1, \\ w(0,t) = 0, \\ w_x(1,t) = u(t), \\ y(t) = w_t(1,t) \end{cases} \tag{7.40}$$

在状态空间 $H = H_L^1(0,1) \times L^2(0,1)$，$H_L^1(0,1) = \{f \in H^1(0,1)|\, f(0) = 0\}$，输入输出空间 $U = Y = \mathbb{C}$ 中的允许性。这是在 4.3 节中讨论的特殊二阶系统

$$\begin{cases} w_{tt}(\cdot,t) + \mathbf{A}w(\cdot,t) + bu(t) = 0, \\ y(t) = b^*w_t(\cdot,t), b = \delta(x-1), \end{cases}$$

7.2 可估性

其中
$$\mathbf{A}f = -f'', \quad D(\mathbf{A}) = \{f|f \in H^2(0,1)|f(0) = f'(1) = 0\}.$$

这实际上是一个正则系统, 直接传输算子由 (4.3) 计算可知, $D = I$. 这个系统还是精确可观的 (由对偶原理, 因而是精确可控的), 这可以由例 2.1 的能量乘子法得到证明. 实际上 (考虑观测问题时令 $u = 0$), 令

$$\rho(t) = \int_0^1 x w_x(x,t) w_t(x,t) \mathrm{d}x, \tag{7.41}$$

于是有

$$|\rho(t)| \leqslant E(t), \quad \dot\rho(t) = \frac{1}{2}w_t^2(1,t) - E(t), \tag{7.42}$$

其中 $E(t)$ 为系统的能量 (等价于状态变量的范数),

$$E(t) = \frac{1}{2}\int_0^1 [w_x^2(x,t) + w_t^2(x,t)]\mathrm{d}x, \tag{7.43}$$

满足 $E(t) = E(0)$ 对所有的 $t \geqslant 0$ 成立. 由直接计算, 对任意的 $T > 0$,

$$\int_0^T w_t^2(1,t)\mathrm{d}t = 2TE(0) + 2\rho(T) - 2\rho(0) \geqslant 2(T-2)E(0), \tag{7.44}$$

所以系统在 $[0,T](T \geqslant 2)$ 上精确能观. 注意到 T 不能小于 2, 否则系统不精确可观. 这是无穷维系统和有穷维系统的显著差别. 从特征线的角度来看, 观测的长度必须等到左传播波到达右端点, 而这个时间正是 $T = 2$.

显然, $u = -ky(k > 0)$ 是允许的反馈, 因为 $D = I, (I + kD)^{-1} = (k+I)^{-1}$ 存在. 在反馈 $u = -ky$ 下的闭环系统为

$$\begin{cases} w_{tt}(x,t) = w_{xx}(x,t), & 0 < x < 1, \\ w(0,t) = 0, \\ w_x(1,t) = -kw_t(1,t). \end{cases} \tag{7.45}$$

由 5.4 节的一般理论, 上述系统对应 C_0- 半群解. 由 6.4 节的结果, 闭环系统 (7.45) 的指数稳定性等价于系统 (7.40) 的精确可控性. 于是由观测性不等式 (7.44), 系统 (7.45) 指数稳定. 一个特别的情形是 $k = 1$. 此时,

$$\begin{cases} w_{tt}(x,t) = w_{xx}(x,t), & 0 < x < 1, \\ w(0,t) = 0, \\ w_x(1,t) = -w_t(1,t). \end{cases} \tag{7.46}$$

可以证明, 系统 (7.46) 的解当 $t \geqslant 2$ 时为零. 事实上, 令 $v_1 = \frac{1}{2}[w_t - w_x], v_2 = \frac{1}{2}[w_t + w_x]$, 则

$$\begin{cases} v_{1t}(x,t) = -v_{1x}(x,t), \quad 0 < x < 1, \\ v_{2t}(x,t) = v_{2x}(x,t), \\ v_1(0,t) = -v_2(0,t), \\ v_2(1,t) = 0. \end{cases} \tag{7.47}$$

$v_1(x,t) = f(x-t)$ 代表右传播波, $v_2(x,t) = g(x+t)$ 代表左传播波. 因为系统 (7.47) 的解沿特征线传播, 并且 $v_2(1,t) = 0$, 所有的右传播波在 $t=1$ 内全部传播到右端点吸收为零, 而左传播波经过 $t=1$ 全部经由左端点保持能量不变反射 ($v_1(0,t) = -v_2(0,t)$), 再经过 $t=1$ 内全部传播到, 所以全部波当 $t=2$ 以后全部被右端点吸收为零. 于是当 $t \geqslant 2$ 时, $v \equiv 0$.

由于 (7.45) 是时间可逆系统, 其指数稳定性意味着

$$\begin{cases} w_{tt}(x,t) = w_{xx}(x,t), \quad 0 < x < 1, \\ w(0,t) = 0, \\ w_x(1,t) = kw_t(1,t) \end{cases} \tag{7.48}$$

的解指数增长, 系统 (7.48) 却有着完全不同的性质, 时间延迟反而可能导致系统指数稳定. 为此, 考虑系统

$$\begin{cases} w_{tt}(x,t) = w_{xx}(x,t), \quad 0 < x < 1, \\ w(0,t) = 0, \\ w_x(1,t) = kw_t(1,t-\tau). \end{cases} \tag{7.49}$$

为了考虑系统 (7.49) 的适定性, 引入新变量 $z(x,t) = w_t(1, t-\tau x)$ (时间延迟本身是一种动态). 于是 (7.49) 变为

$$\begin{cases} w_{tt}(x,t) - w_{xx}(x,t) = 0, \\ w(0,t) = 0, w_x(1,t) = kz(1,t), \\ \tau z_t(x,t) + z_x(x,t) = 0, \\ z(0,t) = w_t(1,t). \end{cases} \tag{7.50}$$

系统 (7.50) 的状态空间变为 $H = H_L^1(0,1) \times (L^2(0,1))^2$. 为了研究系统 (7.50) 的指数稳定性, 考虑控制系统

$$\begin{cases} w_{tt}(x,t) - w_{xx}(x,t) = 0, \\ w(0,t) = 0, w_x(1,t) = u(t), \\ \tau z_t(x,t) + z_x(x,t) = 0, \\ z(0,t) = w_t(1,t), \\ w(x,0) = w_0(x), w_t(x,0) = w_1(x), z(x,0) = z_0(x), \\ y(t) = z(1,t), \end{cases} \tag{7.51}$$

7.2 可 估 性

其中 u 为控制, y 为输出, (w_0, w_1, z_0) 为初始状态. 已经指出, 系统的 "w" 部分在空间 $H_L^1(0,1) \times L^2(0,1)$ 中适定. 沿特征线积分得 "z" 部分的解为

$$z(x,t) = \begin{cases} z_0\left(x - \dfrac{t}{\tau}\right), & x \geqslant \dfrac{t}{\tau}, \\ w_t(1, t - x\tau), & x < \dfrac{t}{\tau}. \end{cases} \tag{7.52}$$

由此, 经 "w" 部分在空间 $H_L^1(0,1) \times L^2(0,1)$ 中的适定性, 可以很容易得到系统 (7.51) 的适定性. 对任意的 $(w_0, w_1, z_0) \in H$, $u \in L_{\text{loc}}^2(0, \infty)$, (7.51) 存在唯一解 $(w(\cdot,t), w_t(\cdot,t), z(\cdot,t)) \in C(0, \infty; H)$, 并且对任意的 $T > 0$, 存在 $C_T > 0$, 使得

$$\|(w(\cdot,T), w_t(\cdot,T), z(\cdot,T))\|^2 + \int_0^T |y(t)|^2 \mathrm{d}t \leqslant C_T \left[\|(w_0, w_1, z_0)\|^2 + \int_0^T |u(t)|^2 \mathrm{d}t \right]. \tag{7.53}$$

现在证明系统 (7.51) 是精确可观的. 实际上, 考虑 (7.51) 的观测问题

$$\begin{cases} w_{tt}(x,t) - w_{xx}(x,t) = 0, \\ w(0,t) = w_x(1,t) = 0, \\ \tau z_t(x,t) + z_x(x,t) = 0, \\ z(0,t) = w_t(1,t), \\ y(t) = z(1,t), \\ w(x,0) = w_0(x), w_t(x,0) = w_1(x), z(x,0) = z_0(x), \end{cases} \tag{7.54}$$

其中 "z" 部分由 (7.52) 给出. 于是

$$y(t) = z(1,t) = \begin{cases} z_0\left(1 - \dfrac{t}{\tau}\right), & t \leqslant \tau, \\ w_t(1, t - \tau), & t > \tau. \end{cases} \tag{7.55}$$

(7.55) 导致

$$\int_0^T |y(t)|^2 \mathrm{d}t = \tau \int_0^1 |z_0(x)|^2 \mathrm{d}x + \int_0^{T-\tau} |w_t(1,t)|^2 \mathrm{d}t, \quad \forall\, T \geqslant \tau. \tag{7.56}$$

另一方面, 如同 (7.44), 简单的能量乘子可得

$$\int_0^T |w_t(1,t)|^2 \mathrm{d}t \geqslant (T-2) \|(w_0, w_1)\|_{H_L^1(0,1) \times L^2(0,1)}^2, \quad \forall\, T \geqslant 2. \tag{7.57}$$

结合 (7.56), (7.57) 得

$$\int_0^T |y(t)|^2 \mathrm{d}t \geqslant \min\{\tau, T - \tau - 2\} \|(w_0, w_1, z_0)\|_H^2, \quad \forall\, T \geqslant 2 + \tau. \tag{7.58}$$

因此, 系统 (7.54) 在 $[0,T](T>2+\tau)$ 上精确可控. 由注 7.1, 系统 (7.54) 是可估的. 其次证明系统 (7.51) 是精确可控的. 为此, 考虑系统 (7.51) 的控制问题

$$\begin{cases} w_{tt}(x,t) - w_{xx}(x,t) = 0, \\ w(0,t) = 0, w_x(1,t) = u(t), \\ \tau z_t(x,t) + z_x(x,t) = 0, \\ z(0,t) = w_t(1,t), \\ w(x,0) = w_0(x), w_t(x,0) = w_1(x), z(x,0) = z_0(x), \end{cases} \quad (7.59)$$

其相应的自由系统为

$$\begin{cases} w_{tt}(x,t) - w_{xx}(x,t) = 0, \\ w(0,t) = 0, w_x(1,t) = 0, \\ \tau z_t(x,t) + z_x(x,t) = 0, \\ z(0,t) = w_t(1,t), \\ w(x,0) = w_0(x), w_t(x,0) = w_1(x), z(x,0) = z_0(x). \end{cases} \quad (7.60)$$

(7.60) 的 "w" 部分在 $H_L^2(0,1) \times L^2(0,1)$ 中对应 C_0- 群解. 如同 (7.44), 简单的能量乘子可得

$$\int_0^T |w_t(1,t)|^2 dt \leqslant (T+2)\|(w_0,w_1)\|^2_{H_L^2(0,1)\times L^2(0,1)}, \quad \forall\, T>0. \quad (7.61)$$

对 $t \geqslant 0$, (7.60) 的 "z" 部分解由 (7.52) 给出. 由 (7.53), 对任何的 $t>0$, 存在常数 $C_{1t} > 0$, 使得

$$\int_0^1 |z(x,t)|^2 dx \leqslant C_{1t}\|(w_0,w_1,z_0)\|^2_{H_L^1(0,1)\times L^2(0,1)}. \quad (7.62)$$

对 $t \leqslant 0$, 用 $-t$ 代替 t 得 ($\widetilde{z}(x,t) = z(x,-t)$)

$$\begin{cases} \tau \widetilde{z}_t(x,t) - \widetilde{z}_x(x,t) = 0, \\ \widetilde{z}(0,t) = -w_t(1,t), \widetilde{z}(x,0) = z_0(x). \end{cases} \quad (7.63)$$

(7.63) 的解为

$$\widetilde{z}(x,t) = \begin{cases} z_0\left(x + \dfrac{t}{\tau}\right), & x \geqslant \dfrac{t}{\tau}, x + \dfrac{t}{\tau} \leqslant 1, \\ -w_t(1, t + x\tau), & x < \dfrac{t}{\tau}, x + \dfrac{t}{\tau} > 1 \text{ 或 } x + \dfrac{t}{\tau} > 1. \end{cases} \quad (7.64)$$

7.2 可估性

类似于 (7.36), 结合 (7.61), (7.64) 知, 存在 $C_{2t} > 0$, 使得对所有 $t > 0$,

$$\int_0^1 |z(x,t)|^2 \mathrm{d}x = \int_0^1 |\widetilde{z}(x,t)|^2 \mathrm{d}x \leqslant C_{2t}\|(w_0, w_1, z_0)\|^2_{H^1_L(0,1) \times L^2(0,1)}. \tag{7.65}$$

(7.65) 说明 (7.60) 有 C_0- 群解, 所以系统 (7.59) 精确可控等价于零可控. 令

$$u(t) = -w_t(1,t), \tag{7.66}$$

则系统 (7.59) 变为

$$\begin{cases} w_{tt}(x,t) - w_{xx}(x,t) = 0, \\ w(0,t) = 0, w_x(1,t) = -w_t(1,t), \\ \tau z_t(x,t) + z_x(x,t) = 0, \\ z(0,t) = w_t(1,t), \\ w(x,0) = w_0(x), w_t(x,0) = w_1(x), z(x,0) = z_0(x). \end{cases} \tag{7.67}$$

因为 (7.46) 的解当 $t \geqslant 2$ 时为零, 所以对任意的初值 $(w_0, w_1, z_0) \in H$, (7.67) 的解当 $t \geqslant 2$ 时满足 $w(x,t) = w_t(x,t) = 0$, 于是 $w_t(1,t) = 0$ 对 $t \geqslant 2$ 成立. 因为从 (7.52), $z(x,t) = w_t(1, t - x\tau)(t > \tau x)$, 于是有 $z(x,t) = 0$ $(t \geqslant 2 + \tau)$. 因此, 当 $t \geqslant 2 + \tau$ 时, $u = w = z \equiv 0$, 其中控制 u 由 (7.66) 定义. 于是系统 (7.59) 是零可控的, 因而精确可控和可估.

系统 (7.51) 的传递函数为

$$H(s) = \mathrm{e}^{-\tau s} \frac{\mathrm{e}^s - \mathrm{e}^{-s}}{\mathrm{e}^s + \mathrm{e}^{-s}}. \tag{7.68}$$

显然, $\lim_{s \to +\infty} H(s) = 0$, 所以系统 (7.51) 是正则系统, 并且直接传输算子为零. 因为对任意的 $k \geqslant 0$,

$$(1 - kH(s))^{-1} = \frac{\mathrm{e}^s + \mathrm{e}^{-s}}{\mathrm{e}^s + \mathrm{e}^{-s} - k\mathrm{e}^{-\tau s}(\mathrm{e}^s - \mathrm{e}^{-s})} \tag{7.69}$$

在某个右半平面解析, 所以反馈 $u = ky + v$ 是允许的, 并且闭环系统仍然是正则的, 直接传输算子为零. 这就是说, 下面的系统:

$$\begin{cases} w_{tt}(x,t) - w_{xx}(x,t) = 0, \\ w(0,t) = 0, w_x(1,t) = kz(1,t) + v(t), \\ \tau z_t(x,t) + z_x(x,t) = 0, \\ z(0,t) = w_t(1,t), \\ y(t) = z(1,t), \\ w(x,0) = w_0(x), w_t(x,0) = w_1(x), z(x,0) = z_0(x) \end{cases} \tag{7.70}$$

是正则的,并且直接传输算子为零 (v 为输入,y 为输出). 由定理 6.5, 系统 (7.70) 是精确可控且可观的,因而是可优、可估的.

系统 (7.70) 的传递函数为

$$H^K(s) = (I - kH(s))^{-1}H(s) = \mathrm{e}^{-\tau s}\frac{\mathrm{e}^s - \mathrm{e}^{-s}}{\mathrm{e}^s + \mathrm{e}^{-s} - k\mathrm{e}^{-\tau s}(\mathrm{e}^s - \mathrm{e}^{-s})}. \tag{7.71}$$

系统 (7.70) 是输入输出稳定的当且仅当 $H^K(s)$ 在右半平面有界. 于是由定理 7.4, 系统 (7.50) 是指数稳定的当且仅当

$$\sup_{s>0}|H^K(s)| < \infty. \tag{7.72}$$

当 $\tau = m/n$ 为有理数时, 因为 (7.72) 的分母只有有限族零点

$$kp^{m+2n} + p^{4n} + p^{2n} - kp^m = 0, \quad p = \mathrm{e}^{-s/n},$$

所以 (7.72) 等价于

$$\Delta(s) = 0, \quad \Delta(s) = \mathrm{e}^s + \mathrm{e}^{-s} - k\mathrm{e}^{-\tau s}(\mathrm{e}^s - \mathrm{e}^{-s})$$

的根全在左半平面. 例如, $\tau = 2$, 可以算出 $\Delta(s) = 0$ 的根在左半平面当且仅当 $k \in (0,1)$. 这就是说, 系统 (7.50) 当 $\tau = 2$ 时是指数稳定的当且仅当 $k \in (0,1)$. 这里用开环系统的性质研究了闭环系统的指数稳定性.

7.3 实现问题

在前面的证明中不时用时间域方法和频域 (传递函数) 方法, 可以说, 没有传递函数就没有系统理论. 虽然在时间域的状态空间描述中可以引入许多系统的概念, 但传递函数更加直接地描述了系统各种量之间的直接关系, 是十分有用的工具. 事实是古典控制理论就是建立在传递函数的基础上的. 在有穷维系统中, 对任何给定的有理分式的传递函数 $H(s) = p(s)/q(s)$, 其中 $p(s), q(s)$ 为复数 s 的多项式, q 的次数不低于 p 的次数, 总存在状态空间描述的系统 $\Sigma(A,B,C,D)$, 使得 $H(s) = C(s-A)^{-1}B + D$. $\Sigma(A,B,C,D)$ 称为 $H(s)$ 的状态空间实现. 特别是其中存在一种极小实现, 即系统 $\Sigma(A,B,C,D)$ 是可控且可观的. 极小实现都是等价的, 即如果 $\Sigma(\tilde{A},\tilde{B},\tilde{C},\tilde{D})$ 是 $H(s)$ 的另一极小实现, 则存在可逆矩阵 S, 使得 $\tilde{A} = SAS^{-1}, \tilde{B} = AB, \tilde{C} = CS^{-1}, \tilde{D} = D$.

但对无穷维系统, 情况要复杂得多, 这自然来源于算子的无界性. 从偏微分方程的角度来看, 这更加自然. 各种不同类型的偏微分方程的研究方法完全不同, 但可能对应相同的传递函数, 由此可见问题的复杂性. 本节讨论无穷适定传递函数的实现问题, 即对给定的在某一右半平面一致有界的解析函数 $H(s)$, 是否存在适定系统 $\Sigma(A,B,C)$, 使得 $\Sigma(A,B,C)$ 的传递函数正好是 $H(s)$.

7.3 实现问题

定义 7.3 给定一个在 $\operatorname{Re} s > \delta > 0$ 上解析、有界的函数 $H(s)$, 称 $H(s)$ 为可实现的, 如果存在适定系统 $\Sigma(A,B,C)$ 以 $H(s)$ 为传递函数.

无穷维系统的实现通常是用平移算子来实现的. 例如, 假设 $H(s)$ 是函数 $h \in L^1(0,\infty) \cap L^2(0,\infty)$, 希望找 (A,B,C), A 生成 C_0- 半群 $T(t)$, 使得 $H(s) = C(s-A)^{-1}B$, 或者说,

$$h(t) = CT(t)B. \tag{7.73}$$

这只要令 $T(t) : L^2(0,\infty) \to L^2(0,\infty)$,

$$[T(t)f](x) = f(x+t), \quad \forall\, x, t \geqslant 0,$$

$$Cf(x) = f(0), \quad B = h.$$

显然, $T(t)$ 是 $L^2(0,\infty)$ 上的 C_0- 半群. 通过简单计算得

$$CT(t)B = [T(t)h](0) = h(t), \quad \forall\, t \geqslant 0.$$

这就是 (7.73). 平移实现的想法是将 $L^2(0,\infty)$ 的如上算子在 $L^2(0,\infty)$ 的复对应空间 (称为 Hardy 空间) $\mathcal{H}^2(\mathbb{C}_0)$ 中实现. 设 Z 为 Hilbert 空间, 我们把 (3.50) 定义的 Hardy 空间 $\mathcal{H}^2(\mathbb{C}_0, Z)$ 重新定义如下:

$$\begin{aligned}
\mathcal{H}^2(\mathbb{C}_0, Z) &= \left\{ \varphi : \mathbb{C}_0 \to Z \text{ 解析} \,\bigg|\, \sup_{\sigma > 0} \frac{1}{2\pi} \int_{-\infty}^{\infty} \|\varphi(\sigma + \mathrm{i}\tau)\|^2 \mathrm{d}\tau < \infty \right\}, \\
&\quad \mathbb{C}_0 = \{s | \operatorname{Re} s > 0\}, \\
\|\varphi\|_{\mathcal{H}^2(\mathbb{C}_0, Z)}^2 &= \sup_{\sigma > 0} \frac{1}{2\pi} \int_{-\infty}^{\infty} \|\varphi(\sigma + \mathrm{i}\tau)\|_Z^2 \mathrm{d}\tau = \frac{1}{2\pi} \int_{-\infty}^{\infty} \|\varphi(\mathrm{i}\tau)\|_Z^2 \mathrm{d}\tau, \\
&\quad \forall\, \varphi \in \mathcal{H}^2(\mathbb{C}_0, Z).
\end{aligned} \tag{7.74}$$

Paley-Wiener 定理说, Laplace 变换是 $L^2(0,\infty; Z)$ 到 $\mathcal{H}^2(\mathbb{C}_0, Z)$ 的等距同构. 由 (7.74) 的最后一个等式, 可以认为, $\mathcal{H}^2(\mathbb{C}_0, Z)$ 是空间 $L^2(\mathrm{i}\mathbb{R}; Z)$ 的一个闭子空间, 其中

$$\begin{aligned}
L^2(\mathrm{i}\mathbb{R}; Z) &= \left\{ \varphi \,\bigg|\, \frac{1}{2\pi} \int_{-\infty}^{\infty} \|\varphi(\mathrm{i}\tau)\|_Z^2 \mathrm{d}\tau < \infty \right\}, \\
\|\varphi\|_{L^2(\mathrm{i}\mathbb{R}; Z)}^2 &= \frac{1}{2\pi} \int_{-\infty}^{\infty} \|\varphi(\mathrm{i}\tau)\|_Z^2 \mathrm{d}\tau, \quad \forall\, \varphi \in L^2(\mathrm{i}\mathbb{R}; Z).
\end{aligned} \tag{7.75}$$

$\mathcal{H}^2(\mathbb{C}_0, Z)$ 和 $L^2(\mathrm{i}\mathbb{R}; Z)$ 都是 Hilbert 空间, 并且如下的直交分解成立:

$$L^2(\mathrm{i}\mathbb{R}; Z) = \mathcal{H}^2(\mathbb{C}_0, Z) \oplus \mathcal{H}^{2\perp}(\mathbb{C}_0, Z), \tag{7.76}$$

其中

$$\mathcal{H}^{2\perp}(\mathbb{C}_0,Z)=\mathcal{H}^2(\mathbb{C}_0^-,Z)=\left\{\varphi:\mathbb{C}_0^-\to Z\text{ 解析}\,\bigg|\,\sup_{\sigma<0}\frac{1}{2\pi}\int_{-\infty}^{\infty}\|\varphi(\sigma+\mathrm{i}\tau)\|^2\mathrm{d}\tau<\infty\right\},$$

$$\|\varphi\|^2_{\mathcal{H}^{2\perp}(\mathbb{C}_0,Z)}=\sup_{\sigma<0}\frac{1}{2\pi}\int_{-\infty}^{\infty}\|\varphi(\sigma+\mathrm{i}\tau)\|^2_Z\mathrm{d}\tau=\frac{1}{2\pi}\int_{-\infty}^{\infty}\|\varphi(\mathrm{i}\tau)\|^2_Z\mathrm{d}\tau,\quad\forall\varphi\in\mathcal{H}^{2\perp}(\mathbb{C}_0,Z).\tag{7.77}$$

其中 $\mathbb{C}_0^-=\{s|\mathrm{Re}\,s<0\}$. Fourier 变换是 $L^2(0,\infty;Z)$ 到 $\mathcal{H}^2(\mathbb{C}_0,Z)$, $L^2(-\infty,0;Z)$ 到 $\mathcal{H}^{2\perp}(\mathbb{C}_0,Z)$ 的等距同构.

定理 7.5 设 Z 为 Hilbert 空间,每一个在 Z 取值,右半平面一致有界的解析函数都有实现.

证 选取状态空间
$$H=\mathcal{H}^2(\mathbb{C}_0,Z).\tag{7.78}$$

定义右平移 C_0-半群
$$[S(t)\varphi](s)=\mathrm{e}^{-ts}\varphi(s),\quad\forall\varphi\in H,t\geqslant 0.\tag{7.79}$$

显然, $S(t)$ 是定义在 H 上的 C_0-半群. 定义 $T(t)$ 为 $S(t)$ 的共轭,则 $T(t)$ 为 H 上的 C_0-半群. 因为 $S(t)$ 的增长阶为零,所以 $T(t)$ 的增长阶也为零,于是整个 $\mathbb{C}_0\subset\rho(A)$. 设 $T(t)$ 的生成元为 A, 则对任意的 $f,g\in H,\beta\in\mathbb{C}_0$, 由 (1.50),

$$\begin{aligned}\langle g,(\beta-A)^{-1}f\rangle_H&=\frac{1}{\sqrt{2\pi}}\int_0^\infty\langle g,\mathrm{e}^{-\beta t}T(t)f\rangle_Z\mathrm{d}t=\int_0^\infty\mathrm{e}^{-\bar\beta t}\langle T^*(t)g,f\rangle_Z\mathrm{d}t\\&=\frac{1}{\sqrt{2\pi}}\int_0^\infty\mathrm{e}^{-\bar\beta t}\langle S(t)g,f\rangle_Z\mathrm{d}t\\&=\frac{1}{\sqrt{2\pi}}\int_0^\infty\mathrm{e}^{-\bar\beta t}\int_{-\infty}^\infty\langle\mathrm{e}^{-\mathrm{i}\tau t}g(\mathrm{i}\tau),f(\mathrm{i}\tau)\rangle_Z\mathrm{d}\tau\mathrm{d}t\\&=\frac{1}{\sqrt{2\pi}}\int_{-\infty}^\infty\int_0^\infty\mathrm{e}^{-(\bar\beta+\mathrm{i}\tau)t}\langle g(\mathrm{i}\tau),f(\mathrm{i}\tau)\rangle_Z\mathrm{d}t\mathrm{d}\tau\\&=\frac{1}{\sqrt{2\pi}}\int_{-\infty}^\infty\frac{1}{\bar s+\mathrm{i}\tau}\langle g(\mathrm{i}\tau),f(\mathrm{i}\tau)\rangle_Z\mathrm{d}t\mathrm{d}\tau\\&=\frac{1}{\sqrt{2\pi}}\int_{-\infty}^\infty\left\langle g(\mathrm{i}\tau),\frac{f(\mathrm{i}\tau)}{\beta-\mathrm{i}\tau}\right\rangle_Z\mathrm{d}\tau\\&=\frac{1}{\sqrt{2\pi}}\int_{-\infty}^\infty\left\langle g(\mathrm{i}\tau),\frac{f(\mathrm{i}\tau)-f(\beta)}{\beta-\mathrm{i}\tau}\right\rangle_Z\mathrm{d}\tau\\&=\left\langle g,\frac{f(\cdot)-f(\beta)}{\beta-\cdot}\right\rangle_H.\end{aligned}$$

这里用到这样的事实: $f(\beta)/(\beta-s)\in\mathcal{H}^2(\mathbb{C}_0,Z)=\mathcal{H}^{2\perp}(\mathbb{C}_0,Z)$. 通过简单计算可知 $\dfrac{f(s)-f(\beta)}{\beta-s}\in\mathcal{H}^2(\mathbb{C}_0,Z)$. 于是

7.3 实现问题

$$[(\beta - A)^{-1}f](s) = \frac{f(s) - f(\beta)}{\beta - s}, \quad \forall\, s \neq \beta. \tag{7.80}$$

设 $f(s)$ 的逆 Laplace 变换为 f^{L}: $f(s) = \int_0^\infty \mathrm{e}^{-st} f^{\mathrm{L}}(t)\mathrm{d}t$. 因为 $\mathrm{e}^{\beta t}$ 的 Laplace 变换为 $1/(s-\beta)$, 所以卷积 $\int_0^t \mathrm{e}^{\beta(t-\tau)} f^{\mathrm{L}}(\tau)\mathrm{d}\tau$ 的 Laplace 变换为 $f(s)/(s-\beta)$,

$$-\int_0^t \mathrm{e}^{\beta(t-\tau)} f^{\mathrm{L}}(\tau)\mathrm{d}\tau + f(\beta)\mathrm{e}^{\beta t} = \int_0^\infty \mathrm{e}^{\beta(t-\tau)} f^{\mathrm{L}}(\tau)\mathrm{d}\tau - \int_0^t \mathrm{e}^{\beta(t-\tau)} f^{\mathrm{L}}(\tau)\mathrm{d}\tau$$
$$= \int_t^\infty \mathrm{e}^{\beta(t-\tau)} f^{\mathrm{L}}(\tau)\mathrm{d}\tau.$$

上式两端对 t 取 Laplace 变换得 $\dfrac{f(s) - f(\beta)}{\beta - s}$, 所以 (7.80) 关于 s 的逆 Laplace 变换为

$$z^{\mathrm{L}}(t) = \int_t^\infty \mathrm{e}^{\beta(t-\tau)} f^{\mathrm{L}}(\tau)\mathrm{d}\tau, \quad z^{\mathrm{L}}(0) = f(\beta). \tag{7.81}$$

显然, $z^{\mathrm{L}}(t)$ 是 t 的连续函数, 或者说, $D(A)$ 中函数的逆 Laplace 变换是连续函数. 又因为在 (7.80) 中 s, β 是对称的, 其关于 β 的逆 Laplace 变换由 (1.50) 就为半群 $T(t)$,

$$[T(t)f](s) = \int_t^\infty \mathrm{e}^{s(t-\tau)} f^{\mathrm{L}}(\tau)\mathrm{d}\tau. \tag{7.82}$$

于是立刻得到

$$[Af](s) = \left[\frac{T(t)f}{\mathrm{d}t}\bigg|_{t=0^+}\right](s) = sf(s) - f^{\mathrm{L}}(0),$$

$$D(A) = \{f \in H|\ s \mapsto sf(s) - f^{\mathrm{L}}(0) \in \mathcal{H}^2(\mathbb{C}_0, Z)\}. \tag{7.83}$$

由 (7.82), 还可以确定 $H_{-1} = [D(A^*)]^*$ 为空间

$$H_{-1} = \left\{f: \mathbb{C}_0 \to Z \,\bigg|\, \frac{f(s) - f(\beta)}{\beta - s} \in H \text{ 对某一个 } \beta \in \mathbb{C}_0\right\}. \tag{7.84}$$

定义

$$\begin{cases} B = H, \\ Cf = f^{\mathrm{L}}(0), \quad \forall\, f \in H, \\ U = Y = \mathbb{C}. \end{cases} \tag{7.85}$$

于是由 (7.84) 有 $B \in H_{-1}$. 现在证明 B 对 $T(t)$ 是允许的. 取 $u \in L^2(0, \infty; Z)$, $y \in D(A^*)$, 则

$$\left\langle y, \int_0^\infty T(t)Bu(t)\mathrm{d}t \right\rangle_{D(A^*),D(A^*)^*} = \int_0^\infty \langle y, T(t)Bu(t)\rangle_{D(A^*),D(A^*)^*}\mathrm{d}t$$
$$= \int_0^\infty \langle T^*(t)y, Bu(t)\rangle_{D(A^*),D(A^*)^*}\mathrm{d}t$$
$$= \frac{1}{\sqrt{2\pi}} \int_0^\infty \int_{-\infty}^\infty \mathrm{e}^{-\mathrm{i}\tau t}\langle y(\mathrm{i}\tau), H(\mathrm{i}\tau)u(t)\rangle_Z \mathrm{d}\tau\mathrm{d}t$$
$$= \frac{1}{\sqrt{2\pi}} \int_{-\infty}^\infty \left\langle y(\mathrm{i}\tau), H(\mathrm{i}\tau)\int_0^\infty \mathrm{e}^{\mathrm{i}\tau t}u(t)\mathrm{d}t \right\rangle_Z \mathrm{d}\tau$$
$$= \frac{1}{\sqrt{2\pi}} \int_{-\infty}^\infty \langle y(\mathrm{i}\tau), H(\mathrm{i}\tau)\widehat{u}(-\mathrm{i}\tau)\rangle_Z \mathrm{d}\tau$$
$$= \langle y, \mathbb{P}_{\mathcal{H}^2(\mathbb{C}_0,Z)}(H(\cdot)\widehat{u}_-(\cdot))\rangle_H.$$

因为 $\widehat{u}(-\mathrm{i}\tau) \in L^2(\mathrm{i}\mathbb{R})$, 而 $H(\mathrm{i}\tau)$ 一致有界, 所以 $H(\mathrm{i}\tau)\widehat{u}(-\mathrm{i}\tau) \in L^2(\mathrm{i}\mathbb{R})$, $f_-(s) = f(-s)(\forall f \in \mathcal{H}^2(\mathbb{C}_0,Z))$, 其中 $\mathbb{P}_{\mathcal{H}^2(\mathbb{C}_0,Z)}$ 为到 $\mathcal{H}^2(\mathbb{C}_0,Z)$ 的直交投影. 于是

$$\int_0^\infty T(t)Bu(t)\mathrm{d}t = \mathbb{P}_{\mathcal{H}^2(\mathbb{C}_0,Z)}(H(\cdot)\widehat{u}_0(\cdot)) \tag{7.86}$$

是有界算子, 所以 B 关于 $T(t)$ 是无穷允许的. 由 (7.81), $D(A)$ 中函数的逆 Laplace 变换是连续的函数. 由 (7.81),

$$C(\beta - A)^{-1}f = f(\beta). \tag{7.87}$$

因为 $C(\beta - A)^{-1}f$ 的 Laplace 变换为 $CT(t)x$, (7.87) 对 β 取 Laplace 逆变换, 由 (1.50) 得

$$CT(t) = x^{\mathrm{L}}(t). \tag{7.88}$$

因为 Laplace 算子是 $L^2(0,\infty;Z)$ 到 $\mathcal{H}^2(\mathbb{C}_0,Z)$ 的等距变换, 于是有 $\Psi_\infty x = CT(t)x \in L^2(0,\infty)$, 所以 C 是关于 $T(t)$ 无穷允许的观测算子.

最后要证明 $H(s)$ 是 $\Sigma(A,B,C)$ 在状态空间 H 和输入输出空间 $H = Y = Z$ 的传递函数. 结合 (7.87), (7.80) 有

$$C(s-A)^{-1}(\beta - \tilde{A})^{-1}B = [(\beta - A)^{-1}B](s) = [(\beta - A)^{-1}H](s)$$
$$= \frac{H(s) - H(\beta)}{\beta - s}. \tag{7.89}$$

证毕. ∎

注 7.4 $\mathbb{P}_{\mathcal{H}^2(\mathbb{C}_0,Z)}(H(\cdot)\widehat{u}_0(\cdot))$ 就是以 $H(s)$ 为符号的 Hankel 算子.

定理 7.5 可以使得构造一个适定但非正则的无穷维线性系统的例子.

例 7.2 令 $H(s) = \cos(\ln s)$. 取对数函数的一个分支

$$\ln s = \ln|s| + \mathrm{i}\arg(s), \quad -\pi < \arg(s) < \pi,$$

则 $\ln s$ 是右半平面的解析函数. 于是

$$H(s) = \frac{e^{i\ln s} + e^{-i\ln s}}{2}$$

是右半平面一致有界的解析函数. 根据定理 7.5, 存在一个无穷维的线性适定系统 Σ 以 $H(s)$ 为传递函数. 当 $s > 0$ 时, $H(s)$ 为实数, 但显然, $H(s)$ 沿实轴趋于无穷时没有极限, 所以 Σ 适定但非正则. 由于 $H(s)$ 满足 $\overline{H(s)} = H(\bar{s})$, 即系统 Σ 的实值输入对应于实值的输出, Σ 可能还是个物理系统. 可惜还没有办法写出对应的偏微分方程控制系统实现.

7.4 极点配置问题

对于一个有穷维系统来说, 可控性与任意极点配置是等价的 (定理 1.5). 可是对于无穷维系统来说, 这却是个极其复杂的问题. 这有很多方面的原因, 其中一个就是谱确定增长条件 $\omega(A) = S(A)$, 其中 $\omega(A)$ 由定理 1.32 定义, $S(A)$ 为算子 A 的谱点的实部的上确界. 一个线性的无穷维系统, 即使其所有的极点全在左半平面, 系统也可能是指数增长的. 换言之, $\omega(A) = S(A)$ 并不总是成立的. 极点配置的首要条件是保证谱确定增长条件成立, 否则即使极点配置了, 意义也不大. 目前能够使得 $\omega(A) = S(A)$ 成立的系统是一类称为正规谱系统的系统.

预解算子为紧的算子一般称为离散算子. 对离散算子 B 来说, 任意的 $\lambda_0 \in \sigma(B)$ 是预解算子 $R(\lambda, B)$ 的 $n(\lambda_0)$ 阶极点, 这等价于满足 $(\lambda_0 - B)^{n(\lambda_0)}x = 0$ 的所有 x 张成的线性子空间的维数. 这个维数正好是 B 的代数重数, 即 $n(\lambda_0)$ 是使得 $(\lambda_0 - B)^{n(\lambda_0)}x = 0$ 当且仅当 $(\lambda_0 - B)^{n(\lambda_0)+1}x = 0$ 的最小数. 满足 $(\lambda_0 - B)^{n(\lambda_0)}x = 0$ 的 x 称为 B 的广义本征向量. 特别地, 当 $n(\lambda_0) = 1$ 时, λ_0 称为代数单本征值. 本征向量是指满足 $(\lambda_0 - B)x = 0$ 的非零 x. 满足 $(\lambda_0 - B)x = 0$ 的所有 x 张成的线性子空间的维数称为 λ_0 的几何重数. 泛函分析的一个基本事实是紧自伴算子的本征值的几何重数与代数重数相同.

为引用方便起见, 下面重新叙述定义 2.3 给出的基的概念.

定义 7.4 Hilbert 空间 H 中的序列 $\{\varphi_i\}_{i=1}^{\infty}$ 称为 H 的基, 如果对任意的 $x \in H$, 存在唯一的分解

$$x = \sum_{i=1}^{\infty} \alpha_i \varphi_i. \tag{7.90}$$

(7.90) 右端的级数以 H 中的范数收敛. $\{\varphi_i\}_{i=1}^{\infty}$ 称为 H 中的 Riesz 基, 如果

(1) $\overline{\text{span}}\{\varphi_i\} = H$;

(2) 存在常数 $M_1, M_2 > 0$, 使得对任意的正整数 n 和任意的常数 α_i ($i = 1, 2, \cdots, n$) 有

$$M_1^2 \sum_{i=1}^n |\alpha_i|^2 \leqslant \left\| \sum_{i=1}^n \alpha_i \varphi_i \right\|^2 \leqslant M_2^2 \sum_{i=1}^n |\alpha_i|^2.$$

Hilbert 空间的任何 Riesz 基都是等价的, 特别地, Riesz 基等价于直交规范基[140]. Hilbert 空间中离散的自伴算子总存在由本征向量构成的直交规范基[26].

关于 Riesz 基, 有下面的结论[29]. 因只涉及算子理论, 故这里略去不证.

定理 7.6 设算子 $\mathcal{A}$ 是 Hilbert 空间 H 中的具有紧预解算子的稠定算子. 设 $\{z_n\}_1^\infty$ 是 H 中的 Riesz 基. 如果存在正整数 $N \geqslant 0$ 和 $\mathcal{A}$ 的一列广义本征向量 $\{x_n\}_{N+1}^\infty$ 满足

$$\sum_{N+1}^\infty \|x_n - z_n\|^2 < \infty,$$

则

(1) 存在 $M > N$ 和 $\mathcal{A}$ 的广义本征向量 $\{x_{n0}\}_1^M$, 使得 $\{x_{n0}\}_1^M \cup \{x_n\}_{M+1}^\infty$ 形成 H 中的 Riesz 基;

(2) 设 $\{x_{n0}\}_1^M \cup \{x_n\}_{M+1}^\infty$ 对应于 $\mathcal{A}$ 的本征值 $\{\sigma_n\}_1^\infty$, 则 $\sigma(\mathcal{A}) = \{\sigma_n\}_1^\infty$, 其中 σ_n 按照代数重数计算;

(3) 如果存在 $M_0 > 0$, 使得 $\sigma_n \neq \sigma_m$ 对所有的 $m, n > M_0$ 成立, 则 $N_0 > M_0$ 使得所有的 $\sigma_n (n > N_0)$ 代数单.

考虑如下系统:

$$\dot{x}(t) = Ax(t) + bu(t), \tag{7.91}$$

其中 A 满足下面的假设:

假设 1 A 的预解式为紧算子, 其点谱 $\sigma(A) = \{\lambda_n, n \in \mathbb{N}\}$ 为代数单的 (即代数重数为 1).

假设 2 $b \in H_{-1}$ 但不假设是允许的.

假设 3 $\{\varphi_n | n \in \mathbb{N}\}$ 形成空间 H 中的 Riesz 基. 这意味着 $\{\psi_n | n \in \mathbb{N}\}$ 形成空间 H 中的 Riesz 基, 其中 $A^* \psi_n = \overline{\lambda_n} \psi_n$. 假设

$$b_n = \langle \psi_n, b \rangle_{D(A^*), H_{-1}} \neq 0, \quad \forall n \in \mathbb{N}. \tag{7.92}$$

记 d_n 为 λ_n 到 A 的其他谱点的距离, D_n 为以 λ_n 为圆心, $\frac{1}{3} d_n$ 为半径的圆. 假设存在常数 $C > 0$, 使得对所有的 $\lambda \notin \bigcup_{n \in \mathbb{N}} D_n, m \in \mathbb{N}$,

$$\sum_{n=1}^\infty \left| \frac{b_n}{\lambda - \lambda_n} \right|^2 \leqslant C < \infty, \quad \sum_{n=1, n \neq m}^\infty \left| \frac{b_n}{\lambda_m - \lambda_n} \right|^2 \leqslant C < \infty. \tag{7.93}$$

这里主要考虑有界的反馈下系统 (7.91) 的极点配置问题, 即 $u(t) = \langle x(t), h \rangle$,

7.4 极点配置问题

其中 $h \in H$. 对任意的 $h \in H$, 定义算子 $A_h : D(A_h) \to H$,

$$\begin{cases} A_h = A + \langle \cdot, h\rangle b, \\ D(A_h) = \{x \mid x \in H, Ax + \langle x, h\rangle b \in H\}. \end{cases} \tag{7.94}$$

由于 b 的无界性, 转而考虑 A_h 的对偶 $L_h : D(L_h) \to H$,

$$L_h = A^* + h\langle \cdot, b\rangle_{D(A^*), H_{-1}}, \quad D(L_h) = D(A^*). \tag{7.95}$$

由假设 2, L_h 是闭算子.

引理 7.4 设算子 A_h, L_h 由 (7.94), (7.95) 定义, 则 $L_h = A_h^*$.

证 由 (2.9),

$$\langle \tilde{A}x, y\rangle_{H_{-1}, D(A^*)} = \langle x, A^*y\rangle, \quad \forall\, x \in H, y \in D(A^*).$$

对于任意的 $x \in D(L_h^*), y \in D(A^*)$ 有

$$\langle A_h x, y\rangle = \langle \tilde{A}x + \langle x, h\rangle b, y\rangle_{H_{-1}, D(A^*)} = \langle \tilde{A}x, y\rangle_{H_{-1}, D(A^*)} + \langle x, h\rangle \langle b, y\rangle_{H_{-1}, D(A^*)}$$
$$= \langle x, A^*y\rangle + \langle x, \langle b, y\rangle h\rangle = \langle x, A^*y + \langle b, y\rangle h\rangle = \langle x, L_h y\rangle = \langle L_h^* x, y\rangle,$$

所以 $A_h x = L_h^* x$. 这表明 $A_h \supset L_h^*$, 但上式实际上说明了 $\langle A_h x, y\rangle = \langle x, L_h y\rangle$ 对任意的 $x \in D(A_h), y \in D(A^*)$ 都成立, 所以 $A_h \subset L_h^*$, 于是 $A_h = L_h^*$. ∎

为记号简单起见, 定义 $D(A^*)$ 上的线性泛函

$$F(x) = \langle x, b\rangle_{D(A^*), H_{-1}}, \quad \forall\, x \in D(A^*). \tag{7.96}$$

引理 7.5 对所有的 $\lambda \in \rho(A^*)$, 如果 $F_h(\lambda) \neq 0$, 则有

$$R(\lambda, A_h^*) = R(\lambda, A^*) + \frac{R(\lambda, A^*)TR(\lambda, A^*)}{F_h(\lambda)}, \quad T = hF,\ F_h(\lambda) = 1 - F(R(\lambda, A^*)h) \tag{7.97}$$

且 $R(\lambda, A_h^*)$ 为紧算子. $F_h(\lambda)$ 因此称为特征函数, 是 $\rho(A^*)$ 上的解析函数. $A_h^* = A^* + T$ 称为算子 A^* 的一秩扰动算子.

证 给定 $y \in H, \lambda \in \rho(A^*)$, 解方程

$$(\lambda - A_h^*)x = (\lambda - A^*)x - F(x)h = y$$

得

$$x = F(x)R(\lambda, A^*)h + R(\lambda, A^*)y. \tag{7.98}$$

为了求出 $F(x)$, (7.98) 两端作用 F 得

$$F(x) = F(x)F(R(\lambda, A^*)h) + F(R(\lambda, A^*)y),$$

于是当 $F_h(\lambda) \neq 0$ 时有
$$F(x) = \frac{F(R(\lambda, A^*)y)}{F_h(\lambda)}.$$

上式代入 (7.98) 即得 (7.97). 注意到 $F(R(\lambda, A^*)\cdot)$ 是 H 上的线性有界泛函, 由 (7.97) 和假设 1, $R(\lambda, A_h^*)$ 是紧算子. 证毕. ∎

由引理 7.5, $\sigma(A_h^*)$ 由具有有限重数的孤立本征值组成. 考虑以 $\overline{\lambda_n}$ 为圆心, 半径为 $\frac{1}{3}d_n$ 的圆 $\tilde{D}_n(n \in \mathbb{N})$. 显然有 $\tilde{D}_n \cap \tilde{D}_m = \varnothing$ 对所有的 $n \neq m$ 成立. 现在不妨假设

$$\lambda \notin \bigcup_{n \in \mathbb{N}} \tilde{D}_n \Rightarrow \overline{\lambda} \notin \bigcup_{n \in \mathbb{N}} \tilde{D}_n. \tag{7.99}$$

假设 (7.99) 只为技术上的需要, 否则可以修改 (7.93) 中的第一个条件. 在实际应用中, A 的谱关于实轴对称, 条件 (7.99) 自然满足.

引理 7.6 对任意的 $h = \sum_{n=1}^{\infty} h_n \psi_n$, 存在 $R_1 > 0$, 使得集合

$$\sigma(A_h^*) \subset S = \{\lambda | |\lambda| \leqslant R_1\} \cup \bigcup_{n \in \mathbb{N}} \tilde{D}_n.$$

证 由引理 7.5, 只需要证明对任意的 $\lambda \in S$, $F_h(\lambda) \neq 0$. 由假设 1∼ 假设 3, 对任意的 $\lambda \notin \bigcup_{n \in \mathbb{N}} \tilde{D}_n$,

$$F(R(\lambda, A^*)h) = \sum_{n=1}^{\infty} \frac{h_n b_n}{\lambda - \overline{\lambda_n}}. \tag{7.100}$$

因此,

$$|F(R(\lambda, A^*)h)| \leqslant \sum_{n=1}^{N_1} \frac{|h_n b_n|}{|\overline{\lambda} - \lambda_n|} + \left(\sum_{n > N_1} |h_n|^2 \sum_{n > N_1} \left|\frac{b_n}{\overline{\lambda} - \lambda_n}\right|^2\right)^{\frac{1}{2}}. \tag{7.101}$$

由 (7.93), 可以选取大整数 N_1, 使得

$$\sum_{n > N_1} |h_n|^2 \sum_{n > N_1} \left|\frac{b_n}{\overline{\lambda} - \lambda_n}\right|^2 \leqslant \sum_{n > N_1} |h_n|^2 C \leqslant \frac{1}{36}. \tag{7.102}$$

(7.102) 的最后一步用到了假设 (7.99) 和 $\{\psi_n\}_{n=1}^{\infty}$ 的 Riesz 基性质: 存在常数 $M_1, M_2 > 0$ (定义 7.4), 使得

$$M_1^2 \sum_{n \in \mathbb{N}} |h_n|^2 \leqslant \|h\| \leqslant M_2^2 \sum_{n \in \mathbb{N}} |h_n|^2.$$

然后选取 $R_1 > 0$, 使得当 $|\lambda| \geqslant R_1$ 时,

$$\sum_{n=1}^{N_1} \frac{|h_n b_n|}{|\overline{\lambda} - \lambda_n|} \leqslant \frac{1}{6}. \tag{7.103}$$

7.4 极点配置问题

由 (7.101)~(7.103) 有
$$|F(R(\lambda, A^*)h)| \leqslant \frac{1}{3}, \quad \forall \lambda \notin S.$$

于是 $|F_h(\lambda)| \geqslant 2/3$ 对所有的 $\lambda \notin S$ 成立. 证毕. ∎

下面的命题来自文献 [83], 其证明主要涉及算子理论, 这里略去不证.

命题 7.10 设 $\nu(\lambda, A^*)$, $\nu(\lambda, A_h^*)$ 分别表示 λ 作为 A^* 和 A_h^* 的本征值的代数重数, $n(\lambda)$ 为 λ 作为 $F_h(\lambda)$ 的零点的重数, 则
$$\nu(\lambda, A_h^*) = \nu(\lambda, A^*) + n(\lambda). \tag{7.104}$$

引理 7.7 对任意的 $h = \sum_{n=1}^{\infty} h_n \psi_n \in H$, 设 $\sigma(A_h^*) = \{\overline{v_n}\}_{n=1}^{\infty}$, 则存在正整数 N_2, 使得 A_h^* 的无穷谱点 $\{\overline{v_n}, n \geqslant N_2\}$ 都是代数单的, 并且相应的本征向量为 $\{\tilde{\psi}_n, n \geqslant N_2\}$,
$$\tilde{\psi}_n = \begin{cases} \psi_n + \dfrac{\overline{v_n} - \overline{\lambda_n}}{h_n} \sum_{j \neq n} \dfrac{h_j \psi_j}{\overline{v_n} - \overline{\lambda_j}}, & h_n \neq 0, \\ \psi_n + \dfrac{b_n}{F_h(\overline{\lambda_n})} \sum_{j \neq n} \dfrac{h_j \psi_j}{\overline{v_n} - \overline{\lambda_j}}, & h_n = 0, \end{cases} \tag{7.105}$$

并且
$$\sum_{n=1}^{\infty} \left| \dfrac{v_n - \lambda_n}{b_n} \right|^2 < \infty. \tag{7.106}$$

证 设 $D(0, R_1)$ 为引理 7.6 中以 0 为圆心, 半径为 R_1 的圆, 使得 $\overline{\lambda_1} \in D(0, R_1)$, $\tilde{D}_n$ 如引理 7.6, 则对于 $\lambda \in \tilde{D}_n$,
$$|\lambda - \overline{\lambda_1}| \geqslant |\overline{\lambda_n} - \overline{\lambda_1}| - |\lambda - \overline{\lambda_n}| \geqslant \frac{1}{3}|\overline{\lambda_n} - \overline{\lambda_1}|,$$
$$|\lambda| \geqslant |\lambda - \overline{\lambda_1}| - |\overline{\lambda_1}| \geqslant \frac{2}{3}|\overline{\lambda_n} - \overline{\lambda_1}| - |\overline{\lambda_1}| \geqslant \frac{2}{3}|\overline{\lambda_n}| - \frac{5}{3}|\overline{\lambda_1}|.$$

因为 $\lim_{n \to \infty} |\lambda_n| = \infty$, 只有有限个 (记为 N_0) $\tilde{D}_n$ 和 $D(0, R_1)$ 相交, 记
$$\Omega = D(0, R_1) \cup \bigcup_{n=1}^{N_0} \tilde{D}_n.$$

由引理 7.6 的证明可知
$$\sup_{\lambda \in \partial \Omega} |F(R(\lambda, A^*)h)| \leqslant \frac{1}{3}.$$

由假设 1, F_h 在 Ω 中至多有 N_0 个零点. 应用 Rouché 定理可知, F_h 在 Ω 中的零点和 $1 - F_h$ 在 Ω 中的极点一样多. 由 (7.104),
$$\sum_{\lambda \in \Omega} \nu(\lambda, A_h^*) = N_0.$$

这说明 A_h^* 在 Ω 中最多有 N_0 个本征值 (按代数重数计算). 当 $n > N_0$ 时, 可以同样计算出
$$\sup_{\lambda \in \partial \tilde{D}_n} |F(R(\lambda, A^*)h)| \leqslant \frac{1}{3}.$$

函数 F_h 在 $\tilde{D}_n$ 中或者有一个极点 $\overline{\lambda_n}$, 或者没有极点. 应用 Rouché 定理, F_h 在 $\tilde{D}_n$ 中有相同的零点和极点. 由 (7.104), 当 $n > N_0$ 时, 算子 A_h^* 在 $\tilde{D}_n$ 中只有单本征值. 这个本征值或者是 $\overline{\lambda_n}$, 或者是 F_h 在 $\tilde{D}_n$ 中的唯一零点 $\overline{v_n} \neq \overline{\lambda_n}$.

实际上, 单本征值 $\overline{v_n}$ 可能在比 $\tilde{D}_n$ 中更小的圆内. 这是因为
$$\lim_{n\to\infty, n\neq j} \frac{|h_n b_n|}{|\lambda_n - \lambda_j|} = 0,$$

可以取 $N_2 > N_0$ 充分大, 使得对任意满足 $|\lambda - \overline{\lambda_n}| \leqslant 6|h_n b_n|$ 的 λ 和任意的正整数 j,
$$\sup_{n \geqslant N_2} \sup_{j \neq n} \left| \frac{\overline{\lambda_j} - \overline{\lambda_n}}{\overline{\lambda} - \lambda_j} \right| = \sup_{n \geqslant N_2} \sup_{j \neq n} \frac{1}{\left|1 + \frac{\lambda - \overline{\lambda_n}}{\overline{\lambda_n} - \overline{\lambda_j}}\right|} \leqslant \sup_{n \geqslant N_2} \sup_{j \neq n} \frac{1}{1 - \frac{6|h_n b_n|}{|\lambda_n - \lambda_j|}} \leqslant \frac{3}{2}.$$
(7.107)

由 (7.100), 对所有的 $n \geqslant N_2$, $|\lambda - \overline{\lambda_n}| = 6|h_n b_n|$,
$$|F(R(\lambda, A^*)h)| \leqslant \sum_{j=1, j\neq n}^{N_3} \frac{|h_j b_j|}{|\overline{\lambda} - \lambda_j|} + \sum_{j > N_3, j \neq n} \frac{|h_j b_j|}{|\overline{\lambda} - \lambda_j|} + \frac{1}{6}$$
$$= \sum_{j=1, j\neq n}^{N_3} \frac{|h_j b_j|}{|\overline{\lambda_n} - \lambda_j|} \left|\frac{\overline{\lambda_j} - \overline{\lambda_n}}{\lambda - \overline{\lambda_j}}\right| + \sum_{j > N_3, j \neq n} \frac{|h_j b_j|}{|\overline{\lambda_j} - \overline{\lambda_n}|} \left|\frac{\overline{\lambda_j} - \overline{\lambda_n}}{\lambda - \overline{\lambda_j}}\right| + \frac{1}{6}$$
$$\leqslant \sum_{j=1, j\neq n}^{N_3} \frac{3|h_j b_j|}{2|\overline{\lambda_n} - \overline{\lambda_j}|} + \sum_{j > N_3, j \neq n} \frac{3|h_j b_j|}{2|\lambda_j - \lambda_n|} + \frac{1}{6}.$$

取 N_3 充分大, 使得
$$\sum_{j > N_3, j \neq n} \frac{3|h_j b_j|}{2|\lambda_n - \lambda_j|} \leqslant \frac{1}{6}.$$

于是可以取 N_2 充分大, 使得对所有的 $n \geqslant N_2$,
$$\sum_{j=1, j\neq n}^{N_3} \frac{3|h_j b_j|}{2|\lambda_n - \lambda_j|} \leqslant \frac{1}{3}.$$

这样存在 N_2, 使得对所有的 $n \geqslant N_2$, $|\lambda - \overline{\lambda_n}| = 6|h_n b_n|$,
$$|F(R(\lambda, A^*)h)| \leqslant \frac{2}{3}.$$

再应用 Rouché 定理和 (7.104),同上,可以得到对所有的 $n \geqslant N_2, |v_n - \lambda_n| \leqslant 6|h_n b_n|$. 于是

$$\sum_{n=1}^{\infty}\left|\frac{v_n - \lambda_n}{b_n}\right|^2 \leqslant \sum_{n=1}^{N_2-1}\left|\frac{v_n - \lambda_n}{b_n}\right|^2 + \sum_{n \geqslant N_2} 36|h_n|^2 < \infty.$$

这就是 (7.106).

下一步计算 A_h^* 的本征向量. 设

$$A^*\tilde{\psi}_n + hF(\tilde{\psi}_n) = \overline{v_n}\tilde{\psi}_n. \tag{7.108}$$

断言对任意的 $\tilde{\psi}_n, F(\tilde{\psi}_n) \neq 0$. 实际上,如果对某一 $n, F(\tilde{\psi}_n) = 0$, 则 (7.108) 只有解 $v_n = \lambda_n, \tilde{\psi}_n = \psi_n$, 这意味着 $F(\psi_n) = 0$, 与假设 3 矛盾. 记

$$\tilde{\psi}_n = \sum_{m=1}^{\infty} \alpha_m^n \psi_m, \quad h = \sum_{m=1}^{\infty} h_m \psi_m. \tag{7.109}$$

下面证明在 (7.108) 中, $v_n = \lambda_n$ 当且仅当 $h_m = 0$. 将 (7.108) 代入 (7.107) 得

$$(\overline{v_n} - \overline{\lambda_m})\alpha_m^n = h_m F(\tilde{\psi}_n), \quad m = 1, 2, \cdots. \tag{7.110}$$

显然,如果 $v_n = \lambda_n$, 则 $h_n = 0$. 反过来, 如果 $h_n = 0$, 则函数

$$F_h(\lambda) = 1 - \sum_{j=1, j \neq n}^{\infty} \frac{h_j b_j}{\lambda - \overline{\lambda_j}}$$

在 $\lambda = \overline{\lambda_n}$ 解析. 这说明 $\lambda = \overline{\lambda_n}$ 作为 F_h 的零点的重数 $n(\overline{\lambda_n}) \geqslant 0$. 由 (7.104), $\nu(\overline{\lambda_n}, A_h^*) \geqslant 1$ 或者 $\overline{v_n} = \overline{\lambda_n}$. 特别地, 对所有的 $n \geqslant N_2, \nu(\overline{\lambda_n}, A_h^*) = 1$. 现在设 $h_n \neq 0$, 则 $v_n \neq \lambda_n$. 直接从 (7.110) 得

$$\tilde{\psi}_n = \psi_n + \frac{\overline{v_n} - \overline{\lambda_n}}{h_n} \sum_{m \neq n} \frac{h_m \psi_m}{\overline{v_n} - \overline{\lambda_m}}.$$

对 $h_n = 0 (n \geqslant N_2)$, 因为 $\nu(\overline{\lambda_n}, A_h^*) \geqslant 1, v_n = \lambda_n, F_h(\overline{\lambda_n}) \neq 0$, 于是有

$$\tilde{\psi}_n = \sum_{m \neq n} \frac{h_m F(\tilde{\psi}_n)}{\overline{v_n} - \overline{\lambda_m}} \psi_m + \frac{F_h(\overline{\lambda_n}) F(\tilde{\psi}_n)}{b_n} \psi_n.$$

证毕. ∎

引理 7.8 设 N_2 如引理 7.7, 则存在 $N_3 \geqslant N_2$, 使得 $\{\psi_1, \psi_2, \cdots, \psi_{N_3}, \tilde{\psi}_{N_3+1}, \cdots\}$ 形成 H 中的 Riesz 基.

证 定义算子

$$T(\psi_n) = \psi_n, 1 \leqslant n \leqslant N_3, \quad T(\psi_n) = \tilde{\psi}_n, n > N_3.$$

充分地, 只要证明 T 是有界可逆的.

取任意的 $x = \sum\limits_{n=1}^{\infty} \alpha_n \psi_n \in H$. 由引理 7.7,

$$Tx = \sum_{n=1}^{\infty} \alpha_n \psi_n + \sum_{n=N_3+1}^{\infty} \alpha_n(\tilde{\psi}_n - \psi_n)$$
$$= \sum_{n=1}^{\infty} \alpha_n \psi_n + \sum_{n=N_3+1}^{\infty} \alpha_n \beta_n \sum_{m=1, m \neq n} \frac{h_m \psi_m}{\overline{v_n} - \overline{\lambda_m}}$$
$$= x + \Delta T(x),$$

其中

$$\beta_n = \begin{cases} \dfrac{v_n - \lambda_n}{h_n}, & h_n \neq 0, \\ \dfrac{b_n}{F_h(\lambda_n)}, & h_n = 0, \end{cases} \tag{7.111}$$

$$\Delta T(x) = \sum_{n=N_3+1}^{\infty} \alpha_n \beta_n \sum_{m=1, m \neq n} \frac{h_m \psi_m}{\overline{v_n} - \overline{\lambda_m}}.$$

当 $h_n = 0$ 时, $F(R(\lambda, A^*)h)$ 在 $\tilde{D}_n$ 中解析, 并且

$$\sup_{\lambda \in \tilde{D}_n} |F(R(\lambda, A^*)h)| \leqslant \sup_{\lambda \in \partial \tilde{D}_n} |F(R(\lambda, A^*)h)| \leqslant \frac{1}{3}.$$

这意味着 $|F_h(\lambda)| \geqslant 2/3$ 对所有的 $\lambda \in \tilde{D}_n$ 都成立. 特别地, $|F_h(\overline{\lambda_n})| \geqslant 2/3$. 由 (7.111), 对所有的 $n \geqslant N_3$,

$$|\beta_n| \leqslant 6|b_n|. \tag{7.112}$$

由 $\{\psi_n\}$ 的 Riesz 基性质和 (7.103) 有

$$\|\Delta T(x)\| \leqslant \sum_{n=N_3+1}^{\infty} |\alpha_n \beta_n| \sum_{m=1, m \neq n} \left\| \frac{h_m \psi_m}{\overline{v_n} - \overline{\lambda_m}} \right\|$$

$$\leqslant M_2 \sum_{n=N_3+1}^{\infty} |\alpha_n \beta_n| \left[\sum_{m=1, m \neq n} \left| \frac{h_m}{v_n - \lambda_m} \right|^2 \right]^{\frac{1}{2}}$$

$$\leqslant M_2 \left[\sum_{n=N_3+1}^{\infty} |\alpha_n|^2 \right]^{\frac{1}{2}} \left[\sum_{n=N_3+1}^{\infty} |\beta_n|^2 \sum_{m \neq n} \left| \frac{h_m}{v_n - \lambda_m} \right|^2 \right]^{\frac{1}{2}}$$

$$\leqslant \|x\| \frac{M_2}{M_1} \left[\sum_{n=N_3+1}^{\infty} |\beta_n|^2 \sum_{m=1, m \neq n} \left| \frac{h_m}{v_n - \lambda_m} \right|^2 \right]^{\frac{1}{2}}. \tag{7.112'}$$

再由 (7.107), (7.112), 选取 N_4, 使得

$$\frac{M_2^2}{M_1^2} \sum_{n=N_3+1}^{\infty} |\beta_n|^2 \sum_{m\neq n, m>N_4} \left|\frac{h_m}{v_n - \lambda_m}\right|^2$$

$$= \frac{M_2^2}{M_1^2} \sum_{m>N_4}^{\infty} |h_m|^2 \sum_{n>N_3, m\neq n}^{\infty} \left|\frac{\beta_n}{\lambda_n - \lambda_m}\right|^2 \left|\frac{\lambda_n - \lambda_m}{v_n - \lambda_m}\right|^2$$

$$\leqslant \frac{M_2^2}{M_1^2} \sum_{m>N_4+1}^{\infty} |h_m|^2 \sum_{m>N_3, m\neq n} 36 \left|\frac{\beta_n}{\lambda_n - \lambda_m}\right|^2 \times \left(\frac{3}{2}\right)^2 \leqslant \left(\frac{1}{3}\right)^2. \quad (7.113)$$

因为由假设 2,

$$\lim_{N_3 \to \infty} \sum_{m=1}^{N_4} |h_m|^2 \sum_{m>N_3, m\neq n} \left|\frac{b_m}{\lambda_m - \lambda_n}\right|^2 = 0,$$

所以总可以取 $N_3 \geqslant N_2$, 使得

$$\frac{M_2^2}{M_1^2} \sum_{n=N_3+1}^{\infty} |\beta_n|^2 \sum_{m\neq n, m=1}^{N_4} \left|\frac{h_m}{v_n - \lambda_m}\right|^2$$

$$= \frac{M_2^2}{M_1^2} \sum_{m=1}^{N_4} |h_m|^2 \sum_{n>N_3, m\neq n}^{\infty} \left|\frac{\beta_n}{\lambda_n - \lambda_m}\right|^2 \left|\frac{\lambda_n - \lambda_m}{v_n - \lambda_m}\right|^2$$

$$\leqslant \frac{M_2^2}{M_1^2} \sum_{m=1}^{N_4} |h_m|^2 \sum_{m>N_3, m\neq n} 36 \left|\frac{\beta_n}{\lambda_n - \lambda_m}\right|^2 \times \left(\frac{3}{2}\right)^2 \leqslant \left(\frac{1}{3}\right)^2. \quad (7.114)$$

将 (7.113), (7.114) 代入 (7.112′) 即得当 $N_3 \geqslant N_2$ 时, $\|\Delta T\| \leqslant 2/3$, 于是 $\|I - T\| \leqslant 2/3$, 所以算子 $T = I - (I - T)$ 有界可逆, 并且逆算子是有界的. ∎

现在来证明有界反馈控制下系统 (7.91) 的极点配置.

定理 7.7 假设 1∼ 假设 3 成立, 则

(1) 由 (7.94) 定义的算子 A_h 的谱 $\sigma(A_h) = \{v_n, n \in \mathbb{N}\}$ 满足条件 (7.106), 并且预解式为紧, 其有本征向量构成空间 H 的 Riesz 基;

(2) 反过来, 对任意的 $\{v_n, n \in \mathbb{N}\}$, $v_n \neq v_m$ ($n \neq m$), 则存在 $h \in H$, 使得 $\sigma(A_h) = \{v_n, n \in \mathbb{N}\}$ 当且仅当条件 (7.106) 成立. 此时, 反馈控制 h 取为

$$h = \sum_{n=1}^{\infty} h_n \psi_n, \quad \overline{h_n} = \frac{v_n - \lambda_n}{\overline{b_n}} \prod_{j=1, j\neq n}^{\infty} \frac{\lambda_n - v_j}{\lambda_n - \lambda_j}, \quad (7.115)$$

其中 $\overline{h_n}$ 为 h_n 的共轭.

证 由定理 7.6, (1) 以及 (2) 的必要性由引理 7.7 和引理 7.8 直接得到. 只需要证明充分性. 假设条件 (7.106) 成立. 首先证明由 (7.115) 定义的 $h \in H$, 这等价

于 $\sum_{n=1}^{\infty} |\overline{h_n}|^2 < \infty.$

因为由 (7.93),
$$\sum_{j=1,j\neq n}^{N} \left|\frac{\lambda_j - v_j}{\lambda_n - \lambda_j}\right| \leqslant \sum_{j=1,j\neq n}^{N} \left|\frac{\lambda_j - v_j}{b_j}\right| \left|\frac{b_j}{\lambda_n - \lambda_j}\right|$$
$$\leqslant \left[\sum_{j=1,j\neq n}^{N} \left|\frac{\lambda_j - v_j}{b_j}\right|^2 \sum_{j=1,j\neq n}^{N} \left|\frac{b_j}{\lambda_n - \lambda_j}\right|^2\right]^{\frac{1}{2}} \leqslant C,$$

从而
$$\left|\prod_{j=1,j\neq n}^{N} \frac{\lambda_n - v_j}{\lambda_n - \lambda_j}\right| = \left|\prod_{j=1,j\neq n}^{N} \left(1 + \frac{\lambda_j - v_j}{\lambda_n - \lambda_j}\right)\right|$$
$$\leqslant \prod_{j=1,j\neq n}^{N} \left(1 + \left|\frac{\lambda_j - v_j}{\lambda_n - \lambda_j}\right|\right) \leqslant e^{\sum_{j=1,j\neq n} \left|\frac{\lambda_j - v_j}{\lambda_n - \lambda_j}\right|} \leqslant e^C. \quad (7.116)$$

由 (7.116) 和 (7.93) 可知, 对于任给的 $\varepsilon > 0$, 存在正整数 M, 使得
$$\sum_{n>M}^{\infty} |h_n^N - h_n^L|^2 \leqslant \frac{\varepsilon}{2}, \quad h_n^N = \frac{v_n - \lambda_n}{\overline{b_n}} \prod_{j=1,j\neq n}^{N} \left(\frac{\lambda_n - v_j}{\lambda_n - \lambda_j}\right).$$

又因为 (7.116) 的无穷级数收敛, 对充分大的 N, L 有
$$\sum_{n=1}^{M} |h_n^N - h_n^L|^2 = \sum_{n=1}^{M} \left|\frac{v_n - \lambda_n}{\overline{b_n}}\right|^2 \left|\prod_{j=1,j\neq n}^{N} \frac{\lambda_n - v_j}{\lambda_n - \lambda_j} - \prod_{j=1,j\neq n}^{L} \frac{\lambda_n - v_j}{\lambda_n - \lambda_j}\right|^2 \leqslant \frac{\varepsilon}{2},$$

从而对充分大的 N, L,
$$\sum_{n=1}^{\infty} |h_n^N - h_n^L|^2 < \varepsilon.$$

这就证明了由 (7.115) 定义的 $h \in H$.

下面证明 $\sigma(A_h^*) = \{\overline{v_n}, n \in \mathbb{N}\}$, 其中 h 由 (7.115) 定义. 由引理 7.7 的证明, A_h^* 只有 N_0 个本征值 (按照代数重数计算) 在 Ω 内. 当 $n > N_0$ 时, A_h^* 的本征值在 $\tilde{D}_n$ 内, 并且是代数单本征值, 这个本征值或者是 $\overline{\lambda_n}$, 或者是 F_h 在 $\tilde{D}_n$ 中的唯一零点. 由 h_n 的定义, 当 $h_n = 0$ 时, $v_n = \lambda_n$. 由命题 7.10, 此时 $\overline{\lambda_n} \in \sigma(A_h^*)$ 是代数单的, A_h^* 的其他本征值都是 F_h^* 的零点. 由命题 7.10 和 v_n 全都不相同的假设, 每一个 v_n 都是 A_h 的代数单本征值.

下面证明如果 $F(\overline{v_n}) = 0 (\overline{v_n} \notin \sigma(A^*))$, 则
$$F_h(\overline{v_n}) = 1 - \sum_{j=1}^{\infty} \frac{b_j h_j}{\overline{v_n} - \lambda_j} = 0$$

有唯一的由 (7.115) 定义的 h. 上式等价于

$$h_n + \sum_{j=1,j\neq n}^{\infty} \frac{\overline{v_n}-\overline{\lambda_n}}{b_n}\frac{b_j h_j}{\overline{v_n}-\overline{\lambda_j}} = \frac{\overline{v_n}-\overline{\lambda_n}}{b_n}, \quad n \in \mathbb{N}. \tag{7.117}$$

定义算子 $K : \ell^2 \to \ell^2$,

$$Kx = \left\{\sum_{j=1,j\neq n}^{\infty} \frac{\overline{v_n}-\overline{\lambda_n}}{b_n}\frac{b_j x_j}{\overline{v_n}-\overline{\lambda_j}}\right\}_{n=1}^{\infty}, \quad x = \sum_{j=1}^{\infty} x_j \psi_j.$$

下面证明 K 是紧算子且零不是 $T = I + K$ 的本征值. 于是由定理 1.30, T 有有界的逆. 因为 (7.106) 成立, 令 $g = \{(\overline{v_n}-\overline{\lambda_n})/b_n\}_{n=1}^{\infty} \in H$ 于是 (7.117) 有唯一解 $h = T^{-1}g$.

任取 ℓ^2 中的弱收敛序列 $g^k = \sum_{j=1}^{\infty} g_j^k \psi_j \in \ell^2$, $\|g^k\|_{\ell^2} \leqslant M$, 于是

$$Kg^k = \left\{\sum_{j=1,j\neq n}^{\infty} \frac{\overline{v_n}-\overline{\lambda_n}}{b_n}\frac{b_j g_j^k}{\overline{v_n}-\overline{\lambda_j}}\right\}_{n=1}^{\infty},$$

$$\|Kg^k\|_{\ell^2}^2 = \sum_{n=1}^{\infty} \left|\frac{\overline{v_n}-\overline{\lambda_n}}{b_n}\right|^2 \left|\sum_{j=1,j\neq n}^{\infty} \frac{b_j g_j^k}{\overline{v_n}-\overline{\lambda_j}}\right|^2.$$

根据假设

$$\lim_{N_1\to\infty} \sum_{n\geqslant N_1, n\neq j} \left|\frac{\overline{v_n}-\overline{\lambda_n}}{b_n}\right|\left|\frac{b_n}{\lambda_n-\lambda_j}\right| = 0,$$

所以存在正整数 N_1, 使得当 $n \geqslant N_1, j \neq n$ 时,

$$|v_n-\lambda_n| \leqslant \frac{1}{3}|\lambda_n-\lambda_j|, \quad |v_n-\lambda_j| \geqslant |\lambda_n-\lambda_j|-|v_n-\lambda_n| \geqslant \frac{2}{3}|\lambda_n-\lambda_j|.$$

于是对所有的 $n \geqslant N_1, j \neq n$,

$$\left|\frac{\lambda_n-\lambda_j}{v_n-\lambda_j}\right| \leqslant \frac{3}{2}.$$

再由 (7.93), (7.106), 对给定的 $\varepsilon > 0$, 可以选取 $\tilde{N} > N_1$, 使得对所有的 $n > \tilde{N}$,

$$\sum_{n=\tilde{N}}^{\infty} \left|\frac{\overline{v_n}-\overline{\lambda_n}}{b_n}\right|^2 \left|\sum_{j=1,j\neq n}^{\infty} \frac{b_j g_j^k}{\overline{v_n}-\overline{\lambda_j}}\right|^2$$

$$\leqslant \sum_{n=\tilde{N}}^{\infty} \left|\frac{v_n-\lambda_n}{b_n}\right|^2 \left|\sum_{j=1,j\neq n}^{\infty} \frac{b_j}{v_n-\lambda_j}\right|^2 \sum_{p=1,k\neq n}^{\infty} |g_p^k|^2$$

$$\leqslant \sum_{n=\tilde{N}}^{\infty} \left|\frac{v_n - \lambda_n}{b_n}\right|^2 \left|\sum_{j=1,j\neq n} \frac{b_j}{\lambda_n - \lambda_j}\right|^2 \left|\frac{\lambda_n - \lambda_j}{v_n - \lambda_j}\right|^2 \sum_{p=1,k\neq n}^{\infty} |g_p^k|^2$$

$$\leqslant \sum_{n=\tilde{N}}^{\infty} \left|\frac{v_n - \lambda_n}{b_n}\right|^2 \left|\sum_{j=1,j\neq n} \frac{b_j}{\lambda_n - \lambda_j}\right|^2 \left(\frac{3}{2}\right)^2 \sum_{p=1,k\neq n}^{\infty} |g_p^k|^2 \leqslant \frac{\varepsilon}{2}. \qquad (7.118)$$

因为 $\overline{v_n} \in \rho(A^*)$, $F(R(\overline{v_n}, A^*)\cdot) \in \mathcal{L}(H, \mathbb{C})$, 序列 $r^n = \{b_j/(\overline{v_n} - \overline{\lambda_j})\}_{j=1}^{\infty} \in \ell^2$. g^k 弱收敛意味着存在正整数 N, 使得对所有的 $k > N$,

$$\sum_{n=1}^{\tilde{N}-1} \left|\frac{\overline{v_n} - \overline{\lambda_n}}{b_n}\right|^2 \left|\sum_{j=1,j\neq n} \frac{b_j g_j^k}{\overline{v_n} - \overline{\lambda_j}}\right|^2 \leqslant \frac{\varepsilon}{2}. \qquad (7.119)$$

(7.118) 和 (7.119) 说明

$$\|Kg^k\|_{\ell^2}^2 \leqslant \varepsilon, \qquad (7.120)$$

即

$$\lim_{k \to \infty} \|Kg^k\|_{\ell^2}^2 = 0,$$

所以 K 是 ℓ^2 上的紧算子.

下面定义算子列 $T_j : \ell^2 \to \ell^2$:

$$T_j x = \begin{cases} x_n + \sum_{i=1,i\neq n}^{j} \frac{\overline{v_n} - \overline{\lambda_n}}{b_n} \frac{b_i x_i}{\overline{v_n} - \overline{\lambda_i}}, & n \leqslant j, \\ x_n, & n \geqslant j+1, \end{cases} \quad \forall x = \sum_{i=1}^{\infty} x_i \psi_i \in \ell^2,$$

则

$$(T - T_j)x = \begin{cases} \frac{\overline{v_n} - \overline{\lambda_n}}{b_n} \sum_{i>j}^{\infty} \frac{b_i x_i}{\overline{v_n} - \overline{\lambda_i}}, & n \leqslant j, \\ \frac{\overline{v_n} - \overline{\lambda_n}}{b_n} \sum_{i=1,i\neq n}^{\infty} \frac{b_i x_i}{\overline{v_n} - \overline{\lambda_i}}, & n \geqslant j+1, \end{cases} \quad \forall x = \sum_{i=1}^{\infty} x_i \psi_i \in \ell^2,$$

从而

$$\|(T-T_j)x\|_{\ell^2}^2 = \sum_{n=1}^{j} \left|\frac{\overline{v_n} - \overline{\lambda_n}}{b_n}\right|^2 \left|\sum_{i>j}^{\infty} \frac{b_i x_i}{\overline{v_n} - \overline{\lambda_i}}\right|^2 + \sum_{n \geqslant j+1} \left|\frac{\overline{v_n} - \overline{\lambda_n}}{b_n}\right|^2 \left|\sum_{i=1,i\neq n}^{\infty} \frac{b_i x_i}{\overline{v_n} - \overline{\lambda_i}}\right|^2$$

$$\leqslant \sum_{n=1}^{j} \left|\frac{\overline{v_n} - \overline{\lambda_n}}{b_n}\right|^2 \left|\sum_{i>j}^{\infty} \frac{b_i}{v_n - \lambda_i}\right|^2 \sum_{p>j}^{\infty} |x_p|^2$$

7.4 极点配置问题

$$+ \sum_{n \geq j+1} \left| \frac{\overline{v_n} - \overline{\lambda_n}}{b_n} \right|^2 \left| \sum_{i=1, i \neq n}^{\infty} \frac{b_i}{v_n - \lambda_i} \right|^2 \sum_{p=1, p \neq n}^{\infty} |x_p|^2.$$

上式两项当 $j \to \infty$ 时全趋于零, 这是因为由假设 (7.93) 和 (7.106),

$$\lim_{j \to \infty} \sum_{p > j}^{\infty} |x_p|^2 = 0, \quad \lim_{j \to \infty} \sum_{n \geq j+1} \left| \frac{\overline{v_n} - \overline{\lambda_n}}{b_n} \right|^2 = 0,$$

所以

$$\lim_{j \to \infty} (T - T_j)x = 0, \quad \forall\, x \in \ell^2. \tag{7.121}$$

类似于证明 K 的紧性, 可以证明 T_j 在 ℓ^2 中有界, 并且通过直接计算 (虽然比较繁琐) 可得

$$T_j^{-1} x = \begin{cases} x_n \prod_{i \neq n}^{j} \dfrac{\overline{\lambda_n} - \overline{v_i}}{\overline{\lambda_n} - \overline{\lambda_i}}, & n \leq j, \\ x_n, & n \geq j+1, \end{cases} \quad \forall\, x = \sum_{i=1}^{\infty} x_i \psi_i,$$

于是

$$\lim_{j \to \infty} T_j^{-1} x = \left\{ x_n \prod_{i \neq n}^{\infty} \frac{\overline{\lambda_n} - \overline{v_i}}{\overline{\lambda_n} - \overline{\lambda_i}} \right\}_{n=1}^{\infty}. \tag{7.122}$$

由 (7.116), T_j^{-1} 一致有界. 如果 $Tx = 0$, 则 $x = T_j^{-1}(T_j - T)x$. 令 $j \to \infty$, 则由 (7.121) 得 $x = 0$, 所以零不是 T 的本征值, 于是 T^{-1} 有界. 又因为

$$T_j^{-1} x - T^{-1} x = T_j^{-1}(T - T_j) T^{-1} x,$$

于是有

$$h = T^{-1} g = \lim_{j \to \infty} T_j^{-1} g, \quad g = \left\{ \frac{\overline{v_n} - \overline{\lambda_n}}{b_n} \right\}_{n=1}^{\infty}.$$

由此及 (7.122) 有

$$h = \left\{ \frac{\overline{v_n} - \overline{\lambda_n}}{b_n} \prod_{i \neq n}^{\infty} \frac{\overline{\lambda_n} - \overline{v_i}}{\overline{\lambda_n} - \overline{\lambda_i}} \right\}_{n=1}^{\infty}.$$

这就是 (7.115). 证毕. ∎

注 7.5 定理 7.7 (1) 也给出了系统

$$\dot{x} = A^* x(t) + u(t) h$$

极点配置的无界控制 $u(t) = \langle x(t), b \rangle$, 其中 $h \in H$. 事实上, 此时 $h = \sum_{n=1}^{\infty} h_n \psi_n$, 而 (7.115) 变成了从 h 求 b 了.

$$b = \sum_{n=1}^{\infty} b_n \psi_n, \quad \overline{b_n} = \frac{v_n - \lambda_n}{\overline{h_n}} \prod_{j=1, j \neq n}^{\infty} \frac{\lambda_n - v_j}{\lambda_n - \lambda_j},$$

这和文献 [135] 中给出的表达式是一样的, 只不过文献 [135] 中要求 A^* 的谱具有分离性. 在那里, 代替 (7.93) 的条件是 $\lim_{n \to \infty} |\lambda_n| = \infty$, $u_n = \inf_{m \neq n} |\lambda_m - \lambda_n| > 0$, 而 (7.106) 变成了

$$\sum_{n=1}^{\infty} \left| \frac{v_n - \lambda_n}{u_n b_n} \right|^2 < \infty.$$

其证明远比定理 7.7 简单.

为了给出定理 7.7 的一个应用, 讨论一般对角化二阶系统, 这是 4.3 节中讨论的二阶系统的一个特殊情形,

$$\begin{cases} \ddot{w}(t) + \mathbf{A}w(t) + \mathbf{b}u(t) = 0, \\ y(t) = \mathbf{b}^* \dot{w}(t), \end{cases} \tag{7.123}$$

其中算子 $\mathbf{A}$ 为 Hilbert 空间 $\mathbf{H}$ 上的正定自伴算子, 并且

$$\mathbf{A}e_n = \omega_n^2 e_n, \quad \omega_n > 0, \omega_n > \omega_{n-1}, \forall\, n \in \mathbb{N}, \tag{7.124}$$

$\{e_n\}_{n=1}^{\infty}$ 形成 $\mathbf{H}$ 上的直交规范基, $\mathbf{b} \in D(\mathbf{A}^{1/2})^*$, 这等价于 $\mathbf{A}^{-1/2}\mathbf{b}$ 有界, 即

$$\mathbf{b} = \sum_{n=1}^{\infty} b_n e_n, \quad \sum_{n=1}^{\infty} \frac{|b_n|^2}{\omega_n^2} < \infty. \tag{7.125}$$

定义状态空间 $H = D(\mathbf{A}^{1/2}) \times \mathbf{H}$ 上的算子

$$A = \begin{pmatrix} 0 & I \\ -\mathbf{A} & 0 \end{pmatrix}, \quad D(A) = D(\mathbf{A}) \times D(\mathbf{A}^{1/2}), \quad b = (0, -\mathbf{b})^{\mathrm{T}} \in D(A)^*, \tag{7.126}$$

则系统 (7.123) 可以化为 (7.91) 的形式, 状态空间为 H, 控制和观测空间为 $\mathbb{C}$. 算子 A 为 H 上的反自伴算子, $A^* = -A$, 并且有本征值 $\{\lambda_{\pm n}\} = \{\pm i\omega_n\}$ 和相应的本征向量 $\{\Phi_{\pm n}\}_{n=1}^{\infty}$,

$$A\Phi_{\pm n} = \pm i\omega_n \Phi_{\pm n}. \tag{7.127}$$

$\{\Phi_{\pm n}\}_{n=1}^{\infty}$ 形成 H 上的直交基,

$$\Phi_n = \begin{pmatrix} -i\omega_n^{-1} e_n \\ e_n \end{pmatrix}, \quad \Phi_{-n} = \begin{pmatrix} i\omega_n^{-1} e_n \\ e_n \end{pmatrix}. \tag{7.128}$$

命题 7.11 设算子 A 和 b 定义如 (7.126). 如果 ω_n 满足

$$|\omega_n - \omega_{n-1}| \geqslant \alpha > 0, \quad \forall\, n > 1, \tag{7.129}$$

则 b 是允许的当且仅当 $\sup_{n \in \mathbb{N}} |b_n| < \infty$.

7.4 极点配置问题

证 根据对偶原理, 只要证明 b^* 关于 A(因为 $A^* = -A$) 是允许的就可以了. 设

$$\begin{pmatrix} w(t) \\ \dot{w}(t) \end{pmatrix} = \sum_{n=1}^{\infty} a_n e^{i\omega_n t} \Phi_n + \sum_{n=1}^{\infty} c_n e^{-i\omega_n t} \Phi_{-n},$$

则因为 $\mathbf{b}^*(e_n) = b_n$, 于是有

$$y(t) = \mathbf{b}^* \dot{w}(t) = \sum_{n=1}^{\infty} \left(a_n e^{i\omega_n t} + c_n e^{-i\omega_n t} \right) b_n. \tag{7.130}$$

由 Ingham 不等式[60], 存在常数 $L_1, L_2 > 0$, 使得

$$L_1 \int_0^{2\pi/\alpha} |y(t)|^2 dt \leqslant \sum_{n=1}^{\infty} [|a_n|^2 + |c_n|^2] |b_n|^2 \leqslant L_2 \int_0^{2\pi/\alpha} |y(t)|^2 dt.$$

注意到 $\|(w(0), \dot{w}(0))\|_H^2 = \sum_{n=1}^{\infty} [|a_n|^2 + |c_n|^2]$, 则立即得到所要的结果. ∎

注 7.6 命题 7.11 的证明说明, 当 b 允许时, 系统 (7.123) 精确可控当且仅当 $\inf_{n \in \mathbb{N}} |b_n| > 0$. 读者应用命题 7.11 对例 2.1 验证其允许性和精确可控性, 可以发现这是一个非常简单的练习.

有了上面的准备, 下面讨论一个梁振动的例子.

例 7.3 考虑下面 Euler-Bernoulli 梁振动系统

$$\begin{cases} w_{tt}(x,t) + w_{xxxx}(x,t) = 0, & x \in (0,1), t > 0, \\ w(0,t) = w_x(0,t) = w_{xxx}(1,t) = 0, \\ w_{xx}(1,t) = u(t). \end{cases} \tag{7.131}$$

物理上, w 表示梁振动位移, w_x 表示角度, w_{xx} 表示弯曲动量, w_{xxx} 表示剪切力, u 为控制. 系统的振动能量为

$$E(t) = \frac{1}{2} \int_0^1 [w_{xx}^2(x,t) + w_t^2(x,t)] dx,$$

所以状态空间就是 $H = H_L^2(0,1) \times L^2(0,1)$, $H_L^2(0,1) = \{f \in H^2(0,1) | f(0) = f'(0) = 0\}$. 系统 (7.131) 是系统 (7.123) 的一个特例, 其中 $\mathbf{H} = L^2(0,1)$,

$$\mathbf{A}f = f^{(4)}, \quad D(\mathbf{A}) = \{f \in H^4(0,1) | f(0) = f'(0) = f''(1) = f'''(1) = 0\},$$

$$\mathbf{b} = -\delta'(x-1), \tag{7.132}$$

$D(\mathbf{A}^{1/2}) = H_L^2(0,1)$[134]. $\mathbf{A}$ 为 $L^2(0,1)$ 中的正定自伴算子. 现在来求算子 $\mathbf{A}$ 的本征值, 即求解方程

$$\begin{cases} f^{(4)}(x) = \rho^4 f(x), & \rho > 0, \\ f(0) = f'(0) = f''(1) = f'''(1) = 0. \end{cases} \tag{7.133}$$

首先需要证明 $\mathbf{A}$ 的本征值全是几何单的 (因而也是代数单的, 因为由很简单的计算就可以知道 $\mathbf{A}$ 是离散算子, 如 $\mathbf{A}^{-1}$ 是紧算子), 即 (7.133) 至多有一个线性无关解. 如果对应 $\rho^4 > 0$, (7.133) 有两个线性无关的解 f_1, f_2, 则总可以取常数 c_1, c_2, 使得 $f = c_1 f_1 + c_2 f_2 \neq 0$, 但 $f(1) = 0$. 于是由 Rolle 定理, 存在 $\xi_1 \in (0,1)$, 使得 $f'(\xi_1) = 0$. 由此及 $f'(0) = 0$, 存在 $\xi_2 \in (0,1)$, 使得 $f''(\xi_2) = 0$. 再由此和 $f''(1) = 0$ 知, 存在 $\xi_3 \in (0,1)$, 使得 $f'''(\xi_3) = 0$. 再由此及 $f'''(1)$ 知, 存在 $x_1 \in (0,1)$, 使得 $f^{(4)}(x_1) = 0$. 于是 $f(x_1) = 0$. 重复上述过程可知, 存在一列 $\{x_i\}_{i=1}^{\infty} \in (0,1)$, 使得 $f(x_i) = 0$. 设 $\{x_i\}$ 的聚点为 ξ, 则 $f^{(i)}(\xi) = 0$. 由微分方程解的唯一性知 $f \equiv 0$, 矛盾, 所以 (7.133) 只有一个线性无关的解, 即 $\mathbf{A}$ 只有代数单本征值, 并且有本征函数构成 $L^2(0,1)$ 的直交规范基.

注意到 $f^{(4)}(x) = \rho^4 f(x)$ 有 4 个线性无关的基本解 $e^{\rho x}, e^{-\rho x}, e^{i\rho x}, e^{-i\rho x}$, 所以 ρ 必须满足

$$\begin{vmatrix} 1 & 1 & 1 & 1 \\ 1 & -1 & i & -i \\ e^{\rho} & -e^{-\rho} & -e^{i\rho} & -e^{-i\rho} \\ e^{\rho} & e^{-\rho} & -ie^{i\rho} & ie^{-i\rho} \end{vmatrix} = 0.$$

上式可以写为

$$\begin{vmatrix} 0 & 1 & 1 & 1 \\ 0 & -1 & i & -i \\ 1 & 0 & -e^{i\rho} & -e^{-i\rho} \\ 1 & 0 & -ie^{i\rho} & ie^{-i\rho} \end{vmatrix} = O\left(e^{-\rho}\right), \quad \rho \to \infty.$$

上式等价于

$$e^{2\rho i} = -1 + O\left(e^{-\rho}\right), \quad \rho \to \infty.$$

解为

$$\rho = \rho_n = (n - 1/2)\pi + O\left(e^{-n}\right), \quad n \to \infty,$$

于是有

$$\omega_n = \left(n - \frac{1}{2}\right)^2 \pi^2 + O\left(e^{-n}\right), \quad n \to \infty. \tag{7.134}$$

本征函数满足

$$f'(x) = \rho \begin{vmatrix} 1 & 1 & 1 & 1 \\ 1 & -1 & i & -i \\ e^{\rho} & e^{-\rho} & -e^{i\rho} & -e^{-i\rho} \\ e^{\rho x} & -e^{-\rho x} & ie^{i\rho x} & -ie^{-i\rho x} \end{vmatrix}.$$

上式可等价地写为

$$f'(x) = \rho \begin{vmatrix} 0 & 0 & 1 & 1 \\ 0 & -1 & i & -i \\ 1 & 0 & -e^{i\rho} & -e^{-i\rho} \\ e^{\rho(x-1)} & e^{-\rho x} & e^{\rho x} & ie^{-i\rho x} \end{vmatrix} + O\left(e^{-\rho}\right), \quad \rho \to \infty.$$

求解得

$$f'(x) = \rho \left[2e^{\rho(x-1)}e^{-i\rho} + 2ie^{-\rho x} - 2ie^{-i\rho x}\right] + O\left(e^{-\rho}\right), \quad \rho \to \infty, \tag{7.135}$$

于是

$$b_n = f'_n(1) = \rho_n(2 - 2i)e^{-i\rho_n} + O\left(e^{-n}\right), \quad n \to \infty. \tag{7.136}$$

因此, 当 $n \to \infty$ 时, $|b_n| \to \infty$. 这样由命题 7.11, b 不是允许的. 由 (7.127), 此时相应于系统 (7.131) 的算子的本征值为 $\lambda_{\pm n} = \pm i\omega_n = \pm i(n-1/2)^2\pi^2 + O(e^{-n})$. 而由 (7.136), $|b_n| \leqslant L|n|$ 对某常数 L 成立. 由此容易验证, 假设 1~假设 3 是满足的 (也可以用注 7.5 的简单条件). 于是可以对任意满足 (7.106) 和

$$\sum_{n=-\infty, n\neq 0}^{\infty} \left|\frac{v_n - \lambda_n}{n}\right|^2 < \infty \tag{7.137}$$

的数列 $\{v_n\}_{n=-\infty, n\neq 0}^{\infty}$ 设计有界反馈, 使得 $\sigma(A_h) = \{v_n\}_{n=-\infty, n\neq 0}^{\infty}$ 且 A_h 有本征函数形成 H 中的 Riesz 基. 特别地, 取 $v_{\pm n} = -\omega + \lambda_{\pm n}$, (7.137) 成立. 此时, 由 Riesz 基的性质, A_h 生成的半群满足

$$\|e^{A_h t}\| \leqslant M_\omega e^{-\omega t}$$

对某个常数 M_ω 成立. 由于 ω 可以是任何常数, 则上式表明, 存在有界的反馈可使得系统 (7.131) 的能量任意指数衰减. 然而, 相应的 h 难以写出解析表达式. 文献 [105] 给出了两个控制时实现 Euler-Bernoulli 梁任意指数衰减的有界控制的解析表达式. 如何写出这里 h 的解析表达式是一个有趣的问题.

注 7.7 无论定理 7.7 还是注 7.5, 都假定 h 或 b 中有一个至少有界. 这是这个特殊系统极点配置理论的一个问题. 实际的情形是 b, h 都是无界的. 例如, 使系统 (7.131) 指数稳定的一个同位控制设计是 $u(t) = -w_{xt}(1,t)$ 就是一个无界控制[40]. 此外, (7.131) 也可以化为 h 无界而 b 有界的情形.

$$\begin{cases} y_{tt}(x,t) + y_{xxxx}(x,t) + u(t)(x-1) = 0, & x \in (0,1), t > 0, \\ w(0,t) = w_x(0,t) = w_{xx}(1,t) = w_{xxx}(1,t) = 0, \end{cases} \tag{7.138}$$

只要令 $y(x,t) = w_{xx}(1-x,t)$ 就可以了.

小结和文献说明

可优性和可估性是能稳性和可检性的推广, 有许多的工作. 这里的讨论结合了文献 [124], [144]. 例 7.1 来自于文献 [117]. 实现问题来自于一份未发表的文献 [56], 并部分参考了文献 [146]. 解析函数 $H(s): \mathbb{C}_0 \to \mathbb{C}$ 称为是 inner 的, 如果 $\|H(s)\| \leqslant 1$ 对所有的 $s \in \mathbb{C}_0$, 并且 $|H(it)| = 1$ 对所有的 $t \in \mathbb{R}$ 成立. 文献 [53] 证明了任何 inner 函数都有可控可观的实现. 例 7.2 来源于文献 [90]. 文献 [109] 中的例 8.1 和例 8.4 都列出了适定但非正则的无穷维线性系统. 分布参数极点配置问题的研究事实上是从 20 世纪 80 年代在中国开始的, 这起源于后来英文翻译的文章 [110]. 文献 [83], [135] 有不少进步的推广, 这里采用的是文献 [129], 其对偶的形式基本上就是文献 [135]. 文献 [129] 采用了不少文献 [83] 的想法. 关于一维偏微分方程的 Riesz 基及其本征值, 本征函数的估计是另一本书的内容. 在例 7.3 的叙述中指出了相应的参考文献, 这些物理模型的控制可以参见文献 [85].

还有几个有趣的课题没有详细介绍. 一个是输出调节问题, 可参见文献 [50]. 二是时间延迟问题, 这是分布参数控制的有名难题. 一个指数稳定的系统, 当输出含有任意小的时间延迟时, 系统可能变得完全不稳定. 一般的结果参见文献 [84]. 还有就是适定系统的绝对稳定性, 可参见文献 [19]. 有兴趣的读者可以自行参考这些文献.

第二部分
在偏微分方程控制系统中的应用

本部分主要讨论第一部分的理论在偏微分方程控制系统中的应用. 许多偏微分方程控制系统可以化为抽象的无穷维系统, 进而可以讨论这些系统的适定性和正则性, 但要验证这些具体的控制系统满足第一部分中给出的抽象无穷维系统的适定性和正则性的条件不是很容易, 这需要结合偏微分方程自身的特点. 本部分主要研究带有边界控制和观测的波动方程、Schrödinger 方程、板方程、线性弹性系统、弱耦合的波–板系统以及薄壳的适定性和正则性, 将这些控制系统化为抽象系统, 由第一部分的抽象理论和相应偏微分方程的特性, 给出所考虑系统的适定性和正则性.

第 8 章 Schrödinger 方程边界控制的适定性

Schrödinger 方程是量子力学的基本方程, 广泛地出现在原子物理、核物理和固体物理中, 是近代物理学中最为重要的描述粒子运动的偏微分方程. 本章主要考虑具有边界 Dirichlet 控制和边界观测的 Schrödinger 方程, 应用第一部分的抽象结果与偏微分方程理论给出系统的适定性.

8.1 常系数 Schrödinger 方程边界控制的适定性

考虑如下在部分边界上具有 Dirichlet 控制和边界观测的 Schrödinger 方程:

$$\begin{cases} w_t(x,t) + \mathrm{i}\Delta w(x,t) = 0, & x \in \Omega, t > 0, \\ w(x,t) = 0, & x \in \Gamma_1, t \geqslant 0, \\ w(x,t) = u(x,t), & x \in \Gamma_0, t \geqslant 0, \\ y(x,t) = -\mathrm{i}\dfrac{\partial((-\Delta)^{-1}w)}{\partial \nu}, & x \in \Gamma_0, t \geqslant 0, \end{cases} \tag{8.1}$$

其中 $\Omega \subset \mathbb{R}^n$ $(n \geqslant 2)$ 为开的有界区域, 边界为 C^3 光滑的, $\partial\Omega = \overline{\Gamma_0} \cup \overline{\Gamma_1}$, Γ_0, Γ_1 互不相交, 在 $\partial\Omega$ 中相对开, 并且 $\mathrm{int}(\Gamma_0) \neq \varnothing$, ν 为 Γ_0 上指向 Ω 的外部的单位法向量场.

令 $H = H^{-1}(\Omega)$ 为系统 (8.1) 的状态空间, $U = L^2(\Gamma_0)$ 为系统的控制 (输入) 空间或观测 (输出) 空间.

定理 8.1 系统 (8.1) 是适定线性系统. 确切地说, 任意给定常数 $T > 0$, 存在只依赖于 T 的常数 $C_T > 0$, 使得对任意的初值 $w(\cdot,0) = w_0 \in H$ 以及输入 $u \in L^2(0,T;U)$, 系统 (8.1) 存在唯一的解 $w \in C(0,T;H)$, 并且有

$$\|w(\cdot,T)\|_H^2 + \|y\|_{L^2(0,T;U)}^2 \leqslant C_T \left[\|w_0\|_H^2 + \|u\|_{L^2(0,T;U)}^2\right]. \tag{8.2}$$

为了证明定理 8.1, 下面将系统 (8.1) 化为状态 Hilbert 空间 H 中的一阶抽象模型 (4.72).

由 (1.68), Sobolev 空间 $H = H^{-1}(\Omega)$ 是以 $L^2(\Omega)$ 为枢纽空间的 $H_0^1(\Omega)$ 的对偶空间. 令 A 为 H 中的正定自伴算子, 它由 $H_0^1(\Omega)$ 上的双线性型 $a(\cdot,\cdot)$ 所决定,

$$\langle Af, g \rangle_{H^{-1}(\Omega), H_0^1(\Omega)} = a(f,g) = \int_\Omega \nabla f(x) \cdot \overline{\nabla g(x)} \mathrm{d}x, \quad \forall\, f,g \in H_0^1(\Omega). \tag{8.3}$$

由 Lax-Milgram 定理 1.25, A 是从 $D(A) = H_0^1(\Omega)$ 到 H 的等距同构. 记通常的 Laplace 算子为 $-\Delta : H^2(\Omega) \cap H_0^1(\Omega) \to L^2(\Omega)$, 则易知对于任意的 $f \in H^2(\Omega)$ 都有 $Af = -\Delta f$, 并且 $A^{-1}g = (-\Delta)^{-1}g$ 对于任意的 $g \in L^2(\Omega)$ 成立. 因此, A 恰是通常的 $L^2(\Omega)$ 中 Laplace 算子到 H 中的延拓.

注意到
$$H_0^1(\Omega) \hookrightarrow L^2(\Omega) \hookrightarrow H^{-1}(\Omega)$$

和下面的公式:

$$\langle Af, g\rangle_{L^2(\Omega)} = \langle -\Delta f, g\rangle_{L^2(\Omega)} = \langle f, g\rangle_{H_0^1(\Omega)}, \quad \forall f, g \in H_0^1(\Omega), Af \in L^2(\Omega), \tag{8.4}$$

并且由于 A 为正自伴算子, 存在 $H_0^1(\Omega)$ 的一列子空间 $\{Z_n\}_1^\infty$, 使得由 $\bigcup\limits_{n=1}^\infty Z_n$ 所张成的子空间在 $H_0^1(\Omega)$ 中是稠密的, 并且有

$$Af_n = \lambda_n f_n, \forall f_n \in Z_n, \quad \dim Z_n < \infty, n = 1, 2, \cdots, \lambda_n \to +\infty, \quad Z_n \perp Z_m, n \neq m.$$

由 (8.4) 可知
$$\lambda_n \|f_n\|_{L^2(\Omega)}^2 = \|f_n\|_{H_0^1(\Omega)}^2, \quad n \geqslant 1.$$

对于任意的 $f \in L^2(\Omega)$, f 可分解为

$$f = \sum_{n=1}^\infty f_n, \quad f_n \in Z_n, n \geqslant 1.$$

于是下式成立:

$$\|f_n\|_{H^{-1}(\Omega)}^2 = \|A^{-1}f_n\|_{H_0^1(\Omega)}^2 = \lambda_n^{-2} \|f_n\|_{H_0^1(\Omega)}^2 = \lambda_n^{-1} \|f_n\|_{L^2(\Omega)}^2, \quad n \geqslant 1.$$

由此可得

$$\|A^{1/2}f\|_{H^{-1}(\Omega)}^2 = \sum_{n=1}^\infty \lambda_n \|f_n\|_{H^{-1}(\Omega)}^2 = \sum_{n=1}^\infty \|f_n\|_{L^2(\Omega)}^2 = \|f\|_{L^2(\Omega)}^2, \tag{8.5}$$

从而
$$D(A^{1/2}) = L^2(\Omega). \tag{8.6}$$

由 (8.5), $A^{1/2}$ 是从 $L^2(\Omega)$ 到 H 的等距同构. 定义 Dirichlet 映射为 $\Upsilon \in \mathcal{L}(L^2(\Gamma_0), L^2(\Omega))$, 即 $\Upsilon u = v$ 当且仅当

$$\begin{cases} \Delta v = 0 & \text{在 } \Omega \text{ 上}, \\ v|_{\Gamma_1} = 0, v|_{\Gamma_0} = u. \end{cases} \tag{8.7}$$

8.1 常系数 Schrödinger 方程边界控制的适定性

通过 Dirichlet 映射 Υ, 系统 (8.1) 可化为

$$\dot{w} - \mathrm{i}A(w - \Upsilon u) = 0. \tag{8.8}$$

将空间 H 与其对偶空间 H' 等同, 则有

$$D(A) \subset D(A^{1/2}) \hookrightarrow H = H' \hookrightarrow [D(A^{1/2})]' \subset [D(A)]'.$$

进一步, 定义 A 的延拓为 $\tilde{A} \in \mathcal{L}(H, [D(A^{1/2})]')$, 即

$$\langle \tilde{A}f, g \rangle_{[D(A^{1/2})]', [D(A^{1/2})]} = \langle A^{1/2}f, A^{1/2}g \rangle_H, \quad \forall f, g \in D(A^{1/2}),$$

则 $\mathrm{i}\tilde{A}$ 仍然生成 $[D(A^{1/2})]'$ 上的 C_0- 群. 因此, (8.8) 在 $[D(A)]'$ 中可以改写为

$$\dot{w} = \mathrm{i}\tilde{A}w + Bu, \tag{8.9}$$

其中 $B \in \mathcal{L}(U, [D(A^{1/2})]')$ 由下式给定:

$$Bu = -\mathrm{i}\tilde{A}\Upsilon u, \quad \forall u \in U. \tag{8.10}$$

定义 B 的共轭算子 $B^* \in \mathcal{L}([D(A^{1/2})], U)$, 即

$$\langle B^*f, u \rangle_U = \langle f, Bu \rangle_{[D(A^{1/2})], [D(A^{1/2})]'}, \quad \forall f \in D(A^{1/2}), u \in U,$$

于是对于任意的 $f \in D(A)$ 和 $u \in C_0^\infty(\Gamma_0)$ 可得

$$\begin{aligned}
\langle f, Bu \rangle_{[D(A^{1/2})], [D(A^{1/2})]'} &= \langle Af, \tilde{A}^{-1}Bu \rangle_H = \mathrm{i}\langle Af, \Upsilon u \rangle_H \\
&= \mathrm{i}\langle A^{1/2}f, A^{-1/2}\Upsilon u \rangle_{L^2(\Omega)} = \mathrm{i}\langle AA^{-1}f, \Upsilon u \rangle_{L^2(\Omega)} \\
&= \left\langle -\mathrm{i}\frac{\partial((-\Delta)^{-1}f)}{\partial \nu}, u \right\rangle_U.
\end{aligned}$$

上式的最后一步用到了如下事实:

$$\int_\Omega \nabla v \cdot \nabla \phi = 0, \quad \forall \phi \in H_0^1(\Omega)$$

对于任意的 (8.7) 的古典解 v 成立. 由于 $C_0^\infty(\Gamma_0)$ 在 $L^2(\Gamma_0)$ 中稠密, 于是得到

$$B^* = -\mathrm{i}\frac{\partial(-\Delta)^{-1}}{\partial \nu}\bigg|_{\Gamma_0}. \tag{8.11}$$

开环系统 (8.1) 可化为状态空间 H 中形如 (4.72) 的一阶抽象系统

$$\begin{cases} \dot{w}(t) = \mathrm{i}\tilde{A}w(t) + Bu(t), \; w(0) = w_0 \\ y(t) = B^*w, \end{cases} \tag{8.12}$$

其中 B 和 B^* 分别由 (8.10) 和 (8.11) 定义.

下面给出定理 8.1 的证明.

定理 8.1 的证明　首先证明算子 B 是由 $\mathrm{i}A$ 生成的 C_0- 群 $\mathrm{e}^{\mathrm{i}At}$ 的允许控制算子. 由于系统 (8.1) 是同位的, B 是 $\mathrm{e}^{\mathrm{i}At}$ 的允许控制算子等价于 $C = B^*$ 是 $\mathrm{e}^{(\mathrm{i}A)^*t}$ 的允许观测算子, 所以算子 B 的允许性等价于

$$\int_0^T \int_{\Gamma_0} \left|B^* \mathrm{e}^{(\mathrm{i}A)^*t} w_0\right|^2 \mathrm{d}\Gamma \mathrm{d}t \leqslant C_T \|w_0\|^2, \quad \forall\, w_0 \in D(A) = H_0^1(\Omega)$$

对于某个 (由此可知对于任意的) $T > 0$ 成立. 又因为 $\mathrm{e}^{\mathrm{i}A}$ 为一 C_0- 群, 上式也等价于

$$\int_0^T \int_{\Gamma_0} \left|B^* \mathrm{e}^{\mathrm{i}At} w_0\right|^2 \mathrm{d}\Gamma \mathrm{d}t \leqslant C_T \|w_0\|^2, \quad \forall\, w_0 \in D(A) = H_0^1(\Omega). \tag{8.13}$$

下面作变量替换. 令

$$z = A^{-1}w.$$

注意到前面算子 B 的表达式 (8.10) 和算子 B^* 的表达式 (8.11), 则关于变量 w 的系统 (8.12) 成为下面关于 z 的在空间 $H_0^1(\Omega)$ 中的方程:

$$\begin{cases} z_t(x,t) = -\mathrm{i}\Delta z(x,t) - \mathrm{i}(\Upsilon u(\cdot,t))(x), & x \in \Omega,\ t > 0, \\ z(x,0) = z_0(x), & x \in \Omega, \\ z(x,t) = 0,\ x \in \partial\Omega, & t \geqslant 0, \\ y(x,t) = B^*w = B^*AA^{-1}w = B^*Az = -\mathrm{i}\dfrac{\partial z(x,t)}{\partial \nu}, & x \in \Gamma_0,\ t \geqslant 0. \end{cases} \tag{8.14}$$

令 $f = \mathrm{i}\Upsilon u$, 则由 Dirichlet 映射的定义可得

$$\int_0^T \int_\Omega |f|^2 \mathrm{d}x \mathrm{d}t \leqslant C_T \int_0^T \int_{\Gamma_0} |u|^2 \mathrm{d}\Gamma \mathrm{d}t. \tag{8.15}$$

由于边界条件满足 $\partial\Omega \in C^3$, 则由后面的引理 8.2 可知, 存在 C^2 光滑的向量场 $h = (h_1, h_2, \cdots, h_n): \overline{\Omega} \to \mathbb{R}^n$, 使得

$$\text{在 } \partial\Omega \text{ 上}, h(x) - \nu(x), \text{ 并且 } |h| \leqslant 1,$$

其中 $|\cdot|$ 表示 $\mathbb{R}^n$ 中的标准欧氏距离.

8.1 常系数 Schrödinger 方程边界控制的适定性

对 (8.14) 中的方程两边同乘 $h \cdot \nabla \overline{z}$, 并且在 Ω 中积分, 应用 Green 公式, 并注意到在边界 $\partial \Omega$ 上 $\dfrac{\partial z}{\partial \nu} = \nabla z \cdot \nu$, 可得

$$\int_\Omega z_t h \cdot \nabla \overline{z} \mathrm{d}x = -\mathrm{i} \int_\Omega \Delta z h \cdot \nabla \overline{z} \mathrm{d}x - \int_\Omega f h \cdot \nabla \overline{z} \mathrm{d}x$$

$$= \mathrm{i} \int_\Omega \nabla z \cdot \nabla(h \cdot \nabla \overline{z}) \mathrm{d}x - \mathrm{i} \int_{\partial\Omega} \frac{\partial z}{\partial \nu}(h \cdot \nabla \overline{z}) \mathrm{d}\Gamma - \int_\Omega f h \cdot \nabla \overline{z} \mathrm{d}x$$

$$= \mathrm{i} \int_\Omega \nabla z \cdot \nabla(h \cdot \nabla \overline{z}) \mathrm{d}x - \mathrm{i} \int_{\partial\Omega} \left|\frac{\partial z}{\partial \nu}\right|^2 \mathrm{d}\Gamma - \int_\Omega f h \cdot \nabla \overline{z} \mathrm{d}x.$$

由此得到

$$\int_{\partial\Omega} \left|\frac{\partial z}{\partial \nu}\right|^2 \mathrm{d}\Gamma = \mathrm{Re} \int_\Omega \nabla z \cdot \nabla(h \cdot \nabla \overline{z}) \mathrm{d}x - \mathrm{Im} \int_\Omega f h \cdot \nabla \overline{z} \mathrm{d}x - \mathrm{Im} \int_\Omega z_t h \cdot \nabla \overline{z} \mathrm{d}x. \quad (8.16)$$

通过计算易知, 下面的等式成立:

$$\mathrm{Re}\,(\nabla z \cdot \nabla(h \cdot \nabla \overline{z})) = \mathrm{Re} \sum_{i,j=1}^n \partial_{x_i} h_j \partial_{x_i} z \partial_{x_j} \overline{z} + \frac{1}{2} \mathrm{div}(|\nabla z|^2 h) - \frac{1}{2} \mathrm{div}(h)|\nabla z|^2. \quad (8.17)$$

将 (8.17) 代入 (8.16), 注意到边界条件, 由散度定理 (见附录 B) 可得

$$\int_{\Gamma_0} \left|\frac{\partial z}{\partial \nu}\right|^2 \mathrm{d}\Gamma = 2\mathrm{Re} \sum_{i,j=1}^n \int_\Omega \partial_{x_i} h_j \partial_{x_i} z \partial_{x_j} \overline{z} \mathrm{d}x - \int_{\Gamma_1} \left|\frac{\partial z}{\partial \nu}\right|^2 \mathrm{d}\Gamma$$

$$- \int_\Omega \mathrm{div}(h)|\nabla z|^2 \mathrm{d}x - 2\mathrm{Im} \int_\Omega z_t h \cdot \nabla \overline{z} \mathrm{d}x - 2\mathrm{Im} \int_\Omega f h \cdot \nabla \overline{z} \mathrm{d}x$$

$$\leqslant C \left(\int_\Omega |\nabla z|^2 \mathrm{d}x + \int_\Omega |f|^2 \mathrm{d}x \right) - 2\mathrm{Im} \int_\Omega z_t h \cdot \nabla \overline{z} \mathrm{d}x. \quad (8.18)$$

考虑 (8.18) 其中一项 $\mathrm{Im} \displaystyle\int_\Omega z_t h \cdot \nabla \overline{z} \mathrm{d}x$. 利用方程 (8.14), 从而

$$\mathrm{div}(z_t \overline{z} h) = z_t \overline{z} \mathrm{div}(h) + z_t h \cdot \nabla \overline{z} + \overline{z} h \cdot \nabla z_t$$

$$= (-\mathrm{i}\Delta z - f)\overline{z} \mathrm{div}(h) + z_t h \cdot \nabla \overline{z} + \frac{\mathrm{d}}{\mathrm{d}t}(\overline{z} h \cdot \nabla z) - \overline{z_t} h \cdot \nabla z$$

$$= (-\mathrm{i}\Delta z - f)\overline{z} \mathrm{div}(h) + \frac{\mathrm{d}}{\mathrm{d}t}(\overline{z} h \cdot \nabla z) + 2\mathrm{i}\mathrm{Im}(z_t h \cdot \nabla \overline{z}),$$

于是

$$2\mathrm{i}\mathrm{Im}(z_t h \cdot \nabla \overline{z}) = \mathrm{div}(z_t \overline{z} h) + (\mathrm{i}\Delta z + f)\overline{z} \mathrm{div}(h) - \frac{\mathrm{d}}{\mathrm{d}t}(\overline{z} h \cdot \nabla z).$$

再由散度定理可得

$$2\mathrm{i}\mathrm{Im} \int_\Omega z_t h \cdot \nabla \overline{z} \mathrm{d}x = \int_\Omega (\mathrm{i}\Delta z + f)\overline{z} \mathrm{div}(h) \mathrm{d}x - \frac{\mathrm{d}}{\mathrm{d}t} \int_\Omega \overline{z} h \cdot \nabla z \mathrm{d}x$$

$$= -\mathrm{i} \int_\Omega \nabla z \cdot \nabla(\overline{z} \mathrm{div}(h)) \mathrm{d}x + \int_\Omega f \overline{z} \mathrm{div}(h) \mathrm{d}x - \frac{\mathrm{d}}{\mathrm{d}t} \int_\Omega \overline{z} h \cdot \nabla z \mathrm{d}x.$$

因此,

$$2\mathrm{Im}\int_0^T\int_\Omega z_t h\cdot\nabla\bar{z}\mathrm{d}x\mathrm{d}t = -\int_0^T\int_\Omega \nabla z\cdot\nabla(\bar{z}\mathrm{div}(h))\mathrm{d}x\mathrm{d}t$$

$$-\mathrm{i}\int_0^T\int_\Omega f\bar{z}\mathrm{div}(h)\mathrm{d}x\mathrm{d}t + \mathrm{i}\int_\Omega \bar{z}h\cdot\nabla z\mathrm{d}x\Big|_0^T. \quad (8.19)$$

将 (8.19) 代入 (8.18) 可得

$$\int_0^T\int_{\Gamma_0}\left|\frac{\partial z}{\partial\nu}\right|^2\mathrm{d}\Gamma\mathrm{d}t \leqslant C_T\left(\|z\|_{L^2(0,T;H^1(\Omega))}^2 + \|f\|_{L^2(\Omega\times(0,T))} + \|z\|_{L^\infty(0,T;H^1(\Omega))}^2\right). \quad (8.20)$$

在 (8.14) 中令 $f=0$, 由于对于任意的 $z_0 \in D(A)$ 有 $\mathrm{e}^{\mathrm{i}At}z_0 \in C^1(0,T;D(A))$, 故由 (8.20) 得到

$$\int_0^T\int_{\Gamma_0}\left|\frac{\partial(\mathrm{e}^{\mathrm{i}At}z_0)}{\partial\nu}\right|^2\mathrm{d}\Gamma\mathrm{d}t \leqslant C_T\|z_0\|_{D(A)}^2, \quad \forall z_0 \in D(A) = H_0^1(\Omega). \quad (8.21)$$

而 (8.21) 即为

$$\int_0^T\int_{\Gamma_0}\left|\frac{\partial(\mathrm{e}^{\mathrm{i}At}A^{-1}w_0)}{\partial\nu}\right|^2\mathrm{d}\Gamma\mathrm{d}t \leqslant C_T\|w_0\|^2, \quad \forall w_0 = A^{-1}z_0 \in D(A). \quad (8.22)$$

由算子 B^* 的定义可知, (8.22) 正是 (8.13), 从而算子 B 是允许控制算子.

下面证明输入/输出映射是有界线性算子, 即对于某个 (从而对于任意的) $T>0$, 系统 (8.14) 当初始值 $z_0=0$ 时的解满足

$$\int_0^T\int_{\Gamma_0}\left|\frac{\partial z(x,t)}{\partial\nu}\right|^2\mathrm{d}\Gamma\mathrm{d}t \leqslant C_T\int_0^T\int_{\Gamma_0}|u(x,t)|^2\mathrm{d}\Gamma\mathrm{d}t, \quad \forall u\in L^2(0,T;U). \quad (8.23)$$

注意到当 $z_0=0$ 时, 系统 (8.14) 的解由下式给出:

$$z(x,t) = -\int_0^t[\mathrm{e}^{\mathrm{i}\tilde{A}(t-s)}f(\cdot,s)](x)\mathrm{d}s = -\mathrm{i}\int_0^t[\mathrm{e}^{\mathrm{i}\tilde{A}(t-s)}\Upsilon u(\cdot,s)](x)\mathrm{d}s.$$

由于前面已证 B 为允许控制算子, 于是有

$$\tilde{A}z(x,t) = -\mathrm{i}\int_0^t[\mathrm{e}^{\mathrm{i}\tilde{A}(t-s)}\tilde{A}\Upsilon u(\cdot,s)](x)\mathrm{d}s = \int_0^t[\mathrm{e}^{\mathrm{i}\tilde{A}(t-s)}Bu(\cdot,s)](x)\mathrm{d}s \in C(0,T;H),$$

从而

$$z \in C(0,T;H_0^1(\Omega)). \quad (8.24)$$

再由 (8.15) 和 (8.20) 可知, (8.14) 当初始值 $z_0=0$ 时的解的确满足 (8.23). 证毕. ∎

8.2 变系数 Schrödinger 方程边界控制的适定性

考虑下面带有边界控制和边界观测的方程：

$$\begin{cases} v_t(x,t) - \mathrm{i}Pv(x,t) = 0, & x \in \Omega, t > 0, \\ v(x,t) = u(x,t), & x \in \Gamma, t \geqslant 0, \\ y(x,t) = -\mathrm{i}\dfrac{\partial \mathcal{A}^{-1} v(x,t)}{\partial \nu_{\mathcal{A}}}, & x \in \Gamma, t \geqslant 0, \end{cases} \quad (8.25)$$

其中 $\Omega \subset \mathbb{R}^n (n \geqslant 2)$ 为开的有界区域，并且边界 Γ 为 C^2 的，P 为如下的二阶偏微分算子：

$$P = -\sum_{i,j=1}^{n} \frac{\partial}{\partial x_i}\left(a_{ij}(x)\frac{\partial}{\partial x_j}\right),$$

并且存在正常数 a, b，使得

$$a\sum_{i=1}^{n}|\xi_i|^2 \leqslant \sum_{i,j=1}^{n} a_{ij}(x)\xi_i\overline{\xi_j} \leqslant b\sum_{i=1}^{n}|\xi_i|^2, \quad \forall\, x \in \overline{\Omega},\ \xi = (\xi_1, \xi_2, \cdots, \xi_n) \in \mathbb{C}^n,$$

$$a_{ij} = a_{ji} \in C^{\infty}(\mathbb{R}^n), \quad \forall\, i,j = 1, 2, \cdots, n. \quad (8.26)$$

算子 $\mathcal{A}$ 由下式定义：

$$\mathcal{A}f := Pf, \quad \forall\, f \in D(\mathcal{A}) = H^2(\Omega) \cap H_0^1(\Omega), \quad (8.27)$$

并且

$$\frac{\partial}{\partial \nu_{\mathcal{A}}} \equiv \nu_{\mathcal{A}} = \sum_{i,j=1}^{n} a_{ij}\nu_j \frac{\partial}{\partial x_i}, \quad (8.28)$$

其中 $\nu = (\nu_1, \nu_2, \cdots, \nu_n)$ 为 $\partial\Omega$ 上指向 Ω 外部的单位外法向量场，u 为输入函数 (或控制)，y 为输出 (或观测).

令 $H = H^{-1}(\Omega)$，$U = L^2(\Gamma)$. 下面的定理为定理 8.1 的推广.

定理 8.2 对任意的常数 $T > 0$，$v_0 \in H$，$u \in L^2(0,T;U)$，系统 (8.25) 存在满足初值条件 $v(\cdot, 0) = v_0$ 的唯一解 $v \in C(0,T;H)$. 同时存在不依赖于 (v_0, u) 的常数 $C_T > 0$，使得

$$\|v(\cdot, T)\|_H^2 + \|y\|_{L^2(0,T;U)}^2 \leqslant C_T \left[\|v_0\|_H^2 + \|u\|_{L^2(0,T;U)}^2\right].$$

定理 8.2 表明系统 (8.25) 是适定的. 为了证明定理 8.2，下面将系统 (8.25) 化为状态 Hilbert 空间 H 中的一阶抽象模型 (4.72). 在将系统 (8.25) 化为抽象的系统之前，需要下面一些黎曼几何的概念和记号.

令 $G(x)$ 为下面的正定矩阵, $\rho(x)$ 为它的行列式:
$$G(x) := (g_{ij}(x))_{n\times n} = (a_{ij}(x))_{n\times n}^{-1}, \quad \rho(x) := \det G(x), \quad \forall\, x \in \mathbb{R}^n. \tag{8.29}$$

任给 $x \in \mathbb{R}^n$, 定义 $\mathbb{R}^n$ 的切空间 $\mathbb{R}^n_x$ 上的内积和范数分别为
$$\langle X, Y \rangle_g := \sum_{i,j=1}^n g_{ij}\alpha_i\beta_j, \quad |X|_g := \langle X, X \rangle_g^{1/2},$$
$$\forall\, X = \sum_{i=1}^n \alpha_i \frac{\partial}{\partial x_i},\ Y = \sum_{i=1}^n \beta_i \frac{\partial}{\partial x_i} \in \mathbb{R}^n_x, \tag{8.30}$$

则 $(\mathbb{R}^n, g)$ 成为带有度量 g 的黎曼流形. 记 D 为关于度量 g 的 Levi-Civita 联络, 令 N 为 $(\mathbb{R}^n, g)$ 上的光滑向量场, 则对任意 $x \in \mathbb{R}^n$, N 的协变微分 DN 确定 $\mathbb{R}^n_x$ 的一个双线性形式
$$DN(X, Y) = \langle D_X N, Y \rangle_g, \quad \forall\, X, Y \in \mathbb{R}^n_x, \tag{8.31}$$
其中 $D_X N$ 表示向量场 N 关于 X 的协变导数.

任给 $\varphi \in C^2(\mathbb{R}^n)$ 和 $N = \sum_{i=1}^n h^i(x)\frac{\partial}{\partial x_i}$, 记
$$\mathrm{div}_0(N) := \sum_{i=1}^n \frac{\partial h^i}{\partial x_i}, \quad D\varphi := \nabla_g \varphi = \sum_{i,j=1}^n a_{ij}\frac{\partial \varphi}{\partial x_j}\frac{\partial}{\partial x_i},$$
$$\mathrm{div}_g(N) := \sum_{i=1}^n \rho^{-1/2}\frac{\partial}{\partial x_i}(\rho^{1/2}h^i),$$
$$\Delta_g \varphi := \sum_{i,j=1}^n \rho^{-1/2}\frac{\partial}{\partial x_i}\left(\rho^{1/2}a_{ij}\frac{\partial \varphi}{\partial x_j}\right) = -P\varphi + (Dq)\varphi, \quad q(x) = 1/2\ln(\rho(x)),$$

其中 div_0 为欧氏空间 $\mathbb{R}^n$ 上的散度算子, ∇_g, div_g 和 Δ_g 分别为流形 $(\mathbb{R}^n, g)$ 上的梯度算子、散度算子和 Beltrami-Laplace 算子.

下面给出一个重要的乘子特性.

引理 8.1 令 N 为 $(\mathbb{R}^n, g)$ 上的实向量场. 任给 $z \in C^1(\overline{\Omega})$, 则下面的公式成立,
$$\langle \nabla_g z, \nabla_g(N(z))\rangle_g = DN(\nabla_g z, \nabla_g z) + \frac{1}{2}\mathrm{div}_g(|\nabla_g z|_g^2 N) - \frac{1}{2}|\nabla_g z|_g^2 \mathrm{div}_g(N). \tag{8.32}$$

证 下面应用黎曼几何中的 Bochner 技巧计算等式 (8.32). 给定 $x \in \mathbb{R}^n$, 令 $E_1, \cdots, E_n$ 为 x 点处在度量 g 下的法标架场, 于是在 x 的一个邻域中成立
$$\langle E_i, E_j \rangle = \delta_{ij}, \tag{8.33}$$
并且在 x 点处成立

8.2 变系数 Schrödinger 方程边界控制的适定性

$$D_{E_i}E_j = 0. \tag{8.34}$$

令 $N = \sum_{i=1}^n h_i E_i$, 则由关系式 (8.33) 和 (8.34) 可得

$$\nabla_g z = \sum_{i=1}^n E_i(z)E_i \text{ 在 } x \text{ 的一个邻域中,} \tag{8.35}$$

$$DN(\nabla_g, z\nabla_g z) = \sum_{i,j=1}^n E_i(z)E_j(z)E_j(h_i), \tag{8.36}$$

$$E_j E_i(z) = D^2 z(E_i, E_j) = E_i E_j(z) \text{ 在 } x \text{ 点处,} \tag{8.37}$$

其中 $D^2 z$ 为 z 在度量 g 下的 Hessian 矩阵. 应用 (8.35)~(8.37) 可得在 x 点处成立

$$\begin{aligned}\langle \nabla_g z, \nabla_g(N(z))\rangle_g &= \sum_{i=1}^n E_j E_j(N(z)) \\ &= \sum_{i,j=1}^n E(z)[E_j(h_i)E_i(z) + h_i E_j E_i(z)] \\ &= DN(\nabla_g z, \nabla_g z) + \sum_{j=1}^n N(E_j(z))E_j(z). \end{aligned} \tag{8.38}$$

又

$$\sum_{j=1}^n N(E_j(z))E_j(z) = \frac{1}{2}\text{div}_g(|\nabla_g z|_g^2 N) - \frac{1}{2}|\nabla_g z|_g^2 \text{div}_g(N), \tag{8.39}$$

因此, 由 (8.38) 和 (8.39) 可得 (8.32).

接下来的引理是欧氏空间相应的结果在黎曼流形 $(\overline{\Omega}, g)$ 上的推广.

引理 8.2 设 $\partial\Omega$ 属于 $C^k(k \geqslant 1)$ 类. 假设 (8.26) 和 (8.28) 成立, 则存在 C^{k-1} 类向量场 $N: \overline{\Omega} \to \mathbb{R}^n$, 使得

$$N(x) = \mu(x), \ x \in \partial\Omega, \quad |N|_g \leqslant 1, \ x \in \Omega \tag{8.40}$$

成立, 其中 $\mu := \dfrac{\nu_A}{|\nu_A|_g}$ 为 $\partial\Omega$ 上关于黎曼度量 g 的指向 Ω 外部的单位法向量.

证 因为 $\partial\Omega$ 属于 $C^k(k \geqslant 1)$ 类, 故对于任意固定的 $x^0 \in \partial\Omega$, 存在 x^0 的一个开邻域 V 以及一个 C^k 类函数 $\phi: V \to \mathbb{R}$, 使得

$$\nabla_g \phi(x) \neq 0, \ \forall x \in V, \text{ 并且 } \phi(x) = 0 \text{ 当且仅当 } x \in V \cap \partial\Omega.$$

必要的时候用 $-\phi$ 代替 ϕ, 可以假设

$$\langle \mu(x^0), \nabla_g \phi(x^0)\rangle_g > 0,$$

则 $\psi := \nabla_g \phi / |\nabla_g \phi|_g : V \to \mathbb{R}^n$ 属于 C^{k-1} 类. 可以证明, 在 $V \cap \partial\Omega$ 上, $\psi = \mu$. 事实上, 由于在 $V \cap \partial\Omega$ 上, $\phi = 0$, 因而在 $V \cap \partial\Omega$ 上,

$$\frac{\partial \phi}{\partial x_j} = \nu_j \left(\frac{\partial \phi}{\partial \nu}\right), \quad j = 1, 2, \cdots, n,$$

所以

$$\nabla_g \phi = \sum_{i,j=1}^n \frac{\partial \phi}{\partial x_i} a_{ij} \frac{\partial}{\partial x_j} = \sum_{i,j=1}^n \nu_i \left(\frac{\partial \phi}{\partial \nu}\right) a_{ij} \frac{\partial}{\partial x_j} = \frac{\partial \phi}{\partial \nu} \left(\sum_{i,j=1}^n \nu_i a_{ij} \frac{\partial}{\partial x_j}\right) = \frac{\partial \phi}{\partial \nu} \nu_A.$$

这意味着 $\psi, \nabla_g \phi, \nu_A$ 和 μ 在 $V \cap \partial\Omega$ 上互相平行. 再结合 $|\psi|_g = |\mu|_g = 1$ 可以得到在 $V \cap \partial\Omega$ 上, $\psi = \mu$.

既然 Ω 有界, 则 $\partial\Omega$ 在 $\mathbb{R}^n$ 中紧, 因此, $\partial\Omega$ 能够被有限个邻域 $V_1, V_2, \cdots, V_m$ 所覆盖. 每一个邻域都扮演着前面推理中 V 的角色. 记与 V_i 相对应的函数为 $\psi_i (i = 1, 2, \cdots, m)$, 因而

$$\partial\Omega \subset V_1 \cup V_2 \cup \cdots \cup V_m,$$

并且在 $V_i \cap \partial\Omega$ 上,

$$\psi_i = \mu, \quad i = 1, 2, \cdots, m.$$

选取开集 $V_0 \subset \mathbb{R}^n$, 使得

$$\overline{\Omega} \subset V_0 \cup V_1 \cup \cdots \cup V_m, \quad V_0 \cap \partial\Omega = \varnothing,$$

并且定义 $\psi_0 : V_0 \to \mathbb{R}^n$ 如下: 对于所有的 $x \in V_0$ 有 $\psi_0(x) = 0$.

设 $\theta_0, \theta_1, \cdots, \theta_m$ 是 $\overline{\Omega}$ 上对应于 $V_0, V_1, \cdots, V_m$ 的 C^k 类的单位分解,

$$\theta_i \in C_0^k(V_i), \quad 0 \leqslant \theta_i \leqslant 1, i = 0, 1, \cdots, m,$$

并且在 $\overline{\Omega}$ 上有

$$\theta_0 + \theta_1 + \cdots + \theta_m = 1.$$

显然,

$$N := \left(\sum_{i=0}^m \theta_i \psi_i\right)\bigg|_{\overline{\Omega}}$$

正是所需要的向量场. ∎

下面将系统 (8.25) 化为 Hilbert 空间 $H = H^{-1}(\Omega)$ 中的一阶抽象系统.

由下式可以定义 $\mathcal{A}$ 的延拓 $\mathcal{A}_1 \in \mathcal{L}(H_0^1(\Omega), H^{-1}(\Omega))$:

$$\langle \mathcal{A}_1 \varphi, \psi \rangle_{H^{-1}(\Omega), H_0^1(\Omega)} = \int_\Omega \langle \nabla_g \varphi, \nabla_g \phi \rangle_g \, \mathrm{d}x, \quad \forall \varphi, \psi \in H_0^1(\Omega),$$

8.2 变系数 Schrödinger 方程边界控制的适定性

于是 $\mathscr{A}_1$ 为 H 上的正的自伴算子, 并且由 Lax-Milgram 定理 1.25, $\mathscr{A}_1$ 为从 $D(\mathscr{A}_1) = H_0^1(\Omega)$ 到 H 的等距同构. 同 (8.5) 一样可以证明 $D(\mathscr{A}_1^{1/2}) = L^2(\Omega)$, 并且 $\mathscr{A}_1^{1/2}$ 为从 $L^2(\Omega)$ 到 H 的等距同构.

定义 Dirichlet 映射 $\Upsilon \in \mathcal{L}(L^2(\Gamma), H^{1/2}(\Omega))$ 如下:

$$\Upsilon u = \varphi \Leftrightarrow \begin{cases} P\varphi = 0, & x \in \Omega, \\ \varphi|_\Gamma = u. \end{cases} \tag{8.41}$$

于是系统 (8.25) 能被改写为

$$\dot{v} - \mathrm{i}\mathscr{A}_1(v - \Upsilon u) = 0. \tag{8.42}$$

等同 H 和它的对偶 H', 则有下面的关系:

$$D(\mathscr{A}_1) \subset D(\mathscr{A}_1^{1/2}) \hookrightarrow H = H' \hookrightarrow [D(\mathscr{A}_1^{1/2})]' \subset [D(\mathscr{A}_1)]'.$$

由下式定义 $\mathscr{A}_1$ 的延拓 $\tilde{A}_1 \in \mathcal{L}(D(\mathscr{A}_1^{1/2}), [D(\mathscr{A}_1^{1/2})]')$:

$$\langle \tilde{A}_1 \varphi, \psi \rangle_{[D(\mathscr{A}_1^{1/2})]', D(\mathscr{A}_1^{1/2})} = \langle \mathscr{A}_1^{1/2}\varphi, \mathscr{A}_1^{1/2}\psi \rangle_H, \quad \forall\, \varphi, \psi \in D(\mathscr{A}_1^{1/2}), \tag{8.43}$$

其中 $\langle \cdot, \cdot \rangle_H$ 为 $H^{-1}(\Omega)$ 中的内积, 因而, $\mathrm{i}\tilde{A}_1$ 生成 $[D(\mathscr{A}_1^{1/2})]'$ 上的 C_0-群. 因此, (8.42) 能在 $[D(\mathscr{A}_1)]'$ 中写为

$$\dot{v} = \mathrm{i}\tilde{A}_1 v + B_1 u, \tag{8.44}$$

其中 $B_1 \in \mathcal{L}(U, [D(\mathscr{A}_1^{1/2})]')$ 由下式定义:

$$B_1 u = -\mathrm{i}\tilde{A}_1 \Upsilon u, \quad \forall\, u \in U. \tag{8.45}$$

由下式定义 B_1 的对偶 $B_1^* \in \mathcal{L}(D(\mathscr{A}_1^{1/2}), U)$:

$$\langle B_1 u, f \rangle_{[D(\mathscr{A}_1^{1/2})]', D(\mathscr{A}_1^{1/2})} = \langle u, B_1^* f \rangle_U, \quad \forall\, f \in D(\mathscr{A}_1^{1/2}) = L^2(\Omega), u \in U.$$

于是对任意 $f \in L^2(\Omega)$, $u \in C_0^\infty(\Gamma)$ 有

$$\begin{aligned}
&\langle B_1 u, f \rangle_{[D(\mathscr{A}_1^{1/2})]', D(\mathscr{A}_1^{1/2})} \\
&= \langle -\mathrm{i}\tilde{A}_1 \Upsilon u, f \rangle_{[D(\mathscr{A}_1^{1/2})]', D(\mathscr{A}_1^{1/2})} = -\mathrm{i}\langle \mathscr{A}_1^{1/2}\Upsilon u, \mathscr{A}_1^{1/2} f \rangle_H \\
&= -\mathrm{i}\langle \Upsilon u, \mathcal{A}(\mathcal{A}^{-1} f)\rangle_{L^2(\Omega)} = \int_\Omega \Upsilon u P(\overline{\mathrm{i}\mathcal{A}^{-1}f})\,\mathrm{d}x \\
&= \int_\Omega P(\Upsilon u)\overline{\mathrm{i}\mathcal{A}^{-1}f}\,\mathrm{d}x - \int_\Gamma \Upsilon u \frac{\partial(\overline{\mathrm{i}\mathcal{A}^{-1}f})}{\partial \nu_\mathcal{A}}\,\mathrm{d}\Gamma + \int_\Gamma \frac{\partial(\Upsilon u)}{\partial \nu_\mathcal{A}}(\overline{\mathrm{i}\mathcal{A}^{-1}f})\,\mathrm{d}\Gamma \\
&= \left\langle u, -\mathrm{i}\frac{\partial \mathcal{A}^{-1}f}{\partial \nu_\mathcal{A}} \right\rangle_U.
\end{aligned}$$

由于 $C_0^\infty(\Gamma)$ 在 $L^2(\Gamma)$ 中稠密, 因而

$$B_1^* f = -\mathrm{i}\frac{\partial \mathcal{A}^{-1} f}{\partial \nu_\mathcal{A}}, \quad \forall\, f \in L^2(\Omega). \tag{8.46}$$

于是系统 (8.25) 改写为 Hilbert 空间 H 中形如 (4.72) 的抽象一阶系统

$$\begin{cases} \dot{v} = \mathrm{i}\tilde{A}_1 v + B_1 u, \\ y = B_1^* v, \end{cases} \tag{8.47}$$

其中 $\tilde{A}_1$, B_1 和 B_1^* 分别由 (8.43), (8.45) 和 (8.46) 定义.

定理 8.2 的证明 在下面的证明过程中, 记 C_T 为只与 T 有关的常数, 但它在不同的位置可能取值不同. 首先证明 B_1 关于由 $\mathrm{i}\mathscr{A}_1$ 在 H 上生成的 C_0- 群 $\mathrm{e}^{\mathrm{i}\mathscr{A}_1 t}$ 是允许的. 由于系统 (8.25) 为同位的, B_1 关于 $\mathrm{e}^{\mathrm{i}\mathscr{A}_1 t}$ 是允许的当且仅当 B_1^* 关于 $\mathrm{e}^{-\mathrm{i}\mathscr{A}_1^* t} = \mathrm{e}^{\mathrm{i}\mathscr{A}_1 t}$ 是允许的 (见命题 3.8). 因此, 需要证明下面的估计:

$$\int_0^T \|B_1^*(\mathrm{e}^{\mathrm{i}\mathscr{A}_1 t} v_0)\|_{L^2(\Gamma)}^2 \,\mathrm{d}t \leqslant C_T \|v_0\|_{H^{-1}(\Omega)}^2, \quad \forall\, v_0 \in D(\mathscr{A}_1) = H_0^1(\Omega). \tag{8.48}$$

令 $z = \mathscr{A}_1^{-1} v$, 代替系统 (8.47), 考虑下面由 (8.45)~(8.47) 导出的在空间 $H_0^1(\Omega)$ 中的 z 方程:

$$\begin{cases} z_t(x,t) = \mathrm{i}Pz(x,t) - \mathrm{i}(\Upsilon u(\cdot,t))(x), & (x,t) \in \Omega \times (0,T], \\ z(x,0) = z_0(x), & x \in \Omega, \\ z(x,t) = 0, & (x,t) \in \Gamma \times [0,T], \\ y(x,t) = -\mathrm{i}\dfrac{\partial z(x,t)}{\partial \nu_\mathcal{A}}, & (x,t) \in \Gamma \times [0,T]. \end{cases} \tag{8.49}$$

令 $f(x,t) = -\mathrm{i}(\Upsilon u(\cdot,t))(x)$. 由 Dirichlet 影射 Υ 的定义可得

$$\int_0^T \|f(\cdot,t)\|_{L^2(\Omega)}^2 \,\mathrm{d}t \leqslant C_T \int_0^T \|u(\cdot,t)\|_{L^2(\Gamma)}^2 \,\mathrm{d}t. \tag{8.50}$$

由引理 8.2, 存在 $\overline{\Omega}$ 上的 C^2 向量场 N, 使得

$$N(x) = \mu(x),\; x \in \Gamma, \quad |N(x)|_g \leqslant 1,\, x \in \Omega. \tag{8.51}$$

8.2 变系数 Schrödinger 方程边界控制的适定性

用 $N(\bar{z})$ 乘 (8.49) 中方程两边, 并在 Ω 上积分, 则有

$$\begin{aligned}
0 &= \int_\Omega z_t N(\bar{z})\,\mathrm{d}x - \mathrm{i}\int_\Omega Pz N(\bar{z})\,\mathrm{d}x - \int_\Omega f N(\bar{z})\,\mathrm{d}x \\
&= \int_\Omega z_t N(\bar{z})\,\mathrm{d}x + \mathrm{i}\int_\Omega (\Delta_g z - (Dq)z)N(\bar{z})\,\mathrm{d}x - \int_\Omega f N(\bar{z})\,\mathrm{d}x \\
&= \int_\Omega z_t N(\bar{z})\,\mathrm{d}x + \mathrm{i}\int_\Gamma \left|\frac{\partial z}{\partial \mu}\right|^2 \mathrm{d}\Gamma - \mathrm{i}\int_\Omega \langle \nabla_g z, \nabla_g(N(\bar{z}))\rangle_g\,\mathrm{d}x \\
&\quad -\mathrm{i}\int_\Omega (Dq)z N(\bar{z})\,\mathrm{d}x - \int_\Omega f N(\bar{z})\,\mathrm{d}x.
\end{aligned}$$

于是

$$\begin{aligned}
\int_\Gamma \left|\frac{\partial z}{\partial \mu}\right|^2 \mathrm{d}\Gamma &= \mathrm{Re}\int_\Omega \langle \nabla_g z, \nabla_g(N(\bar{z}))\rangle_g \mathrm{d}x \\
&\quad -\mathrm{Im}\int_\Omega z_t N(\bar{z})\,\mathrm{d}x + \mathrm{Re}\int_\Omega (Dq)z N(\bar{z})\mathrm{d}x + \mathrm{Im}\int_\Omega f N(\bar{z})\mathrm{d}x. \quad (8.52)
\end{aligned}$$

由引理 8.1 可得

$$\mathrm{Re}\langle \nabla_g z, \nabla_g(N(\bar{z}))\rangle_g = \mathrm{Re}\, DN(\nabla_g z, \nabla_g \bar{z}) + \frac{1}{2}\mathrm{div}_g(|\nabla_g z|_g^2 N) - \frac{1}{2}|\nabla_g z|_g^2 \mathrm{div}_g N. \tag{8.53}$$

将 (8.53) 代入 (8.52), 则有

$$\begin{aligned}
\int_\Gamma \left|\frac{\partial z}{\partial \mu}\right|^2 \mathrm{d}\Gamma &= \mathrm{Re}\int_\Omega DN(\nabla_g z, \nabla_g \bar{z})\mathrm{d}x \\
&\quad +\frac{1}{2}\int_\Gamma |\nabla_g z|_g^2 \mathrm{d}\Gamma - \frac{1}{2}\int_\Omega |\nabla_g z|_g^2 \mathrm{div}_g N\,\mathrm{d}x \\
&\quad -\mathrm{Im}\int_\Omega z_t N(\bar{z})\,\mathrm{d}x + \mathrm{Re}\int_\Omega (Dq)z N(\bar{z})\mathrm{d}x + \mathrm{Im}\int_\Omega f N(\bar{z})\mathrm{d}x. \quad (8.54)
\end{aligned}$$

注意到对任意 $x \in \Gamma$,

$$\nabla_g z(x) = \langle \nabla_g z(x), \mu(x)\rangle_g \mu(x) + Y(x) = \frac{\partial z(x)}{\partial \mu}\mu(x) + Y(x)$$

对满足 $\langle Y(x), \mu(x)\rangle_g = 0$ 的任意 $Y(x) \in \mathbb{R}_x^n$ 成立, 因而由 μ 和 $\nu_\mathcal{A}$ 的定义得到 $Y(x)\cdot \nu(x) = 0$. 由上式和边界条件 $z|_\Gamma = 0$ 得到

$$\begin{aligned}
|\nabla_g z(x)|_g^2 &= \langle \nabla_g z(x), \nabla_g \bar{z}(x)\rangle_g \\
&= \nabla_g z(x)(\bar{z}(x)) = \left|\frac{\partial z(x)}{\partial \mu}\right|^2 = \frac{1}{|\nu_\mathcal{A}(x)|_g^2}\left|\frac{\partial z(x)}{\partial \nu_\mathcal{A}}\right|^2, \quad \forall\, x \in \Gamma, \quad (8.55)
\end{aligned}$$

这里用到了关系式 $\mu = \dfrac{\nu_{\mathcal{A}}}{|\nu_{\mathcal{A}}|_g}$. 另外, 由 (8.26), (8.28) 和 (8.30) 可得

$$\min_{x\in\Gamma}\frac{1}{|\nu_{\mathcal{A}}(x)|_g^2}\geqslant \frac{1}{b}. \tag{8.56}$$

应用 Cauchy-Schwarz 不等式, 由 (8.54)~(8.56) 可以推出

$$\begin{aligned}
\int_\Gamma \left|\frac{\partial z}{\partial \nu_{\mathcal{A}}}\right|^2 \mathrm{d}\Gamma &\leqslant b\int_\Gamma \left|\frac{\partial z}{\partial \mu}\right|^2 \mathrm{d}\Gamma \\
&= 2b\mathrm{Re}\int_\Omega DN(\nabla_g z, \nabla_g \overline{z})\,\mathrm{d}x - b\int_\Omega |\nabla_g z|_g^2 \mathrm{div}_g N\,\mathrm{d}x - 2b\mathrm{Im}\int_\Omega z_t N(\overline{z})\,\mathrm{d}x \\
&\quad + 2b\mathrm{Re}\int_\Omega (Dq)zN(\overline{z})\,\mathrm{d}x + 2b\mathrm{Im}\int_\Omega fN(\overline{z})\,\mathrm{d}x \\
&\leqslant C\left(\int_\Omega |\nabla_g z|_g^2\,\mathrm{d}x + \int_\Omega |f|^2\,\mathrm{d}x\right) - 2b\mathrm{Im}\int_\Omega z_t N(\overline{z})\,\mathrm{d}x.
\end{aligned} \tag{8.57}$$

下面计算 (8.57) 中的最后一项. 由附录 B 中的散度公式和 (8.49) 可得

$$\begin{aligned}
\mathrm{div}_g(z_t \overline{z} N) &= z_t \overline{z} \mathrm{div}_g N + N(z_t)\overline{z} + N(\overline{z})z_t \\
&= (\mathrm{i}Pz + f)\overline{z}\mathrm{div}_g N + \frac{\mathrm{d}}{\mathrm{d}t}(\overline{z}N(z)) - \overline{z}_t N(z) + N(\overline{z})z_t \\
&= (\mathrm{i}Pz + f)\overline{z}\mathrm{div}_g N + \frac{\mathrm{d}}{\mathrm{d}t}(\overline{z}N(z)) + 2\mathrm{i}\mathrm{Im}\, z_t N(\overline{z}).
\end{aligned}$$

在 Ω 上积分上式可得

$$\begin{aligned}
2\mathrm{i}\mathrm{Im}\int_\Omega z_t N(\overline{z})\,\mathrm{d}x &= \int_\Omega [\mathrm{i}(\Delta_g - Dq)z - f]\overline{z}\mathrm{div}_g N\,\mathrm{d}x - \frac{\mathrm{d}}{\mathrm{d}t}\int_\Omega \overline{z}N(z)\,\mathrm{d}x \\
&= -\mathrm{i}\int_\Omega \langle \nabla_g z, \nabla_g(\overline{z}\mathrm{div}_g N)\rangle_g\,\mathrm{d}x - \mathrm{i}\int_\Omega Dq(z)\overline{z}\mathrm{div}_g N\,\mathrm{d}x \\
&\quad - \int_\Omega f\overline{z}\mathrm{div}_g N\,\mathrm{d}x - \frac{\mathrm{d}}{\mathrm{d}t}\int_\Omega \overline{z}N(z)\,\mathrm{d}x.
\end{aligned}$$

因此,

$$\begin{aligned}
&-2b\mathrm{Im}\int_0^T \int_\Omega z_t N(\overline{z})\,\mathrm{d}x\mathrm{d}t \\
&= \int_0^T \int_\Omega \langle \nabla_g z, \nabla_g(\overline{z}\mathrm{div}_g(N))\rangle_g\,\mathrm{d}x\mathrm{d}t + \int_0^T \int_\Omega Dq(z)\overline{z}\mathrm{div}_g(N)\,\mathrm{d}x\mathrm{d}t \\
&\quad + \mathrm{i}\int_0^T \int_\Omega f\overline{z}\mathrm{div}_g(N)\,\mathrm{d}x\mathrm{d}t + \mathrm{i}\int_\Omega \overline{z}N(z)\,\mathrm{d}x\Big|_0^T.
\end{aligned} \tag{8.58}$$

8.2 变系数 Schrödinger 方程边界控制的适定性

应用 (8.58), 并在 $[0,T]$ 上对 (8.57) 两边积分, 则有

$$\int_0^T \int_\Gamma \left|\frac{\partial z}{\partial \nu_{\mathcal{A}}}\right|^2 \mathrm{d}\Gamma \mathrm{d}t \leqslant C_T \left(\|z\|_{L^2(0,T;H^1(\Omega))}^2 + \|f\|_{L^2(\Omega\times(0,T))}^2 + \|z\|_{L^\infty(0,T;H^1(\Omega))}^2\right). \tag{8.59}$$

在 (8.49) 中取 $f = -\mathrm{i}\Upsilon u = 0$. 对任意 $z_0 \in D(\mathscr{A}_1) = H_0^1(\Omega)$, 于是有

$$\mathrm{e}^{\mathrm{i}\mathscr{A}_1 t} z_0 \in C([0,T]; D(\mathscr{A}_1)) \cap C^1((0,T); H),$$

并且由 (8.59) 可得

$$\int_0^T \int_\Gamma \left|\frac{\partial (\mathrm{e}^{\mathrm{i}\mathscr{A}_1 t} z_0)}{\partial \nu_{\mathcal{A}}}\right|^2 \mathrm{d}\Gamma \mathrm{d}t \leqslant C_T \|z_0\|_{D(\mathscr{A}_1)}^2, \quad \forall\, z_0 \in D(\mathscr{A}_1), \tag{8.60}$$

所以

$$\int_0^T \int_\Gamma \left|\frac{\partial (\mathrm{e}^{\mathrm{i}\mathscr{A}_1 t} \mathscr{A}_1^{-1} v_0)}{\partial \nu_{\mathcal{A}}}\right|^2 \mathrm{d}\Gamma \mathrm{d}t \leqslant C_T \|v_0\|_{H^{-1}(\Omega)}^2, \quad \forall\, v_0 \in D(\mathscr{A}_1). \tag{8.61}$$

由 B_1^* 的定义, (8.60) 正是 (8.48). 因此, B_1 为允许的.

其次将证明系统 (8.49) 的输入/输出映射为有界的, 即对某个 (因此, 对所有的) $T > 0$, 系统 (8.49) 在初值 $z_0 = 0$ 下的解满足

$$\int_0^T \int_\Gamma \left|\frac{\partial z(x,t)}{\partial \nu_{\mathcal{A}}}\right|^2 \mathrm{d}\Gamma \mathrm{d}t \leqslant C_T \int_0^T \int_\Gamma |u(x,t)|^2 \mathrm{d}\Gamma \mathrm{d}t, \quad \forall\, u \in L^2(0,T; L^2(\Gamma)). \tag{8.62}$$

注意到系统 (8.49) 在初值 $z_0 = 0$ 下的解为

$$z(x,t) = \int_0^t \left[\mathrm{e}^{\mathrm{i}\tilde{A}_1(t-s)} f(\cdot, s)\right](x)\mathrm{d}s = -\mathrm{i}\int_0^t \left[\mathrm{e}^{\mathrm{i}\tilde{A}_1(t-s)} \Upsilon u(\cdot, s)\right](x)\mathrm{d}s$$

和刚验证的允许性, 于是有

$$\tilde{A}_1 z(x,t) = -\mathrm{i}\int_0^t \left[\mathrm{e}^{\mathrm{i}\tilde{A}_1(t-s)} \tilde{A}_1 \Upsilon u(\cdot, s)\right](x)\mathrm{d}s$$

$$= \int_0^t \left[\mathrm{e}^{\mathrm{i}\tilde{A}_1(t-s)} B_1 u(\cdot, s)\right](x)\mathrm{d}s \in C([0,T]; H),$$

因而得到

$$z \in C([0,T]; H_0^1(\Omega)). \tag{8.63}$$

(8.63), (8.50) 和 (8.59) 表明 (8.62) 成立. 证毕. ∎

由定理 5.8 有如下的正则性结果:

推论 8.1 系统 (8.1) 和 (8.25) 都是正则的, 并且直接传输算子为零.

小结和文献说明

本章的常系数的内容来自于文献 [63], 变系数的内容来自于文献 [30], 两者都证明是 6.3 节所讨论的抽象一阶系统 (4.72) 的具体形式. 由定理 4.8, 定理 8.1 就是指系统 (8.1) 是适定的. 再结合定理 5.8 的一般结果可知, 系统 (8.1) 还是正则的, 并且直接传输算子为零 (推论 8.1). 特别地, 定理 8.1 的结论确保了文献 [67] 中定理 1.3 所证明的系统 (8.1) 在有限时间的精确能控性与文献 [67] 中定理 1.5 所证明的由输出反馈控制 $u = -ky$ $(k > 0)$ 所形成的闭环系统的指数稳定性是等价的 (参见定理 6.7 和定理 6.8). 两篇文章其实是一个结果, 这也可以看出抽象理论的威力, 以后还要不断看出这种理论的威力. 这里给出了 $D(A^{1/2}) = L^2(\Omega)$ 的一个简单证明, 也可以从文献 [59] 中得到, 一般的讨论参见文献 [134]. Dirichlet 映射的说法参见文献 [79]. 引用的引理 8.2 在常数的情况可参见文献 [59] 中的引理 2.1, 这里的叙述是在黎曼流形 $(\overline{\Omega}, g)$ 上的推广. 引理 8.2 类似于文献 [132] 中的引理 2.1.

第 9 章 波动方程边界控制的适定性与正则性

波动方程是最为经典的偏微分方程, 是双曲方程的典型代表. 波动方程描述许多的物理现象, 如声音在介质中的传播, 而声音是最早研究的物理现象. 近代以来, 波动方程日益受到重视, 一个主要的原因是波动方程也描述柔性体的弹性振动, 如弹性弦和薄膜的振动, 而振动控制是工程考虑的大问题. 本章主要研究边界具有 Dirichlet 控制和边界观测的高维波动方程的适定性与正则性. 一维的波动方程描述弹性弦的振动, 在例 2.1、例 3.1、例 5.1 中已经讨论过.

由于证明方法上的不同, 下面将分常系数和变系数情形来讨论系统的适定性和正则性. 对不熟悉微分几何的读者来说, 常系数情形的讨论足以能理解所讨论的问题的实质而不用被复杂的数学所迷惑.

9.1 常系数波动方程边界控制的适定性

考虑如下部分边界上的 Dirichlet 控制和同位边界观测的常系数波动方程:

$$\begin{cases} w_{tt}(x,t) - \Delta w(x,t) = 0, & x \in \Omega,\ t > 0, \\ w(x,t) = 0, & x \in \Gamma_1,\ t > 0, \\ w(x,t) = u(x,t), & x \in \Gamma_0,\ t > 0, \\ y(x,t) = -\dfrac{\partial \mathcal{A}^{-1} w_t(x,t)}{\partial \nu}, & x \in \Gamma_0,\ t > 0, \end{cases} \quad (9.1)$$

其中 $\Omega \subset \mathbb{R}^n (n \geqslant 2)$ 为开的有界区域, 边界 $\partial \Omega = \Gamma = \overline{\Gamma_0} \cup \overline{\Gamma_1}$ 为光滑的, Γ_0, Γ_1 为互不相交的且在 $\partial \Omega$ 中相对开, Γ_0 的内部非空, ν 为沿 Γ_0 的 Ω 的单位外法向量. 在系统 (9.1) 中, u 为输入函数 (或控制), y 为输出函数 (或观测),

$$\mathcal{A}v = -\Delta v, \quad D(\mathcal{A}) = H^2(\Omega) \cap H_0^1(\Omega).$$

令 $\mathcal{H} = L^2(\Omega) \times H^{-1}(\Omega)$ 为系统的状态空间, $U = L^2(\Gamma_0)$ 表示系统的控制 (输入) 或者观测 (输出) 空间.

定理 9.1 任给 $T > 0$, $(w_0, w_1) \in \mathcal{H}$, $u \in L^2(0,T;U)$, 系统 (9.1) 存在唯一的解 $(w, w_t) \in C([0,T];\mathcal{H})$ 满足 $w(\cdot,0) = w_0$ 和 $w_t(\cdot,0) = w_1$. 另外, 存在不依赖于 (w_0, w_1, u) 的常数 $C_T > 0$, 使得

$$\|(w(\cdot,T), w_t(\cdot,T))\|_\mathcal{H}^2 + \|y\|_{L^2(0,T;U)}^2 \leqslant C_T \left[\|(w_0,w_1)\|_\mathcal{H}^2 + \|u\|_{L^2(0,T;U)}^2 \right].$$

定理 9.1 正说明系统 (9.1) 是适定的. 为了证明定理 9.1, 先将系统 (9.1) 化为抽象的二阶系统 (4.77).

由 (1.68), $H = H^{-1}(\Omega)$ 是 Sobolev 空间 $H_0^1(\Omega)$ 在通常内积意义下的对偶空间. 令 A 为如下由双线性形式 $a(\cdot,\cdot)$ 所确定的正定自伴算子:

$$\langle Af, g\rangle_{H^{-1}(\Omega),H_0^1(\Omega)} = a(f,g) = \int_\Omega \nabla f \cdot \overline{\nabla g} \mathrm{d}x, \quad \forall f,g \in H_0^1(\Omega).$$

由 Lax-Milgram 定理 1.25 可知, A 是从 $D(A) = H_0^1(\Omega)$ 到 H 的等距同构. 容易证明, 当 $f \in H^2(\Omega) \cap H_0^1(\Omega)$ 时有 $Af = \mathcal{A}f$, 并且当 $g \in L^2(\Omega)$ 时有 $A^{-1}g = \mathcal{A}^{-1}g$. 因此, A 是 $-\Delta$ 的延拓, 延拓之后的定义域是 $H_0^1(\Omega)$.

同 (8.6) 一样, 容易证明 $D(A^{1/2}) = L^2(\Omega)$, 并且 $A^{1/2}$ 是从 $L^2(\Omega)$ 到 H 的等距同构. 定义映射 $\Upsilon \in \mathcal{L}(L^2(\Gamma_0), H^{1/2}(\Omega))$, 即 $\Upsilon u = v$ 当且仅当

$$\begin{cases} -\Delta v(x) = 0, x \in \Omega, \\ v(x) = 0, x \in \Gamma_1; v(x) = u(x),\ x \in \Gamma_0. \end{cases} \tag{9.2}$$

利用如上映射, 系统 (9.1) 可改写为

$$\ddot{w} + A(w - \Upsilon u) = 0. \tag{9.3}$$

由于 $D(A)$ 在 H 中稠密, 从而 $D(A^{1/2})$ 也有同样结果. 将空间 H 与其对偶 H' 等同, 则下面的关系式成立:

$$D(A^{1/2}) \hookrightarrow H = H' \hookrightarrow (D(A^{1/2}))'.$$

A 的延拓 $\tilde{A} \in \mathcal{L}(D(A)^{1/2}, (D(A^{1/2}))')$ 定义为

$$\langle \tilde{A}f, g\rangle_{(D(A^{1/2}))', D(A^{1/2})} = \langle A^{1/2}f, A^{1/2}g\rangle_H, \quad \forall f, g \in D(A^{1/2}), \tag{9.4}$$

所以 (9.3) 可以进一步在 $(D(A^{1/2}))'$ 中改写为

$$\ddot{w} + \tilde{A}w + Bu = 0,$$

其中 $B \in \mathcal{L}(U, (D(A^{1/2}))')$ 由

$$Bu = -\tilde{A}\Upsilon u, \quad \forall u \in U \tag{9.5}$$

给定. 定义 $B^* \in \mathcal{L}(D(A^{1/2}), U)$ 如下:

$$\langle B^*f, u\rangle_U = \langle f, Bu\rangle_{D(A^{1/2}),(D(A^{1/2}))'}, \quad \forall f \in D(A^{1/2}), u \in U,$$

9.1 常系数波动方程边界控制的适定性

则对于任意的 $f \in D(A^{1/2})$ 和 $u \in C_0^\infty(\Gamma_0)$ 有

$$\begin{aligned}\langle f, Bu\rangle_{D(A^{1/2}),(D(A^{1/2}))'} &= \langle f, \tilde{A}\tilde{A}^{-1}Bu\rangle_{D(A^{1/2}),(D(A^{1/2}))'} \\ &= \langle A^{1/2}f, A^{1/2}\tilde{A}^{-1}Bu\rangle_H \\ &= -\langle A^{1/2}f, A^{1/2}\Upsilon u\rangle_H = -\langle f, \Upsilon u\rangle_{L^2(\Omega)} \\ &= -\langle AA^{-1}f, \Upsilon u\rangle_{L^2(\Omega)} = -\left\langle \frac{\partial(\mathcal{A}^{-1}f)}{\partial \nu}, u\right\rangle_U. \end{aligned} \quad (9.6)$$

在 (9.6) 的最后一步中, 利用了如下结果: 对于 (9.2) 任意的古典解 $v(x)$ 都有

$$\int_\Omega \nabla v \cdot \overline{\nabla \phi}\, dx = 0, \quad \forall\, \phi \in H_0^1(\Omega).$$

既然 $C_0^\infty(\Gamma_0)$ 在 $L^2(\Gamma_0)$ 中稠密, 因而

$$B^* = -\left.\frac{\partial \mathcal{A}^{-1}}{\partial \nu}\right|_{\Gamma_0}. \quad (9.7)$$

现在, 将开环系统 (9.1) 化成状态空间 $\mathcal{H} = L^2(\Omega) \times H^{-1}(\Omega)$ 上的二阶系统的抽象形式

$$\begin{cases} \ddot{w}(t) + \tilde{A}w(t) + Bu(t) = 0, \\ y(t) = B^*\dot{w}(t), \end{cases} \quad (9.8)$$

其中 B 和 B^* 分别由 (9.5) 和 (9.7) 所定义. 系统 (9.8) 就是在 4.3 节中讨论的二阶抽象系统 (4.77).

考虑如下具有零初值的系统 (9.1):

$$\begin{cases} w_{tt} - \Delta w = 0, & (x,t) \in \Omega \times (0,\infty), \\ w(\cdot, 0) = 0,\ w_t(\cdot, 0) = 0, & x \in \Omega, \\ w = 0, & (x,t) \in \Gamma_1 \times (0,\infty), \\ w = u, & (x,t) \in \Gamma_0 \times (0,\infty), \\ y = -\dfrac{\partial \mathcal{A}^{-1}w_t}{\partial \nu}, & (x,t) \in \Gamma_0 \times (0,\infty). \end{cases} \quad (9.9)$$

由定理 4.9, 定理 9.1 等价于断言系统 (9.9) 的解满足

$$\|y\|_{L^2(0,T;U)} \leqslant C_T \|u\|_{L^2(0,T;U)}, \quad \forall\, u \in L^2(0,T;U). \quad (9.10)$$

考虑到 $u|_{\Gamma_1} = 0$, 不失一般性, 假设 $\Gamma_0 = \Gamma = \partial\Omega$. 令 $z := \mathcal{A}^{-1}w_t$, 其中 w 为 (9.9) 的解.

由于
$$y = B^* w_t = -\frac{\partial \mathcal{A}^{-1} w_t}{\partial \nu} = -\frac{\partial z}{\partial \nu},$$
所以 (9.10) 等价于
$$\|B^* w_t\|_{L^2(0,T;L^2(\Gamma))} \leqslant C_T \|u\|_{L^2(0,T;L^2(\Gamma))} \tag{9.11}$$
或者
$$\left\|\frac{\partial z}{\partial \nu}\right\|_{L^2(0,T;L^2(\Gamma))} \leqslant C_T \|u\|_{L^2(0,T;L^2(\Gamma))}, \tag{9.12}$$
其中 C_T 为正常数, z 满足
$$\begin{cases} z_{tt} - \Delta z = \Upsilon u_t, & (x,t) \in \Omega \times (0,\infty), \\ z(\cdot,0) = 0, \ z_t(\cdot,0) = 0, & x \in \Omega, \\ z = 0, & (x,t) \in \Gamma \times (0,\infty). \end{cases} \tag{9.13}$$

对系统 (9.9) 运用附录 A 中的引理 A.1, 得到正则性 $(w, w_t) \in C([0,T]; L^2(\Omega) \times H^{-1}(\Omega))$, 进而可以得到上面方程 (9.13) 的解 z 的正则性:
$$\begin{cases} z \in C([0,T]; H_0^1(\Omega)), \ \mathcal{A}z = -\Delta z = w_t \in C([0,T]; H^{-1}(\Omega)), \\ z_t = \mathcal{A}^{-1} w_{tt} = \mathcal{A}^{-1}[-\tilde{A}w + \tilde{A}\Upsilon u] = -w + \Upsilon u \in L^2(0,T; L^2(\Omega)). \end{cases} \tag{9.14}$$

引入记号 $\Sigma = \Gamma \times (0,T), Q = \Omega \times (0,T)$. 另外, 记 $L^2(\Sigma) := H^0(\Sigma) = L^2(0,T; L^2(\Gamma))$, $H^1(\Sigma) := L^2(0,T; H^1(\Gamma)) \cap H^1(0,T; L^2(\Gamma))$, $H^{-1}(\Sigma) := (H_0^1(\Sigma))'$.

下面经常用 C_T 来代表某个正常数, 该常数可能在不同情况下取不同的数值, 但都不依赖于 (y, u).

定理 9.1 的证明 证明将分为四步进行.

第一步 设 $u \in L^2(\Sigma)$, 则由附录 A 中的引理 A.1, (9.9) 的解满足
$$(w, w_t) \in C([0,T]; L^2(\Omega) \times H^{-1}(\Omega)), \quad \left.\frac{\partial w}{\partial \nu}\right|_\Sigma \in H^{-1}(\Sigma). \tag{9.15}$$

因为 $\Upsilon u \in L^2(0,T; H^{1/2}(\Omega))$, 于是由文献 [58] 得到
$$\frac{\partial}{\partial \nu} \Upsilon u \in L^2(0,T; H^{-1}(\Gamma)) \subset H^{-1}(\Sigma). \tag{9.16}$$

将 (9.15) 和 (9.16) 代入 (9.14) 中得到
$$\frac{\partial z_t}{\partial \nu} = -\frac{\partial w}{\partial \nu} + \frac{\partial}{\partial \nu} \Upsilon u \in H^{-1}(\Sigma),$$
并且由于 z 在 Σ 上为零, 故 z_t 也在 Σ 上为零.

第二步 利用测地法坐标变换可以局部地将 Ω 和 Γ 变成 $\widehat{\Omega} := \{(x,y) \in \mathbb{R}^n, x > 0, y \in \mathbb{R}^{n-1}\}$ 和 $\widehat{\Gamma} := \{(x,y) \in \mathbb{R}^n, x = 0, y \in \mathbb{R}^{n-1}\}$. 在此坐标变换下,算子 Δ 局部地变为 $\widehat{A} := D_x^2 + r(x,y)D_y^2 - \text{lot}$ (见附录 B 中的测地法坐标), 其中 lot 表示一阶微分算子, $r(x,y)D_y^2$ 表示切向上关于 y 变量的二阶强椭圆算子. 在坐标变换之后, (9.9) 的解 w 用新记号 $\widehat{w}$ 来表示, 而 u 则用新记号 $\widehat{u}$ 来表示. 因为 $\widehat{w}$ 具有零初值, 可以把 $\widehat{w}(t)$ 作一个延拓, 当 $t < 0$ 时, 取零值. 设 $\phi \in C_0^\infty(\mathbb{R})(|\phi| \leqslant 1)$ 是一个取实值的光滑截断函数, 满足当 $t \geqslant (3/2)T$ 时, $\phi(t) = 0$; 当 $t \in [0,T]$ 时, $\phi(t) = 1$. 另外, 令

$$v := \widehat{w}\phi,$$

则 v 满足

$$\begin{cases} v_{tt} = \widehat{A}v = A_0 v + \text{lot}(\widehat{w}), & (x,y,t) \in \widehat{\Omega} \times (0,\infty), \\ v(\cdot,0) = v_t(\cdot,0) = 0, & (x,y) \in \widehat{\Omega}, \\ v = \phi \widehat{u}, & (x,y,t) \in \widehat{\Gamma} \times (0,\infty), \\ \text{supp}(v) \subset [0,(3/2)T], \end{cases}$$

其中 $A_0 := D_x^2 + r(x,y)D_y^2$ 为 $\widehat{A}$ 的主项, 记 $\widehat{\Sigma} := \widehat{\Gamma} \times (0,T)$.

现在, 将 v 分解为 $v = \varphi + \psi$, 其中 φ 和 ψ 分别满足下面的 (9.17) 和 (9.19) 两个方程.

由附录 A 中的引理 A.1, 方程

$$\begin{cases} \varphi_{tt} - A_0\varphi = 0, & (x,y,t) \in \widehat{\Omega} \times (0,\infty), \\ \varphi(\cdot,0) = \varphi_t(\cdot,0) = 0, & (x,y) \in \widehat{\Omega}, \\ \varphi = \phi\widehat{u}, & (x,y,t) \in \widehat{\Gamma} \times (0,\infty) \end{cases} \tag{9.17}$$

的解 φ 满足

$$(\varphi, \varphi_t) \in C([0,T]; L^2(\widehat{\Omega}) \times H^{-1}(\widehat{\Omega})). \tag{9.18}$$

而 ψ 则满足如下方程:

$$\begin{cases} \psi_{tt} - A_0\psi = f, & (x,y,t) \in \widehat{\Omega} \times (0,\infty), \\ \psi(\cdot,0) = \psi_t(\cdot,0) = 0, & (x,y) \in \widehat{\Omega}, \\ \psi = 0, & (x,y,t) \in \widehat{\Gamma} \times (0,\infty) \end{cases} \tag{9.19}$$

其中 $f = \text{lot}(\widehat{w})$. 注意到由 (9.15) 有 $w \in C([0,T]; L^2(\Omega))$, 故 $\widehat{w} \in C([0,T]; L^2(\widehat{\Omega}))$, 从而

$$f \in C([0,T]; H^{-1}(\widehat{\Omega}))$$

于是再应用附录 A 中引理 A.1 得到

$$(\psi, \psi_t) \in C([0,T]; L^2(\widehat{\Omega}) \times H^{-1}(\widehat{\Omega})). \tag{9.20}$$

结合 (9.20) 与 (9.18) 有

$$(v, v_t) \in C([0,T]; L^2(\widehat{\Omega}) \times H^{-1}(\widehat{\Omega})).$$

第三步 对于非齐次问题 (9.19), 下面将证明映射

$$\widehat{u} \mapsto B^*\psi_t \text{ 连续地从 } L^2(\widehat{\Sigma}) \text{ 映到 } L^2(\widehat{\Sigma}). \tag{9.21}$$

事实上, 由于映射 $\widehat{u} \mapsto f = \mathrm{lot}(\widehat{w})$ 连续地从 $L^2(\widehat{\Sigma})$ 映到 $L^2(0,T; H^{-1}(\widehat{\Omega}))$, 故只需要证明

$$f \mapsto B^*\psi_t \text{ 连续地从 } L^2(0,T;H^{-1}(\widehat{\Omega})) \text{ 映到 } L^2(\widehat{\Sigma}). \tag{9.22}$$

把 A_0^{-1} 作用到 (9.19) 有

$$\begin{cases} \Psi_{tt} - A_0\Psi = A_0^{-1}f, & (x,y,t) \in \widehat{\Omega} \times (0,\infty), \\ \Psi(\cdot,0) = \Psi_t(\cdot,0) = 0, & (x,y) \in \widehat{\Omega}, \\ \Psi = 0, & (x,y,t) \in \widehat{\Gamma} \times (0,\infty), \end{cases} \tag{9.23}$$

其中 $\Psi := A_0^{-1}\psi$. 由 (9.20) 知, 如下事实成立:

$$\Psi \in H^2(\widehat{\Omega}) \cap H_0^1(\widehat{\Omega}), \quad A_0^{-1}f \in L^2(0,T;H_0^1(\widehat{\Omega})), \quad A_0^{-1}\psi_t \in C([0,T];H_0^1(\widehat{\Omega})).$$

对问题 (9.23) 运用附录 A 中命题 A.2 可得

$$\frac{\partial \Psi}{\partial \nu_{A_0}} \in H^1(\widehat{\Sigma}),$$

于是

$$\frac{\partial \Psi_t}{\partial \nu_{A_0}} \in L^2(\widehat{\Sigma}).$$

最后, 由 B^* 的定义, $B^*\psi_t = B^*A_0A_0^{-1}\psi_t = B^*A_0\Psi_t = \dfrac{\partial \Psi_t}{\partial \nu_{A_0}}$. 由附录 A 中注 A.1 知

$$A_0^{-1}f \mapsto \frac{\partial \Psi_t}{\partial \nu_{A_0}} = B^*\psi_t \text{ 连续地从 } L^2(0,T;H_0^1(\widehat{\Omega})) \text{ 映射到 } L^2(\widehat{\Sigma}).$$

显然, $f \mapsto A_0^{-1}f$ 是从 $L^2(0,T;H^{-1}(\widehat{\Omega}))$ 到 $L^2(0,T;H_0^1(\widehat{\Omega}))$ 的连续映射, 这就得到了 (9.22).

第四步 对于问题 (9.17), 如果能够证明映射

$$\widehat{u} \mapsto B^*\varphi_t \text{ 连续地从 } L^2(\widehat{\Sigma}) \text{ 映到 } L^2(\widehat{\Sigma}), \tag{9.24}$$

9.1 常系数波动方程边界控制的适定性

则定理 9.1 的证明就完成了. 通过比较问题 (9.9) 与问题 (9.17) 并注意到 (9.10)~ (9.12) 的等价性, 发现 (9.24) 等价于

$$\left\|\frac{\partial \widehat{z}}{\partial \nu_{A_0}}\right\|_{L^2(\widehat{\Sigma})} \leqslant C_T \|\widehat{u}\|_{L^2(\widehat{\Sigma})}, \quad \widehat{z} := A_0^{-1}\varphi_t. \tag{9.25}$$

设 $\mathcal{X}(x,y,t) \in \mathrm{OP}(S^0(\widehat{\Omega} \times \mathbb{R}))$ 是一个拟微分算子, 它的象征是光滑的局部化函数 $\chi(x,y,t,\eta,\sigma)$, 其支集包含在 $\Box := D_t^2 - D_x^2 - r(x,y)D_y^2$ 的椭圆区域内, 其中 $\Box$ 为 D'Alambertian 算子主部在局部坐标下的表示, 对偶变量 $\eta \in \mathbb{R}^{n-1}, \sigma \in \mathbb{R}$ 表示 y 和 t 所对应的 Fourier 变量, $y \mapsto \mathrm{i}\eta, t \mapsto \mathrm{i}\sigma$. 假设 $\mathrm{supp}(\chi) \subset \{(x,y,t,\eta,\sigma) \in \widehat{\Omega} \times \mathbb{R} \times \mathbb{R}^{n-1} \times \mathbb{R}, |\sigma| \leqslant C_1|\eta|\}$, 并且存在两个常数 C_1 与 $C_2(0 < C_2 < C_1)$, 满足 $\mathrm{supp}(1-\chi) \subset \{(x,y,t,\eta,\sigma) \in \widehat{\Omega} \times \mathbb{R} \times \mathbb{R}^{n-1} \times \mathbb{R}, |\sigma| \geqslant C_2|\eta|\}$. 可以证明

$$(I - \mathcal{X})\frac{\partial \widehat{z}}{\partial \nu} \in L^2(\widehat{\Sigma}). \tag{9.26}$$

(9.26) 证明的技巧来自于第二步中证明的 $\dfrac{\partial z_t}{\partial \nu} \in H^{-1}(\Sigma)$ 的应用. 事实上, 由 $\dfrac{\partial z_t}{\partial \nu} \in H^{-1}(\Sigma)$ 有

$$(1 + \sigma^2 + |\eta|^2)^{-\frac{1}{2}}(\mathrm{i}\sigma)\frac{\partial \tilde{z}}{\partial \nu} \in L^2(\mathbb{R}^n_{\eta,\sigma}),$$

其中 $\tilde{z}$ 为 $\widehat{z}$ 关于 (y,t) 所作的 Fourier 变换. 因此,

$$\int_{\mathbb{R}^n} \frac{\sigma^2}{1+\sigma^2+|\eta|^2}\left|\frac{\partial \tilde{z}}{\partial \nu}\right|^2 \mathrm{d}\eta\mathrm{d}\sigma < +\infty.$$

既然当 $|\sigma| \geqslant C_2|\eta|(|\eta| \geqslant 1)$ 时有

$$\frac{C_2^2}{C_2^2+2} \leqslant \frac{C_2^2}{\frac{1}{|\eta|^2}+C_2^2+1} = \frac{C_2^2|\eta|^2}{1+|\eta|^2C_2^2+|\eta|^2} \leqslant \frac{\sigma^2}{1+\sigma^2+|\eta|^2},$$

所以

$$\int_{|\sigma|\geqslant C_2|\eta|}\left|\frac{\partial \tilde{z}}{\partial \nu}\right|^2 \mathrm{d}\eta\mathrm{d}\sigma \leqslant \int_{|\sigma|\geqslant C_2|\eta|} \frac{2+C_2^2}{C_2^2}\frac{\sigma^2}{1+\sigma^2+|\eta|^2}\left|\frac{\partial \tilde{z}}{\partial \nu}\right|^2 \mathrm{d}\eta\mathrm{d}\sigma$$

$$\leqslant \frac{2+C_2^2}{C_2^2}\int_{\mathbb{R}^n} \frac{\sigma^2}{1+\sigma^2+|\eta|^2}\left|\frac{\partial \tilde{z}}{\partial \nu}\right|^2 \mathrm{d}\eta\mathrm{d}\sigma < \infty,$$

从而

$$\int_{\mathbb{R}^n}|1-\chi|^2\left|\frac{\partial \tilde{z}}{\partial \nu}\right|^2 \mathrm{d}\eta\mathrm{d}\sigma = \int_{\mathrm{supp}(1-\chi)}|1-\chi|^2\left|\frac{\partial \tilde{z}}{\partial \nu}\right|^2 \mathrm{d}\eta\mathrm{d}\sigma$$

$$\leqslant \int_{|\sigma|\geqslant C_2|\eta|}\left|\frac{\partial \tilde{z}}{\partial \nu}\right|^2 \mathrm{d}\eta\mathrm{d}\sigma < \infty.$$

于是 (9.26) 获证.

现在, 需要证明 $\mathcal{X}\dfrac{\partial \widehat{z}}{\partial \nu} \in L^2(\widehat{\Sigma})$. 由椭圆性, 这部分证明思路显得稍微容易一些. 回到关于 φ 的问题 (9.17), 重新将它写成 $\Box \varphi = 0$. 用 $\mathcal{X}$ 作用, 将看到变量 $\mathcal{X}\varphi$ 满足

$$\begin{cases} \Box \mathcal{X}\varphi = -[\mathcal{X}, \Box]\varphi \in H^{-1}(\widetilde{Q}), \\ \mathcal{X}\varphi|_{\partial \widetilde{Q}} \in L^2(\partial \widetilde{Q}). \end{cases} \tag{9.27}$$

在这里以及后面, 记 $\widetilde{Q}$ 为基于 $\widehat{\Omega} \times [-T, 2T]$ 的延拓后的圆柱体, 并记 $\widetilde{\Sigma} := \widehat{\Gamma} \times [-T, 2T]$. 事实上, 由 $[\mathcal{X}, \Box] \in \mathrm{OP}(S^1(\widetilde{Q}))$ 以及 (9.18) 中的先验正则性结果有 $[\mathcal{X}, \Box]\varphi \in H^{-1}(\widetilde{Q})$. 另外, $\mathcal{X}\varphi|_{\widetilde{\Sigma}} = \mathcal{X}\phi \widehat{u} \in L^2(\widetilde{\Sigma})$. 由文献 [47] 知, 拟微分算子具有拟局部性质. 由此性质以及事实 $\mathrm{supp}(\varphi) \subset [0, (3/2)T]$ 有 $(\mathcal{X}\varphi)(2T, \cdot) \in C^\infty(\widehat{\Omega})$ 且 $(\mathcal{X}\varphi)(-T, \cdot) \in C^\infty(\widehat{\Omega})$. 这就得到了 (9.27) 中的边界条件 $\mathcal{X}\varphi|_{\partial \widetilde{Q}} \in L^2(\partial \widetilde{Q})$.

既然 $\Box \mathcal{X}$ 是一个椭圆拟微分算子, 对椭圆问题 (9.27) 运用经典的椭圆理论可以得到

$$\mathcal{X}\varphi \in H^{1/2}(\widetilde{Q}) + H^1(\widetilde{Q}) = H^{1/2}(\widetilde{Q}), \tag{9.28}$$

其中 (9.28) 中间的第一项是由 (9.27) 的边界正则性得到的, 而第二项是由内部正则性得到的. 接下来, 回到由 (9.14) 得到的椭圆问题

$$\begin{cases} \mathcal{A}z = w_t, \quad (x, t) \in Q, \\ z|_\Sigma = 0. \end{cases}$$

由于在 $\widetilde{Q}$ 上, $\widehat{z} := A_0^{-1}\varphi_t$, 于是上面的椭圆问题 (局部地) 对应着半空间中的如下问题:

$$\begin{cases} \mathcal{A}_0 \widehat{z} = \varphi_t, \quad (x, y, t) \in \widetilde{Q}, \\ \widehat{z}|_{\widetilde{\Sigma}} = 0. \end{cases}$$

将 $\mathcal{X}$ 作用到上面的方程中得到

$$\mathcal{A}_0 \mathcal{X} \widehat{z} = \mathcal{X}\varphi_t + [\mathcal{A}_0, \mathcal{X}]\widehat{z} = \frac{\mathrm{d}}{\mathrm{d}t}\mathcal{X}\varphi - \left[\frac{\mathrm{d}}{\mathrm{d}t}, \mathcal{X}\right]\varphi + [\mathcal{A}_0, \mathcal{X}]\widehat{z}.$$

由有关交换子的性质知

$$[\mathcal{A}_0, \mathcal{X}] \in \mathrm{OP}(S^1(\widetilde{Q})), \quad \left[\frac{\mathrm{d}}{\mathrm{d}t}, \mathcal{X}\right] \in \mathrm{OP}(S^0(\widetilde{Q})).$$

再利用 (9.18) 中关于 φ 的先验正则性结果以及 (9.14) 中关于 z 的先验正则性结果得到

$$-\left[\frac{\mathrm{d}}{\mathrm{d}t}, \mathcal{X}\right]\varphi + [\mathcal{A}_0, \mathcal{X}]\widehat{z} \in L^2(\widetilde{Q}). \tag{9.29}$$

另外, 由 (9.28) 知, $\mathcal{X}\varphi \in H_{(\frac{1}{2},\frac{1}{2})}(\widetilde{Q}) \subset H_{(0,\frac{1}{2})}(\widetilde{Q})$. 这里使用了各向异性 Hörmander 空间. 在空间 $H_{(m,s)}(\widetilde{Q})$ 中, m 是平面 $x=0$ 法方向的阶 (起着重要的作用), 而 $m+s$ 是切方向上关于 t 和 y 的阶. 由于 $\dfrac{\mathrm{d}}{\mathrm{d}t}$ 是切方向上的一阶微分算子, 故 $\dfrac{\mathrm{d}}{\mathrm{d}t}\mathcal{X}\varphi \in H_{(0,-\frac{1}{2})}(\widetilde{Q}) \subset H_{(-\frac{1}{2},0)}(\widetilde{Q}) = H^{-\frac{1}{2}}(\widetilde{Q})$. 再由 (9.29) 知, 接下来需要解决的是如下问题:

$$\begin{cases} A_0\mathcal{X}\widehat{z} \in H^{-1/2}(\widetilde{Q}) + L^2(\widetilde{Q}) = H^{-1/2}(\widetilde{Q}), \\ (\mathcal{X}\widehat{z})|_{\widetilde{\Sigma}} = 0. \end{cases}$$

$A_0\mathcal{X}$ 在 $\widetilde{Q}$ 上是椭圆的, 再次利用经典的椭圆正则性理论得到

$$\mathcal{X}\widehat{z} \in H^{3/2}(\widetilde{Q}), \quad \frac{\partial}{\partial\nu}\mathcal{X}\widehat{z} \in L^2(\widetilde{\Sigma}). \tag{9.30}$$

综合 (9.30) 和 (9.26) 导出

$$\frac{\partial\widehat{z}}{\partial\nu} = (I-\mathcal{X})\frac{\partial\widehat{z}}{\partial\nu} + \mathcal{X}\frac{\partial\widehat{z}}{\partial\nu} \in L^2(\widehat{\Sigma}).$$

最终, 由于在 $\widehat{\Sigma}$ 上 $\widehat{z}=0$, 从而得到

$$\frac{\partial\widehat{z}}{\partial\nu_{A_0}} \in L^2(\widehat{\Sigma}).$$

这就证明了 (9.25). 证毕. ∎

9.2 常系数波动方程边界控制的正则性

本节考虑系统 (9.1) 的正则性, 证明它是正则的.

定理 9.2 系统 (9.1) 是正则的, 即如果 $w(\cdot,0) = w_t(\cdot,0) = 0$, $u(x,t) \equiv u(x)$ 为满足 $u \in U$ 的阶跃输入, 则相应的输出响应 y 满足

$$\lim_{\sigma\to 0}\int_{\Gamma_0}\left|\frac{1}{\sigma}\int_0^\sigma y(x,t)\mathrm{d}t - u(x)\right|^2 \mathrm{d}x = 0.$$

由于在 9.1 节已经证明系统 (9.1) 是适定的, 则由推论 4.3 知, 系统 (9.8) 的传递函数为

$$H(\lambda) = \lambda B^*(\lambda^2 + \widetilde{A})^{-1}B, \tag{9.31}$$

其中 $\widetilde{A}$, B 和 B^* 分别被 (9.4), (9.5) 和 (9.7) 给出. 另外, 由定理 9.1 所陈述的适定性和定理 4.2, 存在常数 $M, \beta > 0$, 使得

$$\sup_{\mathrm{Re}\lambda \geqslant \beta} \|H(\lambda)\|_{\mathcal{L}(U)} = M < \infty. \tag{9.32}$$

命题 9.1 定理 9.2 成立当且仅当对于任意的 $u \in C_0^\infty(\Gamma_0)$, 如下方程:

$$\begin{cases} \lambda^2 w(x) - \Delta w(x) = 0, & x \in \Omega, \\ w(x) = 0, & x \in \Gamma_1, \\ w(x) = u(x), & x \in \Gamma_0 \end{cases} \tag{9.33}$$

的解 w 满足

$$\lim_{\lambda \in \mathbb{R}, \lambda \to +\infty} \int_{\Gamma_0} \left| \frac{1}{\lambda} \frac{\partial w(x)}{\partial \nu} - u(x) \right|^2 \mathrm{d}x = 0. \tag{9.34}$$

证 由定理 5.6 的 (5.24), 定理 9.2 等价于

$$\lim_{\lambda \in \mathbb{R}, \lambda \to +\infty} H(\lambda) u = u \text{ 在 } U \text{ 的强拓扑意义下对于任意的 } u \in U \text{ 成立}, \tag{9.35}$$

其中 $H(\lambda)$ 由 (9.31) 给出. 由 (9.32) 和稠密性论证, 只需要证明 (9.35) 对所有的 $u \in C_0^\infty(\Gamma_0)$ 都成立即可.

现在假设 $u \in C_0^\infty(\Gamma_0)$, 令

$$w(x) = ((\lambda^2 + \tilde{\mathcal{A}})^{-1} B u)(x),$$

则 w 满足 (9.33), 并且

$$(H(\lambda) u)(x) = -\lambda \frac{\partial(\mathcal{A}^{-1} w)}{\partial \nu}(x), \quad \forall\, x \in \Gamma_0. \tag{9.36}$$

选取函数 $v \in H^2(\Omega)$, 使之满足

$$\begin{cases} \Delta v(x) = 0, x \in \Omega, \\ v(x) = 0, x \in \Gamma_1; \ v(x) = u(x), x \in \Gamma_0, \end{cases}$$

则 (9.33) 能够写成

$$\begin{cases} \lambda^2 w(x) - \Delta(w(x) - v(x)) = 0, & x \in \Omega, \\ (w - v)|_{\partial \Omega} = 0 \end{cases}$$

或者

$$-\lambda^2 (\mathcal{A}^{-1} w)(x) = w(x) - v(x),$$

所以 (9.36) 变成

$$(H(\lambda) u)(x) = \frac{1}{\lambda} \frac{\partial w(x)}{\partial \nu} - \frac{1}{\lambda} \frac{\partial v(x)}{\partial \nu}. \tag{9.37}$$

既然 $\dfrac{\partial v(x)}{\partial \nu}$ 不依赖于 λ, 于是由 (9.37) 和 (9.35) 便可得到所需结果. ∎

9.2 常系数波动方程边界控制的正则性

下面将证明当 $u \in C_0^\infty(\Gamma_0)$ 时, (9.33) 的解满足 (9.34). 令 $\varepsilon = \lambda^{-1}$, 先证明存在常数 $C > 0$, 使得对所有的 $\varepsilon \in (0,1)$,

$$\left(\varepsilon^2 \Delta - 1\right) w(x) = 0, \quad x \in \Omega$$

的解 $w \in H^2(\Omega)$ 满足如下不等式:

$$\left\| \varepsilon \frac{\partial w}{\partial \nu} - w \right\|_{L^2(\partial\Omega)}^2 \leqslant C\varepsilon \|w\|_{H^{3/2}(\partial\Omega)}^2.$$

定理 9.2 的证明 由命题 9.1, 仅需证明当 $u \in C_0^\infty(\Gamma_0)$ 时, (9.33) 的解 w 满足 (9.34). 在下面的证明中假设 $0 < \varepsilon < 1$ 成立.

任给 $x_0 \in \partial\Omega$, 不失一般性, 假设存在 $\phi \in C^3(\mathbb{R}^{n-1})$, 使得在 x_0 的一个开邻域 V_{x_0} 有

$$V_{x_0} \cap \Omega = \{(x', x_n) = (x_1, x_2, \cdots, x_{n-1}, x_n) \in V_{x_0},\ x_n - \phi(x') > 0\}.$$

于是 $V_{x_0} \cap \partial\Omega$ 在 $(x', \phi(x'))$ 点的单位外法向量为

$$\nu(x) = \frac{\left(\partial_{x_1}\phi(x'), \cdots, \partial_{x_{n-1}}\phi(x'), -1\right)}{\sqrt{1 + |\nabla\phi(x')|^2}}.$$

应用下面的测地法坐标:

$$(h, s) = (h_1, h_2, \cdots, h_{n-1}, s) \in \mathbb{R}^n,$$

可以引入同胚

$$\Psi(h, s) = x - s\nu(x), \quad x \in V_{x_0} \cap \partial\Omega,$$

使得对某个 $r > 0$ 和 x_0 的某个开邻域 $\Omega_{x_0} (\subset V_{x_0})$, 成立

(1) $\Psi^{-1}(\Omega_{x_0}) = B_r = \{(h,s) \in \mathbb{R}^n, |(h,s)| < r\}$;

(2) $\Psi^{-1}(\Omega_{x_0} \cap \Omega) = B_r^+ = \{(h,s) \in B_r, s > 0\}$;

(3) $\Psi^{-1}(\Omega_{x_0} \cap \partial\Omega) = \{(h,s) \in B_r, s = 0\} = \{|h| < r\} \times \{0\}$,

其中 $|\cdot|$ 为欧几里得范数. 应用同胚 $\Psi: B_r \to \Omega_{x_0}$, 边界上的法导数为

$$\frac{\partial}{\partial \nu} = -\partial_s,$$

并且相应算子可以写成下面的形式:

$$\Delta - \frac{1}{\varepsilon^2} = \partial_s^2 + P(h, s, -\mathrm{i}\partial_h) + \ell(h,s)\partial_s - \frac{1}{\varepsilon^2},$$

其中 $\partial_h = (\partial_{h_1}, \cdots, \partial_{h_{n-1}})$, ℓ 为一个连续函数, P 为变量 h 的一个二阶椭圆微分算子.

下面分三步完成证明.

第一步 扁平化与局部化. 应用上面的同胚 Ψ 扁平局部区域 $\Omega_{x_0} \cap \Omega$, 令

$$\tilde{u}_\varepsilon(h,s) = w(\Psi(h,s)), \quad \tilde{u}(h) = w(\Psi(h,0)), \tag{9.38}$$

则 $\tilde{u}_\varepsilon$ 满足

$$\begin{cases} \partial_s^2 \tilde{u}_\varepsilon(h,s) + \sum_{i,j=1}^{n-1} a_{ij}(h,s)\partial_{h_i}\partial_{h_j}\tilde{u}_\varepsilon(h,s) + Q\tilde{u}_\varepsilon(h,s) - \dfrac{1}{\varepsilon^2}\tilde{u}_\varepsilon(h,s) = 0, \quad (h,s) \in B_r^+, \\ \tilde{u}_\varepsilon(h,0) = \tilde{u}(h), \quad |h| < r, \end{cases} \tag{9.39}$$

其中 Q 为 B_r 上连续系数的一阶线性微分算子, $(a_{ij})_{1 \leqslant i,j \leqslant n-1}$ 为 B_r 上关于 (h,s) 连续的严格正定函数矩阵. 假设 $\lambda_0 > 0$ 为一常数, 使得

$$\sum_{i,j=1}^{n-1} a_{ij}(h,s)\xi_i \xi_j \geqslant \lambda_0 |\xi|^2, \quad \forall \, \xi = (\xi_1, \xi_2, \cdots, \xi_{n-1}) \in \mathbb{R}^{n-1}, (h,s) \in B_r. \tag{9.40}$$

令 $\mu_0 > 0$ 为使得 $\mu_0 < \dfrac{\lambda_0}{(n-1)^2}$ 成立的常数. 由于 a_{ij} 是 B_r 上的连续函数, 则可以找到一个常数 $\rho \in (0,r)$, 使得

$$|a_{ij}(h,s) - a_{ij}(0,0)| \leqslant \mu_0, \quad \forall \, i,j = 1,2,\cdots,n-1, (h,s) \in B_\rho^+. \tag{9.41}$$

然后, 引入割函数 $\varphi = \varphi(h,s) \in C_0^\infty(B_\rho)$, 使得 $0 \leqslant \varphi \leqslant 1$, 并且在 $B_{\rho/2}$ 上, $\varphi = 1$. 任给 $(h,s) \in \mathbb{R}^{n-1} \times \mathbb{R}^+$, 令

$$\chi_\varepsilon(h,s) = \varphi(h,s)\tilde{u}_\varepsilon(h,s), \quad f(h) = \varphi(h,0)\tilde{u}(h), \tag{9.42}$$

则 $\chi_\varepsilon \in H^2(\mathbb{R}^{n-1} \times \mathbb{R}^+)$, 并且在 $\mathbb{R}^{n-1} \times \{s \geqslant \rho\}$ 上, $\chi_\varepsilon(h,s) = 0$. 由 (9.43) 知, χ_ε 满足

$$\begin{cases} \partial_s^2 \chi_\varepsilon(h,s) + \sum_{i,j=1}^{n-1} a_{ij}(0,0)\partial_{h_i}\partial_{h_j}\chi_\varepsilon(h,s) - \dfrac{1}{\varepsilon^2}\chi_\varepsilon(h,s) \\ = G\chi_\varepsilon(h,s) + L\tilde{u}_\varepsilon(h,s), \quad (h,s) \in \mathbb{R}^{n-1} \times \mathbb{R}^+, \\ \chi_\varepsilon(h,0) = f(h), \quad h \in \mathbb{R}^{n-1}, \end{cases} \tag{9.43}$$

其中

9.2 常系数波动方程边界控制的正则性

$$\begin{cases} G\chi_\varepsilon(h,s) = \sum_{i,j=1}^{n-1}[a_{ij}(0,0)-a_{ij}(h,s)]\partial_{h_i}\partial_{h_j}\chi_\varepsilon(h,s), \\ L\tilde{u}_\varepsilon(h,s) = -\varphi(h,s)Q\tilde{u}_\varepsilon(h,s) + [\partial_s^2,\varphi]\tilde{u}_\varepsilon(h,s) \\ \qquad\qquad + \sum_{i,j=1}^{n-1}a_{ij}(h,s)[\partial_{h_i}\partial_{h_j},\varphi]\tilde{u}_\varepsilon(h,s), \end{cases} \quad (9.44)$$

$[\partial_s^2,\varphi]\tilde{u}_\varepsilon = 2\partial_s\varphi\partial_s\tilde{u}_\varepsilon + \partial_s^2\varphi\tilde{u}_\varepsilon,\quad [\partial_{h_i}\partial_{h_j},\varphi]\tilde{u}_\varepsilon = \partial_{h_i}\varphi\partial_{h_j}\tilde{u}_\varepsilon + \partial_{h_j}\varphi\partial_{h_i}\tilde{u}_\varepsilon + \partial_{h_i}\partial_{h_j}\varphi\tilde{u}_\varepsilon.$

显然, G 和 L 分别为二阶线性微分算子和一阶线性微分算子.

第二步 部分 Fourier 变换. 固定 s, 任给 $\chi(\cdot,s) \in L^2(\mathbb{R}^{n-1})$. 下面记 $\widehat{\chi}(\xi,s)$ 为 $\chi(h,s)$ 关于 h 的部分 Fourier 变换, 即

$$\widehat{\chi}(\xi,s) = \int_{\mathbb{R}^{n-1}} \chi(h,s)\mathrm{e}^{-\mathrm{i}\langle h,\xi\rangle}\mathrm{d}h.$$

对 (9.43) 应用上面的部分 Fourier 变换可得

$$\begin{cases} \partial_s^2\widehat{\chi_\varepsilon}(\xi,s) - \dfrac{1}{\varepsilon^2}(\varepsilon^2\xi^\mathrm{T}A\xi+1)\widehat{\chi_\varepsilon}(\xi,s) = \widehat{G\chi_\varepsilon}(\xi,s) + \widehat{L\tilde{u}_\varepsilon}(\xi,s), & (\xi,s) \in \mathbb{R}^{n-1}\times\mathbb{R}^+, \\ \widehat{\chi_\varepsilon}(\xi,0) = \widehat{f}(\xi), \quad \xi \in \mathbb{R}^{n-1}, \end{cases} \quad (9.45)$$

其中 $A = \{a_{ij}(0,0)\}_{1\leqslant i,j\leqslant n-1}$ 为一个正定矩阵. 注意到

$$\widehat{\chi_\varepsilon}(\xi,s) = 0, \quad \forall (\xi,s) \in \mathbb{R}^{n-1}\times[\rho,+\infty). \quad (9.46)$$

为了分析系统 (9.45) 满足 (9.46) 的解, 将 $\widehat{\chi_\varepsilon}(\xi,s)$ 作如下分解:

$$\widehat{\chi_\varepsilon}(\xi,s) = w_\varepsilon(\xi,s) + v_\varepsilon(\xi,s), \quad (\xi,s)\in\mathbb{R}^{n-1}\times\mathbb{R}^+, \quad (9.47)$$

其中 w_ε 满足

$$\begin{cases} \partial_s^2 w_\varepsilon(\xi,s) - \dfrac{1}{\varepsilon^2}(\varepsilon^2\xi^\mathrm{T}A\xi+1)w_\varepsilon(\xi,s) = 0, & (\xi,s)\in\mathbb{R}^{n-1}\times\mathbb{R}^+, \\ w_\varepsilon(\xi,0) = \widehat{f}(\xi), \quad \xi\in\mathbb{R}^{n-1}, \\ \lim_{s\to+\infty} w_\varepsilon(\xi,s) = 0, \quad \xi\in\mathbb{R}^{n-1}, \end{cases} \quad (9.48)$$

v_ε 满足

$$\begin{cases} \partial_s^2 v_\varepsilon(\xi,s) - \dfrac{1}{\varepsilon^2}(\varepsilon^2\xi^\mathrm{T}A\xi+1)v_\varepsilon(\xi,s) = \widehat{G\chi_\varepsilon}(\xi,s) + \widehat{L\tilde{u}_\varepsilon}(\xi,s), \\ \qquad\qquad\qquad\qquad\qquad\qquad (\xi,s)\in\mathbb{R}^{n-1}\times\mathbb{R}^+, \\ v_\varepsilon(\xi,0) = 0, \quad \xi\in\mathbb{R}^{n-1}, \\ v_\varepsilon(\xi,s) = -\widehat{f}(\xi)\mathrm{e}^{-s\frac{\sqrt{\varepsilon^2\xi^\mathrm{T}A\xi+1}}{\varepsilon}}, \quad (\xi,s)\in\mathbb{R}^{n-1}\times[\rho,+\infty). \end{cases} \quad (9.49)$$

上面最后一个等式是由于 (9.46) 和 (9.48) 的解的显式表示:

$$w_\varepsilon(\xi,s) = \widehat{f}(\xi) e^{-s\frac{\sqrt{\varepsilon^2 \xi^T A\xi + 1}}{\varepsilon}}. \tag{9.50}$$

可以证明, 存在常数 $C > 0$, 使得对任意 $\varepsilon \in (0,1)$ 有

$$\int_{\mathbb{R}^{n-1}} |\varepsilon \partial_s w_\varepsilon(\xi,0) + w_\varepsilon(\xi,0)|^2 d\xi \leqslant C\varepsilon^2 \|w\|^2_{H^1(\partial\Omega)}. \tag{9.51}$$

事实上, 由 (9.50) 可得

$$\int_{\mathbb{R}^{n-1}} |\varepsilon \partial_s w_\varepsilon(\xi,0) + w_\varepsilon(\xi,0)|^2 d\xi = \int_{\mathbb{R}^{n-1}} \left(\frac{\varepsilon^2 \xi^T A\xi}{\sqrt{\varepsilon^2 \xi^T A\xi + 1} + 1} \right)^2 |\widehat{f}(\xi)|^2 d\xi$$

$$\leqslant \int_{\mathbb{R}^{n-1}} \varepsilon^2 \xi^T A\xi |\widehat{f}(\xi)|^2 d\xi,$$

由此容易得到 (9.51).

现在需要得到 $\int_{\mathbb{R}^{n-1}} |\varepsilon \partial_s v_\varepsilon(\xi,0) + v_\varepsilon(\xi,0)|^2 d\xi$ 关于 ε 的一致界. 这将在第三步中给出.

第三步 $\varepsilon \partial_s v_\varepsilon(\cdot,0) + v_\varepsilon(\cdot,0)$ 的估计. 首先由经典的迹定理估计 $\partial_s v_\varepsilon(\cdot,0)$, 因此, 需要计算 $\partial_s^2 v_\varepsilon$ 和 $\partial_s v_\varepsilon$, 于是先估计 $\widehat{L\widetilde{u}_\varepsilon}$ 和 $\widehat{G\chi_\varepsilon}$. 在下面的证明中, C 表示不依赖于 ε 的正常数.

(1) $\widehat{L\widetilde{u}_\varepsilon}$ 和 $\widehat{G\chi_\varepsilon}$ 的估计. 显然, 有下式成立:

$$\left\| \widehat{L\widetilde{u}_\varepsilon} \right\|_{L^2(\mathbb{R}^{n-1}\times\mathbb{R}^+)} \leqslant C \|w\|_{H^1(\Omega)}. \tag{9.52}$$

由 (9.41) 与关于 Fourier 变换的 Plancherel 公式可得

$$\|\widehat{G\chi_\varepsilon}\|_{L^2(\mathbb{R}^{n-1}\times\mathbb{R}^+)} = (2\pi)^{\frac{n-1}{2}} \|G\chi_\varepsilon\|_{L^2(\mathbb{R}^{n-1}\times\mathbb{R}^+)}$$

$$\leqslant (2\pi)^{\frac{n-1}{2}} \mu_0 \sum_{i,j=1}^{n-1} \|\partial_{h_i}\partial_{h_j}\chi_\varepsilon\|_{L^2(\mathbb{R}^{n-1}\times\mathbb{R}^+)}$$

$$\leqslant \mu_0(n-1)^2 \||\xi|^2 \widehat{\chi_\varepsilon}\|_{L^2(\mathbb{R}^{n-1}\times\mathbb{R}^+)}. \tag{9.53}$$

由 (9.53) 并注意到 (9.47), 于是有下面的估计:

$$\|\widehat{G\chi_\varepsilon}\|_{L^2(\mathbb{R}^{n-1}\times\mathbb{R}^+)} \leqslant \mu_0(n-1)^2 \||\xi|^2 w_\varepsilon\|_{L^2(\mathbb{R}^{n-1}\times\mathbb{R}^+)}$$
$$+ \mu_0(n-1)^2 \||\xi|^2 v_\varepsilon\|_{L^2(\mathbb{R}^{n-1}\times\mathbb{R}^+)}. \tag{9.54}$$

另一方面, 在 (9.49) 两端乘以 $-|\xi|^2 \overline{v_\varepsilon}$, 然后在 $\mathbb{R}^{n-1}\times\mathbb{R}^+$ 上分部积分, 考虑到 (9.40) 与 (9.49) 的最后一个等式可得

$$\lambda_0 \left\||\xi|^2 v_\varepsilon\right\|_{L^2(\mathbb{R}^{n-1}\times\mathbb{R}^+)} \leqslant \|\widehat{G\chi_\varepsilon}\|_{L^2(\mathbb{R}^{n-1}\times\mathbb{R}^+)} + \|\widehat{L\widetilde{u}_\varepsilon}\|_{L^2(\mathbb{R}^{n-1}\times\mathbb{R}^+)}. \tag{9.55}$$

9.2 常系数波动方程边界控制的正则性

将 (9.55) 代入 (9.54), 可得

$$\left(1 - \frac{\mu_0(n-1)^2}{\lambda_0}\right)\left\|\widehat{G\chi_\varepsilon}\right\|_{L^2(\mathbb{R}^{n-1}\times\mathbb{R}^+)}$$
$$\leqslant \mu_0(n-1)^2 \left\||\xi|^2 w_\varepsilon\right\|_{L^2(\mathbb{R}^{n-1}\times\mathbb{R}^+)} + \frac{\mu_0(n-1)^2}{\lambda_0}\left\|\widehat{L\tilde{u}_\varepsilon}\right\|_{L^2(\mathbb{R}^{n-1}\times\mathbb{R}^+)}. \quad (9.56)$$

同时, 由 (9.50) 和 (9.40) 有

$$\left\||\xi|^2 w_\varepsilon\right\|_{L^2(\mathbb{R}^{n-1}\times\mathbb{R}^+)} = \left(\int_{\mathbb{R}^{n-1}} \left||\xi|^2 \hat{f}(\xi)\right|^2 \left(\int_0^{+\infty} e^{-2s\frac{\sqrt{\varepsilon^2\xi^\mathrm{T}A\xi+1}}{\varepsilon}}\mathrm{d}s\right)\mathrm{d}\xi\right)^{1/2}$$
$$= \left\|\sqrt{\frac{\varepsilon}{2\sqrt{\varepsilon^2\xi^\mathrm{T}A\xi+1}}}|\xi|^2\hat{f}\right\|_{L^2(\mathbb{R}^{n-1})}$$
$$\leqslant \sqrt{\frac{1}{2\sqrt{\lambda_0}}}\left\||\xi|^{3/2}\hat{f}\right\|_{L^2(\mathbb{R}^{n-1})} \leqslant C\|w\|_{H^{3/2}(\partial\Omega)}. \quad (9.57)$$

最后, 从 (9.56), (9.57) 和 (9.52) 得到

$$\left\|\widehat{G\chi_\varepsilon}\right\|_{L^2(\mathbb{R}^{n-1}\times\mathbb{R}^+)} \leqslant C\left(\|w\|_{H^{3/2}(\partial\Omega)} + \|w\|_{H^1(\Omega)}\right). \quad (9.58)$$

(2) $\partial_s^2 v_\varepsilon$ 的估计. 在 (9.49) 两端乘以 $\overline{\partial_s^2 v_\varepsilon}$, 在 $\mathbb{R}^{n-1}\times\mathbb{R}^+$ 上分部积分, 注意到 (9.49) 中最后的等式可得

$$\|\partial_s^2 v_\varepsilon\|_{L^2(\mathbb{R}^{n-1}\times\mathbb{R}^+)}^2 \leqslant \left(\|\widehat{G\chi_\varepsilon}\|_{L^2(\mathbb{R}^{n-1}\times\mathbb{R}^+)} + \|\widehat{L\tilde{u}_\varepsilon}\|_{L^2(\mathbb{R}^{n-1}\times\mathbb{R}^+)}\right)\|\partial_s^2 v_\varepsilon\|_{L^2(\mathbb{R}^{n-1}\times\mathbb{R}^+)}.$$

将上式与 (9.52) 和 (9.58) 合并得到

$$\|\partial_s^2 v_\varepsilon\|_{L^2(\mathbb{R}^{n-1}\times\mathbb{R}^+)} \leqslant C[\|w\|_{H^{3/2}(\partial\Omega)} + \|w\|_{H^1(\Omega)}]. \quad (9.59)$$

(3) $\partial_s v_\varepsilon$ 的估计. 注意到 (9.49) 中最后一个等式, 在 (9.49) 中的方程两端乘以 $-\overline{v_\varepsilon}$, 然后在 $\mathbb{R}^{n-1}\times\mathbb{R}^+$ 上分部积分可得

$$\|\partial_s v_\varepsilon\|_{L^2(\mathbb{R}^{n-1}\times\mathbb{R}^+)}^2 + \frac{1}{\varepsilon^2}\|v_\varepsilon\|_{L^2(\mathbb{R}^{n-1}\times\mathbb{R}^+)}^2$$
$$\leqslant \|\varepsilon(\widehat{G\chi_\varepsilon} + \widehat{L\tilde{u}_\varepsilon})\|_{L^2(\mathbb{R}^{n-1}\times\mathbb{R}^+)}\left\|\frac{v_\varepsilon}{\varepsilon}\right\|_{L^2(\mathbb{R}^{n-1}\times\mathbb{R}^+)},$$

于是

$$\|\partial_s v_\varepsilon\|_{L^2(\mathbb{R}^{n-1}\times\mathbb{R}^+)} \leqslant \varepsilon\left(\|\widehat{G\chi_\varepsilon}\|_{L^2(\mathbb{R}^{n-1}\times\mathbb{R}^+)} + \|\widehat{L\tilde{u}_\varepsilon}\|_{L^2(\mathbb{R}^{n-1}\times\mathbb{R}^+)}\right).$$

将上式与 (9.52) 和 (9.58) 合并得到

$$\|\partial_s v_\varepsilon\|_{L^2(\mathbb{R}^{n-1}\times\mathbb{R}^+)} \leqslant C[\|w\|_{H^{3/2}(\partial\Omega)} + \|w\|_{H^1(\Omega)}]. \tag{9.60}$$

(4) $\partial_s v_\varepsilon(\cdot,0)$ 的估计. 应用下面标准的不等式:

$$\int_{\mathbb{R}^{n-1}} |\partial_s v_\varepsilon(\xi,0)|^2 \,\mathrm{d}\xi = -2\int_{\mathbb{R}^{n-1}}\int_0^{+\infty} \mathrm{Re}\left(\partial_s v_\varepsilon(\xi,s)\overline{\partial_s^2 v_\varepsilon}(\xi,s)\right)\mathrm{d}s\mathrm{d}\xi$$
$$\leqslant \|\partial_s v_\varepsilon\|^2_{L^2(\mathbb{R}^{n-1}\times\mathbb{R}^+)} + \|\partial_s^2 v_\varepsilon\|^2_{L^2(\mathbb{R}^{n-1}\times\mathbb{R}^+)}. \tag{9.61}$$

将 (9.61) 与 (9.59) 和 (9.60) 合并, 得到如下关于 v_ε 的需要的估计:

$$\int_{\mathbb{R}^{n-1}} |\varepsilon\partial_s v_\varepsilon(\xi,0) + v_\varepsilon(\xi,0)|^2 \mathrm{d}\xi \leqslant C\varepsilon^2[\|w\|^2_{H^{3/2}(\partial\Omega)} + \|w\|^2_{H^1(\Omega)}]. \tag{9.62}$$

这里使用了 (9.49) 中第二个等式给出的事实 $v_\varepsilon(\cdot,0) = 0$.

与 (9.47) 合并, 估计 (9.51) 和 (9.62) 可得

$$\int_{\mathbb{R}^{n-1}} |\varepsilon\partial_s\widehat{\chi_\varepsilon}(\xi,0) + \widehat{\chi_\varepsilon}(\xi,0)|^2 \mathrm{d}\xi \leqslant C\varepsilon^2[\|w\|^2_{H^{3/2}(\partial\Omega)} + \|w\|^2_{H^1(\Omega)}]. \tag{9.63}$$

因此, 由 Parseval 公式可得

$$\int_{\mathbb{R}^{n-1}} |\varepsilon\partial_s\chi_\varepsilon(s,0) + \chi_\varepsilon(s,0)|^2 \mathrm{d}s \leqslant C\varepsilon^2[\|w\|^2_{H^{3/2}(\partial\Omega)} + \|w\|^2_{H^1(\Omega)}]. \tag{9.64}$$

由 (9.42), 从 (9.64) 得到

$$\int_{|s|<\rho/2} |\varepsilon\partial_s\tilde{u}_\varepsilon(s,0) + \tilde{u}_\varepsilon(s,0)|^2 \mathrm{d}s \leqslant C\varepsilon^2[\|w\|^2_{H^{3/2}(\partial\Omega)} + \|w\|^2_{H^1(\Omega)}], \tag{9.65}$$

从而由关于 Ψ 的坐标变换推出

$$\int_{\tilde{\Omega}_{x_0}\cap\partial\Omega} \left|\varepsilon\frac{\partial w(x)}{\partial\nu} - w(x)\right|^2 \mathrm{d}x \leqslant C\varepsilon^2[\|w\|^2_{H^{3/2}(\partial\Omega)} + \|w\|^2_{H^1(\Omega)}], \tag{9.66}$$

其中 $\tilde{\Omega}_{x_0} \subset \Omega_{x_0}$ 为 $x_0 \in \partial\Omega$ 的一个开邻域. 由于 x_0 为任意选取的, 则由 (9.66) 容易得到

$$\left\|\varepsilon\frac{\partial w}{\partial\nu} - w\right\|^2_{L^2(\partial\Omega)} \leqslant C\varepsilon^2[\|w\|^2_{H^{3/2}(\partial\Omega)} + \|w\|^2_{H^1(\Omega)}]. \tag{9.67}$$

在 (9.33) 两端乘以 w, 然后分部积分可得

$$\|\varepsilon\nabla w\|^2_{L^2(\Omega)} + \|w\|^2_{L^2(\Omega)} = \varepsilon^2\int_{\partial\Omega} \frac{\partial w(x)}{\partial\nu} w(x)\mathrm{d}x.$$

9.2 常系数波动方程边界控制的正则性

因此，应用 Cauchy-Schwarz 不等式得到

$$\varepsilon^2\|w\|_{H^1(\Omega)}^2 \leqslant \varepsilon\left(\left\|\varepsilon\frac{\partial w}{\partial \nu}-w\right\|_{L^2(\partial\Omega)}+\|w\|_{L^2(\partial\Omega)}\right)\|w\|_{L^2(\partial\Omega)}$$

$$\leqslant \frac{\varepsilon}{2C}\left\|\varepsilon\frac{\partial w}{\partial \nu}-w\right\|_{L^2(\partial\Omega)}^2+\left(1+\frac{C}{2}\right)\varepsilon\|w\|_{L^2(\partial\Omega)}^2.$$

将上面的公式代入 (9.67)，最后证明存在常数 $C>0$，使得对任意 $\varepsilon\in(0,1)$,

$$\left(\varepsilon^2\Delta-1\right)w(x)=0, \quad x\in\Omega.$$

任意解 $w\in H^2(\Omega)$ 满足

$$\left\|\varepsilon\frac{\partial w}{\partial \nu}-w\right\|_{L^2(\partial\Omega)}^2 \leqslant C\varepsilon\|w\|_{H^{3/2}(\partial\Omega)}^2. \tag{9.68}$$

因此,

$$\lim_{\varepsilon\to 0}\left\|\varepsilon\frac{\partial w}{\partial \nu}-u\right\|_{L^2(\Gamma_0)}=0.$$

定理 9.2 得证. ■

需要指出的是，定理 9.2 的证明要复杂得多. 在这里叙述是因为从偏微分方程的角度来看，这个方法更加一般，并且估计 (9.68) 也好得多，这在以后正则性的证明中还要用到. 如果只是为了定理 9.2 的证明，下面的办法简单得多，在 9.4 节的正则性证明中将再次用到这个简单的证明.

定理 9.2 的简单证明　因为定理 9.2 和命题 9.1 等价，其实就是证明方程

$$\begin{cases} w(x)-\varepsilon^2\Delta w(x)=0, & x\in\Omega, \\ w(x)=0, & x\in\Gamma_1, \\ w(x)=u(x), & x\in\Gamma_0 \end{cases} \tag{9.69}$$

的解满足

$$\lim_{\varepsilon\to 0}\int_{\Gamma_0}\left|\varepsilon\frac{\partial w(x)}{\partial \nu}-u(x)\right|^2\mathrm{d}x=0. \tag{9.70}$$

用 $\tau=\tau(x)$ 表示将在点 $x\in\partial\Omega$ 的切向量，并令 $u=0$ 在 Γ_1 上. 因为 $\partial\Omega$ 是光滑的，所以引理 8.2 在欧氏空间的形式就是存在一个 C^1 的向量场 $h=(h_1,h_2,\cdots,h_n):\overline{\Omega}\to\mathbb{R}^n$，使得

$$h(x)=\nu(x) \text{ 在 } \partial\Omega \text{ 上且 } |h|\leqslant 1,$$

其中 $|\cdot|$ 表示 $\mathbb{R}^n$ 的范数（在定理 8.1 的证明中已经用到过）.

方程 (9.69) 的第一个方程两边同乘 $h \cdot \nabla \overline{w}$ 并在 Ω 上分部积分, 并利用 Green 公式和在 $\partial\Omega$ 上的如下事实 $\dfrac{\partial w}{\partial \nu} = \nabla w \cdot \nu$ 可得

$$\begin{aligned}
0 &= \int_\Omega wh \cdot \nabla \overline{w} \mathrm{d}x - \varepsilon^2 \int_\Omega \Delta w h \cdot \nabla \overline{w} \mathrm{d}x \\
&= \int_\Omega wh \cdot \nabla \overline{w} \mathrm{d}x - \varepsilon^2 \int_{\partial\Omega} \frac{\partial w}{\partial \nu}(h \cdot \nabla \overline{w}) \mathrm{d}\Gamma + \varepsilon^2 \int_\Omega \nabla w \cdot \nabla(h \cdot \nabla \overline{w}) \mathrm{d}x \\
&= \int_\Omega wh \cdot \nabla \overline{w} \mathrm{d}x - \varepsilon^2 \int_{\partial\Omega} \left| \frac{\partial w}{\partial \nu} \right|^2 \mathrm{d}\Gamma + \varepsilon^2 \int_\Omega \nabla w \cdot \nabla(h \cdot \nabla \overline{w}) \mathrm{d}x,
\end{aligned}$$

于是

$$\int_{\partial\Omega} \left| \varepsilon \frac{\partial w}{\partial \nu} \right|^2 \mathrm{d}\Gamma = \varepsilon^2 \mathrm{Re} \int_\Omega \nabla w \cdot \nabla(h \cdot \nabla \overline{w}) \mathrm{d}x + \mathrm{Re} \int_\Omega wh \cdot \nabla \overline{w} \mathrm{d}x. \qquad (9.71)$$

其次, 通过简单计算可得

$$\mathrm{Re}(\nabla w \cdot \nabla(h \cdot \nabla \overline{w})) = \mathrm{Re} \sum_{i,j=1}^n \partial_{x_i} h_j \partial_{x_i} w \partial_{x_j} \overline{w} + \frac{1}{2} \mathrm{div}(h|\nabla w|^2) - \frac{1}{2} \mathrm{div}(h)|\nabla w|^2. \qquad (9.72)$$

由散度定理,

$$\begin{aligned}
\mathrm{Re} \int_\Omega wh \cdot \nabla \overline{w} \mathrm{d}x &= \frac{1}{2} \int_\Omega \mathrm{div}(|w|^2 h) \mathrm{d}x - \frac{1}{2} \int_\Omega |w|^2 \mathrm{div}(h) \mathrm{d}x \\
&= \frac{1}{2} \int_{\partial\Omega} |u|^2 \mathrm{d}\Gamma - \frac{1}{2} \int_\Omega |w|^2 \mathrm{div}(h) \mathrm{d}x. \qquad (9.73)
\end{aligned}$$

将 (9.72) 和 (9.73) 代入 (9.71) 并利用散度定理得到

$$\begin{aligned}
\int_{\partial\Omega} \left| \varepsilon \frac{\partial w}{\partial \nu} \right|^2 \mathrm{d}\Gamma = {} & \varepsilon^2 \mathrm{Re} \sum_{i,j=1}^n \int_\Omega \partial_{x_i} h_j \partial_{x_i} w \partial_{x_j} \overline{w} \mathrm{d}x + \frac{1}{2} \varepsilon^2 \int_{\partial\Omega} |\nabla w|^2 \mathrm{d}\Gamma \\
& -\frac{1}{2} \varepsilon^2 \int_\Omega \mathrm{div}(h) |\nabla w|^2 \mathrm{d}x + \frac{1}{2} \int_{\partial\Omega} |u|^2 \mathrm{d}\Gamma - \frac{1}{2} \int_\Omega |w|^2 \mathrm{div}(h) \mathrm{d}x. \quad (9.74)
\end{aligned}$$

因为在 $\partial\Omega$ 上, $|\nabla w|^2 = \left|\dfrac{\partial w}{\partial \nu}\right|^2 + \left|\dfrac{\partial w}{\partial \tau}\right|^2 = \left|\dfrac{\partial w}{\partial \nu}\right|^2 + \left|\dfrac{\partial u}{\partial \tau}\right|^2$, 于是由 (9.74) 得

$$\begin{aligned}
\int_{\partial\Omega} \left| \varepsilon \frac{\partial w}{\partial \nu} \right|^2 \mathrm{d}\Gamma = {} & 2\varepsilon^2 \mathrm{Re} \sum_{i,j=1}^n \int_\Omega \partial_{x_i} h_j \partial_{x_i} w \partial_{x_j} \overline{w} \mathrm{d}x + \varepsilon^2 \int_{\partial\Omega} \left|\frac{\partial u}{\partial \tau}\right|^2 \mathrm{d}\Gamma \\
& -\varepsilon^2 \int_\Omega \mathrm{div}(h) |\nabla w|^2 \mathrm{d}x + \int_{\partial\Omega} |u|^2 \mathrm{d}\Gamma - \int_\Omega |w|^2 \mathrm{div}(h) \mathrm{d}x. \quad (9.75)
\end{aligned}$$

从而存在不依赖于 ε 的常数 C_0, 使得

$$\left| 2\varepsilon^2 \mathrm{Re} \sum_{i,j=1}^n \int_\Omega \partial_{x_i} h_j \partial_{x_i} w \partial_{x_j} \overline{w} \mathrm{d}x - \varepsilon^2 \int_\Omega \mathrm{div}(h) |\nabla w|^2 \mathrm{d}x - \int_\Omega |w|^2 \mathrm{div}(h) \mathrm{d}x \right|$$

9.2 常系数波动方程边界控制的正则性

$$\leqslant C_0 \left[\int_\Omega |w|^2 \mathrm{d}x + \varepsilon^2 \int_\Omega |\nabla w|^2 \mathrm{d}x \right]. \tag{9.76}$$

现在, (9.69) 的第一个方程两边同乘 $\overline{w}$, 并在 Ω 上分部积分得

$$\varepsilon^{-2} \int_\Omega |w|^2 \mathrm{d}x + \int_\Omega |\nabla w|^2 \mathrm{d}x - \int_{\partial\Omega} \overline{w} \frac{\partial w}{\partial \nu} \mathrm{d}\Gamma = 0. \tag{9.77}$$

因此,

$$F(\varepsilon) =: \int_{\partial\Omega} \overline{w} \varepsilon \frac{\partial w}{\partial \nu} \mathrm{d}\Gamma = \varepsilon^{-1} \int_\Omega |w|^2 \mathrm{d}x + \varepsilon \int_\Omega |\nabla w|^2 \mathrm{d}x, \tag{9.78}$$

从而

$$\int_\Omega |w|^2 \mathrm{d}x + \varepsilon^2 \int_\Omega |\nabla w|^2 \mathrm{d}x \leqslant \frac{\varepsilon}{2} \int_{\partial\Omega} \left|\varepsilon \frac{\partial w}{\partial \nu}\right|^2 \mathrm{d}\Gamma + \frac{\varepsilon^2}{2} \int_{\partial\Omega} |u|^2 \mathrm{d}x. \tag{9.79}$$

由 (9.79) 和 (9.75) 得

$$\left| \int_{\partial\Omega} \left|\varepsilon \frac{\partial w}{\partial \nu}\right|^2 \mathrm{d}\Gamma - \int_{\partial\Omega} |u|^2 \mathrm{d}\Gamma \right| \leqslant \frac{C_0 \varepsilon}{2} \left| \int_{\partial\Omega} \left|\varepsilon \frac{\partial w}{\partial \nu}\right|^2 \mathrm{d}\Gamma - \int_{\partial\Omega} |u|^2 \mathrm{d}\Gamma \right|$$
$$+ \left(\frac{C_0 \varepsilon}{2} + \frac{\varepsilon^2}{2}\right) \int_{\partial\Omega} |u|^2 \mathrm{d}\Gamma,$$

于是

$$\lim_{\varepsilon \to 0} \int_{\partial\Omega} \left|\varepsilon \frac{\partial w}{\partial \nu}\right|^2 \mathrm{d}\Gamma = \int_{\partial\Omega} |u|^2 \mathrm{d}\Gamma \quad \text{或者} \quad \lim_{\varepsilon \to 0} \|F(\varepsilon)\|_{L^2(\partial\Omega)}^2 = \|u\|_{L^2(\partial\Omega)}^2. \tag{9.80}$$

这意味着存在不依赖于 ε 的常数 C_1, 使得

$$\int_{\partial\Omega} \left|\varepsilon \frac{\partial w}{\partial \nu}\right|^2 \mathrm{d}\Gamma \leqslant C_1 \tag{9.81}$$

对充分小的 ε 成立.

最后, 一方面,

$$\overline{\lim_{\varepsilon \to 0}} F(\varepsilon) \leqslant \overline{\lim_{\varepsilon \to 0}} \left\|\varepsilon \frac{\partial w}{\partial \nu}\right\|_{L^2(\partial\Omega)} \|u\|_{L^2(\partial\Omega)} = \|u\|_{L^2(\partial\Omega)}^2; \tag{9.82}$$

另一方面, 因为 $|h| \leqslant 1$ 及

$$\mathrm{div}(|w|^2 h) = |w|^2 \mathrm{div}(h) + 2\mathrm{Re}(wh \cdot \overline{\nabla w}),$$

所以存在不依赖于 ε 的常数 C_3, 使得

$$\int_{\partial\Omega} |u|^2 \mathrm{d}\Gamma = \int_\Omega [|w|^2 \mathrm{div}(h) + 2\mathrm{Re}(wh \cdot \overline{\nabla w})] \mathrm{d}x$$
$$\leqslant C_3 \int_\Omega |w|^2 \mathrm{d}x + \varepsilon^{-1} \int_\Omega |w|^2 \mathrm{d}x + \varepsilon \int_\Omega |\nabla w|^2 \mathrm{d}x = C_3 \int_\Omega |w|^2 \mathrm{d}x + F(\varepsilon).$$

由 (9.79) 和 (9.81) 得
$$\lim_{\varepsilon\to 0}\int_\Omega |w|^2 \mathrm{d}x = 0.$$

因此,
$$\int_{\partial\Omega}|u|^2\mathrm{d}\Gamma \leqslant \lim_{\varepsilon\to 0} F(\varepsilon).$$

由上式与 (9.82) 得
$$\lim_{\varepsilon\to 0} F(\varepsilon) = \int_{\partial\Omega}|u|^2\mathrm{d}\Gamma. \tag{9.83}$$

结合 (9.80) 和 (9.83) 即得到所要求的 (9.70),
$$\lim_{\varepsilon\to 0}\|F(\varepsilon) - u\|_{L^2(\partial\Omega)}^2 = 0.$$

证毕. ∎

9.3 变系数波动方程边界控制的适定性

考虑如下部分边界上的 Dirichlet 控制和同位边界观测的变系数波动方程:
$$\begin{cases} w_{tt}(x,t) - \sum_{i,j=1}^n \dfrac{\partial}{\partial x_i}\left(a_{ij}(x)\dfrac{\partial w(x,t)}{\partial x_j}\right) = 0, & x\in\Omega, t>0, \\ w(x,t) = 0, & x\in\Gamma_1, t>0, \\ w(x,t) = u(x,t), & x\in\Gamma_0, t>0, \\ y(x,t) = -\dfrac{\partial \mathcal{A}^{-1} w_t(x,t)}{\partial \nu_\mathcal{A}}, & x\in\Gamma_0, t>0, \end{cases} \tag{9.84}$$

其中 $\Omega \subset \mathbb{R}^n (n \geqslant 2)$ 为有界开区域, 边界 $\partial\Omega =: \Gamma = \overline{\Gamma_0} \cup \overline{\Gamma_1}$ 为光滑的, Γ_0, Γ_1 为互不相交的且在 $\partial\Omega$ 中相对开, $\mathrm{int}(\Gamma_0) \neq \varnothing$, $a_{ij}(x) = a_{ji}(x) \in C^\infty(\mathbb{R}^n)$, 存在常数 $a > 0$, 使得
$$\sum_{i,j=1}^n a_{ij}(x)\xi_i\overline{\xi_j} \geqslant a|\xi|^2, \quad \forall\, x\in\Omega,\ \xi = (\xi_1, \xi_2, \cdots, \xi_n) \in \mathbb{C}^n, \tag{9.85}$$

$$\mathcal{A}w(x,t) := -\sum_{i,j=1}^n \frac{\partial}{\partial x_i}\left(a_{ij}(x)\frac{\partial w(x,t)}{\partial x_j}\right), \quad D(\mathcal{A}) = H^2(\Omega)\cap H_0^1(\Omega),$$

$$\nu_A := \left(\sum_{k=1}^n \nu_k a_{k1}(x), \sum_{k=1}^n \nu_k a_{k2}(x), \cdots, \sum_{k=1}^n \nu_k a_{kn}(x)\right),\quad \frac{\partial}{\partial \nu_A} := \sum_{i,j=1}^n \nu_i a_{ij}(x)\frac{\partial}{\partial x_j}, \tag{9.86}$$

$\nu = (\nu_1, \nu_2, \cdots, \nu_n)$ 为沿 $\partial\Omega$ 的单位外法向量, $A = (a_{ij})$, u 为输入函数 (或控制), y 为输出函数 (或观测).

令 $\mathcal{H} = L^2(\Omega) \times H^{-1}(\Omega)$, $U = L^2(\Gamma_0)$.

类似于常系数情形, 有下面的适定性结果. 由于证明很类似, 这里略去详细的过程, 有兴趣的读者可以作为练习自己给出证明.

定理 9.3 任给 $T > 0$, $(w_0, w_1) \in \mathcal{H}$, $u \in L^2(0, T; U)$. 系统 (9.84) 存在唯一的解 $(w, w_t) \in C([0, T]; \mathcal{H})$ 满足 $w(\cdot, 0) = w_0$ 和 $w_t(\cdot, 0) = w_1$. 另外, 存在不依赖于 (w_0, w_1, u) 的常数 $C_T > 0$, 使得

$$\|(w(\cdot, T), w_t(\cdot, T))\|_{\mathcal{H}}^2 + \|y\|_{L^2(0,T;U)}^2 \leqslant C_T \left[\|(w_0, w_1)\|_{\mathcal{H}}^2 + \|u\|_{L^2(0,T;U)}^2 \right].$$

9.4 变系数波动方程边界控制的正则性

本节考虑系统 (9.84) 的正则性, 有下面的结果.

定理 9.4 系统 (9.84) 是正则的, 确切地说, 如果 $w(\cdot, 0) = w_t(\cdot, 0) = 0$ 且 u 是阶跃输入, $u(\cdot, t) \equiv u(\cdot) \in U$, 则相应的输出响应 y 满足

$$\lim_{\sigma \to 0} \int_{\Gamma_0} \left| \frac{1}{\sigma} \int_0^\sigma y(x, t) \mathrm{d}t - |\nu_A(x)|_g u(x) \right|^2 \mathrm{d}x = 0, \tag{9.87}$$

其中

$$|\nu_A(x)|_g^2 = \sum_{i,j=1}^n \left(g_{ij}(x) \sum_{k=1}^n \nu_k a_{ki}(x) \sum_{l=1}^n \nu_l a_{lj}(x) \right),$$

$$(g_{ij}(x)) = A(x)^{-1}, \quad A(x) = (a_{ij}(x)), \quad \forall x \in \Gamma.$$

类似于常系数情形, 为了证明定理 9.4, 需要下面的命题. 它的证明与命题 9.1 相似, 这里不再给出它的证明.

命题 9.2 定理 9.4 成立当且仅当对于任意的 $u \in C_0^\infty(\Gamma_0)$, 如下方程:

$$\begin{cases} \lambda^2 w(x) = \sum_{i,j=1}^n \frac{\partial}{\partial x_i} \left(a_{ij}(x) \frac{\partial w}{\partial x_j}(x) \right), & x \in \Omega, \\ w(x) = 0, & x \in \Gamma_1, \\ w(x) = u(x), & x \in \Gamma_0 \end{cases} \tag{9.88}$$

的解 w 满足

$$\lim_{\lambda \in \mathbb{R}, \lambda \to +\infty} \int_{\Gamma_0} \left| \frac{1}{\lambda} \frac{\partial w(x)}{\partial \nu_A} - |\nu_A|_g u(x) \right|^2 \mathrm{d}x = 0.$$

下面的证明为 9.2 节中常系数情形的简单证明的推广. 为此, 给出一些有关的概念和记号.

定义 $A(x)$ 和 $G(x)$ 分别为下面的系数矩阵和它的逆:

$$A(x) := (a_{ij}(x)), \quad G(x) := (g_{ij}(x)) = A(x)^{-1}, \quad \mathcal{G}(x) := \det(g_{ij}(x)).$$

下面构造一个黎曼流形. 对于任意的 $x \in \mathbb{R}^n$, 可以定义切空间 $\mathbb{R}^n_x = \mathbb{R}^n$ 上的内积和范数如下:

$$g(X, Y) := \langle X, Y \rangle_g = \sum_{i,j=1}^n g_{ij}(x)\alpha_i \beta_j, \quad \nabla_g f = \sum_{i,j=1}^n a_{ij} \frac{\partial f}{\partial x_i} \frac{\partial}{\partial x_j},$$

$$|X|_g := \langle X, X \rangle_g^{1/2}, \quad \forall\, X = \sum_{i=1}^n \alpha_i \frac{\partial}{\partial x_i},\ Y = \sum_{i=1}^n \beta_i \frac{\partial}{\partial x_i} \in \mathbb{R}^n_x.$$

容易验证, $(\mathbb{R}^n, g)$ 是以 g 为黎曼度量的黎曼空间. 用 D 来表示关于 g 的 Levi-Civita 联络.

定理 9.4 的证明 定义 $\tilde{u} \in C^\infty(\Gamma)$ 为 u 的一个延拓, 即在 Γ_0 上, $\tilde{u} = u$, 并且在 Γ_1 上, $\tilde{u} = 0$. 设

$$F(\lambda)\tilde{u} := \frac{1}{\lambda} \frac{\partial w}{\partial \mu}, \quad x \in \Gamma,$$

其中 w 对于 $u \in C_0^\infty(\Gamma_0)$ 满足 (9.88). 令 $\mu = \dfrac{\nu_A}{|\nu_A|_g}$, 可以定义

$$\frac{\partial}{\partial \mu} := \sum_{i=1}^n \mu_i \frac{\partial}{\partial x_i} = \frac{1}{|\nu_A|_g} \cdot \frac{\partial}{\partial \nu_A}.$$

如果能够证明在 $L^2(\Gamma)$ 上有

$$\lim_{\lambda \in \mathbb{R}, \lambda \to \infty} F(\lambda)\tilde{u} = \tilde{u}, \tag{9.89}$$

则定理便可获证. 余下的证明将分成两步.

第一步 选取满足 (8.40) 的向量场 N. 由于 $\tilde{u} \in C^\infty(\Gamma)$, 故 (9.88) 的解 w 属于 $C^\infty(\Omega)$, 并且进一步有 $N(\overline{w}) \in \mathbb{C}$. 在 (9.88) 中第一个方程的两边同时乘以 $N(\overline{w})$, 然后分部积分. 利用黎曼流形 $(\overline{\Omega}, g)$ 上的散度公式 (见附录 B)

$$\operatorname{div}_g(|w|^2 N) = N(|w|^2) + |w|^2 \operatorname{div}_g(N) \tag{9.90}$$

和

$$\int_\Omega \operatorname{div}_g(|w|^2 N) \mathrm{d}x = \int_\Gamma \langle |w|^2 N, \mu \rangle_g \mathrm{d}\Gamma,$$

9.4 变系数波动方程边界控制的正则性

于是得到

$$\begin{aligned}
\text{LHS} &= \text{Re}\left(\lambda^2 \int_\Omega wN(\overline{w})\mathrm{d}x\right) = \frac{\lambda^2}{2}\int_\Omega N(|w|^2)\mathrm{d}x \\
&= \frac{\lambda^2}{2}\int_\Omega [\text{div}_g(|w|^2 N) - |w|^2 \text{div}_g(N)]\mathrm{d}x \\
&= \frac{\lambda^2}{2}\int_\Gamma \langle |w|^2 N, \mu\rangle_g \mathrm{d}\Gamma - \frac{\lambda^2}{2}\int_\Omega |w|^2 \text{div}_g(N)\mathrm{d}x \\
&= \frac{\lambda^2}{2}\int_\Gamma |\tilde{u}|^2 \mathrm{d}\Gamma - \frac{\lambda^2}{2}\int_\Omega |w|^2 \text{div}_g(N)\mathrm{d}x.
\end{aligned}$$

再利用黎曼流形 $(\overline{\Omega},g)$ 上的 Green 公式 (见附录 B)

$$\int_\Omega \Delta_g w N(\overline{w})\mathrm{d}x = \int_\Omega \langle \nabla_g w, \nabla_g N(\overline{w})\rangle_g \mathrm{d}x - \int_\Gamma N(\overline{w})\frac{\partial w}{\partial \mu}\mathrm{d}\Gamma$$

以及引理 8.1 可得

$$\begin{aligned}
\text{RHS} &= -\int_\Omega \mathcal{A}wN(\overline{w})\mathrm{d}x = \int_\Omega \Delta_g w N(\overline{w})\mathrm{d}x - \int_\Omega \mathcal{T}wN(\overline{w})\mathrm{d}x \\
&= -\int_\Omega \langle \nabla_g w, \nabla_g N(\overline{w})\rangle_g \mathrm{d}x + \int_\Gamma N(\overline{w})\frac{\partial w}{\partial \mu}\mathrm{d}\Gamma - \int_\Omega \mathcal{T}wN(\overline{w})\mathrm{d}x \\
&= -\int_\Omega \langle \nabla_g w, \nabla_g N(\overline{w})\rangle_g \mathrm{d}x + \int_\Gamma \left|\frac{\partial w}{\partial \mu}\right|^2 \mathrm{d}\Gamma - \int_\Omega \mathcal{T}wN(\overline{w})\mathrm{d}x \\
&= -\int_\Omega DN(\nabla_g \overline{w}, \nabla_g w)\mathrm{d}x - \frac{1}{2}\int_\Gamma \langle |\nabla_g w|_g^2 N, \mu\rangle_g \mathrm{d}\Gamma + \frac{1}{2}\int_\Omega |\nabla_g w|_g^2 \text{div}_g(N)\mathrm{d}x \\
&\quad + \int_\Gamma \left|\frac{\partial w}{\partial \mu}\right|^2 \mathrm{d}\Gamma - \int_\Omega \mathcal{T}wN(\overline{w})\mathrm{d}x \\
&= -\int_\Omega DN(\nabla_g \overline{w}, \nabla_g w)\mathrm{d}x - \frac{1}{2}\int_\Gamma |\nabla_g w|_g^2 \mathrm{d}\Gamma + \int_\Gamma \left|\frac{\partial w}{\partial \mu}\right|^2 \mathrm{d}\Gamma \\
&\quad + \frac{1}{2}\int_\Omega |\nabla_g w|_g^2 \text{div}_g(N)\mathrm{d}x - \int_\Omega \mathcal{T}wN(\overline{w})\mathrm{d}x \\
&= \frac{1}{2}\int_\Gamma \left(\left|\frac{\partial w}{\partial \mu}\right|^2 - |\nabla_T \tilde{u}|_g^2\right)\mathrm{d}\Gamma + \int_\Omega \left[|\nabla_g w|_g^2 \frac{\text{div}_g(N)}{2} - DN(\nabla_g \overline{w}, \nabla_g w)\right]\mathrm{d}x \\
&\quad - \int_\Omega \mathcal{T}wN(\overline{w})\mathrm{d}x,
\end{aligned}$$

其中 $\mathcal{T}$ 为一阶微分算子, 并且上式中用到了在 Γ 上, $N(\overline{w}) = \dfrac{\partial \overline{w}}{\partial \mu}$ 的事实. 另外, 用 ∇_T 来表示 Γ 上的切向梯度, 则在 Γ 上有 $|\nabla_g w|_g^2 = \left|\dfrac{\partial w}{\partial \mu}\right|^2 + |\nabla_T \tilde{u}|_g^2$.

在本节的余下部分,用 C 来表示某个常数,该常数可能在不同情况下取不同的数值,但都不依赖于 λ 和 w.

令 LHS=RHS,则得到如下等式:

$$\int_\Gamma |F(\lambda)\tilde{u}|^2 \mathrm{d}\Gamma = \int_\Gamma |\tilde{u}|^2 \mathrm{d}\Gamma + \frac{1}{\lambda^2}\int_\Gamma |\nabla_T \tilde{u}|_g^2 \mathrm{d}\Gamma + \frac{1}{\lambda^2} f(\lambda), \tag{9.91}$$

其中

$$\begin{aligned} f(\lambda) = &\mathrm{Re}\left(\int_\Omega 2DN(\nabla_g \overline{w}, \nabla_g w)\mathrm{d}x\right) - \int_\Omega (\lambda^2|w|^2 + |\nabla_g w|_g^2)\mathrm{div}_g(N)\mathrm{d}x \\ &+ \mathrm{Re}\left(2\int_\Omega \mathcal{T}w N(\overline{w})\mathrm{d}x\right) \end{aligned}$$

满足

$$f(\lambda) \leqslant C(\lambda^2 \|w\|_{L^2(\Omega)}^2 + \||\nabla_g w|_g\|_{L^2(\Omega)}^2). \tag{9.92}$$

事实上,

$$\begin{aligned} f(\lambda) \leqslant &\int_\Omega |2DN(\nabla_g\overline{w}, \nabla_g w)|\mathrm{d}x + \int_\Omega (\lambda^2|w|^2 + |\nabla_g w|_g^2)|\mathrm{div}_g(N)|\mathrm{d}x \\ &+ \int_\Omega 2|\mathcal{T}w|\cdot|N(\overline{w})|\mathrm{d}x \\ \leqslant &\int_\Omega |2\langle D_{\nabla_g\overline{w}}N, \nabla_g w\rangle_g|\mathrm{d}x + C(\lambda^2\|w\|_{L^2(\Omega)}^2 + \||\nabla_g w|_g\|_{L^2(\Omega)}^2) \\ &+ \int_\Omega |\mathcal{T}w|^2\mathrm{d}x + \int_\Omega |N(\overline{w})|^2\mathrm{d}x \\ \leqslant &\int_\Omega 2\left|D_{\frac{\nabla_g\overline{w}}{|\nabla_g w|_g}}N\right|_g |\nabla_g w|_g^2 \mathrm{d}x + C(\lambda^2\|w\|_{L^2(\Omega)}^2 + \||\nabla_g w|_g\|_{L^2(\Omega)}^2) \\ &+ C\||\nabla_g w|_g\|_{L^2(\Omega)}^2 + \||\nabla_g w|_g\|_{L^2(\Omega)}^2 \\ \leqslant &C\||\nabla_g w|_g\|_{L^2(\Omega)}^2 + C(\lambda^2\|w\|_{L^2(\Omega)}^2 + \||\nabla_g w|_g\|_{L^2(\Omega)}^2) + C\||\nabla_g w|_g\|_{L^2(\Omega)}^2 \\ \leqslant &C(\lambda^2\|w\|_{L^2(\Omega)}^2 + \||\nabla_g w|_g\|_{L^2(\Omega)}^2), \end{aligned}$$

这里利用了 $\sup\limits_{x\in\overline{\Omega}}|\mathrm{div}_g(N)| \leqslant C$, $|\mathcal{T}w| \leqslant C|\nabla_g w|_g$ 以及当 $|N|_g \leqslant 1$ 时,$|N(\overline{w})| \leqslant |\nabla_g w|_g$ 的结果.

9.4 变系数波动方程边界控制的正则性

接下来, 用 $\overline{w}$ 去乘以 (9.88) 的第一个方程的右边并分部积分得到

$$\int_\Omega -\mathcal{A}w\overline{w}\mathrm{d}x = \int_\Omega \Delta_g w \overline{w}\mathrm{d}x - \int_\Omega \mathcal{T}w\mathscr{A}\overline{w}\mathrm{d}x$$
$$= -\int_\Omega \langle \nabla_g w, \nabla_g \overline{w}\rangle_g \mathrm{d}x + \int_\Gamma \frac{\partial w}{\partial \mu}\overline{(\widetilde{u})}\mathrm{d}\Gamma - \int_\Omega \mathcal{T}w\cdot\overline{w}\mathrm{d}x.$$

上式结合 (9.88) 可以导出

$$\mathrm{Re}(\langle F(\lambda)\tilde{u},\tilde{u}\rangle_{L^2(\Gamma)}) = \mathrm{Re}\left(\int_\Gamma \frac{1}{\lambda}\frac{\partial w}{\partial \mu}\overline{(\widetilde{u})}\mathrm{d}\Gamma\right)$$
$$= \frac{1}{\lambda}\int_\Omega \langle \nabla_g w, \nabla_g \overline{w}\rangle_g \mathrm{d}x - \frac{1}{\lambda}\int_\Omega \mathcal{A}w\cdot\overline{w}\mathrm{d}x + \frac{1}{\lambda}\mathrm{Re}\left(\int_\Omega \mathcal{T}w\cdot\overline{w}\mathrm{d}x\right)$$
$$= \frac{1}{\lambda}\int_\Omega |\nabla_g w|_g^2 \mathrm{d}x + \lambda\int_\Omega |w|^2 \mathrm{d}x + \frac{1}{\lambda}\mathrm{Re}\left(\int_\Omega \mathcal{T}w\cdot\overline{w}\mathrm{d}x\right).$$

另一方面, 由 Cauchy-Schwarz 不等式有

$$\left|\mathrm{Re}\left(\int_\Omega \mathcal{T}w\cdot\overline{w}\mathrm{d}x\right)\right| \leqslant C\left(\lambda\int_\Omega |w|^2\mathrm{d}x + \frac{1}{\lambda}\int_\Omega |\nabla_g w|_g^2 \mathrm{d}x\right)$$

所以

$$\mathrm{Re}(\langle F(\lambda)\tilde{u},\tilde{u}\rangle_{L^2(\Gamma)}) \geqslant \left(1-\frac{C}{\lambda}\right)\left(\lambda\|w\|_{L^2(\Omega)}^2 + \frac{1}{\lambda}\|\nabla_g w|_g\|_{L^2(\Omega)}^2\right). \tag{9.93}$$

综合 (9.92) 与 (9.93), 则有

$$\frac{f(\lambda)}{\lambda^2} \leqslant \frac{C}{\lambda}(\lambda\|w\|_{L^2(\Omega)}^2 + \frac{1}{\lambda}\|\nabla_g w|_g\|_{L^2(\Omega)}^2) \leqslant \frac{C}{\lambda-C}\mathrm{Re}(\langle F(\lambda)\tilde{u},\tilde{u}\rangle_{L^2(\Gamma)})$$
$$\leqslant \frac{C}{2(\lambda-C)}(\|F(\lambda)\tilde{u}\|_{L^2(\Gamma)}^2 + \|\tilde{u}\|_{L^2(\Gamma)}^2). \tag{9.94}$$

最后, 从不等式 (9.94) 和等式 (9.91) 推出

$$\lim_{\lambda\in\mathbb{R},\lambda\to\infty}\|F(\lambda)\tilde{u}\|_{L^2(\Gamma)}^2 = \|\tilde{u}\|_{L^2(\Gamma)}^2. \tag{9.95}$$

第二步 令

$$G(\lambda)\tilde{u} := \mathrm{Re}(\langle F(\lambda)\tilde{u},\tilde{u}\rangle_{L^2(\Gamma)}), \quad \lambda > 0, \tag{9.96}$$

由 (9.95) 可以导出

$$\limsup_{\lambda\to\infty} G(\lambda)\tilde{u} \leqslant \limsup_{\lambda\to\infty}\|F(\lambda)\tilde{u}\|_{L^2(\Gamma)}\|\tilde{u}\|_{L^2(\Gamma)} = \|\tilde{u}\|_{L^2(\Gamma)}^2.$$

接下来, (9.93) 蕴涵着

$$\lim_{\lambda\to\infty}\|w\|^2_{L^2(\Omega)}=\lim_{\lambda\to\infty}\frac{\lambda\|w\|^2_{L^2(\Omega)}}{\lambda}\leqslant\lim_{\lambda\to\infty}\frac{\mathrm{Re}(\langle F(\lambda)\tilde{u},\tilde{u}\rangle_{L^2(\Gamma)})}{\lambda-C}\leqslant\lim_{\lambda\to\infty}\frac{\|\tilde{u}\|^2_{L^2(\Gamma)}}{\lambda-C}=0.$$

另一方面, 在 Ω 上对 (9.90) 两边同时积分,

$$\begin{aligned}\|\tilde{u}\|^2_{L^2(\Gamma)}&=\mathrm{Re}\left(\int_\Omega 2wN(\overline{w})\mathrm{d}x\right)+\int_\Omega |w|^2\mathrm{div}_g(N)\mathrm{d}x\\ &\leqslant \lambda\|w\|^2_{L^2(\Omega)}+\frac{1}{\lambda}\||\nabla_g w|_g\|^2_{L^2(\Omega)}+C\|w\|^2_{L^2(\Omega)}\\ &\leqslant \frac{\lambda}{\lambda-C}G(\lambda)\tilde{u}+C\|w\|^2_{L^2(\Omega)},\end{aligned}$$

这里用到了 (9.93) 和当 $|N|_g\leqslant 1$ 时, $|N(\overline{w})|\leqslant |\nabla_g w|_g$ 的结果. 由此以及

$$\lim_{\lambda\to\infty}\|w\|^2_{L^2(\Omega)}=0$$

可以得到

$$\|\tilde{u}\|^2_{L^2(\Gamma)}\leqslant \liminf_{\lambda\to\infty}\frac{\lambda}{\lambda-C}G(\lambda)\tilde{u}=\liminf_{\lambda\to\infty}G(\lambda)\tilde{u}.$$

于是得到

$$\lim_{\lambda\to\infty}G(\lambda)\tilde{u}=\|\tilde{u}\|^2_{L^2(\Gamma)}. \tag{9.97}$$

(9.89) 由 (9.95) 和 (9.97) 直接推出. 证毕. ∎

小结和文献说明

本章讨论的波动方程关于时间 t 的最高阶偏导数是二阶的, 所以可以纳入在 6.4 节中讨论的二阶抽象系统 (6.47). 由定理 4.9 和定理 9.1 可知, 系统 (9.1) 是适定的. 结合定理 6.9 和定理 6.10 可知, 系统 (9.1) 的精确可控性和比例输出反馈的闭环系统的指数稳定性是等价的. 关于系统 (9.1) 精确可控性的研究有很多文献, 最早的可能是文献 [45]. 后来有文献 [71], [80], [113], 直到文献 [78]. 指数稳定性则更为曲折. 先是文献 [71] 在区域凸的条件下证明了指数稳定性, 这一几何条件在文献 [114] 中被去掉了. 由 Russell 原理, 精确可控性比指数稳定要简单, 但两者之间的等价关系却从没有人提到过, 而在本章却是一般抽象适定理论的推论, 由此再一次证明了抽象理论的重要性. 文献 [78] 第一次提出了变系数问题 (9.84) 的精确能控性, 这一问题导致了几何光学方法的有名文章 [8] 和用黎曼几何方法处理的文献 [132]. 变系数问题 (9.84) 指数稳定性的讨论参见文献 [23], [42]. 定理 9.1 的结果来自文献 [5] 中的命题 2.2 和文献 [80] 第 46 页的定理 4.2 (也可参见文献 [64]). 文献 [76] 应用拟微分算子的象征微积分给出了流形上的 Dirichlet-Neumann 映射的精确计算. 本章使用的黎曼空间是由文献 [132] 在证明精确可控性时引入的.

第 10 章 Euler-Bernoulli 板方程边界控制的适定性与正则性

Euler-Bernoulli 方程是一个经典的偏微分方程, 在一维情况下就是著名的 Euler-Bernoulli 梁方程, 用于描述弹性梁的振动, 在航天飞行器和弹性机械手的振动控制中有十分重要的应用, 30 年来始终是分布参数控制最恰当的模型之一. 高维的 Euler-Bernoulli 方程一般称为 Petrowski 方程, 用以描述弹性薄板的振动, 在汽车制造和航空航天等工程技术中有着十分重要的应用. 其控制问题和波动方程的控制并驾齐驱, 始终是偏微分方程控制研究的主要对象. 本章研究具有部分 Neumann 边界控制和同位观测的 Euler-Bernoulli 板方程的适定性和正则性.

10.1 常系数 Euler-Bernoulli 板方程边界控制的适定性

考虑如下具有部分 Neumann 边界控制和同位观测的 Euler-Bernoulli 板方程:

$$\begin{cases} w_{tt}(x,t) + \Delta^2 w(x,t) = 0, & x \in \Omega, t > 0, \\ w(x,t) = 0, & x \in \partial\Omega, t \geqslant 0, \\ \dfrac{\partial w(x,t)}{\partial \nu} = 0, & x \in \Gamma_1, t \geqslant 0, \\ \dfrac{\partial w(x,t)}{\partial \nu} = u(x,t), & x \in \Gamma_0, t \geqslant 0, \\ w(x,0) = w_0, \ w_t(x,0) = w_1, \\ y(x,t) = -\Delta((\Delta^2)^{-1} w_t(x,t)), & x \in \Gamma_0, t \geqslant 0, \end{cases} \tag{10.1}$$

其中 $\Omega \subset \mathbb{R}^n$ $(n \geqslant 2)$ 为具有 C^3 光滑边界 $\partial\Omega = \overline{\Gamma_0} \cup \overline{\Gamma_1}$ 的有界区域, Γ_0 和 Γ_1 为 $\partial\Omega$ 中不相交的相对开集, 并且 Γ_0 的内部非空, ν 为 $\partial\Omega$ 上的单位外法向量场.

令 $\mathcal{H} = L^2(\Omega) \times H^{-2}(\Omega)$ 为系统的状态空间, $U = L^2(\Gamma_0)$ 表示系统的控制 (输入) 或者观测 (输出) 空间. 下面的定理表明系统 (10.1) 是适定线性系统.

定理 10.1 任给 $T > 0$, $(w_0, w_1) \in \mathcal{H}$, $u \in L^2(0,T;U)$, 则系统 (10.1) 存在唯一的解 $(w, w_t) \in C([0,T]; \mathcal{H})$ 满足 $w(\cdot,0) = w_0$ 和 $w_t(\cdot,0) = w_1$, 并且存在不依赖于 (w_0, w_1, u) 的常数 $C > 0$, 使得

$$\|(w(\cdot,T), w_t(\cdot,T))\|_{\mathcal{H}}^2 + \|y\|_{L^2(0,T;U)}^2 \leqslant C \left[\|(w_0, w_1)\|_{\mathcal{H}}^2 + \|u\|_{L^2(0,T;U)}^2 \right].$$

为了证明定理 10.1, 先将系统 (10.1) 化为抽象的二阶系统 (4.77).

由 (1.68), $H = H^{-2}(\Omega)$ 是 Sobolev 空间 $H_0^2(\Omega)$ 关于 $L^2(\Omega)$ 的对偶空间. 令 A 为如下由双线性形式 $a(\cdot,\cdot)$ 所决定的正定自伴算子:

$$\langle Af, g\rangle_{H^{-2}(\Omega), H_0^2(\Omega)} = a(f,g) = \int_\Omega \Delta f(x) \overline{\Delta g(x)} \mathrm{d}x, \quad \forall\, f, g \in H_0^2(\Omega). \tag{10.2}$$

由 Lax-Milgram 定理 1.25 可知, A 是从 $D(A) = H_0^2(\Omega)$ 到 H 的等距同构. 若定义通常的双 Laplace 算子为 $\Delta^2 : H^4(\Omega) \cap H_0^2(\Omega) \to L^2(\Omega)$, 则易知 $Af = \Delta^2 f$, $\forall\, f \in H^4(\Omega) \cap H_0^2(\Omega)$, 并且有 $A^{-1}g = (\Delta^2)^{-1}g$, $\forall\, g \in L^2(\Omega)$. 因此可知, A 是双 Laplace 算子 Δ^2 由其定义域 $D(\Delta^2) = H^4(\Omega) \cap H_0^2(\Omega)$ 到 $H_0^2(\Omega)$ 上的延拓.

注意到
$$H_0^2(\Omega) \hookrightarrow L^2(\Omega) \hookrightarrow H^{-2}(\Omega)$$

和下面的公式:

$$\langle Af, g\rangle_{L^2(\Omega)} = \langle \Delta^2 f, g\rangle_{L^2(\Omega)} = \langle f, g\rangle_{H_0^2(\Omega)}, \quad \forall\, f, g \in H_0^2(\Omega), Af \in L^2(\Omega), \tag{10.3}$$

又由于 A 为正自伴算子, 则存在 $H_0^2(\Omega)$ 的一列子空间 $\{Z_n\}_1^\infty$, 使得由 $\bigcup_{n=1}^\infty Z_n$ 所张成的子空间在 $H_0^2(\Omega)$ 中是稠密的, 并且

$$Af_n = \lambda_n f_n, \quad \forall\, f_n \in Z_n, \dim Z_n < \infty, n = 1, 2, \cdots, \lambda_n \to +\infty, Z_n \perp Z_m, n \neq m.$$

由 (10.3) 可知
$$\lambda_n \|f_n\|_{L^2(\Omega)}^2 = \|f_n\|_{H_0^2(\Omega)}^2, \quad n \geqslant 1.$$

对于任意的 $f \in L^2(\Omega)$, f 可分解为
$$f = \sum_{n=1}^\infty f_n, \quad f_n \in Z_n, \, n \geqslant 1,$$

于是下式成立:

$$\|f_n\|_{H^{-2}(\Omega)}^2 = \|A^{-1}f_n\|_{H_0^2(\Omega)}^2 = \lambda_n^{-2} \|f_n\|_{H_0^2(\Omega)}^2 = \lambda_n^{-1} \|f_n\|_{L^2(\Omega)}^2, \quad n \geqslant 1.$$

由此可得

$$\|A^{1/2}f\|_{H^{-2}(\Omega)}^2 = \sum_{n=1}^\infty \lambda_n \|f_n\|_{H^{-2}(\Omega)}^2 = \sum_{n=1}^\infty \|f_n\|_{L^2(\Omega)}^2 = \|f\|_{L^2(\Omega)}^2,$$

从而
$$D(A^{1/2}) = L^2(\Omega).$$

10.1 常系数 Euler-Bernoulli 板方程边界控制的适定性

定义映射 $\Upsilon \in \mathcal{L}(L^2(\Gamma_0), H^{\frac{3}{2}}(\Omega))$, 即 $\Upsilon u = v$ 当且仅当

$$\begin{cases} \Delta^2 v = 0 & \text{在 } \Omega \text{ 上,} \\ v|_{\partial\Omega} = \dfrac{\partial v}{\partial \nu}\bigg|_{\Gamma_1} = 0, \quad \dfrac{\partial v}{\partial \nu}\bigg|_{\Gamma_0} = u. \end{cases} \tag{10.4}$$

利用映射 Υ, 可将系统 (10.1) 改写为

$$\ddot{w} + A(w - \Upsilon u) = 0. \tag{10.5}$$

由于 $D(A)$ 在 H 中稠密, 从而 $D(A^{1/2})$ 也有同样结果. 将空间 H 与其对偶 H' 等同, 则下面的 Gelfand 三元对满足依次的连续和稠密的嵌入关系, 即

$$D(A^{1/2}) \hookrightarrow H \hookrightarrow D(A^{1/2})'.$$

再由下式定义 A 的延拓 $\tilde{A} \in \mathcal{L}(D(A^{1/2}), D(A^{1/2})')$:

$$\langle \tilde{A}f, g\rangle_{D(A^{1/2})', D(A^{1/2})} = \langle A^{1/2}f, A^{1/2}g\rangle_H, \quad \forall\, f, g \in D(A^{1/2}), \tag{10.6}$$

从而 (10.5) 可以进一步在 $D(A^{1/2})'$ 中改写为

$$\ddot{w} + \tilde{A}w = Bu, \tag{10.7}$$

其中 $B \subset \mathcal{L}(U, D(A^{1/2})')$ 由下式给定:

$$Bu = \tilde{A}\Upsilon u, \quad \forall\, u \in L^2(\Gamma_0). \tag{10.8}$$

定义 $B^* \in \mathcal{L}(D(A^{1/2}), U)$ 为 B 的共轭算子,

$$\langle B^*f, u\rangle_U = \langle f, Bu\rangle_{D(A^{1/2}), D(A^{1/2})'}, \quad \forall\, f \in D(A^{1/2}), u \in U,$$

则对于任意的 $f \in D(A^{1/2})$ 和 $u \in C_0^\infty(\Gamma_0)$ 有

$$\begin{aligned}
\langle f, Bu\rangle_{D(A^{1/2}), D(A^{1/2})'} &= \langle \tilde{A}f, \tilde{A}^{-1}Bu\rangle_{D(A^{1/2}), D(A^{1/2})'} \\
&= \langle A^{1/2}f, A^{1/2}\tilde{A}^{-1}Bu\rangle_H \\
&= \langle A^{-1}A^{1/2}f, A^{-1}A^{1/2}\tilde{A}^{-1}Bu\rangle_{H_0^2(\Omega)} \\
&= \langle A^{-1/2}f, A^{-1/2}\Upsilon u\rangle_{H_0^2(\Omega)} \\
&= \langle f, \Upsilon u\rangle_{L^2(\Omega)} \\
&= \langle \Delta^2 A^{-1}f, \Upsilon u\rangle_{L^2(\Omega)} \\
&= \langle -\Delta(A^{-1}f), u\rangle_{L^2(\Gamma_0)}.
\end{aligned}$$

因此,

$$B^*f = -\Delta(A^{-1}f)|_{\Gamma_0} = -\Delta((\Delta^2)^{-1}f)|_{\Gamma_0}, \quad \forall f \in D(A^{1/2}) = L^2(\Omega). \tag{10.9}$$

于是开环系统 (10.1) 化为状态空间 $\mathcal{H} = L^2(\Omega) \times H^{-2}(\Omega)$ 上形如 (4.77) 的二阶抽象形式

$$\begin{cases} w_{tt}(\cdot,t) + \tilde{A}w(\cdot,t) = Bu(\cdot,t), & t > 0, \\ y(\cdot,t) = B^*w_t(\cdot,t), & t \geqslant 0, \end{cases} \tag{10.10}$$

其中 $\tilde{A}$, B 和 B^* 分别由 (10.6), (10.8) 和 (10.9) 给定.

由定理 4.9 和系统 (10.1) 的同位性, 只需证明系统 (10.1) 的输入/输出映射是连续的即可.

下面所用的 C_T 均表示仅依赖于时间的某些常数. 首先将系统 (10.10) 的正则性提升, 以便于能量乘子方法的应用. 令

$$z = A^{-1}w_t,$$

则 z 在空间 $H_0^2(\Omega)$ 中满足

$$\begin{cases} z_{tt}(x,t) + \Delta^2 z(x,t) = (\Upsilon u(\cdot,t))_t(x,t), & x \in \Omega, t > 0, \\ z(x,0) = z_0(x), z_t(x,0) = z_1(x), & x \in \Omega, t \geqslant 0, \\ z(x,t) = \dfrac{\partial z(x,t)}{\partial \nu} = 0, & x \in \partial\Omega, t \geqslant 0. \end{cases} \tag{10.11}$$

注意到 (10.9), 则系统的输出变为

$$y(x,t) = -\Delta z(x,t)|_{\Gamma_0}.$$

因此, 系统 (10.1) 是适定线性系统当且仅当对于某个 (从而对于所有的) $T > 0$, 方程 (10.11) 的解满足

$$\int_0^T \int_{\Gamma_0} |\Delta z(x,t)|^2 \mathrm{d}x \mathrm{d}t \leqslant C_T \int_0^T \int_{\Gamma_0} |u(x,t)|^2 \mathrm{d}x \mathrm{d}t. \tag{10.12}$$

定理 10.1 的证明 下面分七步来完成 (10.12) 的证明.

第一步 由于 $\partial\Omega \in C^3$, 因而由引理 8.2 知, 存在 C^2 光滑的向量场 $h = (h_1, h_2, \cdots, h_n) : \overline{\Omega} \to \mathbb{R}^n$, 使得

$$\text{在 } \partial\Omega \text{ 上 } h(x) = \nu(x), \text{ 并且 } |h| \leqslant 1,$$

其中 $|\cdot|$ 表示 $\mathbb{R}^n$ 中的标准欧氏距离.

对方程 (10.11) 两边同乘 $h \cdot \nabla \bar{z}$, 并在 $[0,T] \times \Omega$ 上积分, 则

$$\int_0^T \int_\Omega z_{tt} h \cdot \nabla \bar{z} \mathrm{d}x \mathrm{d}t + \int_0^T \int_\Omega \Delta^2 z h \cdot \nabla \bar{z} \mathrm{d}x \mathrm{d}t - \int_0^T \int_\Omega (\Upsilon u)_t h \cdot \nabla \bar{z} \mathrm{d}x \mathrm{d}t = 0. \tag{10.13}$$

10.1 常系数 Euler-Bernoulli 板方程边界控制的适定性

计算 (10.13) 的左边第一项可得

$$\int_0^T \int_\Omega z_{tt} h \cdot \nabla \bar{z} \mathrm{d}x \mathrm{d}t$$

$$= \int_\Omega z_t h \cdot \nabla \bar{z} \mathrm{d}x \Big|_0^T - \int_0^T \int_\Omega z_t h \cdot \nabla \bar{z}_t \mathrm{d}x \mathrm{d}t$$

$$= \int_\Omega z_t h \cdot \nabla \bar{z} \mathrm{d}x \Big|_0^T - \int_\Omega z h \cdot \nabla \bar{z}_t \mathrm{d}x \Big|_0^T + \int_0^T \int_\Omega z h \cdot \nabla \bar{z}_{tt} \mathrm{d}x \mathrm{d}t$$

$$= \int_\Omega z_t h \cdot \nabla \bar{z} \mathrm{d}x \Big|_0^T - \left(\int_\Omega \mathrm{div}(hz\bar{z}_t) \mathrm{d}x - \int_\Omega \bar{z}_t z \mathrm{div}(h) \mathrm{d}x - \int_\Omega \bar{z}_t h \cdot \nabla z \mathrm{d}x \right) \Big|_0^T$$

$$+ \int_0^T \int_\Omega z h \cdot \nabla \bar{z}_{tt} \mathrm{d}x \mathrm{d}t$$

$$= 2\mathrm{Re} \int_\Omega z_t h \cdot \nabla \bar{z} \mathrm{d}x \Big|_0^T + \int_\Omega \bar{z}_t z \mathrm{div}(h) \mathrm{d}x \Big|_0^T$$

$$+ \left(\int_0^T \int_\Omega \mathrm{div}(hz\bar{z}_{tt}) \mathrm{d}x \mathrm{d}t - \int_0^T \int_\Omega \bar{z}_{tt} z \mathrm{div}(h) \mathrm{d}x \mathrm{d}t - \int_0^T \int_\Omega \bar{z}_{tt} h \cdot \nabla z \mathrm{d}x \mathrm{d}t \right)$$

$$= 2\mathrm{Re} \int_\Omega z_t h \cdot \nabla \bar{z} \mathrm{d}x \Big|_0^T + \int_\Omega \bar{z}_t z \mathrm{div}(h) \mathrm{d}x \Big|_0^T - \int_0^T \int_\Omega \overline{(\Upsilon u)}_t z \mathrm{div}(h) \mathrm{d}x \mathrm{d}t$$

$$+ \int_0^T \int_\Omega z \Delta^2 \bar{z} \mathrm{div}(h) \mathrm{d}x \mathrm{d}t - \int_0^T \int_\Omega \bar{z}_{tt} h \cdot \nabla z \mathrm{d}x \mathrm{d}t,$$

从而

$$\mathrm{Re} \int_0^T \int_\Omega z_{tt} h \cdot \nabla \bar{z} \mathrm{d}x \mathrm{d}t$$

$$= \mathrm{Re} \int_\Omega z_t h \cdot \nabla \bar{z} \mathrm{d}x \Big|_0^T + \frac{1}{2} \int_\Omega \bar{z}_t z \mathrm{div}(h) \mathrm{d}x \Big|_0^T - \frac{1}{2} \int_0^T \int_\Omega \overline{(\Upsilon u)}_t z \mathrm{div}(h) \mathrm{d}x \mathrm{d}t$$

$$+ \frac{1}{2} \int_0^T \int_\Omega z \Delta^2 \bar{z} \mathrm{div}(h) \mathrm{d}x \mathrm{d}t. \tag{10.14}$$

由分部积分, 并注意到在 $\partial \Omega$ 上成立 $\dfrac{\partial z}{\partial \nu} = \nabla z \cdot \nu$, 于是 (10.14) 的右边最后一项为

$$\frac{1}{2} \int_0^T \int_\Omega z \Delta^2 \bar{z} \mathrm{div}(h) \mathrm{d}x \mathrm{d}t$$

$$= \frac{1}{2} \int_0^T \int_\Omega \Delta \bar{z} \Delta(z \mathrm{div}(h)) \mathrm{d}x \mathrm{d}t + \frac{1}{2} \int_0^T \int_{\partial \Omega} z \mathrm{div}(h) \frac{\partial (\Delta \bar{z})}{\partial \nu} \mathrm{d}\Gamma$$

$$- \frac{1}{2} \int_0^T \int_{\partial \Omega} \Delta \bar{z} \frac{\partial (z \mathrm{div}(h))}{\partial \nu} \mathrm{d}\Gamma$$

$$= \frac{1}{2}\int_0^T \int_\Omega \Delta \bar{z}[\Delta z \operatorname{div}(h) + 2\nabla z \cdot \nabla(\operatorname{div}(h)) + z\Delta(\operatorname{div}(h))]dxdt$$

$$= \frac{1}{2}\int_0^T \int_\Omega |\Delta z|^2 \operatorname{div}(h)dxdt + \int_0^T \int_\Omega \Delta \bar{z} \nabla z \cdot \nabla(\operatorname{div}(h))dxdt$$

$$+ \frac{1}{2}\int_0^T \int_\Omega z\Delta \bar{z}\Delta(\operatorname{div}(h))dxdt. \tag{10.15}$$

将 (10.15) 代入 (10.14) 可得

$$\operatorname{Re}\int_0^T \int_\Omega z_{tt}h\cdot\nabla\bar{z}dxdt$$

$$= \operatorname{Re}\int_\Omega z_t h\cdot\nabla\bar{z}dx\Big|_0^T + \frac{1}{2}\int_\Omega \bar{z}_t z\operatorname{div}(h)dx\Big|_0^T$$

$$-\frac{1}{2}\int_0^T \int_\Omega \overline{(\Upsilon u)}_t z\operatorname{div}(h)dxdt + \frac{1}{2}\int_0^T \int_\Omega |\Delta z|^2 \operatorname{div}(h)dxdt$$

$$+ \int_0^T \int_\Omega \Delta \bar{z}\nabla z\cdot\nabla(\operatorname{div}(h))dxdt + \frac{1}{2}\int_0^T \int_\Omega z\Delta\bar{z}\Delta(\operatorname{div}(h))dxdt. \tag{10.16}$$

计算 (10.13) 的左边第二项, 由分部积分可得

$$\operatorname{Re}\int_0^T \int_\Omega \Delta^2 z h\cdot\nabla\bar{z}dxdt$$

$$= \operatorname{Re}\int_0^T \int_\Omega \Delta z\Delta(h\cdot\nabla\bar{z})dxdt + \operatorname{Re}\int_0^T \int_{\partial\Omega} \frac{\partial(\Delta z)}{\partial\nu}\frac{\partial\bar{z}}{\partial\nu}d\Gamma dt$$

$$-\operatorname{Re}\int_0^T \int_{\partial\Omega} \Delta z\frac{\partial^2 \bar{z}}{\partial\nu^2}d\Gamma dt$$

$$= \int_0^T \int_\Omega \operatorname{Re}[\Delta z\Delta(h\cdot\nabla\bar{z})]dxdt - \int_0^T \int_{\partial\Omega} |\Delta z|^2 d\Gamma dt, \tag{10.17}$$

其中 (10.17) 的最后一步用到了如下事实:

$$\bar{z}|_{[0,T]\times\partial\Omega} = \frac{\partial\bar{z}}{\partial\nu}\Big|_{[0,T]\times\partial\Omega} = 0, \quad \text{于是} \quad \frac{\partial^2\bar{z}}{\partial\nu^2}\Big|_{[0,T]\times\partial\Omega} \equiv \Delta\bar{z}|_{[0,T]\times\partial\Omega}.$$

通过直接计算表明

$$\operatorname{Re}[\Delta z\Delta(h\cdot\nabla\bar{z})]$$

$$= \operatorname{Re}\left[\Delta z\left(\sum_{i,j=1}^n \partial_{x_j}^2 h_i \partial_{x_i}\bar{z}\right)\right] + \operatorname{Re}\left[\Delta z\left(2\sum_{i,j=1}^n \partial_{x_j}h_i\partial_{x_j}\partial_{x_i}\bar{z}\right)\right]$$

10.1 常系数 Euler-Bernoulli 板方程边界控制的适定性

$$+\frac{1}{2}\text{div}((h)|\Delta z|^2) - \frac{1}{2}\text{div}(h)|\Delta z|^2. \tag{10.18}$$

将 (10.18) 代入 (10.17) 并由分部积分可得

$$\text{Re}\int_0^T\int_\Omega \Delta^2 z h\cdot\nabla\bar z\,\mathrm{d}x\mathrm{d}t$$

$$=\text{Re}\int_0^T\int_\Omega \Delta z\left(\sum_{i,j=1}^n \partial^2_{x_j}h_i\partial_{x_i}\bar z\right)\mathrm{d}x\mathrm{d}t$$

$$+\text{Re}\int_0^T\int_\Omega \Delta z\left(2\sum_{i,j=1}^n \partial_{x_j}h_i\partial_{x_j}\partial_{x_i}\bar z\right)\mathrm{d}x\mathrm{d}t - \frac{1}{2}\int_0^T\int_{\partial\Omega}|\Delta z|^2\mathrm{d}\Gamma\mathrm{d}t$$

$$-\frac{1}{2}\int_0^T\int_\Omega \text{div}(h)|\Delta z|^2\mathrm{d}x\mathrm{d}t. \tag{10.19}$$

令 $\tilde H \equiv Dh$,

$$\tilde H = \begin{bmatrix} \partial_{x_1}h_1 & \cdots & \partial_{x_n}h_1 \\ \vdots & & \vdots \\ \partial_{x_1}h_n & \cdots & \partial_{x_n}h_n \end{bmatrix}, \tag{10.20}$$

则如下等式成立:

$$\text{div}[(\tilde H+\tilde H^T)\nabla\bar z] = \sum_{i,j=1}^n \partial^2_{x_j}h_i\partial_{x_i}\bar z + 2\sum_{i,j=1}^n \partial_{x_j}h_i\partial_{x_j}\partial_{x_i}\bar z + \nabla\bar z\cdot\nabla(\text{div}(h)). \tag{10.21}$$

对 (10.13) 取实部, 则

$$\text{Re}\int_0^T\int_\Omega z_{tt}h\cdot\nabla\bar z\,\mathrm{d}x\mathrm{d}t + \text{Re}\int_0^T\int_\Omega \Delta^2 z h\cdot\nabla\bar z\,\mathrm{d}x\mathrm{d}t - \text{Re}\int_0^T\int_\Omega \overline{(\Upsilon u)}_t h\cdot\nabla z\,\mathrm{d}x\mathrm{d}t = 0. \tag{10.22}$$

将 (10.16) 和 (10.19) 代入 (10.22) 并利用 (10.21), 最终得到

$$\frac{1}{2}\int_0^T\int_{\partial\Omega}|\Delta z|^2\mathrm{d}\Gamma\mathrm{d}t$$

$$=\text{Re}\int_0^T\int_\Omega \Delta z\,\text{div}[(H+H^T)\nabla\bar z]\mathrm{d}x\mathrm{d}t + \frac{1}{2}\text{Re}\int_0^T\int_\Omega z\Delta\bar z\Delta(\text{div}(h))\mathrm{d}x\mathrm{d}t \quad (\triangleq R_1)$$

$$-\text{Re}\int_0^T\int_\Omega \overline{(\Upsilon u)}_t h\cdot\nabla z\,\mathrm{d}x\mathrm{d}t - \frac{1}{2}\text{Re}\int_0^T\int_\Omega \overline{(\Upsilon u)}_t z\,\text{div}(h)\mathrm{d}x\mathrm{d}t \quad (\triangleq R_2)$$

$$+\text{Re}\int_\Omega z_t h\cdot\nabla\bar z\,\mathrm{d}x\Big|_0^T + \frac{1}{2}\text{Re}\int_\Omega \bar z_t z\,\text{div}(h)\mathrm{d}x\Big|_0^T \quad (\triangleq b_{0,T}). \tag{10.23}$$

第二步 估计 R_1 项. 在 (10.11) 中, 令 $(\Upsilon u)_t = 0$, 注意到在变换 $z = A^{-1}w_t \in H^2(\Omega)$ 下有 $z_t = A^{-1}w_{tt} = -w \in L^2(\Omega)$, 因而方程 (10.11) 的解生成空间 $H_0^2(\Omega) \times L^2(\Omega)$ 上的 C_0- 群. 也就是说, 对于任意的初值 $(z_0, z_1) \in H_0^2(\Omega) \times L^2(\Omega)$, 方程 (10.11) 的解满足 $(z, z_t) \in H_0^2(\Omega) \times L^2(\Omega)$, 并且连续地依赖于初值 (z_0, z_1). 注意到这些事实, 由 (10.23) 可知, 存在常数 $C_T > 0$, 使得

$$\frac{1}{2}\int_0^T \int_{\partial\Omega} |\Delta z|^2 \mathrm{d}\Gamma \mathrm{d}t \leqslant C_T \|(z_0, z_1)\|_{H_0^2(\Omega) \times L^2(\Omega)}^2, \tag{10.24}$$

而这正表明算子 B^* 是允许的, 从而算子 B 也是允许的. 确切地有

$$u \to \{w, w_t\} \text{ 为由 } L^2((0,T) \times \Gamma_0) \text{ 到 } C([0,T]; L^2(\Omega) \times H^{-2}(\Omega)) \text{ 的连续映射.} \tag{10.25}$$

由 (10.25) 可知, $z(t) \in C([0,T]; H_0^2(\Omega))$ 连续地依赖于 $u \in L^2((0,T) \times \Gamma_0)$, 由此得到

$$R_1 \leqslant C_T \|u\|_{L^2((0,T) \times \Gamma_0)}^2, \quad \forall\, u \in L^2((0,T) \times \Gamma_0). \tag{10.26}$$

第三步 z_t 的正则性. 为了估计 R_2 项, 需要考察 z_t 的正则性.

$$z_t = A^{-1}w_{tt} = A^{-1}(-Aw + \tilde{A}\Upsilon u) = -w + \Upsilon u \in L^2((0,T) \times \Omega). \tag{10.27}$$

由于 $w \in C([0,T]; L^2(\Omega))$, $\Upsilon u \in L^2((0,T) \times \Gamma_0)$ 连续地依赖于 $u \in L^2((0,T) \times \Gamma_0)$, 因此得到

$$z_t \in L^2((0,T) \times \Gamma_0) \text{ 连续依赖于 } u \in L^2((0,T) \times \Gamma_0). \tag{10.28}$$

第四步 对于稍光滑的 u 来估计 R_2 和 $b_{0,T}$. 为了估计 R_2 和 $b_{0,T}$, 先把 u 限制在 $L^2((0,T) \times \Gamma_0)$ 的稠密子空间中,

$$u \in C^1([0,T] \times \partial\Omega), \quad u|_{\Gamma_1} = 0, \quad u(\cdot, 0) = u(\cdot, T) = 0. \tag{10.29}$$

下面将证明

$$R_2 \leqslant C_T \|u\|_{L^2((0,T) \times \Gamma_0)}^2 \tag{10.30}$$

和

$$b_{0,T} \leqslant C_T \|u\|_{L^2((0,T) \times \Gamma_0)}^2 \tag{10.31}$$

对于任意限制在 (10.29) 中的 u 都成立. 下面不妨设在 (10.11) 中, $z_0 = z_1 = 0$.

第五步 (10.31) 的证明. 由于成立 $w_t \in C([0,T]; H^{-2}(\Omega))$ 连续地依赖于 $u \in L^2((0,T) \times \Gamma_0)$, 并且 $A^{-1} \in \mathcal{L}(H^{-2}(\Omega), H_0^2(\Omega))$ 和 $w_t(\cdot, 0) = 0$, 于是有

$$z(\cdot, 0) = 0, z(\cdot, T) = A^{-1}w_t \in H_0^2(\Omega) \text{ 连续依赖于 } u \in L^2((0,T) \times \Gamma_0). \tag{10.32}$$

再由 (10.27), (10.29) 和 $w(\cdot,0)=0$ 可得
$$\begin{cases} z_t(\cdot,0) = -w(\cdot,0) + \Upsilon u(\cdot,0) = 0, \\ z_t(,\cdot,T) = -w(\cdot,T) \in L^2(\Omega) \text{ 连续依赖于 } u \in L^2((0,T)\times\Gamma_0), \end{cases} \quad (10.33)$$
其中正则性来自 (10.25).

由 (10.25), (10.32) 和 (10.33) 可得
$$b_{0,T} = \operatorname{Re}\int_\Omega z_t h\cdot\nabla\bar z \mathrm{d}x\Big|_0^T + \frac{1}{2}\operatorname{Re}\int_\Omega \bar z_t z \operatorname{div}(h)\mathrm{d}x\Big|_0^T \leqslant C_T\|u\|_{L^2((0,T)\times\Gamma_0)}^2. \quad (10.34)$$

第六步 (10.30) 的证明. 先处理 R_2 的第一项, 其中 u 限制在 (10.29). 关于 t 作分部积分, 并关于空间变量应用散度定理可得

$$-\operatorname{Re}\int_0^T\int_\Omega \overline{(\Upsilon u)}_t h\cdot\nabla z \mathrm{d}x\mathrm{d}t$$
$$= -\operatorname{Re}\int_\Omega \overline{(\Upsilon u)} h\cdot\nabla z \mathrm{d}x\Big|_0^T + \operatorname{Re}\int_0^T\int_\Omega \overline{(\Upsilon u)} h\cdot\nabla z_t \mathrm{d}x\mathrm{d}t$$
$$= \operatorname{Re}\int_0^T\int_\Omega \overline{(\Upsilon u)} h\cdot\nabla z_t \mathrm{d}x\mathrm{d}t$$
$$= \operatorname{Re}\int_0^T\int_\Omega \operatorname{div}(h\overline{(\Upsilon u)}z_t)\mathrm{d}x\mathrm{d}t - \operatorname{Re}\int_0^T\int_\Omega \operatorname{div}(h)\overline{(\Upsilon u)}z_t \mathrm{d}x\mathrm{d}t$$
$$\quad -\operatorname{Re}\int_0^T\int_\Omega z_t h\cdot\nabla\overline{(\Upsilon u)}\mathrm{d}x\mathrm{d}t$$
$$= \operatorname{Re}\int_0^T\int_{\partial\Omega}\overline{(\Upsilon u)}z_t \mathrm{d}\Gamma\mathrm{d}t - \operatorname{Re}\int_0^T\int_\Omega \operatorname{div}(h)\overline{(\Upsilon u)}z_t \mathrm{d}x\mathrm{d}t$$
$$\quad -\operatorname{Re}\int_0^T\int_\Omega z_t h\cdot\nabla\overline{(\Upsilon u)}\mathrm{d}x\mathrm{d}t$$
$$= -\operatorname{Re}\int_0^T\int_\Omega \operatorname{div}(h)\overline{(\Upsilon u)}z_t \mathrm{d}x\mathrm{d}t - \operatorname{Re}\int_0^T\int_\Omega z_t h\cdot\nabla\overline{(\Upsilon u)}\mathrm{d}x\mathrm{d}t. \quad (10.35)$$

注意到 (10.27), $\Upsilon u \in L^2(0,T;H^{\frac{3}{2}}(\Omega))$, 于是便有 $\nabla(\Upsilon u) \in L^2(0,T;H^{\frac{1}{2}}(\Omega))$, 并且都连续地依赖于 $u \in L^2((0,T)\times\Gamma_0)$. 由 (10.35) 得到

$$-\operatorname{Re}\int_0^T\int_\Omega \overline{(\Upsilon u)}_t h\cdot\nabla z \mathrm{d}x\mathrm{d}t \leqslant C_T\|u\|_{L^2((0,T)\times\Gamma_0)}^2. \quad (10.36)$$

对于 R_2 的第二项用同样的办法可得到类似的估计, 于是便得到 (10.30).

第七步 由于空间 (10.29) 在 $L^2((0,T)\times\Gamma_0)$ 中稠密, 从而可知 (10.30) 的关于 R_2 的估计和 (10.31) 的关于 $b_{0,T}$ 的估计对于任意的 $u \in L^2((0,T)\times\Gamma_0)$ 都成立. 结合 (10.26) 和 (10.23), 便得到 (10.12). 证毕. ∎

注 10.1 从定理 10.1 的证明可以看出, 系统的输入/输出映射的有界性仅由控制算子的允许性便可推得, 而由定理 4.8, 其逆也是成立的.

10.2 常系数 Euler-Bernoulli 板方程边界控制的正则性

本节考虑系统 (10.1) 的正则性, 有下面的结果.

定理 10.2 系统 (10.1) 是正则的, 即如果 $w(\cdot,0) = w_t(\cdot,0) = 0$ 且 $u(x,t) \equiv u(x)$ 是阶跃输入, $u \in U$, 则系统的输出 y 满足

$$\lim_{\sigma \to 0} \int_{\Gamma_0} \left| \frac{1}{\sigma} \int_0^\sigma y(x,t) \mathrm{d}t \right|^2 \mathrm{d}x = 0.$$

由于系统 (10.1) 是适定的, 由推论 4.3 可知, 系统 (10.1) 的传递函数可表示为

$$H(\lambda) = \lambda B^*(\lambda^2 + \tilde{A})^{-1}B,$$

其中 $\tilde{A}$, B 和 B^* 分别由 (10.6), (10.8) 和 (10.9) 给定. 由定理 4.2, 定理 10.1 所证明的适定性还意味着存在常数 $M, \alpha > 0$, 使得

$$\sup_{\mathrm{Re}\lambda \geq \alpha} \|H(\lambda)\|_{\mathcal{L}(U)} = M < \infty. \tag{10.37}$$

命题 10.1 定理 10.2 成立, 如果对于任意的 $u \in C_0^\infty(\Gamma_0)$, 下面方程的解 u_ε:

$$\begin{cases} u_\varepsilon(x) + \varepsilon^2 \Delta^2 u_\varepsilon(x) = 0, & x \in \Omega, \\ u_\varepsilon(x) = 0, & x \in \partial\Omega, \\ \dfrac{\partial u_\varepsilon(x)}{\partial \nu} = 0, & x \in \Gamma_1, \\ \dfrac{\partial u_\varepsilon(x)}{\partial \nu} = u(x), & x \in \Gamma_0 \end{cases} \tag{10.38}$$

满足

$$\lim_{\varepsilon \to 0} \int_{\Gamma_0} |\varepsilon \Delta u_\varepsilon(x)|^2 \mathrm{d}\Gamma = 0, \tag{10.39}$$

其中 ε 为正实数.

证 由 (5.24), 只需证明在 U 的强拓扑下, $H(\lambda)u$ 沿着正实轴趋向于零, 即

$$\lim_{\lambda \to +\infty} H(\lambda)u = 0 \tag{10.40}$$

对于任意的 $u \in L^2(\Gamma_0) = U$ 成立. 注意到 (10.37), 并利用稠密性的论证, 只需对于 $u \in C_0^\infty(\Gamma_0)$ 来证明 (10.40) 即可.

对于任意的 $u \in C_0^\infty(\Gamma_0)$ 及 $\lambda > 0$, 令

10.2 常系数 Euler-Bernoulli 板方程边界控制的正则性

$$w_\lambda(x) = ((\lambda^2 + \tilde{A})^{-1}Bu)(x),$$

则 w_λ 满足方程

$$\begin{cases} \lambda^2 w_\lambda(x) + \Delta^2 w_\lambda(x) = 0, & x \in \Omega, \\ w_\lambda(x) = 0, & x \in \partial\Omega, \\ \dfrac{\partial w_\lambda(x)}{\partial \nu} = 0, & x \in \Gamma_1, \\ \dfrac{\partial w_\lambda(x)}{\partial \nu} = u(x), & x \in \Gamma_0, \end{cases} \tag{10.41}$$

并且有

$$(H(\lambda)u)(x) = -\lambda\Delta((\Delta^2)^{-1}w_\lambda)(x), \quad \forall x \in \Gamma_0. \tag{10.42}$$

由 $u \in C_0^\infty(\Gamma_0)$ 可知, 方程 (10.41) 存在唯一的古典解. 取函数 $v \in H^4(\Omega)$, 使得

$$\begin{cases} \Delta^2 v(x) = 0, & x \in \Omega, \\ v(x) = 0, & x \in \partial\Omega, \\ \dfrac{\partial v(x)}{\partial \nu} = 0, & x \in \Gamma_1, \\ \dfrac{\partial v(x)}{\partial \nu} = u(x), & x \in \Gamma_0, \end{cases} \tag{10.43}$$

则 (10.41) 可化为

$$\begin{cases} \lambda^2 w_\lambda(x) + \Delta^2(w_\lambda(x) - v(x)) = 0, & x \in \Omega, \\ (w_\lambda - v)|_{\partial\Omega} = \left.\dfrac{\partial(w_\lambda - v)}{\partial \nu}\right|_{\partial\Omega} = 0 \end{cases} \tag{10.44}$$

或者

$$\lambda^2((\Delta^2)^{-1}w_\lambda)(x) = -w_\lambda(x) + v(x),$$

所以 (10.42) 成为

$$(H(\lambda)u)(x) = \frac{1}{\lambda}\Delta w_\lambda(x) - \frac{1}{\lambda}\Delta v(x). \tag{10.45}$$

令 $u_\varepsilon(x) = w_\lambda(x)$, 即 $\varepsilon = \lambda^{-1}$, 并取极限 $\varepsilon \to 0$, 则由 (10.45) 可知命题成立. 证毕. ∎

要证明 (10.39), 还需要下面的引理.

引理 10.1 令 u_ε 是方程 (10.38) 的解, 则存在唯一的不依赖于 ε 的 $\partial\Omega$ 上的连续函数 $a(x)$, 使得

$$\Delta u_\varepsilon(x) = \frac{\partial^2 u_\varepsilon(x)}{\partial \nu^2} + a(x)\frac{\partial u_\varepsilon(x)}{\partial \nu}, \quad \forall\, x \in \partial\Omega. \tag{10.46}$$

证 由于 $\partial\Omega$ 是 C^2 光滑的, 则存在一个 C^2 光滑的函数 $\phi: \mathbb{R}^{n-1} \to \mathbb{R}$, 使得

$$\Omega \cap B(x_0, r) = \{x \in B(x_0, r) | \; x_n > \phi(x_1, \cdots, x_{n-1})\},$$

$$\partial\Omega \cap B(x_0, r) = \{x \in B(x_0, r) | \; x_n = \phi(x_1, \cdots, x_{n-1})\},$$

其中 x_0 为边界 $\partial\Omega$ 上的任意一点, $B(x_0, r) \subset \mathbb{R}^n$ 是以 x_0 为原点, 以 $r > 0$ 为半径的球, 则在 $B(x_0, r) \cap \partial\Omega$ 上的点 $x = (x', \phi(x'))$, $x' = (x_1, \cdots, x_{n-1})$ 处的单位外法向量可表示为

$$\nu(x) = (\nu_1(x), \cdots, \nu_n(x)) = \frac{\left(\dfrac{\partial\phi(x')}{\partial x_1}, \cdots, \dfrac{\partial\phi(x')}{\partial x_{n-1}}, -1\right)}{\sqrt{1 + |\nabla\phi(x')|^2}}. \tag{10.47}$$

由于

$$u_\varepsilon(x', \phi(x')) = 0, \quad \text{对于任意的 } (x', \phi(x')) \in \partial\Omega \cap B(x_0, r),$$

对上式两边关于 x_i 求导可得

$$\frac{\partial u_\varepsilon}{\partial x_i} + \frac{\partial u_\varepsilon}{\partial x_n}\frac{\partial \phi}{\partial x_i} = 0 \quad \text{对于 } i = 1, 2, \cdots, n-1 \text{ 及 } x \in \partial\Omega \cap B(x_0, r). \tag{10.48}$$

再次对 (10.48) 关于 x_j 求导, 可得对于 $i, j = 1, 2, \cdots, n-1$ 及 $x \in \partial\Omega \cap B(x_0, r)$, 下式成立:

$$\frac{\partial^2 u_\varepsilon}{\partial x_i \partial x_j} + \frac{\partial^2 u_\varepsilon}{\partial x_i \partial x_n}\frac{\partial \phi}{\partial x_j} + \frac{\partial^2 u_\varepsilon}{\partial x_j \partial x_n}\frac{\partial \phi}{\partial x_i} + \frac{\partial^2 u_\varepsilon}{\partial x_n^2}\frac{\partial \phi}{\partial x_i}\frac{\partial \phi}{\partial x_j} + \frac{\partial u_\varepsilon}{\partial x_n}\frac{\partial^2 \phi}{\partial x_i \partial x_j} = 0. \tag{10.49}$$

在 (10.49) 中, 令 $i = j$, 并对 i 从 1 到 $n-1$ 求和可得

$$\begin{aligned}
&\Delta u_\varepsilon(x) \\
&= \sum_{i=1}^{n-1} \frac{\partial^2 u_\varepsilon}{\partial x_i^2} + \frac{\partial^2 u_\varepsilon}{\partial x_n^2} = -2\sum_{i=1}^{n-1} \frac{\partial^2 u_\varepsilon}{\partial x_i \partial x_n}\frac{\partial \phi}{\partial x_i} - |\nabla\phi|^2 \frac{\partial^2 u_\varepsilon}{\partial x_n^2} - \sum_{i=1}^{n-1}\frac{\partial^2 \phi}{\partial x_i^2}\frac{\partial u_\varepsilon}{\partial x_n} + \frac{\partial^2 u_\varepsilon}{\partial x_n^2} \\
&= -2\sum_{i=1}^{n-1} \frac{\partial^2 u_\varepsilon}{\partial x_i \partial x_n}\frac{\partial \phi}{\partial x_i} + (1 - |\nabla\phi|^2)\frac{\partial^2 u_\varepsilon}{\partial x_n^2} - \sum_{i=1}^{n-1}\frac{\partial^2 \phi}{\partial x_i^2}\frac{\partial u_\varepsilon}{\partial x_n}, \quad \forall \, x \in \partial\Omega \cap B(x_0, r).
\end{aligned} \tag{10.50}$$

另一方面, 由 (10.47) 和 (10.48) 有

$$\frac{\partial u_\varepsilon(x)}{\partial \nu} = \nabla u_\varepsilon \cdot \nu = \frac{\displaystyle\sum_{i=1}^{n-1} \frac{\partial u_\varepsilon}{\partial x_i}\frac{\partial \phi}{\partial x_i} - \frac{\partial u_\varepsilon}{\partial x_n}}{\sqrt{1 + |\nabla\phi(x')|^2}}$$

$$=-\frac{\partial u_\varepsilon}{\partial x_n}\sqrt{1+|\nabla\phi(x')|^2}, \quad \forall\, x\in\partial\Omega\cap B(x_0,r). \tag{10.51}$$

再由 (10.49) 以及在边界 $\partial\Omega$ 上, $u_\varepsilon=0$, 则有

$$\frac{\partial^2 u_\varepsilon(x)}{\partial\nu^2}$$
$$=\nu^{\mathrm{T}}[D^2 u_\varepsilon]\nu = \sum_{i,j=1}^{n-1}\frac{\partial^2 u_\varepsilon}{\partial x_i \partial x_j}\nu_i\nu_j + 2\sum_{i=1}^{n-1}\frac{\partial^2 u_\varepsilon}{\partial x_i \partial x_n}\nu_i\nu_n + \frac{\partial^2 u_\varepsilon}{\partial x_n^2}\nu_n^2$$
$$=-2\sum_{i,j=1}^{n-1}\frac{\partial^2 u_\varepsilon}{\partial x_i\partial x_n}\frac{\partial\phi}{\partial x_j}\nu_i\nu_j - \sum_{i,j=1}^{n-1}\frac{\partial^2 u_\varepsilon}{\partial x_n^2}\frac{\partial\phi}{\partial x_i}\frac{\partial\phi}{\partial x_j}\nu_i\nu_j - \sum_{i,j=1}^{n-1}\frac{\partial u_\varepsilon}{\partial x_n}\frac{\partial^2\phi}{\partial x_i\partial x_j}\nu_i\nu_j$$
$$+2\sum_{i=1}^{n-1}\frac{\partial^2 u_\varepsilon}{\partial x_i\partial x_n}\nu_i\nu_n + \frac{\partial^2 u_\varepsilon}{\partial x_n^2}\nu_n^2$$
$$=-2\sum_{i=1}^{n-1}\frac{\partial^2 u_\varepsilon}{\partial x_i\partial x_n}\frac{\partial\phi}{\partial x_i} + (1-|\nabla\phi|^2)\frac{\partial^2 u_\varepsilon}{\partial x_n^2}$$
$$-\frac{1}{1+|\nabla\phi|^2}\left(\sum_{i,j=1}^{n-1}\frac{\partial^2\phi}{\partial x_i\partial x_j}\frac{\partial\phi}{\partial x_i}\frac{\partial\phi}{\partial x_j}\right)\frac{\partial u_\varepsilon}{\partial x_n}, \quad \forall\, x\in\partial\Omega\cap B(x_0,r), \tag{10.52}$$

其中 $[D^2 u_\varepsilon]$ 表示 u_ε 的 Hessian 矩阵. 由 (10.50)~(10.52). 最后得到

$$\Delta u_\varepsilon(x) = \frac{\partial^2 u_\varepsilon(x)}{\partial\nu^2} + a(x)\frac{\partial u_\varepsilon(x)}{\partial\nu}, \quad \forall\, x\in\partial\Omega\cap B(x_0,r),$$

其中

$$a(x) = a(x',\phi(x'))$$
$$= \left(1+|\nabla\phi|^2\right)^{-\frac{3}{2}}\left((1+|\nabla\phi|^2)\sum_{i=1}^{n-1}\frac{\partial^2\phi}{\partial x_i^2} - \sum_{i,j=1}^{n-1}\frac{\partial^2\phi}{\partial x_i\partial x_j}\frac{\partial\phi}{\partial x_i}\frac{\partial\phi}{\partial x_j}\right). \tag{10.53}$$

由 $a(x)$ 在 $\partial\Omega\cap B(x_0,r)$ 上连续且 $\partial\Omega$ 是 $\mathbb{R}^n$ 上的紧集, 故 $a(x)$ 是 $\partial\Omega$ 上的连续函数. 证毕. ∎

注 10.2 在文献 [24] 第 381 页, $\dfrac{a(x)}{n-1}$ 表示为 $\partial\Omega$ 的在 $x\in\partial\Omega$ 处的平均曲率. 这里关于引理 10.1 的证明是初等的, 在后面的引理 10.2 中, 将给出引理 10.1 一般形式的黎曼几何证明, 此时不仅几何变得必要, 并且 $\dfrac{a(x)}{n-1}$ 的几何意义也变得十分清晰.

定理 10.2 的证明 首先, 对方程 (10.38) 的两边同乘 $\overline{u_\varepsilon}$ 并在 Ω 上积分, 由分部积分可得

$$\begin{aligned}
0 &= \int_\Omega |u_\varepsilon|^2 + \varepsilon^2(\Delta^2 u_\varepsilon)\overline{u_\varepsilon}\mathrm{d}x \\
&= \int_\Omega |u_\varepsilon|^2\mathrm{d}x + \varepsilon^2\int_\Omega |\Delta u_\varepsilon|^2\mathrm{d}x - \varepsilon^2\int_{\partial\Omega}\frac{\partial\overline{u_\varepsilon}}{\partial\nu}\Delta u_\varepsilon\mathrm{d}\Gamma \\
&= \int_\Omega |u_\varepsilon|^2\mathrm{d}x + \varepsilon^2\int_\Omega |\Delta u_\varepsilon|^2\mathrm{d}x - \varepsilon^2\int_{\Gamma_0}\overline{u}\Delta u_\varepsilon\mathrm{d}\Gamma,
\end{aligned}$$

由此可得

$$\int_\Omega |u_\varepsilon|^2\mathrm{d}x + \varepsilon^2\int_\Omega |\Delta u_\varepsilon|^2\mathrm{d}x \leqslant \varepsilon\|u\|_{L^2(\Gamma_0)}\|\varepsilon\Delta u_\varepsilon\|_{L^2(\Gamma_0)}. \tag{10.54}$$

其次, 由引理 8.2, 存在一个 C^2 光滑的向量场 $h=(h_1,h_2,\cdots,h_n):\overline{\Omega}\to\mathbb{R}^n$, 使得

$$\text{在 } \partial\Omega \text{ 上 } h(x)=\nu(x), \text{ 并且 } |h|\leqslant 1, \tag{10.55}$$

其中 $|\cdot|$ 表示 $\mathbb{R}^n$ 上的标准欧氏距离.

对方程 (10.38) 的两边同乘 $h\cdot\nabla\overline{u_\varepsilon}$ 并在 Ω 上积分, 由分部积分可得

$$\begin{aligned}
0 &= \operatorname{Re}\int_\Omega(u_\varepsilon h\cdot\nabla\overline{u_\varepsilon}+\varepsilon^2\Delta^2 u_\varepsilon h\cdot\nabla\overline{u_\varepsilon})\mathrm{d}x \\
&= \frac{1}{2}\operatorname{Re}\int_\Omega[\operatorname{div}(h|u_\varepsilon|^2)-\operatorname{div}(h)|u_\varepsilon|^2]\mathrm{d}x+\varepsilon^2\operatorname{Re}\int_\Omega\Delta^2 u_\varepsilon h\cdot\nabla\overline{u_\varepsilon}\mathrm{d}x \\
&= -\frac{1}{2}\operatorname{Re}\int_\Omega\operatorname{div}(h)|u_\varepsilon|^2\mathrm{d}x+\varepsilon^2\int_{\Gamma_0}\overline{u}\frac{\partial(\Delta u_\varepsilon)}{\partial\nu}\mathrm{d}\Gamma \\
&\quad -\varepsilon^2\operatorname{Re}\int_\Omega\nabla(\Delta u_\varepsilon)\cdot(h\cdot\nabla\overline{u_\varepsilon})\mathrm{d}x \\
&= -\frac{1}{2}\operatorname{Re}\int_\Omega\operatorname{div}(h)|u_\varepsilon|^2\mathrm{d}x+\varepsilon^2\operatorname{Re}\int_{\Gamma_0}\overline{u}\frac{\partial(\Delta u_\varepsilon)}{\partial\nu}\mathrm{d}\Gamma \\
&\quad -\varepsilon^2\operatorname{Re}\int_\Omega[\operatorname{div}(\nabla(h\cdot\nabla\overline{u_\varepsilon})\Delta u_\varepsilon)-\Delta u_\varepsilon\Delta(h\cdot\nabla\overline{u_\varepsilon})]\mathrm{d}x \\
&= -\frac{1}{2}\operatorname{Re}\int_\Omega\operatorname{div}(h)|u_\varepsilon|^2\mathrm{d}x+\varepsilon^2\operatorname{Re}\int_{\Gamma_0}\overline{u}\frac{\partial(\Delta u_\varepsilon)}{\partial\nu}\mathrm{d}\Gamma \\
&\quad -\varepsilon^2\operatorname{Re}\int_{\partial\Omega}\Delta u_\varepsilon\frac{\partial^2\overline{u_\varepsilon}}{\partial\nu^2}\mathrm{d}\Gamma+\varepsilon^2\operatorname{Re}\int_\Omega\Delta u_\varepsilon\Delta(h\cdot\nabla\overline{u_\varepsilon})\mathrm{d}x. \tag{10.56}
\end{aligned}$$

为计算 (10.56) 的最后一项, 应用下面的等式:

$$\operatorname{Re}[\Delta u_\varepsilon\Delta(h\cdot\nabla\overline{u_\varepsilon})]$$

10.2 常系数 Euler-Bernoulli 板方程边界控制的正则性

$$= \text{Re}[(\nabla \overline{u_\varepsilon} \cdot \Delta h)\Delta u_\varepsilon] + 2\text{Re} \sum_{i,j=1}^{n} \left(\frac{\partial h_i}{\partial x_j} \frac{\partial^2 \overline{u_\varepsilon}}{\partial x_i \partial x_j}\right) \Delta u_\varepsilon$$

$$+ \frac{1}{2}\text{Re}[\text{div}(h|\Delta u_\varepsilon|^2)] - \frac{1}{2}\text{Re}[\text{div}(h)|\Delta u_\varepsilon|^2], \tag{10.57}$$

其中 $\Delta h = (\Delta h_1, \cdots, \Delta h_n)$. 将 (10.57) 代入 (10.56), 得到下面的等式:

$$\varepsilon^2 \int_{\partial\Omega} |\Delta u_\varepsilon|^2 d\Gamma$$

$$= \text{Re} \int_\Omega \text{div}(h)|u_\varepsilon|^2 dx + 2\varepsilon^2 \text{Re} \int_{\partial\Omega} \Delta u_\varepsilon \frac{\partial^2 \overline{u_\varepsilon}}{\partial \nu^2} d\Gamma + \varepsilon^2 \text{Re} \int_\Omega \text{div}(h)|\Delta u_\varepsilon|^2 dx$$

$$- 2\varepsilon^2 \int_\Omega \Delta u_\varepsilon (\nabla \overline{u_\varepsilon} \cdot \Delta h) dx - 2\varepsilon^2 \int_{\Gamma_0} \overline{u} \frac{\partial(\Delta u_\varepsilon)}{\partial \nu} d\Gamma$$

$$- 4\varepsilon^2 \sum_{i,j=1}^{n} \int_\Omega \left(\frac{\partial h_i}{\partial x_j} \frac{\partial^2 \overline{u_\varepsilon}}{\partial x_i \partial x_j}\right) \Delta u_\varepsilon dx. \tag{10.58}$$

下面将 (10.46) 代入 (10.58), 于是有

$$\|\varepsilon \Delta u_\varepsilon\|_{L^2(\partial\Omega)}^2$$

$$= -\text{Re} \int_\Omega \text{div}(h)|u_\varepsilon|^2 dx + 2\varepsilon^2 \text{Re} \int_{\Gamma_0} \overline{a(x)}\overline{u}\Delta u_\varepsilon d\Gamma - \varepsilon^2 \text{Re} \int_\Omega \text{div}(h)|\Delta u_\varepsilon|^2 dx$$

$$+ 2\varepsilon^2 \text{Re} \int_\Omega \Delta u_\varepsilon (\nabla \overline{u_\varepsilon} \cdot \Delta h) dx + 2\varepsilon^2 \text{Re} \int_{\Gamma_0} \overline{u} \frac{\partial(\Delta u_\varepsilon)}{\partial \nu} d\Gamma$$

$$+ 4\varepsilon^2 \text{Re} \sum_{i,j=1}^{n} \int_\Omega \left(\frac{\partial h_i}{\partial x_j} \frac{\partial^2 \overline{u_\varepsilon}}{\partial x_i \partial x_j}\right) \Delta u_\varepsilon dx$$

$$\leqslant C_1 \|u_\varepsilon\|_{L^2(\Omega)}^2 + C_2 \varepsilon \|u\|_{L^2(\Gamma_0)} \|\varepsilon \Delta u_\varepsilon\|_{L^2(\Gamma_0)} + C_3 \varepsilon^2 \|\Delta u_\varepsilon\|_{L^2(\Omega)}^2$$

$$+ C_4 \varepsilon^2 \|u\|_{L^2(\Gamma_0)} \|u_\varepsilon\|_{H^4(\Omega)}, \tag{10.59}$$

其中 $C_i > 0 (i = 1,2,3,4)$ 为不依赖于 ε 的常数. (10.59) 最后的不等式用到了如下两个事实:

$$\|u_\varepsilon\|_{H^2(\Omega)} \leqslant C\|\Delta u_\varepsilon\|$$

和

$$\left\|\frac{\partial(\Delta u_\varepsilon)}{\partial \nu}\right\|_{L^2(\Gamma_0)} \leqslant C\|u_\varepsilon\|_{H^4(\Omega)},$$

其中 $C > 0$ 为与 ε 无关的常数. 第一个不等式是椭圆正则性的结果, 第二个不等式来自 Sobolev 空间的迹定理 1.47.

最后, 由与定理 1.54 相似的一般椭圆非齐次边值问题解的正则性结果 (参见文献 [79] 第 189 页) 可知, 对某个与 ε 无关的常数 $C_5 > 0$, 方程 (10.38) 的解满足

$$\|u_\varepsilon\|_{H^4(\Omega)} \leqslant C_5[\|\varepsilon^{-2}u_\varepsilon\|_{L^2(\Omega)} + \|u\|_{H^{\frac{5}{2}}(\Gamma_0)}]. \tag{10.60}$$

(10.59) 结合 (10.60) 得到

$$\|\varepsilon\Delta u_\varepsilon\|^2_{L^2(\Gamma_0)}$$
$$\leqslant (C_1 + C_2 + C_3)\varepsilon\|u\|_{L^2(\Gamma_0)}\|\varepsilon\Delta u_\varepsilon\|_{L^2(\Gamma_0)} + C_4 C_5\|u\|_{L^2(\Gamma_0)}\|u_\varepsilon\|_{L^2(\Omega)}$$
$$+ C_4 C_5\varepsilon^2\|u\|_{L^2(\Gamma_0)}\|u\|_{H^{\frac{5}{2}}(\Gamma_0)}$$
$$\leqslant (C_1 + C_2 + C_3)\varepsilon\|u\|_{L^2(\Gamma_0)}\|\varepsilon\Delta u_\varepsilon\|_{L^2(\Gamma_0)} + C_4 C_5\varepsilon^{\frac{1}{2}}\|u\|^{\frac{1}{2}}_{L^2(\Gamma_0)}\|\varepsilon\Delta u_\varepsilon\|^{\frac{1}{2}}_{L^2(\Gamma_0)}$$
$$+ C_4 C_5\varepsilon^2\|u\|_{L^2(\Gamma_0)}\|u\|_{H^{\frac{5}{2}}(\Gamma_0)}. \tag{10.61}$$

由 (10.61) 可得 $\overline{\lim\limits_{\varepsilon\to 0+}}\|\varepsilon\Delta u_\varepsilon\|_{L^2(\Gamma_0)} < +\infty$, 因此,

$$\lim_{\varepsilon\to 0+}\|\varepsilon\Delta u_\varepsilon\|_{L^2(\Gamma_0)} = 0,$$

(10.39) 得证. 证毕. ∎

10.3 变系数 Euler-Bernoulli 板方程边界控制的适定性

考虑如下具有部分 Neumann 边界控制和同位观测的变系数 Euler-Bernoulli 板方程:

$$\begin{cases} w_{tt}(x,t) + \mathscr{A}^2 w(x,t) = 0, & x \in \Omega, t > 0, \\ w(x,t) = 0, & x \in \partial\Omega, t \geqslant 0, \\ \dfrac{\partial w(x,t)}{\partial \nu_\mathcal{A}} = 0, & x \in \Gamma_1, t \geqslant 0, \\ \dfrac{\partial w(x,t)}{\partial \nu_\mathcal{A}} = u(x,t), & x \in \Gamma_0, t \geqslant 0, \\ y(x,t) = -\mathcal{A}(\mathscr{A}^{-1}w_t(x,t)), & x \in \Gamma_0, t \geqslant 0, \end{cases} \tag{10.62}$$

其中 $\Omega \subset \mathbb{R}^n (n \geqslant 2)$ 为有界开区域, 并具有光滑边界 $\partial\Omega =: \Gamma = \overline{\Gamma_0} \cup \overline{\Gamma_1}$, Γ_0 和 Γ_1 为不相交的两个相对开集, 并且 Γ_0 的内部非空,

$$\mathcal{A}w(x,t) := \sum_{i,j=1}^n \frac{\partial}{\partial x_i}\left(a_{ij}(x)\frac{\partial w(x,t)}{\partial x_j}\right),$$

$$\mathscr{A}\psi := \mathcal{A}^2\psi, \quad D(\mathscr{A}) = H^4(\Omega) \cap H^2_0(\Omega),$$

10.3 变系数 Euler-Bernoulli 板方程边界控制的适定性

存在某个常数 $a > 0$, 使得

$$a_{ij}(x) = a_{ji}(x) \in C^4(\mathbb{R}^n), \quad \sum_{i,j=1}^n a_{ij}(x)\xi_i\overline{\xi_j} \geqslant a \sum_{i=1}^n |\xi_i|^2,$$

$$\forall\, x \in \Omega, \quad \xi = (\xi_1, \xi_2, \cdots, \xi_n) \in \mathbb{C}^n, \tag{10.63}$$

$$\nu_{\mathcal{A}} := \left(\sum_{k=1}^n \nu_k a_{k1}(x), \sum_{k=1}^n \nu_k a_{k2}(x), \cdots, \sum_{k=1}^n \nu_k a_{kn}(x)\right), \quad \frac{\partial}{\partial \nu_{\mathcal{A}}} := \sum_{i,j=1}^n \nu_i a_{ij}(x) \frac{\partial}{\partial x_j}, \tag{10.64}$$

$\nu = (\nu_1, \nu_2, \cdots, \nu_n)$ 为指向 Ω 外部的 $\partial\Omega$ 上的单位法向量, u 为输入函数 (或控制), y 为输出函数 (或观测).

设 $\mathcal{H} = L^2(\Omega) \times H^{-2}(\Omega)$, $U = L^2(\Gamma_0)$. 下面的定理意味着对于状态空间取 $\mathcal{H}$, 输入和输出空间都取 U, 系统 (10.62) 是适定的.

定理 10.3 任给 $T > 0$, $(w_0, w_1) \in \mathcal{H}$, $u \in L^2(0, T; U)$, 系统 (10.62) 存在唯一的解 $(w, w_t) \in C([0, T]; \mathcal{H})$ 满足 $w(\cdot, 0) = w_0$ 和 $w_t(\cdot, 0) = w_1$. 另外, 存在不依赖于 (w_0, w_1, u) 的常数 $C_T > 0$, 使得

$$\|(w(\cdot, T), w_t(\cdot, T))\|_{\mathcal{H}}^2 + \|y\|_{L^2(0,T;U)}^2 \leqslant C_T \left[\|(w_0, w_1)\|_{\mathcal{H}}^2 + \|u\|_{L^2(0,T;U)}^2\right].$$

为了证明定理 10.3, 先将系统 (9.1) 化为抽象的二阶系统 (4.77).

由 (1.68), $H = H^{-2}(\Omega)$ 是 Sobolev 空间 $H_0^2(\Omega)$ 在通常内积意义下的对偶空间. 令 A 为如下由双线性形式 $a(\cdot, \cdot)$ 所决定的正定自伴算子:

$$\langle Af, g\rangle_{H^{-2}(\Omega), H_0^2(\Omega)} = a(f, g) = \int_\Omega \mathcal{A}f(x)\overline{\mathcal{A}g(x)}\mathrm{d}x, \quad \forall f, g \in H_0^2(\Omega).$$

由 Lax-Milgram 定理 1.25 可知, A 是从 $D(A) = H_0^2(\Omega)$ 到 H 的等距同构. 容易证明, 当 $f \in H^4(\Omega) \cap H_0^2(\Omega)$ 时有 $Af = \mathcal{A}f$, 并且当 $g \in L^2(\Omega)$ 时有 $A^{-1}g = \mathcal{A}^{-1}g$. 因此, A 是 $\mathcal{A}$ 的延拓, 延拓之后的定义域是 $H_0^2(\Omega)$.

同 (8.6), 容易证明, $D(A^{1/2}) = L^2(\Omega)$, 并且 $A^{1/2}$ 是从 $L^2(\Omega)$ 到 H 的等距同构. 定义映射 $\Upsilon \in \mathcal{L}(L^2(\Gamma_0), H^{3/2}(\Omega))$, 即 $\Upsilon u = v$ 当且仅当

$$\begin{cases} \mathcal{A}^2 v(x) = 0, & x \in \Omega, \\ v(x)|_{\partial\Omega} = \left.\dfrac{\partial v(x)}{\partial \nu_{\mathcal{A}}}\right|_{\Gamma_1} = 0, \quad \left.\dfrac{\partial v(x)}{\partial \nu_{\mathcal{A}}}\right|_{\Gamma_0} = u(x). \end{cases} \tag{10.65}$$

利用如上映射, 能够将系统 (10.62) 改写为

$$\ddot{w} + A(w - \Upsilon u) = 0. \tag{10.66}$$

由于 $D(A)$ 在 H 中稠密, 从而 $D(A^{1/2})$ 也在 H 中稠密. 将空间 H 与其对偶 H' 等同, 则下面的关系式成立:
$$D(A^{1/2}) \hookrightarrow H = H' \hookrightarrow (D(A^{1/2}))'.$$
A 的延拓 $\tilde{A} \in \mathcal{L}(D(A)^{1/2}, (D(A^{1/2}))')$ 定义为
$$\langle \tilde{A}f, g \rangle_{(D(A^{1/2}))', D(A^{1/2})} = \langle A^{1/2}f, A^{1/2}g \rangle_H, \quad \forall f, g \in D(A^{1/2}), \tag{10.67}$$
所以 (10.66) 可以进一步在 $(D(A^{1/2}))'$ 中改写为
$$\ddot{w} + \tilde{A}w + Bu = 0,$$
其中 $B \in \mathcal{L}(U, (D(A^{1/2}))')$ 由
$$Bu = -\tilde{A}\Upsilon u, \quad \forall u \in U \tag{10.68}$$
给定.

定义 $B^* \in \mathcal{L}(D(A^{1/2}), U)$ 如下:
$$\langle B^*f, u \rangle_U = \langle f, Bu \rangle_{D(A^{1/2}), (D(A^{1/2}))'}, \quad \forall f \in D(A^{1/2}), u \in U,$$
则对于任意的 $f \in D(A^{1/2})$ 和 $u \in C_0^\infty(\Gamma_0)$ 有
$$\begin{aligned}\langle f, Bu \rangle_{D(A^{1/2}), (D(A^{1/2}))'} &= \langle f, \tilde{A}\tilde{A}^{-1}Bu \rangle_{D(A^{1/2}), (D(A^{1/2}))'} = \langle A^{1/2}f, A^{1/2}\tilde{A}^{-1}Bu \rangle_H \\ &= -\langle A^{1/2}f, A^{1/2}\Upsilon u \rangle_H = -\langle f, \Upsilon u \rangle_{L^2(\Omega)} \\ &= -\langle \mathcal{A}\mathcal{A}^{-1}f, \Upsilon u \rangle_{L^2(\Omega)} = \langle \mathcal{A}(\mathcal{A}^{-1}f), u \rangle_U.\end{aligned}$$
在上式的最后一步中, 利用了如下结果: 在 $H^4(\Omega) \cap H_0^2(\Omega)$ 上有
$$\Upsilon^* \mathcal{A} = -\mathcal{A} \cdot |_{\Gamma_0}.$$
事实上, 对于任意的 $\psi \in H^4(\Omega) \cap H_0^2(\Omega)$, $u \in L^2(\Gamma_0)$, 应用分部积分有
$$\begin{aligned}\langle \Upsilon^* \mathcal{A}\psi, u \rangle_{L^2(\Gamma_0)} &= \langle \mathcal{A}\psi, \Upsilon u \rangle_{L^2(\Omega)} = \langle \mathcal{A}^2\psi, \Upsilon u \rangle_{L^2(\Omega)} \\ &= \int_\Omega \mathcal{A}(\mathcal{A}\psi)\overline{\Upsilon u} \, dx \\ &= \int_{\partial\Omega} \overline{\Upsilon u} \frac{\partial(\mathcal{A}\psi)}{\partial \nu_\mathcal{A}} d\Gamma - \int_{\partial\Omega} \mathcal{A}\psi \cdot \frac{\partial(\overline{\Upsilon u})}{\partial \nu_\mathcal{A}} d\Gamma - \int_\Omega \mathcal{A}\psi \cdot \mathcal{A}(\overline{\Upsilon u}) dx \\ &= -\int_{\Gamma_0} \mathcal{A}\psi \cdot \overline{u} \, d\Gamma = \langle -\mathcal{A}\psi, u \rangle_{L^2(\Gamma_0)},\end{aligned}$$
所以在 $H^4(\Omega) \cap H_0^2(\Omega)$ 上有 $\Upsilon^* \mathcal{A} = -\mathcal{A} \cdot |_{\Gamma_0}$. 既然 $C_0^\infty(\Gamma_0)$ 在 $L^2(\Gamma_0)$ 中稠密, 从而最终得到

10.3 变系数 Euler-Bernoulli 板方程边界控制的适定性

$$B^*f = \mathcal{A}(\mathscr{A}^{-1}f)\big|_{\Gamma_0}, \quad \forall\, f \in D(A^{1/2}) = L^2(\Omega). \tag{10.69}$$

现在, 将开环系统 (10.62) 化为状态空间 $\mathcal{H}$ 上的形如 (4.77) 的二阶系统的抽象形式

$$\begin{cases} \ddot{w}(\cdot,t) + \tilde{A}w(\cdot,t) + Bu(\cdot,t) = 0, \\ y(\cdot,t) = -B^*\dot{w}(\cdot,t), \end{cases} \tag{10.70}$$

其中 B 和 B^* 分别由 (10.68) 和 (10.69) 所定义.

将具有零初值的系统 (10.62) 重新记为如下方程:

$$\begin{cases} w_{tt}(x,t) + \mathcal{A}^2 w(x,t) = 0, & x \in \Omega, t \geqslant 0, \\ w(x,0) = w_t(x,0) = 0, & x \in \Omega, \\ w(x,t) = 0, & x \in \partial\Omega, t \geqslant 0, \\ \dfrac{\partial w(x,t)}{\partial \nu_{\mathcal{A}}} = 0, & x \in \Gamma_1, t \geqslant 0, \\ \dfrac{\partial w(x,t)}{\partial \nu_{\mathcal{A}}} = u(x,t), & x \in \Gamma_0, t \geqslant 0, \\ y(x,t) = -\mathcal{A}(\mathscr{A}^{-1}w_t(x,t)), & x \in \Gamma_0, t > 0. \end{cases} \tag{10.71}$$

由定理 4.9, 定理 10.3 等价于方程 (10.71) 的解满足

$$\|y\|^2_{L^2(0,T;U)} \leqslant C_T \|u\|^2_{L^2(0,T;U)}, \quad \forall\, u \in L^2(0,T;U).$$

通过变换

$$z = A^{-1}w_t,$$

在更光滑一些的空间 $H_0^2(\Omega) \times L^2(\Omega)$ 中考虑系统 (10.71), 于是 z 满足

$$\begin{cases} z_{tt}(x,t) + \mathcal{A}^2 z(x,t) = \Upsilon u_t(x,t), & x \in \Omega, t > 0, \\ z(x,0) = z_0(x),\ z_t(x,0) = z_1(x), & x \in \Omega, t \geqslant 0, \\ z(x,t) = \dfrac{\partial z(x,t)}{\partial \nu_{\mathcal{A}}} = 0, & x \in \partial\Omega, t \geqslant 0. \end{cases} \tag{10.72}$$

由 (10.69), 输出变为

$$y(x,t) = -\mathcal{A}z(x,t)\big|_{\Gamma_0}.$$

因此, 定理 10.3 成立当且仅当对于某个 (从而对于所有) $T > 0$, 方程 (10.72) 的解满足

$$\int_0^T \int_{\Gamma_0} |\mathcal{A}z(x,t)|^2 \mathrm{d}x \mathrm{d}t \leqslant C_T \int_0^T \int_{\Gamma_0} |u(x,t)|^2 \mathrm{d}x \mathrm{d}t. \tag{10.73}$$

注意到假设 (10.63), 下面构造一个同 9.4 节相同的黎曼流形来证明定理. 令 $(g_{ij}) = (a_{ij})^{-1}$, 对于任意的 $x \in \mathbb{R}^n$, 可以定义切空间 $\mathbb{R}^n_x = \mathbb{R}^n$ 上的内积和范数如下:

$$g(X, Y) := \langle X, Y \rangle_g = \sum_{i,j=1}^n g_{ij}(x)\alpha_i\beta_j, \quad \nabla_g f = \sum_{i,j=1}^n a_{ij}\frac{\partial f}{\partial x_i}\frac{\partial}{\partial x_j},$$

$$|X|_g := \langle X, X \rangle_g^{1/2}, \quad \forall\, X = \sum_{i=1}^n \alpha_i \frac{\partial}{\partial x_i}, Y = \sum_{i=1}^n \beta_i \frac{\partial}{\partial x_i} \in \mathbb{R}^n_x.$$

$(\mathbb{R}^n, g)$ 因此成为以 g 为黎曼度量的黎曼空间. 用 D 来表示关于 g 的 Levi-Civita 联络, Δ_g 表示关于 g 的流形上的 Beltrami-Laplace 算子, 则有

$$\Delta_g \varphi = \mathcal{A}\varphi - (Df)\varphi, \quad f(x) = \frac{1}{2}\ln(\det(a_{ij}(x))), \quad \forall\, \varphi \in C^2(\mathbb{R}^n).$$

进一步, 对 $\mathbb{R}^n$ 上的任意向量场 N, 上式两边作用 N 得

$$N(\Delta_g \varphi) = N(\mathcal{A}\varphi) - D^2 f(N, D\varphi) - D^2\varphi(N, Df), \quad \forall\, \varphi \in C^2(\mathbb{R}^n). \tag{10.74}$$

定理 10.3 的证明 下面将证明 (10.73) 成立, 证明分为八步.

第一步 由引理 8.2, 存在 $\overline{\Omega}$ 上满足下面条件的 C^2 类光滑的向量场 N:

$$N(x) = \mu(x) \triangleq \frac{\nu_{\mathcal{A}}}{|\nu_{\mathcal{A}}|_g}, \quad x \in \Gamma; \quad |N|_g \leqslant 1, \quad x \in \Omega. \tag{10.75}$$

对方程 (10.72) 第一式的两边同乘以 $N(\overline{z})$, 并在 $[0, T] \times \Omega$ 上积分, 则有

$$\int_0^T \int_\Omega z_{tt} N(\overline{z}) \mathrm{d}x \mathrm{d}t + \int_0^T \int_\Omega \mathcal{A}^2 z N(\overline{z}) \mathrm{d}x \mathrm{d}t - \int_0^T \int_\Omega \Upsilon u_t N(\overline{z}) \mathrm{d}x \mathrm{d}t = 0. \tag{10.76}$$

计算 (10.76) 的左边第一项有

$$\int_0^T \int_\Omega z_{tt} N(\overline{z}) \mathrm{d}x \mathrm{d}t = \int_\Omega z_t N(\overline{z}) \mathrm{d}x \Big|_0^T - \int_0^T \int_\Omega z_t N(\overline{z_t}) \mathrm{d}x \mathrm{d}t$$

$$= \int_\Omega z_t N(\overline{z}) \mathrm{d}x \Big|_0^T - \int_\Omega z N(\overline{z_t}) \mathrm{d}x \Big|_0^T + \int_0^T \int_\Omega z N(\overline{z_{tt}}) \mathrm{d}x \mathrm{d}t$$

$$= \int_\Omega z_t N(\overline{z}) \mathrm{d}x \Big|_0^T - \int_\Omega [\mathrm{div}_g(z\overline{z_t}N) - \overline{z_t}z\mathrm{div}_g(N) - \overline{z_t}N(z)]\mathrm{d}x \Big|_0^T$$

$$+ \int_0^T \int_\Omega [\mathrm{div}_g(z\overline{z_{tt}}N) - \overline{z_{tt}}z\mathrm{div}_g(N) - \overline{z_{tt}}N(z)]\mathrm{d}x\mathrm{d}t$$

$$= 2\mathrm{Re} \int_\Omega z_t N(\overline{z}) \mathrm{d}x \Big|_0^T + \int_\Omega \overline{z_t} z \mathrm{div}_g(N) \mathrm{d}x \Big|_0^T$$

$$+ \int_0^T \int_\Omega [z\mathcal{A}^2 \overline{z} \mathrm{div}_g(N) - \Upsilon \overline{u_t} z \mathrm{div}_g(N) - \overline{z_{tt}}N(z)]\mathrm{d}x\mathrm{d}t,$$

10.3 变系数 Euler-Bernoulli 板方程边界控制的适定性

从而

$$\operatorname{Re} \int_0^T \int_\Omega z_{tt} N(\overline{z}) \mathrm{d}x \mathrm{d}t$$
$$= \operatorname{Re} \int_\Omega z_t N(\overline{z}) \mathrm{d}x \bigg|_0^T + \frac{1}{2} \int_\Omega \overline{z_t} z \operatorname{div}_g(N) \mathrm{d}x \bigg|_0^T - \frac{1}{2} \int_0^T \int_\Omega \Upsilon \overline{u_t} z \operatorname{div}_g(N) \mathrm{d}x \mathrm{d}t$$
$$+ \frac{1}{2} \int_0^T \int_\Omega z \mathcal{A}^2 \overline{z} \operatorname{div}_g(N) \mathrm{d}x \mathrm{d}t. \tag{10.77}$$

利用附录 B 中黎曼流形上的 Green 公式以及在 $\partial\Omega$ 上有 $z = \dfrac{\partial z}{\partial \mu} = 0$, (10.77) 的最后一项可以进一步表示为

$$\frac{1}{2} \int_0^T \int_\Omega z \mathcal{A}^2 \overline{z} \operatorname{div}_g(N) \mathrm{d}x \mathrm{d}t$$
$$= \frac{1}{2} \int_0^T \int_\Omega z[(\Delta_g + Df)(\mathcal{A}\overline{z})] \operatorname{div}_g(N) \mathrm{d}x \mathrm{d}t$$
$$= \frac{1}{2} \int_0^T \int_\Omega z \Delta_g(\mathcal{A}\overline{z}) \operatorname{div}_g(N) \mathrm{d}x \mathrm{d}t + \frac{1}{2} \int_0^T \int_\Omega z Df(\mathcal{A}\overline{z}) \operatorname{div}_g(N) \mathrm{d}x \mathrm{d}t$$
$$= \frac{1}{2} \int_0^T \int_\Omega \mathcal{A}\overline{z} \Delta_g(z \operatorname{div}_g(N)) \mathrm{d}x \mathrm{d}t + \frac{1}{2} \int_0^T \int_{\partial\Omega} z \operatorname{div}_g(N) \frac{\partial(\mathcal{A}\overline{z})}{\partial \mu} \mathrm{d}\Gamma \mathrm{d}t$$
$$- \frac{1}{2} \int_0^T \int_{\partial\Omega} \mathcal{A}\overline{z} \frac{\partial(z \operatorname{div}_g(N))}{\partial \mu} \mathrm{d}\Gamma \mathrm{d}t + \frac{1}{2} \int_0^T \int_\Omega z Df(\mathcal{A}\overline{z}) \operatorname{div}_g(N) \mathrm{d}x \mathrm{d}t$$
$$= \frac{1}{2} \int_0^T \int_\Omega \mathcal{A}\overline{z}[\mathcal{A}z \operatorname{div}_g(N) + 2\langle Dz, D(\operatorname{div}_g(N))\rangle_g + z\mathcal{A}(\operatorname{div}_g(N))] \mathrm{d}x \mathrm{d}t$$
$$- \frac{1}{2} \int_0^T \int_\Omega \mathcal{A}\overline{z} Df(z \operatorname{div}_g(N)) \mathrm{d}x \mathrm{d}t + \frac{1}{2} \int_0^T \int_\Omega z Df(\mathcal{A}\overline{z}) \operatorname{div}_g(N) \mathrm{d}x \mathrm{d}t. \tag{10.78}$$

将 (10.78) 代入 (10.77) 可得

$$\operatorname{Re} \int_0^T \int_\Omega z_{tt} N(\overline{z}) \mathrm{d}x \mathrm{d}t$$
$$= \operatorname{Re} \int_\Omega z_t N(\overline{z}) \mathrm{d}x \bigg|_0^T + \frac{1}{2} \int_\Omega \overline{z_t} z \operatorname{div}_g(N) \mathrm{d}x \bigg|_0^T$$
$$- \frac{1}{2} \int_0^T \int_\Omega \Upsilon \overline{u_t} z \operatorname{div}_g(N) \mathrm{d}x \mathrm{d}t + \frac{1}{2} \int_0^T \int_\Omega |\mathcal{A}z|^2 \operatorname{div}_g(N) \mathrm{d}x \mathrm{d}t$$
$$+ \int_0^T \int_\Omega \mathcal{A}\overline{z} \langle Dz, D(\operatorname{div}_g(N))\rangle_g \mathrm{d}x \mathrm{d}t + \frac{1}{2} \int_0^T \int_\Omega z \mathcal{A}\overline{z} \mathcal{A}(\operatorname{div}_g(N)) \mathrm{d}x \mathrm{d}t$$
$$- \frac{1}{2} \int_0^T \int_\Omega \mathcal{A}\overline{z} Df(z \operatorname{div}_g(N)) \mathrm{d}x \mathrm{d}t + \frac{1}{2} \int_0^T \int_\Omega z Df(\mathcal{A}\overline{z}) \operatorname{div}_g(N) \mathrm{d}x \mathrm{d}t. \tag{10.79}$$

再次利用附录 B 中黎曼流形上的 Green 公式及 (B.18) 和 (10.74), (10.76) 的左边第二项可以表示为

$$\int_0^T \int_\Omega \mathcal{A}^2 z N(\bar{z}) \mathrm{d}x\mathrm{d}t$$
$$= \int_0^T \int_\Omega [(\Delta_g + Df)(\mathcal{A}z)] N(\bar{z}) \mathrm{d}x\mathrm{d}t$$
$$= \int_0^T \int_\Omega \Delta_g(\mathcal{A}z) N(\bar{z}) \mathrm{d}x\mathrm{d}t + \int_0^T \int_\Omega Df(\mathcal{A}z) N(\bar{z}) \mathrm{d}x\mathrm{d}t$$
$$= \int_0^T \int_\Omega \mathcal{A}z \Delta_g(N(\bar{z})) \mathrm{d}x\mathrm{d}t + \int_0^T \int_{\partial\Omega} N(\bar{z}) \frac{\partial(\mathcal{A}z)}{\partial \mu} \mathrm{d}\Gamma\mathrm{d}t - \int_0^T \int_{\partial\Omega} \mathcal{A}z \frac{\partial(N(\bar{z}))}{\partial \mu} \mathrm{d}\Gamma\mathrm{d}t$$
$$+ \int_0^T \int_\Omega Df(\mathcal{A}z) N(\bar{z}) \mathrm{d}x\mathrm{d}t$$
$$= \int_0^T \int_\Omega \mathcal{A}z \Delta_g(N(\bar{z})) \mathrm{d}x\mathrm{d}t - \int_0^T \int_{\partial\Omega} \mathcal{A}z \frac{\partial^2 \bar{z}}{\partial \mu^2} \mathrm{d}\Gamma\mathrm{d}t + \int_0^T \int_\Omega Df(\mathcal{A}z) N(\bar{z}) \mathrm{d}x\mathrm{d}t$$
$$= \int_0^T \int_\Omega \mathcal{A}z [(\Delta N)(\bar{z}) + 2\langle DN, D^2\bar{z}\rangle_{T^2(\mathbb{R}_x^n)} + N(\Delta_g \bar{z}) + 2\mathrm{Ric}(N, D\bar{z})] \mathrm{d}x\mathrm{d}t$$
$$- \int_0^T \int_{\partial\Omega} \mathcal{A}z(\mathcal{A} - Df)(\bar{z}) \mathrm{d}\Gamma\mathrm{d}t + \int_0^T \int_\Omega Df(\mathcal{A}z) N(\bar{z}) \mathrm{d}x\mathrm{d}t$$
$$= \int_0^T \int_\Omega \mathcal{A}z [(\Delta N)(\bar{z}) + 2\langle DN, D^2\bar{z}\rangle_{T^2(\mathbb{R}_x^n)} + N(\mathcal{A}\bar{z}) - D^2 f(N, D\bar{z}) - D^2\bar{z}(N, Df)$$
$$+ 2\mathrm{Ric}(N, D\bar{z})] \mathrm{d}x\mathrm{d}t - \int_0^T \int_{\partial\Omega} \mathcal{A}z(\mathcal{A} - Df)(\bar{z}) \mathrm{d}\Gamma\mathrm{d}t + \int_0^T \int_\Omega Df(\mathcal{A}z) N(\bar{z}) \mathrm{d}x\mathrm{d}t,$$
$$(10.80)$$

其中在 $\partial\Omega$ 上有 $\frac{\partial^2 \bar{z}}{\partial \mu^2} = \Delta_g \bar{z}$ 成立是因为

$$\bar{z}|_{[0,T]\times\partial\Omega} = \frac{\partial \bar{z}}{\partial \mu}\bigg|_{[0,T]\times\partial\Omega} = 0 \Rightarrow \frac{\partial^2 \bar{z}}{\partial \mu^2}\bigg|_{[0,T]\times\partial\Omega} = \Delta_g \bar{z}|_{[0,T]\times\partial\Omega}.$$

进一步, 由附录 B 中黎曼流形的散度公式有

$$\mathrm{Re} \int_0^T \int_\Omega \mathcal{A}z N(\mathcal{A}z) \mathrm{d}x\mathrm{d}t = \frac{1}{2} \int_0^T \int_\Omega N(|\mathcal{A}z|^2) \mathrm{d}x\mathrm{d}t$$
$$= \frac{1}{2} \int_0^T \int_{\partial\Omega} |\mathcal{A}z|^2 \mathrm{d}\Gamma\mathrm{d}t - \frac{1}{2} \int_0^T \int_\Omega |\mathcal{A}z|^2 \mathrm{div}_g(N) \mathrm{d}x\mathrm{d}t,$$

所以 (10.80) 可以表示成

10.3 变系数 Euler-Bernoulli 板方程边界控制的适定性

$$\operatorname{Re}\int_0^T\int_\Omega \mathcal{A}^2 z N(z)\mathrm{d}x\mathrm{d}t$$
$$=-\frac{1}{2}\int_0^T\int_\Omega |\mathcal{A}z|^2 \operatorname{div}_g(N)\mathrm{d}x\mathrm{d}t + \operatorname{Re}\int_0^T\int_\Omega \mathcal{A}z[(\Delta N)(z)$$
$$+2\langle DN, D^2\overline{z}\rangle_{T^2(\mathbb{R}_x^n)} - D^2 f(N, D\overline{z}) - D^2\overline{z}(N, Df)$$
$$+2\operatorname{Ric}(N, D\overline{z})]\mathrm{d}x\mathrm{d}t - \frac{1}{2}\int_0^T\int_{\partial\Omega}|\mathcal{A}z|^2\mathrm{d}\Gamma\mathrm{d}t$$
$$+\operatorname{Re}\int_0^T\int_\Omega N(\overline{z})Df(\mathcal{A}z)\mathrm{d}x\mathrm{d}t, \tag{10.81}$$

其中利用了 $\mathcal{A}zDf(\overline{z})$ 在 $(0,T)\times\partial\Omega$ 上的积分为零的事实. 最后, 将 (10.79) 和 (10.81) 代入到 (10.76) 可得

$$\frac{1}{2}\int_0^T\int_{\partial\Omega}|\mathcal{A}z|^2\mathrm{d}\Gamma\mathrm{d}t = \mathrm{RHS}_1 + \mathrm{RHS}_2 + \mathrm{RHS}_3 + b_{0,T}, \tag{10.82}$$

其中

$$\mathrm{RHS}_1 = \operatorname{Re}\int_0^T\int_\Omega \mathcal{A}\overline{z}\langle Dz, D(\operatorname{div}_g(N))\rangle_g \mathrm{d}x\mathrm{d}t + \frac{1}{2}\operatorname{Re}\int_0^T\int_\Omega z\mathcal{A}\overline{z}A(\operatorname{div}_g(N))\mathrm{d}x\mathrm{d}t$$
$$+\operatorname{Re}\int_0^T\int_\Omega \mathcal{A}z[(\Delta N)(\overline{z}) + 2\langle DN, D^2\overline{z}\rangle_{T^2(\mathbb{R}_x^n)} - D^2 f(N, D\overline{z})$$
$$-D^2\overline{z}(N, Df) + 2\operatorname{Ric}(N, D\overline{z})]\mathrm{d}x\mathrm{d}t,$$

$$\mathrm{RHS}_2 = -\frac{1}{2}\operatorname{Re}\int_0^T\int_\Omega \mathcal{A}\overline{z}Df(z\operatorname{div}_g(N))\mathrm{d}x\mathrm{d}t + \frac{1}{2}\operatorname{Re}\int_0^T\int_\Omega z\operatorname{div}_g(N)Df(\mathcal{A}\overline{z})\mathrm{d}x\mathrm{d}t$$
$$+\operatorname{Re}\int_0^T\int_\Omega N(\overline{z})Df(\mathcal{A}z)\mathrm{d}x\mathrm{d}t,$$

$$\mathrm{RHS}_3 = -\frac{1}{2}\operatorname{Re}\int_0^T\int_\Omega \Upsilon\overline{u_t}z\operatorname{div}_g(N)\mathrm{d}x\mathrm{d}t - \operatorname{Re}\int_0^T\int_\Omega \Upsilon u_t N(\overline{z})\mathrm{d}x\mathrm{d}t,$$

$$b_{0,T} = \operatorname{Re}\int_\Omega z_t N(\overline{z})\mathrm{d}x\Big|_0^T + \frac{1}{2}\operatorname{Re}\int_\Omega \overline{z_t}z\operatorname{div}_g(N)\mathrm{d}x\Big|_0^T.$$

第二步 估计 RHS_1 项. 在 (10.82) 中, 令 $\Upsilon\overline{u_t} = 0$. 注意到在变换 $z = A^{-1}w_t \in H_0^2(\Omega)$ 下有 $z_t = A^{-1}w_{tt} = -w \in L^2(\Omega)$, 于是方程 (10.72) 的解生成空间 $H_0^2(\Omega)\times L^2(\Omega)$ 上的 C_0- 群. 也就是说, 对于任意的初值 $(z_0, z_1) \in H_0^2(\Omega)\times L^2(\Omega)$, 方程 (10.72) 的解满足 $(z, z_t) \in H_0^2(\Omega)\times L^2(\Omega)$, 并且连续地依赖于初值 (z_0, z_1),

$$\frac{1}{2}\int_0^T\int_{\partial\Omega}|\mathcal{A}z|^2\mathrm{d}\Gamma\mathrm{d}t \leqslant C_T \|(z_0, z_1)\|^2_{H_0^2(\Omega)\times L^2(\Omega)}.$$

这表明 B^* 是可容许的, 从而 B 也是可容许的 (见命题 3.8). 确切地说,

$$u \mapsto \{w, w_t\} \text{ 连续地从 } L^2((0,T) \times \Gamma_0) \text{ 映到 } C([0,T]; L^2(\Omega) \times H^{-2}(\Omega)). \tag{10.83}$$

由 (10.83) 可知, $z(t) \in C([0,T]; H_0^2(\Omega))$ 连续地依赖于 $u \in L^2((0,T) \times \Gamma_0)$, 由此得到

$$\text{RHS}_1 \leqslant C_T \|u\|_{L^2((0,T) \times \Gamma_0)}^2, \quad \forall\, u \in L^2((0,T) \times \Gamma_0). \tag{10.84}$$

第三步 估计 RHS_2 项. 由

$$\text{div}_0(z\text{div}_g(N)\mathcal{A}\bar{z}Df) = z\text{div}_g(N)Df(\mathcal{A}\bar{z}) + \mathcal{A}\bar{z}Df(z\text{div}_g(N)) + z\text{div}_g(N)\mathcal{A}\bar{z}\text{div}_0(Df)$$

和

$$\text{div}_0(N(\bar{z})\mathcal{A}zDf) = N(\bar{z})Df(\mathcal{A}z) + \mathcal{A}zDf(N(\bar{z})) + N(\bar{z})\mathcal{A}z\text{div}_0(Df)$$

有

$$\frac{1}{2}\int_0^T \int_\Omega z\text{div}_g(N)Df(\mathcal{A}\bar{z})\,dxdt$$
$$= \frac{1}{2}\int_0^T \int_{\partial\Omega} z\text{div}_g(N)\mathcal{A}\bar{z}Df \cdot \nu\,d\Gamma dt$$
$$- \frac{1}{2}\int_0^T \int_\Omega \mathcal{A}\bar{z}Df(z\text{div}_g(N))\,dxdt$$
$$- \frac{1}{2}\int_0^T \int_\Omega z\text{div}_g(N)\mathcal{A}\bar{z}\text{div}_0(Df)\,dxdt, \tag{10.85}$$

并且

$$\int_0^T \int_\Omega N(\bar{z})Df(\mathcal{A}z)\,dxdt$$
$$= \int_0^T \int_{\partial\Omega} N(\bar{z})\mathcal{A}zDf \cdot \nu\,d\Gamma dt$$
$$- \int_0^T \int_\Omega \mathcal{A}zDf(N(\bar{z}))\,dxdt$$
$$- \int_0^T \int_\Omega N(\bar{z})\mathcal{A}z\text{div}_0(Df)\,dxdt. \tag{10.86}$$

将 (10.85) 和 (10.86) 代入 RHS_2, 注意到 $z\text{div}_g(N)\mathcal{A}zDf \cdot \nu$ 和 $N(z)\mathcal{A}zDf \cdot \nu$ 在 $(0,T) \times \partial\Omega$ 上的积分都等于零, 则有

$$\text{RHS}_2 = -\text{Re}\int_0^T \int_\Omega \mathcal{A}\bar{z}Df(z\text{div}_g(N))\,dxdt - \text{Re}\int_0^T \int_\Omega \mathcal{A}zDf(N(\bar{z}))\,dxdt$$

10.3 变系数 Euler-Bernoulli 板方程边界控制的适定性

$$-\frac{1}{2}\mathrm{Re}\int_0^T\int_\Omega z\mathrm{div}_g(N)\mathcal{A}\overline{z}\mathrm{div}_0(Df)\mathrm{d}x\mathrm{d}t-\mathrm{Re}\int_0^T\int_\Omega N(\overline{z})\mathcal{A}z\mathrm{div}_0(Df)\mathrm{d}x\mathrm{d}t. \tag{10.87}$$

于是同第二步中的方法一样, 可以得到

$$\mathrm{RHS}_2\leqslant C_T\|u\|^2_{L^2((0,T)\times\Gamma_0)},\quad\forall\ u\in L^2((0,T)\times\Gamma_0). \tag{10.88}$$

下面的第四至六步同 10.1 节中常系数情形的证明过程相同, 这里给出证明的梗概.

第四步 z_t 的正则性. 为了估计 RHS_3 项, 需要考察 z_t 的正则性.

$$z_t=A^{-1}w_{tt}=A^{-1}(-Aw+\tilde{A}\Upsilon u)=-w+\Upsilon u\in L^2((0,T)\times\Omega). \tag{10.89}$$

由于 $w\in C([0,T];L^2(\Omega))$, $\Upsilon u\in L^2((0,T)\times\Gamma_0)$ 连续地依赖于 $u\in L^2((0,T)\times\Gamma_0)$, 从而得到

$$z_t\in L^2((0,T)\times\Omega)\ \text{连续地依赖于}\ u\in L^2((0,T)\times\Gamma_0). \tag{10.90}$$

第五步 对于较光滑的 u 来估计 RHS_3 和 $b_{0,T}$. 为了估计 RHS_3 和 $b_{0,T}$, 先把 u 限制在 $L^2((0,T)\times\Gamma_0)$ 的具有更高光滑性的稠密子空间中,

$$u\in C^1([0,T]\times\partial\Omega),\quad u|_{\Gamma_1}=0,\quad u(\cdot,0)=u(\cdot,T)=0. \tag{10.91}$$

下面证明对于满足 (10.91) 的 u 有

$$\mathrm{RHS}_3\leqslant C_T\|u\|^2_{L^2((0,T)\times\Gamma_0)} \tag{10.92}$$

以及

$$b_{0,T}\leqslant C_T\|u\|^2_{L^2((0,T)\times\Gamma_0)}. \tag{10.93}$$

下面不妨设在 (10.72) 中有 $z_0=z_1=0$.

第六步 (10.93) 的证明. 利用 $w_t\in C([0,T];H^{-2}(\Omega))$ 连续地依赖于 $u\in L^2((0,T)\times\Gamma_0)$, $A^{-1}\in\mathcal{L}(H^{-2}(\Omega),H_0^2(\Omega))$ 的事实以及 $w_t(\cdot,0)=0$ 有

$$z(\cdot,0)=0,\ z(\cdot,T)=A^{-1}w_t\in H_0^2(\Omega)\ \text{连续地依赖于}\ u\in L^2((0,T)\times\Gamma_0). \tag{10.94}$$

接下来由 (10.89), (10.91) 以及 $w(\cdot,0)=0$ 有

$$\begin{cases}z_t(\cdot,0)=-w(\cdot,0)+\Upsilon u(\cdot,0)=0,\\ z_t(\cdot,T)=-w(\cdot,T)\in L^2(\Omega)\ \text{连续地依赖于}\ u\in L^2((0,T)\times\Gamma_0),\end{cases} \tag{10.95}$$

其中正则性来自 (10.83).

利用 (10.83), (10.94) 和 (10.95) 便得到

$$b_{0,T} = \operatorname{Re}\int_\Omega z_t N(z) \mathrm{d}x\Big|_0^T + \operatorname{Re}\frac{1}{2}\int_\Omega z_t z \operatorname{div}_g(N)\mathrm{d}x\Big|_0^T \leqslant C_T \|u\|_{L^2((0,T)\times\Gamma_0)}^2. \quad (10.96)$$

第七步 (10.92) 的证明. 对于 u 属于空间 (10.91), 先来处理 RHS_3 的第二项. 关于 t 作分部积分, 关于空间变量应用散度定理可得

$$\begin{aligned}
&-\operatorname{Re}\int_0^T\int_\Omega \Upsilon u_t N(z)\mathrm{d}x\mathrm{d}t \\
={}&-\operatorname{Re}\int_\Omega \Upsilon u N(\bar{z})\mathrm{d}x\Big|_0^T + \operatorname{Re}\int_0^T\int_\Omega \Upsilon u N(\overline{z_t})\mathrm{d}x\mathrm{d}t \\
={}&\operatorname{Re}\int_0^T\int_\Omega \Upsilon u N(\overline{z_t})\mathrm{d}x\mathrm{d}t \\
={}&\operatorname{Re}\int_0^T\int_\Omega \operatorname{div}_0(\Upsilon u \overline{z_t} N)\mathrm{d}x\mathrm{d}t - \operatorname{Re}\int_0^T\int_\Omega \Upsilon u \overline{z_t}\operatorname{div}_0(N)\mathrm{d}x\mathrm{d}t \\
&-\operatorname{Re}\int_0^T\int_\Omega \overline{z_t} N(\Upsilon u)\mathrm{d}x\mathrm{d}t \\
={}&\operatorname{Re}\int_0^T\int_{\partial\Omega} \Upsilon u \overline{z_t} N\cdot\nu\mathrm{d}\Gamma\mathrm{d}t - \operatorname{Re}\int_0^T\int_\Omega \Upsilon u \overline{z_t}\operatorname{div}_0(N)\mathrm{d}x\mathrm{d}t \\
&-\operatorname{Re}\int_0^T\int_\Omega \overline{z_t} N(\Upsilon u)\mathrm{d}x\mathrm{d}t \\
={}&-\operatorname{Re}\int_0^T\int_\Omega \Upsilon u \overline{z_t}\operatorname{div}_0(N)\mathrm{d}x\mathrm{d}t - \operatorname{Re}\int_0^T\int_\Omega \overline{z_t} N(\Upsilon u)\mathrm{d}x\mathrm{d}t. \quad (10.97)
\end{aligned}$$

注意到 (10.89) 和 $\Upsilon u \in L^2(0,T;H^{3/2}(\Omega))$, 则有 $N(\Upsilon u) \in L^2(0,T;H^{1/2}(\Omega))$. 它们都连续地依赖于 $u \in L^2((0,T)\times\Gamma_0)$. 再利用 (10.97) 可以得到

$$-\operatorname{Re}\int_0^T\int_\Omega \Upsilon u_t N(\bar{z})\mathrm{d}x\mathrm{d}t \leqslant C\|u\|_{L^2((0,T)\times\Gamma_0)}^2.$$

对于 RHS_3 的第一项可以采用同样的办法得到类似的估计, 这样便得到 (10.92).

第八步 利用稠密性, 能将关于 RHS_3 的估计 (10.92) 以及关于 $b_{0,T}$ 的估计 (10.93) 延拓至对于所有的 $u \in L^2((0,T)\times\Gamma_0)$ 都成立, 然后再结合 (10.88) 和 (10.84) 便有 (10.73). 证毕. ∎

10.4 变系数 Euler-Bernoulli 板方程边界控制的正则性

本节将证明系统 (10.62) 也是正则的.

10.4 变系数 Euler-Bernoulli 板方程边界控制的正则性

定理 10.4 系统 (10.62) 是正则的, 确切地说, 如果 $w(\cdot,0) = w_t(\cdot,0) = 0$, 并且 u 是阶跃输入, $u(\cdot,t) \equiv u(\cdot) \in U$, 则相应的输出响应 y 满足

$$\lim_{\sigma \to 0} \int_{\Gamma_0} \left| \frac{1}{\sigma} \int_0^\sigma y(x,t) dt \right|^2 dx = 0. \tag{10.98}$$

由于在 10.3 节已经证明系统 (10.62) 是适定的, 则由推论 4.3 知, 系统 (10.70) 的传递函数是

$$H(\lambda) = \lambda B^*(\lambda^2 + \tilde{A})^{-1}B, \tag{10.99}$$

其中 $\tilde{A}$, B 和 B^* 分别由 (10.67)~(10.69) 给出. 另外, 从定理 10.3 表明的适定性和定理 4.2 可知, 存在常数 $M, \beta > 0$, 使得

$$\sup_{\mathrm{Re}\lambda \geq \beta} \|H(\lambda)\|_{\mathcal{L}(U)} = M < \infty. \tag{10.100}$$

下面的命题类似于常系数情形, 这里不再给出它的证明.

命题 10.2 定理 10.4 成立当且仅当对于任意的 $u \in C_0^\infty(\Gamma_0)$, 如下方程:

$$\begin{cases} \lambda^2 w(x) + \mathcal{A}^2 w(x) = 0, & x \in \Omega, \\ w(x) = 0, & x \in \partial\Omega, \\ \dfrac{\partial w(x)}{\partial \nu_{\mathcal{A}}} = 0, & x \in \Gamma_1, \\ \dfrac{\partial w(x)}{\partial \nu_{\mathcal{A}}} = u(x), & x \in \Gamma_0 \end{cases} \tag{10.101}$$

的解 w 满足

$$\lim_{\lambda \in \mathbb{R}, \lambda \to +\infty} \int_{\Gamma_0} \left| \frac{1}{\lambda} \mathcal{A}w(x) \right|^2 dx = 0. \tag{10.102}$$

为了证明 (10.102), 需要如下引理:

引理 10.2 设 w 是 (10.101) 的解, 则存在不依赖于 λ 但连续依赖于 $\partial\Omega$ 的函数 $a(x)$, 使得

$$\Delta_g w(x) = \frac{\partial^2 w(x)}{\partial \mu^2} + a(x) \frac{\partial w(x)}{\partial \mu}, \quad \forall\, x \in \partial\Omega, \tag{10.103}$$

其中 $\left| a(x) \dfrac{\partial}{\partial \mu} \right|$ 为点 $x \in \partial\Omega$ 的平均曲率.

证 用 D 和 $\overline{D}$ 分别来记 Ω 和 $\partial\Omega$ 上关于黎曼度量 g 的 Levi-Civita 联络, 由附录 B 中的第二基本形式的概念可得

$$S(N_1, N_2) = \overline{D}_{N_1} N_2 - D_{N_1} N_2, \quad \forall\, N_1, N_2 \in \mathfrak{X}(\mathbb{R}^n),\ N_1, N_2 \text{ 切于 } \partial\Omega. \tag{10.104}$$

对于任意的 $x \in \partial\Omega$，设 $\{e_i\}_{i=1}^{n-1}$ 是 $T_x(\partial\Omega)$ 上的一幺正交基，即 $\langle e_i, e_j \rangle_g = \delta_{ij}$ ($1 \leqslant i, j \leqslant n-1$)，其中 $T_x(\partial\Omega)$ 为黎曼流形 $(\partial\Omega, g)$ 在 x 处的切空间. 通过关于 $\overline{D}$ 的 $\{e_i\}_{i=1}^{n}$ 的平行移动，能够得到黎曼流形 $(\partial\Omega, g)$ 在 x 点处的法标架场 $\{E_i\}_{i=1}^{n-1}$. 这意味着存在 $\partial\Omega$ 上一点 x 的邻域 $U(x) \subset \partial\Omega$，使得对于所有的 $y \in U(x)$ 有 $E_i \in \mathfrak{X}(\mathbb{R}^n), \langle E_i(y), E_j(y) \rangle_g = \delta_{ij}$，并且 $\overline{D}_{E_i} E_j(x) = 0$ ($1 \leqslant i, j \leqslant n-1$). 接下来，对于任意的 $y \in U(x)$，存在一条正规测地线 $\gamma_y(t)$，使得 $\gamma_y(0) = y, \dot{\gamma}_y(0) = -\mu(y)$. 再次通过 $\{E_i(y)\}_{i=1}^{n-1}$ 关于 D 沿 γ_y 的平行移动，得到一个幺正标架场 $\{\widetilde{E}_i(y)\}_{i=1}^{n-1} \cup \{-\dot{\gamma}_y\}$. 由此，能够构造黎曼流形 (Ω, g) 上 x 点附近的一个局部幺正交标架场. 在不引起混淆的情况下，仍用 $\{E_i\}_{i=1}^{n}$ 来表示这个标架场，其中 $E_n(y) := -\dot{\gamma}$ 满足 $D_{E_n} E_n(x) = 0$.

由 (10.104) 知，对于每一个 $x \in \partial\Omega$ 有
$$\begin{aligned}\Delta_g w &= \sum_{i=1}^{n} D^2 w(E_i, E_i) = \sum_{i=1}^{n} D_{E_i}(dw)(E_i) \\ &= \sum_{i=1}^{n}(E_i E_i w - D_{E_i} E_i w) = E_n E_n w - \sum_{i=1}^{n-1} D_{E_i} E_i w \\ &= \frac{\partial^2 w}{\partial \mu^2} - \sum_{i=1}^{n-1}(\overline{D}_{E_i} E_i w - S(E_i, E_i))w = \frac{\partial^2 w}{\partial \mu^2} + \sum_{i=1}^{n-1} S(E_i, E_i)w \\ &= \frac{\partial^2 w}{\partial \mu^2} + \eta w,\end{aligned}$$

其中 $\eta := \sum_{i=1}^{n-1} S(E_i, E_i)$ 为 $\partial\Omega$ 的平均曲率法向量场，$|\eta|$ 为 $\partial\Omega$ 的平均曲率. 选取 $a(x)$，使之满足 $\eta(x) = a(x)\dfrac{\partial}{\partial \mu}$ 即得结果. 证毕. ∎

注 10.3 这里的平均曲率采用文献 [128] 第 230 页的说法，与文献 [24] 第 381 页的平均曲率差一个常数因子 $\dfrac{1}{n-1}$，见注 10.2.

定理 10.4 的证明 首先，用 $\overline{w}$ 乘以 (10.101) 第一个式子的两边并分部积分得到
$$\begin{aligned}0 &= \int_\Omega \lambda^2 |w|^2 + \mathcal{A}^2 w \cdot \overline{w} dx = \int_\Omega \lambda^2 |w|^2 dx - \int_\Omega \langle D(\mathcal{A}w), D\overline{w} \rangle_g dx + \int_{\partial\Omega} \overline{w} \frac{\partial(\mathcal{A}w)}{\partial \nu_{\mathcal{A}}} d\Gamma \\ &= \int_\Omega \lambda^2 |w|^2 dx + \int_\Omega |\mathcal{A}w|^2 dx - \int_{\partial\Omega} \mathcal{A}w \frac{\partial \overline{w}}{\partial \nu_{\mathcal{A}}} d\Gamma \\ &= \int_\Omega \lambda^2 |w|^2 dx + \int_\Omega |\mathcal{A}w|^2 dx - \int_{\Gamma_0} \overline{u} \mathcal{A}w d\Gamma.\end{aligned}$$

这意味着

10.4 变系数 Euler-Bernoulli 板方程边界控制的正则性

$$\int_\Omega |w|^2 \,\mathrm{d}x + \frac{1}{\lambda^2} \int_\Omega |\mathcal{A}w|^2 \,\mathrm{d}x \leqslant \frac{1}{\lambda} \|u\|_{L^2(\Gamma_0)} \left\|\frac{1}{\lambda}\mathcal{A}w\right\|_{L^2(\Gamma_0)}. \tag{10.105}$$

接下来, 按照 (10.75) 中一样的要求, 选取 $\overline{\Omega}$ 上的向量场 N. 与 10.3 节中的做法相同, 用 $N(\overline{w})$ 乘以 (10.101) 中的第一个方程, 然后分部积分并利用 (B.18) 和 (10.74), (10.86), (10.103) 以及散度公式得到

$$\begin{aligned}
0 &= \operatorname{Re} \int_\Omega [\lambda^2 w N(w) + \mathcal{A}^2 w N(\overline{w})] \,\mathrm{d}x \\
&= \frac{\lambda^2}{2} \int_\Omega [\operatorname{div}_0(|w|^2 N) - |w|^2 \operatorname{div}_0(N)] \,\mathrm{d}x + \operatorname{Re} \int_\Omega \mathcal{A}w \Delta_g(N(\overline{w})) \,\mathrm{d}x \\
&\quad + \operatorname{Re} \int_{\partial\Omega} N(\overline{w}) \frac{\partial(\mathcal{A}w)}{\partial \mu} \,\mathrm{d}\Gamma - \operatorname{Re} \int_{\partial\Omega} \mathcal{A}w \frac{\partial N((\overline{w}))}{\partial \mu} \,\mathrm{d}\Gamma + \operatorname{Re} \int_\Omega Df(\mathcal{A}w) N(\overline{w}) \,\mathrm{d}x \\
&= -\frac{\lambda^2}{2} \int_\Omega \operatorname{div}_0(N) |w|^2 \,\mathrm{d}x + \operatorname{Re} \int_\Omega \mathcal{A}w \Delta_g(N(\overline{w})) \,\mathrm{d}x + \operatorname{Re} \int_{\Gamma_0} \frac{\overline{u}}{|\nu_\mathcal{A}|_g} \frac{\partial(\mathcal{A}w)}{\partial \mu} \,\mathrm{d}\Gamma \\
&\quad - \operatorname{Re} \int_{\partial\Omega} \mathcal{A}w \frac{\partial^2 \overline{w}}{\partial \mu^2} \,\mathrm{d}\Gamma + \operatorname{Re} \int_{\partial\Omega} N(\overline{w}) \mathcal{A}w Df \cdot \nu \,\mathrm{d}\Gamma \\
&\quad - \operatorname{Re} \int_\Omega \mathcal{A}w Df(N(\overline{w})) \,\mathrm{d}x - \operatorname{Re} \int_\Omega N(\overline{w}) \mathcal{A}w \operatorname{div}_0(Df) \,\mathrm{d}x \\
&= -\frac{\lambda^2}{2} \int_\Omega \operatorname{div}_0(N) |w|^2 \,\mathrm{d}x + \operatorname{Re} \int_{\Gamma_0} \frac{\overline{u}}{|\nu_\mathcal{A}|_g} \frac{\partial(\mathcal{A}w)}{\partial \mu} \,\mathrm{d}\Gamma + \operatorname{Re} \int_{\Gamma_0} \frac{\overline{u}}{|\nu_\mathcal{A}|_g} \overline{a(x)} \mathcal{A}w \,\mathrm{d}\Gamma \\
&\quad + \operatorname{Re} \int_{\Gamma_0} \frac{\overline{u}}{|\nu_\mathcal{A}|_g} \mathcal{A}w Df \cdot \nu \,\mathrm{d}\Gamma - \frac{1}{2} \int_{\partial\Omega} |\mathcal{A}w|^2 \,\mathrm{d}\Gamma + \operatorname{Re} \int_{\partial\Omega} \mathcal{A}w Df(\overline{w}) \,\mathrm{d}\Gamma \\
&\quad - \frac{1}{2} \int_\Omega |\mathcal{A}w|^2 \operatorname{div}_g(N) \,\mathrm{d}x + \operatorname{Re} \int_\Omega \mathcal{A}w [(\Delta N)(\overline{w}) + 2\langle DN, D^2 \overline{w} \rangle_{T^2(\mathbb{R}_x^2)} \\
&\quad - D^2 f(N, D\overline{w}) - D^2 \overline{w}(N, Df) + 2\operatorname{Ric}(N, D\overline{w})] \,\mathrm{d}x \\
&\quad - \operatorname{Re} \int_\Omega \mathcal{A}w Df(N(\overline{w})) \,\mathrm{d}x - \operatorname{Re} \int_\Omega N(\overline{w}) \mathcal{A}w \operatorname{div}_0(Df) \,\mathrm{d}x,
\end{aligned}$$

其中用到了如下结果:

$$N(\overline{w})|_{\Gamma_1} = \left.\frac{\partial \overline{w}}{\partial \mu}\right|_{\Gamma_1} = 0, \quad N(\overline{w})|_{\Gamma_0} = \left.\frac{\partial \overline{w}}{\partial \mu}\right|_{\Gamma_0} = \frac{1}{|\nu_\mathcal{A}|_g} \left.\frac{\partial \overline{w}}{\partial \nu_\mathcal{A}}\right|_{\Gamma_0} = \frac{\overline{u}}{|\nu_\mathcal{A}|_g}.$$

因此,

$$\begin{aligned}
&\left\|\frac{1}{\lambda}\mathcal{A}w\right\|_{L^2(\partial\Omega)}^2 \\
&= -\int_\Omega \operatorname{div}_0(N) |w|^2 \,\mathrm{d}x + \frac{2}{\lambda^2} \operatorname{Re} \int_{\Gamma_0} \frac{\overline{u}}{|\nu_\mathcal{A}|_g} \frac{\partial(\mathcal{A}w)}{\partial \mu} \,\mathrm{d}\Gamma + \frac{2}{\lambda^2} \operatorname{Re} \int_{\Gamma_0} \frac{\overline{u}}{|\nu_\mathcal{A}|_g} \overline{a(x)} \mathcal{A}w \,\mathrm{d}\Gamma
\end{aligned}$$

$$+\frac{2}{\lambda^2}\mathrm{Re}\int_{\Gamma_0}\frac{\overline{u}}{|\nu_{\mathcal{A}}|_g}\mathcal{A}wDf\cdot\nu\mathrm{d}\Gamma+\frac{2}{\lambda^2}\mathrm{Re}\int_{\partial\Omega}\mathcal{A}wDf(\overline{w})\mathrm{d}\Gamma-\frac{1}{\lambda^2}\int_\Omega|\mathcal{A}w|^2\operatorname{div}_g(N)\mathrm{d}x$$

$$+\frac{2}{\lambda^2}\mathrm{Re}\int_\Omega\mathcal{A}w[(\Delta N)(\overline{w})+2\langle DN,D^2\overline{w}\rangle_{T^2(\mathbb{R}_x^2)}-D^2f(N,D\overline{w})-D^2\overline{w}(N,Df)$$

$$+2\mathrm{Ric}(N,D\overline{w})]\mathrm{d}x-\frac{2}{\lambda^2}\mathrm{Re}\int_\Omega\mathcal{A}wDf(N(\overline{w}))\mathrm{d}x-\frac{2}{\lambda^2}\mathrm{Re}\int_\Omega N(\overline{w})\mathcal{A}w\mathrm{div}_0(Df)\mathrm{d}x$$

$$\leqslant C_1\|w\|_{L^2(\Omega)}^2+\frac{C_2}{\lambda^2}\|u\|_{L^2(\Gamma_0)}\|w\|_{H^4(\Omega)}+\frac{C_3}{\lambda}\|u\|_{L^2(\Gamma_0)}\left\|\frac{1}{\lambda}\mathcal{A}w\right\|_{L^2(\Gamma_0)}$$

$$+\frac{C_4}{\lambda^2}\|\mathcal{A}w\|_{L^2(\Omega)}^2, \tag{10.106}$$

其中 $C_i>0$ $(i=1,2,3,4)$ 为不依赖于 λ 的常数. 注意到在上面的最后一个不等式中用到如下结果: 对于不依赖于 λ 的某个常数 $C>0$ 有

$$\sup_{x\in\partial\Omega}|a(x)|\leqslant C,\quad \|Df(w)\|_{L^2(\partial\Omega)}\leqslant C\|u\|_{L^2(\Gamma_0)},$$

$$\|w\|_{H^2(\Omega)}\leqslant C\|\mathcal{A}w\|_{L^2(\Omega)},\quad \left\|\frac{\partial(\mathcal{A}w)}{\partial\mu}\right\|_{L^2(\Gamma_0)}\leqslant C\|w\|_{H^4(\Omega)}.$$

由于 w 在 $\partial\Omega$ 上取零值, 所以第三个不等式是熟知的结果. 最后一个不等式来源于 Sobolev 空间中的迹定理 1.47.

最后, 由与定理 1.54 相似的一般椭圆非齐次边值问题解的正则性结果 (参见文献 [79] 第 189 页) 可知, (10.101) 的解对于不依赖于 λ 的某个常数 C_5 有

$$\|w\|_{H^4(\Omega)}\leqslant C_5\left[\|\lambda^2 w\|_{L^2(\Omega)}+\|u\|_{H^{5/2}(\Gamma_0)}\right].$$

结合该式与 (10.105), (10.106) 有

$$\left\|\frac{1}{\lambda}\mathcal{A}w\right\|_{L^2(\Gamma_0)}^2$$

$$\leqslant (C_1+C_3+C_4)\frac{1}{\lambda}\|u\|_{L^2(\Gamma_0)}\left\|\frac{1}{\lambda}\mathcal{A}w\right\|_{L^2(\Gamma_0)}+C_2C_5\|u\|_{L^2(\Gamma_0)}\|w\|_{L^2(\Omega)}$$

$$+C_2C_5\frac{1}{\lambda^2}\|u\|_{L^2(\Gamma_0)}\|u\|_{H^{5/2}(\Gamma_0)}$$

$$\leqslant (C_1+C_3+C_4)\frac{1}{\lambda}\|u\|_{L^2(\Gamma_0)}\left\|\frac{1}{\lambda}\mathcal{A}w\right\|_{L^2(\Gamma_0)}+C_2C_5\lambda^{-1/2}\|u\|_{L^2(\Gamma_0)}^{3/2}\left\|\frac{1}{\lambda}\mathcal{A}w\right\|_{L^2(\Gamma_0)}^{1/2}$$

$$+C_2C_5\frac{1}{\lambda^2}\|u\|_{L^2(\Gamma_0)}\|u\|_{H^{5/2}(\Gamma_0)}.$$

上面的不等式意味着 $\displaystyle\limsup_{\lambda\in\mathbb{R},\lambda\to+\infty}\left\|\frac{1}{\lambda}\mathcal{A}w\right\|_{L^2(\Gamma_0)}<+\infty$. 此式与前一个不等式相结合得到

$$\lim_{\lambda\in\mathbb{R},\lambda\to+\infty}\left\|\frac{1}{\lambda}\mathcal{A}w\right\|_{L^2(\Gamma_0)}=0.$$

这就是 (10.102). 证毕. ∎

小结和文献说明

本节关于常系数系统 (10.1) 适定性的讨论来自于文献 [65] 中的定理 4.15, 正则性则来自于文献 [36]. 变系数系统 (10.62) 的结果取材于文献 [33]. 板方程关于时间 t 的偏导数是二阶的, 因此, 可以纳入在 6.4 节中讨论的二阶抽象系统 (6.47). 由定理 4.9 和定理 9.1 可知, 系统 (10.1) 是适定的. 再结合定理 6.9 和定理 6.10 可知, 系统 (10.1) 的精确能控性和比例输出反馈的闭环系统的指数稳定性是等价的. (10.1) 的精确能控性散见于各种文献中, 最早的可能是文献 [80], 然后有文献 [95] 和 [78]. 指数稳定性的讨论参见文献 [95]. 精确能控性和指数稳定性的等价性在适定正则理论以前是不知道的. 直到文献 [61], 才有一个用最优控制关于一维 Euler-Bernoulli 梁二者等价的证明. 关于变系数系统 (10.62) 的精确能控性至今还是一个不完全的证明, 参见文献 [137]. 指数稳定性未见单独的讨论. 另外, 值得指出的是, 板方程关于空间变量的偏导数为四阶的, 这导致在研究系统的适定性时, 使用与波动方程不同的估计方法, 从而也可以看到, 在抽象的无穷维系统理论框架下研究具体的偏微分方程问题有着本质的不同, 有些甚至是很困难的. Dirichlet 映射的说法参见文献 [79]. 一维问题的讨论参见文献 [85].

第11章 线性弹性系统边界控制的适定性与正则性

弹性介质中的质点间存在着相互作用的弹性力. 一质点因受到扰动或外力的作用而离开平衡位置后, 弹性恢复力使该质点发生振动, 从而引起周围质点的位移和振动, 于是振动就在弹性介质中传播, 并伴随有能量的传递. 在振动所到之处, 应力和应变就会发生变化. 弹性力学就是研究弹性体在外力作用或温度变化等外界因素下所产生的应力、应变和位移, 从而解决结构或机械设计中所提出的强度和刚度问题. 历史上, 线性各向同性弹性力学的大发展解决了许多工程问题. 本章所研究的线性弹性系统主要描述固体在外力作用下微小变形的宏观机械性质, 由多个波动方程强耦合组成, 主要考虑具有 Dirichlet 边界反馈和边界观测的情形, 应用第一部分的抽象结果, 证明系统是适定和正则的.

11.1 线性弹性系统的适定性

令 $\Omega \subset \mathbb{R}^n (n \geqslant 2)$ 为具有 C^2 光滑边界 $\partial\Omega$ 的有界开区域, $\partial\Omega =: \Gamma = \overline{\Gamma_0} \cup \overline{\Gamma_1}$, 其中 Γ_0, Γ_1 为不相交的, 并且在 $\partial\Omega$ 中相对开, $\mathrm{int}(\Gamma_0) \neq \varnothing$. 令 $u(x,t) = (u_1(x,t), \cdots, u_n(x,t))$ 为在点 $x \in \Omega$ 和时间 $t \in \mathbb{R}$ 时的位移向量场. 应变张量 $\varepsilon(u) = (\varepsilon_{ij}(u))$ 定义为

$$\varepsilon_{ij}(u) := \frac{1}{2}\left(\frac{\partial u_i}{\partial x_j} + \frac{\partial u_j}{\partial x_i}\right), \quad 1 \leqslant i,j \leqslant n,$$

应力张量 $\sigma(u) = (\sigma_{ij}(u))$ 由下式定义:

$$\sigma_{ij}(u) := \lambda \sum_{k=1}^{n} \varepsilon_{kk}(u)\delta_{ij} + 2\mu\varepsilon_{ij}(u) = \lambda\mathrm{div}(u)\delta_{ij} + \mu\left(\frac{\partial u_i}{\partial x_j} + \frac{\partial u_j}{\partial x_i}\right), \quad 1 \leqslant i,j \leqslant n,$$

其中 δ_{ij} 为 Kronecker 记号, 即当 $i = j$ 时, $\delta_{ij} = 1$; 在其他情形下, $\delta_{ij} = 0$; λ 和 μ 为满足下面关系的 Lamé 常数,

$$\mu > 0, \quad n\lambda + (n+1)\mu > 0.$$

考虑如下具有 Dirichlet 边界控制和同位观测的各向同性线性弹性系统:

11.1 线性弹性系统的适定性

$$\begin{cases} u'' - \nabla \cdot \sigma(u) = 0, & x \in \Omega,\, t > 0, \\ u = 0, & x \in \Gamma_1,\, t \geqslant 0, \\ u = J, & x \in \Gamma_0,\, t \geqslant 0, \\ u(0) = u^0, u'(0) = u^1, & x \in \Omega, \\ y = -\sigma(\mathcal{A}^{-1} u')\nu, & x \in \Gamma_0, t \geqslant 0, \end{cases} \quad (11.1)$$

其中 $u' := \dfrac{\partial u}{\partial t}$, $u'' := \dfrac{\partial^2 u}{\partial t^2}$, $\nu = (\nu_1, \cdots, \nu_n)$ 为 $\partial\Omega$ 上指向 Ω 外部的单位法向量场, $J = (J_1, \cdots, J_n)$ 为向量值输入 (或控制) 函数, $y = (y_1, \cdots, y_n)$ 为向量值输出 (或观测) 函数,

$$\mathcal{A}u := -\nabla \cdot \sigma(u), \quad \forall\, u \in D(\mathcal{A}) = (H^2(\Omega) \cap H_0^1(\Omega))^n. \quad (11.2)$$

系统 (11.1) 可以更显式地写为

$$\begin{cases} u'' - \mu\Delta u - (\lambda + \mu)\nabla \mathrm{div}(u) = 0, & x \in \Omega,\, t > 0, \\ u = 0, & x \in \Gamma_1,\, t \geqslant 0, \\ u = J, & x \in \Gamma_0,\, t \geqslant 0, \\ u(0) = u^0, u'(0) = u^1, & x \in \Omega, \\ y = -\mu\dfrac{\partial \mathcal{A}^{-1} u'}{\partial \nu} - (\lambda + \mu)\nu\,\mathrm{div}(\mathcal{A}^{-1} u'), & x \in \Gamma_0,\, t \geqslant 0, \end{cases} \quad (11.3)$$

其中在最后一行已经使用了

$$\text{在 } \Gamma \times (0, \infty) \text{ 上 } w = 0 \text{ 时}, \; \sigma(w) \cdot \nu = \mu\dfrac{\partial w}{\partial \nu} + (\lambda + \mu)\mathrm{div}(w).$$

在后面的注 11.5 中, 应用微分几何方法给出上面等式的一个严格的解释. 显然, 当 $\lambda + \mu = 0$ 时, 系统 (11.3) 退化为 n 个独立的 10.1 节讨论的波动方程. 因此, 本章的内容实际上可以推导出 10.1 节的结果, 但 10.1 节的讨论简单, 有其独立的意义, 特别是对初学者.

在状态空间 $\mathcal{H} = (L^2(\Omega))^n \times (H^{-1}(\Omega))^n$ 和控制与观测空间 $U = (L^2(\Gamma_0))^n$ 中考虑系统 (11.1) (或者 (11.3)).

定理 11.1 任给 $T > 0$, $(u^0, u^1) \in \mathcal{H}$, $J \in L^2(0, T; U)$, 系统 (11.1) 存在唯一的解 $(u, u_t) \in C([0, T]; \mathcal{H})$ 满足 $u(\cdot, 0) = u^0$ 和 $u'(\cdot, 0) = u^1$. 另外, 存在不依赖于 (u^0, u^1, g) 的常数 $C_T > 0$, 使得

$$\|(u(\cdot, T), u'(\cdot, T))\|_{\mathcal{H}}^2 + \|y\|_{L^2(0,T;U)}^2 \leqslant C_T \left[\|(u^0, u^1)\|_{\mathcal{H}}^2 + \|J\|_{L^2(0,T;U)}^2 \right].$$

为了证明定理 11.1, 首先将系统 (11.1) 化为状态空间 $\mathcal{H}$ 中的二阶抽象系统 (4.77).

由 (1.68), $H = (H^{-1}(\Omega))^n$ 是 Sobolev 空间 $(H_0^1(\Omega))^n$ 在通常内积意义下的对偶空间, $\mathcal{A}$ 为如下由双线性形式 $a(\cdot,\cdot)$ 所决定的正定自伴算子:

$$\langle \mathcal{A}f, g\rangle_{(H^{-1}(\Omega))^n, (H_0^1(\Omega))^n} = a(f, g)$$
$$= \int_\Omega [\mu \nabla f \cdot \nabla g + (\lambda+\mu) \mathrm{div} f \cdot \mathrm{div} g]\,\mathrm{d}x, \quad \forall f, g \in (H_0^1(\Omega))^n.$$

由 Lax-Milgram 定理 1.25 可知, $\mathcal{A}$ 是从 $D(\mathcal{A}) = (H_0^1(\Omega))^n$ 到 H 的等距同构. 容易证明, 当 $f \in (H^2(\Omega) \cap H_0^1(\Omega))^n$ 时有 $Af = \mathcal{A}f$, 并且当 $g \in (L^2(\Omega))^n$ 时有 $A^{-1}g = \mathcal{A}^{-1}g$. 因此, $\mathcal{A}$ 是 A 的延拓, 延拓之后的定义域是 $(H_0^1(\Omega))^n$.

同 (8.6) 类似, 容易证明 $D(\mathcal{A}^{1/2}) = (L^2(\Omega))^n$, 并且 $\mathcal{A}^{1/2}$ 是从 $(L^2(\Omega))^n$ 到 H 的同构. 定义映射 $\Upsilon \in \mathcal{L}((L^2(\Gamma))^n, (H^{1/2}(\Omega))^n)$, 即 $\Upsilon J = v$ 当且仅当

$$\begin{cases} -\mu \Delta v(x) - (\lambda+\mu)\nabla \mathrm{div} v(x) = 0, & x \in \Omega, \\ v(x) = J(x), & x \in \Gamma. \end{cases}$$

利用映射 Υ, 能将系统 (11.1) 改写为

$$\ddot{u} + \mathcal{A}(u - \Upsilon u) = 0. \tag{11.4}$$

由于 $D(A)$ 在 H 中稠密, 从而 $D(\mathcal{A}^{1/2})$ 也在 H 中稠密. 将空间 H 与其对偶 H' 等同, 则下面的关系式成立:

$$D(\mathcal{A}^{1/2}) \hookrightarrow H = H' \hookrightarrow (D(\mathcal{A}^{1/2}))'.$$

$\mathcal{A}$ 的延拓 $\tilde{\mathcal{A}} \in \mathcal{L}(D(A)^{1/2}, (D(\mathcal{A}^{1/2}))')$ 定义为

$$\langle \tilde{\mathcal{A}}f, g\rangle_{(D(\mathcal{A}^{1/2}))', D(\mathcal{A}^{1/2})} = \langle \mathcal{A}^{1/2}f, \mathcal{A}^{1/2}g\rangle_H, \quad \forall f, g \in D(\mathcal{A}^{1/2}),$$

所以 (11.4) 可以进一步在 $(D(\mathcal{A}^{1/2}))'$ 中改写为

$$\ddot{u} + \tilde{\mathcal{A}}u + BJ = 0,$$

其中 $B \in \mathcal{L}(U, (D(\mathcal{A}^{1/2}))')$ 由

$$BJ = -\tilde{\mathcal{A}}\Upsilon J, \quad \forall J \in U \tag{11.5}$$

给定. 定义 $B^* \in \mathcal{L}(D(\mathcal{A}^{1/2}), U)$ 如下:

$$\langle B^*f, J\rangle_U = \langle f, BJ\rangle_{D(\mathcal{A}^{1/2}), (D(\mathcal{A}^{1/2}))'}, \quad \forall f \in D(\mathcal{A}^{1/2}), J \in U,$$

11.1 线性弹性系统的适定性

则对于任意的 $f \in D(A^{1/2})$ 和 $J \in (C_0^\infty(\Gamma))^n$，下式成立：

$$\begin{aligned}
\langle f, BJ \rangle_{D(A^{1/2}),(D(A^{1/2}))'} &= \langle f, \tilde{A}\tilde{A}^{-1}BJ \rangle_{D(A^{1/2}),(D(A^{1/2}))'} \\
&= \langle A^{1/2}f, A^{1/2}\tilde{A}^{-1}BJ \rangle_H \\
&= -\langle A^{1/2}f, A^{1/2}\Upsilon J \rangle_H = -\langle f, \Upsilon g \rangle_{(L^2(\Omega))^n} \\
&= -\langle \mathcal{A}\mathcal{A}^{-1}f, \Upsilon J \rangle_{L^2(\Omega)} \\
&= \left\langle \mu \frac{\partial \mathcal{A}^{-1}f}{\partial \nu_\mathcal{A}} + (\lambda+\mu)\nu\operatorname{div}(\mathcal{A}^{-1}f), J \right\rangle_U.
\end{aligned}$$

既然 $(C_0^\infty(\Gamma))^n$ 在 $U = (L^2(\Gamma))^n$ 中稠密，于是得到

$$B^* = \left.\left(\mu\frac{\partial \mathcal{A}^{-1}}{\partial \nu} + (\lambda+\mu)\nu\operatorname{div}\mathcal{A}^{-1}\right)\right|_\Gamma. \tag{11.6}$$

现在，将开环系统 (11.1) 化为状态空间 $\mathcal{H} = (L^2(\Omega))^n \times (H^{-1}(\Omega))^n$ 上形如 (4.77) 的二阶抽象系统

$$\begin{cases} \ddot{u}(t) + \tilde{A}u(t) + BJ(t) = 0, \\ y(t) = -B^*\dot{u}(t), \end{cases} \tag{11.7}$$

其中 B 和 B^* 分别由 (11.5) 和 (11.6) 所定义.

同前面几章一样，假设 J 通过零延拓到 Γ_1 是在整个 Γ 上有定义的. 重写零初值的系统 (11.1) 如下：

$$\begin{cases} u'' + \mathcal{A}u = 0, & x \in \Omega,\ t > 0, \\ u = J, & x \in \Gamma,\ t \geqslant 0, \\ u(0) = 0,\ u'(0) = 0, & x \in \Omega, \\ y = -\sigma(\mathcal{A}^{-1}u')\nu, & x \in \Gamma,\ t \geqslant 0, \end{cases} \tag{11.8}$$

其中 $\mathcal{A}$ 由前面 (11.2) 定义.

由定理 4.9, 和系统 (11.1) 的同位性，证明定理 11.1 等价于证明 (11.8) 的解满足

$$\|y\|_{L^2(0,T;U)} \leqslant C_T \|J\|_{L^2(0,T;U)}, \quad \forall J \in L^2(0,T;U).$$

由 (11.7) 和 (11.1) 可知 $y = -B^*u' = -\sigma(\mathcal{A}^{-1}u')\nu$，因而上面的公式等价于

$$\|B^*u'\|_{L^2(0,T;U)} \leqslant C_T \|J\|_{L^2(0,T;U)}, \quad \forall J \in L^2(0,T;U)$$

或者

$$\|\sigma(\mathcal{A}^{-1}u')\nu\|_{L^2(0,T;U)} \leqslant C_T \|J\|_{L^2(0,T;U)}, \quad \forall\, J \in L^2(0,T;U). \tag{11.9}$$

通过单位分割和变量变换, 系统 (11.8) 能化为下面的系统 (11.12). 令 (x,y) 为新变量, 并且使得 $x \in \mathbb{R}^1, y = (y_1, \cdots, y_{n-1}) \in \mathbb{R}^{n-1}$. 在不至于混淆的情况下, 将带有边界 $\Gamma = \partial\Omega = \Omega|_{x=0} = \mathbb{R}_y^{n-1}$ 的半空间 $\mathbb{R}_{x_+}^1 \times \mathbb{R}_y^{n-1}$ 仍然记为 Ω, 并仍用 u 和 g 分别作新的解和控制. 在这样的坐标变换下, 算子 $\partial_t^2 + \mathcal{A}$ 局部地变为 $-\mathcal{T}(x,y)D_t^2 + P(x,y,D_x,D_y) - P_1(x,y,D_x,D_y)$, 其中微分算子 D_t, D_x 和 $D_{y_j}(j=1,\cdots,n-1)$ 是通过下面的式子定义的:

$$D_t := \frac{1}{\sqrt{-1}}\frac{\partial}{\partial t}, \quad D_x := \frac{1}{\sqrt{-1}}\frac{\partial}{\partial x}, \quad D_{y_j} := \frac{1}{\sqrt{-1}}\frac{\partial}{\partial y_j}.$$

用 $\mathcal{T}(x,y)$ 记正定的对角矩阵 $(t_{ii}(x,y))_{i=1}^n$, 并且对所有 $(x,y) \in \Omega$, $0 < t_{ii}(x,y) < M (i = 1, \cdots, n)$, 其中 M 为仅依赖于 λ, μ 和原始区域 Ω 的常数. 用 $P(x,y,D_x,D_y)$ 记主部, 它是一个矩阵形式的二阶椭圆算子, 象征为 $p(x,y,\xi,\eta)$. 矩阵的元素 $p(x,y,\xi,\eta)$ 能被假设有下面的形式:

$$p_{ij}(x,y,\xi,\eta) := \begin{cases} \xi^2 + \widetilde{p}_{ij}(x,y,\xi,\eta_k,\eta_k^2), & i=j,\ k=1,\cdots,n-1, \\ \widetilde{p}_{ij}(x,y,\xi,\eta_k,\eta_k^2), & i \neq j,\ k=1,\cdots,n-1, \end{cases} \tag{11.10}$$

其中 $\widetilde{p}_{ij}(x,y,\xi,\eta_k,\eta_k^2)$ $(1 \leqslant i,j \leqslant n)$ 关于变量 ξ 和 η_k 为二阶的, 但不含有 ξ^2 项. 另外, $\widetilde{p}_{ij}(x,y,\xi,\eta_k,\eta_k^2)$ 可能依赖于 x 和 y, 但不依赖于 t. 用 $P_1(x,y,D_x,D_y)$ 记低阶项. 于是变换后的边界输出 (观测) 能表示为

$$\mathcal{Y} = -\mathcal{B}((P-P_1)^{-1}\mathcal{T}u'), \quad (x,t) \in \Gamma \times (0,\infty).$$

在上面的表达式中, 在边界 $\partial\Omega = \Omega|_{x=0}$ 上, $\mathcal{B}$ 的象征有下面的形式 (模去零阶项):

$$b_{ij}(y,\xi,\eta) := \begin{cases} \xi + \widetilde{b}_{ij}(y,\eta_k), & i=j,\ k=1,\cdots,n-1, \\ \widetilde{b}_{ij}(y,\eta_k), & i \neq j,\ k=1,\cdots,n-1, \end{cases} \tag{11.11}$$

其中 $\widetilde{b}_{ij}(y,\eta_k)$ $(1 \leqslant i,j \leqslant n)$ 可能依赖于 y, 但是至多是变量 η_k $(k=1,\cdots,n-1)$ 的一些线性组合. 记 $\mathcal{P} := -\mathcal{T}(x,y)D_t^2 + P(x,y,D_x,D_y)$. 在新坐标系下, 系统 (11.8) 可化为下面的形式:

$$\begin{cases} \mathcal{P}u = -\mathcal{T}D_t^2 u + Pu = P_1 u, & (x,t) \in \Omega \times (0,\infty), \\ u = J, & (x,t) \in \Gamma \times (0,\infty), \\ u(0) = 0,\ u'(0) = 0, & x \in \Omega, \\ \mathcal{Y} = -\mathcal{B}((P-P_1)^{-1}\mathcal{T}u'), & (x,t) \in \Gamma \times (0,\infty), \end{cases} \tag{11.12}$$

其中 $u' := \dfrac{\partial u}{\partial t}$.

下面给出有关系统 (11.12) 的注, 它们是附录 A 中命题 A.1 的本质结论, 并且将在定理 11.1 的证明中用到.

注 11.1 由于系统 (11.12) 是由系统 (11.8) 通过一个局部光滑和可逆的变换得到的, 所以新系统的解保持了原来系统解的许多特性, 包括适定性 (在 Hadamard 的意义下) 和 Sobolev 正则性. 特别地, 作为附录 A 中命题 A.3 的一个推论, 可以证明, 对任意 $J \in L^2(0,T;(L^2(\Gamma))^n)$, 系统 (11.12) 存在唯一解 u 满足

$$(u,u') \in C([0,T];(L^2(\Omega))^n \times (H^{-1}(\Omega))^n), \quad \mathcal{B}u \in (H^{-1}(\Sigma))^n, \tag{11.13}$$

其中 $\mathcal{B}u$ 为 $\sigma(u)\nu$ 通过局部光滑变换得到的, 并且仍用 $\Sigma = \Gamma \times (0,T)$.

由于在变换下边界输出 (或观测) $y = -\sigma(\mathcal{A}^{-1}u')\nu$ 变为 $\mathcal{Y} = -\mathcal{B}((P-P_1)^{-1}\mathcal{T}u')$, 则由上面的分析, 可以证明 $\sigma(\mathcal{A}^{-1}u')\nu \in L^2(0,T;U) = (L^2(\Sigma))^n$ 当且仅当 $\mathcal{B}((P-P_1)^{-1}\mathcal{T}u') \in (L^2(\Sigma))^n$. 由定理 11.1 和 (11.9) 的等价性, 如果能证明

$$\mathcal{B}((P-P_1)^{-1}\mathcal{T}u') \in (L^2(\Sigma))^n, \tag{11.14}$$

则定理 11.1 成立.

注 11.2 通过 (11.8)~(11.12) 的相同变换, 当 $J = 0$ 时, 系统 (11.1) 变为下面的系统:

$$\begin{cases} \mathcal{P}u = \mathcal{T}u'' + Pu = P_1 u + \varphi, & (x,t) \in \Omega \times (0,\infty), \\ u = 0, & (x,t) \in \Gamma \times (0,\infty), \\ u(0) = u^0,\ u'(0) = u^1, & x \in \Omega, \end{cases} \tag{11.15}$$

其中用到了 (11.1) 中相同的记号 u, φ, u^0 和 u^1. 由注 11.1, 对任意 $\varphi \in L^1(0,T;(H^{-1}(\Omega))^n)$ 和 $(u^0,u^1) \in (L^2(\Omega))^n \times (H^{-1}(\Omega))^n$, (11.15) 存在唯一的解 u, 并且 u 满足

$$(u,u') \in C([0,T];(L^2(\Omega))^n \times (H^{-1}(\Omega))^n).$$

将 (11.15) 写为下面的算子形式:

$$\frac{\mathrm{d}}{\mathrm{d}t}(u,u') = \mathcal{C}_1(u,u') + \mathcal{C}_2(u,u') + (0,\mathcal{T}^{-1}\varphi),$$

其中

$$\mathcal{C}_1(f_1,f_2) = (f_2, -\mathcal{T}^{-1}Pf_1), \quad \mathcal{C}_2(f_1,f_2) = (0, \mathcal{T}^{-1}P_1 f_1).$$

可以看出, $\mathcal{C}_2$ 是 $(L(\Omega))^n \times (H^{-1}(\Omega))^n$ 上的一个有界算子. 由注 A.7 和注 11.1, $\mathcal{C}_1 + \mathcal{C}_2$ 生成 $(L(\Omega))^n \times (H^{-1}(\Omega))^n$ 上的一个 C_0-半群. 由 $\mathcal{C}_2$ 的有界性, $\mathcal{C}_1$ 也生成 $(L(\Omega))^n \times (H^{-1}(\Omega))^n$ 上的一个 C_0-半群.

令 w 为 (11.15) 去掉低阶项得到的系统的解, 它仅与算子 $\mathcal{C}_1$ 有关, 即满足下面的系统:
$$\begin{cases} \mathcal{P}w = \mathcal{T}w'' + Pw = \varphi, & (x,t) \in \Omega \times (0,\infty), \\ w = 0, & (x,t) \in \Gamma \times (0,\infty), \\ w(0) = w^0,\ w'(0) = w^1, & x \in \Omega. \end{cases}$$

于是对 $\varphi \in L^1(0,T;(H^{-1}(\Omega))^n)$ 和 $(w^0, w^1) \in (L^2(\Omega))^n \times (H^{-1}(\Omega))^n$ 有
$$(w, w') \in C([0,T]; (L^2(\Omega))^n \times (H^{-1}(\Omega))^n).$$

注 11.3 同注 11.1 指出的一样, 证明定理 11.1 等价于证明 (11.14). 同时, 可以证明 (11.14) 进一步等价于
$$\mathcal{B}(P^{-1}u') \in (L^2(\Sigma))^n.$$

事实上, 直接计算可得
$$\begin{aligned}(P - P_1)^{-1}\mathcal{T}u' &= (P - P_1)^{-1}PP^{-1}\mathcal{T}u' \\ &= (P - P_1)^{-1}\left((P - P_1) + P_1\right)P^{-1}\mathcal{T}u' \\ &= \left(I + (P - P_1)^{-1}P_1\right)P^{-1}\mathcal{T}u' \\ &= P^{-1}\mathcal{T}u' + (P - P_1)^{-1}P_1 P^{-1}\mathcal{T}u' \\ &= \left([P^{-1}, \mathcal{T}] + \mathcal{T}P^{-1}\right)u' + (P - P_1)^{-1}P_1 P^{-1}\mathcal{T}u' \\ &= \mathcal{T}P^{-1}u' + [P^{-1}, \mathcal{T}]u' + (P - P_1)^{-1}P_1 P^{-1}\mathcal{T}u',\end{aligned} \tag{11.16}$$

其中 $[P^{-1}, \mathcal{T}]$ 为前面定义的 P^{-1} 和 $\mathcal{T}$ 的交换子. 由于 $\mathcal{T} \in \mathrm{OP}(S^0(\Omega))$, $P \in \mathrm{OP}(S^2(\Omega))$ 和 $P_1 \in \mathrm{OP}(S^1(\Omega))$, 由拟微分算子的性质[47], 有 $[P^{-1}, \mathcal{T}] = P^{-1}\mathcal{T} - \mathcal{T}P^{-1} \in \mathrm{OP}(S^{-3}(\Omega))$ 和 $(P - P_1)^{-1}P_1 P^{-1}\mathcal{T} \in \mathrm{OP}(S^{-3}(\Omega))$. 进一步, 从 (11.13) 中 u' 的先验正则性可得
$$[P^{-1}, \mathcal{T}]u' + (P - P_1)^{-1}P_1 P^{-1}\mathcal{T}u' \in C([0,T]; (H^2(\Omega))^n).$$

于是应用 Sobolev 空间中的迹定理 1.47 可得
$$\mathcal{B}\left([P^{-1}, \mathcal{T}]u' + (P - P_1)^{-1}P_1 P^{-1}\mathcal{T}u'\right) \in C([0,T]; (H^{1/2}(\Gamma))^n) \subset (L^2(\Sigma))^n.$$

将上式合并 (11.16) 可得
$$\mathcal{B}((P - P_1)^{-1}\mathcal{T}u') \in (L^2(\Sigma))^n \text{ 当且仅当 } \mathcal{B}(\mathcal{T}P^{-1}u') \in (L^2(\Sigma))^n.$$

最后, 由 $\mathcal{T}$ 的光滑性和可逆性可以得到
$$\mathcal{B}((P - P_1)^{-1}\mathcal{T}u') \in (L^2(\Sigma))^n \text{ 当且仅当 } \mathcal{B}(P^{-1}u') \in (L^2(\Sigma))^n.$$

11.1 线性弹性系统的适定性

定理 11.1 的证明 证明方法与第 9 章中证明单个波方程情形接近. 证明分五步.

第一步 获得一个先验估计,
$$\mathcal{B}z' \in (H^{-1}(\Sigma))^n, \tag{11.17}$$
其中 $z := P^{-1}u'$ 和 u 为 (11.12) 满足 $J \in L^2(0,T;(L^2(\Gamma))^n)$ 的解.

为此, 重写系统 (11.12) 为如下形式:
$$\begin{cases} u'' + \mathcal{T}^{-1}(P - P_1)u = 0, & (x,t) \in \Omega \times (0,\infty), \\ u = J, & (x,t) \in \Gamma \times (0,\infty), \\ u(0) = 0, \ u'(0) = 0, & x \in \Omega. \end{cases} \tag{11.18}$$

定义映射 $\widetilde{\Upsilon} \in \mathcal{L}((L^2(\Gamma))^n, (H^{1/2}(\Omega))^n), \widetilde{\Upsilon}J = v$ 当且仅当 v 满足
$$\begin{cases} \mathcal{T}^{-1}(P - P_1)v = 0, & x \in \Omega, \\ v = J, & x \in \Gamma. \end{cases}$$

由经典的椭圆理论 (参见文献 [99] 中第 10 章的定理 10.1.1 和 10.1.2) 可得

$$\widetilde{\Upsilon}J \in L^2(0,T;(H^{1/2}(\Omega))^n), \quad \mathcal{B}(\widetilde{\Upsilon}J) \in L^2(0,T;(H^{-1}(\Omega))^n) \subset (H^{-1}(\Sigma))^n. \tag{11.19}$$

利用 $\widetilde{\Upsilon}$ 可以将 (11.18) 改写为
$$u'' + \mathcal{T}^{-1}(P - P_1)(u - \widetilde{\Upsilon}J) = 0.$$

由于 $z = P^{-1}u'$, 则由上面等式推出
$$\begin{aligned} \mathcal{B}z' &= \mathcal{B}P^{-1}u'' = -\mathcal{B}P^{-1}\mathcal{T}^{-1}(P-P_1)(u - \widetilde{\Upsilon}J) \\ &= -\mathcal{B}(P^{-1}\mathcal{T}^{-1}(P-P_1)u) + \mathcal{B}(P^{-1}\mathcal{T}^{-1}(P-P_1)(\widetilde{\Upsilon}J)). \end{aligned} \tag{11.20}$$

为了证明 $\mathcal{B}z' \in (H^{-1}(\Sigma))^n$, 首先证明
$$\mathcal{B}(P^{-1}\mathcal{T}^{-1}(P-P_1)u) \in (H^{-1}(\Sigma))^n. \tag{11.21}$$

事实上,
$$\begin{aligned} \mathcal{B}(P^{-1}\mathcal{T}^{-1}(P-P_1)u) &= \mathcal{B}P^{-1}([\mathcal{T}^{-1}, P-P_1] + (P-P_1)\mathcal{T}^{-1})u \\ &= \mathcal{B}P^{-1}[\mathcal{T}^{-1}, P-P_1]u + \mathcal{B}P^{-1}(P-P_1)\mathcal{T}^{-1}u \\ &= \mathcal{B}P^{-1}[\mathcal{T}^{-1}, P-P_1]u + \mathcal{B}(I - P^{-1}P_1)\mathcal{T}^{-1}u \end{aligned}$$

$$= \mathcal{B}(\mathcal{T}^{-1}u) + \mathcal{B}(P^{-1}[\mathcal{T}^{-1}, P - P_1] - P^{-1}P_1\mathcal{T}^{-1})u$$
$$= \mathcal{B}(\mathcal{T}^{-1}u) + [\mathcal{B}, P^{-1}[\mathcal{T}^{-1}, P - P_1] - P^{-1}P_1\mathcal{T}^{-1}]u$$
$$+ (P^{-1}[\mathcal{T}^{-1}, P - P_1] - P^{-1}P_1\mathcal{T}^{-1})\mathcal{B}u. \tag{11.22}$$

由 (11.13), $\mathcal{B}u \in (H^{-1}(\Sigma))^n$, 应用 $\mathcal{T}$ 的光滑性和可逆性可得
$$\mathcal{B}(\mathcal{T}^{-1}u) \in (H^{-1}(\Sigma))^n. \tag{11.23}$$

进一步, 由 $P^{-1}[\mathcal{T}^{-1}, P - P_1] \in \mathrm{OP}(S^{-1}(\Omega))$, $P^{-1}P_1\mathcal{T}^{-1} \in \mathrm{OP}(S^{-1}(\Omega))$ 和 $\mathcal{B} \in \mathrm{OP}(S^1(\Omega))$ 可知, $P^{-1}[\mathcal{T}^{-1}, P - P_1] - P^{-1}P_1\mathcal{T}^{-1} \in \mathrm{OP}(S^{-1}(\Omega))$ 和 $[\mathcal{B}, P^{-1}[\mathcal{T}^{-1}, P - P_1] - P^{-1}P_1\mathcal{T}^{-1}] \in \mathrm{OP}(S^{-1}(\Omega))$. 将 (11.23) 和先验正则性 $u \in C([0,T];(L^2(\Omega))^n)$ 合并可得
$$[\mathcal{B}, P^{-1}[\mathcal{T}^{-1}, P - P_1] - P^{-1}P_1\mathcal{T}^{-1}]u \in C([0,T];(H^1(\Omega))^n).$$

因此, 由 Sobolev 空间中的迹定理 1.47, 成立
$$[\mathcal{B}, P^{-1}[\mathcal{T}^{-1}, P - P_1] - P^{-1}P_1\mathcal{T}^{-1}]u \in C([0,T];(H^{1/2}(\Gamma))^n) \subset (H^{-1}(\Sigma))^n. \tag{11.24}$$

再一次应用 $\mathcal{B}u \in (H^{-1}(\Sigma))^n$ 和 $P^{-1}[\mathcal{T}^{-1}, P - P_1] - P^{-1}P_1\mathcal{T}^{-1} \in \mathrm{OP}(S^{-1}(\Omega))$ 可得
$$(P^{-1}[\mathcal{T}^{-1}, P - P_1] - P^{-1}P_1\mathcal{T}^{-1})\mathcal{B}u \in (H^{-1}(\Sigma))^n. \tag{11.25}$$

合并 (11.22)~(11.25) 得到
$$\mathcal{B}(P^{-1}\mathcal{T}^{-1}(P - P_1)u) = \mathcal{B}(\mathcal{T}^{-1}u) + [\mathcal{B}, P^{-1}[\mathcal{T}^{-1}, P - P_1] - P^{-1}P_1\mathcal{T}^{-1}]u$$
$$+ (P^{-1}[\mathcal{T}^{-1}, P - P_1] - P^{-1}P_1\mathcal{T}^{-1})\mathcal{B}u \in (H^{-1}(\Sigma))^n.$$

(11.21) 得证.

其次, 类似于由先验正则性 $u \in C([0,T];(L^2(\Omega))^n)$ 证明 (11.21) 和 $\mathcal{B}u \in (H^{-1}(\Sigma))^n$, 由 (11.19), 可得
$$\mathcal{B}(P^{-1}\mathcal{T}^{-1}(P - P_1)(\widetilde{\Upsilon}J)) \in (H^{-1}(\Sigma))^n. \tag{11.26}$$

最后, 合并 (11.20), (11.21) 和 (11.26) 得到
$$\mathcal{B}z' = -\mathcal{B}(P^{-1}\mathcal{T}^{-1}(P - P_1)u) + \mathcal{B}(P^{-1}\mathcal{T}^{-1}(P - P_1)(\widetilde{\Upsilon}J)) \in (H^{-1}(\Sigma))^n.$$

因此, (11.17) 得证.

第二步 同开始的解释一样, 通过单位分解和变量变换, 系统 (11.8) 能转化为 (11.12). 类似于第 9 章, 利用一个关于时间的割函数, 可以将系统 (11.12) 分成两个独立的系统.

11.1 线性弹性系统的适定性

由于系统 (11.12) 的解 u 有零初值, 于是在 $t < 0$ 上, $u(t)$ 可以延拓为零. 取 $\mathbb{R}$ 上的光滑割函数 $\phi \in C_0^\infty(\mathbb{R})$ ($|\phi| \leqslant 1$), 当 $t \geqslant (3/2)T$ 时, $\phi(t) = 0$; 当 $t \in [0, T]$ 时, $\phi(t) = 1$. 令

$$u_c := \phi u,$$

则 u_c 满足

$$\begin{cases} \mathcal{P}u_c = [\mathcal{P}, \phi I]u + \phi P_1 u, & (x, t) \in \Omega \times (0, \infty), \\ u_c = \phi J, & (x, t) \in \Gamma \times (0, \infty), \\ u_c(0) = 0, \ u_c'(0) = 0, & x \in \Omega, \\ \mathrm{supp}(u_c) \subset [0, (3/2)T], \end{cases} \quad (11.27)$$

其中 I 为 $n \times n$ 单位矩阵, 于是 ϕI 为 $n \times n$ 对角矩阵, 并且有相同元素 ϕ.

将 u_c 分解为 $u_c = v + w$, 其中 v 和 w 分别满足下面的 (11.28) 和 (11.29):

$$\begin{cases} \mathcal{P}v = 0, & (x, t) \in \Omega \times (0, \infty), \\ v = \phi J, & (x, t) \in \Gamma \times (0, \infty), \\ v(0) = 0, \ v'(0) = 0, & x \in \Omega, \end{cases} \quad (11.28)$$

$$\begin{cases} \mathcal{P}w = f := [\mathcal{P}, \phi I]u + \phi P_1 u, & (x, t) \in \Omega \times (0, \infty), \\ w = 0, & (x, t) \in \Gamma \times (0, \infty), \\ w(0) = 0, \ w'(0) = 0, & x \in \Omega. \end{cases} \quad (11.29)$$

由 (11.13), (11.12) 的解满足 $(u, u') \in C([0, T]; (L^2(\Omega))^n \times (H^{-1}(\Omega))^n)$. 因此,

$$(u_c, u_c') \in C([0, T]; (L^2(\Omega))^n \times (H^{-1}(\Omega))^n). \quad (11.30)$$

由于 $(u, u') \in C([0, T]; (L^2(\Omega))^n \times (H^{-1}(\Omega))^n)$, $[\mathcal{P}, \phi I] \in \mathrm{OP}(S^1(\Omega \times \mathbb{R}_t^1))$ 和 $P_1 \in \mathrm{OP}(S^1(\Omega))$, 因而 $[\mathcal{P}, \phi I]u \in C([0, T]; (H^{-1}(\Omega))^n)$ 和 $\phi P_1 u \in C([0, T]; (H^{-1}(\Omega))^n)$, 所以

$$f = [\mathcal{P}, \phi I]u + \phi P_1 u \in C([0, T]; (H^{-1}(\Omega))^n). \quad (11.31)$$

由注 11.2, (11.29) 的解 w 满足

$$(w, w') \in C([0, T]; (L^2(\Omega))^n \times (H^{-1}(\Omega))^n). \quad (11.32)$$

注意到 $v = u_c - w$, 由 (11.30) 和 (11.32) 可得

$$(v, v') = (u_c, u_c') - (w, w') \in C([0, T]; (L^2(\Omega))^n \times (H^{-1}(\Omega))^n). \quad (11.33)$$

接着证明在第一步中获得的先验估计对 u_c 也成立, 即
$$\mathcal{B}\widehat{z}' \in (H^{-1}(\Sigma))^n, \tag{11.34}$$
其中 $\widehat{z} := P^{-1}u_c'$. 事实上, 由于当 $t \in [0, T]$ 时, $\phi(t) = 1$, 于是在 $\Sigma = \Gamma \times (0, T)$ 上有 $\mathcal{B}\widehat{z}' = \mathcal{B}(P^{-1}(\phi u)') = \mathcal{B}(P^{-1}u') = \mathcal{B}z'$.

第三步 将区域分解. 同 (11.12) 一样, 令 $\xi \in \mathbb{R}$ 和 $\eta \in \mathbb{R}^{n-1}$ 分别为相应于 x 和 y 的 Fourier 变量, 并且令 $p(x, y, \xi, \eta)$ 为 $P(x, y, D_x, D_y)$ 的象征, 则 $P(x, y, D_x, D_y) = p(x, y, D_x, D_y)$, 其中 $p(x, y, D_x, D_y)$ 为象征 $p(x, y, \xi, \eta)$ 中的 ξ 和 η 分别被 D_x 和 D_y 替代得到.

令 $\tau = \rho - \sqrt{-1}\gamma (\gamma > 0, \rho \in \mathbb{R})$ 为相应于 t 的 Laplace 变量. 由 (11.12) 中定义的 $\mathcal{P}$, 相应于 $\mathcal{P}$ 的象征变为
$$\mathfrak{p}_{ij}(x, y, \xi, \eta, \tau) := \begin{cases} -t_{ii}(x, y)\tau^2 + p_{ij}(x, y, \xi, \eta), & i = j, \\ p_{ij}(x, y, \xi, \eta), & i \neq j, \end{cases} \tag{11.35}$$

其中 $p_{ij}(x, y, \xi, \eta) (1 \leqslant i, j \leqslant n)$ 为 (11.10) 给出的矩阵形式象征 $p(x, y, \xi, \eta)$ 的元素. 不失一般性, 可以假设 $\gamma = 0$, 则 (11.35) 变为
$$\mathfrak{p}_{ij}(x, y, \xi, \eta, \rho) := \begin{cases} -t_{ii}(x, y)\rho^2 + p_{ij}(x, y, \xi, \eta), & i = j, \\ p_{ij}(x, y, \xi, \eta), & i \neq j. \end{cases} \tag{11.36}$$

由 $\mathfrak{p}_{ij}(x, y, \xi, \eta, \rho)$ 关于变量 η 和 ρ 的对称性, 只需考虑区域 $\mathbb{R}^{2n}_+ = \{(x, y, \eta, \rho) | (x, y) \in \Omega, \rho > 0, \eta_j > 0, j = 1, \cdots, n-1\}$. 分 1/4 象限 η/ρ 空间 $\mathbb{R}^n_+ = \{(\eta, \rho) | \rho > 0, \eta_j > 0, j = 1, \cdots, n-1\}$ 为如下三个区域:
$$\mathcal{R}_1 := \{(\eta, \rho) \in \mathbb{R}^n_+ | \rho < c_0|\eta|\},$$
$$\mathcal{R}_{\text{tr}} := \{(\eta, \rho) \in \mathbb{R}^n_+ | c_0|\eta| \leqslant \rho \leqslant 2c_0|\eta|\},$$
$$\mathcal{R}_2 := \{(\eta, \rho) \in \mathbb{R}^n_+ | \rho > 2c_0|\eta|\},$$

其中 c_0 为某个正常数, 并且使得 $\mathcal{R}_1 \cup \mathcal{R}_{\text{tr}}$ 包含于算子 $\mathcal{P}$ 的椭圆区域, c_0 的值将由 (11.37) 确定.

考虑区域 $\mathcal{R}_1 \cup \mathcal{R}_{\text{tr}} = \{(\eta, \rho) \in \mathbb{R}^n_+ | \rho \leqslant 2c_0|\eta|\}$. 由于 P 是一个矩阵形式的二阶椭圆算子, 所以存在一个常数 $\alpha > 0$, 使得相应于 P 的矩阵形式的象征 $p(x, y, \xi, \eta)$ 满足
$$p(x, y, \xi, \eta)w \cdot w \geqslant \alpha(|\xi|^2 + |\eta|^2)|w|^2, \quad \forall w \in \mathbb{R}^n.$$

因此, 由 (11.36), 相应于 $\mathcal{P}$ 的象征 $\mathfrak{p}(x, y, \xi, \eta, \rho)$ 满足

11.1 线性弹性系统的适定性

$$\mathfrak{p}(x,y,\xi,\eta,\rho)w\cdot w = -\sum_{i=1}^{n} t_{ii}\rho^2 w_i^2 + p(x,y,\xi,\eta)w\cdot w$$

$$\geqslant -\left(\max_{i=1,\cdots,n} t_{ii}\right)\rho^2|w|^2 + \alpha(|\xi|^2+|\eta|^2)|w|^2$$

$$\geqslant -4c_0^2\left(\max_{i=1,\cdots,n} t_{ii}\right)|\eta|^2|w|^2 + \alpha(|\xi|^2+|\eta|^2)|w|^2$$

$$\geqslant \left(\alpha - 4c_0^2 \max_{i=1,\cdots,n} t_{ii}\right)(|\xi|^2+|\eta|^2)|w|^2 \quad \text{在 } \mathcal{R}_1 \cup \mathcal{R}_{\mathrm{tr}} \text{ 中.}$$

选取 c_0 充分小, 使得

$$\beta := \alpha - 4c_0^2 \max_{i=1,\cdots,n} t_{ii} > 0, \tag{11.37}$$

于是在区域 $\mathcal{R}_1 \cup \mathcal{R}_{\mathrm{tr}}$ 中有

$$\mathfrak{p}(x,y,\xi,\eta,\rho)w\cdot w \geqslant \beta(|\xi|^2+|\eta|^2)|w|^2 \geqslant \beta\left(|\xi|^2 + \frac{1}{2}|\eta|^2 + \frac{1}{8c_0^2}\rho^2\right)|w|^2$$

$$\geqslant \beta \min\left\{\frac{1}{2}, \frac{1}{8c_0^2}\right\}(|\xi|^2+|\eta|^2+\rho^2)|w|^2.$$

因此推出 $\mathcal{P}$ 在区域 $\mathcal{R}_1 \cup \mathcal{R}_{\mathrm{tr}}$ 中为椭圆的.

令 $\chi(x,y,t,\eta,\rho) \in C^\infty$ 为一个关于 η 和 ρ 的一个零阶齐次纯量象征, 并且使得 $0 \leqslant \chi(x,y,t,\eta,\rho) \leqslant 1$ 和

$$\chi(x,y,t,\eta,\rho) = \begin{cases} 1, & \text{在 } \mathcal{R}_1 \text{ 中,} \\ 0, & \text{在 } \mathcal{R}_2 \text{ 中,} \end{cases} \quad \mathrm{supp}(\chi) \subset \mathcal{R}_1 \cup \mathcal{R}_{\mathrm{tr}}.$$

令 $\mathcal{X} \in \mathrm{OP}(S^0(\Omega \times \mathbb{R}_t^1))$ 为相应于 χI 的矩阵形式的拟微分算子, 则 $\mathcal{PX}$ 为矩阵形式的二阶椭圆拟微分算子. 类似于 (9.26), 可以证明

$$(I - \mathcal{X})\mathcal{B}\widehat{z} \in (L^2(\Sigma))^n. \tag{11.38}$$

事实上, 由先验估计 (11.34) 有

$$(1+|\eta|^2+\rho^2)^{-\frac{1}{2}}(\sqrt{-1}\rho)\mathcal{F}_{(y,t)}(\mathcal{B}\widehat{z}) \in (L^2(\mathbb{R}_{\eta,\rho}^n))^n,$$

其中 $\mathcal{F}_{(y,t)}(\mathcal{B}\widehat{z})$ 为 $\mathcal{B}\widehat{z}$ 关于 y 和 t 的部分 Fourier 变换. 因此,

$$\int_{\mathbb{R}^n} \frac{\rho^2}{1+|\eta|^2+\rho^2}\left|\mathcal{F}_{(y,t)}(\mathcal{B}\widehat{z})\right|^2 \mathrm{d}\eta\mathrm{d}\rho < +\infty.$$

由于当 $\rho \geqslant c_0|\eta|$ ($|\eta| \geqslant 1$) 时,

$$\frac{c_0^2}{2+c_0^2} \leqslant \frac{c_0^2}{\frac{1}{|\eta|^2}+1+c_0^2} = \frac{c_0^2|\eta|^2}{1+|\eta|^2+c_0^2|\eta|^2} \leqslant \frac{\rho^2}{1+|\eta|^2+\rho^2},$$

因而

$$\int_{\rho\geqslant c_0|\eta|} |\mathcal{F}_{(y,t)}(\mathcal{B}\widehat{z})|^2 \, \mathrm{d}\eta\mathrm{d}\rho \leqslant \int_{\rho\geqslant c_0|\eta|} \frac{2+c_0^2}{c_0^2} \frac{\rho^2}{1+|\eta|^2+\rho^2} |\mathcal{F}_{(y,t)}(\mathcal{B}\widehat{z})|^2 \, \mathrm{d}\eta\mathrm{d}\rho$$
$$\leqslant \frac{2+c_0^2}{c_0^2} \int_{\mathbb{R}^n} \frac{\rho^2}{1+|\eta|^2+\rho^2} |\mathcal{F}_{(y,t)}(\mathcal{B}\widehat{z})|^2 \, \mathrm{d}\eta\mathrm{d}\rho < +\infty.$$

于是从 $\mathrm{supp}(1-\chi) = \overline{\{\chi\neq 1\}} \subset \{\rho\geqslant c_0|\eta|\}$ 可得

$$\int_{\mathbb{R}^n} |1-\chi|^2 |\mathcal{F}_{(y,t)}(\mathcal{B}\widehat{z})|^2 \, \mathrm{d}\eta\mathrm{d}\rho = \int_{\mathrm{supp}(1-\chi)} |1-\chi|^2 |\mathcal{F}_{(y,t)}(\mathcal{B}\widehat{z})|^2 \, \mathrm{d}\eta\mathrm{d}\rho$$
$$\leqslant \int_{\rho\geqslant c_0|\eta|} |\mathcal{F}_{(y,t)}(\mathcal{B}\widehat{z})|^2 \, \mathrm{d}\eta\mathrm{d}\rho < +\infty,$$

(11.38) 因此得证.

第四步 由注 11.3, 证明定理 11.1 等价于证明

$$\mathcal{B}(P^{-1}u') \in (L^2(\Sigma))^n.$$

由于 $\phi(t) = 1$ ($t\in[0,T]$) 和 $u_c = \phi u$, 上面的断言等价于

$$\mathcal{B}\widehat{z} \in (L^2(\Sigma))^n,$$

其中 $\widehat{z} = P^{-1}u'_c$. 因此, 由 (11.38), 如果能证明

$$\mathcal{X}\mathcal{B}\widehat{z} \in (L^2(\Sigma))^n, \tag{11.39}$$

则定理 11.1 得证.

回顾 $u_c = v + w$, 因而

$$\mathcal{X}\mathcal{B}\widehat{z} = \mathcal{X}\mathcal{B}(P^{-1}u'_c) = \mathcal{X}\mathcal{B}(P^{-1}(v+w)') = \mathcal{X}\mathcal{B}(P^{-1}v') + \mathcal{X}\mathcal{B}(P^{-1}w'). \tag{11.40}$$

剩余部分将证明 $\mathcal{X}\mathcal{B}(P^{-1}v') \in (L^2(\Sigma))^n$. $\mathcal{X}\mathcal{B}(P^{-1}w') \in (L^2(\Sigma))^n$ 的证明将在第五步完成. 首先证明

$$\mathcal{X}\mathcal{B}\Phi \in (L^2(\Sigma))^n, \tag{11.41}$$

其中 $\Phi := P^{-1}v'$ 和 v 为 (11.28) 的解.

事实上, 在 (11.28) 两端作用 $\mathcal{X}$ 得, $\mathcal{X}v$ 满足

$$\begin{cases} \mathcal{P}\mathcal{X}v = -[\mathcal{X},\mathcal{P}]v \in (H^{-1}(\widetilde{Q}))^n, \\ \mathcal{X}v|_{\partial\widetilde{Q}} \in (L^2(\partial\widetilde{Q}))^n, \end{cases} \tag{11.42}$$

记 $\widetilde{Q} := \Omega\times[-T,2T]$, $\widetilde{\Sigma} := \Gamma\times[-T,2T]$. 对上面的事实做一个简单的解释. 事实上, 由变量 ϕ 的光滑性, 可以延拓 (11.33) 中 (v,v') 的正则性为

11.1 线性弹性系统的适定性

$$(v, v') \in C([-T, 2T]; (L^2(\Omega))^n \times (H^{-1}(\Omega))^n) \subset (L^2(\widetilde{Q}))^n \times (H^{-1}(\widetilde{Q}))^n. \quad (11.43)$$

上面的关系结合 $[\mathcal{X}, \mathcal{P}] \in \mathrm{OP}(S^1(\widetilde{Q}))$, 可以得到主要方程 (11.42): $[\mathcal{X}, \mathcal{P}]v \in (H^{-1}(\widetilde{Q}))^n$. 边界 $\partial \widetilde{Q}$ 由三部分组成: $\Omega \times \{-T\}$, $\Omega \times \{2T\}$ 和 $\widetilde{\Sigma}$. 首先考虑 $\widetilde{\Sigma}$, 则有 $\mathcal{X}v|_{\widetilde{\Sigma}} = \mathcal{X}(\phi J) \in (L^2(\widetilde{\Sigma}))^n$. 其次, 由 $\mathrm{supp}(v) \subset [0, (3/2)T]$ 可知, $v(\cdot, -T) = 0 \in C^\infty(\Omega)$ 和 $v(\cdot, 2T) = 0 \in C^\infty(\Omega)$. 由拟微分算子 $\mathcal{X}$ 的拟局部性可得 $(\mathcal{X}v)(\cdot, -T) \in (C^\infty(\Omega))^n$ 和 $(\mathcal{X}v)(\cdot, 2T) \in (C^\infty(\Omega))^n$, 于是推出 $\mathcal{X}v \in (L^2(\Omega \times \{-T\}))^n$ 和 $\mathcal{X}v \in (L^2(\Omega \times \{2T\}))^n$. 因此有 $\mathcal{X}v|_{\partial \widetilde{Q}} = \mathcal{X}v|_{\widetilde{\Sigma}} + \mathcal{X}v|_{\Omega \times \{-T\}} + \mathcal{X}v|_{\Omega \times \{2T\}} \in (L^2(\partial \widetilde{Q}))^n$, 此即 (11.42) 的边界条件.

由于 $\mathcal{P}\mathcal{X}$ 是一个矩阵形式的二阶椭圆拟微分算子, 对 (11.42) 应用经典的拟微分算子椭圆边值问题的正则性理论 (参见文献 [28] 中的定理 4.4 或文献 [98]) 可得

$$\mathcal{X}v \in (H^{1/2}(\widetilde{Q}))^n + (H^1(\widetilde{Q}))^n = (H^{1/2}(\widetilde{Q}))^n, \quad (11.44)$$

其中在 (11.44) 中间式子的第一项来自于边界正则性, 第二项来自于内部正则性.

接着回顾 $\Phi = P^{-1}v'$. 在空间 $\widetilde{Q} = \Omega \times [-T, 2T]$ 中考虑下面的椭圆边值问题:

$$\begin{cases} P\Phi = v' & \text{在 } \widetilde{Q} \text{ 中}, \\ \Phi|_{\partial \widetilde{Q}} = 0. \end{cases}$$

将 $\mathcal{X}$ 作用于上面系统的两端可得

$$P\mathcal{X}\Phi = \mathcal{X}v' + [P, \mathcal{X}]\Phi = \frac{\mathrm{d}}{\mathrm{d}t}\mathcal{X}v - \left[\frac{\mathrm{d}}{\mathrm{d}t} \cdot I, \mathcal{X}\right]v + [P, \mathcal{X}]\Phi. \quad (11.45)$$

由于 $\mathcal{X} \in \mathrm{OP}(S^0(\widetilde{Q}))$, $P \in \mathrm{OP}(S^2(\widetilde{Q}))$ 和 $\frac{\mathrm{d}}{\mathrm{d}t} \cdot I \in \mathrm{OP}(S^1(\widetilde{Q}))$, 于是

$$[P, \mathcal{X}] \in \mathrm{OP}(S^1(\widetilde{Q})), \quad \left[\frac{\mathrm{d}}{\mathrm{d}t} \cdot I, \mathcal{X}\right] \in \mathrm{OP}(S^0(\widetilde{Q})). \quad (11.46)$$

由 (11.43) 可知 $v' \in C([-T, 2T]; (H^{-1}(\Omega))^n)$, 因此,

$$\Phi = P^{-1}v' \in C([-T, 2T]; (H^1(\Omega))^n). \quad (11.47)$$

再一次由 (11.43) 可得 $v \in (L^2(\widetilde{Q}))^n$. 再由 (11.46) 与 (11.47) 推出

$$-\left[\frac{\mathrm{d}}{\mathrm{d}t} \cdot I, \mathcal{X}\right]v + [P, \mathcal{X}]\Phi \in (L^2(\widetilde{Q}))^n. \quad (11.48)$$

由 (11.44) 并应用文献 [47] 第 477 页的各向异性 Hörmander 空间可得

$$\mathcal{X}v \in (H_{(\frac{1}{2}, \frac{1}{2})}(\widetilde{Q}))^n \subset (H_{(0, \frac{1}{2})}(\widetilde{Q}))^n.$$

在空间 $H_{(m,s)}(\widetilde{Q})$ 中, m 为平面 $x=0$ 的法方向的阶数 (它起十分重要的作用), 并且 $m+s$ 为沿 t 和 y 方向的阶数. 由于 $\dfrac{\mathrm{d}}{\mathrm{d}t}\cdot I$ 为沿切方向的一阶微分算子, 于是有

$$\frac{\mathrm{d}}{\mathrm{d}t}\mathcal{X}v \in (H_{(0,-\frac{1}{2})}(\widetilde{Q}))^n \subset (H_{(-\frac{1}{2},0)}(\widetilde{Q}))^n = (H^{-1/2}(\widetilde{Q}))^n. \tag{11.49}$$

最后, 由 (11.45), (11.48) 和 (11.49), 需要解下面的边值问题:

$$\begin{cases} P\mathcal{X}\Phi \in (H^{-1/2}(\widetilde{Q}))^n + (L^2(\widetilde{Q}))^n = (H^{-1/2}(\widetilde{Q}))^n, \\ \mathcal{X}\Phi|_{\partial\widetilde{Q}} = 0. \end{cases}$$

由于 $P\mathcal{X}$ 是椭圆的, 再一次应用经典的拟微分算子椭圆边值问题的正则性理论 (参见文献 [28] 中的定理 4.4), 于是有

$$\mathcal{X}\Phi \in (H^{3/2}(\widetilde{Q}))^n, \quad \mathcal{B}(\mathcal{X}\Phi) \in (L^2(\widetilde{\Sigma}))^n.$$

由于 $Q = \Omega \times (0,T) \subset \widetilde{Q} = \Omega \times [-T, 2T]$ 和 $\Sigma = \Gamma \times [0,T] \subset \widetilde{\Sigma} = \Gamma \times [-T, 2T]$, 于是由上面的事实推出

$$\mathcal{X}\Phi \in (H^{3/2}(Q))^n, \quad \mathcal{B}(\mathcal{X}\Phi) \in (L^2(\Sigma))^n. \tag{11.50}$$

同时, 由 $\mathcal{X} \in \mathrm{OP}(S^0(Q))$ 和 $\mathcal{B} \in \mathrm{OP}(S^1(Q))$ 可知, $[\mathcal{X},\mathcal{B}] \in \mathrm{OP}(S^0(Q))$. 合并由 (11.47) 得到的 $\Phi = P^{-1}v' \in C([-T,2T];(H^1(\Omega))^n)$ 可得

$$[\mathcal{X},\mathcal{B}]\Phi \in C([-T,2T];(H^1(\Omega))^n).$$

于是由 Sobolev 空间中的迹定理 1.47 可得

$$[\mathcal{X},\mathcal{B}]\Phi \in C([0,T];(H^{1/2}(\Gamma))^n) \subset (L^2(\Sigma))^n. \tag{11.51}$$

因此, 由 (11.50) 和 (11.51) 可得

$$\mathcal{X}\mathcal{B}\Phi = [\mathcal{X},\mathcal{B}]\Phi + \mathcal{B}(\mathcal{X}\Phi) \in (L^2(\Sigma))^n.$$

这就证明了 (11.41).

第五步 目的是证明

$$\mathcal{X}\mathcal{B}\Psi \in (L^2(\Sigma))^n, \tag{11.52}$$

其中 $\Psi := P^{-1}w'$, 并且 w 为系统 (11.29) 的解, 由第四步可以得到 (11.52).

首先, 将 $\mathcal{X}$ 作用于 (11.29) 的两边得到

$$\begin{cases} P\mathcal{X}w = -[\mathcal{X},\mathcal{P}]w + \mathcal{X}\mathcal{P}w = -[\mathcal{X},\mathcal{P}]w + \mathcal{X}f \in (H^{-1}(\widetilde{Q}))^n, \\ \mathcal{X}w|_{\partial\widetilde{Q}} \in (C^\infty(\partial\widetilde{Q}))^n. \end{cases} \tag{11.53}$$

11.1 线性弹性系统的适定性

推广 (11.32) 中的结果到 $[-T, 2T]$ 可得

$$(w, w') \in C([-T, 2T]; (L^2(\Omega))^n \times (H^{-1}(\Omega))^n) \subset (L^2(\widetilde{Q}))^n \times (H^{-1}(\widetilde{Q}))^n. \quad (11.54)$$

类似地, 由 (11.31) 可得 $f \in C([-T, 2T]; (H^{-1}(\Omega))^n) \subset (H^{-1}(\widetilde{Q}))^n$. 由这些结果以及事实 $\mathcal{X} \in \mathrm{OP}(S^0(\widetilde{Q}))$ 和 $[\mathcal{X}, \mathcal{P}] \in \mathrm{OP}(S^1(\widetilde{Q}))$ 可得 $\mathcal{P}\mathcal{X}w \in (H^{-1}(\widetilde{Q}))^n$. 这是主要方程 (11.53) 的内部正则性. 同时, 同第四步一样, 由拟微分算子 $\mathcal{X}$ 的拟局部性, 可以得到 $\mathcal{X}w \in (C^\infty(\Omega \times \{-T\}))^n$ 和 $\mathcal{X}w \in (C^\infty(\Omega \times \{2T\}))^n$. 合并 $\mathcal{X}w|_{\widetilde{\Sigma}} = 0 \in (C^\infty(\widetilde{\Sigma}))^n$, 可以得到 (11.53) 的边界条件.

再一次应用经典的正则性理论 (参见文献 [28] 中的定理 4.4), 于是椭圆系统 (11.53) 得到 $\mathcal{X}w \in (H^1(\widetilde{Q}))^n$. 因此, 由 $\frac{\mathrm{d}}{\mathrm{d}t} \cdot I \in \mathrm{OP}(S^1(\widetilde{Q}))$ 可得

$$\frac{\mathrm{d}}{\mathrm{d}t} \mathcal{X}w \in (L^2(\widetilde{Q}))^n. \quad (11.55)$$

接着注意到 $\Psi = P^{-1}w'$. 考虑下面的椭圆边值问题:

$$\begin{cases} P\Psi = w' & \text{在 } \widetilde{Q} \text{ 中,} \\ \Psi|_{\widetilde{\Sigma}} = 0. \end{cases}$$

将 $\mathcal{X}$ 作用于上面系统的两端可得

$$P\mathcal{X}\Psi = \mathcal{X}w' + [P, \mathcal{X}]\Psi = \frac{\mathrm{d}}{\mathrm{d}t}\mathcal{X}w - \left[\frac{\mathrm{d}}{\mathrm{d}t} \cdot I, \mathcal{X}\right]w + [P, \mathcal{X}]\Psi. \quad (11.56)$$

应用 (11.54) 可知 $w' \in C([-T, 2T]; (H^{-1}(\Omega))^n)$, 于是

$$\Psi = P^{-1}w' \in C([-T, 2T]; (H^1(\Omega))^n). \quad (11.57)$$

再一次由 (11.54) 可知 $w \in (L^2(\widetilde{Q}))^n$. 再由 (11.46) 和 (11.57) 推出

$$-\left[\frac{\mathrm{d}}{\mathrm{d}t} \cdot I, \mathcal{X}\right]w + [P, \mathcal{X}]\Psi \in (L^2(\widetilde{Q}))^n. \quad (11.58)$$

最后, 由 (11.55), (11.56) 和 (11.58), 解下面的边值问题:

$$\begin{cases} P\mathcal{X}\Psi \in (L^2(\widetilde{Q}))^n, \\ \mathcal{X}\Psi|_{\widetilde{\Sigma}} = 0. \end{cases} \quad (11.59)$$

由经典的椭圆边值问题正则性理论 (参见文献 [47] 中的定理 20.1.2), 于是有

$$\mathcal{X}\Psi \in (H^2(\widetilde{Q}))^n.$$

由于 $Q \subset \widetilde{Q}$, 则上面的结果推出 $\mathcal{X}\Psi \in (H^2(Q))^n$. 由 Sobolev 空间中的迹定理 1.47 得到

$$\mathcal{B}(\mathcal{X}\Psi) \in (H^{1/2}(\Sigma))^n \subset (L^2(\Sigma))^n.$$

上面的结果和第四步末同样的讨论推出 (11.52).

合并 (11.40), (11.41) 和 (11.52) 得到

$$\mathcal{X}\mathcal{B}\widehat{z} = \mathcal{X}\mathcal{B}\Phi + \mathcal{X}\mathcal{B}\Psi \in (L^2(\Sigma))^n.$$

这就证明了 (11.39). 定理得证. ∎

11.2 线性弹性系统的正则性

本节考虑系统 (11.1) 的正则性.

定理 11.2 系统 (11.1) 是正则的, 确切地说, 如果 $u(\cdot, 0) = u'(\cdot, 0) = 0$ 且 J 是阶跃输入, $J(\cdot, t) \equiv J(\cdot) \in \mathcal{U}$, 则相应的输出响应 y 满足

$$\lim_{\sigma \to 0} \int_{\Gamma_0} \left| \frac{1}{\sigma} \int_0^{\sigma} y(x,t) \mathrm{d}t - \sqrt{\mu} J_\tau - \sqrt{2\mu + \lambda} \langle J, \nu \rangle \nu \right|^2 \mathrm{d}x = 0, \tag{11.60}$$

其中 $J_\tau = J - \langle J, \nu \rangle \nu$.

由推论 4.3, 系统 (11.7) 的传递函数为

$$H(\rho) = \rho B^*(\rho^2 + \tilde{A})^{-1} B, \tag{11.61}$$

其中 B 和 B^* 分别由 (11.5) 和 (11.6) 所定义. 由定理 4.2, 定理 11.1 所证明的适定性还意味着存在常数 $M, \beta > 0$, 使得

$$\sup_{\mathrm{Re}\rho \geq \beta} \|H(\rho)\|_{\mathcal{L}(\mathcal{U})} = M < \infty. \tag{11.62}$$

为了证明定理 11.2, 需要下面的命题.

命题 11.1 定理 11.2 成立当且仅当对于任意的 $J \in (C_0^\infty(\Gamma_0))^n$, 如下方程:

$$\begin{cases} \rho^2 u - \mu \Delta u - (\lambda + \mu)\nabla \mathrm{div} u = 0, & x \in \Omega, \\ u = J, & x \in \Gamma \end{cases} \tag{11.63}$$

的解 u 满足

$$\lim_{\rho \in \mathbb{R}, \rho \to \infty} \int_\Gamma \left| \frac{1}{\rho}\left(\mu \frac{\partial u}{\partial \nu} + (\lambda + \mu)\nu \mathrm{div} u \right) - \sqrt{\mu} J_\tau - \sqrt{2\mu + \lambda} \langle J, \nu \rangle \nu \right|^2 \mathrm{d}\Gamma = 0, \tag{11.64}$$

证 由定理 5.6 的 (5.24), (11.64) 等价于

$$\lim_{\rho \in \mathbb{R}, \rho \to +\infty} H(\rho) J = \sqrt{\mu} J_\tau + \sqrt{2\mu + \lambda} \langle J, \nu \rangle \nu \tag{11.65}$$

11.2 线性弹性系统的正则性

在 U 的强拓扑下对任意 $J \in U$, 其中 $H(\rho)$ 在 (11.61) 中给出. 由于 (11.62) 和稠密性讨论, 只需证明对任意的 $J \in (C_0^\infty(\Gamma))^n$, (11.65) 成立.

假设 $J \in (C_0^\infty(\Gamma))^n$, 并且令
$$u(x) = -((\rho^2 + \tilde{A})^{-1} BJ)(x),$$
则 u 满足 (11.63) 和
$$(H(\rho)J)(x) = -\rho\left(\mu \frac{\partial(\mathcal{A}^{-1} u)}{\partial \nu} + (\lambda + \mu)\nu \mathrm{div}(\mathcal{A}^{-1} u)\right), \quad \forall\, x \in \Gamma. \tag{11.66}$$

选取函数 $\psi \in H^2(\Omega)$, 使之满足
$$\begin{cases} -\mu \Delta \psi - (\lambda + \mu)\nabla \mathrm{div}\,\psi = 0, & x \in \Omega, \\ \psi = J, & x \in \Gamma, \end{cases} \tag{11.67}$$

则 (11.63) 能改写为
$$\begin{cases} \rho^2 u - \mu \Delta(u - \psi) - (\lambda + \mu)\nabla \mathrm{div}(u - \psi) = 0, & x \in \Omega, \\ u - \psi = 0, & x \in \Gamma \end{cases} \tag{11.68}$$

或者
$$-\rho^2 (\mathcal{A}^{-1} u) = u - \psi.$$

因此, (11.66) 变为
$$(H(\rho)J)(x) = \frac{1}{\rho}\left(\mu \frac{\partial u}{\partial \nu} + (\lambda + \mu)\nu \mathrm{div}\,u\right) - \frac{1}{\rho}\left(\mu \frac{\partial \psi}{\partial \nu} + (\lambda + \mu)\nu \mathrm{div}\,\psi\right). \tag{11.69}$$

由于 $\mu \frac{\partial \psi}{\partial \nu} + (\lambda + \mu)\nu \mathrm{div}\,\psi$ 不依赖于 ρ, 于是所需结果由 (11.65) 和 (11.69) 可得.

为了证明定理 11.2, 还需将系统 (11.1) 用 n 维黎曼几何的语言描述. 下面用 D 表示流形 $\mathbb{R}^n$ 上的 Levi-Civita 联络.

将 $\mathbb{R}^n$ 看成一个 n 维黎曼流形. 由于在每一点切空间都同构于欧几里得空间 $\mathbb{R}^n$, 所以定义它的黎曼度量 g 为 $\mathbb{R}^n$ 上的欧几里得内积 $\langle \cdot, \cdot \rangle$. 于是 $u = (u_1, u_2, \cdots, u_n)$ 可看成 $\overline{\Omega}$ 上的向量场或者 1 形式, 于是由附录 B.1 可得下面 (11.1) 的几何形式:
$$\begin{cases} u'' + (\mu \delta d + (2\mu + \lambda) d\delta) u = 0 & \text{在 } \Omega \times (0, \infty) \text{ 上}, \\ u = J & \text{在 } \Gamma \times (0, \infty) \text{ 上}, \\ u(0) = u^0,\ u'(0) = u^1 & \text{在 } \Omega \text{ 上}, \\ y = -\mathcal{B}(\mathcal{A}^{-1} u')\nu & \text{在 } \Gamma \times (0, \infty) \text{ 上}, \end{cases} \tag{11.70}$$

其中 d 为外微分算子, δ 为 d 的形式共轭,

$$\mathcal{B}(v) = 2\mu l_\nu \varepsilon(v) + \lambda \mathrm{tr}\varepsilon(v)\nu, \quad v \in \mathcal{X}(\overline{\Omega}),$$

$$\mathcal{A}u = (\mu\delta d + (2\mu + \lambda)d\delta)u, \quad D(\mathcal{A}) = H^2(\Omega, \Lambda) \cap H_0^1(\Omega, \Lambda),$$

ν 为沿 Γ 在度量下指向 Ω 外部的单位法向量场, $H^2(\Omega, \Lambda)$, $H_0^1(\Omega, \Lambda)$ 为附录 B 中给出的 Sobolev 空间.

注 11.4 由附录 B, 容易验证系统 (11.70) 和 (11.1) 是一样的.

注 11.5 对于线性弹性系统, 两类边界算子

$$\sigma(u)\nu \quad \text{和} \quad \mu\partial_\nu u + (\mu + \lambda)\mathrm{div}(u)\nu$$

经常分别在系统 (11.1) 和 (11.3) 中使用, 用微分几何的术语很容易看清楚它们的差别. 事实上, 在具有欧几里得度量的 $\mathbb{R}^n$ 的自然坐标系下,

$$\begin{aligned}(e_1, e_2, \cdots, e_n)\sigma(u)\nu &= \mathcal{B}(u) \\ &= (2\mu + \lambda)\langle D_\nu u, \nu\rangle\nu + \sum_{j=1}^{n-1} \mu\langle D_\nu u, \tau_j\rangle\tau_j \\ &\quad + \sum_{j=1}^{n-1} \left(\lambda\langle D_{\tau_j} u, \tau_j\rangle\nu + \mu\langle D_{\tau_j} u, \nu\rangle\tau_j\right) \end{aligned} \tag{11.71}$$

和

$$\begin{aligned}&\mu\partial_\nu u + (\mu + \lambda)\mathrm{div}(u)\nu \\ &= (2\mu + \lambda)\langle D_\nu u, \nu\rangle\nu + \sum_{j=1}^{n-1} \mu\langle D_\nu u, \tau_j\rangle\tau_j + \sum_{j=1}^{n-1} (\mu + \lambda)\langle D_{\tau_j} u, \tau_j\rangle\nu,\end{aligned} \tag{11.72}$$

其中 $\tau_j \, (j=1,2,\cdots,n-1)$ 为任意给定的沿边界 $\partial\Omega$ 的正交切向量场. 因此, 它们的差为

$$\sum_{j=1}^{n-1} \left(\lambda\langle D_{\tau_j} u, \tau_j\rangle\nu + \mu\langle D_{\tau_j} u, \nu\rangle\tau_j\right) - \sum_{j=1}^{n-1} (\mu + \lambda)\langle D_{\tau_j} u, \tau_j\rangle\nu.$$

但是对于系统 (11.1) 和 (11.3), 它们是一样的. 这是由于 $\mathcal{A}^{-1}u' \in D(\mathcal{A})$ 和 $D_{\tau_j}\mathcal{A}^{-1}u' = 0 \, (j=1,2,\cdots,n-1)$. 因此,

$$\sigma(\mathcal{A}^{-1}u')\nu = \mu\partial_\nu\mathcal{A}^{-1}u' + (\mu + \lambda)\mathrm{div}(\mathcal{A}^{-1}u')\nu.$$

注 11.6 在微分几何的框架下, (11.63) 的几何形式为

$$\begin{cases} \rho^2 u - (\mu\delta d + (2\mu + \lambda)d\delta)u = 0, & x \in \Omega, \\ u = J, & x \in \Gamma \end{cases} \tag{11.73}$$

的解 u 满足

11.2 线性弹性系统的正则性

$$\lim_{\rho \in \mathbb{R}, \rho \to \infty} \int_{\Gamma} \left| \frac{1}{\rho} \mathcal{B}u - \sqrt{\mu} J_\tau - \sqrt{2\mu + \lambda} \langle J, \nu \rangle \nu \right|^2 d\Gamma = 0. \tag{11.74}$$

需要指出的是几何形式的系统 (11.70) 比系统 (11.1) 在证明定理 11.2 时有用. 在定理 11.2 的证明中, 需要局部化和扁平区域 Ω. 在作那些处理后, 如果在欧几里得空间, 则 $\nabla \cdot \sigma(u)$ 和 $\sigma(u)\nu$ 将有非常复杂的形式, 这样的形式几乎不可能处理我们的问题. 原因是 $\nabla \cdot \sigma(u)$ 为强耦合的, 即使在 (11.3) 下, 强耦合项 $\nabla \mathrm{div}(u)$ 和 $\mathrm{div}(u)\nu$ 有相似的困难. 然而, 使用系统 (11.70) 后, 微分几何中的一些技巧能够应用, 在局部化和扁平后得到 $(\mu \delta d + (2\mu + \lambda) d\delta) u$ 比较简单的形式. 在一些点处, 它相似于在 $\mathbb{R}^n$ 的自然坐标系下 $\nabla \cdot \sigma(u)$ 或 $\mu \Delta u + (\mu + \lambda) \nabla \mathrm{div}(u)$, 它对于定理的证明是足够的.

定理 11.2 的证明　由命题 11.1, 只需证明当 $J \in (C_0^\infty(\Gamma))^n$ 时, (11.63) 的解 u 满足 (11.64). 在证明中假设 $\rho \in (1, \infty)$.

任给 $x_0 \in \partial \Omega$, 不失一般性, 假设在 x_0 的一个开邻域 $V_{x_0} \subset \mathbb{R}^n$, 存在 $\phi \in C^3(\mathbb{R}^{n-1})$, 使得

$$V_{x_0} \cap \Omega = \{(x', x_n) = (x_1, x_2, \cdots, x_n) \in V_{x_0},\ x_n - \phi(x') \geqslant 0\},$$

则 $(x', \phi(x'))$ 点处 $V_{x_0} \cap \partial \Omega$ 的单位外法向量可以表示为

$$\nu(x') = \frac{(\partial_{x_1} \phi(x'), \cdots, \partial_{x_{n-1}} \phi(x'), -1)}{\sqrt{1 + |\nabla \phi(x')|^2}}.$$

由于 $\mathbb{R}^n$ 已被看成具有通常欧几里得内积导出的度量的 n 维黎曼流形, 可以使用下面的测地法坐标系, 记该坐标系为 $(h, s) = (h_1, h_2, \cdots, h_{n-1}, s) \in \mathbb{R}^n$, 并且假设 $(h_1, h_2, \cdots, h_{n-1})$ 为曲面 $\partial \Omega$ 上的局部坐标系, 使得在 x_0 处 $\langle \partial/\partial h_j, \partial/\partial h_k \rangle = \delta_{jk}$ ($j, k = 1, 2, \cdots, n-1$), 则由

$$\Psi(h, s) = x_\Gamma(h) - s\nu(x_\Gamma(h))$$

可以引入一个同胚, 使得对某个 $r > 0$ 和 x_0 的一个开邻域 $\Omega_{x_0} (\subset V_{x_0})$ 有

(1) $\Psi^{-1}(\Omega_{x_0}) = B_r = \{(h, s) \in \mathbb{R}^n, |(h, s)| \leqslant r\}$;

(2) $\Psi^{-1}(\Omega_{x_0} \cap \Omega) = B_r^+ = \{(h, s) \in B_r,\ s > 0\}$;

(3) $\Psi^{-1}(\Omega_{x_0} \cap \partial \Omega) = \{(h, s) \in B_r,\ s = 0\} = \{|h| < r\} \times \{0\}$,

其中 $x_\Gamma \in \Gamma$, $\nu(x_\Gamma)$ 为 Γ 在 x_Γ 点的单位外法向量场, $|\cdot|$ 为欧几里得范数.

这时, Ω_{x_0} 为 $\mathbb{R}^n$ 的开子流形, 并且有局部坐标系 $(h_1, \cdots, h_{n-1}, s)$ 和度量 g, 向量场的一个基为 $\partial/\partial h_1, \cdots, \partial/\partial h_{n-1}, \partial/\partial s$, 为方便起见, 简记为 $\partial_1, \cdots, \partial_{n-1}, \partial_s$.

令 $E_1, E_2, \cdots, E_n$ 为满足下面关系的向量场的正交基, 在 x_0 点, $E_j = \partial_j$ ($j = 1, 2, \cdots, n-1$), 并且

$$E_n = \partial_s, \quad x \in \Omega_{x_0} \cap \partial \Omega,$$

则存在 $e_{jk}(h,s)$ $(j,k=1,2,\cdots,n-1)$, 使得
$$E_j = \sum_{k=1}^{n-1} e_{jk}(h,s)\partial_k, \quad j=1,2,\cdots,n-1.$$

容易验证, $e_{jk}(0,0)$ 和边界上的单位外法向量场 ν 变为
$$\nu = -\partial_s = -E_n, \quad e_{jk}(0,0) = \delta_{jk}, \quad j,k=1,2,\cdots,n-1.$$

对向量场 u, 令
$$u = u_1 E_1 + u_2 E_2 + \cdots + u_n E_n.$$

应用附录 B 中的 (B.15) 和 (B.16) 可得
$$d\delta u = -\sum_{j,k=1}^{n} E_k E_j u_j E_k + l_1(u), \tag{11.75}$$

$$\delta du = -\sum_{j,k=1}^{n} (E_j E_j u_k - E_k E_j u_j) E_k + l_2(u), \tag{11.76}$$

其中 $l_1(u)$, $l_2(u)$ 为含有 u_k $(k=1,2,\cdots,n)$ 的至多一阶导数的两个向量场.

证明的剩余部分将分五步完成, 第一步以后所有的计算都和欧几里得空间中的一样, 微分几何的技巧不再需要.

第一步 扁平和局部化. 首先用上面的微分同胚 Ψ 扁平局部区域 $\Omega_{x_0} \cap \Omega$, 设
$$\tilde{u}(h,s) = u(\Psi(h,s)), \quad \tilde{J}(h) = J(\Psi(h,0))$$

和
$$\tilde{u} = \tilde{u}_1 E_1 + \tilde{u}_2 E_2 + \cdots + \tilde{u}_n E_n, \quad \tilde{J} = \tilde{J}_1 E_1 + \tilde{J}_2 E_2 + \cdots + \tilde{J}_n E_n.$$

由 (11.75), (11.76) 和 (11.63) 可知, $\tilde{u}$ 满足
$$\begin{cases} \mu \partial_s^2 \tilde{u}_1 + P_1(h,s,\partial_h,\partial_s)\tilde{u} + Q_1\tilde{u} - \rho^2 \tilde{u}_1 = 0, \\ \mu \partial_s^2 \tilde{u}_2 + P_2(h,s,\partial_h,\partial_s)\tilde{u} + Q_2\tilde{u} - \rho^2 \tilde{u}_2 = 0, \\ \quad\quad\quad \cdots\cdots \\ \mu \partial_s^2 \tilde{u}_{n-1} + P_{n-1}(h,s,\partial_h,\partial_s)\tilde{u} + Q_{n-1}\tilde{u} - \rho^2 \tilde{u}_{n-1} = 0, \\ (2\mu + \lambda)\partial_s^2 \tilde{u}_n + P_n(h,s,\partial_h,\partial_s)\tilde{u} + Q_n\tilde{u} - \rho^2 \tilde{u}_n = 0, \\ \tilde{u}(h,0) = \tilde{J}(h), \end{cases} \tag{11.77}$$

其中

$$\begin{cases} P_k(h,s,\partial_h,\partial_s)\tilde{u} = \sum_{j,l,m=1}^{n-1}(\mu e_{jl}e_{jm}\partial_l\partial_m\tilde{u}_k + (\mu+\lambda)e_{km}e_{jl}\partial_l\partial_m\tilde{u}_j) \\ \qquad\qquad\qquad +(\mu+\lambda)\sum_{m=1}^{n-1}e_{km}\partial_m\partial_s\tilde{u}_n, \quad k=1,2,\cdots,n-1, \\ P_n(h,s,\partial_h,\partial_s)\tilde{u} = \sum_{j,l,m=1}^{n-1}\mu e_{jl}e_{jm}\partial_l\partial_m\tilde{u}_n + (\mu+\lambda)\sum_{j,l=1}^{n-1}e_{jl}\partial_s\partial_l\tilde{u}_j, \end{cases} \quad (11.78)$$

Q_k ($k=1,2,\cdots,n$) 为 B_r 上具有连续系数的一阶线性微分算子. 令 $\gamma>0$ 为固定的, 但充分小. 由于 e_{jk} ($j,k=1,2,\cdots,n-1$) 为 $\Psi^{-1}\cap B_r$ 上的连续函数, 于是能找到纯量 $r_0\in(0,r)$, 使得对任意 $(h,s)\in B_{r_0}$, 成立

$$|e_{jk}(h,s)-e_{jk}(0,0)|\leqslant \gamma, \quad j,k=1,2,\cdots,n-1. \quad (11.79)$$

引入一个割函数 $\varphi=\varphi(h,s)\in C_0^\infty(\mathbb{R}^n)$, 使得 $\operatorname{supp}\varphi\subset B_{r_0}$ ($0\leqslant\varphi\leqslant 1$), 并且在 $B_{r_0/2}$ 上, $\varphi=1$. 设

$$\chi(h,s)=\varphi(h,s)\tilde{u}(h,s), \quad f(h)=\varphi(h,0)\tilde{J}(h), \quad \forall(h,s)\in\mathbb{R}^{n-1}\times\mathbb{R}^+, \quad (11.80)$$

则可以验证 $\chi\in H^2(\mathbb{R}^{n-1}\times\mathbb{R}^+)$, 在 $\mathbb{R}^{n-1}\times\{s\geqslant r_0\}$ 上, $\chi(h,s)=0$. 为了符号使用方便起见, 记 $\mathbb{R}^{n-1}\times\mathbb{R}^+$ 为 O. 由 (11.77), χ 满足

$$\begin{cases} \mu\partial_s^2\chi_1 + P_1(0,0,\partial_h,\partial_s)\chi - \rho^2\chi_1 = G_1\chi + L_1\tilde{u}, & (h,s)\in O, \\ \mu\partial_s^2\chi_2 + P_2(0,0,\partial_h,\partial_s)\chi - \rho^2\chi_2 = G_2\chi + L_2\tilde{u}, & (h,s)\in O, \\ \quad\cdots\cdots \\ \mu\partial_s^2\chi_{n-1} + P_{n-1}(0,0,\partial_h,\partial_s)\chi - \rho^2\chi_{n-1} = G_{n-1}\chi + L_{n-1}\tilde{u}, & (h,s)\in O, \\ (2\mu+\lambda)\partial_s^2\chi_n + P_n(0,0,\partial_h,\partial_s)\chi - \rho^2\chi_n = G_n\chi + L_n\tilde{u}, & (h,s)\in O, \\ \chi(h,0)=f(h), & h\in\mathbb{R}^{n-1}, \end{cases}$$
$$(11.81)$$

其中

$$\begin{cases} G_k\chi = P_k(0,0,\partial_h,\partial_s)\chi - P_k(h,s,\partial_h,\partial_s)\chi, \\ L_k\tilde{u} = -\varphi(h,s)Q_k\tilde{u} + [\partial_s^2,\varphi]\tilde{u}_k + [P_k(h,s,\partial_h,\partial_s),\varphi]\tilde{u}, \end{cases} k=1,2,\cdots,n, \quad (11.82)$$

$$[\partial_s^2,\varphi]\tilde{u}_k = \partial_s^2(\varphi\tilde{u}_k) - \varphi\partial_s^2\tilde{u}_k,$$

$$[P_k(h,s,\partial_h,\partial_s),\varphi]\tilde{u} = P_k(h,s,\partial_h,\partial_s)(\varphi\tilde{u}) - \varphi P_k(h,s,\partial_h,\partial_s)\tilde{u}.$$

显然, G_k 和 L_k 分别为两个二阶和一阶的线性微分算子. 由 $e_{jk}(0,0) = \delta_{jk}$ ($j,k = 1,2,\cdots,n-1$) 可得

$$\begin{cases} P_k(0,0,\partial_h,\partial_s)\chi = \mu(\partial_1^2\chi_k + \cdots + \partial_{n-1}^2\chi_k) + (\mu+\lambda)(\partial_k\partial_1\chi_1 + \partial_k\partial_2\chi_2 + \cdots \\ \qquad\qquad + \partial_k\partial_{n-1}\chi_{n-1} + \partial_k\partial_s\chi_n), \quad k=1,2,\cdots,n-1, \\ P_n(0,0,\partial_h,\partial_s)\chi = \mu(\partial_1^2\chi_n + \cdots + \partial_{n-1}^2\chi_n) + (\mu+\lambda)(\partial_s\partial_1\chi_1 + \cdots \\ \qquad\qquad + \partial_s\partial_{n-1}\chi_{n-1}). \end{cases} \tag{11.83}$$

第二步 部分 Fourier 变换. 任给 $\chi(\cdot,s) \in (L^2(\mathbb{R}^{n-1}))^n$, 固定 s. 在后面的证明中, 记 $\widehat{\ }$ 为关于 h 的部分 Fourier 变换. 例如,

$$\widehat{\chi}(\xi,s) = \int_{\mathbb{R}^{n-1}} e^{-i\langle h,\xi\rangle} \chi(h,s) dh.$$

对系统 (11.81) 作 Fourier 变换可得

$$\begin{cases} \mu\partial_s^2\widehat{\chi}_1 - p_1(i\xi,\partial_s)\widehat{\chi} - \rho^2\widehat{\chi}_1 = \widehat{G_1\chi} + \widehat{L_1\tilde{u}}, & (\xi,s) \in O, \\ \mu\partial_s^2\widehat{\chi}_2 - p_2(i\xi,\partial_s)\widehat{\chi} - \rho^2\widehat{\chi}_2 = \widehat{G_2\chi} + \widehat{L_2\tilde{u}}, & (\xi,s) \in O, \\ \qquad\qquad \cdots\cdots \\ \mu\partial_s^2\widehat{\chi}_{n-1} - p_{n-1}(i\xi,\partial_s)\widehat{\chi} - \rho^2\widehat{\chi}_{n-1} = \widehat{G_{n-1}\chi} + \widehat{L_{n-1}\tilde{u}}, & (\xi,s) \in O, \\ (2\mu+\lambda)\partial_s^2\widehat{\chi}_n - p_n(i\xi,\partial_s)\widehat{\chi} - \rho^2\widehat{\chi}_n = \widehat{G_n\chi} + \widehat{L_n\tilde{u}}, & (\xi,s) \in O, \\ \widehat{\chi}(\xi,0) = \widehat{f}(\xi), & \xi \in \mathbb{R}^{n-1}, \end{cases} \tag{11.84}$$

其中 $p_k(i\xi,\partial_s) = P_k(0,0,i\xi,\partial_s)$ ($k=1,2,\cdots,n$), 即

$$\begin{cases} p_k(i\xi,\partial_s)\widehat{\chi} = \mu|\xi|^2\widehat{\chi}_k + (\mu+\lambda)\xi_k(\xi_1\widehat{\chi}_1 + \cdots + \xi_{n-1}\widehat{\chi}_{n-1} + i\partial_s\widehat{\chi}_n), \\ \qquad\qquad k=1,2,\cdots,n-1, \\ p_n(i\xi,\partial_s)\widehat{\chi} = \mu|\xi|^2\widehat{\chi}_n + (\mu+\lambda)(i\xi_1\partial_s\widehat{\chi}_1 + \cdots + i\xi_{n-1}\partial_s\widehat{\chi}_{n-1}). \end{cases} \tag{11.85}$$

由于

$$\widehat{\chi}(\xi,s) = 0, \quad \forall\,(\xi,s) \in \mathbb{R}^{n-1} \times [r_0,\infty), \tag{11.86}$$

为了讨论 (11.84) 满足 (11.86) 的解, 将 $\widehat{\chi}(\xi,s)$ 分解为

$$\widehat{\chi}(\xi,s) = w(\xi,s) + v(\xi,s), \quad \forall\,(\xi,s) \in O, \tag{11.87}$$

其中 w 满足

11.2 线性弹性系统的正则性

$$\begin{cases} \mu\partial_s^2 w_1 - p_1(\mathrm{i}\xi,\partial_s)w - \rho^2 w_1 = 0, & (\xi,s)\in O, \\ \mu\partial_s^2 w_2 - p_2(\mathrm{i}\xi,\partial_s)w - \rho^2 w_2 = 0, & (\xi,s)\in O, \\ \quad\cdots\cdots \\ \mu\partial_s^2 w_{n-1} - p_{n-1}(\mathrm{i}\xi,\partial_s)w - \rho^2 w_{n-1} = 0, & (\xi,s)\in O, \\ (2\mu+\lambda)\partial_s^2 w_n - p_n(\mathrm{i}\xi,\partial_s)w - \rho^2 w_n = 0, & (\xi,s)\in O, \\ w(\xi,0) = \widehat{f}(\xi), & \xi\in\mathbb{R}^{n-1}, \\ \lim_{s\to\infty} w(\xi,s) = 0, & \xi\in\mathbb{R}^{n-1}, \end{cases} \tag{11.88}$$

并且 v 满足

$$\begin{cases} \mu\partial_s^2 v_1 - p_1(\mathrm{i}\xi,\partial_s)v - \rho^2 v_1 = \widehat{G_1\chi} + \widehat{L_1\tilde{u}}, & (\xi,s)\in O, \\ \mu\partial_s^2 v_2 - p_2(\mathrm{i}\xi,\partial_s)v - \rho^2 v_2 = \widehat{G_2\chi} + \widehat{L_2\tilde{u}}, & (\xi,s)\in O, \\ \quad\cdots\cdots \\ \mu\partial_s^2 v_{n-1} - p_{n-1}(\mathrm{i}\xi,\partial_s)v - \rho^2 v_{n-1} = \widehat{G_{n-1}\chi} + \widehat{L_{n-1}\tilde{u}}, & (\xi,s)\in O, \\ (2\mu+\lambda)\partial_s^2 v_n - p_n(\mathrm{i}\xi,\partial_s)v - \rho^2 v_n = \widehat{G_n\chi} + \widehat{L_n\tilde{u}}, & (\xi,s)\in O, \\ v(\xi,0) = 0, & \xi\in\mathbb{R}^{n-1}, \\ v(\xi,s) = \Phi(\xi,s), & (\xi,s)\in\mathbb{R}^{n-1}\times[r_0,\infty), \end{cases} \tag{11.89}$$

其中 $\Phi(\xi,s)$ 为由系统 (11.88) 确定的向量函数, 随后将给出它的具体表示. 最后一个等式的正确性来自于 (11.87) 和 (11.88) 解的显式表示.

下面两步将给出 $\partial_s w$ 和 $\partial_s v$ 的估计, 在随后的证明中, 记 C 为不依赖于 ρ 的正常数, 但在不同的地方可能取不同的值, 并且对任意向量场

$$(u_1,u_2,\cdots,u_n) \triangleq u = u_1 E_1 + u_2 E_2 + \cdots + u_n E_n,$$

记

$$|u|^2 = |u_1|^2 + |u_2|^2 + \cdots + |u_n|^2 \quad \text{和} \quad \breve{u}_k = (u_1,\cdots,u_{k-1},u_{k+1},\cdots,u_n).$$

第三步 可以证明, 存在常数 $C>0$, 使得对任意 $\rho\in(1,\infty)$, 下式成立:

$$\int_{\mathbb{R}^{n-1}} \left| \left(\frac{1}{\rho}(\sqrt{\mu}\partial_s w_1,\cdots,\sqrt{\mu}\partial_s w_{n-1},\sqrt{2\mu+\lambda}\partial_s w_n) + w \right)_{s=0} \right|^2 \mathrm{d}\xi$$
$$\leqslant \frac{C}{\rho^2}\|u\|^2_{(H^1(\partial\Omega))^n}. \tag{11.90}$$

事实上, 设

$$z_1 = w_1, \quad z_2 = \partial_s w_1, \quad z_3 = w_2, \quad z_4 = \partial_s w_2, \quad \cdots, z_{2n-1} = w_n, \quad z_{2n} = \partial_s w_n,$$

则由 p_k ($k = 1, 2, \cdots, n$) 的定义可知, 系统 (11.88) 能改写为下面的一阶系统:

$$\begin{cases} z' = \mathbb{A}z = (\mathbb{A}_1 + \mathbb{A}_2)z, \\ (z_1, z_3, \cdots, z_{2n-1})(0) = (\widehat{f}_1(\xi), \widehat{f}_2(\xi), \cdots, \widehat{f}_n(\xi)) = \widehat{f}(\xi), \\ \lim_{s \to \infty} (z_1, z_3, \cdots, z_{2n-1}) = 0, \end{cases} \quad (11.91)$$

其中 $z = (z_1, z_2, \cdots, z_{2n})^{\mathrm{T}}$, $z' = \partial_s z$,

$$\mathbb{A}_1 = \frac{\rho^2 + \mu|\xi|^2}{\mu} \begin{pmatrix} 0 & 0 & 0 & 0 & \cdots & 0 & 0 & 0 & 0 \\ 1 & 0 & 0 & 0 & \cdots & 0 & 0 & 0 & 0 \\ 0 & 0 & 0 & 0 & \cdots & 0 & 0 & 0 & 0 \\ 0 & 0 & 1 & 0 & \cdots & 0 & 0 & 0 & 0 \\ \vdots & \vdots & \vdots & \vdots & & \vdots & \vdots & \vdots & \vdots \\ 0 & 0 & 0 & 0 & \cdots & 0 & 0 & 0 & 0 \\ 0 & 0 & 0 & 0 & \cdots & 1 & 0 & 0 & 0 \\ 0 & 0 & 0 & 0 & \cdots & 0 & 0 & 0 & 0 \\ 0 & 0 & 0 & 0 & \cdots & 0 & 0 & \dfrac{\mu}{2\mu + \lambda} & 0 \end{pmatrix}_{2n \times 2n}$$

和

$$\mathbb{A}_2 = \begin{pmatrix} 0 & 1 & 0 & 0 & \cdots & 0 & 0 & 0 & 0 \\ \dfrac{\alpha \xi_1^2}{\mu} & 0 & \dfrac{\alpha \xi_1 \xi_2}{\mu} & 0 & \cdots & \dfrac{\alpha \xi_1 \xi_{n-1}}{\mu} & 0 & 0 & \dfrac{i\alpha \xi_1}{\mu} \\ 0 & 0 & 0 & 1 & \cdots & 0 & 0 & 0 & 0 \\ \dfrac{\alpha \xi_2 \xi_1}{\mu} & 0 & \dfrac{\alpha \xi_2^2}{\mu} & 0 & \cdots & \dfrac{\alpha \xi_2 \xi_{n-1}}{\mu} & 0 & 0 & \dfrac{i\alpha \xi_2}{\mu} \\ \vdots & \vdots & \vdots & \vdots & & \vdots & \vdots & \vdots & \vdots \\ 0 & 0 & 0 & 0 & \cdots & 0 & 1 & 0 & 0 \\ \dfrac{\alpha \xi_{n-1} \xi_1}{\mu} & 0 & \dfrac{\alpha \xi_{n-1} \xi_2}{\mu} & 0 & \cdots & \dfrac{\alpha \xi_{n-1}^2}{\mu} & 0 & 0 & \dfrac{i\alpha \xi_{n-1}}{\mu} \\ 0 & 0 & 0 & 0 & \cdots & 0 & 0 & 0 & 1 \\ 0 & \dfrac{i\alpha \xi_1}{2\mu + \lambda} & 0 & \dfrac{i\alpha \xi_2}{2\mu + \lambda} & \cdots & 0 & \dfrac{i\alpha \xi_{n-1}}{2\mu + \lambda} & 0 & 0 \end{pmatrix}_{2n \times 2n},$$

其中 $\alpha = \mu + \lambda$.

直接计算可得 $\mathbb{A}$ 的特征值 $\{\omega_i\}_{i=1}^{2n}$ 为

11.2 线性弹性系统的正则性

$$\omega_1 = \frac{\sqrt{(2\mu+\lambda)(\rho^2+(2\mu+\lambda)|\xi|^2)}}{2\mu+\lambda},$$

$$\omega_2 = -\frac{\sqrt{(2\mu+\lambda)(\rho^2+(2\mu+\lambda)|\xi|^2)}}{2\mu+\lambda},$$

$$\omega_{3,5,\cdots,2n-1} = \frac{\sqrt{\mu(\rho^2+\mu|\xi|^2)}}{\mu},$$

$$\omega_{4,6,\cdots,2n} = -\frac{\sqrt{\mu(\rho^2+\mu|\xi|^2)}}{\mu}.$$

A 相应于负特征值 $\omega_2,\omega_4,\cdots,\omega_{2n}$ 的特征向量 $q_2,q_4,\cdots,q_{2n}$ 分别为

$$q_2 = \left(\xi_1,-\xi_1\omega_1,\xi_2,-\xi_2\omega_1,\cdots,\xi_{n-1},-\xi_{n-1}\omega_1,-\mathrm{i}\omega_1,\mathrm{i}\omega_1^2\right)^{\mathrm{T}},$$

$$q_4 = \left(-\frac{\xi_2}{\xi_1},\frac{\omega_3\xi_2}{\xi_1},1,-\omega_3,0,0,\cdots,0,0,0,0\right)^{\mathrm{T}},$$

$$q_6 = \left(-\frac{\xi_3}{\xi_1},\frac{\omega_3\xi_3}{\xi_1},0,0,1,-\omega_3,\cdots,0,0,0,0\right)^{\mathrm{T}},$$

$$\cdots\cdots$$

$$q_{2(n-1)} = \left(-\frac{\xi_{n-1}}{\xi_1},\frac{\omega_3\xi_{n-1}}{\xi_1},0,0,0,0\cdots,1,-\omega_3,0,0\right)^{\mathrm{T}},$$

$$q_{2n} = \left(\frac{\mathrm{i}\omega_3}{\xi_1},-\frac{\mathrm{i}\omega_3^2}{\xi_1},0,0,0,0,\cdots,0,0,1,-\omega_3\right)^{\mathrm{T}}.$$

令

$$M(s) = \begin{pmatrix} \xi_1 \mathrm{e}^{-\omega_1 s} & -\dfrac{\xi_2}{\xi_1}\mathrm{e}^{-\omega_3 s} & -\dfrac{\xi_3}{\xi_1}\mathrm{e}^{-\omega_3 s} & \cdots & -\dfrac{\xi_{n-1}}{\xi_1}\mathrm{e}^{-\omega_3 s} & \dfrac{\mathrm{i}\omega_3}{\xi_1}\mathrm{e}^{-\omega_3 s} \\ \xi_2 \mathrm{e}^{-\omega_1 s} & \mathrm{e}^{-\omega_3 s} & 0 & \cdots & 0 & 0 \\ \xi_3 \mathrm{e}^{-\omega_1 s} & 0 & \mathrm{e}^{-\omega_3 s} & \cdots & 0 & 0 \\ \vdots & \vdots & \vdots & & \vdots & \vdots \\ \xi_{n-1} \mathrm{e}^{-\omega_1 s} & 0 & 0 & \cdots & \mathrm{e}^{-\omega_3 s} & 0 \\ -\mathrm{i}\omega_1 \mathrm{e}^{-\omega_1 s} & 0 & 0 & \cdots & 0 & \mathrm{e}^{-\omega_3 s} \end{pmatrix}_{n\times n}$$

(11.92)

经过计算可得

$$\beta_0 = \det(M(0)) = \frac{|\xi|^2-\omega_1\omega_3}{\xi_1}$$

和

$$M_0^{-1} := (M(0))^{-1}$$

$$= \frac{1}{\xi_1 \beta_0} \begin{pmatrix} \xi_1 & \xi_2 & \xi_3 & \cdots & \xi_{n-1} & -\mathrm{i}\omega_3 \\ -\xi_2\xi_1 & |\breve{\xi}_2|^2 - \omega_1\omega_3 & -\xi_2\xi_3 & \cdots & -\xi_2\xi_{n-1} & \mathrm{i}\xi_2\omega_3 \\ -\xi_3\xi_1 & -\xi_3\xi_2 & |\breve{\xi}_3|^2 - \omega_1\omega_3 & \cdots & -\xi_3\xi_{n-1} & \mathrm{i}\xi_3\omega_3 \\ \vdots & \vdots & \vdots & & \vdots & \vdots \\ -\xi_{n-1}\xi_1 & -\xi_{n-1}\xi_2 & -\xi_{n-1}\xi_3 & \cdots & |\breve{\xi}_{n-1}|^2 - \omega_1\omega_3 & \mathrm{i}\xi_{n-1}\omega_3 \\ \mathrm{i}\omega_1\xi_1 & \mathrm{i}\omega_1\xi_2 & \mathrm{i}\omega_1\xi_3 & \cdots & \mathrm{i}\omega_1\xi_{n-1} & |\xi|^2 \end{pmatrix}_{n\times n}.$$

由常微分方程理论可知,(11.88) 的解为

$$w^{\mathrm{T}}(\xi, s) = M(s) M_0^{-1} \widehat{f}^{\mathrm{T}}(\xi)$$
$$= \left[(\mathrm{e}^{-\omega_1 s} - \mathrm{e}^{-\omega_3 s})(a_{jk}(\xi))_{n\times n} + (c_{jk}(s))_{n\times n} \right] \widehat{f}^{\mathrm{T}}(\xi), \quad (11.93)$$

其中

$$(a_{jk}(\xi))_{n\times n} = \frac{1}{|\xi|^2 - \omega_1\omega_3} \begin{pmatrix} \xi_1^2 & \xi_1\xi_2 & \cdots & \xi_1\xi_{n-1} & -\mathrm{i}\xi_1\omega_3 \\ \xi_2\xi_1 & \xi_2^2 & \cdots & \xi_2\xi_{n-1} & -\mathrm{i}\xi_2\omega_3 \\ \vdots & \vdots & & \vdots & \vdots \\ \xi_{n-1}\xi_1 & \xi_{n-1}\xi_2 & \cdots & \xi_{n-1}^2 & -\mathrm{i}\xi_{n-1}\omega_3 \\ -\mathrm{i}\xi_1\omega_1 & -\mathrm{i}\xi_2\omega_1 & \cdots & -\mathrm{i}\xi_{n-1}\omega_1 & -|\xi|^2 \end{pmatrix}$$

和

$$(c_{jk}(s))_{n\times n} = \mathrm{diag}(\mathrm{e}^{-\omega_3 s}, \mathrm{e}^{-\omega_3 s}, \cdots, \mathrm{e}^{-\omega_3 s}, \mathrm{e}^{-\omega_1 s}).$$

接着可以确定 (11.89) 中的 $\Phi(\xi, s)$ 满足

$$\Phi(\xi, s) = -M(s) M_0^{-1} \widehat{f}^{\mathrm{T}}(\xi), \quad s \geqslant r_0.$$

由 (11.93) 可得

$$\frac{1}{\rho}\sqrt{\mu}\partial_s w_j(\xi, 0) + w_j(\xi, 0)$$
$$= \frac{1}{\rho}\sqrt{\mu} \sum_{k=1}^{n} (\omega_3 - \omega_1) a_{jk}(\xi) \widehat{f}_k(\xi) - \left(\frac{1}{\rho}\sqrt{\mu}\omega_3 - 1\right) \widehat{f}_j(\xi), \quad j = 1, 2, \cdots, n-1, \quad (11.94)$$

并且

11.2 线性弹性系统的正则性

$$\frac{1}{\rho}\sqrt{2\mu+\lambda}\partial_s w_n(\xi,0) + w_n(\xi,0)$$

$$= \frac{1}{\rho}\sqrt{2\mu+\lambda}(\omega_3-\omega_1)\sum_{k=1}^n a_{nk}(\xi)\widehat{f_k}(\xi) - \left(\frac{1}{\rho}\sqrt{2\mu+\lambda}\omega_1 - 1\right)\widehat{f_n}(\xi). \quad (11.95)$$

容易验证

$$\frac{1}{|\omega_1\omega_3 - |\xi|^2|} = \frac{|\xi|^2 + \omega_1\omega_3}{\omega_1^2\omega_3^2 - |\xi|^4} \leqslant \frac{3\mu+\lambda}{\rho^2},$$

$$|\omega_1 - \omega_3| = \frac{|\mu+\lambda|\rho^2}{\omega_1+\omega_3},$$

$$\left|\frac{\sqrt{\mu}\omega_3}{\rho} - 1\right| = \frac{1}{\rho}\frac{\mu|\xi|^2}{\sqrt{\rho^2+\mu|\xi|^2}+\rho^2} \leqslant \frac{\sqrt{\mu}|\xi|}{\rho}, \quad (11.96)$$

$$\left|\frac{\sqrt{2\mu+\lambda}\omega_1}{\rho} - 1\right| \leqslant \frac{\sqrt{2\mu+\lambda}|\xi|}{\rho}.$$

利用 (11.94)~(11.96), 并且注意到 a_{jk} ($j,k=1,2,\cdots,n$) 的表达式, 于是有

$$\left|\frac{1}{\rho}\sqrt{\mu}\partial_s w_j(\xi,0) + w_j(\xi,0)\right|$$

$$\leqslant \frac{1}{\rho}\sqrt{\mu}\sum_{k=1}^n |(\omega_3-\omega_1)a_{jk}(\xi)\widehat{f_k}(\xi)| + \left|\left(\frac{1}{\rho}\sqrt{\mu}\omega_3 - 1\right)\widehat{f_j}(\xi)\right|$$

$$\leqslant \frac{C}{\rho}\sum_{k=1}^n \frac{\rho^2}{\omega_3+\omega_1}\frac{|\xi|(\omega_1+\omega_3)}{\rho^2}|\widehat{f_k}(\xi)| + \frac{C|\xi|}{\rho}|\widehat{f_j}(\xi)|$$

$$\leqslant \frac{C|\xi|}{\rho}|\widehat{f}(\xi)|, \quad j=1,2,\cdots,n-1, \quad (11.97)$$

并且

$$\left|\frac{1}{\rho}\sqrt{2\mu+\lambda}\partial_s w_n(\xi,0) + w_n(\xi,0)\right| \leqslant \frac{C|\xi|}{\rho}|\widehat{f}(\xi)|, \quad (11.98)$$

这里已经用到了

$$|\xi_j\xi_k| \leqslant |\xi|^2 \leqslant |\xi|\omega_1 \leqslant |\xi|(\omega_1+\omega_3), \quad |\mathrm{i}\xi_j\omega_3| \leqslant |\xi|(\omega_1+\omega_3), \quad j,k=1,2,\cdots,n-1.$$

因此, (11.90) 可由 (11.97) 和 (11.98) 得到.

第四步 $\frac{1}{\rho}(\sqrt{\mu}\partial_s v_1,\cdots,\sqrt{\mu}\partial_s v_{n-1},\sqrt{2\mu+\lambda}\partial_s v_n)(\cdot,0) + v(\cdot,0)$ 的估计. 下面应用经典的迹定理估计 $\partial_s v(\cdot,0)$, 因而需要计算 $\partial_s^2 v$ 和 $\partial_s v$. 为此, 首先估计 $\widehat{L\widetilde{u}} = \left(\widehat{L_1\widetilde{u}},\cdots,\widehat{L_n\widetilde{u}}\right)$ 和 $\widehat{G\chi} = \left(\widehat{G_1\chi},\cdots,\widehat{G_n\chi}\right)$.

(1) $\widehat{L\widetilde{u}}$ 和 $\widehat{G\chi}$ 的估计. 显然有

$$\|\widehat{L\widetilde{u}}\|_{(L^2(O))^n} \leqslant C\left(\|\widehat{L_1\widetilde{u}}\|_{L^2(O)} + \cdots + \|\widehat{L_n\widetilde{u}}\|_{L^2(O)}\right) \leqslant C\|u\|_{(H^1(\Omega))^n}. \tag{11.99}$$

由 (11.82) 和 Plancherel 公式可知, 对任意 $k=1,2,\cdots,n$, 下式成立:

$$\|\widehat{G_k\chi}\|_{L^2(O)} = (2\pi)^{\frac{n-1}{2}}\|G_k\chi\|_{L^2(O)}$$
$$\leqslant (2\pi)^{\frac{n-1}{2}}\gamma C\bigg(\sum_{m=1}^{n}\sum_{j,l=1}^{n-1}\|\partial_j\partial_l\chi_m\|_{L^2(O)} + \sum_{m=1}^{n}\sum_{j=1}^{n-1}\|\partial_j\partial_s\chi_m\|_{L^2(O)}\bigg)$$
$$\leqslant \gamma C\left(\||\xi|^2\widehat{\chi}\|_{(L^2(O))^n} + \||\xi|\partial_s\widehat{\chi}\|_{(L^2(O))^n}\right), \tag{11.100}$$

其中 C 不依赖于 γ. 由 (11.87) 和 (11.100) 可得

$$\|\widehat{G_k\chi}\|_{L^2(O)} \leqslant \gamma C\left(\||\xi|^2 w\|_{(L^2(O))^n} + \||\xi|^2 v\|_{(L^2(O))^n}\right.$$
$$\left. + \||\xi|\partial_s w\|_{(L^2(O))^n} + \||\xi|\partial_s v\|_{(L^2(O))^n}\right). \tag{11.101}$$

另一方面, 在 (11.89) 中第 k 个方程两端分别乘以 m_k ($k=1,2,\cdots,n$), 在 O 上分部积分, 利用 $\Phi(\xi,s)$ 的表达式和 (11.89) 中最后一个等式, 将结果相加可得

$$\int_O (I_1+I_2+I_3+I_4)\mathrm{d}\xi\mathrm{d}s = \sum_{k=1}^{n}\int_O \left(\widehat{G_k\chi} + \widehat{L_k\widetilde{u}}\right)m_k\mathrm{d}\xi\mathrm{d}s, \tag{11.102}$$

其中

$m_k = (\mu+\lambda)(\xi_k\xi_1\overline{v}_1 + \cdots + \xi_k\xi_{n-1}\overline{v}_{n-1}) - (2\mu+\lambda)|\xi|^2\overline{v}_k, \quad k=1,2,\cdots,n-1,$

$m_n = -\mu|\xi|^2\overline{v}_n,$

$I_1 = \mu(2\mu+\lambda)|\xi|^2|\partial_s\breve{v}_n|^2 - \mu(\mu+\lambda)|\xi\cdot\partial_s\breve{v}_n|^2 + \mu(2\mu+\lambda)|\xi|^2|\partial_s v_n|^2,$

$I_2 = \mu(2\mu+\lambda)|\xi|^4|\breve{v}_n|^2 + \mu^2|\xi|^4|v_n|^2,$

$I_3 = \mathrm{i}\mu(\mu+\lambda)|\xi|^2(\xi\cdot\overline{\breve{v}}_n\partial_s v_n - \xi\cdot\breve{v}_n\overline{\partial_s v_n}),$

$I_4 = \rho^2((2\mu+\lambda)|\xi|^2|\breve{v}_n|^2 - (\mu+\lambda)|\xi\cdot\breve{v}_n|^2) + \rho^2\mu|\xi|^2|v_n|^2.$

设

$$\theta_0 := 2\mu + \lambda - |\mu+\lambda|, \tag{11.103}$$

可以证明

$$\theta_0 > 0 \quad \text{和} \quad \mu \geqslant \theta_0. \tag{11.104}$$

11.2 线性弹性系统的正则性

事实上, 如果 $\mu+\lambda \geqslant 0$, 则

$$\theta_0 = 2\mu+\lambda-(\mu+\lambda) = \mu > 0;$$

否则, 由 $n\lambda+(n+1)\mu>0$ 和 $3\mu+2\lambda=((n+1)\mu+n\lambda)+(-(n-2)(\mu+\lambda))>0$ 可得

$$\theta_0 = 2\mu+\lambda+(\mu+\lambda) = 3\mu+2\lambda > 0 \quad \text{和} \quad \theta_0 = \mu+2(\mu+\lambda) < \mu.$$

由 Cauchy-Schwarz 不等式可得

$$\begin{aligned}
\operatorname{Re}(I_1) &\geqslant \mu(2\mu+\lambda)|\xi|^2|\partial_s \breve{v}_n|^2 - \mu|\mu+\lambda||\xi|^2|\partial_s \breve{v}_n|^2 + \mu(2\mu+\lambda)|\xi|^2|\partial_s v_n|^2 \\
&\geqslant \mu\theta_0|\xi|^2|\partial_s \breve{v}_n|^2 + \mu(2\mu+\lambda)|\xi|^2|\partial_s v_n|^2, \\
\operatorname{Re}(I_3) &\geqslant -2\mu|\mu+\lambda||\xi|^2|\xi||\breve{v}_n||\partial_s v_n| \\
&\geqslant -\mu|\mu+\lambda||\xi|^2\left(|\xi|^2|\breve{v}_n|^2 + |\partial_s v_n|^2\right), \\
\operatorname{Re}(I_4) &\geqslant \rho^2\left((2\mu+\lambda)|\xi|^2|\breve{v}_n|^2 - |\mu+\lambda||\xi|^2|\breve{v}_n|^2\right) + \rho^2\mu|\xi|^2|v_n|^2 \\
&\geqslant \rho^2\theta_0|\xi|^2|v|^2.
\end{aligned} \tag{11.105}$$

在 (11.102) 两端取实部, 并且利用 (11.103)$\sim$(11.105) 可得

$$\begin{aligned}
\mu\theta_0 &\||\xi|^2 v\|_{(L^2(O))^n} + \mu\theta_0 \||\xi|\partial_s v\|^2_{(L^2(O))^n} + \rho^2\theta_0 \||\xi|v\|_{(L^2(O))^n} \\
&\leqslant \int_O \operatorname{Re}(I_1+I_2+I_3+I_4)\mathrm{d}\xi\mathrm{d}s \\
&= \operatorname{Re}\sum_{k=1}^n \int_O \left(\widehat{G_k\chi}+\widehat{L_k\tilde{u}}\right) m_k \mathrm{d}\xi\mathrm{d}s \\
&\leqslant \sum_{k=1}^n \left|\int_O \left(\widehat{G_k\chi}+\widehat{L_k\tilde{u}}\right) m_k \mathrm{d}\xi\mathrm{d}s\right| \\
&\leqslant \sum_{k=1}^n \left\|\left(\widehat{G_k\chi}+\widehat{L_k\tilde{u}}\right)\right\|_{L^2(O)} \|m_k\|_{L^2(O)} \\
&\leqslant C\left(\|\widehat{G\chi}\|_{(L^2(O))^n}+\|\widehat{L\tilde{u}}\|_{(L^2(O))^n}\right)\||\xi|^2 v\|_{(L^2(O))^n},
\end{aligned} \tag{11.106}$$

因而推出

$$\||\xi|^2 v\|_{(L^2(O))^n} \leqslant C\left(\|\widehat{G\chi}\|_{(L^2(O))^n}+\|\widehat{L\tilde{u}}\|_{(L^2(O))^n}\right) \tag{11.107}$$

和

$$\||\xi|\partial_s v\|^2_{(L^2(O))^n} \leqslant C\left(\|\widehat{G\chi}\|_{(L^2(O))^n}+\|\widehat{L\tilde{u}}\|_{(L^2(O))^n}\right)\||\xi|^2 v\|_{(L^2(O))^n}. \tag{11.108}$$

合并 (11.107) 和 (11.108), 于是有

$$\||\xi|\partial_s v\|_{(L^2(O))^n} \leqslant C \left(\|\widehat{G\chi}\|_{(L^2(O))^n} + \|\widehat{L\widetilde{u}}\|_{(L^2(O))^n}\right). \tag{11.109}$$

将 (11.107) 和 (11.109) 代入 (11.101) 可得

$$(1-\gamma C)\|\widehat{G\chi}\|_{(L^2(O))^n}$$
$$\leqslant \gamma C \left(\||\xi|^2 w\|_{(L^2(O))^n} + \||\xi|\partial_s w\|_{(L^2(O))^n} + \|\widehat{L\widetilde{u}}\|_{(L^2(O))^n}\right). \tag{11.110}$$

另一方面, 由 (11.93), 对任意 $j=1,2,\cdots,n$, 下式成立:

$$w_j(\xi,s) = (\mathrm{e}^{-\omega_1 s} - \mathrm{e}^{-\omega_3 s})\sum_{k=1}^n a_{jk}(\xi)\widehat{f}_k(\xi) + c_{jj}(s)\widehat{f}_j(\xi) \tag{11.111}$$

和

$$\partial_s w_j(\xi,s) = (-\omega_1 \mathrm{e}^{-\omega_1 s} + \omega_3 \mathrm{e}^{-\omega_3 s})\sum_{k=1}^n a_{jk}(\xi)\widehat{f}_k(\xi) + \partial_s c_{jj}(s)\widehat{f}_j(\xi). \tag{11.112}$$

利用 (11.111), (11.112) 和 a_{jk}, c_{jk} $(j,k=1,2,\cdots,n)$ 的表达式可得

$$\||\xi|^2 w_j\|_{L^2(O)}$$
$$\leqslant \sum_{k=1}^n \left\||\xi|^2 a_{jk}(\xi)(\mathrm{e}^{-\omega_1 s} - \mathrm{e}^{-\omega_3 s})\widehat{f}_k(\xi)\right\|_{L^2(O)} + \left\||\xi|^2 c_{jj}(s)\widehat{f}_j(\xi)\right\|_{L^2(O)}$$
$$\leqslant \sum_{k=1}^n \left\||\xi|^2 a_{jk}(\xi)(\mathrm{e}^{-\omega_1 s} + \mathrm{e}^{-\omega_3 s})\widehat{f}_k(\xi)\right\|_{L^2(O)} + \left\||\xi|^2(\mathrm{e}^{-\omega_1 s} + \mathrm{e}^{-\omega_3 s})\widehat{f}_j(\xi)\right\|_{L^2(O)}$$
$$\leqslant 2\sum_{k=1}^n \left\||\xi|^2(1+|a_{jk}(\xi)|)(\mathrm{e}^{-\omega_1 s} + \mathrm{e}^{-\omega_3 s})\widehat{f}_k(\xi)\right\|_{L^2(O)}$$
$$\leqslant 4\sum_{k=1}^n \left(\int_{\mathbb{R}^{n-1}} \left||\xi|^2(1+|a_{jk}(\xi)|)\widehat{f}_k(\xi)\right|^2 \left(\int_0^\infty (\mathrm{e}^{-2\omega_1 s} + \mathrm{e}^{-2\omega_3 s})\,\mathrm{d}s\right)\mathrm{d}\xi\right)^{1/2}$$
$$= 4\sum_{k=1}^n \left\|\sqrt{\frac{1}{2\omega_1} + \frac{1}{2\omega_3}}|\xi|^2(1+|a_{jk}(\xi)|)\widehat{f}_k(\xi)\right\|_{L^2(\mathbb{R}^{n-1})}$$
$$\leqslant C\sum_{k=1}^n \left\||\xi|^{3/2}\left(C + \frac{\rho^2+|\xi|^2}{\rho^2}\right)\widehat{f}_k(\xi)\right\|_{L^2(\mathbb{R}^{n-1})}$$
$$\leqslant C\left\|(1+|\xi|)^{7/2}|\widehat{f}(\xi)|\right\|_{L^2(\mathbb{R}^{n-1})}$$
$$\leqslant C\|u\|_{(H^{7/2}(\partial\Omega))^n}, \quad j=1,2,\cdots,n \tag{11.113}$$

11.2 线性弹性系统的正则性

和

$$\||\xi|\partial_s w_j\|_{L^2(O)}$$
$$\leqslant \sum_{k=1}^n \left\||\xi|a_{jk}(\xi)(\omega_3 \mathrm{e}^{-\omega_3 s} - \omega_1 \mathrm{e}^{-\omega_1 s})\widehat{f_k}(\xi)\right\|_{L^2(O)} + \left\||\xi|\partial_s c_{jj}(s)\widehat{f_j}(\xi)\right\|_{L^2(O)}$$
$$\leqslant 2\sum_{k=1}^n \left\||\xi|(1+|a_{jk}(\xi)|)(\omega_1 \mathrm{e}^{-\omega_1 s} + \omega_3 \mathrm{e}^{-\omega_3 s})\widehat{f_k}(\xi)\right\|_{L^2(O)}$$
$$\leqslant 4\sum_{k=1}^n \left(\int_{\mathbb{R}^{n-1}} \left||\xi|(1+|a_{jk}(\xi)|)\widehat{f_k}(\xi)\right|^2 \left(\int_0^\infty (\omega_1^2 \mathrm{e}^{-2\omega_1 s} + \omega_3^2 \mathrm{e}^{-2\omega_3 s})\mathrm{d}s\right) \mathrm{d}\xi\right)^{1/2}$$
$$= 4\sum_{k=1}^n \left\|\frac{\sqrt{\omega_1+\omega_3}}{\sqrt{2}}|\xi|(1+|a_{jk}(\xi)|)\widehat{f_k}(\xi)\right\|_{L^2(\mathbb{R}^{n-1})}$$
$$\leqslant C\sum_{k=1}^n \left\|\sqrt{\rho+|\xi|}|\xi|\left(C + \frac{\rho^2+|\xi|^2}{\rho^2}\right)\widehat{f_k}(\xi)\right\|_{L^2(\mathbb{R}^{n-1})}$$
$$\leqslant C\left\|\sqrt{\rho}(1+|\xi|)^{7/2}|\widehat{f}(\xi)|\right\|_{L^2(\mathbb{R}^{n-1})}$$
$$\leqslant C\sqrt{\rho}\|u\|_{(H^{7/2}(\partial\Omega))^n}, \quad j=1,2,\cdots,n. \tag{11.114}$$

由 (11.113), (11.114) 可得

$$\||\xi|^2 w\|_{(L^2(O))^n} \leqslant C\|u\|_{(H^{7/2}(\partial\Omega))^n} \tag{11.115}$$

和

$$\||\xi|\partial_s w\|_{(L^2(O))^n} \leqslant C\sqrt{\rho}\|u\|_{(H^{7/2}(\partial\Omega))^n}. \tag{11.116}$$

最后, 合并 (11.99), (11.110), (11.115) 和 (11.116), 于是有

$$\|\widehat{G\chi}\|_{(L^2(O))^n} \leqslant C\left(\sqrt{\rho}\|u\|_{(H^{7/2}(\partial\Omega))^n} + \|u\|_{(H^1(\Omega))^n}\right). \tag{11.117}$$

(2) $\partial_s^2 v$ 的估计. 在 (11.89) 的第 k 个方程两端乘以 $\overline{\partial_s^2 v_k}$ ($k=1,2,\cdots,n$), 在 O 上分部积分, 注意到系统 (11.89) 中最后一个等式可得

$$\theta_1\|\partial_s^2 v_k\|_{L^2(O)}^2 + \rho^2\|\partial_s v_k\|_{L^2(O)}^2$$
$$\leqslant \int_O \left|p_k(\mathrm{i}\xi,\partial_s)v\partial_s^2\overline{v_k}\right|\mathrm{d}\xi\mathrm{d}s + \int_O \left|\left(\widehat{G_k\chi} + \widehat{L_k\widetilde{u}}\right)\overline{\partial_s^2 v_k}\right|\mathrm{d}\xi\mathrm{d}s$$
$$\leqslant \frac{\theta_1}{2}\|\partial_s^2 v_k\|_{L^2(O)}^2 + C\||\xi|^2 v\|_{(L^2(O))^n}^2 + C\||\xi|\partial_s v\|_{(L^2(O))^n}^2$$
$$+ C\left\|\widehat{G\chi} + \widehat{L\widetilde{u}}\right\|_{(L^2(O))^n}^2, \tag{11.118}$$

其中 $\theta_1 = \min\{\mu, 2\mu + \lambda\}$. 将 (11.107) 和 (11.109) 代入 (11.118), 于是有

$$\|\partial_s^2 v_k\|_{L^2(O)} \leqslant C \left(\|\widehat{G\chi}\|_{(L^2(O))^n} + \|\widehat{L\tilde{u}}\|_{(L^2(O))^n} \right). \tag{11.119}$$

(11.119) 合并 (11.99) 和 (11.117) 推出

$$\|\partial_s^2 v_k\|_{L^2(O)} \leqslant C \left(\sqrt{\rho} \|u\|_{(H^{7/2}(\partial\Omega))^n} + \|u\|_{(H^1(\Omega))^n} \right). \tag{11.120}$$

(3) $\partial_s v$ 的估计. 注意到 (11.89) 中的最后一个等式, (11.89) 中的第 k 个方程乘以 $-\overline{v_k}$ ($k = 1, 2, \cdots, n$), 在 O 上分部积分可得

$$\theta_1 \|\partial_s v_k\|_{L^2(O)}^2 + \rho^2 \|v_k\|_{L^2(O)}^2 \leqslant \frac{C}{\rho^2} \left[\||\xi|^2 v\|_{(L^2(O))^n}^2 + \||\xi|\partial_s v\|_{(L^2(O))^n}^2 \right.$$
$$\left. + \|\widehat{G_k\chi} + \widehat{L_k\tilde{u}}\|_{L^2(O)}^2 \right] + \frac{\rho^2}{2} \|v_k\|_{L^2(O)}^2. \tag{11.121}$$

(11.121) 合并 (11.107) 和 (11.109) 推出

$$\theta_1 \|\partial_s v_k\|_{L^2(O)} \leqslant \frac{C}{\rho^2} \left(\|\widehat{G\chi}\|_{(L^2(O))^n} + \|\widehat{L\tilde{u}}\|_{(L^2(O))^n} \right). \tag{11.122}$$

由 (11.99), (11.117) 和 (11.122) 可得

$$\|\partial_s v_k\|_{L^2(O)} \leqslant C \left(\sqrt{\rho} \|u\|_{(H^{7/2}(\partial\Omega))^n} + \|u\|_{(H^1(\Omega))^n} \right). \tag{11.123}$$

(4) $\partial_s v_k(\cdot, 0)$ 估计. 应用下面标准的不等式:

$$\int_{\mathbb{R}^{n-1}} |\partial_s v_k(\cdot, 0)|^2 \mathrm{d}\xi = -2 \int_{\mathbb{R}^{n-1}} \int_0^\infty \operatorname{Re}\left(\partial_s v_k(\xi, s) \overline{\partial_s^2 v_k(\xi, s)} \right) \mathrm{d}s \mathrm{d}\xi$$
$$\leqslant \|\partial_s v_k\|_{L^2(O)}^2 + \|\partial_s^2 v_k\|_{L^2(O)}^2. \tag{11.124}$$

(11.124) 合并 (11.120) 和 (11.123) 推出如下关于 v 所需要的估计:

$$\int_{\mathbb{R}^{n-1}} \left| \left(\frac{1}{\rho}(\sqrt{\mu}\partial_s v_1, \cdots, \sqrt{\mu}\partial_s v_{n-1}, \sqrt{2\mu+\lambda}\partial_s v_n) + v \right)_{s=0} \right|^2 \mathrm{d}\xi$$
$$\leqslant \frac{C}{\rho^2} \left(\rho \|u\|_{(H^{7/2}(\partial\Omega))^n}^2 + \|u\|_{(H^1(\Omega)^n)}^2 \right), \tag{11.125}$$

这里已经用到了 (11.89) 中给出的事实 $v(\xi, 0) = 0$.

第五步 合并 (11.87) 和估计 (11.90), (11.125), 于是有

$$\int_{\mathbb{R}^{n-1}} \left| \left(\frac{1}{\rho}(\sqrt{\mu}\partial_s \widehat{\chi_1}, \cdots, \sqrt{\mu}\partial_s \widehat{\chi_{n-1}}, \sqrt{2\mu+\lambda}\partial_s \widehat{\chi_n}) + \widehat{\chi} \right)_{s=0} \right|^2 \mathrm{d}\xi$$

11.2 线性弹性系统的正则性

$$\leqslant \frac{C}{\rho^2}\left(\rho\|u\|^2_{(H^{7/2}(\partial\Omega))^n} + \|u\|^2_{(H^1(\Omega))^n}\right), \tag{11.126}$$

并且因此由 Parseval 公式可得

$$\int_{\mathbb{R}^{n-1}}\left|\left(\frac{1}{\rho}(\sqrt{\mu}\partial_s\chi_1,\cdots,\sqrt{\mu}\partial_s\chi_{n-1},\sqrt{2\mu+\lambda}\partial_s\chi_n)+\chi\right)_{s=0}\right|^2\mathrm{d}h$$

$$\leqslant \frac{C}{\rho^2}\left(\rho\|u\|^2_{(H^{7/2}(\partial\Omega))^n} + \|u\|^2_{(H^1(\Omega))^n}\right). \tag{11.127}$$

由 (11.80), (11.127) 可以推出

$$\int_{|h|<r_0/2}\left|\left(\frac{1}{\rho}(\sqrt{\mu}\partial_s\tilde{u}_1,\cdots,\sqrt{\mu}\partial_s\tilde{u}_{n-1},\sqrt{2\mu+\lambda}\partial_s\tilde{u}_n)+\tilde{u}\right)_{s=0}\right|^2\mathrm{d}h$$

$$\leqslant \frac{C}{\rho^2}\left(\rho\|u\|^2_{(H^{7/2}(\partial\Omega))^n} + \|u\|^2_{(H^1(\Omega))^n}\right). \tag{11.128}$$

另一方面, 在局部坐标系 (h,s) 下, $\partial\Omega$ 的单位外法向量场 ν 和正交切向量场 $\tau_1,\cdots,\tau_{n-1}$ 满足

$$\nu = -\partial_s = -E_n, \quad \tau_j = \sum_{l=1}^{n-1}\tau_{jl}E_l, \; j=1,2,\cdots,n-1, \tag{11.129}$$

其中 $\tau_{jl} = \langle \tau_j, E_l\rangle$. 因此,

$$D_\nu \tilde{u} = -D_{\partial_s}\tilde{u} = -\sum_{k=1}^n(\partial_s\tilde{u}_k E_k + \tilde{u}_k D_{\partial_s}E_k). \tag{11.130}$$

(11.130) 和 (11.129) 推出

$$\left|\frac{1}{\rho}\sqrt{2\mu+\lambda}\langle D_\nu\tilde{u},\nu\rangle - \langle\tilde{u},\nu\rangle\right|$$

$$= \left|\frac{1}{\rho}\sqrt{2\mu+\lambda}\langle D_{\partial_s}\tilde{u},E_n\rangle + \langle\tilde{u},E_n\rangle\right|$$

$$= \left|\frac{1}{\rho}\sqrt{2\mu+\lambda}\partial_s\tilde{u}_n + \tilde{u}_n + \frac{1}{\rho}\sqrt{2\mu+\lambda}\sum_{k=1}^n \tilde{u}_k\langle D_{\partial_s}E_k, E_n\rangle\right|$$

$$\leqslant \left|\frac{1}{\rho}\sqrt{2\mu+\lambda}\partial_s\tilde{u}_n + \tilde{u}_n\right| + C|\tilde{u}| \tag{11.131}$$

和

$$\left|\frac{1}{\rho}\sqrt{\mu}\langle D_\nu\tilde{u},\tau_j\rangle - \langle\tilde{u},\tau_j\rangle\right|$$

$$= \left| -\frac{1}{\rho}\sqrt{\mu}\Big\langle D_{\partial_s}\tilde{u}, \sum_{l=1}^{n-1}\tau_{jl}E_l\Big\rangle - \Big\langle \tilde{u}, \sum_{l=1}^{n-1}\tau_{jl}E_l\Big\rangle \right|$$

$$= \left| \sum_{l=1}^{n-1}\tau_{jl}\left(\frac{1}{\rho}\sqrt{\mu}\langle D_{\partial_s}\tilde{u}, E_l\rangle + \langle \tilde{u}, E_l\rangle\right) \right|$$

$$= \left| \sum_{l=1}^{n-1}\tau_{jl}\left(\frac{1}{\rho}\sqrt{\mu}\partial_s\tilde{u}_l + \tilde{u}_l\right) + \sum_{l=1}^{n-1}\sum_{k=1}^{n}\frac{1}{\rho}\tau_{jl}\sqrt{\mu}\,\tilde{u}_k\langle D_{\partial_s}E_k, E_l\rangle \right|$$

$$\leqslant C\sum_{l=1}^{n-1}\left|\frac{1}{\rho}\sqrt{\mu}\partial_s\tilde{u}_l + \tilde{u}_l\right| + C|\tilde{u}|, \quad j=1,2,\cdots,n-1. \tag{11.132}$$

由 (11.128), (11.131), (11.132) 以及关于 Ψ 的坐标变换可得

$$\int_{\tilde{\Omega}_{x_0}\cap\partial\Omega}\left|\frac{1}{\rho}\sqrt{\mu}\langle D_\nu u, \tau_j\rangle - \langle u, \tau_j\rangle\right|^2\mathrm{d}x$$
$$\leqslant \frac{C}{\rho^2}\left(\rho\|u\|^2_{(H^{7/2}(\partial\Omega))^n} + \|u\|^2_{(H^1(\Omega))^n}\right), \quad j=1,2,\cdots,n-1 \tag{11.133}$$

和

$$\int_{\tilde{\Omega}_{x_0}\cap\partial\Omega}\left|\frac{1}{\rho}\sqrt{2\mu+\lambda}\langle D_\nu u, \nu\rangle - \langle u, \nu\rangle\right|^2\mathrm{d}x$$
$$\leqslant \frac{C}{\rho^2}\left(\rho\|u\|^2_{(H^{7/2}(\partial\Omega))^n} + \|u\|^2_{(H^1(\Omega))^n}\right), \tag{11.134}$$

其中 $\tilde{\Omega}_{x_0}\subset\Omega_{x_0}$ 为 $x_0\in\partial\Omega$ 的一个开邻域, 由于 x_0 是任意选取的, 则容易由 (11.133) 和 (11.134) 得到

$$\left\|\frac{1}{\rho}\sqrt{\mu}\langle D_\nu u, \tau_j\rangle - \langle u, \tau_j\rangle\right\|^2_{L^2(\partial\Omega)}$$
$$\leqslant \frac{C}{\rho^2}\left(\rho\|u\|^2_{(H^{7/2}(\partial\Omega))^n} + \|u\|^2_{(H^1(\Omega))^n}\right), \quad j=1,2,\cdots,n-1 \tag{11.135}$$

和

$$\left\|\frac{1}{\rho}\sqrt{2\mu+\lambda}\langle D_\nu u, \nu\rangle - \langle u, \nu\rangle\right\|^2_{L^2(\partial\Omega)} \leqslant \frac{C}{\rho^2}\left(\rho\|u\|^2_{(H^{7/2}(\partial\Omega))^n} + \|u\|^2_{(H^1(\Omega))^n}\right). \tag{11.136}$$

由注 11.4 和注 11.5, 下面的方程:

$$\rho^2 u - \nabla\cdot\sigma(u) = 0, \quad x\in\Omega \tag{11.137}$$

11.2 线性弹性系统的正则性

与 $\overline{u}$ 在 $(L^2(\Omega))^n$ 中作内积, 并分部积分, 于是有

$$\int_\Omega \left(2\mu|\varepsilon(u)|^2_{T_x^2} + \lambda|\mathrm{tr}\varepsilon(u)|^2\right)\mathrm{d}x + \|\rho u\|^2_{(L^2(\Omega))^n} = \int_{\partial\Omega} \mathcal{B}(u)\cdot\overline{u}\mathrm{d}\Gamma. \tag{11.138}$$

由 $\mathcal{B}(u)$ 的定义可得

$$\begin{aligned}
&|\mathcal{B}(u)\cdot\overline{u}| \\
&\leqslant \rho\sqrt{2\mu+\lambda}\left|\left(\frac{1}{\rho}\sqrt{2\mu+\lambda}\langle D_\nu u,\nu\rangle - \langle u,\nu\rangle\right)\langle\overline{u},\nu\rangle\right| + \rho\sqrt{2\mu+\lambda}|\langle\overline{u},\nu\rangle|^2 \\
&\quad + \sum_{j=1}^{n-1}\rho\sqrt{\mu}\left|\left(\frac{1}{\rho}\sqrt{\mu}\langle D_\nu u,\tau_j\rangle - \langle u,\tau_j\rangle\right)\langle\overline{u},\tau_j\rangle\right| + \sum_{j=1}^{n-1}\rho\sqrt{\mu}|\langle u,\tau_j\rangle|^2 \\
&\quad + \sum_{j=1}^{n-1}\left(\mu|\langle D_{\tau_j}u,\nu\rangle\langle\overline{u},\tau_j\rangle| + |\lambda\langle D_{\tau_j}u,\tau_j\rangle\langle\overline{u},\nu\rangle|\right) \\
&\leqslant \rho\eta\left(\frac{1}{\rho}\sqrt{2\mu+\lambda}\langle D_\nu u,\nu\rangle - \langle u,\nu\rangle\right)^2 + \rho C_\eta|\langle\overline{u},\nu\rangle|^2 + \rho\sqrt{2\mu+\lambda}|\langle\overline{u},\nu\rangle|^2 \\
&\quad + \rho\eta\sum_{j=1}^{n-1}\left(\frac{1}{\rho}\sqrt{\mu}\langle D_\nu u,\tau_j\rangle - \langle u,\tau_j\rangle\right)^2 + \rho C_\eta\sum_{j=1}^{n-1}|\langle\overline{u},\tau_j\rangle|^2 \\
&\quad + C\sum_{j=1}^{n-1}\left(|\langle D_{\tau_j}u,\nu\rangle|^2 + |\langle\overline{u},\tau_j\rangle|^2 + |\langle D_{\tau_j}u,\tau_j\rangle|^2\right) + C|\langle\overline{u},\nu\rangle|^2 \\
&\leqslant \rho\eta\left(\frac{1}{\rho}\sqrt{2\mu+\lambda}\langle D_\nu u,\nu\rangle - \langle u,\nu\rangle\right)^2 + \rho C_\eta|u|^2 + \rho C|u|^2 \\
&\quad + \rho\eta\sum_{j=1}^{n-1}\left(\frac{1}{\rho}\sqrt{\mu}\langle D_\nu u,\tau_j\rangle - \langle u,\tau_j\rangle\right)^2 + \rho C_\eta\sum_{j=1}^{n-1}|u|^2 \\
&\quad + C\sum_{j=1}^{n-1}\left(|D_{\tau_j}u|^2 + |u|^2 + |D_{\tau_j}u|^2\right) + C|u|^2 \\
&\leqslant \rho\eta\left(\frac{1}{\rho}\sqrt{2\mu+\lambda}\langle D_\nu u,\nu\rangle - \langle u,\nu\rangle\right)^2 + \rho\eta\sum_{j=1}^{n-1}\left(\frac{1}{\rho}\sqrt{\mu}\langle D_\nu u,\tau_j\rangle - \langle u,\tau_j\rangle\right)^2 \\
&\quad + \rho C_\eta|u|^2 + C\sum_{j=1}^{n-1}|D_{\tau_j}u|, \tag{11.139}
\end{aligned}$$

其中 η 为任意正实数, C_η 为不依赖于 ρ 的正实数. 将 (11.139) 代入 (11.138), 应用 Korn 不等式, 于是有

$$\frac{1}{\rho^2}\|u\|^2_{(H^1(\Omega))^n} \leqslant \frac{\eta}{\rho}\left\|\frac{1}{\rho}\sqrt{2\mu+\lambda}\langle D_\nu u,\nu\rangle - \langle u,\nu\rangle\right\|^2_{L^2(\partial\Omega)}$$

$$+\frac{\eta}{\rho}\sum_{j=1}^{n-1}\left\|\frac{1}{\rho}\sqrt{\mu}\langle D_\nu u,\tau_j\rangle - \langle u,\tau_j\rangle\right\|^2_{L^2(\partial\Omega)}$$

$$+\frac{C_\eta}{\rho}\|u\|^2_{L^2(\partial\Omega))^n} + \frac{C}{\rho^2}\sum_{j=1}^{n-1}\|D_{\tau_j}u\|^2_{L^2(\partial\Omega))^n}. \tag{11.140}$$

合并 (11.135), (11.136) 和 (11.140), 再利用 $H^{7/2}(\partial\Omega) \subset H^1(\partial\Omega)$ 可知, 对所有 $\rho \in (1,\infty)$, (11.137) 的任意解 $u \in (H^4(\Omega))^n$ 满足

$$(1-C\eta)\left(\sum_{j=1}^{n-1}\left\|\frac{1}{\rho}\sqrt{\mu}\langle D_\nu u,\tau_j\rangle - \langle u,\tau_j\rangle\right\|^2_{L^2(\partial\Omega)} + \left\|\frac{1}{\rho}\sqrt{2\mu+\lambda}\langle D_\nu u,\nu\rangle - \langle u,\nu\rangle\right\|^2_{L^2(\partial\Omega)}\right)$$

$$\leqslant \frac{C_\eta}{\rho}\|u\|_{(H^{7/2}(\partial\Omega))^n}.$$

由此得到

$$\sum_{j=1}^{n-1}\left\|\frac{1}{\rho}\sqrt{\mu}\langle D_\nu u,\tau_j\rangle - \langle u,\tau_j\rangle\right\|^2_{L^2(\partial\Omega)} + \left\|\frac{1}{\rho}\sqrt{2\mu+\lambda}\langle D_\nu u,\nu\rangle - \langle u,\nu\rangle\right\|^2_{L^2(\partial\Omega)}$$

$$\leqslant \frac{C}{\rho}\|u\|_{(H^{7/2}(\partial\Omega))^n}, \tag{11.141}$$

其中取 $\eta = 1/(2C)$. 因此,

$$\lim_{\rho\to\infty}\left\|\frac{1}{\rho}\sqrt{\mu}\langle D_\nu u,\tau_j\rangle - \langle J,\tau_j\rangle\right\|_{L^2(\partial\Omega)} = 0, \quad j=1,2,\cdots,n-1 \tag{11.142}$$

和

$$\lim_{\rho\to\infty}\left\|\frac{1}{\rho}\sqrt{2\mu+\lambda}\langle D_\nu u,\nu\rangle - \langle J,\nu\rangle\right\|_{L^2(\partial\Omega)} = 0. \tag{11.143}$$

由 $\mathcal{B}(u)$ 的定义可得

$$\left|\frac{1}{\rho}\mathcal{B}(u) - \sqrt{\mu}\sum_{j=1}^{n-1}\langle J,\tau_j\rangle\tau_j - \sqrt{2\mu+\lambda}\langle J,\nu\rangle\nu\right|^2$$

$$= \sum_{j=1}^{n-1}\left|\sqrt{\mu}\left(\frac{1}{\rho}\sqrt{\mu}\langle D_\nu u,\tau_j\rangle - \langle J,\tau_j\rangle\right) + \frac{\mu}{\rho}\langle D_{\tau_j}u,\nu\rangle\right|^2$$

$$+\left|\sqrt{2\mu+\lambda}\left(\frac{1}{\rho}\sqrt{2\mu+\lambda}\langle D_\nu u,\nu\rangle - \langle J,\nu\rangle\right) + \frac{\lambda}{\rho}\sum_{j=1}^{n-1}\langle D_{\tau_j}u,\tau_j\rangle\right|^2$$

$$\leq C \sum_{j=1}^{n-1} \left| \frac{1}{\rho} \sqrt{\mu} \langle D_\nu u, \tau_j \rangle - \langle J, \tau_j \rangle \right|^2 + \left| \frac{1}{\rho} \sqrt{2\mu + \lambda} \langle D_\nu u, \nu \rangle - \langle J, \nu \rangle \right|^2$$

$$+ \frac{C\mu^2}{\rho^2} \sum_{j=1}^{n-1} |\langle D_{\tau_j} J, \nu \rangle|^2 + \frac{C\lambda^2}{\rho^2} \sum_{j=1}^{n-1} |\langle D_{\tau_j} J, \tau_j \rangle|^2. \tag{11.144}$$

利用 (11.142)~(11.144), 于是有

$$\lim_{\rho \to \infty} \left\| \frac{1}{\rho} \mathcal{B}(u) - \sqrt{\mu} \sum_{j=1}^{n-1} \langle J, \tau_j \rangle \tau_j - \sqrt{2\mu + \lambda} \langle J, \nu \rangle \nu \right\|_{(L^2(\partial\Omega))^n}^2 = 0. \tag{11.145}$$

由于

$$J_\tau = \sum_{j=1}^{n-1} \langle J, \tau_j \rangle \tau_j,$$

定理 11.2 得证. ∎

小结和文献说明

系统 (11.12) 是在文献 [48], [49] 中给出的, 适定性结果来自于文献 [31], 正则性结果来自于文献 [12]. 线性弹性系统关于时间 t 的最高阶偏导数为二阶的, 可以放在第一部分中二阶抽象系统的框架下讨论. 在正则性结果的证明中可以看到, 虽然系统是常系数的, 但直接在欧氏空间中局部化和展平, 后面的估计很难得到, 用几何方法很容易克服这一困难, 因而几何方法可以解决一些常系数系统的本质困难. 另外, 需要指出的是, 线性弹性系统中 Dirichlet 边界控制是最难处理的一种, 其精确可控性的讨论参见文献 [82], 但指数稳定性却在文献 [31] 证明定理 11.1 前没有结果. 从定理 6.9, 定理 6.10 和定理 11.1 可知, 系统 (11.1) 的精确可控性和比例输出反馈的闭环系统的指数稳定性是等价的. 如果是其他边界条件, 如 Neumann 边界条件, 则早有许多结果, 如文献 [3], [48], [62], [75]. 具体可以参见文献 [31] 关于此问题的文献综述.

第 12 章 弱耦合波与板方程边界控制的适定性与正则性

第 8~10 章讨论了单个偏微分方程的控制, 第 11 章涉及耦合的偏微分方程组, 但还是同一物体的耦合. 现代控制理论已经逐渐从单一对象的控制发展到多个对象的控制, 进而实现复杂系统的控制. 多个系统耦合最广泛的例子是多个智能体的信息传递与控制, 这已经接触到了复杂系统控制的边缘. 无穷维系统的控制也已经有向这个方向努力的迹象, 如最近的工作 [88], 但这已超出本书的范围. 本章讨论的是第 9 章讨论的波动方程和第 10 章讨论的板方程的耦合控制, 用以描述一些关联弹性体的振动控制, 可以看成是这两章的继续与扩张. 这类耦合广泛存在于工程实践中, 现代的航天飞行器和智能机械臂就是这类复杂材料的耦合体.

12.1 弱耦合波与板方程的适定性

设 $\Omega \subset \mathbb{R}^n(n \geqslant 2)$ 为具有光滑边界的有界开区域, 满足 $\partial\Omega = \Gamma = \overline{\Gamma}_0 \cup \overline{\Gamma}_1$, 其中 Γ_0, Γ_1 为 $\partial\Omega$ 中的相对开集, $\text{int}(\Gamma_0) \neq \varnothing$. 考虑下面弱耦合的波板系统:

$$\begin{cases} u_1''(x,t) - \Delta u_1(x,t) + \alpha u_2(x,t) = 0, & (x,t) \in \Omega \times (0,\infty), \\ u_2''(x,t) + \Delta^2 u_2(x,t) + \alpha u_1(x,t) = 0, & (x,t) \in \Omega \times (0,\infty), \\ u_1(x,t) = u_2(x,t) = \dfrac{\partial u_2(x,t)}{\partial \nu} = 0, & (x,t) \in \Gamma_1 \times [0,\infty), \\ u_1(x,t) = g_1(x,t), u_2(x,t) = 0, \dfrac{\partial u_2(x,t)}{\partial \nu} = g_2(x,t), & (x,t) \in \Gamma_0 \times [0,\infty), \\ y(x,t) = -\left(\dfrac{\partial}{\partial \nu}((\mathcal{A}^{-1} u'(x,t))_1), \Delta((\mathcal{A}^{-1} u'(x,t))_2)\right), & (x,t) \in \Gamma_0 \times [0,\infty), \end{cases} \quad (12.1)$$

其中 α 为实数, ν 为 Ω 的边界 Γ 上的单位外法向量场,

$$\mathcal{A}w = (-\Delta w_1 + \alpha w_2, \Delta^2 w_2 + \alpha w_1), \quad \forall\, w = (w_1, w_2) \in D(\mathcal{A}),$$
$$D(\mathcal{A}) = (H^2(\Omega) \cap H_0^1(\Omega)) \times (H^4(\Omega) \cap H_0^2(\Omega)),$$

$(\mathcal{A}^{-1} u')_i$ 代表 $\mathcal{A}^{-1} u'$ 的第 $i(i=1,2)$ 个分量.

在状态空间 $\mathcal{H} = (L^2(\Omega))^2 \times (H^{-1}(\Omega) \times H^{-2}(\Omega))$ 和控制与观测空间 $U = (L^2(\Gamma_0))^2$ 中考虑系统 (12.1).

12.1 弱耦合波与板方程的适定性

在本章中, 总假设 α 满足

$$0 < |\alpha| \leqslant \alpha_0, \quad \text{其中}, \alpha_0 \text{ 满足 } \int_\Omega |\nabla \phi|^2 \mathrm{d}x \geqslant \alpha_0 \int_\Omega |\phi|^2 \mathrm{d}x, \forall\, \phi \in H_0^1(\Omega). \tag{12.2}$$

这可以看成 "弱" 耦合的条件之一.

令 $u = (u_1, u_2)$ 和 $g = (g_1, g_2)$, 则有下面的适定性结果.

定理 12.1 假设 (12.2) 成立. 任给 $T > 0$, $(u^0, u^1) \in \mathcal{H}$ 和 $g \in \mathcal{U}$, 系统 (12.1) 存在唯一解 $(u, u') \in C([0, T]; \mathcal{H})$, 满足 $u(x, 0) = u^0(x)$, $u'(x, 0) = u^1(x)$ 和

$$\|(u(\cdot, T), u'(\cdot, T))\|_{\mathcal{H}}^2 + \|y\|_{L^2(0,T;U)}^2 \leqslant C_T[\|(u^0, u^1)\|_{\mathcal{H}}^2 + \|g\|_{L^2(0,T;U)}^2],$$

其中常数 $C_T > 0$ 不依赖于 (u^0, u^1, g).

为了证明定理 12.1, 下面先将系统 (12.1) 转化为二阶抽象系统 (4.77).

由 (1.68), $H = H^{-1}(\Omega) \times H^{-2}(\Omega)$ 是 Sobolev 空间 $V = H_0^1(\Omega) \times H_0^2(\Omega)$ 在通常内积意义下的对偶空间. 令 A 为由如下双线性形式 $a(\cdot, \cdot)$ 所确定的正定自伴算子:

$$\langle Af, h \rangle_{H, V} = a(f, h) = \int_\Omega [\nabla f_1 \cdot \nabla h_1 + \Delta f_2 \Delta h_2 + \alpha(f_1 h_2 + f_2 h_1)] \mathrm{d}x, \quad \forall\, f, h \in V.$$

在假设 (12.2) 下, 由 Lax-Milgram 定理 1.25 可知, A 是从 $D(A) = H_0^1(\Omega) \times H_0^2(\Omega)$ 到 H 的等距同构. 容易证明, 当 $f = (f_1, f_2) \in H_0^1(\Omega) \times H_0^2(\Omega)$ 时有 $Af = \mathcal{A}f$. 因此, A 是 $\mathcal{A}$ 的延拓, 延拓之后的定义域是 $H_0^1(\Omega) \times H_0^2(\Omega)$.

同 (8.6), 容易证明, $D(A^{1/2}) = (L^2(\Omega))^2$, 并且 $A^{1/2}$ 是从 $(L^2(\Omega))^2$ 到 H 的同构. 令 $g = (g_1, g_2)$ 和 $v = (v_1, v_2)$. 由 $\Upsilon g = v$ 定义 Dirichlet 映射 $\Upsilon \in \mathcal{L}((L^2(\Gamma_0))^2, H^{1/2}(\Omega) \times H^{3/2}(\Omega))$ 当且仅当

$$\begin{cases} -\Delta v_1(x) + \alpha v_2(x) = 0, & x \in \Omega, \\ \Delta^2 v_2(x) + \alpha v_1(x) = 0, & x \in \Omega, \\ v_1(x) = v_2(x) = \dfrac{\partial v_2(x)}{\partial \nu} = 0, & x \in \Gamma_1, \\ v_1(x) = g_1(x), v_2(x) = 0, \dfrac{\partial v_2(x)}{\partial \nu} = g_2(x), & x \in \Gamma_0. \end{cases} \tag{12.3}$$

利用映射 Υ, 可以将系统 (12.1) 改写为

$$u'' + A(u - \Upsilon g) = 0. \tag{12.4}$$

由于 $D(A)$ 在 H 中稠密, 因此, $D(A^{1/2})$ 也稠密. 等同 H 和它的对偶 H', 则下面的关系成立:

$$D(A^{1/2}) \hookrightarrow H = H' \hookrightarrow (D(A^{1/2}))'.$$

由下式可以定义 A 的一个延拓 $\tilde{A} \in \mathcal{L}(D(A^{1/2}), (D(A^{1/2}))')$:

$$\langle \tilde{A}f,h\rangle_{((D(A^{1/2}))',D(A^{1/2}))} = \langle A^{1/2}f, A^{1/2}h\rangle_H, \quad \forall\, f,h\in D(A^{1/2}). \tag{12.5}$$

因此, (12.4) 能在 $(D(A^{1/2}))'$ 中被进一步写为

$$u'' + \tilde{A}u + Bg = 0,$$

其中 $B\in \mathcal{L}(U,(D(A^{1/2}))')$ 由下式给出:

$$Bg = -\tilde{A}\Upsilon g, \quad \forall\, g\in U. \tag{12.6}$$

定义 $B^*\in \mathcal{L}(D(A^{1/2}),U)$,

$$\langle B^*f, g\rangle_U = \langle f, Bg\rangle_{(D(A^{1/2}),(D(A^{1/2}))')}, \quad \forall\, f\in D(A^{1/2}), g\in U,$$

则对任意 $f\in D(A^{1/2})$ 和 $g\in (C_0^\infty(\Gamma_0))^2$ 有

$$\begin{aligned}\langle f, Bg\rangle_{(D(A^{1/2}),(D(A^{1/2}))')} &= \langle f, \tilde{A}\tilde{A}^{-1}Bg\rangle_{(D(A^{1/2}),(D(A^{1/2}))')} = -\langle A^{1/2}f, A^{1/2}Bg\rangle_H \\ &= -\langle f, \Upsilon g\rangle_{(L^2(\Omega))^2} = -\langle \mathcal{A}\mathcal{A}^{-1}f, \Upsilon g\rangle_{(L^2(\Omega))^2} \\ &= \left\langle \left(\frac{\partial}{\partial \nu}((\mathcal{A}^{-1}f)_1), \Delta((\mathcal{A}^{-1}f)_2)\right), g\right\rangle_U.\end{aligned} \tag{12.7}$$

由于 $(C_0^\infty(\Gamma_0))^2$ 在 $U = (L^2(\Gamma_0))^2$ 中稠密, 最后可得

$$B^*f = \left(\frac{\partial}{\partial \nu}((\mathcal{A}^{-1}f)_1), \Delta((\mathcal{A}^{-1}f)_2)\right)\Big|_{\Gamma_0}. \tag{12.8}$$

于是将开环系统 (12.1) 转化为 $\mathcal{H} = (L^2(\Omega))^2 \times (H^{-1}(\Omega) \times H^{-2}(\Omega))$ 空间中形如 (4.77) 的二阶抽象系统

$$\begin{cases} u''(\cdot,t) + \tilde{A}u(\cdot,t) + Bg(\cdot,t) = 0, \\ y(\cdot,t) = -B^*u'(\cdot,t), \end{cases} \tag{12.9}$$

其中 B 和 B^* 分别由 (12.6), (12.8) 定义.

考虑如下初值系统:

$$\begin{cases} u_1''(x,t) - \Delta u_1(x,t) + \alpha u_2(x,t) = 0, & (x,t)\in \Omega \times (0,\infty), \\ u_2''(x,t) + \Delta^2 u_2(x,t) + \alpha u_1(x,t) = 0, & (x,t)\in \Omega \times (0,\infty), \\ u_1(x,t) = u_2(x,t) = \dfrac{\partial u_2(x,t)}{\partial \nu} = 0, & (x,t)\in \Gamma_1 \times [0,\infty), \\ u_1(x,t) = g_1(x,t), u_2(x,t) = 0, \dfrac{\partial u_2(x,t)}{\partial \nu} = g_2(x,t), & (x,t)\in \Gamma_0 \times [0,\infty), \\ u(x,0) = u'(x,0) = 0, & x\in \Omega, \\ y = -\left(\dfrac{\partial}{\partial \nu}((\mathcal{A}^{-1}u')_1), \Delta((\mathcal{A}^{-1}u')_2)\right), & (x,t)\in \Gamma_0 \times [0,\infty). \end{cases} \tag{12.10}$$

由定理 4.9 和系统 (12.1) 的同位性, 定理 12.1 等价于 (12.10) 的解满足

$$\|y\|_{L^2(0,T;U)} \leqslant C_T \|g\|_{L^2(0,T;U)}, \tag{12.11}$$

其中 $U = (L^2(\Gamma_0))^2$.

令 $z = \mathcal{A}^{-1}u'$, 其中 u 为 (12.10) 的解. 由于

$$y = -B^*u' = -\left(\frac{\partial}{\partial \nu}((\mathcal{A}^{-1}u')_1), \Delta((\mathcal{A}^{-1}u')_2)\right) = -\left(\frac{\partial z_1}{\partial \nu}, \Delta z_2\right),$$

(12.11) 等价于

$$\|B^*u'\|_{L^2(0,T;U)} \leqslant C_T \|g\|_{L^2(0,T;U)} \tag{12.12}$$

或

$$\left\|\left(\frac{\partial z_1}{\partial \nu}, \Delta z_2\right)\right\|_{L^2(0,T;U)} \leqslant C_T \|g\|_{L^2(0,T;U)}, \tag{12.13}$$

其中 z 满足

$$\begin{cases} z'' + \mathcal{A}z = \Upsilon g', & (x,t) \in \Omega \times (0,\infty), \\ z_1 = z_2 = \dfrac{\partial z_2}{\partial \nu} = 0, & (x,t) \in \Gamma \times [0,\infty), \\ z(x,0) = z'(x,0) = 0, & x \in \Omega. \end{cases} \tag{12.14}$$

应用附录 A 中命题 A.2 于 (12.10), 可得正则性

$$(u, u') \in C([0,T]; (L^2(\Omega))^2 \times (H^{-1}(\Omega) \times H^{-2}(\Omega))) \tag{12.15}$$

和

$$\frac{\partial u_1}{\partial \nu} \in H^{-1}(\Sigma), \tag{12.16}$$

因而得到 z 的正则性

$$\begin{cases} z \in C([0,T]; (H_0^1(\Omega) \times H_0^2(\Omega))), \ \mathcal{A}z = u' \in C([0,T]; (H^{-1}(\Omega) \times H^{-2}(\Omega))), \\ z' = \mathcal{A}^{-1}u'' = \mathcal{A}^{-1}[\tilde{A}u + \tilde{A}\Upsilon g] = -u + \Upsilon g \in L^2(0,T; (L^2(\Omega))^2). \end{cases} \tag{12.17}$$

注 12.1 由注 A.9, (12.13) 可由下式得到:

$$\frac{\partial}{\partial \nu}((\mathcal{A}^{-1}u')_1) \in L^2(\Sigma), \quad \Delta((\mathcal{A}^{-1}u')_2) \in L^2(\Sigma). \tag{12.18}$$

注 12.2 令

$$Pw = (P_1 w_1, P_2 w_2) = (-\Delta w_1, \Delta^2 w_2), \quad \forall\, w = (w_1, w_2) \in D(P), \tag{12.19}$$

其中

$$D(P) = (H^2(\Omega) \cap H_0^1(\Omega)) \times (H^4(\Omega) \cap H_0^2(\Omega)).$$

可以证明
$$\frac{\partial}{\partial\nu}((\mathcal{A}^{-1}u')_1) \in L^2(\Sigma) \text{ 当且仅当 } \frac{\partial}{\partial\nu}(P_1^{-1}u_1') \in L^2(\Sigma) \tag{12.20}$$

和
$$\Delta((\mathcal{A}^{-1}u')_2) \in L^2(\Sigma) \text{ 当且仅当 } \Delta(P_2^{-1}u_2') \in L^2(\Sigma). \tag{12.21}$$

事实上, 容易验证
$$\mathcal{A}^{-1}u' = \mathcal{A}^{-1}(\mathcal{A} - (\mathcal{A} - P))P^{-1}u' = P^{-1}u' - \mathcal{A}^{-1}(\mathcal{A} - P)P^{-1}u'. \tag{12.22}$$

由 (12.15) 可得
$$\mathcal{A}^{-1}(\mathcal{A} - P)P^{-1}u' \in C([0,T]; H^4(\Omega) \times H^5(\Omega)),$$

于是由 Sobolev 空间的迹定理 1.47,
$$\begin{cases} \dfrac{\partial}{\partial\nu}((\mathcal{A}^{-1}(\mathcal{A} - P)P^{-1}u')_1) \in C([0,T]; H^{5/2}(\Gamma)) \subset L^2(\Sigma), \\ \Delta((\mathcal{A}^{-1}(\mathcal{A} - P)P^{-1}u')_2) \in C([0,T]; H^{5/2}(\Gamma)) \subset L^2(\Sigma). \end{cases} \tag{12.23}$$

合并 (12.22) 和 (12.23), (12.20) 和 (12.21) 可由下面的事实得到:
$$P^{-1}u' = (P_1^{-1}u_1', P_2^{-1}u_2'). \tag{12.24}$$

定理 12.1 的证明   由注 12.1 和注 12.2, 只需证明
$$\frac{\partial}{\partial\nu}(P_1^{-1}u_1') \in L^2(\Sigma) \quad \text{和} \quad \Delta((\mathcal{A}^{-1}u')_2) \in L^2(\Sigma).$$

证明将分四步.

第一步   令 $g \in (L^2(\Sigma))^2$, 则由附录 A 中命题 A.4, (12.10) 的解满足
$$(u, u') \in C([0,T]; (L^2(\Omega))^2 \times (H^{-1}(\Omega) \times H^{-2}(\Omega))) \quad \text{和} \quad \frac{\partial u_1}{\partial\nu} \in H^{-1}(\Sigma). \tag{12.25}$$

第二步   应用定理 9.1 的证明中的几何测地法坐标, 可局部地将 Ω 和 Γ 分别变换为 $\widehat{\Omega} = \{(x,y) \in \mathbb{R}^n \mid x > 0, y \in \mathbb{R}^{n-1}\}$ 和 $\widehat{\Gamma} = \{(x,y) \in \mathbb{R}^n \mid x = 0, y \in \mathbb{R}^{n-1}\}$. 在这样的变换下, 算子 Δ 局部地变换为 $\widehat{\Delta} = D_x^2 + r(x,y)D_y^2 - \text{lot}$, 其中记 lot 为一阶微分算子, 并且 $r(x,y)D_y^2$ 代表关于 y 变量的二阶强切椭圆算子. 记坐标变换后 (12.10) 的解 u 和 g_1 分别为 $\widehat{u}$ 和 $\widehat{g}_1$. 由于 $\widehat{u}_1$ 的初值为零, 可以将 $\widehat{u}_1$ 延拓为 $t < 0$ 时取零值. 令 $\phi \in C_0^\infty(\mathbb{R})(\phi \leqslant 1)$ 为 $\mathbb{R}$ 上光滑的截断函数, 并且当 $t \geqslant (3/2)T$ 时, $\phi(t) = 0$; 当 $t \in [0,T]$ 时, $\phi(t) = 1$. 设
$$v = \widehat{u}_1\phi,$$

于是 v 满足

12.1 弱耦合波与板方程的适定性

$$\begin{cases} v''(x,t) = \widehat{\Delta}v(x,t) - \alpha\phi\widehat{u}_2(x,t) = \Delta_0 v(x,t) + \text{lot}(\widehat{u}), & (x,t) \in \widehat{\Omega} \times (0,\infty), \\ v(x,t) = \phi(t)\widehat{g}_1(x,t), & (x,t) \in \widehat{\Gamma} \times [0,\infty), \\ v(x,0) = v'(x,0) = 0, & x \in \widehat{\Omega}, \end{cases} \tag{12.26}$$

其中 $\Delta_0 = D_x^2 + r(x,y)D_y^2$ 为 $\widehat{\Delta}$ 的主部. 为了符号简单和不至于混淆, 仍记关于空间和时间的一阶微分算子为 lot, $\widehat{\Sigma} = \widehat{\Gamma} \times (0,T)$.

分解 v 为 $v = \theta + \varphi$, 其中 θ, φ 分别满足下面的 (12.27) 和 (12.29). 由附录 A 中的命题 A.3 可知

$$\begin{cases} \theta''(x,t) - \Delta_0\theta(x,t) = 0, & (x,t) \in \widehat{\Omega} \times (0,\infty), \\ \theta(x) = \phi(t)\widehat{g}_1(x,t), & (x,t) \in \widehat{\Gamma} \times [0,\infty), \\ \theta(x,0) = \theta'(x,0) = 0, & x \in \widehat{\Omega} \end{cases} \tag{12.27}$$

的解满足

$$(\theta, \theta') \in C([0,T]; L^2(\Omega) \times H^{-1}(\Omega)), \tag{12.28}$$

φ 满足下面的方程:

$$\begin{cases} \varphi''(x,t) - \Delta_0\varphi(x,t) = f(x,t), & (x,t) \in \widehat{\Omega} \times (0,\infty), \\ \varphi(x,t) = 0, & (x,t) \in \widehat{\Gamma} \times [0,\infty), \\ \varphi(x,0) = \varphi'(x,0) = 0, & x \in \widehat{\Omega}, \end{cases} \tag{12.29}$$

其中 (12.26) 中 $f = \text{lot}(\widehat{u})$. 由 (12.25), 容易验证 $f \in C([0,T]; H^{-1}(\Omega))$. 再一次应用由附录 A 中的命题 A.3, 由 (12.29) 可得

$$(\varphi, \varphi') \in C([0,T]; L^2(\Omega) \times H^{-1}(\Omega)). \tag{12.30}$$

(12.30) 合并 (12.28) 推出

$$(v, v') \in C([0,T]; L^2(\Omega) \times H^{-1}(\Omega)).$$

第三步 证明对非齐次问题 (12.29), 映射

$$g \to B_1^*\varphi' \text{ 是 } (L^2(\Sigma))^2 \text{ 到 } L^2(\widehat{\Sigma}) \text{ 连续的}, \tag{12.31}$$

其中

$$B_1^* = \frac{\partial}{\partial\nu}P_1^{-1}.$$

事实上, 由于映射 $g \to f = \text{lot}(\widehat{u})$ 是 $(L^2(\Sigma))^2$ 到 $L^2(0,T; H^{-1}(\widehat{\Omega}))$ 连续的, 因而只需证明

$$f \to B_1^*\varphi' \text{ 是 } L^2(0,T; H^{-1}(\widehat{\Omega})) \text{ 到 } L^2(\widehat{\Sigma}) \text{ 连续的}. \tag{12.32}$$

设 $\mathcal{A}_0 = \Delta_0$, $D(\mathcal{A}_0) = H^2(\widehat{\Omega}) \cap H_0^1(\widehat{\Omega}))$. 应用 $\mathcal{A}_0^{-1}$ 于 (12.29), 得到

$$\begin{cases} \Phi'' - \Delta_0 \Phi = \mathcal{A}_0^{-1} f, & (x,t) \in \widehat{\Omega} \times (0,\infty), \\ \Phi = 0, & (x,t) \in \widehat{\Gamma} \times [0,\infty), \\ \Phi(x,0) = \Phi'(x,0) = 0, & x \in \widehat{\Omega}, \end{cases} \quad (12.33)$$

其中由 (12.30), $\Phi = \mathcal{A}_0^{-1} \varphi$ 满足

$$\Phi \in H^2(\widehat{\Omega}) \cap H_0^1(\widehat{\Omega})), \quad \mathcal{A}_0^{-1} f \in L^2(0,T; H_0^1(\widehat{\Omega})), \quad \mathcal{A}_0^{-1} \varphi' \in C([0,T]; H_0^1(\widehat{\Omega})).$$

对方程 (12.33) 应用附录 A 中的命题 A.2 可得

$$\frac{\partial \Phi}{\partial \nu} \in H^1(\widehat{\Sigma}) = L^2(0,T; H^1(\widehat{\Gamma})) \cap H^1(0,T; L^2(\widehat{\Gamma})),$$

于是有

$$\frac{\partial \Phi'}{\partial \nu} \in L^2(0,T; L^2(\widehat{\Gamma})) = L^2(\widehat{\Sigma}).$$

由于 $\Phi' = \mathcal{A}_0^{-1} \varphi' \in C([0,T]; H_0^1(\widehat{\Omega}))$, 因此, $\mathrm{lot}(\Phi') \in C([0,T]; L^2(\widehat{\Omega}))$, 所以 $\widehat{\mathcal{A}}^{-1} \mathrm{lot}(\Phi') \in C([0,T]; H^2(\widehat{\Omega}))$. 于是得到

$$\frac{\partial}{\partial \nu}(\widehat{\mathcal{A}}^{-1} \mathrm{lot}(\Phi')) \in C([0,T]; H^{1/2}(\widehat{\Gamma})) \subset L^2(\widehat{\Sigma}),$$

故

$$\begin{aligned} B_1^* \varphi' &= B_1^* \mathcal{A}_0 \mathcal{A}_0^{-1} \varphi' = B_1^* \mathcal{A}_0 \Phi' = B_1^* \widehat{P}_1 \widehat{P}_1^{-1} \mathcal{A}_0 \varphi' \\ &= \frac{\partial}{\partial \nu}(\widehat{P}_1^{-1} \mathcal{A}_0 \Phi') = \frac{\partial \Phi'}{\partial \nu} + \frac{\partial}{\partial \nu}(\widehat{P}_1^{-1} \mathrm{lot}(\Phi')) \in L^2(\widehat{\Sigma}). \end{aligned} \quad (12.34)$$

另一方面, 用定理 9.1 的证明过程第四步的结果可得

$$\widehat{g}_1 \to B_1^* \theta' \text{ 是 } L^2(\widehat{\Sigma}) \text{ 到 } L^2(\widehat{\Sigma}) \text{ 连续的}. \quad (12.35)$$

由第二步, 容易验证

$$g_1 \to \widehat{g}_1 \text{ 是 } L^2(\widehat{\Sigma}) \text{ 到 } L^2(\Sigma) \text{ 连续的}.$$

因此,

$$g_1 \to B_1^* \theta' \text{ 是 } L^2(\Sigma) \text{ 到 } L^2(\widehat{\Sigma}) \text{ 连续的}. \quad (12.36)$$

由于 $v = \widehat{u}_1 \phi$ 和 ϕ 不依赖于空间变量, 故由 (12.31) 和 (12.36) 得到

$$\frac{\partial}{\partial \nu}(P_1^{-1} u_1') \in L^2(\Sigma). \quad (12.37)$$

12.1 弱耦合波与板方程的适定性

第四步 令 $z = \mathcal{A}^{-1}u'$, 则 z 满足

$$\begin{cases} z'' + \mathcal{A}z = \Upsilon g', & (x,t) \in \Omega \times (0,\infty), \\ z_1 = z_2 = \dfrac{\partial z_2}{\partial \nu} = 0, & (x,t) \in \Gamma \times [0,\infty), \\ z(x,0) = z'(x,0) = 0, & x \in \Omega. \end{cases} \quad (12.38)$$

由引理 8.2, 可令 h 为 $\overline{\Omega}$ 上的 C^2 类向量场, 并且满足在 Γ 上, $h = \nu$. 当 $x \in \Omega$ 时, $|h| \leqslant 1$. 在方程 (12.38) 两端乘以 $h \cdot \nabla z_2$, 在 $[0,T] \times \Omega$ 上分部积分可得

$$\int_Q z_2'' h \cdot \nabla z_2 dQ + \int_Q (\Delta^2 z_2 + \alpha z_1) h \cdot \nabla z_2 dQ - \int_Q (\Upsilon g')_2 h \cdot \nabla z_2 dQ = 0. \quad (12.39)$$

首先, 计算 (12.39) 左端的第一项得到

$$\begin{aligned}
\int_Q z_2'' h \cdot \nabla z_2 dQ &= \int_\Omega z_2' h \cdot \nabla z_2 dx \Big|_0^T - \int_\Omega z_2 h \cdot \nabla z_2' dx \Big|_0^T + \int_Q z_2 h \cdot \nabla z_2'' dQ \\
&= \int_\Omega z_2' h \cdot \nabla z_2 dx \Big|_0^T - \int_\Omega [h \cdot \nabla(z_2 z_2') - z_2' h \cdot \nabla z_2] dx \Big|_0^T \\
&\quad + \int_Q [h \cdot \nabla(z_2 z_2'') - z_2'' h \cdot \nabla z_2] dQ \\
&= 2\int_\Omega z_2' h \cdot \nabla z_2 dx \Big|_0^T - \int_\Omega [\mathrm{div}(z_2 z_2' h) - z_2 z_2' \mathrm{div}(h)] dx \Big|_0^T \\
&\quad + \int_Q [\mathrm{div}(z_2 z_2'' h) - z_2 z_2'' \mathrm{div}(h)] dQ - \int_Q z_2'' h \cdot \nabla z_2 dQ \\
&= 2\int_\Omega z_2' h \cdot \nabla z_2 dx \Big|_0^T + \int_\Omega z_2 z_2' \mathrm{div}(h) dx \Big|_0^T - \int_Q z_2 z_2'' \mathrm{div}(h) dQ \\
&\quad - \int_Q z_2'' h \cdot \nabla z_2 dQ. \quad (12.40)
\end{aligned}$$

由 (12.38) 和 (12.40) 可得

$$\int_Q z_2'' h \cdot \nabla z_2 dQ = \int_\Omega z_2' h \cdot \nabla z_2 dx \Big|_0^T + \frac{1}{2}\int_\Omega z_2 z_2' \mathrm{div}(h) dx \Big|_0^T$$
$$- \frac{1}{2}\int_Q (-\Delta^2 z_2 - \alpha z_1 + (\Upsilon g')_2) z_2 \mathrm{div}(h) dQ. \quad (12.41)$$

这是由于 $z_2 = \dfrac{\partial z_2}{\partial \nu} = 0$ 在 Γ 上, (12.41) 中的一项经计算为

$$\frac{1}{2}\int_Q \Delta^2 z_2 z_2 \mathrm{div}(h) dQ = \frac{1}{2}\int_\Sigma \frac{\partial \Delta z_2}{\partial \nu} z_2 \mathrm{div}(h) d\Sigma - \frac{1}{2}\int_\Sigma \frac{\partial}{\partial \nu}(z_2 \mathrm{div}(h)) \Delta z_2 d\Sigma$$
$$+ \frac{1}{2}\int_Q \Delta z_2 \Delta(z_2 \mathrm{div}(h)) dQ = \frac{1}{2}\int_Q \Delta z_2 \Delta(z_2 \mathrm{div}(h)) dQ$$

$$= \frac{1}{2}\int_Q |\Delta z_2|^2 \mathrm{div}(h)\mathrm{d}Q + \frac{1}{2}\int_Q z_2 \Delta z_2 \Delta(\mathrm{div}(h))\mathrm{d}Q$$
$$+ \int_Q \Delta z_2 \nabla z_2 \cdot \nabla(\mathrm{div}(h))\mathrm{d}Q. \tag{12.42}$$

将 (12.42) 代入 (12.41) 可得

$$\int_Q z_2'' h \cdot \nabla z_2 \mathrm{d}Q = \left.\int_Q z_2' h \cdot \nabla z_2 \mathrm{d}x\right|_0^T + \frac{1}{2}\left.\int_Q z_2 z_2' \mathrm{div}(h)\mathrm{d}x\right|_0^T$$
$$+ \frac{1}{2}\int_Q |\Delta z_2|^2 \mathrm{div}(h)\mathrm{d}Q + \frac{1}{2}\int_Q z_2 \Delta z_2 \Delta(\mathrm{div}(h))\mathrm{d}Q$$
$$+ \int_Q \Delta z_2 \nabla z_2 \cdot \nabla(\mathrm{div}(h))\mathrm{d}Q + \frac{1}{2}\int_Q [\alpha z_1 - (\Upsilon g')_2] z_2 \mathrm{div}(h)\mathrm{d}Q. \tag{12.43}$$

其次, 计算 (12.39) 中的左边第二项可得

$$\int_Q \Delta^2 z_2 h \cdot \nabla z_2 \mathrm{d}Q$$
$$= \int_\Sigma \frac{\partial \Delta z_2}{\partial \nu} h \cdot \nabla z_2 \mathrm{d}\Sigma - \int_\Sigma \frac{\partial(h \cdot \nabla z_2)}{\partial \nu} \Delta z_2 \mathrm{d}\Sigma + \int_Q \Delta z_2 \Delta(h \cdot \nabla z_2)\mathrm{d}Q$$
$$= -\int_\Sigma |\Delta z_2|^2 \mathrm{d}\Sigma + \int_Q \Delta z_2 \left(h \cdot \nabla(\Delta z_2) + \Delta h \cdot \nabla z_2 + 2\sum_{i,j} \frac{\partial h_i}{\partial x_j} \frac{\partial^2 z_2}{\partial x_i \partial x_j} \right) \mathrm{d}Q$$
$$= -\frac{1}{2}\int_\Sigma |\Delta z_2|^2 \mathrm{d}\Sigma - \frac{1}{2}\int_Q |\Delta z_2|^2 \mathrm{div}(h)\mathrm{d}Q$$
$$+ \int_Q \Delta z_2 \left(\Delta h \cdot \nabla z_2 + 2\sum_{i,j} \frac{\partial h_i}{\partial x_j} \frac{\partial^2 z_2}{\partial x_i \partial x_j} \right) \mathrm{d}Q. \tag{12.44}$$

最后, 将 (12.43) 和 (12.44) 代入 (12.39) 可得

$$\frac{1}{2}\int_\Sigma |\Delta z_2|^2 \mathrm{d}\Sigma = \mathrm{RHS}_1 + \mathrm{RHS}_2 + b_{0,T}, \tag{12.45}$$

其中

$$\mathrm{RHS}_1 = \frac{1}{2}\int_Q z_2 \Delta z_2 \Delta(\mathrm{div}(h))\mathrm{d}Q + \int_Q \Delta z_2 \nabla z_2 \cdot \nabla(\mathrm{div}(h))\mathrm{d}Q$$
$$+ \int_Q \Delta z_2 \left(\Delta h \cdot \nabla z_2 + 2\sum_{i,j} \frac{\partial h_i}{\partial x_j} \frac{\partial^2 z_2}{\partial x_i \partial x_j} \right) \mathrm{d}Q$$
$$+ \frac{1}{2}\int_Q \alpha z_1 z_2 \mathrm{div}(h)\mathrm{d}Q + \int_Q \alpha z_1 h \cdot \nabla z_2 \mathrm{d}Q, \tag{12.46}$$

$$\text{RHS}_2 = -\frac{1}{2}\int_Q (\Upsilon g')_2 z_2 \text{div}(h)\mathrm{d}Q - \int_Q (\Upsilon g')_2 h\cdot\nabla z_2 \mathrm{d}Q, \qquad (12.47)$$

$$b_{0,T} = \int_\Omega z_2' h\cdot\nabla z_2 \mathrm{d}x\Big|_0^T + \frac{1}{2}\int_\Omega z_2 z_2' \text{div}(h)\mathrm{d}x\Big|_0^T. \qquad (12.48)$$

下面分别估计 RHS_1, RHS_2 和 $b_{0,T}$.

由 Cauchy-Schwarz 不等式和嵌入定理得到

$$|\text{RHS}_1| \leqslant C_1 \int_Q |\Delta z_2|^2 \mathrm{d}Q + C_2 \int_Q |\nabla z_1|^2 \mathrm{d}Q. \qquad (12.49)$$

由于 u' 连续地依赖于 g, 由 (12.40), (12.17) 和 $z = \mathcal{A}^{-1}u'$ 推出

$$|\text{RHS}_1| \leqslant C_T \|g\|^2_{L^2(0,T;U)}. \qquad (12.50)$$

为了估计 RHS_2, 首先需要下面 z' 的正则性:

$$z' = A^{-1}u'' = A^{-1}(-Au + \tilde{A}\Upsilon g) = -u + \Upsilon g \in (L^2((0,T)\times\Omega))^2. \qquad (12.51)$$

由于 $u \in C([0,T];(L^2(\Omega))^2)$, $\Upsilon g \in (L^2((0,T)\times\Omega))^2$ 在 $g \in (L^2((0,T)\times\Gamma_0))^2$ 中连续, 于是

$$z' \in (L^2((0,T)\times\Omega))^2 \text{ 在 } g \in (L^2((0,T)\times\Gamma_0))^2 \text{ 中连续}. \qquad (12.52)$$

其次, 限制 g 在 $(L^2((0,T)\times\Gamma_0))^2$ 中稠密的充分光滑函数中,

$$g_i \in C^1([0,T]\times\partial\Omega), \quad g_i|_{\Gamma_1} = 0, \quad g_i(x,0) = g_i(x,T) = 0, \quad i=1,2, \qquad (12.53)$$

证明

$$|\text{RHS}_2| \leqslant C_T \|g\|^2_{L^2(0,T;U)} \qquad (12.54)$$

和

$$|b_{0,T}| \leqslant C_T \|g\|^2_{L^2(0,T;U)} \qquad (12.55)$$

对所有 g 满足 (12.53).

由 $u' \in C([0,T]; H^{-1}(\Omega) \times H^{-2}(\Omega))$ 关于 $g \in (L^2((0,T)\times\Gamma_0))^2$ 连续, $A^{-1} \in \mathcal{L}(H^{-1}(\Omega) \times H^{-2}(\Omega), H_0^1(\Omega) \times H_0^2(\Omega))$ 和 $u'(x,0) = 0$ 可得

$$z(x,0) = 0, z = \mathcal{A}^{-1}u' \text{ 关于 } g \in (L^2((0,T)\times\Gamma_0))^2 \text{ 连续}. \qquad (12.56)$$

由 (12.51), (12.53) 和 $u(x,0) = 0$,

$$\begin{cases} z'(x,0) = -u(x,0) + \Upsilon g(x,0) = 0, \\ z'(x,T) = -u(x,T) \in (L^2(\Omega))^2 \text{ 关于 } g \in (L^2((0,T)\times\Gamma_0))^2 \text{ 连续}, \end{cases} \qquad (12.57)$$

其中正则性来自于 (12.25) 和注 12.2. 利用 (12.56) 和 (12.57) 可得

$$|b_{0,T}| = \Big| \int_\Omega z_2' h \cdot \nabla z_2 \mathrm{d}x \Big|_0^T + \frac{1}{2} \int_\Omega z_2 z_2' \mathrm{div}(h) \mathrm{d}x \Big|_0^T \Big| \leqslant C_T \|g\|_{L^2(0,T;U)}^2. \tag{12.58}$$

当 g 在 (12.53) 的类中时，RHS_2 的第二项有

$$\begin{aligned}
-\int_Q (\Upsilon g')_2 h \cdot \nabla z_2 \mathrm{d}Q &= -\int_\Omega (\Upsilon g)_2 h \cdot \nabla z_2 \mathrm{d}x + \int_Q (\Upsilon g)_2 h \cdot \nabla(z_2') \mathrm{d}Q \\
&= \int_Q (\Upsilon g)_2 h \cdot \nabla(z_2') \mathrm{d}Q = \int_Q \mathrm{div}((\Upsilon g)_2 z_2' h) \mathrm{d}Q \\
&\quad - \int_Q (\Upsilon g)_2 z_2' \mathrm{div}(h) \mathrm{d}Q - \int_Q z_2' h \cdot \nabla((\Upsilon g)_2) \mathrm{d}Q \\
&= -\int_Q (\Upsilon g)_2 z_2' \mathrm{div}(h) \mathrm{d}Q - \int_Q z_2' h \cdot \nabla((\Upsilon g)_2) \mathrm{d}Q. \tag{12.59}
\end{aligned}$$

注意到 (12.51), $(\Upsilon g)_2 \in L^2(0,T; H^{3/2}(\Omega))$, $h \cdot \nabla((\Upsilon g)_2) \in L^2(0,T; H^{1/2}(\Omega))$ 和关于 $g \in (L^2((0,T) \times \Gamma_0))^2$ 的所有连续性可得

$$\Big| -\int_Q (\Upsilon g')_2 h \cdot \nabla z_2 \mathrm{d}Q \Big| \leqslant C_T \|g\|_{L^2(0,T;U)}^2. \tag{12.60}$$

对 RHS_2 中的第一项，相似的结果成立，于是得到

$$|\mathrm{RHS}_2| \leqslant C_T \|g\|_{L^2(0,T;U)}^2. \tag{12.61}$$

最后，由稠密性讨论，能将所有估计推导对所有 $g \in (L^2((0,T) \times \Gamma_0))^2$ 成立. 将 (12.50), (12.54) 和 (12.55) 代入 (12.45) 可得

$$\|\Delta((\mathcal{A}^{-1} u')_2)\|_{L^2(\Sigma)}^2 \leqslant C_T \|g\|_{L^2(0,T;U)}^2,$$

即

$$\Delta((\mathcal{A}^{-1} u')_2) \in L^2(\Sigma). \tag{12.62}$$

定理得证. ∎

12.2 弱耦合波与板方程的正则性

12.1 节证明了系统 (12.1) 是适定的，本节证明系统 (12.1) 也是正则的，即有如下正则性结果：

定理 12.2 系统 (12.1) 是正则的，更精确地，如果 $u(\cdot, 0) = u'(\cdot, 0) = 0$ 和 $g(\cdot, t) \equiv g(\cdot) \in U$ 为阶跃输入，则相应的输出响应 y 满足

$$\lim_{\sigma \to 0} \int_{\Gamma_0} \Big| \frac{1}{\sigma} \int_0^\sigma y(x,t) \mathrm{d}t - (g_1(x), 0) \Big|^2 \mathrm{d}\Gamma = 0. \tag{12.63}$$

12.2 弱耦合波与板方程的正则性

由推论 4.3, 系统 (12.9) 的传递函数为

$$H(\lambda) = \lambda B^*(\lambda^2 + \tilde{A})^{-1}B, \tag{12.64}$$

其中 $\tilde{A}$, B 和 B^* 分别为 (12.5), (12.6) 和 (12.8) 所定义. 同时, 由定理 4.2, 定理 12.1 所证明的适定性还意味着存在常数 $M, \beta > 0$, 使得

$$\sup_{\mathrm{Re}\geqslant\beta} \|H(\lambda)\|_{\mathcal{L}(U)} = M < \infty. \tag{12.65}$$

命题 12.1 定理 12.2 成立当且仅当对任意的 $g \in (C_0^\infty(\Gamma_0))^2$, 方程

$$\begin{cases}
\lambda^2 w_1(x) - \Delta w_1(x) + \alpha w_2(x) = 0, & x \in \Omega, \\
\lambda^2 w_2(x) + \Delta^2 w_2(x) + \alpha w_1(x) = 0, & x \in \Omega, \\
w_1(x) = w_2(x) = \dfrac{\partial w_2(x)}{\partial \nu} = 0, & x \in \Gamma_1, \\
w_1(x) = g_1(x), w_2(x) = 0, \dfrac{\partial w_2(x)}{\partial \nu} = g_2(x), & x \in \Gamma_0
\end{cases} \tag{12.66}$$

的解 w 满足

$$\lim_{\lambda \in \mathbb{R}, \lambda \to +\infty} \int_{\Gamma_0} \left| \frac{1}{\lambda}\left(\frac{\partial w_1(x)}{\partial \nu}, \Delta w_2(x)\right) - (g_1(x), 0) \right|^2 d\Gamma = 0.$$

证 由 (5.24), (12.63) 等价于

$$\lim_{\lambda \in \mathbb{R}, \lambda \to +\infty} H(\lambda)g = (g_1, 0) \text{ 在 } U \text{ 的强拓扑下对任意 } g \in U \text{ 成立}, \tag{12.67}$$

其中 $H(\lambda)$ 由 (12.64) 给出. 由于 (12.65) 和稠密性讨论, 只需证明 (12.67) 对所有 $g \in (C_0^\infty(\Gamma_0))^2$ 都成立.

假设 $g \in (C_0^\infty(\Gamma_0))^2$, 并且设

$$w(x) = -((\lambda^2 + \tilde{A})^{-1}Bg)(x),$$

则 w 满足 (12.66) 和

$$(H(\lambda)g)(x) = -\lambda\left(\frac{\partial((\mathcal{A}^{-1}w)_1)}{\partial \nu}(x), \Delta((\mathcal{A}^{-1}w)_2)(x)\right), \quad \forall\, x \in \Gamma_0. \tag{12.68}$$

取 $v \in H^2(\Omega) \times H^4(\Omega)$ 满足

$$\begin{cases}
\Delta v_1(x) - \alpha v_2(x) = 0, & x \in \Omega, \\
\Delta^2 v_2(x) + \alpha v_1(x) = 0, & x \in \Omega, \\
v_1(x) = v_2(x) = \dfrac{\partial v_2(x)}{\partial \nu} = 0, & x \in \Gamma_1, \\
v_1(x) = g_1(x), v_2(x) = 0, \dfrac{\partial v_2(x)}{\partial \nu} = g_2(x), & x \in \Gamma_0,
\end{cases} \tag{12.69}$$

则 (12.66) 能被写为

$$\begin{cases} \lambda^2 w_1(x) - \Delta(w_1(x) - v_1(x)) + \alpha(w_2(x) - v_2(x)) = 0, & x \in \Omega, \\ \lambda^2 w_2(x) + \Delta^2(w_2(x) - v_2(x)) + \alpha(w_1(x) - v_1(x)) = 0, & x \in \Omega, \\ w(x) - v(x) = \dfrac{\partial(w_2(x) - v_2(x))}{\partial \nu} = 0, & x \in \Gamma \end{cases} \quad (12.70)$$

或者

$$-\lambda^2 (A^{-1} w) = w - v.$$

因此, (12.68) 变为

$$(H(\lambda)g)(x) = \frac{1}{\lambda}\left(\frac{\partial w_1(x)}{\partial \nu}, \Delta w_2(x)\right) - \frac{1}{\lambda}\left(\frac{\partial v_1(x)}{\partial \nu}, \Delta v_2(x)\right). \quad (12.71)$$

由于 $\dfrac{\partial v_1(x)}{\partial \nu}$ 和 $\Delta v_2(x)$ 不依赖于 λ, 所以由 (12.67) 和 (12.71) 即得到所需结果. 证毕. ∎

定理 12.2 的证明 定义 $\widetilde{g}$ 为 g 的延拓: 在 Γ_0 上, $\widetilde{g} = g$, 并且在 Γ_1 上, $\widetilde{g} = 0$. 设

$$F(\lambda)\widetilde{g} = \frac{1}{\lambda}\left(\frac{\partial w_1}{\partial \nu}, \Delta w_2\right),$$

其中 w 为满足 $\widetilde{g} \in (C_0^\infty(\Gamma))^2$ 时的 (12.66) 的解. 如果能证明

$$\lim_{\lambda \in \mathbb{R}, \lambda \to \infty} F(\lambda)\widetilde{g} = (\widetilde{g}_1, 0) \text{ 在 } (L^2(\Gamma))^2 \text{ 中}, \quad (12.72)$$

则定理得证. 下面将分几步来证明.

第一步 由引理 8.2, 存在光滑向量场 $h = (h_1, h_2, \cdots, h_n) : \overline{\Omega} \to \mathbb{R}^n$ 使得在 Γ 上 $h = \nu$, 且 $|h| < 1$. 在 (12.66) 中的第一个方程两端乘以 $h \cdot \nabla w_1$, 在 Ω 分部积分可得

$$\begin{aligned} \text{LHS} &= \lambda^2 \int_\Omega w_1 h \cdot \nabla w_1 \mathrm{d}x = \frac{\lambda^2}{2} \int_\Omega h \cdot \nabla(|w_1|^2) \mathrm{d}x \\ &= \frac{\lambda^2}{2} \int_\Gamma |\widetilde{g}_1|^2 \mathrm{d}\Gamma - \frac{\lambda^2}{2} \int_\Omega |w_1|^2 \mathrm{div}(h) \mathrm{d}x \end{aligned} \quad (12.73)$$

和

$$\begin{aligned} \text{RHS} &= \int_\Omega (\Delta w_1 - \alpha w_2) h \cdot \nabla w_1 \mathrm{d}x \\ &= -\int_\Omega \langle \nabla w_1, \nabla(h \cdot \nabla w_1)\rangle \mathrm{d}x + \int_\Gamma \frac{\partial w_1}{\partial \nu} h \cdot \nabla w_1 \mathrm{d}\Gamma - \alpha \int_\Omega w_2 h \cdot \nabla w_1 \mathrm{d}x \\ &= -\int_\Omega Dh(\nabla w_1, \nabla w_1) \mathrm{d}x - \frac{1}{2}\int_\Gamma |\nabla w_1|^2 \mathrm{d}\Gamma + \frac{1}{2}\int_\Omega |\nabla w_1|^2 \mathrm{div}(h) \mathrm{d}x \\ &\quad + \int_\Gamma \left|\frac{\partial w_1}{\partial \nu}\right|^2 \mathrm{d}\Gamma - \alpha \int_\Omega w_2 h \cdot \nabla w_1 \mathrm{d}x \end{aligned}$$

12.2 弱耦合波与板方程的正则性

$$= \frac{1}{2}\int_\Gamma \left(\left|\frac{\partial w_1}{\partial \nu}\right|^2 - |\nabla_T w_1|^2\right)\mathrm{d}\Gamma$$
$$+ \int_\Omega \left[\frac{1}{2}|\nabla w_1|^2\mathrm{div}(h) - Dh(\nabla w_1, \nabla w_1) - \alpha w_2 h\cdot\nabla w_1\right]\mathrm{d}x, \tag{12.74}$$

其中已经用到了在 Γ 上, $h\cdot\nabla w_1 = \dfrac{\partial w_1}{\partial \nu}$; ∇_T 为 Γ 上的切梯度, 并且满足 $|\nabla w_1|^2 = \left|\dfrac{\partial w_1}{\partial \nu}\right|^2 + |\nabla_T w_1|^2$. 令 LHS = RHS, 于是有

$$\int_\Gamma \frac{1}{\lambda^2}\left|\frac{\partial w_1}{\partial \nu}\right|^2\mathrm{d}\Gamma = \int_\Gamma |\widetilde{g}_1|^2\mathrm{d}\Gamma + \frac{1}{\lambda^2}\int_\Gamma |\nabla_T \widetilde{g}_1|^2\mathrm{d}\Gamma + \frac{1}{\lambda^2}f_1(\lambda), \tag{12.75}$$

其中

$$f_1(\lambda) = -\int_\Omega (\lambda^2 |w_1|^2 + |\nabla w_1|^2)\mathrm{div}(h)\mathrm{d}x + \int_\Omega 2[Dh(\nabla w_1, \nabla w_1) - \alpha w_2 h\cdot\nabla w_1]\mathrm{d}x.$$

容易验证

$$f_1(\lambda) \leqslant C(\lambda^2\|w_1\|^2_{L^2(\Omega)} + \|\nabla w_1\|^2_{L^2(\Omega)} + \|\nabla w_2\|^2_{L^2(\Omega)}). \tag{12.76}$$

其次, 在 (12.66) 中的第二个方程两端乘以 $h\cdot\nabla w_2$, 在 Ω 上分部积分可得

$$0 = \int_\Omega (\lambda^2 w_2 + \Delta^2 w_2 + \alpha w_1)h\cdot\nabla w_2\mathrm{d}x$$
$$= \frac{\lambda^2}{2}\int_\Omega h\cdot\nabla(|w_2|^2)\mathrm{d}x + \int_\Gamma \frac{\partial \Delta w_2}{\partial \nu}h\cdot\nabla w_2\mathrm{d}\Gamma - \int_\Gamma \Delta w_2\frac{\partial(h\cdot\nabla w_2)}{\partial \nu}\mathrm{d}\Gamma$$
$$+ \int_\Omega \Delta w_2\Delta(h\cdot\nabla w_2)\mathrm{d}x + \int_\Omega \alpha w_1 h\cdot\nabla w_2\mathrm{d}x$$
$$= \frac{\lambda^2}{2}\int_\Gamma |w_2|^2\mathrm{d}\Gamma - \frac{\lambda^2}{2}\int_\Omega |w_2|^2\mathrm{div}(h)\mathrm{d}x + \int_\Gamma \frac{\partial \Delta w_2}{\partial \nu}\widetilde{g}_2\mathrm{d}\Gamma - \int_\Gamma \Delta w_2\frac{\partial(h\cdot\nabla w_2)}{\partial \nu}\mathrm{d}\Gamma$$
$$+ \int_\Omega \Delta w_2\Delta(h\cdot\nabla w_2)\mathrm{d}x + \int_\Omega \alpha w_1 h\cdot\nabla w_2\mathrm{d}x. \tag{12.77}$$

应用 (A.53) 和 (A.54), 由 (12.77) 得到

$$0 = -\frac{\lambda^2}{2}\int_\Omega |w_2|^2\mathrm{div}(h)\mathrm{d}x + \int_\Gamma \frac{\partial \Delta w_2}{\partial \nu}\widetilde{g}_2\mathrm{d}\Gamma - \int_\Gamma |\Delta w_2|^2\mathrm{d}\Gamma + \frac{1}{2}\int_\Omega h\cdot\nabla(|\Delta w_2|^2)\mathrm{d}x$$
$$+ \int_\Omega \Delta w_2\left(\Delta h\cdot\nabla w_2 + 2\sum_{i,j}\frac{\partial h_i}{\partial x_j}\frac{\partial^2 w_2}{\partial x_i\partial x_j}\right)\mathrm{d}x + \int_\Omega \alpha w_1 h\cdot\nabla w_2\mathrm{d}x$$
$$= -\frac{\lambda^2}{2}\int_\Omega |w_2|^2\mathrm{div}(h)\mathrm{d}x + \int_\Gamma \frac{\partial \Delta w_2}{\partial \nu}\widetilde{g}_2\mathrm{d}\Gamma - \frac{1}{2}\int_\Gamma |\Delta w_2|^2\mathrm{d}\Gamma + \frac{1}{2}\int_\Omega |\Delta w_2|^2\mathrm{div}(h)\mathrm{d}x$$
$$+ \int_\Omega \Delta w_2\left(\Delta h\cdot\nabla w_2 + 2\sum_{i,j}\frac{\partial h_i}{\partial x_j}\frac{\partial^2 w_2}{\partial x_i\partial x_j}\right)\mathrm{d}x + \int_\Omega \alpha w_1 h\cdot\nabla w_2\mathrm{d}x. \tag{12.78}$$

因此,
$$\int_\Gamma \left|\frac{1}{\lambda}\Delta w_2\right|^2 \mathrm{d}\Gamma = \frac{2}{\lambda^2}\int_\Gamma \frac{\partial \Delta w_2}{\partial \nu}g_2 \mathrm{d}\Gamma + \frac{1}{\lambda^2}f_2(\lambda), \tag{12.79}$$

其中
$$\begin{aligned}f_2(\lambda) = &-\lambda^2 \int_\Omega |w_2|^2 \mathrm{div}(h)\mathrm{d}x + \int_\Omega |\Delta w_2|^2 \mathrm{div}(h)\mathrm{d}x \\ &+ 2\int_\Omega \Delta w_2 \left(\Delta h \cdot \nabla w_2 + 2\sum_{i,j}\frac{\partial h_i}{\partial x_j}\frac{\partial^2 w_2}{\partial x_i \partial x_j}\right)\mathrm{d}x + 2\int_\Omega \alpha w_1 h\cdot \nabla w_2 \mathrm{d}x.\end{aligned} \tag{12.80}$$

由于在 Γ 上, $w_2 = 0$, 于是
$$\|w_2\|_{H^2(\Omega)} \leqslant C\|\Delta w_2\|_{L^2(\Omega)}. \tag{12.81}$$

因此, 应用嵌入定理, 容易验证
$$f_2(\lambda) \leqslant C\left(\lambda^2 \|w_2\|_{L^2(\Omega)}^2 + \|\Delta w_2\|_{L^2(\Omega)}^2 + \|\nabla w_1\|_{L^2(\Omega)}^2\right). \tag{12.82}$$

合并 (12.75) 和 (12.79) 可得
$$\begin{aligned}\int_\Gamma |F(\lambda)\widetilde{g}|^2 \mathrm{d}\Gamma = &\int_\Gamma |\widetilde{g}_1|^2 \mathrm{d}\Gamma + \frac{1}{\lambda^2}\int_\Gamma |\nabla_T \widetilde{g}_1|^2 \mathrm{d}\Gamma + \frac{2}{\lambda^2}\int_\Gamma \frac{\partial \Delta w_2}{\partial \nu}\widetilde{g}_2 \mathrm{d}\Gamma \\ &+ \frac{1}{\lambda^2}[f_1(\lambda) + f_2(\lambda)].\end{aligned} \tag{12.83}$$

另一方面, 在 (12.66) 中的第一个方程两端乘以 w_1, 在 Ω 上分部积分可得
$$\lambda^2 \int_\Omega |w_1|^2 \mathrm{d}x = -\int_\Omega |\nabla w_1|^2 \mathrm{d}x + \int_\Gamma \frac{\partial w_1}{\partial \nu}\widetilde{g}_1 \mathrm{d}\Gamma - \int_\Omega \alpha w_2 w_1 \mathrm{d}x. \tag{12.84}$$

于是有
$$\int_\Gamma \frac{1}{\lambda}\frac{\partial w_1}{\partial \nu}\widetilde{g}_1 \mathrm{d}\Gamma = \frac{1}{\lambda}\int_\Omega [|\nabla w_1|^2 + \alpha w_2 w_1]\mathrm{d}x + \lambda \int_\Omega |w_1|^2 \mathrm{d}x. \tag{12.85}$$

在 (12.66) 中的第二个方程两端乘以 w_2, 在 Ω 上分部积分可得
$$0 = \lambda^2 \int_\Omega |w_2|^2 \mathrm{d}x + \int_\Omega |\Delta w_2|^2 \mathrm{d}x - \int_\Gamma \Delta w_2 \widetilde{g}_2 \mathrm{d}\Gamma + \int_\Omega \alpha w_1 w_2 \mathrm{d}x. \tag{12.86}$$

因此,
$$\int_\Gamma \frac{1}{\lambda}\Delta w_2 \widetilde{g}_2 \mathrm{d}\Gamma = \lambda \int_\Omega |w_2|^2 \mathrm{d}x + \frac{1}{\lambda}\int_\Omega |\Delta w_2|^2 \mathrm{d}x + \frac{1}{\lambda}\int_\Omega \alpha w_1 w_2 \mathrm{d}x. \tag{12.87}$$

12.2 弱耦合波与板方程的正则性

合并 (12.85) 和 (12.87) 可得

$$\begin{aligned}\langle F(\lambda)\widetilde{g},\widetilde{g}\rangle_{(L^2(\Gamma))^2} &= \frac{1}{\lambda}\int_\Omega[|\nabla w_1|^2+|\Delta w_2|^2+2\alpha w_1 w_2]\mathrm{d}x+\lambda\int_\Omega|w|^2\mathrm{d}x\\ &\geqslant \frac{1}{\lambda}[\|\nabla w_1\|^2_{L^2(\Omega)}+\|\Delta w_2\|^2_{L^2(\Omega)}]+\left(\lambda-\frac{|\alpha|}{\lambda}\right)\|w\|^2_{(L^2(\Omega))^2}\\ &\geqslant \left(1-\frac{|\alpha|}{\lambda^2}\right)\left(\frac{1}{\lambda}\left[\|\nabla w_1\|^2_{L^2(\Omega)}+\|\Delta w_2\|^2_{L^2(\Omega)}\right]+\lambda\|w\|^2_{(L^2(\Omega))^2}\right)\end{aligned}$$
(12.88)

对充分大 λ 成立. 由 (12.76), (12.82), (12.88) 和 Cauchy-Schwarz 不等式, 可得

$$\begin{aligned}\frac{1}{\lambda^2}[f_1(\lambda)+f_2(\lambda)] &\leqslant \frac{1}{\lambda}\left(\frac{C}{\lambda}[\|\nabla w_1\|^2_{L^2(\Omega)}+\|\Delta w_2\|^2_{L^2(\Omega)}]+\lambda\|w\|^2_{(L^2(\Omega))^2}\right)\\ &\leqslant \frac{C\lambda}{(\lambda^2-|\alpha|)}\langle F(\lambda)\widetilde{g},\widetilde{g}\rangle_{(L^2(\Gamma))^2}\\ &\leqslant \frac{C\lambda}{2(\lambda^2-|\alpha|)}\left(\int_\Gamma|F(\lambda)\widetilde{g}|^2\mathrm{d}\Gamma+\int_\Gamma|\widetilde{g}|^2\mathrm{d}\Gamma\right).\end{aligned}$$
(12.89)

下面估计 (12.83) 的右端第三项. 事实上, 从 (12.66) 可得

$$\begin{cases}\Delta^2 w_2(x)=\lambda^2 w_2(x)-\alpha w_1(x), & x\in\Omega,\\ w_2(x)=0, \dfrac{\partial w_2(x)}{\partial\nu}=g_2(x), & x\in\Gamma.\end{cases}$$
(12.90)

由椭圆方程的正则性有

$$\|w_2\|_{H^4(\Omega)}\leqslant C(\|\lambda^2 w_2\|_{L^2(\Omega)}+\|w_1\|_{L^2(\Omega)}+\|g_2\|_{H^{5/2}(\Gamma)}).$$
(12.91)

利用 Cauchy-Schwarz 不等式, (12.88) 和 (12.91) 可知, 对充分大的 λ,

$$\begin{aligned}&\frac{2}{\lambda^2}\int_\Gamma\frac{\partial\Delta w_2}{\partial\nu}\widetilde{g}_2\mathrm{d}\Gamma\\ &\leqslant \frac{C}{\lambda^2}\|\widetilde{g}_2\|_{L^2(\Gamma)}\|w_2\|_{H^4(\Omega)}\\ &\leqslant \frac{C}{\lambda^2}\|\widetilde{g}_2\|_{L^2(\Gamma)}\left[\|\lambda^2 w_2\|_{L^2(\Omega)}+\|w_1\|_{L^2(\Omega)}+\|\widetilde{g}_2\|_{H^{5/2}(\Gamma)}\right]\\ &\leqslant C\left[\|\widetilde{g}_2\|_{L^2(\Gamma)}\|w_2\|_{L^2(\Omega)}+\lambda^{-2}\|w_1\|^2_{L^2(\Omega)}+\lambda^{-2}\|\widetilde{g}_2\|^2_{H^{5/2}(\Gamma)}\right]\\ &\leqslant C\left[\|\widetilde{g}_2\|_{L^2(\Gamma)}\|w\|_{(L^2(\Omega))^2}+\lambda^{-2}\|w\|^2_{L^2(\Omega)}+\lambda^{-2}\|\widetilde{g}_2\|^2_{H^{5/2}(\Gamma)}\right]\\ &\leqslant C\left[\lambda^{-\frac{1}{2}}\|\widetilde{g}_2\|_{L^2(\Gamma)}\langle F(\lambda),\widetilde{g}\rangle^{\frac{1}{2}}+\lambda^{-\frac{5}{2}}\langle F(\lambda),\widetilde{g}\rangle+\lambda^{-2}\|\widetilde{g}_2\|^2_{H^{5/2}(\Gamma)}\right]\\ &\leqslant C\left[(\lambda^{-\frac{1}{2}}+\lambda^{-\frac{5}{2}})\langle F(\lambda),\widetilde{g}\rangle+(\lambda^{-\frac{1}{2}}+\lambda^{-2})\|\widetilde{g}_2\|^2_{H^{5/2}(\Gamma)}\right]\\ &\leqslant C\left[(\lambda^{-\frac{1}{2}}+\lambda^{-\frac{5}{2}})(\|F(\lambda)\|^2_{(L^2(\Gamma))^2}+\|\widetilde{g}\|^2_{(L^2(\Gamma))^2})+(\lambda^{-\frac{1}{2}}+\lambda^{-2})\|\widetilde{g}_2\|^2_{H^{5/2}(\Gamma)}\right]\end{aligned}$$
(12.92)

成立. 合并 (12.83), (12.89) 和 (12.92), 有

$$\lim_{\lambda\in\mathbb{R},\lambda\to\infty}\|F(\lambda)\widetilde{g}\|_{(L^2(\Gamma))^2}^2=\|\widetilde{g}_1\|_{L^2(\Gamma)}^2. \tag{12.93}$$

第二步 令

$$G(\lambda)\widetilde{g}=\langle F(\lambda)\widetilde{g},(\widetilde{g}_1,0)\rangle_{(L^2(\Gamma))^2},\quad \lambda>0, \tag{12.94}$$

由 (12.93) 得

$$\limsup_{\lambda\to\infty}G(\lambda)\widetilde{g}\leqslant \limsup_{\lambda\to\infty}\|F(\lambda)\widetilde{g}\|_{(L^2(\Gamma))^2}\|\widetilde{g}_1\|_{L^2(\Gamma)}=\|\widetilde{g}_1\|_{L^2(\Gamma)}^2. \tag{12.95}$$

其次, 由 (12.88) 和 (12.95) 推出

$$\lim_{\lambda\to\infty}\|w\|_{(L^2(\Gamma))^2}^2 \leqslant \lim_{\lambda\to\infty}\frac{\lambda}{\lambda^2-|\alpha|}\langle F(\lambda)\widetilde{g},\widetilde{g}\rangle_{(L^2(\Gamma))^2}$$
$$\leqslant \lim_{\lambda\to\infty}\frac{\lambda}{\lambda^2-|\alpha|}\|\widetilde{g}_1\|_{L^2(\Gamma)}\|\widetilde{g}\|_{(L^2(\Gamma))^2}=0. \tag{12.96}$$

另一方面, 由散度公式有

$$\|(\widetilde{g}_1,0)\|_{(L^2(\Gamma))^2}^2=\int_\Gamma |w_1|^2 h\cdot\nu\mathrm{d}\Gamma=\int_\Omega(2w_1 h\cdot\nabla w_1+|w_1|^2\mathrm{div}(h))\mathrm{d}x$$
$$\leqslant \lambda\|w_1\|_{L^2(\Omega)}^2+\frac{1}{\lambda}\|\nabla w_1\|_{L^2(\Omega)}^2+C\|w\|_{(L^2(\Omega))^2}^2$$
$$\leqslant \frac{\lambda^2}{\lambda^2-|\alpha|}G(\lambda)\widetilde{g}+C\|w\|_{(L^2(\Omega))^2}^2, \tag{12.97}$$

其中已经用到了 (12.88) 和在 Γ 上, $h=\nu$, 以及当 $h\leqslant 1$ 时, $|h\cdot\nabla w_1|\leqslant |\nabla w_1|$. 由上面的关系和 $\lim_{\lambda\to\infty}\|w\|_{(L^2(\Gamma))^2}=0$ 推出

$$\|\widetilde{g}\|_{(L^2(\Gamma))^2}^2\leqslant \liminf_{\lambda\to\infty}\frac{\lambda^2}{\lambda^2-|\alpha|}G(\lambda)\widetilde{g}_1=\liminf_{\lambda\to\infty}G(\lambda)\widetilde{g}.$$

因此得到

$$\lim_{\lambda\to\infty}G(\lambda)\widetilde{g}=\|\widetilde{g}_1\|_{L^2(\Gamma)}^2, \tag{12.98}$$

于是 (12.72) 由 (12.93) 和 (12.98) 得到. 定理得证. ∎

小结和文献说明

本章材料取自文献 [13]. 弱耦合的波与板方程关于时间 t 的最高阶偏导数是二阶的, 可以放在第一部分二阶抽象系统 (4.77) 的框架下讨论, 耦合项对系统的适

定性与正则性没有影响. 定理 12.1 表明, 开环系统 (12.1) 在状态空间 $\mathcal{H}$ 和输入与输出空间 U 中是适定的. 由定理 12.1 与第一部分定理 6.9, 定理 6.10 可知, 系统 (12.1) 在某个区间 $[0,T]$ 上精确可控的充分必要条件是在比例反馈 $g=-ky(k>0)$ 下相应闭环系统为指数稳定的. 类似于文献 [33], [35], 应用黎曼几何方法可以证明定理 12.1 在变系数情形仍然成立.

第 13 章 Naghdi 壳的适定性与正则性

弹性薄壳是常见的弹性体之一. 薄壳结构就是曲面的薄壁结构, 最常见于建筑结构中. 薄壳结构本身很薄, 但在受到外力的作用时, 能够把力沿着整个壳体表面向四周均匀传递, 使壳体上单位面积受的力并不很大. 因此, 薄壳体能充分利用材料强度, 同时又能将承重与围护两种功能融合为一. 根据几何形状, 有不同的薄壳形状, 如旋转型薄壳、平移型薄壳、锯齿型薄壳、凸面型薄壳、弓型薄壳、锥型薄壳和双曲面薄壳. 现代航天器多采用高精度的超静态双层薄壳结构. 飞机金属薄壳结构非线性理论是重大的、富有成果的理论研究课题. 本章考虑 Naghdi 壳方程控制问题的适定性与正则性.

13.1 Naghdi 壳模型

本节介绍文献 [136] 中应用黎曼几何方法给出的 Naghdi 壳的位移方程和两个重要公式. 假设壳的中面 Ω 为 $\mathbb{R}^3$ 中曲面 M 上的有界区域, 于是 $\mathbb{R}^3$ 中的壳体可以定义为

$$\mathcal{S} = \{p \,|\, p = x + zN(x), x \in \Omega, -h/2 < z < h/2\},$$

其中小的正数 h 为壳的厚度.

在 Naghdi 壳的模型中, 点 $p \in \mathcal{S}$ 处的位移向量 $\zeta(p)$ 能近似为

$$\zeta(p) = \zeta_1(x) + z \sqcap(x),$$

可参见文献 [92] 的式 (7.67), 其中 $\zeta_1(x) \in \mathbb{R}^3$, $\sqcap(x) \in \mathbb{R}^3$ 分别为 Ω 上 x 点处的位移向量和方向向量.

分解 ζ_1 和 $\sqcap$ 为

$$\zeta_1(x) = W_1(x) + w_1 N(x) \quad \text{和} \quad \sqcap(x) = U(x) + w_2 N(x),$$

其中 $W_1, U \in \mathcal{X}(\Omega)$. 在文献 [92] 的 (7.59) 和 (7.55) 中, 下面中面上的张量场直接定义为

$$\Upsilon_0(\zeta) = \frac{1}{2}(DW_1 + D^*W_1) + w_1 \Pi,$$

$$\mathcal{X}_0(\zeta) = \frac{1}{2}[DU + D^*U + \Pi(\cdot, D.W_1) + \Pi(D.W_1, \cdot)] + w_2 \Pi + w_1 c,$$

13.1 Naghdi 壳模型

$$\varphi_0(\zeta) = \frac{1}{2}(Dw_1 + U - l_{W_1}\Pi),$$

其中 Π 和 c 分别为 M 上的第二和第三基本形式.

相应于壳的位移 ζ 的应变能可写为

$$\alpha h \int_\Omega P_0(\zeta,\zeta) \mathrm{d}x,$$

其中

$$P_0(\zeta,\zeta) = |\Upsilon_0(\zeta)|^2 + 2|\varphi_0(\zeta)|^2 + \beta(\mathrm{tr}\Upsilon_0(\zeta) + w_2)^2$$

$$+ w_2^2 + \gamma[|\mathcal{X}_0(\zeta)|^2 + \frac{1}{2}|Dw_2|^2 + \beta(\mathrm{tr}\mathcal{X}_0(\zeta))^2],$$

$\alpha = E/(1+\mu)$, $\beta = \mu/(1-2\mu)$, $\gamma = h^2/12$, E 和 μ 分别为材料的 Young 模量和 Poisson 系数.

作变量变换 $W_2 = U + l_{W_1}\Pi$, 由文献 [136] 可得下面的公式:

公式 I 假设在壳上没有外力, 并且 Γ 的 Γ_0 部分固定, Γ_1 是自由的, 其中 $\Gamma_0 \cup \Gamma_1 = \Gamma$. 令 λ 满足 $\lambda^2\alpha = 2$, 将 $(W_1, \sqrt{\gamma}W_2, w_1, \sqrt{\gamma}w_2)$ 和 t 分别变为 (W_1, W_2, w_1, w_2) 和 t/λ, 则 $\eta = (W_1, W_2, w_1, w_2)$ 满足下面的边值问题:

$$\begin{cases} W_1'' - \boldsymbol{\Delta}_\mu W_1 + \mathcal{F}_1(\eta) = 0 & \text{在 } \Omega \times \infty \text{ 上}, \\ W_2'' - \boldsymbol{\Delta}_\mu W_2 + \mathcal{F}_2(\eta) = 0 & \text{在 } \Omega \times \infty \text{ 上}, \\ w_1'' - \Delta w_1 + f_1(\eta) = 0 & \text{在 } \Omega \times \infty \text{ 上}, \\ w_2'' - \Delta w_2 + f_2(\eta) = 0 & \text{在 } \Omega \times \infty \text{ 上}, \\ \eta(0) = \eta^0, \ \eta'(0) = \eta^1 & \text{在 } \Omega \text{ 上}, \\ \eta = 0 & \text{在 } \Gamma_0 \times \infty \text{ 上}, \\ B_1(\eta) = B_2(\eta) = 0 & \text{在 } \Gamma_1 \times \infty \text{ 上}, \\ b_1(\eta) = b_2(\eta) = 0 & \text{在 } \Gamma_1 \times \infty \text{ 上}, \end{cases} \quad (13.1)$$

其中 $\boldsymbol{\Delta}_\mu = -[\delta d + 2(1+\beta)d\delta]$ 为 Hodge-Laplace 型算子, d 为外微分算子, δ 为 d 的共轭算子, Δ 为黎曼流形 M 上的 Laplace 算子, $\mathcal{F}_i(\eta)$, $f_i(\eta)(i=1,2)$, 为一阶项 ($\leqslant 1$) 并且

$$\begin{cases} B_1(\eta) = 2l_n\Upsilon(\eta) + 2\beta\left(\mathrm{tr}\Upsilon(\eta) + \frac{1}{\sqrt{\gamma}}w_2\right)n, \\ B_2(\eta) = 2l_n\mathcal{X}(\eta) + 2\beta\mathrm{tr}\mathcal{X}(\eta)n, \\ b_1(\eta) = 2\langle\varphi(\eta), n\rangle, \\ b_2(\eta) = \frac{\partial w_2}{\partial n}, \end{cases}$$

$$\begin{cases} \Upsilon(\eta) = \frac{1}{2}(DW_1 + D^*W_1) + w_1\Pi, \\ \mathcal{X}(\eta) = \frac{1}{2}(DW_2 + D^*W_2) + w_2\Pi - \sqrt{\gamma}(l_{W_1}D\Pi - w_1 c), \\ \varphi(\eta) = \frac{1}{2}Dw_1 - l_{W_1}\Pi + \frac{1}{2\sqrt{\gamma}}W_2, \end{cases}$$

n 为在度量 g 下沿曲线 Γ 的单位外法向向量场.

令

$$P(\eta,\zeta) = 2\langle\Upsilon(\eta),\Upsilon(\zeta)\rangle_{T_x^2} + 2\langle\mathcal{X}(\eta),\mathcal{X}(\zeta)\rangle_{T_x^2} + 4\langle\varphi(\eta),\varphi(\zeta)\rangle + 2\beta\mathrm{tr}\mathcal{X}(\eta)\mathrm{tr}\mathcal{X}(\zeta)$$
$$+ \frac{2}{\gamma}w_2 u_2 + 2\beta\left[\mathrm{tr}\Upsilon(\eta) + \frac{1}{\sqrt{\gamma}}w_2\right]\left[\mathrm{tr}\Upsilon(\zeta) + \frac{1}{\sqrt{\gamma}}u_2\right] + \langle Dw_2, Du_2\rangle,$$

$$\mathcal{P}(\eta,\zeta) = \int_\Omega P(\eta,\zeta)\mathrm{d}x \tag{13.2}$$

和

$$\mathcal{A}\eta = -(\boldsymbol{\Delta}_\mu W_1 - \mathcal{F}_1(\eta), \boldsymbol{\Delta}_\mu W_2 - \mathcal{F}_2(\eta), \Delta w_1 - f_1(\eta), \Delta w_2 - f_2(\eta)),$$

其中 $\eta = (W_1, W_2, w_1, w_2)$, $\zeta = (U_1, U_2, u_1, u_2)$.

下面类似于 Laplace 算子 Green 公式的 Naghdi 壳的公式是由文献 [136] 给出的.

公式 II 设双线性 $\mathcal{P}(\cdot,\cdot)$ 是由 (13.2) 定义的, 则对任意 $\eta = (W_1, W_2, w_1, w_2)$, $\zeta = (U_1, U_2, u_1, u_2) \in (H^1(\Omega,\Lambda))^2 \times (H^1(\Omega))^2$, 下式成立:

$$\mathcal{P}(\eta,\zeta) = (\mathcal{A}\eta,\zeta)_{(L^2(\Omega,\Lambda))^2 \times (L^2(\Omega))^2} + \int_\Gamma \partial(\mathcal{A}\eta,\zeta)\mathrm{d}\Gamma,$$

其中

$$\partial(\mathcal{A}\eta,\zeta) = \langle B_1(\eta), U_1\rangle + \langle B_2(\eta), U_2\rangle + b_1(\eta)u_1 + b_2(\eta)u_2,$$

$L^2(\Omega,\Lambda)$, $H^1(\Omega,\Lambda)$, $(L^2(\Omega))$, $(H^1(\Omega))^2$ 为附录 B 中给出的流形上的 Sobolev 空间.

13.2 Naghdi 壳的适定性

考虑下面带有边界观测的 Naghdi 壳方程的 Dirichlet 边界控制问题:

$$\begin{cases} \eta'' + \mathcal{A}\eta = 0 & \text{在 } \Omega \times \infty \text{ 上}, \\ \eta = 0 & \text{在 } \Gamma_1 \times \infty \text{ 上}, \\ \eta = \varsigma & \text{在 } \Gamma_0 \times \infty \text{ 上}, \\ \eta(0) = \eta^0, \ \eta'(0) = \eta^1 & \text{在 } \Omega \text{ 上}, \\ \mathcal{O} = -(B_1(A^{-1}\eta'), B_2(A^{-1}\eta'), b_1(A^{-1}\eta'), b_2(A^{-1}\eta')) & \text{在 } \Gamma_0 \times \infty \text{ 上}, \end{cases} \tag{13.3}$$

13.2 Naghdi 壳的适定性

其中

$$A\eta = \mathcal{A}\eta, \quad D(A) = (H^2(\Omega,\Lambda) \cap H_0^1(\Omega,\Lambda))^2 \times (H^2(\Omega) \cap H_0^1(\Omega))^2,$$

$\varsigma = (\mathcal{K}_1, \mathcal{K}_2, \kappa_1, \kappa_2)$ 为输入 (或控制), $\mathcal{O}$ 为输出 (或观测).

在 Hilbert 空间 $\mathcal{H} = [(L^2(\Omega,\Lambda))^2 \times (L^2(\Omega))^2] \times [(H^{-1}(\Omega,\Lambda))^2 \times (H^{-1}(\Omega))^2]$ 以及控制和观测空间 $\mathcal{U} = (L^2(\Gamma_0,\Lambda))^2 \times (L^2(\Gamma_0))^2$ 中考虑系统 (13.3).

定理 13.1 任给 $T > 0$, $(\eta^0, \eta^1) \in \mathcal{H}$ 和 $\varsigma \in \mathcal{U}$, (13.3) 存在唯一解 $(\eta, \eta') \in C([0,T]; \mathcal{H})$, 满足 $\eta(0) = \eta^0$ 和 $\eta'(0) = \eta^1$. 同时, 存在不依赖于 $(\eta^0, \eta^1, \varsigma)$ 的常数 $C_T > 0$, 使得

$$\|(\eta(T), \eta'(T))\|_{\mathcal{H}}^2 + \|\mathcal{O}\|_{L^2(0,T;\mathcal{U})}^2 \leqslant C_T[\|(\eta^0, \eta^1)\|_{\mathcal{H}}^2 + \|\varsigma\|_{L^2(0,T;\mathcal{U})}^2].$$

设 $\varpi(\cdot,\cdot)$ 为 $T^2(\overline{\Omega})$ 上由下式定义的双线性形式:

$$\varpi(T_1, T_2) = \langle T_1, T_2 \rangle + \beta \operatorname{tr} T_1 \operatorname{tr} T_2, \quad \forall\, T_1, T_2 \in T^2(\overline{\Omega}).$$

任给 $W \in H^1(\Omega, \Lambda)$, 令

$$S(W) = \frac{1}{2}(DW + D^*W).$$

假设 H1 设存在向量场 $V \in \mathcal{X}(M)$, 使得

$$DV(X, X) = b(x)|X|^2, \quad X \in M_x, x \in \overline{\Omega},$$

其中 b 为 Ω 上的函数. 令

$$a(x) = \frac{1}{2}\langle DV, \mathcal{E}\rangle_{T_x^2}, \quad x \in \overline{\Omega},$$

其中 $\mathcal{E}$ 为 M 上的体积元. 假设上面的函数 b 和 a 满足下面的不等式:

$$2\min_{x \in \overline{\Omega}} b(x) > \lambda_0 (1 + 2\beta) \max_{x \in \overline{\Omega}} |a(x)|,$$

其中 λ_0 满足

$$\lambda_0 \int_{\Omega} [\varpi(S(W), S(W)) + |W|^2] dx \geqslant \|DW\|^2, \quad \forall\, W \in H^1(\Omega, \Lambda).$$

假设 H2 Γ_0 和 Γ_1 满足

$$\Gamma_1 = \{x \,|\, x \in \Gamma, \langle V, n \rangle \leqslant 0\}, \quad \Gamma_0 = \Gamma/\Gamma_0.$$

由定理 6.9、定理 6.10、定理 13.1 和文献 [136] 中 Naghdi 壳的边界精确能控性结果, 易得下面的推论.

推论 13.1 设假设 H1 和 H2 成立, 则闭环系统 (13.3) 在比例输出反馈 $\varsigma = -k\mathcal{O}(k>0)$ 下是指数稳定的, 即存在正常数 $K \geqslant 1$ 和 $\omega > 0$, 使得

$$E(t) \leqslant K e^{-\omega t} E(0), \quad \forall\, t \geqslant 0,$$

其中

$$E(t) = \frac{1}{2}\|(\eta,\eta')\|_{\mathcal{H}} = \frac{1}{2}\left[\|\eta\|^2_{(L^2(\Omega,\Lambda))^2 \times (L^2(\Omega))^2} + \|A^{-1/2}\eta'\|^2_{(L^2(\Omega,\Lambda))^2 \times (L^2(\Omega))^2}\right]$$

为系统 (13.3) 的能量.

为了证明定理 13.1, 下面先将系统 (13.3) 转化为二阶抽象系统 (4.77).

令 $H = (H^{-1}(\Omega,\Lambda))^2 \times (H^{-1}(\Omega))^2$ 为 Sobolev 空间 $(H_0^1(\Omega,\Lambda))^2 \times (H_0^1(\Omega))^2$ 在通常内积意义下的对偶空间. 令 $\mathbb{A}$ 为由如下双线性形式 $\mathcal{P}(\cdot,\cdot)$ 所确定的正定自伴算子:

$$\langle \mathbb{A}\eta, \zeta \rangle_{H',H} = \mathcal{P}(\eta,\zeta) = \int_\Omega P(\eta,\zeta)\mathrm{d}x, \quad \forall\, \eta,\zeta \in (H_0^1(\Omega,\Lambda))^2 \times (H_0^1(\Omega))^2.$$

由 Lax-Milgram 定理 1.25 可知, $\mathbb{A}$ 为 $D(\mathbb{A}) = (H_0^1(\Omega,\Lambda))^2 \times (H_0^1(\Omega))^2$ 到 H 的等距同构. 易知, 当 $\eta \in (H_0^1(\Omega,\Lambda))^2 \times (H_0^1(\Omega))^2$ 时, 成立 $\mathbb{A}\eta = A\eta$. 因此, $\mathbb{A}$ 为算子 A 在空间 $(H_0^1(\Omega,\Lambda))^2 \times (H_0^1(\Omega))^2$ 上的延拓.

同 (8.6), 易证 $D(\mathbb{A}^{1/2}) = (L^2(\Omega,\Lambda))^2 \times (L^2(\Omega))^2$, 并且 $\mathbb{A}^{1/2}$ 为 $(L^2(\Omega,\Lambda))^2 \times (L^2(\Omega))^2$ 到 H 的同构. 由 $\mathcal{D}\varsigma = \zeta$ 定义 Dirichlet 映射 $\mathcal{D} \in \mathcal{L}((L^2(\Gamma_0,\Lambda))^2 \times (L^2(\Gamma_0))^2, (H^{1/2}(\Omega,\Lambda))^2 \times (H^{1/2}(\Omega))^2)$ 当且仅当

$$\begin{cases} \mathcal{A}\zeta = 0 & \text{在 } \Omega \text{ 上}, \\ \zeta = \varsigma & \text{在 } \Gamma_0 \text{ 上}, \\ \zeta = 0 & \text{在 } \Gamma_1 \text{ 上}. \end{cases}$$

利用映射 $\mathcal{D}$, 系统 (13.3) 能改写为

$$\eta'' + \mathbb{A}(\eta - \mathcal{D}\varsigma) = 0. \tag{13.4}$$

由于 $D(\mathbb{A})$ 在 H 中稠密, 因此 $D(\mathbb{A}^{1/2})$ 也在 H 中稠密. 将 H 与它的对偶 H' 等同, 则下面的关系式成立:

$$D(\mathbb{A}^{1/2}) \hookrightarrow H = H' \hookrightarrow (D(\mathbb{A}^{1/2}))'.$$

由下式定义 $\mathbb{A}$ 的延拓 $\tilde{\mathbb{A}} \in \mathcal{L}(D(\mathbb{A}^{1/2}), (D(\mathcal{A}^{1/2}))')$:

$$\langle \tilde{\mathbb{A}}\eta, \zeta \rangle_{(D(\mathbb{A}^{1/2}))', D(\mathbb{A}^{1/2})} = \langle \mathbb{A}^{1/2}\eta, \mathbb{A}^{1/2}\zeta \rangle_H, \quad \forall\, \eta,\zeta \in D(\mathbb{A}^{1/2}). \tag{13.5}$$

于是 (13.4) 进一步能在 $(D(\mathbb{A}^{1/2}))'$ 中改写为

13.2 Naghdi 壳的适定性

$$\eta'' + \tilde{\mathbb{A}}\eta + \mathbb{B}\varsigma = 0,$$

其中 $\mathbb{B} \in \mathcal{L}(\mathcal{U}, (D(\mathbb{A}^{1/2}))')$ 由下式给出：

$$\mathbb{B}\varsigma = -\tilde{\mathbb{A}}\mathcal{D}\varsigma, \quad \forall \varsigma \in \mathcal{U}. \tag{13.6}$$

$\mathbb{B}^* \in \mathcal{L}(D(\mathbb{A}^{1/2}), \mathcal{U})$ 由下式定义：

$$\langle \mathbb{B}^*\eta, \varsigma \rangle_{\mathcal{U}} = \langle \eta, \mathbb{B}\varsigma \rangle_{D(\mathbb{A}^{1/2}),(D(\mathbb{A}^{1/2}))'}, \quad \forall \eta \in D(\mathbb{A}^{1/2}), \varsigma \in \mathcal{U}.$$

于是对任意 $\eta \in D(\mathbb{A}^{1/2})$ 和 $\varsigma \in (C_0^\infty(\Gamma_0, \Lambda))^2 \times (C_0^\infty(\Gamma_0))^2$ 有

$$\begin{aligned}
&\langle \eta, \mathbb{B}\varsigma \rangle_{D(\mathbb{A}^{1/2}),(D(\mathbb{A}^{1/2}))'} \\
&= \langle \eta, \tilde{\mathbb{A}}\tilde{\mathbb{A}}^{-1}\mathbb{B}\varsigma \rangle_{D(\mathbb{A}^{1/2}),(D(\mathbb{A}^{1/2}))'} = -\langle \mathbb{A}^{1/2}\eta, \mathbb{A}^{1/2}\mathbb{B}\varsigma \rangle_H \\
&= -\langle \eta, \mathcal{D}\varsigma \rangle_{(L^2(\Omega,\Lambda))^2 \times (L^2(\Omega))^2} = -\langle AA^{-1}\eta, \mathcal{D}\varsigma \rangle_{(L^2(\Omega,\Lambda))^2 \times (L^2(\Omega))^2} \\
&= \int_{\Gamma_0} \partial(\mathbb{A}\mathbb{A}^{-1}\eta, \varsigma) d\Gamma.
\end{aligned} \tag{13.7}$$

由 $(C_0^\infty(\Gamma_0, \Lambda))^2 \times (C_0^\infty(\Gamma_0))^2$ 在 $\mathcal{U} = (L^2(\Gamma_0, \Lambda))^2 \times (L^2(\Gamma_0))^2$ 中稠密可得

$$\mathbb{B}^*\eta = (B_1(A^{-1}\eta), B_2(A^{-1}\eta), b_1(A^{-1}\eta), b_2(A^{-1}\eta))|_{\Gamma_0}. \tag{13.8}$$

现在，可将开环系统 (13.3) 转换为空间 $\mathcal{H} = [(L^2(\Omega, \Lambda))^2 \times (L^2(\Omega))^2] \times [(H^{-1}(\Omega, \Lambda))^2 \times (H^{-1}(\Omega))^2]$ 中形如 (4.77) 的抽象二阶系统的形式：

$$\begin{cases} \eta''(t) + \tilde{\mathbb{A}}\eta(t) + \mathbb{B}\varsigma(t) = 0, \quad (\eta(0), \eta'(0)) \in \mathcal{H}, \\ \mathcal{O}(t) = -\mathbb{B}^*\eta'(t), \end{cases} \tag{13.9}$$

其中 $\mathbb{B}$ 和 $\mathbb{B}^*$ 分别由 (13.6) 和 (13.8) 定义.

由于在 Γ_1 上, $\eta = 0$, 不失一般性, 假设 $\Gamma_0 = \Gamma = \partial\Omega$. 考虑下面零初值的系统 (13.3):

$$\begin{cases} \eta'' + \mathcal{A}\eta = 0 & \text{在 } \Omega \times \infty \text{ 上}, \\ \eta = \varsigma & \text{在 } \Gamma \times \infty \text{ 上}, \\ \eta(0) = 0, \eta'(0) = 0 & \text{在 } \Omega \text{ 上}, \\ \mathcal{O} = (B_1(A^{-1}\eta'), B_2(A^{-1}\eta'), b_1(A^{-1}\eta'), b_2(A^{-1}\eta')) & \text{在 } \Gamma \times \infty \text{ 上}. \end{cases} \tag{13.10}$$

由定理 4.9 和系统 (13.1) 的同位性, 定理 13.1 等价于 (13.10) 的解满足

$$\|\mathcal{O}\|_{L^2(0,T;\mathcal{U})} \leqslant C_T \|\varsigma\|_{L^2(0,T;\mathcal{U})}, \tag{13.11}$$

其中 $\mathcal{U} = (L^2(\Gamma, \Lambda))^2 \times (L^2(\Gamma))^2$.

注 13.1 由注 A.11, (13.11) 等价于

$$B_i(A^{-1}\eta') \in L^2(\Sigma, \Lambda), \quad b_i(A^{-1}\eta') \in L^2(\Sigma), \quad i=1,2. \tag{13.12}$$

注 13.2 任给 $\eta = (W_1, W_2, w_1, w_2) \in D(\mathscr{P})$, 令

$$\mathscr{P}\eta = (\mathbb{P}W_1, \mathbb{P}W_2, \mathrm{p}w_1, \mathrm{p}w_2) = -(\boldsymbol{\Delta}_\mu W_1, \boldsymbol{\Delta}_\mu W_2, \Delta w_1, \Delta w_2), \tag{13.13}$$

其中

$$D(\mathscr{P}) = (H^2(\Omega, \Lambda) \cap H_0^1(\Omega, \Lambda))^2 \times (H^2(\Omega) \cap H_0^1(\Omega))^2.$$

可以证明, 对任意 $\xi \in (H^{-1}(\Omega, \Lambda))^2 \times (H^{-1}(\Omega))^2$,

$$B_i(A^{-1}\xi) \in L^2(\Sigma, \Lambda) \Leftrightarrow B_i(\mathscr{P}^{-1}\xi) \in L^2(\Sigma, \Lambda), \quad i=1,2 \tag{13.14}$$

和

$$b_i(A^{-1}\xi) \in L^2(\Sigma) \Leftrightarrow b_i(\mathscr{P}^{-1}\xi) \in L^2(\Sigma), \quad i=1,2. \tag{13.15}$$

事实上, 容易验证

$$A^{-1}\xi = A^{-1}(A-(A-\mathscr{P}))\mathscr{P}^{-1}\xi = \mathscr{P}^{-1}\xi - A^{-1}(A-\mathscr{P})\mathscr{P}^{-1}\xi. \tag{13.16}$$

由 $\xi \in (H^{-1}(\Omega, \Lambda))^2 \times (H^{-1}(\Omega))^2$ 以及 $D(A)$ 和 $D(\mathscr{P})$ 的定义可得

$$A^{-1}(A-\mathscr{P})\mathscr{P}^{-1}\xi \in C([0,T]; (H^3(\Omega, \Lambda))^2 \times (H^3(\Omega))^2).$$

由迹定理有

$$\begin{cases} B_i(A^{-1}(A-\mathscr{P})\mathscr{P}^{-1}\xi) \in C([0,T]; H^{3/2}(\Sigma, \Lambda)) \subset L^2(\Sigma, \Lambda), \\ b_i(A^{-1}(A-\mathscr{P})\mathscr{P}^{-1}\xi) \in C([0,T]; H^{3/2}(\Sigma)) \subset L^2(\Sigma), \quad i=1,2. \end{cases} \tag{13.17}$$

合并 (13.16) 和 (13.17) 可得 (13.14) 和 (13.15).

注 13.3 令 Φ, η^0 和 η^1 为命题 A.5 中给定的. 类似于注 11.2 可知, 对任意 Φ, η^0 和 η^1, 下面的系统有唯一解:

$$\begin{cases} \eta'' + \mathcal{A}\eta - \mathcal{A}_{\mathrm{lot}}(\eta) = \Phi & \text{在 } \Omega \times \infty \text{ 上}, \\ \eta = 0 & \text{在 } \Gamma \times \infty \text{ 上}, \\ \eta(0) = \eta^0, \eta'(0) = \eta^1 & \text{在 } \Omega \text{ 上}, \end{cases} \tag{13.18}$$

其中 $\mathcal{A}_{\mathrm{lot}}(\eta)$ 为来自于 $\mathcal{A}\eta$ 的低阶项, 并且该解满足

$$(\eta, \eta') \in C([0,T]; [(L^2(\Omega, \Lambda))^2 \times (L^2(\Omega))^2] \times [(H^{-1}(\Omega, \Lambda))^2 \times (H^{-1}(\Omega))^2]). \tag{13.19}$$

13.2 Naghdi 壳的适定性

应用附录 B 中的测地法坐标系, Ω 和 Γ 能局部地变为 $\widetilde{\Omega} := \{(x_1, x_2) \in \mathbb{R}^2, x_2 > 0, x_1 \in \mathbb{R}\}$ 和 $\widetilde{\Gamma} := \{(x_1, x_2) \in \mathbb{R}^2, x_2 = 0, x_1 \in \mathbb{R}\}$. 在这样的坐标系下,

$$(E_1, E_2) =: \left(\frac{1}{\sqrt{g_1}}\frac{\partial}{\partial x_1}, \frac{\partial}{\partial x_2}\right)$$

为向量场的正交基, 于是对任意函数 u 和任意向量场 $U = \nu_1 E_1 + \nu_2 E_2$ 有

$$\Delta u = -\delta du = E_1 E_1 u + E_2 E_2 u + l(u), \tag{13.20}$$

$$d\delta U = -(E_1 E_1 \nu_1 + E_1 E_2 \nu_2)E_1 - (E_2 E_1 \nu_1 + E_2 E_2 \nu_2)E_2 + l(U) \tag{13.21}$$

和

$$\delta d U = -(-E_2 E_1 \nu_2 + E_2 E_2 \nu_1)E_1 - (E_1 E_1 \nu_2 - E_1 E_2 \nu_1)E_2 + l(U). \tag{13.22}$$

因此,

$$\boldsymbol{\Delta}_\mu U = \left(2(1+\beta)\frac{1}{g_1}\frac{\partial^2 \nu_1}{\partial x_1^2} + \frac{\partial^2 \nu_1}{\partial x_2^2} + (1+2\beta)\frac{1}{\sqrt{g_1}}\frac{\partial^2 \nu_2}{\partial x_1 \partial x_2}\right)E_1$$
$$+ \left(\frac{1}{g_1}\frac{\partial^2 \nu_2}{\partial x_1^2} + 2(1+\beta)\frac{\partial^2 \nu_2}{\partial x_2^2} + (1+2\beta)\frac{1}{\sqrt{g_1}}\frac{\partial^2 \nu_1}{\partial x_1 \partial x_2}\right)E_2 + l(U) \tag{13.23}$$

和

$$\Delta u = \frac{1}{g_1}\frac{\partial^2 u}{\partial x_1^2} + \frac{\partial^2 u}{\partial x_2^2} + l(u). \tag{13.24}$$

进一步, 经过简单计算可得下面的关系式. 对任意 $\eta = (W_1, W_2, w_1, w_2)$ 和 $W_i = w_{i1}E_1 + w_{i2}E_2$,

$$B_i(\eta) = 2\left(-\frac{\partial w_{i1}}{\partial x_2} + \frac{1}{\sqrt{g_1}}\frac{\partial w_{i2}}{\partial x_1}\right)E_1$$
$$+ 2\left(-(1+\beta)\frac{\partial w_{i2}}{\partial x_2} + \beta\frac{1}{\sqrt{g_1}}\frac{\partial w_{i1}}{\partial x_1}\right)E_2 + l(\eta), \quad i = 1,2 \tag{13.25}$$

和

$$b_i(\eta) = -\frac{\partial w_i}{\partial x_2} + l(\eta), \quad i = 1, 2, \tag{13.26}$$

其中 $l(\eta)$ 为低阶项, 这里在不混淆的情况下用了相同的记号 $l(\eta)$, 在不同的上下文中它们可能不同.

定理 13.1 的证明 由注 13.1 和注 13.2, 只需证明

$$B_i(\mathscr{P}^{-1}\eta') \in L^2(\Sigma, \Lambda) \text{ 和 } b_i(\mathscr{P}^{-1}\eta') \in L^2(\Sigma), \quad i = 1, 2.$$

证明将分为四步.

第一步 令 $\varsigma \in L^2(0,T;(L^2(\Gamma,\Lambda))^2 \times (L^2(\Gamma))^2)$, 则由附录 A 中的命题 A.5, 系统 (13.10) 的解满足

$$(\eta, \eta') \in C([0,T]; [(L^2(\Omega,\Lambda))^2 \times (L^2(\Omega))^2] \times [(H^{-1}(\Omega,\Lambda))^2 \times (H^{-1}(\Omega))^2]) \quad (13.27)$$

和

$$(B_1(\eta), B_2(\eta), b_1(\eta), b_2(\eta)) \in (H^{-1}(\Sigma,\Lambda))^2 \times (H^{-1}(\Sigma))^2. \quad (13.28)$$

第二步 设 q 为边界 Γ 上给定的一点. 应用上面的测地法坐标, 可取 q 点的一个坐标领域 $\mathcal{V}$, 并且将 $\Omega \cap \mathcal{V}$ 和 $\Gamma \cap \mathcal{V}$ 局部地变为 $\widetilde{\Omega} := \{(x_1,x_2) \in \mathbb{R}^2, x_2 > 0, x_1 \in \mathbb{R}\}$ 和 $\widetilde{\Gamma} := \{(x_1,x_2) \in \mathbb{R}^2, x_2 = 0, x_1 \in \mathbb{R}\}$. 令 $\phi \in C_0^\infty(M)(0 \leqslant \phi \leqslant 1)$ 为 M 上的一个光滑割函数, 满足 $\mathrm{supp}(\phi) \subset \mathcal{V}$. 设 $\widetilde{\eta} = \phi\eta$ 和 $\widetilde{\varsigma} = \phi\varsigma$, 则由 (13.10) 有

$$\begin{cases} \widetilde{\eta}'' + \mathcal{A}\widetilde{\eta} + [\phi, \mathcal{A}]\eta = 0 & \text{在 } \widetilde{\Omega} \times (0,\infty) \text{ 上}, \\ \widetilde{\eta} = \widetilde{\varsigma} & \text{在 } \widetilde{\Gamma} \times (0,\infty) \text{ 上}, \\ \widetilde{\eta}(0) = \widetilde{\eta}'(0) = 0 & \text{在 } \widetilde{\Omega} \text{ 上}, \end{cases} \quad (13.29)$$

其中 $[\phi, \mathcal{A}]\eta = \phi\mathcal{A}\eta - \mathcal{A}(\phi\eta)$.

由于 (13.29) 的解 $\widetilde{\eta}$ 有零初值, $\widetilde{\eta}$ 能零延拓到 $t < 0$. 令 $\rho \in C_0^\infty(\mathbb{R})(|\rho| \leqslant 1)$ 为 $\mathbb{R}$ 上的光滑割函数, 并且满足 $\rho(t) = 0 (t \geqslant (3/2)T)$ 和 $\rho(t) = 1(t \in [0,T])$. 令

$$\zeta = (U_1, U_2, u_1, u_2) = \rho\widetilde{\eta},$$

则 ζ 满足

$$\begin{cases} \zeta'' + \mathbb{Q}\zeta + l(\eta) = 0 & \text{在 } \widetilde{\Omega} \times (0,\infty) \text{ 上}, \\ \zeta = \rho\widetilde{\varsigma} & \text{在 } \widetilde{\Gamma} \times (0,\infty) \text{ 上}, \\ \zeta(0) = \zeta'(0) = 0 & \text{在 } \widetilde{\Gamma} \text{ 上}, \end{cases} \quad (13.30)$$

其中 $\mathbb{Q}\zeta = (\mathbb{Q}U_1, \mathbb{Q}U_2, \mathbb{q}u_1, \mathbb{q}u_2)$,

$$\mathbb{Q}U_i = \left(2(1+\beta)\frac{1}{g_1}D_{x_1}^2 u_{i1} + D_{x_2}^2 u_{i1} + (1+2\beta)\frac{1}{\sqrt{g_1}}D_{x_1}D_{x_2}u_{i2}\right)E_1$$
$$+ \left(\frac{1}{g_1}D_{x_1}^2 u_{i2} + 2(1+\beta)D_{x_2}^2 u_{i2} + (1+2\beta)\frac{1}{\sqrt{g_1}}D_{x_1}D_{x_2}u_{i1}\right)E_2, \quad i = 1,2$$

和

$$\mathbb{q}u_i = \frac{1}{g_1}D_{x_1}^2 u_i + D_{x_2}^2 u_i, \quad i = 1,2.$$

上式中使用了

$$D_{x_1} = \frac{1}{\sqrt{-1}}\frac{\partial}{\partial x_1}, \quad D_{x_2} = \frac{1}{\sqrt{-1}}\frac{\partial}{\partial x_2}, \quad U_i = u_{i1}E_1 + u_{i2}E_2.$$

13.2 Naghdi 壳的适定性

将 ζ 分解为 $\zeta = \theta + \vartheta$, 其中 $\theta = (\Psi_1, \Psi_2, \psi_1, \psi_2)$, $\vartheta = (V_1, V_2, v_1, v_2)$ 分别满足下面的 (13.31) 和 (13.32):

$$\begin{cases} \theta'' + \mathbb{Q}\theta = 0 & \text{在 } \widetilde{\Omega} \times (0, \infty) \text{ 上,} \\ \theta = \rho\widetilde{\varsigma} & \text{在 } \widetilde{\Gamma} \times (0, \infty) \text{ 上,} \\ \theta(0) = \theta'(0) = 0 & \text{在 } \widetilde{\Omega} \text{ 上} \end{cases} \quad (13.31)$$

和

$$\begin{cases} \vartheta'' + \mathbb{Q}\vartheta = \mathscr{F} := -\mathrm{lot}(\eta) & \text{在 } \widetilde{\Omega} \times (0, \infty) \text{ 上,} \\ \vartheta = 0 & \text{在 } \widetilde{\Gamma} \times (0, \infty) \text{ 上,} \\ \vartheta(0) = \vartheta'(0) = 0 & \text{在 } \widetilde{\Omega} \text{ 上.} \end{cases} \quad (13.32)$$

由第一步, $\zeta = \rho\widetilde{\eta}$ 和 $\mathscr{F} = -\mathrm{lot}(\eta)$ 易得

$$(\zeta, \zeta') \in C([0,T]; [(L^2(\Omega, \Lambda))^2 \times (L^2(\Omega))^2] \times [(H^{-1}(\Omega, \Lambda))^2 \times (H^{-1}(\Omega))^2]) \quad (13.33)$$

和

$$\mathscr{F} = -\mathrm{lot}(\eta) \in C([0,T]; (H^{-1}(\Omega, \Lambda))^2 \times (H^{-1}(\Omega))^2). \quad (13.34)$$

由注 13.3, (13.32) 的解 ϑ 满足

$$(\vartheta, \vartheta') \in C([0,T]; [(L^2(\Omega, \Lambda))^2 \times (L^2(\Omega))^2] \times [(H^{-1}(\Omega, \Lambda))^2 \times (H^{-1}(\Omega))^2]). \quad (13.35)$$

由于 $\theta = \zeta - \vartheta$, 应用 (13.33) 和 (13.35) 可得

$$(\theta, \theta') \in C([0,T]; [(L^2(\Omega, \Lambda))^2 \times (L^2(\Omega))^2] \times [(H^{-1}(\Omega, \Lambda))^2 \times (H^{-1}(\Omega))^2]). \quad (13.36)$$

第三步 证明

$$b_i(\mathscr{P}^{-1}\eta') \in L^2(\Sigma), \quad i = 1, 2. \quad (13.37)$$

由 $\zeta = \theta + \vartheta$ 和 (13.30)~(13.32), 容易验证 $u_1 = \psi_1 + v_1$, 并且 u_1, ψ_1, v_1 分别满足下面的方程:

$$\begin{cases} u_1'' + \mathfrak{q}u_1 + \mathrm{lot}(\eta) = 0 & \text{在 } \widetilde{\Omega} \times (0, \infty) \text{ 上,} \\ u_1 = \overline{\kappa}_1 & \text{在 } \widetilde{\Gamma} \times (0, \infty) \text{ 上,} \\ u_1(0) = u_1'(0) = 0 & \text{在 } \widetilde{\Omega} \text{ 上,} \end{cases} \quad (13.38)$$

$$\begin{cases} \psi_1'' + \mathfrak{q}\psi_1 = 0 & \text{在 } \widetilde{\Omega} \times (0, \infty) \text{ 上,} \\ \psi_1 = \overline{\kappa}_1 & \text{在 } \widetilde{\Gamma} \times (0, \infty) \text{ 上,} \\ \psi_1(0) = \psi_1'(0) = 0 & \text{在 } \widetilde{\Omega} \text{ 上} \end{cases} \quad (13.39)$$

和
$$\begin{cases} v_1'' + \mathfrak{q} v_1 = f := -\mathrm{lot}(\eta) & \text{在 } \widetilde{\Omega} \times (0,\infty) \text{ 上,} \\ v_1 = 0 & \text{在 } \widetilde{\Gamma} \times (0,\infty) \text{ 上,} \\ v_1(0) = v_1'(0) = 0 & \text{在 } \widetilde{\Omega} \text{ 上,} \end{cases} \quad (13.40)$$

其中 $\overline{\kappa}_1 = \rho \widetilde{\kappa}_1$.

为了证明 (13.37), 首先证明对于非齐次问题 (13.40), 映射

$$\varsigma \to \frac{\partial}{\partial n}(\mathbb{p}^{-1} v_1') \text{ 是 } (L^2(\Sigma, \Lambda))^2 \times (L^2(\Sigma))^2 \text{ 到 } L^2(\widetilde{\Sigma}) \text{ 连续的}. \quad (13.41)$$

事实上, 由于映射 $\varsigma \to f = -\mathrm{lot}(\eta)$ 是从 $(L^2(\Sigma, \Lambda))^2 \times (L^2(\Sigma))^2$ 到 $L^2(0,T;H^{-1}(\widetilde{\Omega}))$ 连续的, 因而只需证明

$$f \to \frac{\partial}{\partial n} \mathbb{p}^{-1} \text{ 是从 } L^2(0,T;H^{-1}(\widetilde{\Omega})) \text{ 到 } L^2(\widetilde{\Sigma}) \text{ 连续的}. \quad (13.42)$$

令 $\mathfrak{q}_0 v = \mathfrak{q} v (\forall v \in D(\mathfrak{q}_0) = H^2(\widetilde{\Omega}) \cap H_0^1(\widetilde{\Omega}))$. 应用 $\mathfrak{q}_0^{-1}$ 到 (13.40), 得到

$$\begin{cases} \Phi'' - \mathfrak{q}\Phi = \mathfrak{q}_0^{-1} f & \text{在 } \widetilde{\Omega} \times [0,\infty) \text{ 中,} \\ \Phi = 0 & \text{在 } \widetilde{\Gamma} \times [0,\infty) \text{ 上,} \\ \Phi(0) = \Phi'(0) = 0 & \text{在 } \widetilde{\Omega} \text{ 中,} \end{cases} \quad (13.43)$$

其中由 $D(\mathfrak{q}_0)$ 的定义, $\Phi = \mathfrak{q}_0^{-1} v_1$ 满足

$$\Phi \in H^2(\widetilde{\Omega}) \cap H_0^1(\widetilde{\Omega}), \quad \mathfrak{q}_0^{-1} f \in L^2(0,T;H_0^1(\widetilde{\Omega})), \quad \mathfrak{q}_0^{-1} \Phi' \in C([0,T];H_0^1(\widetilde{\Omega})).$$

对系统 (13.43) 应用文献 [64] 中的定理 3.11 得到

$$\frac{\partial \Phi}{\partial n} \in H^1(\widetilde{\Sigma}) = L^2(0,T;H^1(\widetilde{\Gamma})) \cap H^1(0,T;L^2(\widetilde{\Gamma})),$$

因此

$$\frac{\partial \Phi'}{\partial n} \in L^2(0,T;L^2(\widetilde{\Gamma})) = L^2(\widetilde{\Sigma}).$$

由于 $\Phi' = \mathfrak{q}_0^{-1} v' \in C([0,T];H_0^1(\widetilde{\Omega}))$, 于是 $\mathrm{lot}(\Phi') \in C([0,T];L^2(\widetilde{\Omega}))$, 因此, $\mathfrak{q}_0^{-1}\mathrm{lot}(\Phi') \in C([0,T];H^2(\widetilde{\Omega}))$, 从而可得

$$\frac{\partial}{\partial n}(\mathfrak{q}_0^{-1}\mathrm{lot}(\Phi')) \in C([0,T];H^{1/2}(\widetilde{\Gamma})) \subset L^2(\widetilde{\Sigma}),$$

所以

$$\frac{\partial}{\partial n}\mathbb{p}^{-1} v_1' = \frac{\partial}{\partial n}\mathbb{p}^{-1}\mathfrak{q}_0 \mathfrak{q}_0^{-1} v_1' = \frac{\partial}{\partial n}(\mathbb{p}^{-1}\mathfrak{q}_0 \Phi') = \frac{\partial \Phi'}{\partial n} + \frac{\partial}{\partial n}(\mathbb{p}^{-1}\mathrm{lot}(\Phi')) \in L^2(\widetilde{\Sigma}). \quad (13.44)$$

13.2 Naghdi 壳的适定性

另一方面, 应用定理 9.1 的证明中第四步的结果可得

$$\overline{\kappa}_1 \to \frac{\partial}{\partial n}\mathrm{p}^{-1}\psi_1' \text{ 是从 } L^2(\widetilde{\Sigma}) \text{ 到 } L^2(\widetilde{\Sigma}) \text{ 连续的}. \tag{13.45}$$

由第二步, 容易验证

$$\kappa_1 \to \overline{\kappa}_1 \text{ 是从 } L^2(\Sigma) \text{ 到 } L^2(\widetilde{\Sigma}) \text{ 连续的}.$$

因此,

$$\kappa_1 \to \frac{\partial}{\partial n}\mathrm{p}^{-1}\psi_1' \text{ 是从 } L^2(\Sigma) \text{ 到 } L^2(\widetilde{\Sigma}) \text{ 连续的}. \tag{13.46}$$

由于 $u_1 = \widetilde{w}_1\rho$ 和 ρ 不依赖于空间变量, 于是由 (13.44) 和 (13.46) 得到

$$\frac{\partial}{\partial n}(\mathrm{p}^{-1}\widetilde{w}_1') \in L^2(\widetilde{\Sigma}), \tag{13.47}$$

所以由 b_1 和 $D(\mathscr{P})$ 的定义可得

$$b_1(\mathscr{P}^{-1}\eta') \in L^2(\Sigma). \tag{13.48}$$

类似地有

$$b_2(\mathscr{P}^{-1}\eta') \in L^2(\Sigma). \tag{13.49}$$

第四步 证明

$$B_i(\mathscr{P}^{-1}\eta') \in L^2(\Sigma, \Lambda), \quad i = 1, 2. \tag{13.50}$$

由 (13.30)∼(13.32), 容易验证 $U_1 = \Psi_1 + V_1$, 并且 U_1, Ψ_1, V_1 分别满足下面的方程:

$$\begin{cases} U_1'' - \mathbb{Q}U_1 + \mathrm{lot}(\eta) = 0 & \text{在 } \widetilde{\Omega} \times (0, \infty) \text{ 上}, \\ U_1 = \overline{\mathcal{K}}_1 & \text{在 } \widetilde{\Gamma} \times (0, \infty) \text{ 上}, \\ U_1(0) = U_1'(0) = 0 & \text{在 } \widetilde{\Omega} \text{ 上}, \end{cases} \tag{13.51}$$

$$\begin{cases} \Psi_1'' - \mathbb{Q}\Psi_1 = 0 & \text{在 } \widetilde{\Omega} \times (0, \infty) \text{ 上}, \\ \Psi_1 = \overline{\mathcal{K}}_1 & \text{在 } \widetilde{\Gamma} \times (0, \infty) \text{ 上}, \\ \Psi_1(0) = \Psi_1'(0) = 0 & \text{在 } \widetilde{\Omega} \text{ 上} \end{cases} \tag{13.52}$$

和

$$\begin{cases} V_1'' - \mathbb{Q}V_1 = F := \mathrm{lot}(\eta) & \text{在 } \widetilde{\Omega} \times (0, \infty) \text{ 上}, \\ V_1 = 0 & \text{在 } \widetilde{\Gamma} \times (0, \infty) \text{ 上}, \\ V_1(0) = V_1'(0) = 0 & \text{在 } \widetilde{\Omega} \text{ 上}, \end{cases} \tag{13.53}$$

其中 $\overline{\mathcal{K}}_1 = \rho \widetilde{\mathcal{K}}_1$. 进一步, 有下面的正则性:

$$(U_1, U_1'), (\Psi_1, \Psi_1'), (V_1, V_1') \in C([0,T]; L^2(\Omega, \Lambda) \times H^{-1}(\Omega, \Lambda)). \tag{13.54}$$

令 $\mathbb{Q}_0 U = \mathbb{Q} U (\forall U \in D(\mathbb{Q}_0) = H^2(\widetilde{\Omega}, \Lambda) \cap H_0^1(\widetilde{\Omega}, \Lambda))$ 和

$$\overline{B}_1(U_1) = \left(\frac{\partial u_{11}}{\partial x_2} - \frac{1}{\sqrt{g_1}} \frac{\partial u_{12}}{\partial x_1}, \frac{\beta}{(1+\beta)\sqrt{g_1}} \frac{\partial u_{11}}{\partial x_1} + \frac{\partial u_{12}}{\partial x_2} \right), \tag{13.55}$$

这里使用了

$$(u_{11}, u_{12}) \triangleq U_1 = u_{11} E_1 + u_{12} E_2.$$

由定理 11.1 证明的第三步和第四步可得

$$\overline{B}_1(\mathbb{Q}_0^{-1} U_1') \in L^2(\widetilde{\Sigma}). \tag{13.56}$$

由 $\mathbb{P}, \mathbb{Q}_0$ 的定义和 (13.56), 于是有

$$\overline{B}_1(\mathbb{P}^{-1} U_1') = \overline{B}_1(\mathbb{P}^{-1} \mathbb{Q}_0 \mathbb{Q}_0^{-1} U_1') = \overline{B}_1(\mathbb{Q}_0^{-1} U_1') - \overline{B}_1(\mathbb{P}^{-1}(\mathbb{P} - \mathbb{Q}_0) \mathbb{Q}_0^{-1} U_1') \in L^2(\widetilde{\Sigma}). \tag{13.57}$$

合并 (13.16), (13.55) 和 (13.57), 并且由 $\mathscr{P}$ 的定义可得

$$B_1(\mathscr{P}^{-1} \zeta') \in L^2(\widetilde{\Sigma}). \tag{13.58}$$

因此可得

$$B_1(\mathscr{P}^{-1} \eta') \in L^2(\Sigma). \tag{13.59}$$

类似地有

$$B_2(\mathscr{P}^{-1} \eta') \in L^2(\Sigma). \tag{13.60}$$

13.3 Naghdi 壳的正则性

本节讨论系统 (13.3) 的正则性.

定理 13.2 系统 (13.3) 也是正则的, 更精确地, 如果 $\eta(0) = \eta'(0) = 0$ 及 $\varsigma(x,t) = (\mathcal{K}_1, \mathcal{K}_2, \kappa_1, \kappa_2)(x \in \Gamma_0)$ 为阶跃输入, $\varsigma(\cdot, t) \equiv \varsigma(0) \in \mathcal{U}$, 则相应的输出响应 $\mathcal{O}$ 满足

$$\lim_{\sigma \to 0} \frac{1}{\sigma} \int_0^\sigma \mathcal{O}(t) \mathrm{d}t = (N_1(\varsigma), N_2(\varsigma), \kappa_1, \kappa_2),$$

其中

$$N_j(\varsigma) = \langle \mathcal{K}_j, \tau \rangle \tau + \sqrt{2(1+\beta)} \langle \mathcal{K}_j, n \rangle n, \quad j = 1, 2.$$

13.3 Naghdi 壳的正则性

为了证明定理 13.2, 需要一些预备结果. 由推论 4.3 可知, (13.9) 的传递函数为

$$H(\lambda) = \lambda \mathbb{B}^*(\lambda^2 + \tilde{\mathcal{A}})^{-1}\mathbb{B}, \tag{13.61}$$

其中 $\tilde{\mathcal{A}}$, $\mathbb{B}$ 和 $\mathbb{B}^*$ 分别由 (13.5), (13.6) 和 (13.8) 给定. 同时, 定理 4.2, 定理 13.1 所证明的适定性还意味着存在常数 M, σ, 使得

$$\sup_{\mathrm{Re}\lambda \geqslant \sigma} \|H(\lambda)\|_{\mathcal{L}(\mathcal{U})} = M < \infty. \tag{13.62}$$

于是有下面的命题 13.1.

命题 13.1 定理 13.2 成立, 如果对任意 $\varsigma = (\mathcal{K}_1, \mathcal{K}_2, \kappa_1, \kappa_2) \in (C_0^\infty(\Gamma, \Lambda))^2 \times (C_0^\infty(\Gamma))^2$, 下面的系统:

$$\begin{cases} \lambda^2 \eta + \mathcal{A}\eta = 0 & \text{在 } \Omega \text{ 上,} \\ \eta = \varsigma & \text{在 } \Gamma \text{ 上} \end{cases} \tag{13.63}$$

的解 η 满足

$$\lim_{\lambda \in \mathbb{R}, \lambda \to +\infty} \int_\Gamma \left| \frac{1}{\lambda}\mathcal{B}(\eta) - (N_1(\varsigma), N_2(\varsigma), \kappa_1, \kappa_2) \right|^2 \mathrm{d}\Gamma = 0, \tag{13.64}$$

其中

$$\mathcal{B}(\eta) = (B_1(\eta), B_2(\eta), b_1(\eta), b_2(\eta)), \quad N_j(\varsigma) = \langle \mathcal{K}_j, \tau \rangle \tau + \sqrt{2(1+\beta)} \langle \mathcal{K}_j, n \rangle n, \quad j = 1, 2.$$

证 由 (5.24), (13.64) 等价于

$$\lim_{\lambda \in \mathbb{R}, \lambda \to +\infty} H(\lambda)\varsigma = (N_1(\varsigma), N_2(\varsigma), \kappa_1, \kappa_2), \quad \forall \varsigma \in \mathcal{U} \tag{13.65}$$

在 $\mathcal{U}$ 的强拓扑下, 其中 $H(\lambda)$ 由 (13.61) 给定. 由 (13.62) 和稠密性讨论, 只需证明 (13.65) 对所有 $\varsigma \in (C_0^\infty(\Gamma, \Lambda))^2 \times (C_0^\infty(\Gamma))^2$ 成立.

设 $\varsigma \in (C_0^\infty(\Gamma, \Lambda))^2 \times (C_0^\infty(\Gamma))^2$, 并且令

$$\eta(x) = -((\lambda^2 + \tilde{\mathcal{A}})^{-1}\mathbb{B}\varsigma)(x),$$

则 η 满足 (13.63) 和

$$(H(\lambda)\varsigma)(x) = -\lambda \mathcal{B}(A^{-1}\eta), \quad \forall x \in \Gamma. \tag{13.66}$$

取 $\xi \in (H^2(\Omega, \Lambda))^2 \times (H^2(\Omega))^2$, 并且满足

$$\begin{cases} \mathcal{A}\xi = 0 & \text{在 } \Omega \text{ 上,} \\ \xi = \varsigma & \text{在 } \Gamma \text{ 上,} \end{cases} \tag{13.67}$$

则 (13.63) 能被写为

$$\begin{cases} \lambda^2 \eta + \mathcal{A}(\eta - \xi) = 0 & \text{在 } \Omega \text{ 上}, \\ \eta - \xi = 0 & \text{在 } \Gamma \text{ 上} \end{cases} \quad (13.68)$$

或者

$$-\lambda^2 (\mathcal{A}^{-1} \eta) = \eta - \xi.$$

因此, (13.66) 变为

$$(H(\lambda)\varsigma)(x) = \frac{1}{\lambda} \mathcal{B}(\eta) - \frac{1}{\lambda} \mathcal{B}(\xi). \quad (13.69)$$

由于 $\mathcal{B}(\xi)$ 不依赖于 λ, 所要证的结果可由 (13.65) 和 (13.69) 得到.

由第 9 章和第 11 章中使用的 Fourier 变换方法, 我们来证下面的命题 13.2.

命题 13.2 令 $a > 0$, $a + 2b > 0$ 和 $\mathcal{F} \in L^2(\Omega, \Lambda)$, 则对任意 $\mathcal{K} \in C_0^\infty(\Gamma, \Lambda)$, 方程

$$\begin{cases} \lambda^2 W + (a\delta d + (a+b)d\delta)W = \mathcal{F} & \text{在 } \Omega \text{ 上}, \\ W = \mathcal{K} & \text{在 } \Gamma \text{ 上} \end{cases} \quad (13.70)$$

的解向量 W 满足对任意 $\lambda \in (1, \infty)$,

$$\int_\Gamma \left| \frac{1}{\lambda} (\sqrt{a} \langle D_n W, \tau \rangle \tau + \sqrt{a+b} \langle D_n W, n \rangle n) - \mathcal{K} \right|^2 d\Gamma$$

$$\leqslant \frac{C}{\lambda^2} \left(\lambda \|W\|_{H^{7/2}(\Gamma, \Lambda)}^2 + \|W\|_{H^1(\Omega, \Lambda)}^2 + \|\mathcal{F}\|_{L^2(\Omega, \Lambda)}^2 \right), \quad (13.71)$$

其中 C 为某个仅与 a, b 有关的常数.

证 证明将分为四步.

第一步 扁平化和局部化. 应用 13.2 节中引入的测地法坐标系. 任给 $x_0 \in \Gamma$, 令 (h, s) 为 x_0 点的领域 V_0 上的测地法坐标系, Ψ 为相应的同胚, 使得对某个 $r > 0$ 和 x_0 点的开领域 $\Omega_{x_0} (\subset V_{x_0})$,

(1) $\Psi^{-1}(\Omega_{x_0}) = B_r = \{(h, s) \in \mathbb{R}^2, |(h, s)| \leqslant r\}$;

(2) $\Psi^{-1}(\Omega_{x_0} \cap \Omega) = B_r^+ = \{(h, s) \in B_r, s > 0\}$;

(3) $\Psi^{-1}(\Omega_{x_0} \cap \partial\Omega) = \{(h, s) \in B_r, s = 0\} = \{|h| < r\} \times \{0\}$;

(4) $\Psi^{-1}(x_0) = (0, 0)$,

其中 $|\cdot|$ 为欧几里得范数. 在此坐标系下有

$$E_1 = g_1^{-1/2}(h, s)\partial_h \triangleq \frac{1}{\sqrt{g_1(h, s)}} \frac{\partial}{\partial h}, \quad E_2 = \partial_s \triangleq \frac{\partial}{\partial s}, \quad \frac{\partial}{\partial n} = -\partial_s|_\Gamma.$$

不失一般性, 可假设 $g_1(0, 0) = 1$. 令

$$(\phi_1, \phi_2) \triangleq W = \phi_1 E_1 + \phi_2 E_2, \quad (\nu_1, \nu_2) \triangleq \mathcal{K} = \nu_1 E_1 + \nu_2 E_2.$$

13.3 Naghdi 壳的正则性

由 (13.70), (B.15) 和 (B.16) 可知, (ϕ_1, ϕ_2) 满足

$$\begin{cases} a\partial_s^2 \phi_1 + P_1(h,s,\partial_h,\partial_s)W + Q_1 W - \lambda^2 \phi_1 = -\mathcal{F}_1, \\ (a+b)\partial_s^2 \phi_2 + P_2(h,s,\partial_h,\partial_s)W + Q_2 W - \lambda^2 \phi_2 = -\mathcal{F}_2, \\ \phi_j(h,0) = \nu_j(h), \quad j=1,2, \end{cases} \quad (13.72)$$

其中

$$\begin{cases} P_1(h,s,\partial_h,\partial_s)W = (a+b)g_1^{-1}\partial_h^2 \phi_1 + bg_1^{-1/2}\partial_h\partial_s \phi_2, \\ P_2(h,s,\partial_h,\partial_s)W = ag_1^{-1}\partial_h^2 \phi_2 + bg_1^{-1/2}\partial_h\partial_s \phi_1, \end{cases} \quad (13.73)$$

并且 $Q_k (k=1,2)$ 为 B_r 上具有连续系数的一阶微分算子.

令 $\gamma > 0$ 为固定的且充分小. 由于 g_1 为 $\Psi^{-1} \cap B_r$ 上正的连续函数, 因此, 能找到 $r_0 \in (0,r)$, 使得对任意 $(h,s) \in B_{r_0}$, 成立

$$\left| g_1^{-1/2}(h,s) - g_1^{-1/2}(0,0) \right| \leqslant \gamma. \quad (13.74)$$

引入割函数 $\phi_0 = \phi_0(h,s) \in C_0^\infty(\mathbb{R}^2)$ 和 $\text{supp}(\phi_0) \subset B_{r_0}$, 使得 $0 \leqslant \phi_0 \leqslant 1$, 并且在 $B_{r_0/2}$ 上, $\phi_0 = 1$. 令

$$\chi(h,s) = \phi_0(h,s)W(h,s), \quad f(h) = \phi_0(h,0)\mathcal{K}(h), \quad \forall\, (h,s) \in \mathbb{R} \times \mathbb{R}^+, \quad (13.75)$$

则可以验证 $\chi \in H^2(\mathbb{R} \times \mathbb{R}^+)$ 且在 $\mathbb{R} \times \{s \geqslant r_0\}$ 上, $\chi(h,s) = 0$. 由 (13.72), χ 满足

$$\begin{cases} a\partial_s^2 \chi_1 + P_1(0,0,\partial_h,\partial_s)\chi - \lambda^2 \chi_1 = G_1\chi + L_1(W,\mathcal{F}), & (h,s) \in \mathbb{R}\times\mathbb{R}^+, \\ (a+b)\partial_s^2 \chi_2 + P_2(0,0,\partial_h,\partial_s)\chi - \lambda^2 \chi_2 = G_2\chi + L_2(W,\mathcal{F}), & (h,s) \in \mathbb{R}\times\mathbb{R}^+, \\ \chi(h,0) = f(h), & h \in \mathbb{R}, \end{cases} \quad (13.76)$$

其中

$$\begin{cases} G_k\chi = P_k(0,0,\partial_h,\partial_s)\chi - P_k(h,s,\partial_h,\partial_s)\chi, \\ L_k(W,\mathcal{F}) = -\phi_0(h,s)(\mathcal{F}_k - Q_k W) + [\partial_s^2,\phi_0]\phi_k + [P_k(h,s,\partial_h,\partial_s),\phi_0]W, \end{cases} k=1,2, \quad (13.77)$$

$$[\partial_s^2, \phi_0]\phi_k = \partial_s^2(\phi_0 \phi_k) - \phi_0 \partial_s^2 \phi_k,$$

$$[P_k(h,s,\partial_h,\partial_s), \phi_0]W = P_k(h,s,\partial_h,\partial_s)(\phi_0 W) - \phi_0 P_k(h,s,\partial_h,\partial_s)W.$$

显然, G_k 和 L_k 分别为二阶和一阶微分算子, 并且

$$\begin{cases} P_1(0,0,\partial_h,\partial_s)\chi = (a+b)\partial_h^2 \chi_1 + b\partial_h\partial_s \chi_2, \\ P_2(0,0,\partial_h,\partial_s)\chi = a\partial_h^2 \chi_2 + b\partial_h\partial_s \chi_1. \end{cases} \quad (13.78)$$

第二步 部分 Fourier 变换. 对任意 $\chi(\cdot, s) \in (L^2(\mathbb{R}))^2$, 固定 s. 从现在开始, 用 $\widehat{}$ 表示关于 h 的部分 Fourier 变换. 例如,

$$\widehat{\chi}(\xi, s) = \int_{\mathbb{R}} e^{-i\langle h, \xi \rangle} \chi(h, s) dh.$$

对系统 (13.76) 应用上面的 Fourier 变换可得

$$\begin{cases} a\partial_s^2 \widehat{\chi}_1 - p_1(i\xi, \partial_s)\widehat{\chi} - \lambda^2 \widehat{\chi}_1 = \widehat{G_1\chi} + L_1\widehat{(W, \mathcal{F})}, & (\xi, s) \in \mathbb{R} \times \mathbb{R}^+, \\ (a+b)\partial_s^2 \widehat{\chi}_2 - p_2(i\xi, \partial_s)\widehat{\chi} - \lambda^2 \widehat{\chi}_2 = \widehat{G_2\chi} + L_2\widehat{(W, \mathcal{F})}, & (\xi, s) \in \mathbb{R} \times \mathbb{R}^+, \\ \widehat{\chi}(\xi, 0) = \widehat{f}(\xi), & \xi \in \mathbb{R}, \end{cases} \quad (13.79)$$

其中 $p_k(i\xi, \partial_s) = P_k(0, 0, i\xi, \partial_s)(k = 1, 2)$, 即

$$\begin{cases} p_1(i\xi, \partial_s)\widehat{\chi} = (a+b)\xi^2 \widehat{\chi}_1 + ib\xi \partial_s \widehat{\chi}_2, \\ p_2(i\xi, \partial_s)\widehat{\chi} = a\xi^2 \widehat{\chi}_2 + ib\xi \partial_s \widehat{\chi}_1. \end{cases} \quad (13.80)$$

由于

$$\widehat{\chi}(\xi, s) = 0, \quad \forall (\xi, s) \in \mathbb{R} \times [r_0, \infty), \quad (13.81)$$

因而为了证明 (13.79) 的解满足 (13.81), 分解 $\widehat{\chi}(\xi, s)$ 为如下形式:

$$\widehat{\chi}(\xi, s) = \psi(\xi, s) + v(\xi, s), \quad \forall (\xi, s) \in \mathbb{R} \times \mathbb{R}^+, \quad (13.82)$$

其中 ψ 满足

$$\begin{cases} a\partial_s^2 \psi_1 - p_1(i\xi, \partial_s)\psi - \lambda^2 \psi_1 = 0, & (\xi, s) \in \mathbb{R} \times \mathbb{R}^+, \\ (a+b)\partial_s^2 \psi_2 - p_2(i\xi, \partial_s)\psi - \lambda^2 \psi_2 = 0, & (\xi, s) \in \mathbb{R} \times \mathbb{R}^+, \\ \psi(\xi, 0) = \widehat{f}(\xi), & \xi \in \mathbb{R}, \\ \lim_{s \to \infty} \psi(\xi, s) = 0, & \xi \in \mathbb{R}, \end{cases} \quad (13.83)$$

v 满足

$$\begin{cases} a\partial_s^2 v_1 - p_1(i\xi, \partial_s)v - \lambda^2 v_1 = \widehat{G_1\chi} + L_1\widehat{(W, \mathcal{F})}, & (\xi, s) \in \mathbb{R} \times \mathbb{R}^+, \\ (a+b)\partial_s^2 v_2 - p_2(i\xi, \partial_s)v - \lambda^2 v_2 = \widehat{G_2\chi} + L_3\widehat{(W, \mathcal{F})}, & (\xi, s) \in \mathbb{R} \times \mathbb{R}^+, \\ v(\xi, 0) = 0, & \xi \in \mathbb{R}, \\ v(\xi, s) = \Phi(\xi, s), & (\xi, s) \in \mathbb{R} \times [r_0, \infty), \end{cases} \quad (13.84)$$

13.3 Naghdi 壳的正则性

$\Phi(\xi, s)$ 为由系统 (13.83) 确定的向量函数, 它的具体形式将在后面给出. 最后一个等式成立是由于 (13.82) 和系统 (13.83) 的解的显式表达式.

在下面的两步中, 将给出 ψ 和 v 的估计, C 为不依赖于 λ 的正常数, 并且在不同的地方可能取值不同. 对任意向量场

$$(v_1, v_2) \triangleq v = v_1 E_1 + v_2 E_2,$$

令

$$|v|^2 = |v_1|^2 + |v_2|^2.$$

第三步 证明对任意 $\lambda \in (1, \infty)$, 有下面的关系式成立:

$$\int_{\mathbb{R}} \left| \left(\frac{1}{\lambda}(\sqrt{a}\partial_s \psi_1, \sqrt{a+b}\partial_s \psi_2) + \psi \right)_{s=0} \right|^2 d\xi \leqslant \frac{C}{\lambda^2} \|W\|^2_{H^1(\partial\Omega, \Lambda)}. \tag{13.85}$$

事实上, 设

$$z_1 = \psi_1, \quad z_2 = \partial_s \psi_1, \quad z_3 = \psi_2, \quad z_4 = \partial_s \psi_2,$$

则由 $p_k(k = 1, 2)$ 的定义可知, 系统 (13.83) 能被写为如下的一阶系统:

$$\begin{cases} z' = \mathbb{T}z, \\ (z_1, z_3)(0) = (\widehat{f}_1(\xi), \widehat{f}_2(\xi)) = \widehat{f}(\xi), \\ \lim_{s \to \infty} (z_1, z_3) = 0, \end{cases} \tag{13.86}$$

其中 $z = (z_1, z_2, z_3, z_4)$, $z' = \partial_s z$ 且

$$\mathbb{T} = \begin{pmatrix} 0 & 1 & 0 & 0 \\ \dfrac{\lambda^2 + (a+b)\xi^2}{a} & 0 & 0 & \dfrac{bi\xi}{a} \\ 0 & 0 & 0 & 1 \\ 0 & \dfrac{bi\xi}{a+b} & \dfrac{\lambda^2 + a\xi^2}{a+b} & 0 \end{pmatrix}.$$

通过直接的计算可知, $\mathbb{T}$ 的特征值 $\{\omega_i\}_{i=1}^4$ 为

$$\omega_1 = \frac{\sqrt{(a+b)(\lambda^2 + (a+b)\xi^2)}}{a+b}, \quad \omega_2 = -\frac{\sqrt{(a+b)(\lambda^2 + (a+b)\xi^2)}}{a+b},$$

$$\omega_3 = \frac{\sqrt{a(\lambda^2 + a\xi^2)}}{a}, \quad \omega_4 = -\frac{\sqrt{a(\lambda^2 + a\xi^2)}}{a},$$

$\mathbb{T}$ 的相应于特征值 ω_2 和 ω_4 的特征向量 q_2 和 q_4 分别为

$$q_2 = \left(1, -\omega_1, -\frac{\mathrm{i}\omega_1}{\xi}, \frac{\mathrm{i}\omega_1^2}{\xi}\right)^{\mathrm{T}}, \quad q_4 = \left(\frac{\mathrm{i}\omega_3}{\xi}, -\frac{\mathrm{i}\omega_3^2}{\xi}, 1, -\omega_3\right)^{\mathrm{T}}.$$

令

$$M(s) = \begin{pmatrix} \mathrm{e}^{-\omega_1 s} & \dfrac{\mathrm{i}\omega_3}{\xi}\mathrm{e}^{-\omega_3 s} \\ \dfrac{-\mathrm{i}\omega_1}{\xi}\mathrm{e}^{-\omega_1 s} & \mathrm{e}^{-\omega_3 s} \end{pmatrix}, \tag{13.87}$$

经过直接计算可得

$$\beta_0 = \det(M(0)) = \frac{\xi^2 - \omega_1 \omega_3}{\xi^2}$$

和

$$M_0^{-1} := (M(0))^{-1} = \frac{1}{\beta_0}\begin{pmatrix} 1 & -\dfrac{\mathrm{i}\omega_3}{\xi} \\ \dfrac{\mathrm{i}\omega_1}{\xi} & 1 \end{pmatrix}.$$

由常微分方程理论可知, 系统 (13.83) 的解为

$$\begin{pmatrix}\psi_1 \\ \psi_2\end{pmatrix} = M(s)M_0^{-1}\begin{pmatrix}\widehat{f}_1(\xi) \\ \widehat{f}_2(\xi)\end{pmatrix}$$

$$= \frac{1}{\xi^2 - \omega_1\omega_3}\begin{pmatrix} \xi^2 \mathrm{e}^{-\omega_1 s} - \omega_1\omega_3 \mathrm{e}^{-\omega_3 s} & -\mathrm{i}\xi\omega_3(\mathrm{e}^{-\omega_1 s} - \mathrm{e}^{-\omega_3 s}) \\ -\mathrm{i}\xi\omega_1(\mathrm{e}^{-\omega_1 s} - \mathrm{e}^{-\omega_3 s}) & -\omega_1\omega_3 \mathrm{e}^{-\omega_1 s} + \xi^2 \mathrm{e}^{-\omega_3 s} \end{pmatrix}\begin{pmatrix}\widehat{f}_1(\xi) \\ \widehat{f}_2(\xi)\end{pmatrix}.$$
$$\tag{13.88}$$

同时, 也确定了 (13.84) 中的 $\Phi(\xi,s)$, 它满足

$$\Phi(\xi,s) = -M(s)M_0^{-1}\widehat{f}^{\,\mathrm{T}}(\xi), \quad s \geqslant r_0.$$

由 (13.87) 和 (13.88), 于是有

$$\left(\frac{1}{\lambda}(\sqrt{a}\partial_s\psi_1, \sqrt{a+b}\partial_s\psi_2) + \psi\right)^{\mathrm{T}}_{s=0}$$

$$= \frac{1}{\lambda}\begin{pmatrix} -\sqrt{a}\omega_1 & \dfrac{-\mathrm{i}\sqrt{a}\omega_3^2}{\xi} \\ \dfrac{\mathrm{i}\sqrt{a+b}\omega_1^2}{\xi} & -\sqrt{a+b}\omega_3 \end{pmatrix} M_0^{-1}\widehat{f}^{\mathrm{T}}(\xi) + \widehat{f}^{\mathrm{T}}(\xi) = (\mathbb{N}_1 + \mathbb{N}_2)\widehat{f}^{\mathrm{T}}(\xi), \tag{13.89}$$

其中

$$\mathbb{N}_1 = \frac{\omega_1 - \omega_3}{\lambda\beta}\begin{pmatrix} \sqrt{a} & -\dfrac{\mathrm{i}\sqrt{a}}{\xi}\omega_3 \\ \dfrac{\mathrm{i}\sqrt{a+b}}{\xi}\omega_1 & -\sqrt{a+b} \end{pmatrix}, \quad \mathbb{N}_2 = \begin{pmatrix} \dfrac{\sqrt{a}\omega_3}{\lambda} - 1 & 0 \\ 0 & \dfrac{\sqrt{a+b}}{\lambda\omega_1} - 1 \end{pmatrix}.$$

13.3 Naghdi 壳的正则性

容易验证

$$\begin{cases} \dfrac{1}{|\beta_0|} = \dfrac{\xi^2}{\omega_1\omega_3 - \xi^2} = \dfrac{\xi^2(\xi^2 + \omega_1\omega_3)}{\omega_1^2\omega_3^2 - \xi^4} \leqslant \dfrac{(2a+b)\xi^2}{\lambda^2}, \\ |\omega_1 - \omega_3| = \dfrac{|b|\lambda^2}{(a+b)\sqrt{a(\lambda^2 + a\xi^2)} + a\sqrt{(a+b)(\lambda^2 + (a+b)\xi^2)}}, \\ \left|\dfrac{\sqrt{a}\omega_3}{\lambda} - 1\right| = \dfrac{1}{\lambda}\dfrac{a|\xi|^2}{\sqrt{\lambda^2 + a|\xi|^2} + \lambda^2} \leqslant \dfrac{\sqrt{a}|\xi|}{\lambda} \end{cases} \quad (13.90)$$

和

$$\left|\dfrac{\sqrt{a+b}\,\omega_1}{\lambda} - 1\right| \leqslant \dfrac{\sqrt{a+b}|\xi|}{\lambda}. \quad (13.91)$$

为了得到 (13.85), 仅需估计矩阵 $\mathbb{N}_1$ 和 $\mathbb{N}_2$ 中所有的元素, 但由 (13.89)$\sim$(13.91), 它们的界为 $C|\xi|/\lambda$. 因此,

$$\int_{\mathbb{R}} |(\mathbb{N}_1 + \mathbb{N}_2)\widehat{f}^{\,\mathrm{T}}(\xi)|^2 \mathrm{d}\xi \leqslant \dfrac{C}{\lambda^2}\int_{\mathbb{R}} |\xi|^2 |\widehat{f}(\xi)|^2 \mathrm{d}\xi, \quad (13.92)$$

于是得到 (13.85).

第四步 估计 $\dfrac{1}{\lambda}(\sqrt{a}\partial_s v_1(\cdot,0), \sqrt{a+b}\partial_s v_2(\cdot,0)) + v(\cdot,0)$. 将用经典的迹定理估计 $(\sqrt{a}\partial_s v_1(\cdot,0), \sqrt{a+b}\partial_s v_2(\cdot,0))$. 这需要计算 $\partial_s^2 v$ 和 $\partial_s v$. 为此, 首先估计 $\widehat{L_k(W,\mathcal{F})}$ 和 $\widehat{G_k\chi}(k = 1, 2)$.

(1) 估计 $\widehat{L_k(W,\mathcal{F})}$ 和 $\widehat{G_k\chi}$. 显然有

$$\|\widehat{L_k(W,\mathcal{F})}\|_{L^2(\mathbb{R}\times\mathbb{R}^+)} \leqslant C(\|W\|_{H^1(\Omega,\Lambda)} + \|\mathcal{F}\|_{L^2(\Omega,\Lambda)}). \quad (13.93)$$

由 (13.77) 和 Plancherel 公式, 有

$$\begin{aligned} \|\widehat{G_k\chi}\|_{L^2(\mathbb{R}\times\mathbb{R}^+)} &= (2\pi)^{\frac{1}{2}}\|G_k\chi\|_{L^2(\mathbb{R}\times\mathbb{R}^+)} \\ &\leqslant \gamma C\left(\sum_{k=1}^{2}\|\partial_h^2\chi_k\|_{L^2(\mathbb{R}\times\mathbb{R}^+)} + \sum_{k=1}^{2}\|\partial_h\partial_s\chi_k\|_{L^2(\mathbb{R}\times\mathbb{R}^+)}\right) \\ &\leqslant \gamma C\left(\||\xi|^2\widehat{\chi}\|_{(L^2(\mathbb{R}\times\mathbb{R}^+))^2} + \||\xi|\partial_s\widehat{\chi}\|_{(L^2(\mathbb{R}\times\mathbb{R}^+))^2}\right). \end{aligned} \quad (13.94)$$

由 (13.82) 和 (13.94) 可得

$$\begin{aligned} \|\widehat{G_k\chi}\|_{L^2(\mathbb{R}\times\mathbb{R}^+)} \leqslant \gamma C\big(&\||\xi|^2\psi\|_{(L^2(\mathbb{R}\times\mathbb{R}^+))^2} + \||\xi|^2 v\|_{(L^2(\mathbb{R}\times\mathbb{R}^+))^2} \\ &+ \||\xi|\partial_s\psi\|_{(L^2(\mathbb{R}\times\mathbb{R}^+))^2} + \||\xi|\partial_s v\|_{(L^2(\mathbb{R}\times\mathbb{R}^+))^2}\big). \end{aligned} \quad (13.95)$$

另一方面, 在系统 (13.84) 的第 k 个方程两边同时乘以 $-\xi^2 \overline{v}_k(k=1,2)$, 在 $\mathbb{R}\times\mathbb{R}^+$ 上分部积分. 考虑到 $\Phi(\xi,s)$ 的表达式和 (13.84) 的最后一个等式, 然后加

所得结果, 于是有

$$\int_{\mathbb{R}\times\mathbb{R}^+}(I_1+I_2+I_3+I_4)\mathrm{d}\xi\mathrm{d}s = -\sum_{k=1}^{2}\int_{\mathbb{R}\times\mathbb{R}^+}(\widehat{G_k\chi}+\widehat{L_k(W,\mathcal{F})})\xi^2\overline{v}_k\mathrm{d}\xi\mathrm{d}s, \quad (13.96)$$

其中

$$I_1 = a\xi^2|\partial_s v_1|^2 + (a+b)\xi^2|\partial_s v_2|^2, \quad I_2 = (a+b)\xi^4|v_1|^2 + a\xi^4|v_2|^2,$$
$$I_3 = 2\mathrm{Re}(ib\xi^3\overline{v_1}\partial_s v_2), \quad I_4 = \lambda^2\xi^2|v_1|^2 + \lambda^2\xi^2|v_2|^2.$$

应用 Cauchy-Schwarz 不等式有

$$|I_3| \leqslant |b|\xi^4|v_1|^2 + |b|\xi^2|\partial_s v_2|^2 \quad (13.97)$$

和

$$\left|\int_{\mathbb{R}\times\mathbb{R}^+}(\widehat{G_k\chi}+\widehat{L_k(W,\mathcal{F})})\xi^2\overline{v}_k\mathrm{d}\xi\mathrm{d}s\right|$$
$$\leqslant \|(\widehat{G_k\chi}+\widehat{L_k(W,\mathcal{F})})\|_{L^2(\mathbb{R}\times\mathbb{R}^+)}\|\xi^2\overline{v}_k\|_{L^2(\mathbb{R}\times\mathbb{R}^+)}$$
$$\leqslant C\left(\|\widehat{G_k\chi}\|_{L^2(\mathbb{R}\times\mathbb{R}^+)} + \|\widehat{L_k(W,\mathcal{F})}\|_{L^2(\mathbb{R}\times\mathbb{R}^+)}\right)\|\xi^2 v_k\|_{L^2(\mathbb{R}\times\mathbb{R}^+)}. \quad (13.98)$$

由 (13.96)~(13.98) 可得

$$\theta_0\|\xi^2 v\|_{(L^2(\mathbb{R}\times\mathbb{R}^+))^2} \leqslant C\left(\|\widehat{G\chi}\|_{(L^2(\mathbb{R}\times\mathbb{R}^+))^2} + \|\widehat{L(W,\mathcal{F})}\|_{(L^2(\mathbb{R}\times\mathbb{R}^+))^2}\right) \quad (13.99)$$

和

$$\theta_0\|\xi\partial_s v\|_{(L^2(\mathbb{R}\times\mathbb{R}^+))^2}^2 \leqslant C\left(\|\widehat{G\chi}\|_{(L^2(\mathbb{R}\times\mathbb{R}^+))^2} + \|\widehat{L(W,\mathcal{F})}\|_{(L^2(\mathbb{R}\times\mathbb{R}^+))^2}\right)\|\xi^2 v\|_{(L^2(\mathbb{R}\times\mathbb{R}^+))^2}, \quad (13.100)$$

其中 $\theta_0 = \min\{a, a+2b\}$, $G=(G_1,G_2)$, $L=(L_1,L_2)$.

由 (13.99) 和 (13.100) 可得

$$\|\xi^2 v\|_{(L^2(\mathbb{R}\times\mathbb{R}^+))^2} \leqslant C\left(\|\widehat{G\chi}\|_{(L^2(\mathbb{R}\times\mathbb{R}^+))^2} + \|\widehat{L(W,\mathcal{F})}\|_{(L^2(\mathbb{R}\times\mathbb{R}^+))^2}\right) \quad (13.101)$$

和

$$\|\xi\partial_s v\|_{(L^2(\mathbb{R}\times\mathbb{R}^+))^2} \leqslant C\left(\|\widehat{G\chi}\|_{(L^2(\mathbb{R}\times\mathbb{R}^+))^2} + \|\widehat{L(W,\mathcal{F})}\|_{(L^2(\mathbb{R}\times\mathbb{R}^+))^2}\right). \quad (13.102)$$

将 (13.101) 和 (13.102) 代入 (13.95) 可得

$$(1-\gamma C)\|\widehat{G\chi}\|_{(L^2(\mathbb{R}\times\mathbb{R}^+))^2}$$
$$\leqslant \gamma C\left(\|\xi^2\psi\|_{(L^2(\mathbb{R}\times\mathbb{R}^+))^2} + \|\xi\partial_s\psi\|_{(L^2(\mathbb{R}\times\mathbb{R}^+))^2} + \|\widehat{L(W,\mathcal{F})}\|_{(L^2(\mathbb{R}\times\mathbb{R}^+))^2}\right). \quad (13.103)$$

13.3 Naghdi 壳的正则性

另一方面，由 (13.88) 可知，对任意 $k = 1, 2$,

$$\psi_k(\xi, s) = \sum_{j=1}^{2} \left(a_{kj}(\xi)\mathrm{e}^{-\omega_1 s} + b_{jk}(\xi)\mathrm{e}^{-\omega_3 s}\right) \widehat{f}_j(\xi) \tag{13.104}$$

和

$$\partial_s \psi_k(\xi, s) = -\sum_{j=1}^{2} \left(a_{kj}(\xi)\omega_1 \mathrm{e}^{-\omega_1 s} + b_{jk}(\xi)\omega_3 \mathrm{e}^{-\omega_3 s}\right) \widehat{f}_j(\xi). \tag{13.105}$$

下面估计 $\|\xi^2\psi\|_{(L^2(\mathbb{R}\times\mathbb{R}^+))^2}$ 和 $\|\xi\partial_s\psi\|_{(L^2(\mathbb{R}\times\mathbb{R}^+))^2}$。对任意 $k, j = 1, 2$,

$$
\begin{aligned}
\left\|\xi^2 a_{kj}(\xi)\mathrm{e}^{-\omega_1 s}\widehat{f}_j(\xi)\right\|_{L^2(\mathbb{R}\times\mathbb{R}^+)} &= \left(\int_{\mathbb{R}} \left|\xi^2 a_{kj}(\xi)\widehat{f}_j(\xi)\right|^2 \left(\int_0^\infty \mathrm{e}^{-2\omega_1 s}\mathrm{d}s\right)\mathrm{d}\xi\right)^{1/2} \\
&= \left\|\frac{1}{\sqrt{2\omega_1}}\xi^2 a_{kj}(\xi)\widehat{f}_j(\xi)\right\|_{L^2(\mathbb{R})} \\
&\leqslant C \left\|(1+|\xi|)^{7/2}\widehat{f}_j(\xi)\right\|_{L^2(\mathbb{R})} \\
&\leqslant C\|W\|_{H^{7/2}(\Gamma,\Lambda)} \tag{13.106}
\end{aligned}
$$

和

$$
\begin{aligned}
\left\|\xi a_{kj}(\xi)\omega_1\mathrm{e}^{-\omega_1 s}\widehat{f}_j(\xi)\right\|_{L^2(\mathbb{R}\times\mathbb{R}^+)} &= \left(\int_{\mathbb{R}} \left|\omega_1\xi a_{kj}(\xi)\widehat{f}_j(\xi)\right|^2 \left(\int_0^\infty \mathrm{e}^{-2\omega_1 s}\mathrm{d}s\right)\mathrm{d}\xi\right)^{1/2} \\
&= \left\|\frac{\sqrt{\omega_1}}{\sqrt{2}}\xi a_{kj}(\xi)\widehat{f}_j(\xi)\right\|_{L^2(\mathbb{R})} \\
&\leqslant C \left\|\left(\sqrt{\lambda}+\sqrt{|\xi|}\right)\xi a_{kj}(\xi)\widehat{f}_j(\xi)\right\|_{L^2(\mathbb{R})} \\
&\leqslant C\left(\sqrt{\lambda}\|W\|_{H^3(\Gamma,\Lambda)} + \|W\|_{H^{7/2}(\Gamma,\Lambda)}\right) \\
&\leqslant C\sqrt{\lambda}\|W\|_{H^{7/2}(\Gamma,\Lambda)}. \tag{13.107}
\end{aligned}
$$

类似地,

$$\|\xi^2 b_{jk}(\xi)\mathrm{e}^{-\omega_3 s}\widehat{f}_j(\xi)\|_{L^2(\mathbb{R}\times\mathbb{R}^+)} \leqslant C\|W\|_{H^{7/2}(\Gamma,\Lambda)} \tag{13.108}$$

和

$$\|\xi b_{jk}(\xi)\omega_3\mathrm{e}^{-\omega_3 s}\widehat{f}_j(\xi)\|_{L^2(\mathbb{R}\times\mathbb{R}^+)} \leqslant C\sqrt{\lambda}\|W\|_{H^{7/2}(\Gamma,\Lambda)} \tag{13.109}$$

由 (13.104)~(13.109), 于是有

$$\|\xi^2\psi\|_{(L^2(\mathbb{R}\times\mathbb{R}^+))^2} \leqslant C\|W\|_{H^{7/2}(\Gamma,\Lambda)} \tag{13.110}$$

和

$$\|\xi\partial_s\psi\|_{(L^2(\mathbb{R}\times\mathbb{R}^+))^2} \leqslant C\sqrt{\lambda}\|W\|_{H^{7/2}(\Gamma,\Lambda)}. \tag{13.111}$$

最后, 由 (13.93), (13.103), (13.110) 和 (13.111) 可得

$$\|\widehat{G\chi}\|_{(L^2(\mathbb{R}\times\mathbb{R}^+))^2} \leqslant C\left(\sqrt{\lambda}\|W\|_{H^{7/2}(\Gamma,\Lambda)} + \|W\|_{H^1(\Omega,\Lambda)} + \|\mathcal{F}\|_{L^2(\Omega,\Lambda)}\right). \quad (13.112)$$

(2) 估计 $\partial_s^2 v$. 在系统 (13.84) 的第 k 个方程两边同时乘以 $\overline{\partial_s^2 v_k}(k=1,2)$, 在 $\mathbb{R}\times\mathbb{R}^+$ 上分部积分, 并且注意到 (13.84) 中最后一个等式可得

$$\begin{aligned}
&a\|\partial_s^2 v_k\|_{L^2(\mathbb{R}\times\mathbb{R}^+)}^2 + \lambda^2\|\partial_s v_k\|_{L^2(\mathbb{R}\times\mathbb{R}^+)}^2 \\
&\leqslant \int_{\mathbb{R}\times\mathbb{R}^+}|\partial_s(p_k(\mathrm{i}\xi,\partial_s)v)\partial_s\overline{v_k}|\,\mathrm{d}\xi\mathrm{d}s + \int_{\mathbb{R}\times\mathbb{R}^+}\left|(\widehat{G_k\chi} + \widehat{L_k(W,\mathcal{F})})\overline{\partial_s^2 v_k}\right|\mathrm{d}\xi\mathrm{d}s \\
&\leqslant \frac{a}{2}\|\partial_s^2 v_k\|_{L^2(\mathbb{R}\times\mathbb{R}^+)}^2 + C\left\|\widehat{G_k\chi} + \widehat{L_k(W,\mathcal{F})}\right\|_{(L^2(\mathbb{R}\times\mathbb{R}^+))^2}^2 + C\|\xi\partial_s v\|_{(L^2(\mathbb{R}\times\mathbb{R}^+))^2}^2.
\end{aligned} \quad (13.113)$$

将 (13.102) 代入 (13.113) 得到

$$\|\partial_s^2 v_k\|_{L^2(\mathbb{R}\times\mathbb{R}^+)} \leqslant C\left(\|\widehat{G\chi}\|_{(L^2(\mathbb{R}\times\mathbb{R}^+))^2} + \|\widehat{L(W,\mathcal{F})}\|_{(L^2(\mathbb{R}\times\mathbb{R}^+))^2}\right). \quad (13.114)$$

(13.114) 同 (13.93) 和 (13.112) 推出

$$\|\partial_s^2 v_k\|_{L^2(\mathbb{R}\times\mathbb{R}^+)} \leqslant C\left(\sqrt{\lambda}\|W\|_{H^{7/2}(\Gamma,\Lambda)} + \|W\|_{H^1(\Omega,\Lambda)} + \|\mathcal{F}\|_{L^2(\Omega,\Lambda)}\right). \quad (13.115)$$

(3) 估计 $\partial_s v$. 在系统 (13.84) 的第 k 个方程两边同时乘以 $-\overline{v_k}(k=1,2)$, 并利用 (13.84) 中的最后一个等式在 $\mathbb{R}\times\mathbb{R}^+$ 上分部积分可得

$$\begin{aligned}
&a\|\partial_s v_k\|_{L^2(\mathbb{R}\times\mathbb{R}^+)}^2 + \lambda^2\|v_k\|_{L^2(\mathbb{R}\times\mathbb{R}^+)}^2 \\
&\leqslant \frac{C}{\lambda^2}\left[\|\xi^2 v\|_{(L^2(\mathbb{R}\times\mathbb{R}^+))^2}^2 + \|\xi\partial_s v\|_{(L^2(\mathbb{R}\times\mathbb{R}^+))^2}^2 \right.\\
&\left.\quad + \|\widehat{G_k\chi} + \widehat{L_k(W,\mathcal{F})}\|_{L^2(\mathbb{R}\times\mathbb{R}^+)}^2\right] + \frac{\lambda^2}{2}\|v_k\|_{L^2(\mathbb{R}\times\mathbb{R}^+)}^2.
\end{aligned} \quad (13.116)$$

(13.116) 同 (13.101) 和 (13.102) 推出

$$\|\partial_s v_k\|_{L^2(\mathbb{R}\times\mathbb{R}^+)} \leqslant \frac{C}{\lambda^2}\left(\|\widehat{G\chi}\|_{(L^2(\mathbb{R}\times\mathbb{R}^+))^2} + \|\widehat{L(W,\mathcal{F})}\|_{(L^2(\mathbb{R}\times\mathbb{R}^+))^2}\right). \quad (13.117)$$

于是由 (13.93), (13.112) 和 (13.117) 得到

$$\|\partial_s v_k\|_{L^2(\mathbb{R}\times\mathbb{R}^+)} \leqslant C\left(\sqrt{\lambda}\|W\|_{H^{7/2}(\Gamma,\Lambda)} + \|W\|_{H^1(\Omega,\Lambda)} + \|\mathcal{F}\|_{L^2(\Omega,\Lambda)}\right). \quad (13.118)$$

(4) 估计 $\partial_s v_k(\cdot,0)$. 使用下面标准的不等式:

$$\begin{aligned}
\int_{\mathbb{R}}|\partial_s v_k(\cdot,0)|^2\mathrm{d}\xi &= -2\int_{\mathbb{R}}\int_0^{\infty}\mathrm{Re}\left(\partial_s v_k(\xi,s)\partial_s^2 v_k(\xi,s)\right)\mathrm{d}s\mathrm{d}\xi \\
&\leqslant \|\partial_s v_k\|_{L^2(\mathbb{R}\times\mathbb{R}^+)}^2 + \|\partial_s^2 v_k\|_{L^2(\mathbb{R}\times\mathbb{R}^+)}^2.
\end{aligned} \quad (13.119)$$

13.3 Naghdi 壳的正则性

(13.119) 同 (13.115) 和 (13.118) 推出如下关于 v 所需的估计:

$$\int_{\mathbb{R}} \left| \left(\frac{1}{\lambda}(\sqrt{a}\partial_s v_1, \sqrt{a+b}v_2) + v \right)_{s=0} \right|^2 d\xi$$
$$\leqslant \frac{C}{\lambda^2} \left(\lambda \|W\|^2_{H^{7/2}(\Gamma,\Lambda)} + \|W\|^2_{H^1(\Omega,\Lambda)} + \|\mathcal{F}\|^2_{L^2(\Omega,\Lambda)} \right). \tag{13.120}$$

这里用到了 (13.84) 给出的事实 $v(\xi,0)=0$.

合并 (13.82), (13.85) 和 (13.120) 可得

$$\int_{\mathbb{R}} \left| \left(\frac{1}{\lambda}(\sqrt{a}\partial_s \widehat{\chi_1}, \sqrt{a+b}\partial_s \widehat{\chi_2}) + \widehat{\chi} \right)_{s=0} \right|^2 d\xi$$
$$\leqslant \frac{C}{\lambda^2} \left(\lambda \|W\|^2_{H^{7/2}(\Gamma,\Lambda)} + \|W\|^2_{H^1(\Omega,\Lambda)} + \|\mathcal{F}\|^2_{L^2(\Omega,\Lambda)} \right), \tag{13.121}$$

于是由 Parseval 公式可得

$$\int_{\mathbb{R}} \left| \left(\frac{1}{\lambda}(\sqrt{a}\partial_s \chi_1, \sqrt{a+b}\partial_s \chi_2) + \chi \right)_{s=0} \right|^2 dx$$
$$\leqslant \frac{C}{\lambda^2} \left(\lambda \|W\|^2_{H^{7/2}(\Gamma,\Lambda)} + \|W\|^2_{H^1(\Omega,\Lambda)} + \|\mathcal{F}\|^2_{L^2(\Omega,\Lambda)} \right). \tag{13.122}$$

由 (13.75), 于是从 (13.122) 得到

$$\int_{|h|<r_0/2} \left| \left(\frac{1}{\lambda}(\sqrt{a}\partial_s \phi_1, \sqrt{a+b}\partial_s \phi_2) + W \right)_{s=0} \right|^2 dh$$
$$\leqslant \frac{C}{\lambda^2} \left(\lambda \|W\|^2_{H^{7/2}(\Gamma,\Lambda)} + \|W\|^2_{H^1(\Omega,\Lambda)} + \|\mathcal{F}\|^2_{L^2(\Omega,\Lambda)} \right). \tag{13.123}$$

另一方面, 在局部坐标系 (h,s) 下有

$$n = -\partial_s = -E_2, \quad \tau = E_1 \tag{13.124}$$

和

$$D_n W = -D_{\partial_s} W = -\partial_s \phi_1 E_1 - \partial_s \phi_2 E_2 - (\phi_1 D_{\partial_s} E_1 + \phi_2 D_{\partial_s} E_2). \tag{13.125}$$

由 (13.124) 和 (13.125), 于是有

$$\left| \frac{1}{\lambda}\sqrt{a}\langle D_n W, \tau \rangle - \langle W, \tau \rangle \right|^2$$
$$= \left| -\frac{1}{\lambda}\sqrt{a}\langle \partial_s \phi_1 E_1 + \partial_s \phi_2 E_2 + (\phi_1 D_{\partial_s} E_1 + \phi_2 D_{\partial_s} E_2), E_1 \rangle - \langle \phi_1 E_1 + \phi_2 E_2, E_1 \rangle \right|^2$$
$$= \left| \frac{1}{\lambda}\sqrt{a}\partial_s \phi_1 + \phi_1 + \frac{1}{\lambda}\sqrt{a}\langle \phi_1 D_{\partial_s} E_1 + \phi_2 D_{\partial_s} E_2, E_1 \rangle \right|^2$$

$$\leqslant 2\left|\frac{1}{\lambda}\sqrt{a}\partial_s\phi_1 E_1+\phi_1\right|^2+\frac{C}{\lambda^2}|\langle\phi_1 D_{\partial_s}E_1+\phi_2 D_{\partial_s}E_2,E_1\rangle|^2$$

$$\leqslant 2\left|\frac{1}{\lambda}\sqrt{a}\partial_s\phi_1 E_1+\phi_1\right|^2+\frac{C}{\lambda^2}|W|^2 \tag{13.126}$$

和

$$\left|\frac{1}{\lambda}\sqrt{a+b}\langle D_n W,n\rangle-\langle W,n\rangle\right|^2$$

$$=\left|\frac{1}{\lambda}\sqrt{a+b}\langle\partial_s\phi_1 E_1+\partial_s\phi_2 E_2+(\phi_1 D_{\partial_s}E_1+\phi_2 D_{\partial_s}E_2),E_2\rangle+\langle\phi_1 E_1+\phi_2 E_2,E_2\rangle\right|^2$$

$$=\left|\frac{1}{\lambda}\sqrt{a+b}\partial_s\phi_2 E_2+\phi_2+\frac{1}{\lambda}\sqrt{a+b}\langle\phi_1 D_{\partial_s}E_1+\phi_2 D_{\partial_s}E_2,E_2\rangle\right|^2$$

$$\leqslant 2\left|\frac{1}{\lambda^2}\sqrt{a+b}\partial_s\phi_2 E_1+\phi_2\right|^2+\frac{C}{\lambda^2}|W|^2. \tag{13.127}$$

由 (13.123), (13.126), (13.127) 和关于 Ψ 的坐标变换可得

$$\int_{\tilde{\Omega}_{x_0}\cap\partial\Omega}\left|\frac{1}{\lambda}\sqrt{a}\langle D_n W,\tau\rangle-\langle W,\tau\rangle\right|^2\mathrm{d}x$$

$$\leqslant\frac{C}{\lambda^2}\left(\lambda\|W\|^2_{H^{7/2}(\Gamma,\Lambda)}+\|W\|^2_{H^1(\Omega,\Lambda)}+\|\mathcal{F}\|^2_{L^2(\Omega,\Lambda)}\right) \tag{13.128}$$

和

$$\int_{\tilde{\Omega}_{x_0}\cap\partial\Omega}\left|\frac{1}{\lambda}\sqrt{a+b}\langle D_n W,n\rangle-\langle W,n\rangle\right|^2\mathrm{d}x$$

$$\leqslant\frac{C}{\lambda^2}\left(\lambda\|W\|^2_{H^{7/2}(\Gamma,\Lambda)}+\|W\|^2_{H^1(\Omega,\Lambda)}+\|\mathcal{F}\|^2_{L^2(\Omega,\Lambda)}\right), \tag{13.129}$$

其中 $\tilde{\Omega}_{x_0}\subset\Omega_{x_0}$ 为 $x_0\in\partial\Omega$ 点的开邻域. 由于 x_0 为任意选取的, 于是由 (13.128) 和 (13.129) 容易导出

$$\left\|\frac{1}{\lambda}(\sqrt{a}\langle D_n W,\tau\rangle\tau+\sqrt{a+b}\langle D_n W,n\rangle n)-W\right\|^2_{L^2(\Gamma,\Lambda)}$$

$$\leqslant\frac{C}{\lambda^2}\left(\lambda\|W\|^2_{H^{7/2}(\Gamma,\Lambda)}+\|W\|^2_{H^1(\Omega,\Lambda)}+\|\mathcal{F}\|^2_{L^2(\Omega,\Lambda)}\right). \tag{13.130}$$

证毕. ∎

注 13.4 系统 (13.86) 实际上为边值问题, 一般地, 边值问题的解不唯一. 这里通过解常微分方程和应用系统 (13.86) 中的边值条件得到了系统的显式唯一解.

注意到对任意 $w\in C^\infty(\overline{\Omega})$ 有 $\delta dw=-\Delta w$. 类似于命题 13.2 的证明, 可得下面的命题 13.3.

13.3 Naghdi 壳的正则性

命题 13.3 令 $f \in L^2(\Omega)$, 则对任意函数 $\kappa \in C_0^\infty(\Gamma)$, 方程

$$\begin{cases} \lambda^2 w - \Delta w = f & \text{在 } \Omega \text{ 上}, \\ w = \kappa & \text{在 } \Gamma \text{ 上} \end{cases} \tag{13.131}$$

的解 w 满足对任意 $\lambda \in (1, \infty)$, 成立

$$\int_\Gamma \left| \frac{1}{\lambda} \frac{\partial w}{\partial n} - \kappa \right|^2 d\Gamma \leqslant \frac{C}{\lambda^2} (\lambda \|w\|_{H^{7/2}(\Gamma)}^2 + \|w\|_{H^1(\Omega)}^2 + \|f\|_{L^2(\Omega)}^2). \tag{13.132}$$

定理 13.2 的证明 由 $\eta = (W_1, W_2, w_1, w_2)$ 为系统 (13.63) 的解, 并且 $\Delta_\mu = -(\delta d + 2(1+\beta) d\delta)$ 可知, W_k 和 $w_k (k = 1, 2)$ 分别满足

$$\begin{cases} \lambda^2 W_k + (\delta d + 2(1+\beta) d\delta) W_k = -\mathcal{F}_k(\eta) & \text{在 } \Omega \text{ 上}, \\ W_k = \mathcal{K}_k & \text{在 } \Gamma \text{ 上} \end{cases} \tag{13.133}$$

和

$$\begin{cases} \lambda^2 w_k - \Delta w_k = -f_k(\eta) & \text{在 } \Omega \text{ 上}, \\ w_k = \kappa_k & \text{在 } \Gamma \text{ 上}. \end{cases} \tag{13.134}$$

令 $W = W_k$ 和 $w = w_k (k = 1, 2)$, 分别应用命题 13.2 和命题 13.3 可得

$$\begin{aligned}
& \left\| \frac{1}{\lambda} (\langle D_n W_k, \tau \rangle \tau + \sqrt{2(1+\beta)} \langle D_n W_k, n \rangle n) - \mathcal{K}_k \right\|_{L^2(\Gamma, \Lambda)}^2 \\
& \leqslant \frac{C}{\lambda^2} \left(\lambda \|W_k\|_{H^{7/2}(\Gamma, \Lambda)}^2 + \|W_k\|_{H^1(\Omega, \Lambda)}^2 + \|\mathcal{F}_k(\eta)\|_{L^2(\Omega, \Lambda)}^2 \right) \\
& \leqslant \frac{C}{\lambda^2} \left(\lambda \|W_k\|_{H^{7/2}(\Gamma, \Lambda)}^2 + \|\eta\|_{(H^1(\Omega, \Lambda))^2 \times (H^1(\Omega))^2}^2 \right)
\end{aligned} \tag{13.135}$$

和

$$\begin{aligned}
\int_\Gamma \left| \frac{1}{\lambda} \frac{\partial w_k}{\partial n} - \kappa_k \right|^2 d\Gamma & \leqslant \frac{C}{\lambda^2} (\lambda \|w_k\|_{H^{7/2}(\Gamma)}^2 + \|w_k\|_{H^1(\Omega)}^2 + \|f_k(\eta)\|_{L^2(\Omega)}^2) \\
& \leqslant \frac{C}{\lambda^2} (\lambda \|w_k\|_{H^{7/2}(\Gamma)}^2 + \|\eta\|_{(H^1(\Omega, \Lambda))^2 \times (H^1(\Omega))^2}^2).
\end{aligned} \tag{13.136}$$

在系统 (13.63) 两边同时乘以 $\overline{\eta}$, 应用公式 II 可得

$$\mathbb{P}(\eta, \overline{\eta}) + \lambda^2 \|\eta\|_{(L^2(\Omega, \Lambda))^2 \times (L^2(\Omega))^2}^2 = \int_\Gamma \partial (\mathcal{A}\eta, \overline{\eta}) d\Gamma. \tag{13.137}$$

由 $\mathbb{P}(\eta, \overline{\eta})$ 的表达式和 $\partial (\mathcal{A}\eta, \overline{\eta})$ 有

$$C \|\eta\|_{(H^1(\Omega, \Lambda))^2 \times (H^1(\Omega))^2}^2 \leqslant \mathbb{P}(\eta, \overline{\eta}) + \lambda^2 \|\eta\|_{(L^2(\Omega, \Lambda))^2 \times (L^2(\Omega))^2}^2 \tag{13.138}$$

和
$$\partial(\mathcal{A}\eta, \overline{\eta}) = \langle B_1(\eta), \mathcal{K}_1\rangle + \langle B_2(\eta), \mathcal{K}_2\rangle + b_1(\eta)\kappa_1 + b_2(\eta)\kappa_2. \tag{13.139}$$

下面估计 (13.139) 右端的每一项.

$$\begin{aligned}
|\langle B_1(\eta), \mathcal{K}_1\rangle| &= |[2\Upsilon(\eta)(n,n) + 2\beta(\text{tr}\Upsilon(\eta) + w_2/\sqrt{\gamma})]\langle \mathcal{K}_1, n\rangle + 2\Upsilon(\eta)(n,\tau)\langle \mathcal{K}_1, \tau\rangle| \\
&= |2(1+\beta)DW_1(n,n)\langle \mathcal{K}_1, n\rangle + 2[w_1\Pi(n,n) + \beta(DW_1(\tau,\tau) \\
&\quad + w_2/\sqrt{\gamma})]\langle \mathcal{K}_1, n\rangle + [DW_1(n,\tau) + DW_1(\tau,n) + 2w_1\Pi(n,\tau)]\langle \mathcal{K}_1, \tau\rangle| \\
&\leqslant \left|\lambda\sqrt{2(1+\beta)}\left(\frac{1}{\lambda}\sqrt{2(1+\beta)}\langle D_nW_1, n\rangle - \langle \mathcal{K}_1, n\rangle\right)\langle \mathcal{K}_1, n\rangle\right| \\
&\quad + \lambda\sqrt{2(1+\beta)}|\langle \mathcal{K}_1, n\rangle|^2 + \left|\lambda\left(\frac{1}{\lambda}\langle D_nW_1, \tau\rangle - \langle \mathcal{K}_1, \tau\rangle\right)\langle \mathcal{K}_1, \tau\rangle\right| \\
&\quad + \lambda|\langle \mathcal{K}_1, \tau\rangle|^2 + |\eta|^2 + |D_\tau W_1|^2 + |\mathcal{K}_1|^2 \\
&\leqslant \lambda\varepsilon\left|\frac{1}{\lambda}\sqrt{2(1+\beta)}\langle D_nW_1, n\rangle - \langle \mathcal{K}_1, n\rangle\right|^2 + \lambda C_\varepsilon|\langle \mathcal{K}_1, n\rangle|^2 \\
&\quad + \lambda C|\mathcal{K}_1|^2 + \lambda\varepsilon\left|\frac{1}{\lambda}\langle D_nW_1, \tau\rangle - \langle \mathcal{K}_1, \tau\rangle\right|^2 + \lambda C_\varepsilon|\langle \mathcal{K}_1, \tau\rangle|^2 \\
&\quad + \lambda|\mathcal{K}_1|^2 + |\eta|^2 + |D_\tau W_1|^2 + |\mathcal{K}_1|^2 \\
&\leqslant \lambda\varepsilon\left|\frac{1}{\lambda}\sqrt{2(1+\beta)}\langle D_nW_1, n\rangle n + \frac{1}{\lambda}\langle D_nW_1, \tau\rangle\tau - \mathcal{K}_1\right|^2 \\
&\quad + \lambda C_\varepsilon|\mathcal{K}_1|^2 + C|\eta|^2 + C|D_\tau W_1|^2.
\end{aligned} \tag{13.140}$$

类似地,

$$\begin{aligned}
|\langle B_2(\eta), \mathcal{K}_2\rangle| &\leqslant \lambda\varepsilon\left|\frac{1}{\lambda}\sqrt{2(1+\beta)}\langle D_nW_2, n\rangle n + \frac{1}{\lambda}\langle D_nW_2, \tau\rangle\tau - \mathcal{K}_2\right|^2 \\
&\quad + \lambda C_\varepsilon|\mathcal{K}_2|^2 + C|\eta|^2 + C|D_\tau W_2|^2,
\end{aligned} \tag{13.141}$$

$$|b_1(\eta)\kappa_1| \leqslant \lambda\varepsilon\left|\frac{1}{\lambda}\frac{\partial w_1}{\partial n} - \kappa_1\right|^2 + \lambda C_\varepsilon|\kappa_1|^2 + C|\eta|^2 \tag{13.142}$$

和

$$|b_2(\eta)\kappa_2| \leqslant \lambda\varepsilon\left|\frac{1}{\lambda}\frac{\partial w_2}{\partial n} - \kappa_2\right|^2 + \lambda C_\varepsilon|\kappa_2|^2, \tag{13.143}$$

其中 ε 为正实数, C_ε 为不依赖于 λ 的正实数.

将 (13.139)~(13.143) 代入 (13.138) 可得

$$\begin{aligned}
&\frac{1}{\lambda^2}\|\eta\|^2_{(H^1(\Omega,\Lambda))^2 \times (H^1(\Omega))^2} \\
&\leqslant \frac{\varepsilon}{\lambda}\sum_{j=1}^{2}\left\|\frac{1}{\lambda}\sqrt{2(1+\beta)}\langle D_nW_j, n\rangle n + \frac{1}{\lambda}\langle D_nW_j, \tau\rangle\tau - \mathcal{K}_j\right\|^2_{L^2(\Gamma,\Lambda)}
\end{aligned}$$

13.3 Naghdi 壳的正则性

$$+\frac{\varepsilon}{\lambda}\sum_{j=1}^{2}\left\|\frac{1}{\lambda}\frac{\partial w_j}{\partial n}-\kappa_j\right\|_{L^2(\Gamma)}^2+\frac{C_\varepsilon}{\lambda}\|\eta\|_{(L^2(\Gamma,\Lambda))^2\times(L^2(\Gamma))^2}^2+\frac{C}{\lambda}\sum_{j=1}^{2}\|D_\tau W_j\|_{L^2(\Gamma,\Lambda)}^2.$$
(13.144)

合并 (13.135), (13.136) 和 (13.144), 并且利用 $H^{7/2}(\Gamma,\Lambda) \subset H^1(\Gamma,\Lambda) \subset L^2(\Gamma,\Lambda)$ 和 $H^{7/2}(\Gamma) \subset H^1(\Gamma) \subset L^2(\Gamma)$ 可知, 对任意 $\lambda \in (1,\infty)$, (13.63) 的任意解 $\eta \in (H^4(\Omega,\Lambda))^2 \times (H^4(\Omega))^2$ 满足

$$(1-C\varepsilon)\sum_{j=1}^{2}\left(\left\|\frac{1}{\lambda}\sqrt{2(1+\beta)}\langle D_nW_j,n\rangle n+\frac{1}{\lambda}\langle D_nW_j,\tau\rangle\tau\right.\right.$$
$$\left.-\mathcal{K}_j\right\|_{L^2(\Gamma,\Lambda)}^2+\left\|\frac{1}{\lambda}\frac{\partial w_j}{\partial n}-\kappa_j\right\|_{L^2(\Gamma)}^2\Bigg)$$
$$\leqslant \frac{C_\varepsilon}{\lambda}\|\eta\|_{(H^{7/2}(\Gamma,\Lambda))^2\times(H^{7/2}(\Gamma))^2}^2.$$

取 $\varepsilon = 1/(2C)$, 则得到

$$\sum_{j=1}^{2}\left(\left\|\frac{1}{\lambda}\sqrt{2(1+\beta)}\langle D_nW_j,n\rangle n+\frac{1}{\lambda}\langle D_nW_j,\tau\rangle\tau-\mathcal{K}_j\right\|_{L^2(\Gamma,\Lambda)}^2+\left\|\frac{1}{\lambda}\frac{\partial w_j}{\partial n}-\kappa_j\right\|_{L^2(\Gamma)}^2\right)$$
$$\leqslant \frac{C}{\lambda}\|\eta\|_{(H^{7/2}(\Gamma,\Lambda))^2\times(H^{7/2}(\Gamma))^2}^2. \tag{13.145}$$

因此,

$$\lim_{\lambda\to\infty}\left\|\frac{1}{\lambda}\sqrt{2(1+\beta)}\langle D_nW_j,n\rangle n+\frac{1}{\lambda}\langle D_nW_j,\tau\rangle\tau-\mathcal{K}_j\right\|_{L^2(\Gamma,\Lambda)}^2=0,\quad j=1,2 \tag{13.146}$$

和

$$\lim_{\lambda\to\infty}\left\|\frac{1}{\lambda}\frac{\partial w_j}{\partial n}-\kappa_j\right\|_{L^2(\Gamma)}^2=0,\quad j=1,2. \tag{13.147}$$

由 $B_1(\eta)$ 的定义有

$$\left|\frac{1}{\lambda}B_1(\eta)-\sqrt{2(1+\beta)}\langle\mathcal{K}_1,n\rangle n-\langle\mathcal{K}_1,\tau\rangle\tau\right|^2$$
$$=\left|\frac{1}{\lambda}(2(1+\beta)\langle D_nW_1,n\rangle+2w_1\Pi(n,n)+2\beta(\langle D_\tau W_1,\tau\rangle+w_2/\sqrt{\gamma}))-\sqrt{2(1+\beta)}\langle\mathcal{K}_1,n\rangle\right|^2$$
$$+\left|\frac{1}{\lambda}(\langle D_nW_1,\tau\rangle+\langle D_\tau W_1,n\rangle+2w_1\Pi(n,\tau))-\langle\mathcal{K}_1,\tau\rangle\right|^2$$
$$\leqslant 2\left|\frac{1}{\lambda}\sqrt{2(1+\beta)}\langle D_nW_1,n\rangle-\langle\mathcal{K}_1,n\rangle\right|^2+\frac{2}{\lambda}\left|2w_1\Pi(n,n)+2\beta(\langle D_\tau W_1,\tau\rangle+w_2/\sqrt{\gamma})\right|^2$$
$$+2\left|\frac{1}{\lambda}\langle D_nW_1,\tau\rangle-\langle\mathcal{K}_1,\tau\rangle\right|^2+\frac{2}{\lambda}\left|\langle D_\tau W_1,n\rangle+2w_1\Pi(n,\tau)\right|^2$$

$$\leqslant 2\left|\frac{1}{\lambda}\sqrt{2(1+\beta)}\langle D_nW_1,n\rangle n+\frac{1}{\lambda}\langle D_nW_1,\tau\rangle\tau-\mathcal{K}_1\right|^2+\frac{C}{\lambda}(|\eta|^2+|D_\tau W_1|^2). \quad (13.148)$$

类似地,

$$\left|\frac{1}{\lambda}B_2(\eta)-\sqrt{2(1+\beta)}\langle\mathcal{K}_2,n\rangle n-\langle\mathcal{K}_2,\tau\rangle\tau\right|^2$$

$$\leqslant 2\left|\frac{1}{\lambda}\sqrt{2(1+\beta)}\langle D_nW_2,n\rangle n+\frac{1}{\lambda}\langle D_nW_2,\tau\rangle\tau-\mathcal{K}_2\right|^2+\frac{C}{\lambda}(|\eta|^2+|D_\tau W_2|^2), \quad (13.149)$$

$$\left|\frac{1}{\lambda}b_1(\eta)-\kappa_1\right|^2\leqslant 2\left|\frac{1}{\lambda}\frac{\partial w_1}{\partial n}-\kappa_1\right|^2+\frac{C}{\lambda}|\eta|^2 \quad (13.150)$$

和

$$\left|\frac{1}{\lambda}b_2(\eta)-\kappa_2\right|^2=\left|\frac{1}{\lambda}\frac{\partial w_2}{\partial n}-\kappa_2\right|^2. \quad (13.151)$$

结合 (13.146)~(13.151) 可得

$$\lim_{\lambda\to\infty}\left\|\frac{1}{\lambda}B_j(\eta)-\sqrt{2(1+\beta)}\langle\mathcal{K}_j,n\rangle n-\langle\mathcal{K}_j,\tau\rangle\tau\right\|^2_{L^2(\Gamma,\Lambda)}=0, \quad j=1,2 \quad (13.152)$$

和

$$\lim_{\lambda\to\infty}\left\|\frac{1}{\lambda}b_j(\eta)-\kappa_j\right\|^2_{L^2(\Gamma)}=0, \quad j=1,2. \quad (13.153)$$

定理 13.2 得证. ∎

13.4 不适定系统的例子

前面讨论的几种不同的控制系统都是适定且正则的, 由此可以看到, 适定且正则的线性系统包括一大类具有无界控制算子和观测算子的无穷维系统, 将来还会不断有新的、具有物理意义的控制系统加入到适定线性系统的行列中来. 把这些系统纳入抽象理论的框架, 这些系统就有了系统学意义下的共同性质而不需个别地讨论. 最多提到的是可控性和指数稳定性之间的等价性, 但这并不是说, 所有的偏微分方程控制系统都是适定且正则的. 事实上, 不是适定且正则的系统可能远多过适定且正则的系统. 具有物理意义的适定非正则偏微分方程控制系统目前还没有看到, 但不适定的系统已经发现了很多, 本节给出这样的例子. 从这个意义上来说, 无穷维线性系统的抽象理论还有很多发展的余地.

本节断言: 高维具有部分 Neumann 边界控制和同位观测的波动方程当空间变量维数大于 1 时一般不是适定的.

13.4 不适定系统的例子

考虑如下具有 Neumann 边界控制和同位观测的高维波动方程系统:

$$\begin{cases} w_{tt}(x,t) - \Delta w(x,t) = 0, & x \in \Omega, t > 0, \\ w(x,t) = 0, & x \in \Gamma_0, t \geqslant 0, \\ \dfrac{\partial w}{\partial \nu}(x,t) = u(x,t), & x \in \Gamma_1, t \geqslant 0, \\ w(x,0) = w_0(x), w_t(x,0) = w_1(x), & x \in \Omega, \\ y_{\text{out}}(x,t) = w_t(x,t), & x \in \Gamma_1, t \geqslant 0, \end{cases} \quad (13.154)$$

其中 $\Omega \subset \mathbb{R}^n (n \geqslant 2)$ 为具有 C^2 光滑边界 $\partial\Omega = \overline{\Gamma_0} \cup \overline{\Gamma_1}$ 的有界区域, Γ_0 和 Γ_1 为 $\partial\Omega$ 的相对开集, 并且 $\overline{\Gamma_0} \cap \overline{\Gamma_1} = \varnothing$, Γ_0 和 Γ_1 的内部均非空, ν 表示 $\partial\Omega$ 上的单位外法向量.

令 $\mathcal{H} = H^1_E(\Omega) \times L^2(\Omega)$ 为状态 Hilbert 空间, $U = L^2(\Gamma_1)$ 为控制或观测 Hilbert 空间, 其中

$$H^1_E(\Omega) = \left\{ \phi \in H^1(\Omega) \,\middle|\, \phi|_{\Gamma_0} = 0 \right\}.$$

首先将系统 (13.154) 化成二阶同位抽象系统. 令 $H = L^2(\Omega)$, 定义 H 中的算子 A 如下:

$$A\phi = -\Delta\phi, \quad D(A) = \left\{ \phi \in H^2(\Omega) \,\middle|\, \phi|_{\Gamma_0} = 0, \left.\dfrac{\partial\phi}{\partial\nu}\right|_{\Gamma_1} = 0 \right\},$$

则 A 是 H 中的正定自伴算子, 并且 $D(A^{\frac{1}{2}}) \equiv H^1_E(\Omega)$ 是 $H^2(\Omega)$ 的闭子空间. 赋予内积

$$\langle \phi, \psi \rangle_{H^1_E(\Omega)} = \langle \nabla\phi, \nabla\psi \rangle_{L^2(\Omega)} = \int_\Omega \nabla\phi \cdot \nabla\overline{\psi}\, dx, \quad \forall\, \phi, \psi \in H^1_E(\Omega).$$

再定义 $\widetilde{A} \in \mathcal{L}([D(A^{1/2})], [D(A^{\frac{1}{2}})]')$ 为 A 的延拓,

$$\langle \widetilde{A}f, g \rangle_{[D(A^{\frac{1}{2}})]', [D(A^{\frac{1}{2}})]} = \langle A^{\frac{1}{2}}f, A^{\frac{1}{2}}g \rangle_{L^2(\Omega)}, \quad \forall\, f, g \in D(A^{\frac{1}{2}}) \equiv H^1_E(\Omega). \quad (13.155)$$

引入映射 G,

$$\phi = Gu \Leftrightarrow \left\{ \text{在 } \Omega \text{ 中}, \Delta\phi = 0; \text{ 在 } \Gamma_0 \text{ 上}, \phi = 0; \text{ 在 } \Gamma_1 \text{ 上}, \dfrac{\partial\phi}{\partial\nu} = u \right\}.$$

由椭圆正则性的定理 1.54 可知, $G \in \mathcal{L}(L^2(\Gamma_1), H^{\frac{3}{2}}(\Omega))$.

通过映射 G, 将 (13.154) 重写为

$$\ddot{w} + A(w - Gu) = 0 \quad \text{或} \quad \ddot{w} + \widetilde{A}w = Bu,$$

其中 $B \in \mathcal{L}(U, [D(A^{\frac{1}{2}})]')$ 由下式给定:

$$Bu = \widetilde{A}Gu, \quad \forall\, u \in U. \tag{13.156}$$

由下式来计算 B 的共轭算子 $B^* \in \mathcal{L}(D(A^{\frac{1}{2}}), U)$:

$$\langle Bu, f\rangle_{[D(A^{\frac{1}{2}})]', D(A^{\frac{1}{2}})} = \langle u, B^*f\rangle_U, \quad \forall\, u \in U, f \in D(A^{\frac{1}{2}}).$$

设 $f \in D(A^{\frac{1}{2}}), u \in U$, 则有

$$\begin{aligned}
\langle Bu, f\rangle_{[D(A^{\frac{1}{2}})]', D(A^{\frac{1}{2}})} &= \langle \widetilde{A}Gu, f\rangle_{[D(A^{\frac{1}{2}})]', D(A^{\frac{1}{2}})} \\
&= \langle A^{\frac{1}{2}}Gu, A^{\frac{1}{2}}f\rangle_{L^2(\Omega)} = \int_\Omega \nabla(Gu) \cdot \nabla \overline{f}\, dx \\
&= -\int_\Omega \Delta(Gu)\overline{f}\, dx + \int_{\partial\Omega} \frac{\partial(Gu)}{\partial \nu}\overline{f}\, d\Gamma \\
&= \int_{\Gamma_1} u\overline{f}\, d\Gamma = \langle u, f\rangle_U.
\end{aligned}$$

因此,

$$B^*f = f|_{\Gamma_1}, \quad \forall\, f \in D(A^{1/2}), \tag{13.157}$$

则系统 (13.154) 进一步化为状态空间 $\mathcal{H} = H_E^1(\Omega) \times L^2(\Omega)$ 中的二阶抽象形式

$$\begin{cases} \ddot{w} + \widetilde{A}w = Bu, \\ y_{\text{out}} = B^*w_t. \end{cases} \tag{13.158}$$

系统 (13.158) 还可以化为状态空间 $\mathcal{H}$ 中的一阶抽象形式

$$\begin{cases} \dfrac{d}{dt}\begin{bmatrix} w \\ w_t \end{bmatrix} = \mathcal{A}\begin{bmatrix} w \\ w_t \end{bmatrix} + \mathcal{B}u, \\ y(t) = \mathcal{B}^*\begin{bmatrix} w \\ w_t \end{bmatrix}, \end{cases} \tag{13.159}$$

其中

$$\mathcal{A} = \begin{bmatrix} 0 & I \\ -A & 0 \end{bmatrix}, \quad D(\mathcal{A}) = D(A) \times D(A^{\frac{1}{2}}), \quad \mathcal{B} = \begin{bmatrix} 0 \\ B \end{bmatrix}, \quad \mathcal{B}^* = [0, B^*].$$

当初始状态 $w_0 = w_1 = 0$ 时, 定义系统 (13.154) 的输入/输出映射为

$$F_T : L^2(0, T; L^2(\Gamma_1)) \to L^2(0, T; L^2(\Gamma_1)),$$

则有 $F_T(u) = w_t$. 为了说明 F_T 不是连续的, 从而系统 (13.154) 是非适定的, 只需考虑二维半空间的情形即可,

13.4 不适定系统的例子

$$\begin{cases} w_{tt} = w_{xx} + w_{yy} & \text{在 } Q = \Omega \times (0, +\infty) \text{ 中}, \\ w(\cdot, 0) = 0, w_t(\cdot, 0) = 0 & \text{在 } \Omega \text{ 中}, \\ w_x(0, y, t) = u(y, t) & \text{在 } \Sigma = \Gamma \times (0, +\infty) \text{ 上}, \\ y_{\text{out}}(y, t) = w_t(0, y, t) & \text{在 } \Sigma \text{ 上}, \end{cases} \quad (13.160)$$

其中 $\Omega = \{(x, y) \in \mathbb{R}^2 | x > 0\}$, $\Gamma = \{(x, y) \in \mathbb{R}^2 | x = 0\}$, $u \in L^2_{\text{loc}}(0, \infty; L^2(\Gamma))$, 并且假设对于 $y, t > 0$, $w(x, y, t) \to 0 (x \to \infty)$.

目的是要证明, 对任意的 $T > 0$, 系统 (13.160) 的输入输出映射

$$F_T \notin \mathcal{L}(L^2(0, T; L^2(\Gamma))). \quad (13.161)$$

若不然, 存在 $T_0 > 0$, $F_{T_0} \in \mathcal{L}(L^2(0, T_0; L^2(\Gamma)))$, 则易知, 存在与 T 无关的 $C > 0$, 使得

$$\int_0^T \|F_T u(\cdot, t)\|^2_{L^2(\Gamma)} dt \leqslant C \int_0^T \|u(\cdot, t)\|^2_{L^2(\Gamma)} dt, \quad \forall u \in L^2(0, T; L^2(\Gamma)), T > 0.$$

事实上, 对任意的 $T > 0$, 设 $T_0 = kT$. 由假设知

$$\int_0^{T_0} \|F_{T_0} u(\cdot, t)\|^2_{L^2(\Gamma)} dt \leqslant C_{T_0} \int_0^{T_0} \|u(\cdot, t)\|^2_{L^2(\Gamma)} dt, \quad \forall u \in L^2(0, T_0; L^2(\Gamma)).$$

令 $v(\cdot, s) = u(\cdot, ks)$, 则有

$$\int_0^T \|F_T v(\cdot, s)\|^2_{L^2(\Gamma)} ds \leqslant C_{T_0} \int_0^T \|v(\cdot, s)\|^2_{L^2(\Gamma)} ds, \quad \forall v \in L^2(0, T; L^2(\Gamma)), T > 0,$$

从而对任意的 $u \in L^2(0, \infty; L^2(\Gamma))$, $F_\infty u \in L^2(0, \infty; L^2(\Gamma))$, $\gamma > 0$,

$$e^{-\gamma t} F_\infty u(\cdot, t) \in L^2(0, \infty; L^2(\Gamma)).$$

因此, 欲得到 (13.161), 只需找到某个函数 $u(t) \in L^2(0, \infty; L^2(\Gamma))$, 使得

$$e^{-\gamma t} F_\infty u(\cdot, t) \notin L^2(0, \infty; L^2(\Gamma)), \quad \text{对某个 } \gamma > 0. \quad (13.162)$$

(13.162) 的证明 分三步来证明.

第一步 令 $\widehat{w}(x, \eta, \tau)$ 和 $\widetilde{w}(x, y, \tau)$ 分别表示 $w(x, y, t)$ 的偏 Laplace-Fourier 变换和 Laplace 变换, 即

$$\widehat{w}(x, \eta, \tau) = \int_{-\infty}^\infty e^{-iy\eta} \int_0^\infty e^{-t\tau} w(x, y, t) dt dy, \quad \widetilde{w}(x, y, \tau) = \int_0^\infty e^{-t\tau} w(x, y, t) dt,$$

其中 Laplace 变换: $t \to \tau = \gamma + i\sigma (\gamma > 0, \sigma \in \mathbb{R})$, Fourier 变换: $y \to i\eta (\eta \in \mathbb{R})$. 对方程 (13.160) 进行如上的部分 Laplace-Fourier 变换和 Laplace 变换得到

$$\begin{cases} \tau^2 \widehat{w} = \widehat{w}_{xx} - \eta^2 \widehat{w}, \\ \widehat{w}_x(0,\eta,\tau) = \widehat{u}(\eta,\tau). \end{cases} \tag{13.163}$$

解方程 (13.163) 可以得到在无穷远为零的解为

$$\widehat{w}(x,\eta,\tau) = -\frac{\mathrm{e}^{-\sqrt{\tau^2+\eta^2}x}}{\sqrt{\tau^2+\eta^2}}\widehat{u}(\eta,\tau), \tag{13.164}$$

其中 $\tau^2 + \eta^2 = (\gamma^2 + \eta^2 - \sigma^2) + 2\mathrm{i}\gamma\sigma$, 并且 $\mathrm{Re}\sqrt{\tau^2+\eta^2} > 0$.

第二步 证明

$$\int_0^\infty \|\mathrm{e}^{-\gamma t} F_\infty u(\cdot,t)\|_{L^2(\Gamma)}^2 \mathrm{d}t = \frac{1}{4\pi^2} \int_{\mathbb{R}^2_{\sigma\eta}} |\tau|^2 \frac{|\widehat{u}(\eta,\tau)|^2}{|\tau^2+\eta^2|} \mathrm{d}\sigma\mathrm{d}\eta, \tag{13.165}$$

其中 $\mathbb{R}^2_{\sigma\eta}$ 为关于变量 σ 和 τ 的二维欧氏空间. 注意到关于 Laplace 变换的 Parseval 等式和关于 Fourier 变换的 Plancherel 等式 ($\check{f}$ 表示 f 的 Fourier 变换),

$$\int_0^\infty \mathrm{e}^{-2\gamma t}|f(t)|^2 \mathrm{d}t = \frac{1}{2\pi}\int_{-\infty}^\infty |\widetilde{f}(\gamma+\mathrm{i}\sigma)|^2 \mathrm{d}\sigma, \quad \int_{-\infty}^\infty |f(y)|^2 \mathrm{d}y = \frac{1}{2\pi}\int_{-\infty}^\infty |\check{f}(\eta)|^2 \mathrm{d}\eta,$$

于是有

$$\int_0^\infty \|\mathrm{e}^{-\gamma t} F_\infty u(\cdot,t)\|_{L^2(\Gamma)}^2 \mathrm{d}t$$
$$= \int_0^\infty \mathrm{e}^{-2\gamma t}\|w_t(0,\cdot,t)\|_{L^2(\Gamma)}^2 \mathrm{d}t$$
$$= \int_{-\infty}^\infty \int_0^\infty \mathrm{e}^{-2\gamma t}|w_t(0,y,t)|^2 \mathrm{d}t\mathrm{d}y = \frac{1}{2\pi}\int_{-\infty}^\infty \int_{-\infty}^\infty |\widetilde{w}_t(0,y,\gamma+\mathrm{i}\sigma)|^2 \mathrm{d}\sigma\mathrm{d}y$$
$$= \frac{1}{2\pi}\int_{-\infty}^\infty \int_{-\infty}^\infty |\tau|^2 |\widetilde{w}(0,y,\tau)|^2 \mathrm{d}\sigma\mathrm{d}y = \frac{1}{4\pi^2}\int_{-\infty}^\infty \int_{-\infty}^\infty |\tau|^2 |\widehat{w}(0,\eta,\tau)|^2 \mathrm{d}\sigma\mathrm{d}\eta$$
$$= \frac{1}{4\pi^2}\int_{-\infty}^\infty \int_{-\infty}^\infty |\tau|^2 \frac{|\widehat{u}(\eta,\tau)|^2}{|\tau^2+\eta^2|} \mathrm{d}\sigma\mathrm{d}\eta,$$

便得到 (13.165).

第三步 给定 $\gamma > 0$, 在 (σ,η) 平面的第一象限内定义区域 $\Omega_{\sigma\eta}^\gamma$ 为

$$\Omega_{\sigma\eta}^\gamma = \{(\sigma,\eta) \in \mathbb{R}^2 | 2\gamma\sigma \geqslant 1, \eta \geqslant 0, |\gamma^2+\eta^2-\sigma^2| \leqslant 1\},$$

则 $\Omega_{\sigma\eta}^\gamma$ 由夹在两条等轴双曲线 $\eta^2 - \sigma^2 = \pm 1 - \gamma^2$ 中间的部分所构成, 其中 $\sigma \geqslant \dfrac{1}{2\gamma}$, $\eta \geqslant 0$.

易知, 在 $\Omega_{\sigma\eta}^\gamma$ 上, $2\gamma\sigma \leqslant |\tau^2+\eta^2| = \{(\gamma^2+\eta^2-\sigma^2)^2 + 4\gamma^2\sigma^2\}^{\frac{1}{2}} \leqslant 2\sqrt{2}\gamma\sigma$, 从而有

$$\text{在 } \Omega_{\sigma\eta}^\gamma \text{ 上}, \sigma \sim \eta, \ |\tau^2+\eta^2| \sim \sigma \sim \eta. \tag{13.166}$$

由 (13.165), 只需证明存在 $u \in L^2(0,\infty; L^2(\Gamma))$, 使得

$$\int_{\Omega^\gamma_{\sigma\eta}} \sigma^2 \frac{|\widehat{u}(\eta,\tau)|^2}{|\tau^2+\eta^2|} \mathrm{d}\sigma \mathrm{d}\eta = \infty.$$

事实上, 由 (13.166) 可得

$$\int_{\Omega^\gamma_{\sigma\eta}} \sigma^2 \frac{|\widehat{u}(\eta,\tau)|^2}{|\tau^2+\eta^2|} \mathrm{d}\sigma \mathrm{d}\eta \sim \int_{\Omega^\gamma_{\sigma\eta}} \sigma |\widehat{u}(\eta,\tau)|^2 \mathrm{d}\sigma \mathrm{d}\eta.$$

这样取函数 $\widehat{u}(\eta,\sigma) \in L^2(\Omega^\gamma_{\sigma\eta})$, 使得 $\widehat{u}$ 在 $\Omega^\gamma_{\sigma\eta}$ 上不具有更好的可积性, 而在其他处为零, 便得到 (13.162). ∎

此外, 例 7.1 说明, 并非所有的适定系统都是正则的, 并且极有可能存在这样的物理系统, 可惜还没有办法构造出这样的具有物理意义的偏微分方程控制系统.

在结束本章之前, 一个需要指出的现象是本书第二部分讨论的系统都可以形式地 (如系统 (13.154), 尽管不是适定的) 写成如 4.3 节讨论的两类系统的形式 (实际上, 二阶系统也可以写成一阶系统, 如 (6.48) 所做的那样). 这类系统物理上称为无源系统, 就是系统的内部不产生能量, 除非外部有能量供给. 在控制理论上, 这样的系统对应同位的控制系统, 即控制和量测在同一位置, 并且有对偶的关系. 这样设计有数学上的好处, 即系统在直接的比例输出反馈控制下是耗散的, 至少闭环系统在 Lyapunov 意义下是稳定的, 如系统 (13.154), 虽然不是适定的, 但在直接的比例输出反馈控制下, 闭环系统仍然是指数稳定的, 因而由定理 6.9 和注 6.11, 系统还是精确可控的 (实际上, 控制算子不是允许的[74], 但实现任意两点的转移并不需要穷尽所有的 L^2 控制). 当然, 实际的情形远不是如此, 一旦控制和观测不在同一位置, 就导致了非同位的控制系统. 非同位的控制系统一般是非极小项位系统, 控制就变得极为困难. 一个典型的例子是文献 [41], [86] 中所设计的非同位控制, 连闭环系统生成 C_0- 半群的证明都变得极为困难.

小结和文献说明

Naghdi 壳方程来源于文献 [136] 中的模型. 本章的结果来自于文献 [11] 和 [65]. Naghdi 壳方程方程关于时间 t 的最高阶偏导数是二阶的, 可以放在在第一部分中二阶抽象系统 (4.77) 的框架下讨论. 但壳的中面是三维空间中的曲面, 因而讨论起来比波动方程和板方程的相应问题困难. 已经指出, Naghdi 壳的边界精确能控性结果可参见文献 [136]. 建立薄壳数学模型的历史超过百年, 到 20 世纪 70 年代, 形成了几种在不同假设下重要的薄壳数学模型, 有浅壳、Koiter 壳、Naghdi 壳, 其中 Naghdi 壳[92] 在工程中大量应用, 原因是 Naghdi 壳对任何几何形状都对, 并且不需要假设在变形下中面的法线保持不变[51]. 一般地, 薄壳数学模型都是以变分形

式表达的. 文献 [136] 中用黎曼几何方法给出了一个 Naghdi 壳的关于位移的偏微分方程模型, 这就便于用无穷维的系统控制理论加以研究. 但由于薄壳的中面是三维空间中的曲面, 因而对它的控制问题的研究比薄板的相应问题要复杂得多. 详尽的关于薄壳数学模型的建模、发展、控制问题可参见文献 [15] 和最近的新书 [138].

系统 (13.160) 最初来自于文献 [70], 后出现在文献 [65] 中. 实际上, (13.160) 中的控制和观测算子 B, C 不是允许的, 可参见文献 [74]. 实际上, 不允许的例子有很多, 如文献 [81] 第 217 页的一维热传导方程

$$\begin{cases} w_t(x,t) = w_{xx}(x,t), & 0 < x < 1, \\ y(0,t) = 0, \\ y(1,t) = u(t) \end{cases}$$

在状态空间 $L^2(0,1)$ 中的控制算子就不是允许的. 处理这类系统控制的可能的办法参见文献 [77]. 系统 (13.154) 的指数稳定性参见文献 [8], [114]. 除去例 7.1 外, 文献 [109] 中的例 8.1 和例 8.4 都是适定但非正则的无穷维线性系统. 非同位控制性能更好的早期例子参见文献 [10]. 高维系统的非同位控制可参见文献 [32]. 最后文献中还有几个其他偏微分方程控制系统被证明是适定且正则的, 如文献 [6], [9].

附录 A 双曲偏微分方程非齐次边值问题

双曲偏微分方程非齐次边值问题在讨论相应控制系统的适定性和正则性中起着十分重要的作用, 在文献 [64] 中有关于波动方程的非齐次边值问题的结果, 而其他的双曲方程没有相应的结果. 在本附录中, 将列出文献 [64] 中的一些结果并推广到其他一些双曲偏微分方程的情形.

A.1 波动方程的非齐次边值问题

令 $\Omega \subset \mathbb{R}^n (n \geqslant 2)$ 为具有边界 $\partial \Omega$ 的有界开区域, $\partial \Omega = \Gamma$ 为 C^2 光滑的. 记 $Q := \Omega \times (0,T)$, $\Sigma := \Gamma \times (0,T)$, $L^2(\Sigma) := H^0(\Sigma) = L^2(0,T;L^2(\Gamma))$, $H^1(\Sigma) := L^2(0,T;H^1(\Gamma)) \cap H^1(0,T;L^2(\Gamma))$, $H^{-1}(\Sigma) := (H_0^1(\Sigma))'$.

考虑下面的系统:

$$\begin{cases} \Phi'' - \Delta \Phi = F, & (x,t) \in Q, \\ \Phi(\cdot,0) = \Phi^0, \ \Phi'(\cdot,0) = \Phi^1, & x \in \Omega, \\ \Phi = u, & (x,t) \in \Sigma. \end{cases} \tag{A.1}$$

命题 A.1 假设

$$F \in L^1(0,T;H^{-1}(\Omega)), \quad \Phi^0 \in L^2(\Omega), \quad \Phi^1 \in H^{-1}(\Omega), \quad u \in L^2(\Sigma),$$

则方程 (A.1) 的解满足

$$(\Phi, \Phi') \in C([0,T]; L^2(\Omega) \times H^{-1}(\Omega)), \quad \frac{\partial \Phi}{\partial \nu} \in H^{-1}(\Sigma).$$

注 A.1 为了证明命题 A.1, 只需证明 $(\Phi, \Phi') \in L^\infty(0,T; L^2(\Omega) \times H^{-1}(\Omega))$.

注 A.2 在命题 A.1 中, 可以证明, Φ, Φ' 和 $\dfrac{\partial \Phi}{\partial \nu}$ 连续依赖于给定的相关数据, 相似的结果适应于下面的其他正则性结果.

为了证明命题 A.1, 需要几个预备引理. 首先考虑 (A.1) 的对偶系统:

$$\begin{cases} \varphi'' - \Delta \varphi = \psi, & (x,t) \in Q, \\ \varphi(\cdot,0) = 0, \ \varphi'(\cdot,0) = 0, & x \in \Omega, \\ \varphi = 0, & (x,t) \in \Sigma. \end{cases} \tag{A.2}$$

引理 A.1 假设对某个 $T > 0$, $\psi \in L^1(0, T; L^2(\Omega))$, 则 (A.2) 存在唯一解 φ, 并且 φ 满足

$$(\varphi, \varphi') \in L^\infty(0, T; H^1(\Omega) \times L^2(\Omega)) \tag{A.3}$$

和

$$\frac{\partial \varphi}{\partial \nu} \in L^2(\Sigma). \tag{A.4}$$

证 由文献 [79] 可知, (A.3) 为满足 (A.2) 的唯一解, 因此, 只需证明 (A.4) 成立. 首先, 由于 Γ 为 C^2 的, 故由引理 8.2 可以取到 C^1 向量场 $h: \overline{\Omega} \to \mathbb{R}^n$, 使得在 Γ 上, $h = \nu$, $|h| \leqslant 1$.

首先, 在 (A.2) 中的方程两端乘以 $h \cdot \nabla \varphi$, 在 $Q = \Omega \times (0, T)$ 上分部积分, 于是有

$$\begin{aligned}
\int_Q \psi h \cdot \nabla \varphi \mathrm{d}Q &= \int_Q (\varphi'' - \Delta \varphi) h \cdot \nabla \varphi \mathrm{d}Q \\
&= \int_\Omega \varphi' h \cdot \nabla \varphi \mathrm{d}x \Big|_0^T - \int_Q \varphi' h \cdot \nabla \varphi' \mathrm{d}Q + \int_Q \nabla \varphi \cdot \nabla(h \cdot \nabla \varphi) \mathrm{d}Q \\
&\quad - \int_\Sigma \frac{\partial \varphi}{\partial \nu} h \cdot \nabla \varphi \mathrm{d}\Sigma.
\end{aligned} \tag{A.5}$$

通过简单计算可得

$$\int_Q \nabla \varphi \cdot \nabla(h \cdot \nabla \varphi) \mathrm{d}Q = \int_Q Dh(\nabla \varphi, \nabla \varphi) \mathrm{d}Q + \frac{1}{2} \int_\Sigma |\nabla \varphi|^2 \mathrm{d}\Sigma - \frac{1}{2} \int_Q |\nabla \varphi|^2 \mathrm{div}(h) \mathrm{d}Q, \tag{A.6}$$

其中 Dh 为向量场 h 的 Hessian 矩阵. 同时, 由于在边界 Γ 上, $\varphi = 0$ 成立, 因而容易验证

$$\nabla \varphi = \frac{\partial \varphi}{\partial \nu} \nu \text{ 在边界 } \Gamma \text{ 成立} \tag{A.7}$$

和

$$\int_Q \varphi' h \cdot \nabla \varphi' \mathrm{d}Q = \frac{1}{2} \int_\Sigma |\varphi'|^2 \mathrm{d}\Sigma - \frac{1}{2} \int_Q |\varphi'|^2 \mathrm{div}(h) \mathrm{d}Q = -\frac{1}{2} \int_Q |\varphi'|^2 \mathrm{div}(h) \mathrm{d}Q. \tag{A.8}$$

由 (A.5)~(A.8) 可得

$$\begin{aligned}
\int_Q \psi h \cdot \nabla \varphi \mathrm{d}Q &= \int_\Omega \varphi' h \cdot \nabla \varphi \mathrm{d}x \Big|_0^T + \int_Q Dh(\nabla \varphi, \nabla \varphi) \mathrm{d}Q - \frac{1}{2} \int_\Sigma \left| \frac{\partial \varphi}{\partial \nu} \right|^2 \mathrm{d}\Sigma \\
&\quad + \frac{1}{2} \int_Q (|\varphi'|^2 - |\nabla \varphi|^2) \mathrm{div}(h) \mathrm{d}Q.
\end{aligned} \tag{A.9}$$

A.1 波动方程的非齐次边值问题

因此,

$$\int_\Sigma \left|\frac{\partial \varphi}{\partial \nu}\right|^2 \mathrm{d}\Sigma = -2\int_Q \psi h \cdot \nabla\varphi \mathrm{d}Q + 2\int_\Omega \varphi' h \cdot \nabla\varphi \mathrm{d}x \Big|_0^T + 2\int_Q Dh(\nabla\varphi, \nabla\varphi)\mathrm{d}Q$$
$$+ \int_Q (|\varphi'|^2 - |\nabla\varphi|^2)\mathrm{div}(h)\mathrm{d}Q$$
$$\leqslant C_T \left\{\|\varphi'\|^2_{L^\infty(0,T;L^2(\Omega))} + \|\varphi\|^2_{L^\infty(0,T;H^1(\Omega))} + \|\psi\|^2_{L^1(0,T;L^2(\Omega))}\right\}. \quad (\text{A.10})$$

由假设 $\psi \in L^1(0,T;L^2(\Omega))$ 推出 (A.4):

$$\frac{\partial \varphi}{\partial \nu} \in L^2(\Sigma).$$

证毕. ∎

引理 A.2 在命题 A.1 的条件下有

$$(\Phi, \Phi') \in C([0,T]; L^2(\Omega) \times H^{-1}(\Omega)).$$

证 首先证明当 $F=0$ 时成立, 并假设所有的初始数据是光滑的. 证明将分几步完成.

第一步 令 Φ 为 (A.1) 的解, φ 为下面系统的解:

$$\begin{cases} \varphi'' - \Delta\varphi = \psi, & (x,t) \in Q, \\ \varphi = 0, & (x,t) \in \Sigma, \\ \varphi(T) = 0, \ \varphi'(T) = 0, & x \in \Omega, \end{cases} \quad (\text{A.11})$$

其中 $\psi \in L^1(0,T;L^2(\Omega))$. 于是

$$0 = \langle F, \varphi \rangle_{L^2(Q)} + \left\langle \frac{\partial \Phi}{\partial \nu}, \varphi \right\rangle_{L^2(\Sigma)}$$
$$= \int_Q (\Phi'' - \Delta\Phi)\varphi \mathrm{d}Q + \int_\Sigma \frac{\partial \Phi}{\partial \nu}\varphi \mathrm{d}\Sigma$$
$$= \int_\Omega \Phi'\varphi \mathrm{d}x \Big|_0^T - \int_\Omega \Phi\varphi' \mathrm{d}x \Big|_0^T + \int_Q \Phi\varphi'' \mathrm{d}Q$$
$$\quad - \int_\Sigma \frac{\partial \Phi}{\partial \nu}\varphi \mathrm{d}\Sigma + \int_Q \langle \nabla\Phi, \nabla\varphi \rangle \mathrm{d}Q + \int_\Sigma \frac{\partial \Phi}{\partial \nu}\varphi \mathrm{d}\Sigma$$
$$= -\int_\Omega \Phi'(0)\varphi(0)\mathrm{d}x + \int_\Omega \Phi(0)\varphi'(0)\mathrm{d}x + \int_Q \Phi\varphi'' \mathrm{d}Q$$
$$\quad - \int_Q \Phi\Delta\varphi \mathrm{d}Q + \int_\Sigma \frac{\partial \varphi}{\partial \nu} u \mathrm{d}\Sigma. \quad (\text{A.12})$$

由 (A.12) 可得

$$0 = -\langle \Phi^1, \varphi(0)\rangle_{L^2(\Omega)} + \langle \Phi^0, \varphi'(0)\rangle_{L^2(\Omega)} + \langle \Phi, \psi\rangle_{L^2(Q)} + \left\langle u, \frac{\partial \varphi}{\partial \nu}\right\rangle_{L^2(\Sigma)}. \quad (\text{A.13})$$

第二步 由 (A.13) 可得

$$\langle \Phi, \psi \rangle_{L^2(Q)} = \langle \Phi^1, \varphi(0) \rangle_{L^2(\Omega)} - \langle \Phi^0, \varphi'(0) \rangle_{L^2(\Omega)} - \left\langle u, \frac{\partial \varphi}{\partial \nu} \right\rangle_{L^2(\Sigma)}.$$

注意到上式的右端在 $L^1(0,T;L^2(\Omega))$ 上连续, 因而

$$\Phi \in L^\infty(0,T;L^2(\Omega)). \tag{A.14}$$

第三步 由 (A.14) 和系统 (A.1) 可得

$$\Phi'' \in L^\infty(0,T;H^{-2}(\Omega)). \tag{A.15}$$

应用插值公式可得

$$\Phi' \in L^\infty(0,T;H^{-1}(\Omega)),$$

于是在 $F=0$ 的情形证明了引理 A.2.

如果能够证明 $F \neq 0$ 和 $F \in L^1(0,T;H^{-1}(\Omega))$ 时有同样的结论成立, 则完成了引理的证明. 令 v 为下面系统的解:

$$\begin{cases} v'' - \Delta v = F, & (x,t) \in Q, \\ v = 0, & (x,t) \in \Sigma, \\ v(0) = 0, \ v'(0) = 0, & x \in \Omega. \end{cases}$$

由文献 [79], 上面的系统存在唯一解 v, 并且满足

$$(v,v') \in L^\infty(0,T;L^2(\Omega) \times H^{-1}(\Omega)).$$

令 Φ 为系统 (A.1) 满足 $F=0$ 的解, 则 $\Phi + v$ 为系统 (A.1) 满足 $F \neq 0$ 的解, 并且满足 (A.3). 证毕. ∎

引理 A.3 考虑当 $F=0$ 时的系统 (A.1), 并且假设

$$u, \ u' \in L^2(0,T;L^2(\Gamma)), \quad \Phi^0 \in H^1(\Omega), \quad \Phi^1 \in L^2(\Omega)$$

和

$$u'|_{t=0} = \Phi^0|_\Gamma,$$

则

$$\Phi' \in L^\infty(0,T;L^2(\Omega)), \quad \Phi'' \in L^\infty(0,T;H^{-1}(\Omega)).$$

证 可以假设所有初始数据都是光滑的, 然后通过连续延拓和稠密性完成一般的证明. 令 $\Phi_1 = \Phi'$, 则 Φ_1 满足

$$\begin{cases} \Phi_1'' - \Delta \Phi_1 = 0, & (x,t) \in Q, \\ \Phi_1 = u', & (x,t) \in \Sigma, \\ \Phi_1(0) = \Phi^1, \ \Phi_1'(0) = \Delta \Phi^0, & x \in \Omega. \end{cases} \tag{A.16}$$

A.1 波动方程的非齐次边值问题

由于 $\Phi_1'(0) = \Delta \Phi^0 \in H^{-1}(\Omega)$, 对系统 (A.16) 应用引理 A.2 可得

$$\Phi \in L^\infty(0,T;L^2(\Omega)), \quad \Phi' \in L^\infty(0,T;H^{-1}(\Omega)).$$

于是引理 A.3 可由 $\Phi_1 = \Phi'$ 得到. ∎

引理 A.4 考虑引理 A.3 中的系统, 若

$$u \in L^\infty(0,T;H^{1/2}(\Gamma)),$$

则

$$\Phi \in L^\infty(0,T;H^1(\Omega)).$$

证 由引理 A.1 和引理 A.3 可得

$$\Delta \Phi = \Phi'' \in L^\infty(0,T;H^{-1}(\Omega)).$$

将 t 看成参数, 考虑下面椭圆系统的 Dirichlet 问题:

$$\begin{cases} \Delta \Phi \in L^\infty(0,T;H^{-1}(\Omega)), \\ \Phi|_\Gamma = u \in L^\infty(0,T;H^{1/2}(\Gamma)), \end{cases}$$

因此,

$$\Phi \in L^\infty(0,T;H^1(\Omega)).$$ ∎

引理 A.5 设

$$\begin{cases} F \in L^1(0,T;L^2(\Omega), \\ u \in H^1(\Sigma) \\ \Phi^0 \in H^1(\Omega), \ \Phi^1 \in L^2(\Omega), \end{cases}$$

并且满足相容性条件

$$u|_{t=0} = \Phi^0_\Gamma,$$

则系统 (A.1) 的解 Φ 满足

$$(\Phi, \Phi') \in C([0,T]; H^1(\Omega) \times L^2(\Omega)), \tag{A.17}$$

$$\frac{\partial \Phi}{\partial \nu} \in L^2(\Sigma). \tag{A.18}$$

证 首先证明 (A.17). 由引理 A.2 的证明, 仅需考虑 $F = 0$ 的情形. 由于 $u \in H^1(\Sigma)$, 因而

$$u \in L^2(0,T;H^1(\Sigma)), \quad u' \in L^2(0,T;L^2(\Sigma)).$$

由文献 [79] 中第 1 章的定理 3.1 可知

$$u \in L^\infty(0,T; H^{1/2}(\Sigma)).$$

应用引理 A.3 和引理 A.4 可得

$$(\Phi, \Phi') \in L^\infty(0, T; H^1(\Omega) \times L^2(\Omega)).$$

由注 A.1 就得到 (A.17).

其次, 再证明 (A.18). 设所有初始数据都是光滑的, 由引理 8.2 取向量场 h, 并且满足在 Γ 上, $h = \nu$, 应用特性 (A.8), (A.9) 和 (A.4), 于是将 φ 用 Φ 替换后有

$$\begin{aligned}
\int_Q \psi h \cdot \nabla \Phi \mathrm{d}Q &= \int_\Omega \Phi' h \cdot \nabla \Phi \mathrm{d}x \Big|_0^T + \int_Q Dh(\nabla \Phi, \nabla \Phi)\mathrm{d}Q \\
&\quad - \int_\Sigma \left|\frac{\partial \Phi}{\partial \nu}\right|^2 \mathrm{d}\Sigma - \frac{1}{2} \int_\Sigma (|\Phi'|^2 - |\nabla \Phi|^2)\mathrm{d}\Sigma \\
&\quad + \frac{1}{2} \int_Q (|\Phi'|^2 - |\nabla \Phi|^2)\mathrm{div} h \mathrm{d}Q.
\end{aligned} \quad (A.19)$$

由于在 Γ 上有 $\Phi = u$, 因此,

$$|\nabla \Phi|^2 = \left|\frac{\partial \Phi}{\partial \nu}\right|^2 + |\nabla_T u|^2, \quad (A.20)$$

其中 ∇_T 为 Γ 上的切梯度. 由 (A.19) 和 (A.20) 可得

$$\begin{aligned}
\int_\Sigma \left|\frac{\partial \Phi}{\partial \nu}\right|^2 \mathrm{d}\Sigma &= -2\int_Q \psi_1 h \cdot \nabla \Phi \mathrm{d}Q + 2\int_\Omega \Phi' h \cdot \nabla \Phi \mathrm{d}x\Big|_0^T + 2\int_Q Dh(\nabla \Phi, \nabla \Phi)\mathrm{d}Q \\
&\quad - \int_\Sigma (|\Phi'|^2 - |\nabla_T u|^2)\mathrm{d}\Sigma + \int_Q (|\Phi'|^2 - |\nabla \Phi|^2)\mathrm{div} h \mathrm{d}Q \\
&\leqslant C_T \{\|\varphi'\|_{L^2(\Omega)}^2 + \|\varphi\|_{H^1(\Omega)}^2 + \|u\|_{H^1(\Sigma)}^2 + \|F\|_{L^1(0,T;L^2(\Omega))}^2\}.
\end{aligned} \quad (A.21)$$

因此,

$$\frac{\partial \Phi}{\partial \nu} \in L^2(\Sigma). \qquad \blacksquare$$

命题 A.1 的证明 由于 (A.3) 已经在引理 A.2 中得到证明, 故只需证明 (A.4) 成立. 令 φ 为下面系统的解:

$$\begin{cases} \varphi'' - \Delta \varphi = \psi, & (x,t) \in Q, \\ \varphi = p, & (x,t) \in \Sigma, \\ \varphi(T) = 0, \ \varphi'(T) = 0, & x \in \Omega, \end{cases} \quad (A.22)$$

其中 p 满足

$$p \in H^1(\Sigma) \quad \text{在 } \Gamma \text{ 上}, \quad p(T) = 0.$$

设所有的初始数据都是光滑的, 应用 (A.13), 并且注意到 $\psi = 0$ 和在 Γ 上, $\varphi = p$, 因此,

$$\left\langle \frac{\partial \Phi}{\partial \nu}, p \right\rangle_{L^2(\Sigma)} = -\langle F, \varphi \rangle_{L^2(Q)} + \left\langle u, \frac{\partial \varphi}{\partial \nu} \right\rangle_{L^2(\Sigma)} - \langle \Phi^1, \varphi(0) \rangle_{L^2(\Omega)} + \langle \Phi^0, \varphi'(0) \rangle_{L^2(\Omega)}.$$

对系统 (A.13) 应用引理 A.5, 于是得到

$$\left| \left\langle \frac{\partial \Phi}{\partial \nu}, p \right\rangle_{L^2(\Sigma)} \right| \leqslant \|p\|_{H^1(\Sigma)},$$

其中 C 为某个正常数. 取 $p \in H_0^1(\Sigma)$ 则得到 (A.4). ∎

类似于命题 A.1, 下面的命题为文献 [64] 中的定理 3.11, 定理的证明用到了系统解的表示公式, 在此不再给出它的证明. 令

$$Af = -\Delta f, \quad \mathcal{D}(A) = H^2(\Omega) \cap H_0^1(\Omega).$$

注 A.3

$$\mathcal{D}(A) = H_0^1(\Omega).$$

命题 A.2 对于问题 (A.1), 如果

$$F \in L^1(0, T; \mathcal{D}(A^{1/2})), \quad \Phi^0 \in \mathcal{D}(A), \quad \Phi^1 \in \mathcal{D}(A^{1/2}), \quad u = 0,$$

则

$$\frac{\partial \Phi}{\partial \nu} \in H^1(\Sigma).$$

注 A.4 命题 A.2 对 $Af = \sum_{i,j=1}^{n} \frac{\partial}{\partial x_j} \left(a_{ij}(x) \frac{\partial f}{\partial x_i} \right)$ 的情形也成立.

A.2　线性弹性系统非齐次边值问题

令 $\Omega \subset \mathbb{R}^n (n \geqslant 2)$ 为具有边界 $\partial\Omega$ 的有界开区域, $\partial\Omega = \Gamma$ 为 C^2 的, $u(x,t) = (u_1(x,t), \cdots, u_n(x,t))$ 为在点 $x \in \Omega$ 和时间 $t \in \mathbb{R}$ 时的位移向量场. 应变张量 $\varepsilon(u) = (\varepsilon_{ij}(u))$ 定义为

$$\varepsilon_{ij}(u) := \frac{1}{2} \left(\frac{\partial u_i}{\partial x_j} + \frac{\partial u_j}{\partial x_i} \right), \quad 1 \leqslant i, j \leqslant n.$$

应力张量 $\sigma(u) = (\sigma_{ij}(u))$ 由下式定义:

$$\sigma_{ij}(u) := \lambda \sum_{k=1}^{n} \varepsilon_{kk}(u) \delta_{ij} + 2\mu \varepsilon_{ij}(u) = \lambda \mathrm{div}(u) \delta_{ij} + \mu \left(\frac{\partial u_i}{\partial x_j} + \frac{\partial u_j}{\partial x_i} \right), \quad 1 \leqslant i, j \leqslant n,$$

其中 δ_{ij} 为 Kronecker 记号,即当 $i=j$ 时,$\delta_{ij}=1$;在其他情形下,$\delta_{ij}=0$. λ 和 μ 为满足下面关系的 Lamé 常数:

$$\mu > 0, \quad n\lambda + (n+1)\mu > 0.$$

记 $Q := \Omega \times (0,T)$, $\Sigma := \Gamma \times (0,T)$, $L^2(\Sigma) := H^0(\Sigma) = L^2(0,T;L^2(\Gamma))$, $H^1(\Sigma) := L^2(0,T;H^1(\Gamma)) \cap H^1(0,T;L^2(\Gamma))$, $H^{-1}(\Sigma) := (H_0^1(\Sigma))'$.

考虑下面的系统:

$$\begin{cases} u'' - \nabla \cdot \sigma(u) = \varphi, & (x,t) \in Q, \\ u = g, & (x,t) \in \Sigma, \\ u(0) = u^0,\ u'(0) = u^1, & x \in \Omega. \end{cases} \tag{A.23}$$

命题 A.3 给定 $T > 0$,假设

$$\varphi \in L^1(0,T;(H^{-1}(\Omega))^n), \quad g \in L^2(0,T;(L^2(\Gamma))^n), \quad u^0 \in (L^2(\Omega))^n, u^1 \in (H^{-1}(\Omega))^n,$$

则系统 (A.23) 存在唯一解 u,并且 u 满足

$$(u,u') \in C(0,T;(L^2(\Omega))^n \times (H^{-1}(\Omega))^n) \tag{A.24}$$

和

$$\sigma(u)\nu \in (H^{-1}(\Sigma))^n. \tag{A.25}$$

注 A.5 与文献 [64] 中注 2.5 后面的原因一样,为了证明命题 A.3,只需证明 $(u,u') \in L^\infty(0,T;(L^2(\Omega))^n \times (H^{-1}(\Omega))^n)$.

注 A.6 在命题 A.3 中,可以证明,u, u', 和 $\sigma(u)\nu$ 连续依赖于给定的相关数据,相似的结果适应于下面的其他正则性结果.

注 A.7 在命题 A.3 中,令 $\varphi = g = 0$,则 (A.24) 表明 (A.23) 相应于一个 $(L^2(\Omega))^n \times (H^{-1}(\Omega))^n$ 上的 C_0- 半群,即

$$(u(t),u'(t)) = e^{\mathcal{C}t}(u(0),u'(0)),$$

其中 $e^{\mathcal{C}t}$ 为 $(L^2(\Omega))^n \times (H^{-1}(\Omega))^n$ 上的 C_0- 半群.

为了证明命题 A.3,需要几个预备引理. 首先考虑下面 (A.23) 的对偶系统:

$$\begin{cases} w'' - \nabla \cdot \sigma(w) = \psi, & (x,t) \in Q, \\ w = 0, & (x,t) \in \Sigma, \\ w(0) = 0,\ w'(0) = 0, & x \in \Omega. \end{cases} \tag{A.26}$$

下面对于更一般的线性弹性系统的结果可参见文献 [80] 的第 4 章和文献 [7] 第 149 页的命题 1.

A.2 线性弹性系统非齐次边值问题

引理 A.6 假设对某个 $T > 0$, $\psi \in L^1(0, T; (L^2(\Omega))^n)$, 则 (A.26) 存在唯一解 w, 并且 w 满足

$$(w, w') \in L^\infty(0, T; (H^1(\Omega))^n \times (L^2(\Omega))^n) \tag{A.27}$$

和

$$\sigma(w)\nu \in (L^2(\Sigma))^n. \tag{A.28}$$

证 由文献 [21] 可知, (A.27) 为满足 (A.26) 的唯一解, 因此, 只需证明 (A.28) 成立. 首先, 由于 Γ 为 C^2 的, 由引理 8.2 故可以取到 C^1 向量场 $h: \overline{\Omega} \to \mathbb{R}^n$, 使得在 Γ 上, $h = \nu$.

为方便起见, 在下面的证明中, 重写系统 (A.23) 为下面的形式:

$$\begin{cases} w_i'' - \sum_j \sigma_{ij,j}(w) = \psi_i, & (x,t) \in Q, \\ w_i = 0, & (x,t) \in \Sigma, \quad i = 1, \cdots, n, \\ w_i(0) = 0, \ w_i'(0) = 0, & x \in \Omega, \end{cases} \tag{A.29}$$

其中 $\sigma_{ij,j}(w) := \dfrac{\partial \sigma_{ij}(w)}{\partial x_j}$. 这里和以后, 为了符号简单, 不写出求和指标的取值范围.

记 $w_{i,m} := \dfrac{\partial w_i}{\partial x_m}$, $w_{i,jm} := \dfrac{\partial^2 w_i}{\partial x_j \partial x_m}$, $(w_i'w_i'),_m := \dfrac{\partial(w_i'w_i')}{\partial x_m}$. 在 (A.29) 的第 i 个方程两端乘以 $\sum\limits_m h_m w_{i,m}$, 并且在 $Q = \Omega \times (0, T)$ 上分部积分得到

$$\int_0^T \int_\Omega \psi_i \sum_m h_m w_{i,m} \mathrm{d}x\mathrm{d}t$$
$$= \int_0^T \int_\Omega \left(w_i'' - \sum_j \sigma_{ij,j}(w)\right) \sum_m h_m w_{i,m} \mathrm{d}x\mathrm{d}t$$
$$= \int_\Omega \sum_m h_m w_{i,m} w_i' \mathrm{d}x \bigg|_0^T - \int_0^T \int_\Gamma \sum_m h_m w_{i,m} \sum_j \sigma_{ij}(w) \nu_j \mathrm{d}\Gamma \mathrm{d}t$$
$$+ \int_0^T \int_\Omega \left(\sum_{j,m} h_{m,j} \sigma_{ij}(w) w_{i,m} + \sum_{j,m} h_m \sigma_{ij}(w) w_{i,jm} - \frac{1}{2} \sum_m h_m (w_i'w_i'),_m\right) \mathrm{d}x\mathrm{d}t.$$

首先, 由于

$$\sum_{i,j} \sigma_{ij}(w) w_{i,jm} = \sum_{i,j} \sigma_{ij}(w) \varepsilon_{ij,m}(w) = \frac{1}{2} \sum_{i,j} (\sigma_{ij}(w) \varepsilon_{ij}(w)),_m,$$

于是
$$\int_0^T \int_\Gamma \left[2 \sum_{i,j,m} h_m w_{i,m} \sigma_{ij}(w) \nu_j + (h \cdot \nu) \sum_i \left(w_i' w_i' - \sum_j \sigma_{ij}(w) \varepsilon_{ij}(w) \right) \right] d\Gamma dt$$
$$= \int_\Omega 2 \sum_{i,m} h_m w_{i,m} w_i' dx \Big|_0^T + \int_0^T \int_\Omega \left[2 \sum_{i,j,m} h_{m,j} \sigma_{ij}(w) w_{i,m} \right.$$
$$\left. - 2 \sum_{i,m} \psi_i h_m w_{i,m} + \operatorname{div}(h) \sum_i \left(w_i' w_i' - \sum_j \sigma_{ij}(w) \varepsilon_{ij}(w) \right) \right] dx dt. \quad (A.30)$$

其次, 由于在 Σ 上 $w = 0$ 和在 Γ 上 $h = \nu$, 所以在边界 Γ 上有
$$w_i' = 0, \quad w_{i,m} \nu_j = w_{i,\nu} \nu_m \nu_j = w_{i,j} \nu_m,$$
于是
$$\sum_{i,j,m} h_m w_{i,m} \sigma_{ij}(w) \nu_j = (h \cdot \nu) \sum_{i,j} \sigma_{ij}(w) w_{i,j} = (h \cdot \nu) \sum_{i,j} \sigma_{ij}(w) \varepsilon_{ij}(w) = \sum_{i,j} \sigma_{ij}(w) \varepsilon_{ij}(w).$$

因此, (A.30) 的左端简化为
$$\int_0^T \int_\Gamma \sum_{i,j} \sigma_{ij}(w) \varepsilon_{ij}(w) d\Gamma dt.$$

由文献 [3] 中的引理 2.1 有
$$\frac{\alpha}{2} \sum_{i,j} \sigma_{ij}(w) \varepsilon_{ij}(w) \leqslant \sum_i \left(\sum_j \sigma_{ij}(w) \nu_j \right)^2 \leqslant \frac{\beta}{\alpha} \sum_{i,j} \sigma_{ij}(w) \varepsilon_{ij}(w),$$

其中 α 和 β 为两个仅依赖于 λ 和 μ 的正常数. 因此,
$$\int_0^T \int_\Gamma \sum_i \left(\sum_j \sigma_{ij}(w) \nu_j \right)^2 d\Gamma dt \leqslant \frac{\beta}{\alpha} \int_0^T \int_\Gamma \sum_{i,j} \sigma_{ij}(w) \varepsilon_{ij}(w) d\Gamma dt.$$

最后, 由 (A.27) 可知, w 和 w' 连续地依赖于 ψ, 于是由 (A.30) 可以得到
$$\int_0^T \int_\Gamma \sum_i \left(\sum_j \sigma_{ij}(w) \nu_j \right)^2 d\Gamma dt \leqslant C \|\psi\|_{L^1(0,T;(L^2(\Omega))^n)}^2$$

对某个常数 C 成立. 这就证明了 (A.28). ∎

命题 A.3 的第一部分是下面的引理 A.7. 当在 Q 上 $\varphi = 0$ 且在 Ω 上 $u^0 = u^1 = 0$ 时, 引理 A.7 已经在文献 [7] 中的定理 1 对更一般情形的讨论得到了证明. 这里的证明应用了文献 [69] 中的 "提升引理", 与文献 [7] 中的证明稍微有点不同.

A.2 线性弹性系统非齐次边值问题

引理 A.7 命题 A.3 中的 (A.24) 成立, 即在命题 A.3 的条件下有

$$(u, u') \in C(0, T; (L^2(\Omega))^n \times (H^{-1}(\Omega))^n).$$

证 首先在 $\varphi = 0$ 的情况下证明结果. 证明将分为下面几步完成.

第一步 令 u 为 (A.23) 的解, w 为下面系统的解:

$$\begin{cases} w_i'' - \sum_j \sigma_{ij,j}(w) = \psi_i, & (x,t) \in Q, \\ w_i = 0, & (x,t) \in \Sigma, \quad i = 1, \cdots, n. \\ w_i(T) = 0, \; w_i'(T) = 0, & x \in \Omega, \end{cases}$$

假设所有数据都是光滑的, 可以证明

$$\langle \varphi, w \rangle_Q + \langle \sigma(u)\nu, w \rangle_\Sigma = -\langle u^1, w(0) \rangle_\Omega + \langle u^0, w'(0) \rangle_\Omega + \langle u, \psi \rangle_Q + \langle u, \sigma(w)\nu \rangle_\Sigma, \quad (A.31)$$

其中 $\langle \cdot, \cdot \rangle_Q, \langle \cdot, \cdot \rangle_\Sigma$ 和 $\langle \cdot, \cdot \rangle_\Omega$ 分别为 $L^2(Q), L^2(\Sigma)$ 和 $L^2(\Omega)$ 中的内积. 事实上,

$$\begin{aligned}
&\langle \varphi, w \rangle_Q + \langle \sigma(u)\nu, w \rangle_\Sigma \\
&= \sum_i \langle \varphi_i, w_i \rangle_Q + \sum_i \left\langle \sum_j \sigma_{ij}(u)\nu_j, w_i \right\rangle_\Sigma \\
&= \sum_i \left\langle u_i'' - \sum_j \sigma_{ij,j}(u), w_i \right\rangle_Q + \sum_i \left\langle \sum_j \sigma_{ij}(u)\nu_j, w_i \right\rangle_\Sigma \\
&= \int_0^T \int_\Omega \sum_i \left(u_i'' - \sum_j \sigma_{ij,j}(u) \right) w_i \mathrm{d}x \mathrm{d}t + \int_0^T \int_\Gamma \sum_{i,j} \sigma_{ij}(u)\nu_j w_i \mathrm{d}\Gamma \mathrm{d}t \\
&= \int_\Omega \sum_i u_i' w_i \mathrm{d}x \Big|_0^T - \int_\Omega \sum_i u_i w_i' \mathrm{d}x \Big|_0^T + \int_0^T \int_\Omega \sum_i u_i w_i'' \mathrm{d}x \mathrm{d}t \\
&\quad - \int_0^T \int_\Gamma \sum_{i,j} w_i \sigma_{ij}(u)\nu_j \mathrm{d}\Gamma \mathrm{d}t + \int_0^T \int_\Omega \sum_{i,j} \sigma_{ij}(u)\varepsilon_{ij}(w) \mathrm{d}x \mathrm{d}t \\
&\quad + \int_0^T \int_\Gamma \sum_{i,j} w_i \sigma_{ij}(u)\nu_j \mathrm{d}\Gamma \mathrm{d}t \\
&= - \int_\Omega \sum_i u_i'(0) w_i(0) \mathrm{d}x + \int_\Omega \sum_i u_i(0) w_i'(0) \mathrm{d}x + \int_0^T \int_\Omega \sum_i u_i w_i'' \mathrm{d}x \mathrm{d}t \\
&\quad + \int_0^T \int_\Omega \sum_{i,j} \sigma_{ij}(w)\varepsilon_{ij}(u) \mathrm{d}x \mathrm{d}t
\end{aligned}$$

$$
\begin{aligned}
&= -\int_\Omega \sum_i u'_i(0)w_i(0)\mathrm{d}x + \int_\Omega \sum_i u_i(0)w'_i(0)\mathrm{d}x + \int_0^T \int_\Omega \sum_i u_i w''_i \mathrm{d}x\mathrm{d}t \\
&\quad + \int_0^T \int_\Gamma \sum_{i,j} u_i \sigma_{ij}(w)\nu_j \mathrm{d}\Gamma\mathrm{d}t - \int_0^T \int_\Omega \sum_{i,j} u_i \sigma_{ij,j}(w)\mathrm{d}x\mathrm{d}t \\
&= -\int_\Omega \sum_i u'_i(0)w_i(0)\mathrm{d}x + \int_\Omega \sum_i u_i(0)w'_i(0)\mathrm{d}x \\
&\quad + \int_0^T \int_\Omega \sum_i u_i \left(w''_i - \sum_j \sigma_{ij,j}(w) \right) \mathrm{d}x\mathrm{d}t + \int_0^T \int_\Gamma \sum_{i,j} u_i \sigma_{ij}(w)\nu_j \mathrm{d}\Gamma\mathrm{d}t \\
&= -\sum_i \langle u'_i(0), w_i(0)\rangle_\Omega + \sum_i \langle u_i(0), w'_i(0)\rangle_\Omega \\
&\quad + \sum_i \langle u_i, \psi_i\rangle_Q + \sum_i \left\langle u_i, \sum_j \sigma_{ij}(w)\nu_j \right\rangle_\Sigma \\
&= -\langle u^1, w(0)\rangle_\Omega + \langle u^0, w'(0)\rangle_\Omega + \langle u, \psi\rangle_Q + \langle u, \sigma(w)\nu\rangle_\Sigma.
\end{aligned}
$$

因此, (A.31) 得证.

由于在 Q 上, $\varphi = 0$, 并且在 Σ 上, $w = 0$, 则由等式 (A.31) 推出

$$ 0 = -\langle u^1, w(0)\rangle_\Omega + \langle u^0, w'(0)\rangle_\Omega + \langle u, \psi\rangle_Q + \langle u, \sigma(w)\nu\rangle_\Sigma. \tag{A.32} $$

第二步 应用引理 A.6 与它的假设, 映射

$$ \psi \to \langle u^1, w(0)\rangle_\Omega - \langle u^0, w'(0)\rangle_\Omega - \langle u, \sigma(w)\nu\rangle_\Sigma $$

在 $L^1(0,T;(L^2(\Omega))^n)$ 上连续. 由方程 (A.32), 上面表达式的右端等于 $\langle u, \psi\rangle_Q$. 这就推出 u 属于 $L^1(0,T;(L^2(\Omega))^n)$ 的对偶空间

$$ u \in L^\infty(0,T;(L^2(\Omega))^n). $$

第三步 由第二步的最后结果有

$$ u'' = \nabla \cdot \sigma(u) \in L^\infty(0,T;(H^{-2}(\Omega))^n). $$

由文献 [79] 中的定理 2.3 和其第 1 章中 12.4 可得

$$ u' \in L^2(0,T;[(L^2(\Omega))^n, (H^{-2}(\Omega))^n]_{1/2}) = L^2(0,T;(H^{-1}(\Omega))^n). $$

进一步, 应用文献 [69] 中的 "提升引理" 得到

$$ u' \in C(0,T;(H^{-1}(\Omega))^n) \subset L^\infty(0,T;(H^{-1}(\Omega))^n). $$

A.2 线性弹性系统非齐次边值问题

于是当 $\varphi = 0$ 时, 注 A.7 成立.

对于 $\varphi \in L^1(0,T;(H^{-1}(\Omega))^n)$, 如果能证明相同的结果, 则命题得证. 令 v 为下面系统的解:
$$\begin{cases} v'' - \nabla \cdot \sigma(v) = \varphi, & (x,t) \in Q, \\ v = 0, & (x,t) \in \Sigma, \\ v(0) = 0,\ v'(0) = 0, & x \in \Omega, \end{cases}$$

由文献 [21] 可知, 上面的系统存在唯一的解 v, 并且 v 满足
$$(v, v') \in L^\infty(0,T;(L^2(\Omega))^n \times (H^{-1}(\Omega))^n).$$

令 u 为 (A.23) 在 $\varphi = 0$ 时的解, 则 $u+v$ 为系统 (A.23) 在 $\varphi \neq 0$ 时的解, 并且 $u+v$ 满足 (A.24), 其中, u 和 u' 分别被 $u+v$ 和 $u'+v'$ 代替. 证毕. ■

引理 A.8 考虑当 $\varphi = 0$ 时的系统 (A.23), 假设
$$g,\ g' \in L^2(0,T;(L^2(\Gamma))^n), \quad u^0 \in (H^1(\Omega))^n, \quad u^1 \in (L^2(\Omega))^n,$$

并且成立下面的相容性条件:
$$g|_{t=0} = u^0|_\Gamma,$$

则 (A.23) 的解满足
$$(u', u'') \in L^\infty(0,T;(L^2(\Omega))^n \times (H^{-1}(\Omega))^n).$$

证 由于一般情形可以用延拓和稠密性讨论完成, 因而只需对光滑的数据证明结果成立. 令 $\gamma := u'$, γ 满足
$$\begin{cases} \gamma'' - \nabla \cdot \sigma(\gamma) = 0, & (x,t) \in Q, \\ \gamma = g', & (x,t) \in \Sigma, \\ \gamma(0) = u^1,\ \gamma'(0) = \nabla \cdot \sigma(u^0), & x \in \Omega. \end{cases}$$

由于 $\gamma'(0) = \nabla \cdot \sigma(u^0) \in (H^{-1}(\Omega))^n$, 对上面的系统应用引理 A.7 可得
$$(\gamma, \gamma') \in L^\infty(0,T;(L^2(\Omega))^n \times (H^{-1}(\Omega))^n).$$

于是引理 A.8 由 $\gamma = u'$ 推出. ■

引理 A.9 考虑引理 A.8 中的系统. 若进一步
$$g \in L^\infty(0,T;(H^{1/2}(\Gamma))^n),$$

则
$$u \in L^\infty(0,T;(H^1(\Omega))^n).$$

证 根据引理 A.8 有

$$\nabla \cdot \sigma(u) = u'' \in L^\infty(0, T; (H^{-1}(\Omega))^n).$$

取 t 作为参数, 考虑下面的 Dirichlet 问题:

$$\begin{cases} \nabla \cdot \sigma(u) \in L^\infty(0, T; (H^{-1}(\Omega))^n), \\ u|_\Gamma = g \in L^\infty(0, T; (H^{1/2}(\Gamma))^n). \end{cases}$$

由于在边界 $\partial\Omega$ 上每个点 Shapiro-Lopatinskij 条件成立[2]56, 所以上面的边值问题在 Agmon-Douglis-Nirenberg 意义下是椭圆的[2]53. 由文献 [99] 中的定理 10.1.1 及其中的定理 10.1.2(取 $G = \Omega$, $s = -1$, $p = 2$, $N = m = n$, $\sigma_j = -2$, $t_j = 2$, $s_j = 0 (j = 1, \cdots, n)$, 则 $\kappa = 0$, $\tau_1 = \cdots = \tau_n = 2$, $\prod_{j=1}^{N} \widetilde{H}^{t_j+s,p,(\tau_j)}(G) = (\widetilde{H}^{1,2,(2)}(\Omega))^n$, $\prod_{j=1}^{N} \widetilde{H}^{s-s_j,p,(\kappa-s_j)}(G) = (H^{-1,2}(\Omega))^n = (H^{-1}(\Omega))^n$, $\prod_{h=1}^{m} B^{s-\sigma_h-1/p,p}(\partial G) = (H^{1/2,2}(\Gamma))^n = (H^{1/2}(\Gamma))^n$, 可得

$$u \in L^\infty(0, T; (H^1(\Omega))^n).$$

引理 A.10 假设

$$\begin{cases} \varphi \in L^1(0, T; (L^2(\Omega))^n), \\ g \in (H^1(\Sigma))^n = L^2(0, T; (H^1(\Gamma))^n) \cap H^1(0, T; (L^2(\Gamma))^n), \\ u^0 \in (H^1(\Omega))^n, \ u^1 \in (L^2(\Omega))^n, \end{cases}$$

并且满足相容性条件

$$g|_{t=0} = u^0|_\Gamma,$$

则 (A.23) 的解 u 满足

$$(u, u') \in C([0, T]; (H^1(\Omega))^n \times (L^2(\Omega))^n) \tag{A.33}$$

和

$$\sigma(u)\nu \in (L^2(\Sigma))^n. \tag{A.34}$$

证 首先证明 (A.33). 由引理 A.7 的证明可知, 只需考虑 $\varphi = 0$. 由于 $g \in (H^1(\Sigma))^n = L^2(0, T; (H^1(\Gamma))^n) \cap H^1(0, T; (L^2(\Gamma))^n)$, 于是

$$g \in L^2(0, T; (H^1(\Gamma))^n), \quad g' \in L^2(0, T; (L^2(\Gamma))^n).$$

由文献 [80] 中第 1 章的定理 3.1 (取 $m = 1$, $j = 0$, $X = (H^1(\Gamma))^n$ 和 $Y = (L^2(\Gamma))^n$) 有

$$g \in C(0, T; [(H^1(\Gamma))^n, (L^2(\Gamma))^n]_{1/2}) \subset L^\infty(0, T; (H^{1/2}(\Gamma))^n).$$

A.2 线性弹性系统非齐次边值问题

根据引理 A.8 和引理 A.9 有

$$u \in L^\infty(0,T;(H^1(\Omega))^n), \quad u' \in L^\infty(0,T;(L^2(\Omega))^n).$$

由注 A.5 可得 (A.33).

下面证明 (A.34). 假设所有数据都是光滑的, 由引理 8.2, 可取 C^1 类向量场 $h: \overline{\Omega} \to \mathbb{R}^n$, 使得在边界 Γ 上. $h = \nu$. 应用性质 (A.30), 有

$$\int_0^T \int_\Gamma \left[2\sum_{i,j,m} h_m u_{i,m} \sigma_{ij}(u)\nu_j + (h\cdot\nu)\sum_i \left(u_i' u_i' - \sum_j \sigma_{ij}(u)\varepsilon_{ij}(u)\right)\right] d\Gamma dt$$

$$= \int_\Omega 2\sum_{i,m} h_m u_{i,m} u_i' dx \Big|_0^T + \int_0^T \int_\Omega \left[2\sum_{i,j,m} h_{m,j}\sigma_{ij}(u)u_{i,m} \right.$$

$$\left. -2\sum_{i,m}\varphi_i h_m u_{i,m} + \operatorname{div}(h)\sum_i \left(u_i'u_i' - \sum_j \sigma_{ij}(u)\varepsilon_{ij}(u)\right)\right] dxdt. \tag{A.35}$$

由于在 Γ 上 $u = g$, 则有 (参见文献 [64] 第 161 页的式 (2.49))

$$u_{i,m}\nu_j = (u_{i,\nu}\nu_m + \mathcal{T}_m g_i)\nu_j = u_{i,\nu}\nu_m\nu_j + \mathcal{T}_m g_i \cdot \nu_j = (u_{i,j} - \mathcal{T}_j g_i)\nu_m + \mathcal{T}_m g_i \cdot \nu_j,$$

其中 $\mathcal{T}_k (k=1,\cdots,n)$ 为 Γ 上的一阶微分算子. 于是

$$\sum_{i,j,m} h_m u_{i,m}\sigma_{i,j}(u)\nu_j = \sum_{i,j}(h\cdot\nu)\sigma_{ij}(u)u_{i,j} - \sum_{i,j}(h\cdot\nu)\sigma_{ij}(u)\mathcal{T}_j g_i + \sum_{i,j,m} h_m \nu_j \sigma_{ij}(u)\mathcal{T}_m g_i.$$

由于在 Γ 上 $h = \nu$, 所以 (A.35) 的左端化简为

$$\int_0^T \int_\Gamma \sum_{i,j}\left[\sigma_{ij}(u)\varepsilon_{ij}(u) - 2\sigma_{ij}(u)\left(\mathcal{T}_j g_i - \sum_m \nu_m\nu_j\mathcal{T}_m g_i\right) + (g_i')^2\right] d\Gamma dt.$$

令

$$G := \|\varphi\|_{L^1(0,T;(L^2(\Omega))^n)}^2 + \|u^0\|_{(H^1(\Omega))^n}^2 + \|u^1\|_{(L^2(\Omega))^n}^2 + \|g\|_{(H^1(\Sigma))^n}^2,$$

则 (A.35) 的右端能被 CG 界住, 其中正常数 C 仅依赖于 λ, μ 和 Ω.

再一次应用文献 [3] 中的引理 2.1 有

$$\sum_{i,j}(\sigma_{ij}(u))^2 \leqslant \frac{\beta}{\alpha}\sum_{i,j}\sigma_{ij}(u)\varepsilon_{ij}(u),$$

于是

$$\sigma_{ij}(u)\varepsilon_{ij}(u) - 2\sigma_{ij}(u)\left(\mathcal{T}_j g_i - \sum_m \nu_m\nu_j\mathcal{T}_m g_i\right) + (g_i')^2$$

$$
\begin{aligned}
&= \sigma_{ij}(u)\varepsilon_{ij}(u) - 2\sqrt{\frac{\alpha}{2\beta}}\sigma_{ij}(u)\cdot\sqrt{\frac{2\beta}{\alpha}}\left(\mathcal{T}_j g_i - \sum_m \nu_m \nu_j \mathcal{T}_m g_i\right) + (g_i')^2 \\
&\geqslant \sigma_{ij}(u)\varepsilon_{ij}(u) - \frac{\alpha}{2\beta}(\sigma_{ij}(u))^2 - \frac{2\beta}{\alpha}\left(\mathcal{T}_j g_i - \sum_m \nu_m \nu_j \mathcal{T}_m g_i\right)^2 + (g_i')^2 \\
&\geqslant \frac{1}{2}\sigma_{ij}(u)\varepsilon_{ij}(u) - \frac{2\beta}{\alpha}\left(\mathcal{T}_j g_i - \sum_m \nu_m \nu_j \mathcal{T}_m g_i\right)^2 + (g_i')^2.
\end{aligned}
$$

因此, 由 (A.35) 可得

$$
\int_0^T \int_\Gamma \frac{1}{2}\sum_{i,j}\sigma_{ij}(u)\varepsilon_{ij}(u)\mathrm{d}\Gamma\mathrm{d}t
$$

$$
\leqslant CG + \int_0^T \int_\Gamma \sum_{i,j}\left[\frac{2\beta}{\alpha}\left(\mathcal{T}_j g_i - \sum_m \nu_m \nu_j \mathcal{T}_m g_i\right)^2 - (g_i')^2\right]\mathrm{d}\Gamma\mathrm{d}t \leqslant C'G
$$

对某个正常数 C' 成立. 应用文献 [3] 中的引理 2.1 得到

$$
\sum_i \left(\sum_j \sigma_{ij}(u)\nu_j\right)^2 \leqslant \frac{\beta}{\alpha}\sum_{i,j}\sigma_{ij}(u)\varepsilon_{ij}(u).
$$

合并最后两个不等式可得

$$
\int_0^T \int_\Gamma \sum_i \left(\sum_j \sigma_{ij}(u)\nu_j\right)^2 \mathrm{d}\Gamma\mathrm{d}t \leqslant C''G
$$

对某个正常数 C'' 成立, 即 (A.34) 成立. ∎

命题 A.3 的证明 根据引理 A.7, 只需证明 (A.25), 这可以类似于文献 [64] 中的对偶性来证明. 令 w 为下面系统的解:

$$
\begin{cases}
w_i'' - \sigma_{ij,j}(w) = 0 & \text{在 } Q \text{ 中}, \\
w_i = p_i & \text{在 } \Sigma \text{ 上}, \quad i = 1,\cdots,n, \\
w_i(T) = 0,\ w_i'(T) = 0 & \text{在 } \Omega \text{ 中},
\end{cases} \quad (A.36)
$$

其中 $p_i(i=1,\cdots,n)$ 满足

$$
p_i \in H^1(\Sigma), \quad p_i(T) = 0 \text{ 在 } \Gamma \text{ 上}.
$$

假设所有数据都是光滑的, 应用 (A.31), 并且注意到在 Q 上 $\psi_i = 0$ 和在 Σ 上 $w_i = p_i$, 于是有

$$
\langle \sigma(u)\nu, p\rangle_\Sigma = -\langle \varphi, w\rangle_Q + \langle g, \sigma(w)\nu\rangle_\Sigma - \langle u^1, w(0)\rangle_\Omega + \langle u^0, w'(0)\rangle_\Omega.
$$

对系统 (A.36) 应用引理 A.10 可得

$$|\langle \sigma(u)\nu, p\rangle_\Sigma| \leqslant C\,\|p\|_{(H^1(\Sigma))^n}$$

对某个正常数 C 成立. 因此, 取 $p \in (H_0^1(\Sigma))^n$, 便可得到等式 (A.25). ∎

A.3 弱耦合的波与板方程非齐次边值问题

本节讨论弱耦合的波与板方程非齐次边值问题, 给出与 A.2 节相似的结果.

令 $\Omega \subset \mathbb{R}^n (n \geqslant 2)$ 为具有边界 $\partial\Omega$ 的有界开区域, $\partial\Omega = \Gamma$ 为 C^2 的. 为了符号使用简便起见, 记 $Q = \Omega \times (0,T)$, $\Sigma = \Gamma \times (0,T)$, $L^2(\Sigma) = H^0(\Sigma) = L^2(0,T;L^2(\Gamma))$, $H^1(\Sigma) = L^2(0,T;H^1(\Gamma)) \cap H^1(0,T;L^2(\Gamma))$, $H^{-1}(\Sigma) = (H_0^1(\Sigma))'$.

考虑下面的非齐次边值问题:

$$\begin{cases} u_1''(x,t) - \Delta u_1(x,t) + \alpha u_2(x,t) = \varphi_1(x,t), & (x,t) \in Q, \\ u_2''(x,t) + \Delta^2 u_2(x,t) + \alpha u_1(x,t) = \varphi_2(x,t), & (x,t) \in Q, \\ u_1(x,t) = g_1(x,t), u_2(x,t) = 0, \dfrac{\partial u_2(x,t)}{\partial \nu} = g_2(x,t), & (x,t) \in \Sigma, \\ u(x,0) = u^0(x), u'(x,0) = u^1(x), & x \in \Omega, \end{cases} \quad (A.37)$$

其中 ν 为 Γ 上的单位外法向量场.

命题 A.4 任给 $T > 0$, 假设

$$\begin{cases} \varphi = (\varphi_1, \varphi_2) \in L^1(0,T;H^{-1}(\Omega) \times H^{-2}(\Omega)), \\ u^0 \in (L^2(\Omega))^2, u^1 \in H^{-1}(\Omega) \times H^{-2}(\Omega), \\ g \in L^2(0,T;(L^2(\Gamma))^2), \end{cases} \quad (A.38)$$

则系统 (A.37) 存在唯一解 u, 并且 u 满足

$$(u, u') \in C([0,T]; (L^2(\Omega))^2 \times (H^{-1}(\Omega) \times H^{-2}(\Omega))), \quad (A.39)$$

$$\frac{\partial u_1}{\partial \nu} \in H^{-1}(\Sigma). \quad (A.40)$$

注 A.8 与文献 [64] 中注 2.5 后的原因相同, 只需要在下面空间中证明命题 A.4, $L^\infty(0,T;(L^2(\Omega))^2 \times (H^{-1}(\Omega) \times H^{-2}(\Omega)))$ 代替 $C([0,T];(L^2(\Omega))^2 \times H^{-1}(\Omega) \times H^{-2}(\Omega)))$.

注 A.9 在命题 A.4 中, 能够证明 $u, u', \dfrac{\partial u_1}{\partial \nu}$ 和 Δu_2 连续地依赖于给定的相关数据. 相同的结果适用于下面的正则性结果.

为了证明命题 A.4, 需要下面的引理 A.11. 首先, 考虑如下系统 (A.37) 的对偶系统:

$$\begin{cases} w_1''(x,t) - \Delta w_1(x,t) + \alpha w_2(x,t) = \psi_1(x,t), & (x,t) \in Q, \\ w_2''(x,t) + \Delta^2 w_2(x,t) + \alpha w_1(x,t) = \psi_2(x,t), & (x,t) \in Q, \\ w_1(x,t) = w_2(x,t) = \dfrac{\partial w_2(x,t)}{\partial \nu} = 0, & (x,t) \in \Sigma, \\ w(x,0) = w'(x,0) = 0, & x \in \Omega. \end{cases} \quad (A.41)$$

引理 A.11 假设 $\psi = (\psi_1, \psi_2) \in L^1(0,T;(L^2(\Omega))^2)$ 对某个 $T > 0$ 成立, 则存在 (A.41) 的唯一解 w 满足

$$(w, w') \in L^\infty(0,T;(H_0^1(\Omega) \times H_0^2(\Omega)) \times (L^2(\Omega))^2) \quad (A.42)$$

和

$$\frac{\partial w_1}{\partial \nu}, \Delta w_2 \in L^2(\Sigma). \quad (A.43)$$

证 应用 1.3 节中的 C_0- 半群理论可以证明, (A.41) 存在唯一解, 并且该解满足 (A.42). 现在只需证明 (A.43). 由于 Γ 为 C^2 的, 于是由引理 8.2 可以取 $h \in C^1(\overline{\Omega};\mathbb{R}^n)$, 在 Γ 上, $h = \nu$.

首先, 在 (A.41) 中的第一个方程两端乘以 $h \cdot \nabla w_1$, 在 $Q = \Omega \times (0,T)$ 上分部积分, 于是有

$$\int_Q \psi_1 h \cdot \nabla w_1 dQ = \int_Q (w_1'' - \Delta w_1 + \alpha w_2) h \cdot \nabla w_1 dQ$$

$$= \int_\Omega w_1' h \cdot \nabla w_1 dx \Big|_0^T - \int_Q w_1' h \cdot \nabla w_1' dQ + \int_Q \nabla w_1 \cdot \nabla(h \cdot \nabla w_1) dQ$$

$$- \int_\Sigma \frac{\partial w_1}{\partial \nu} h \cdot \nabla w_1 d\Sigma + \int_Q \alpha w_2 h \cdot \nabla w_1 dQ. \quad (A.44)$$

通过简单计算可得

$$\int_Q \nabla w_1 \cdot \nabla(h \cdot \nabla w_1) dQ$$

$$= \int_Q Dh(\nabla w_1, \nabla w_1) dQ + \frac{1}{2} \int_\Sigma |\nabla w_1|^2 d\Sigma - \frac{1}{2} \int_Q |\nabla w_1|^2 \text{div}(h) dQ, \quad (A.45)$$

其中 Dh 为向量场 h 的 Hessian 矩阵. 同时, 由于在边界 Γ 上, $w_1 = 0$ 成立, 因而容易验证

$$\nabla w_1 = \frac{\partial w_1}{\partial \nu} \nu \text{ 在边界 } \Gamma \text{ 上成立} \quad (A.46)$$

A.3 弱耦合的波与板方程非齐次边值问题

和

$$\int_Q w_1' h \cdot \nabla w_1' dQ = \frac{1}{2} \int_\Sigma |w_1'|^2 d\Sigma - \frac{1}{2} \int_Q |w_1'|^2 \mathrm{div}(h) dQ$$
$$= -\frac{1}{2} \int_Q |w_1'|^2 \mathrm{div}(h) dQ. \tag{A.47}$$

由 (A.44)~(A.47) 可得

$$\int_Q \psi_1 h \cdot \nabla w_1 dQ = \int_\Omega w_1' h \cdot \nabla w_1 dx \Big|_0^T + \int_Q Dh(\nabla w_1, \nabla w_1) dQ - \frac{1}{2} \int_\Sigma \left|\frac{\partial w_1}{\partial \nu}\right|^2 d\Sigma$$
$$+ \frac{1}{2} \int_Q (|w_1'|^2 - |\nabla w_1|^2) \mathrm{div}(h) dQ + \int_Q \alpha w_2 h \cdot \nabla w_1 dQ. \tag{A.48}$$

因此,

$$\int_\Sigma \left|\frac{\partial w_1}{\partial \nu}\right|^2 d\Sigma = -2 \int_Q \psi_1 h \cdot \nabla w_1 dQ + 2 \int_\Omega w_1' h \cdot \nabla w_1 dx \Big|_0^T + 2 \int_Q Dh(\nabla w_1, \nabla w_1) dQ$$
$$+ \int_Q (|w_1'|^2 - |\nabla w_1|^2) \mathrm{div}(h) dQ + 2 \int_Q \alpha w_2 h \cdot \nabla w_1 dQ$$
$$\leqslant C_T \left\{ \|w_1'\|_{L^\infty(0,T;L^2(\Omega))}^2 + \|w\|_{L^\infty(0,T;(H^1(\Omega))^2)}^2 + \|\psi_1\|_{L^1(0,T;L^2(\Omega))}^2 \right\}. \tag{A.49}$$

又由假设 $\psi = (\psi_1, \psi_2) \in L^1(0,T; (L^2(\Omega))^2)$ 推出 (A.43) 的第一部分

$$\frac{\partial w_1}{\partial \nu} \in L^2(\Sigma). \tag{A.50}$$

其次, 在 (A.41) 中的第二个方程两端乘以 $h \cdot \nabla w_2$, 在 $Q = \Omega \times (0,T)$ 上分部积分, 于是有

$$\int_Q \psi_2 h \cdot \nabla w_2 dQ$$
$$= \int_Q (w_2'' + \Delta^2 w_2 + \alpha w_1) h \cdot \nabla w_2 dQ$$
$$= \int_\Omega w_2' h \cdot \nabla w_2 dx \Big|_0^T - \int_Q w_2' h \cdot \nabla w_2' dQ + \int_Q \Delta w_2 \cdot \Delta(h \cdot \nabla w_2) dQ$$
$$+ \int_\Sigma \left(\frac{\partial \Delta w_2}{\partial \nu} h \cdot \nabla w_2 - \Delta w_2 \frac{\partial}{\partial \nu}(h \cdot \nabla w_2) \right) d\Sigma + \int_Q \alpha w_1 h \cdot \nabla w_2 dQ. \tag{A.51}$$

由于在 Γ 上, $h = \nu, w_2 = \frac{\partial w_2}{\partial \nu} = 0$, 因而在边界 Γ 上, 下面两个关系式成立:

$$h \cdot \nabla w_2 = \frac{\partial w_2}{\partial \nu} = 0, \tag{A.52}$$

$$\frac{\partial}{\partial \nu}(h \cdot \nabla w_2) = \frac{\partial^2 w_2}{\partial \nu^2} = \Delta w_2. \tag{A.53}$$

同时, 通过简单计算可得

$$\Delta(h \cdot \nabla w_2) = \Delta h \cdot \nabla w_2 + h \cdot \nabla(\Delta w_2) + 2 \sum_{i,j} \frac{\partial h_i}{\partial x_j} \frac{\partial^2 w_2}{\partial x_i \partial x_j}. \tag{A.54}$$

合并 (A.51)~(A.54), 可得

$$\int_Q \psi_2 h \cdot \nabla w_2 \mathrm{d}Q$$
$$= \int_\Omega w_2' h \cdot \nabla w_2 \mathrm{d}x \Big|_0^T - \frac{1}{2} \int_\Sigma |w_2'|^2 h \cdot \nu \mathrm{d}\Sigma + \frac{1}{2} \int_Q |w_2'|^2 \mathrm{div}(h) \mathrm{d}Q$$
$$+ \int_Q \Delta w_2 h \cdot \nabla(\Delta w_2) \mathrm{d}Q + \int_Q \Delta w_2 \left(\Delta h \cdot \nabla w_2 + 2 \sum_{i,j} \frac{\partial h_i}{\partial x_j} \frac{\partial^2 w_2}{\partial x_i \partial x_j} \right) \mathrm{d}Q$$
$$- \int_\Sigma |\Delta w_2|^2 \mathrm{d}\Sigma + \int_Q \alpha w_1 h \cdot \nabla w_2 \mathrm{d}Q$$
$$= \int_\Omega w_2' h \cdot \nabla w_2 \mathrm{d}x \Big|_0^T + \frac{1}{2} \int_Q (|w_2'|^2 - |\Delta w_2|^2) \mathrm{div}(h) \mathrm{d}Q$$
$$+ \int_Q \Delta w_2 \left(\Delta h \cdot \nabla w_2 + 2 \sum_{i,j} \frac{\partial h_i}{\partial x_j} \frac{\partial^2 w_2}{\partial x_i \partial x_j} \right) \mathrm{d}Q$$
$$- \frac{1}{2} \int_\Sigma |\Delta w_2|^2 \mathrm{d}\Sigma + \int_Q \alpha w_1 h \cdot \nabla w_2 \mathrm{d}Q. \tag{A.55}$$

因此,

$$\int_\Sigma |\Delta^2 w_2|^2 \mathrm{d}\Sigma$$
$$= -2 \int_Q \psi_2 h \cdot \nabla w_2 \mathrm{d}Q + 2 \int_\Omega w_2' h \cdot \nabla w_2 \mathrm{d}x \Big|_0^T + \int_Q (|w_2'|^2 - |\Delta w_2|^2) \mathrm{div}(h) \mathrm{d}Q$$
$$+ 2 \int_Q \Delta w_2 \left(\Delta h \cdot \nabla w_2 + 2 \sum_{i,j} \frac{\partial h_i}{\partial x_j} \frac{\partial^2 w_2}{\partial x_i \partial x_j} \right) \mathrm{d}Q + 2 \int_Q \alpha w_1 h \cdot \nabla w_2 \mathrm{d}Q$$
$$\leqslant C_T \left\{ \|w_2'\|_{L^\infty(0,T;L^2(\Omega))}^2 + \|w\|_{L^\infty(0,T;H^1(\Omega) \times H^2(\Omega))}^2 + \|\psi_2\|_{L^1(0,T;L^2(\Omega))}^2 \right\}. \tag{A.56}$$

与 (A.50) 相同, (A.56) 与假设 $\psi = (\psi_1, \psi_2) \in L^1(0,T;(L^2(\Omega))^2)$ 可推出 (A.43) 的第二部分

$$\Delta w_2 \in L^2(\Sigma). \tag{A.57}$$

A.3 弱耦合的波与板方程非齐次边值问题

命题 A.4 的证明 首先当 $\varphi = 0$ 时证明结果, 并且假设所有输入数据都是光滑的. 将分为下面几步来证明.

第一步 令 u 为 (A.37) 的解, 并且令 w 为下面系统的解:

$$\begin{cases} w_1''(x,t) - \Delta w_1(x,t) + \alpha w_2(x,t) = \psi_1(x,t), & (x,t) \in Q, \\ w_2''(x,t) + \Delta^2 w_2(x,t) + \alpha w_1(x,t) = \psi_2(x,t), & (x,t) \in Q, \\ w_1(x,t) = w_2(x,t) = \dfrac{\partial w_2(x,t)}{\partial \nu} = 0, & (x,t) \in \Sigma, \\ w(x,T) = 0, w'(x,T) = 0, & x \in \Omega, \end{cases} \tag{A.58}$$

其中 $\psi_i \in L^1(0,T; L^2(\Omega))(i=1,2)$, 则

$$\begin{aligned} 0 &= \langle \varphi_1, w_1 \rangle_{L^2(Q)} + \left\langle \frac{\partial u_1}{\partial \nu}, w_1 \right\rangle_{L^2(\Sigma)} \\ &= \int_Q (u_1'' - \Delta u_1 + \alpha u_2) w_1 dQ + \int_\Sigma \frac{\partial u_1}{\partial \nu} w_1 d\Sigma \\ &= \int_\Omega u_1' w_1 dx \Big|_0^T - \int_\Omega u_1 w_1' dx \Big|_0^T + \int_Q u_1 w_1'' dQ \\ &\quad - \int_\Sigma \frac{\partial u_1}{\partial \nu} w_1 d\Sigma + \int_Q \langle \nabla u_1, \nabla w_1 \rangle dQ + \int_Q \alpha u_2 w_1 dQ + \int_\Sigma \frac{\partial u_1}{\partial \nu} w_1 d\Sigma \\ &= -\int_\Omega u_1'(x,0) w_1(x,0) dx + \int_\Omega u_1(x,0) w_1'(x,0) dx + \int_Q u_1 (w_1'' - \Delta w_1) dQ \\ &\quad + \int_\Sigma \frac{\partial w_1}{\partial \nu} g_1 d\Sigma + \int_Q \alpha u_2 w_1 dQ \end{aligned} \tag{A.59}$$

和

$$\begin{aligned} 0 &= \langle \varphi_2, w_2 \rangle_{L^2(Q)} + \left\langle \Delta u_2, \frac{\partial w_2}{\partial \nu} \right\rangle_{L^2(\Sigma)} \\ &= \int_Q (u_2'' + \Delta^2 u_2 + \alpha u_1) w_2 dQ + \int_\Sigma \Delta u_2 \frac{\partial w_2}{\partial \nu} d\Sigma \\ &= \int_\Omega u_2' w_2 dx \Big|_0^T - \int_\Omega u_2 w_2' dx \Big|_0^T + \int_Q u_2 w_2'' dQ + \int_\Sigma \left(\frac{\partial \Delta u_2}{\partial \nu} w_2 - \Delta u_2 \frac{\partial w_2}{\partial \nu} \right) d\Sigma \\ &\quad + \int_Q \Delta u_2 \Delta w_2 dQ + \int_Q \alpha u_1 w_2 + \int_\Sigma \Delta u_2 \frac{\partial w_2}{\partial \nu} d\Sigma \\ &= \int_\Omega u_2' w_2 dx \Big|_0^T - \int_\Omega u_2 w_2' dx \Big|_0^T + \int_Q u_2 w_2'' dQ + \int_\Sigma \left(\frac{\partial \Delta u_2}{\partial \nu} w_2 - \Delta u_2 \frac{\partial w_2}{\partial \nu} \right) d\Sigma \\ &\quad + \int_Q u_2 \Delta^2 w_2 dQ + \int_\Sigma \left(\frac{\partial u_2}{\partial \nu} \Delta w_2 - u_2 \frac{\partial \Delta w_2}{\partial \nu} \right) d\Sigma + \int_Q \alpha u_1 w_2 + \int_\Sigma \Delta u_2 \frac{\partial w_2}{\partial \nu} d\Sigma \end{aligned}$$

$$= -\int_\Omega u_2'(x,0)w_2(x,0)\mathrm{d}x + \int_\Omega u_2(x,0)w_2'(x,0)\mathrm{d}x + \int_Q u_2(w_2'' + \Delta^2 w_2)\mathrm{d}Q$$
$$+ \int_\Sigma g_2 \Delta w_2 \mathrm{d}\Sigma + \int_Q \alpha u_1 w_2 \mathrm{d}Q. \tag{A.60}$$

合并 (A.59) 和 (A.60) 可得

$$0 = -\langle u^1, w(\cdot,0)\rangle_{(L^2(\Omega))^2} + \langle u^0, w'(\cdot,0)\rangle_{(L^2(\Omega))^2} + \langle u, \psi\rangle_{(L^2(Q))^2}$$
$$+ \left\langle g_1, \frac{\partial w_1}{\partial \nu}\right\rangle_{L^2(\Sigma)} + \langle g_2, \Delta w_2\rangle_{L^2(\Sigma)}. \tag{A.61}$$

第二步 由 (A.61) 可得

$$\langle u, \psi\rangle_{(L^2(Q))^2} = \langle u^1, w(\cdot,0)\rangle_{(L^2(\Omega))^2} - \langle u^0, w'(\cdot,0)\rangle_{(L^2(\Omega))^2}$$
$$- \left\langle g_1, \frac{\partial w_1}{\partial \nu}\right\rangle_{L^2(\Sigma)} - \langle g_2, \Delta w_2\rangle_{L^2(\Sigma)}. \tag{A.62}$$

由于 (A.63) 的右端在 $L^1(0,T;(L^2(\Omega))^2)$ 上连续, 因而

$$u \in L^\infty(0,T;(L^2(\Omega))^2). \tag{A.63}$$

第三步 由 (A.63) 和 (A.37) 可得

$$u'' \in L^\infty(0,T;H^{-2}(\Omega) \times H^{-4}(\Omega)). \tag{A.64}$$

由文献 [79] 中第 1 章的定理 2.3 和 12.4 可得

$$u' \in L^2(0,T;[(L^2(\Omega))^2, H^{-2}(\Omega) \times H^{-4}(\Omega)]_{1/2}) = L^2(0,T;H^{-1}(\Omega) \times H^{-2}(\Omega)).$$

进一步, 应用文献 [69] 中的 "提升定理" 可得

$$u' \in C(0,T;H^{-1}(\Omega) \times H^{-2}(\Omega)) \subset L^\infty(0,T;H^{-1}(\Omega) \times H^{-2}(\Omega)),$$

这就在 $\varphi = 0$ 的情形下证明了 (A.39).

如果能够证明 $0 \neq \varphi \in L^1(0,T;H^{-1}(\Omega) \times H^{-2}(\Omega))$ 时结论也成立, 则 (A.39) 的证明就完成了. 为此, 令 $v = (v_1, v_2)$ 为下面系统的解,

$$\begin{cases} v_1''(x,t) - \Delta v_1(x,t) + \alpha v_2(x,t) = \varphi_1(x,t), & (x,t) \in Q, \\ v_2''(x,t) + \Delta^2 v_2(x,t) + \alpha v_1(x,t) = \varphi_2(x,t), & (x,t) \in Q, \\ v_1(x,t) = v_2(x,t) = \dfrac{\partial v_2(x,t)}{\partial \nu} = 0, & (x,t) \in \Sigma, \\ v(x,0) = v'(x,0) = 0, & x \in \Omega. \end{cases}$$

由文献 [79] 可知, 上面的系统存在唯一解 v, 并且 v 满足

$$(v, v') \in L^\infty(0, T; (L^2(\Omega))^2 \times (H^{-1}(\Omega) \times H^{-2}(\Omega))).$$

令 u 为系统 (A.37) 满足 $\varphi = 0$ 的解, 则 $u + v$ 满足 (A.39), 并且为系统 (A.37) 满足 $\varphi \neq 0$ 的解.

最后来证明 (A.40). 事实上, 由 (A.37) 的第一个方程和 (A.39) 可得

$$\begin{cases} u_1'' - \Delta u_1 = \varphi_1 - \alpha u_2 \in L^1(0, T; H^{-1}(\Omega)), \\ u_1^0 \in L^2(\Omega), \ u_1^1 \in H^{-1}(\Omega), \\ g_1 \in L^2(0, T; L^2(\Gamma)). \end{cases} \quad (A.65)$$

于是对 (A.65) 应用文献 [64] 中的定理 2.3 得到 (A.40). ∎

A.4 Naghdi 壳方程的非齐次边值问题

本节将给出 Naghdi 壳方程非齐次边值问题解的存在性和正则性, 这里采用文献 [136] 中用黎曼几何方法给出的 Naghdi 壳方程, 为了方便读者, 在后面的附录中给出这一方程.

设 M 为 $\mathbb{R}^3$ 中的光滑曲面, 令 Ω 为 M 上具有边界 $\partial\Omega$ 的有界开区域, $\partial\Omega = \Gamma$ 为 C^2 的. 为了符号简便起见, 记 $Q = \Omega \times (0, T)$, $\Sigma = \Gamma \times (0, T)$, $L^2(\Sigma, \Lambda) = H^0(\Sigma, \Lambda) = L^2(0, T; L^2(\Gamma, \Lambda))$, $H^1(\Sigma, \Lambda) = L^2(0, T; H^1(\Gamma, \Lambda)) \cap H^1(0, T; L^2(\Gamma, \Lambda))$, $H^{-1}(\Sigma, \Lambda) = (H_0^1(\Sigma, \Lambda))'$, $L^2(\Sigma) = H^0(\Sigma) = L^2(0, T; L^2(\Gamma))$, $H^1(\Sigma) = L^2(0, T; H^1(\Gamma)) \cap H^1(0, T; L^2(\Gamma))$, $H^{-1}(\Sigma) = (H_0^1(\Sigma))'$.

考虑下面系统的非齐次边值问题:

$$\begin{cases} \eta'' + \mathcal{A}\eta = \Phi & \text{在 } Q \text{ 上,} \\ \eta = \varsigma & \text{在 } \Sigma \text{ 上,} \\ \eta(0) = \eta^0, \eta'(0) = \eta^1 & \text{在 } \Omega \text{ 上.} \end{cases} \quad (A.66)$$

命题 A.5 任给 $T > 0$, 设

$$\begin{cases} \Phi \in L^2(0, T; (H^{-1}(\Omega, \Lambda))^2 \times (H^{-1}(\Omega))^2), \\ \eta^0 \in (L^2(\Omega, \Lambda))^2 \times (L^2(\Omega))^2, \ \eta^1 \in (H^{-1}(\Omega, \Lambda))^2 \times (H^{-1}(\Omega))^2, \\ \varsigma \in L^2(0, T; (L^2(\Gamma, \Lambda))^2 \times (L^2(\Gamma))^2), \end{cases}$$

则系统 (A.66) 存在唯一解 η, 并且 η 满足

$$(\eta, \eta') \in C([0, T]; [(L^2(\Omega, \Lambda))^2 \times (L^2(\Omega))^2] \times [(H^{-1}(\Omega, \Lambda))^2 \times (H^{-1}(\Omega))^2]) \quad (A.67)$$

和
$$(B_1(\eta), B_2(\eta), b_1(\eta), b_2(\eta)) \in (H^{-1}(\Sigma, \Lambda))^2 \times (H^{-1}(\Sigma))^2. \tag{A.68}$$

注 A.10 与文献 [64] 中注 2.5 后面的讨论一样的原因, 仅需在空间 $L^\infty(0, T; [(L^2(\Omega, \Lambda))^2 \times (L^2(\Omega))^2] \times [(H^{-1}(\Omega, \Lambda))^2 \times (H^{-1}(\Omega))^2])$ 中证明命题 A.5.

注 A.11 在命题 A.5 中, 能证明 η, η' 和 $(B_1(\eta), B_2(\eta), b_1(\eta), b_2(\eta))$ 连续地依赖于给定的数据. 类似的注适用于随后的正则性结果.

注 A.12 在命题 A.5 中, 令 $\Phi = 0$ 和 $\varsigma = 0$, 则 (A.67) 在 $(H^{-1}(\Omega, \Lambda))^2 \times (H^{-1}(\Omega))^2$ 中相应于一个 C_0- 半群, 即

$$(\eta, \eta') = e^{\mathcal{C}t}(\eta^0, \eta^1),$$

其中 $e^{\mathcal{C}t}$ 为在 $(H^{-1}(\Omega, \Lambda))^2 \times (H^{-1}(\Omega))^2$ 上的 C_0- 半群.

为了证明命题 A.5, 需要几个引理. 首先, 考虑未知量为 $\zeta = (U_1, U_2, u_1, u_2)$ 的 (A.66) 的对偶系统

$$\begin{cases} \zeta'' + \mathcal{A}\zeta = \Psi & \text{在 } Q \text{ 上}, \\ \zeta = 0 & \text{在 } \Sigma \text{ 上}, \\ \zeta(0) = \zeta'(0) = 0 & \text{在 } \Omega \text{ 上}. \end{cases} \tag{A.69}$$

引理 A.12 假设 $\Psi \in L^1(0, T; (L^2(\Omega, \Lambda))^2 \times (L^2(\Omega))^2)$ 对某个 $T > 0$ 成立, 则 (A.69) 存在唯一解 ζ, 并且 ζ 满足

$$(\zeta, \zeta') \in L^\infty(0, T; [(H^1(\Omega, \Lambda))^2 \times (H^1(\Omega))^2] \times [(L^2(\Omega, \Lambda))^2 \times (L^2(\Omega))^2]) \tag{A.70}$$

和

$$(B_1(\zeta), B_2(\zeta), b_1(\zeta), b_2(\zeta)) \in (L^2(\Sigma, \Lambda))^2 \times (L^2(\Sigma))^2. \tag{A.71}$$

证 应用 1.3 小节中的 C_0- 半群理论可知, (A.69) 存在满足 (A.70) 的唯一解. 现在只需证明 (A.71). 首先, 由于 Γ 为光滑的, 于是可取向量场 V, 使得在 Γ 上, $V = n$. 令

$$m(\zeta) = (D_V U_1, D_V U_2, V(u_1), V(u_2)).$$

在 (A.69) 中的第一个方程两端乘以 $m(\zeta)$, 然后在 Q 上积分可得

$$\begin{aligned}
\int_Q \langle \Psi, m(\zeta) \rangle \mathrm{d}Q &= \int_Q \langle \zeta'' + \mathcal{A}\zeta, m(\zeta) \rangle \mathrm{d}Q \\
&= \int_\Omega \langle \zeta', m(\zeta) \rangle \mathrm{d}x \Big|_0^T - \int_Q \langle \zeta', m(\zeta') \rangle \mathrm{d}Q \\
&\quad + \int_Q P(\zeta, m(\zeta)) \mathrm{d}Q - \int_\Sigma \partial(\mathcal{A}\zeta, m(\zeta)) \mathrm{d}\Sigma.
\end{aligned} \tag{A.72}$$

A.4 Naghdi 壳方程的非齐次边值问题

稍微修改文献 [136] 中命题 4.2 的证明, 容易得到

$$\int_\Omega P(\zeta,m(\zeta))\mathrm{d}x = \frac{1}{2}\int_\Gamma P(\zeta,\zeta)\langle V,n\rangle \mathrm{d}\Gamma - \frac{1}{2}\int_\Omega P(\zeta,\zeta)\mathrm{div}(V)\mathrm{d}x + \int_\Omega e(\zeta,\zeta)\mathrm{d}x + l(\zeta), \tag{A.73}$$

其中

$$e(\zeta,\zeta) = 2\sum_{i=1}^{2}\varpi(S(U_i),G(V,U_1)) + 4\langle\varphi(\zeta),\varphi(\zeta)(D.V)\rangle + DV(Du_2,Du_2),$$

$$\varpi(T_1,T_1) = \langle T_1,T_2\rangle + \beta\mathrm{tr}T_1\mathrm{tr}T_2, \quad \forall\, T_1,T_2 \in T^2(\Omega),$$

$$S(U) = \frac{1}{2}(DU + DU^*), \quad \forall\, U \in H^1(\Omega,\Lambda),$$

$$G(V,U)(X,Y) = \frac{1}{2}[DU(X,D_YV) + DU(Y,D_XV)], \quad \forall\, X,Y \in M_x, x \in \overline{\Omega},$$

"·" 表示变量的位置, 并且 $l(\zeta)$ 为低阶项. 由 (A.72), (A.73) 和文献 [136] 中命题 4.4 的 b) 得到

$$\int_Q \langle\Psi,m(\zeta)\rangle\mathrm{d}Q = \int_\Omega\langle\zeta',m(\zeta)\rangle\mathrm{d}x\Big|_0^T - \frac{1}{2}\int_Q V(|\zeta'|^2)\mathrm{d}Q - \frac{1}{2}\int_\Sigma P(\zeta,\zeta)\langle V,n\rangle\mathrm{d}\Sigma$$
$$- \frac{1}{2}\int_Q P(\zeta,\zeta)\mathrm{div}(V)\mathrm{d}Q + \int_Q e(\zeta,\zeta)\mathrm{d}Q + \mathrm{lot}(\zeta), \tag{A.74}$$

其中 $\mathrm{lot}(\zeta) = \int_0^T l(\zeta)\mathrm{d}t$. 因此,

$$\int_\Sigma P(\zeta,\zeta)\mathrm{d}\Sigma = -2\int_Q\langle\Psi,m(\zeta)\rangle\mathrm{d}Q + 2\int_\Omega\langle\zeta',m(\zeta)\rangle\mathrm{d}x\Big|_0^T + 2\int_Q e(\zeta,\zeta)\mathrm{d}Q$$
$$+ \int_Q [|\zeta'|^2 - P(\zeta,\zeta)]\mathrm{div}(V)\mathrm{d}Q + \mathrm{lot}(\zeta)$$
$$\leqslant C_T(\|\zeta'\|^2_{L^\infty(0,T;(L^2(\Omega,\Lambda))^2\times(L^2(\Omega))^2)} + \|\zeta\|^2_{L^\infty(0,T;(H^1(\Omega,\Lambda))^2\times(H^1(\Omega))^2)}$$
$$+ \|\Psi\|^2_{L^1(0,T;(L^2(\Omega,\Lambda))^2\times(L(\Omega))^2)}). \tag{A.75}$$

另一方面, 由于在 Γ 上, $\zeta = 0$, 容易验证

$$|(B_1(\zeta),B_2(\zeta),b_1(\zeta),b_2(\zeta))|^2 = P(\zeta,\zeta) \text{ 在 } \Gamma \text{ 上}. \tag{A.76}$$

于是 (A.71) 可由 (A.75) 和 (A.76) 得到. ∎

引理 A.13 命题 A.5 中的 (A.67) 成立.

证 首先证明当 $\Phi = 0$ 时结果成立, 并且假设所有数据都是光滑的. 证明将分几步完成.

第一步 设 η 为系统 (A.66) 的解，并且设 ζ 为下面系统的解：

$$\begin{cases} \zeta'' + \mathcal{A}\zeta = \Psi & \text{在 } Q \text{ 上,} \\ \zeta = 0 & \text{在 } \Sigma \text{ 上,} \\ \zeta(T) = \zeta'(T) = 0 & \text{在 } \Omega \text{ 上,} \end{cases} \tag{A.77}$$

其中 $\Psi \in L^1(0,T;(L^2(\Omega,\Lambda))^2 \times (L^2(\Omega))^2)$，则

$$\begin{aligned}
0 &= \int_Q \langle \Phi, \zeta \rangle dQ + \int_\Sigma \partial(\mathcal{A}\eta, \zeta) d\Sigma \\
&= \int_Q \langle \eta'' + \mathcal{A}\eta, \zeta \rangle dQ + \int_\Sigma \partial(\mathcal{A}\eta, \zeta) d\Sigma \\
&= \int_\Omega (\langle \eta', \zeta \rangle - \langle \eta, \zeta' \rangle) dx \Big|_0^T + \int_Q \langle \eta, \zeta'' \rangle dQ + \int_Q P(\eta, \zeta) dQ \\
&= -\int_\Omega (\langle \eta'(0), \zeta(0) \rangle - \langle \eta(0), \zeta'(0) \rangle) dx + \int_Q \langle \eta, \zeta'' + \mathcal{A}\zeta \rangle dx + \int_\Sigma \partial(\mathcal{A}\zeta, \eta) d\Sigma \\
&= -\int_\Omega \langle \eta'(0), \zeta(0) \rangle dx + \int_\Omega \langle \eta(0), \zeta'(0) \rangle dx + \int_Q \langle \eta, \Psi \rangle dQ + \int_\Sigma \partial(\mathcal{A}\zeta, \eta) d\Sigma.
\end{aligned} \tag{A.78}$$

第二步 由 (A.78) 可得

$$\int_Q \langle \eta, \Psi \rangle dQ = \int_\Omega \langle \eta'(0), \zeta(0) \rangle dx - \int_\Omega \langle \eta(0), \zeta'(0) \rangle dx - \int_\Sigma \partial(\mathcal{A}\zeta, \eta) d\Sigma. \tag{A.79}$$

应用引理 A.12, 命题 A.5 的假设和 $\partial(\mathcal{A}\zeta, \eta)$ 的定义可知, (A.79) 的右端在 $L^1(0,T;(L^2(\Omega,\Lambda))^2 \times (L^2(\Omega))^2)$ 上连续. 因此, η 属于 $L^1(0,T;(L^2(\Omega,\Lambda))^2 \times (L^2(\Omega))^2)$ 的对偶空间, 即

$$\eta \in L^\infty(0,T;(L^2(\Omega,\Lambda))^2 \times (L^2(\Omega))^2).$$

第三步 由第二步的结果和系统 (A.66) 可得

$$\eta'' = -\mathcal{A}\eta \in L^\infty(0,T;(H^{-2}(\Omega,\Lambda))^2 \times (H^{-2}(\Omega))^2).$$

应用文献 [79] 中第 1 章的定理 2.3 和定理 12.4 可得

$$\eta' \in L^2(0,T;[(L^2(\Omega,\Lambda))^2 \times (L^2(\Omega))^2, (H^{-2}(\Omega,\Lambda))^2 \times (H^{-2}(\Omega))^2]_{1/2}),$$

即

$$\eta' \in L^2(0,T;(H^{-1}(\Omega,\Lambda))^2 \times (H^{-1}(\Omega))^2).$$

进一步, 应用文献 [69] 中的 "提升定理" 得到

$$\eta' \in C(0,T;(H^{-1}(\Omega,\Lambda))^2 \times (H^{-1}(\Omega))^2) \subset L^\infty(0,T;(H^{-1}(\Omega,\Lambda))^2 \times (H^{-1}(\Omega))^2),$$

A.4 Naghdi 壳方程的非齐次边值问题

于是在 $\Phi = 0$ 的情形下证明了 (A.67).

如果对 $\Phi \neq 0$ 和 $\Phi \in L^2(0,T;(H^{-1}(\Omega,\Lambda))^2 \times (H^{-1}(\Omega))^2)$ 能证明相同的结果，则就完成了定理的证明. 令 ξ 为下面系统的解:

$$\begin{cases} \xi'' + \mathcal{A}\xi = \Phi & \text{在 } Q \text{ 上,} \\ \xi = 0 & \text{在 } \Sigma \text{ 上,} \\ \xi(0) = \xi'(0) = 0 & \text{在 } \Omega \text{ 上.} \end{cases} \quad (\text{A.80})$$

由文献 [79] 可知，系统 (A.80) 存在唯一解 ξ，并且解 ξ 满足

$$\xi \in L^\infty(0,T;(L^2(\Omega,\Lambda))^2 \times (L^2(\Omega))^2), \quad \xi' \in L^\infty(0,T;(H^{-1}(\Omega,\Lambda))^2 \times (H^{-1}(\Omega))^2).$$

令 η 为系统 (A.66) 当 $\Phi = 0$ 时的解，则 $\eta + \xi$ 为系统 (A.66) 当 $\Phi \neq 0$ 时的解，并且满足 (A.67). 证毕. ∎

引理 A.14 考虑当 $\Phi = 0$ 时的系统 (A.66)，并且设

$$\varsigma, \varsigma' \in L^2(0,T;(L^2(\Gamma,\Lambda))^2 \times (L^2(\Gamma))^2),$$
$$\eta^0 \in (H^1(\Omega,\Lambda))^2 \times (H^1(\Omega))^2, \quad \eta^1 \in (L^2(\Omega,\Lambda))^2 \times (L^2(\Omega))^2$$

和

$$\varsigma|_{t=0} = \eta^0|_\Gamma,$$

则

$$\eta' \in L^\infty(0,T;(L^2(\Omega,\Lambda))^2 \times (L^2(\Omega))^2), \quad \eta'' \in L^\infty(0,T;(H^{-1}(\Omega,\Lambda))^2 \times (H^{-1}(\Omega))^2).$$

证 先证所有数据都光滑的情形，一般情形的定理证明可由连续延拓和稠密性得到. 令 $\theta = \eta'$，则 θ 满足

$$\begin{cases} \theta'' + \mathcal{A}\theta = 0 & \text{在 } Q \text{ 上,} \\ \theta = \varsigma' & \text{在 } \Sigma \text{ 上,} \\ \theta(0) = \eta^1, \theta'(0) = -\mathcal{A}\eta^0 & \text{在 } \Omega \text{ 上.} \end{cases} \quad (\text{A.81})$$

由于 $\theta'(0) = -\mathcal{A}\eta^0 \in (H^{-1}(\Omega,\Lambda))^2 \times (H^{-1}(\Omega))^2$, 对系统 (A.81) 应用引理 A.13 可得

$$\theta \in L^\infty(0,T;(L^2(\Omega,\Lambda))^2 \times (L^2(\Omega))^2), \quad \theta' \in L^\infty(0,T;(H^{-1}(\Omega,\Lambda))^2 \times (H^{-1}(\Omega))^2).$$

于是引理 A.14 由事实 $\theta = \eta'$ 得到. ∎

引理 A.15　考虑引理 A.14 中的系统. 如果
$$\varsigma \in L^\infty(0,T;(H^{1/2}(\Gamma,\Lambda))^2 \times (H^{1/2}(\Gamma))^2),$$
则
$$\eta \in L^\infty(0,T;(H^1(\Omega,\Lambda))^2 \times (H^1(\Omega))^2). \tag{A.82}$$

证　由引理 A.14,
$$\mathcal{A}\eta = -\eta'' \in L^\infty(0,T;(H^{-1}(\Omega,\Lambda))^2 \times (H^{-1}(\Omega))^2).$$

将 t 看成参数, 考虑下面的 Dirichlet 问题:
$$\begin{cases} \mathcal{A}\eta \in L^\infty(0,T;(H^{-1}(\Omega,\Lambda))^2 \times (H^{-1}(\Omega))^2), \\ \eta|_\Gamma = \varsigma \in L^\infty(0,T;(H^{1/2}(\Gamma,\Lambda))^2 \times (H^{1/2}(\Gamma))^2). \end{cases}$$

由于算子 $\mathcal{A}$ 是椭圆的 (如可参见文献 [14]), 故由椭圆理论可得 (A.82). ∎

引理 A.16　假设
$$\begin{cases} \Phi \in L^1(0,T;(L^2(\Omega,\Lambda))^2 \times (L^2(\Omega))^2), \\ \varsigma \in (H^1(\Sigma,\Lambda))^2 \times (H^1(\Sigma))^2, \\ \eta^0 \in (H^1(\Omega,\Lambda))^2 \times (H^1(\Omega))^2,\ \eta^1 \in (L^2(\Omega,\Lambda))^2 \times (L^2(\Omega))^2, \end{cases} \tag{A.83}$$

并且满足相容性条件
$$\varsigma|_{t=0} = \eta^0|_\Gamma,$$

则系统 (A.66) 的解 η 满足
$$(\eta,\eta') \in C([0,T];[(H^1(\Omega,\Lambda))^2 \times (H^1(\Omega))^2] \times [(L^2(\Omega,\Lambda))^2 \times (L^2(\Omega))^2]) \tag{A.84}$$

和
$$(B_1(\eta),B_2(\eta),b_1(\eta),b_2(\eta)) \in (L^2(\Sigma,\Lambda))^2 \times (L^2(\Sigma))^2. \tag{A.85}$$

证　首先证明 (A.84). 由引理 A.13 的证明, 仅需考虑 $\Phi = 0$ 的情形. 由于 $\varsigma \in (H^1(\Sigma,\Lambda))^2 \times (H^1(\Sigma))^2$, 于是
$$\varsigma \in L^2(0,T;(H^1(\Sigma,\Lambda))^2 \times (H^1(\Sigma))^2),\quad \varsigma' \in L^2(0,T;(L^2(\Sigma,\Lambda))^2 \times (L^2(\Sigma))^2).$$

由文献 [80] 的定理 3.1 有
$$\varsigma \in L^\infty(0,T;(H^{1/2}(\Sigma,\Lambda))^2 \times (H^{1/2}(\Sigma))^2).$$

A.4 Naghdi 壳方程的非齐次边值问题

利用引理 A.14 和引理 A.15 可得

$$(\eta, \eta') \in L^\infty(0, T; [(H^1(\Omega, \Lambda))^2 \times (H^1(\Omega))^2] \times [(L^2(\Omega, \Lambda))^2 \times (L^2(\Omega))^2]),$$

因此, 由注 A.10 得到 (A.84).

下面证明 (A.85). 假设所有数据都光滑. 应用 (A.74), 用 η 代替 ζ, 并且取在 Γ 上满足 $V = n$ 的向量场 V, 于是成立

$$\int_\Sigma P(\eta, \eta) \mathrm{d}\Sigma = -\int_\Sigma |\varsigma'|^2 \mathrm{d}\Sigma + 2\int_\Omega \langle \eta', m(\eta) \rangle \mathrm{d}x \Big|_0^T + \int_Q [|\eta'|^2 - P(\eta, \eta)] \mathrm{div}(V) \mathrm{d}Q$$
$$+ 2\int_Q e(\eta, \eta) \mathrm{d}Q - 2\int_Q \langle \Psi, m(\eta) \rangle \mathrm{d}Q + \mathrm{lot}(\eta). \tag{A.86}$$

由 (A.84) 和 $P(\eta, \eta)$ 的定义有

$$|\Upsilon(\eta)|, \ \mathrm{tr}\Upsilon(\eta) + \frac{1}{\sqrt{\gamma}} w_2, \ |\mathcal{X}(\eta)|, \ \mathrm{tr}\mathcal{X}(\eta), \ |\varphi(\eta)|, \ |Dw_2| \in L^2(\Sigma). \tag{A.87}$$

另一方面, 由 $B_1(\eta)$ 的定义可得

$$|B_1(\eta)| = \left| 2l_n \Upsilon(\eta) + 2\beta \left(\mathrm{tr}\Upsilon(\eta) + \frac{1}{\sqrt{\gamma}} w_2 \right) n \right| \leqslant C \left[|\Upsilon(\eta)| + \left| \left(\mathrm{tr}\Upsilon(\eta) + \frac{1}{\sqrt{\gamma}} w_2 \right) \right| \right]. \tag{A.88}$$

合并 (A.87) 和 (A.88) 可得 $B_2(\eta) \in L^2(\Sigma, \Lambda)$.

类似地, 由 $\varsigma \in L^\infty(0, T; (H^{1/2}(\Gamma, \Lambda))^2 \times (H^{1/2}(\Gamma))^2)$, $B_2(\eta)$, $b_1(\eta)$, $b_2(\eta)$ 的定义和 (A.87) 可得 $B_1(\eta) \in L^2(\Sigma, \Lambda)$, $b_1(\eta) \in L^2(\Sigma)$, $b_2(\eta) \in L^2(\Sigma)$, 所以 (A.85) 成立. ∎

命题 A.5 的证明 由于 (A.67) 已经在引理 A.13 中得到证明, 故只需证明 (A.68). 令 ζ 为下面系统的解:

$$\begin{cases} \zeta'' + \mathcal{A}\zeta = 0 & \text{在 } Q \text{ 上,} \\ \zeta = \vartheta & \text{在 } \Sigma \text{ 上,} \\ \zeta(T) = \zeta'(T) = 0 & \text{在 } \Omega \text{ 上,} \end{cases} \tag{A.89}$$

其中 ϑ 满足

$$\vartheta \in (H^1(\Sigma, \Lambda))^2 \times (H^1(\Sigma))^2, \quad \vartheta(T) = 0 \text{ 在 } \Gamma \text{ 上.}$$

假设所有数据都是光滑的, 应用 (A.78), 并且注意到 $\Psi = 0$ 和在 Γ 上 $\zeta = \vartheta$, 于是可得

$$\int_\Sigma \partial(\mathcal{A}\eta, \zeta) \mathrm{d}\Sigma = -\int_Q \langle \Phi, \zeta \rangle \mathrm{d}Q - \int_\Omega \langle \eta'(0), \zeta(0) \rangle \mathrm{d}x + \int_\Omega \langle \eta(0), \zeta'(0) \rangle \mathrm{d}x + \int_\Sigma \partial(\mathcal{A}\zeta, \eta) \mathrm{d}\Sigma.$$

对系统 (A.89) 应用引理 A.16 可得

$$\int_\Sigma \partial(\mathcal{A}\eta,\zeta)\mathrm{d}\Sigma \leqslant C\|\vartheta\|_{(H^1(\Sigma,\Lambda))^2\times(H^1(\Sigma))^2}$$

对某个不依赖于 ϑ 的正常数成立. 于是取 $\vartheta\in(H_0^1(\Sigma,\Lambda))^2\times(H_0^1(\Sigma))^2$ 可得 (A.68). ∎

附录 B 线性弹性系统与 Naghdi 壳方程的微分几何形式表示

附录 B 主要介绍在第二部分中所用到的微分几何中的一些知识和记号, 以及线性弹性系统与 Naghdi 壳方程的几何方法给出的方程. 需要指出的是, 所给出的几何概念和记号都是经典的, 并且已出现在许多文献中, 参见文献 [43], [111], [127], [128].

B.1 微分几何知识和一些记号

设 M 为具有黎曼度量 $g = \langle \cdot, \cdot \rangle$ 的黎曼流形. 对于每个 $x \in M$, M_x 是 M 在 x 点的切空间, 所有的向量场组成的集合记为 $\mathcal{X}(M)$, 所有的 k 阶张量场和所有的 k 阶微分形式分别记为 $T^k(M)$ 和 $\Lambda^k(M)$, 其中 k 为非负整数, 则

$$\Lambda^k(M) \subset T^k(M).$$

特别地, $\Lambda^0(M) = T^0(M) = C^\infty(M)$ 为 M 上的所有 C^∞ 函数组成的集合, 并且

$$T^1(M) = T(M) = \Lambda(M) = \mathcal{X}(M).$$

其中 $\Lambda(M) = \mathcal{X}(M)$ 在下面的同构意义下成立: 对任给的 $X \in \mathcal{X}(M)$, 方程

$$U(Y) = \langle Y, X \rangle, \quad \forall\, Y \in \mathcal{X}(M)$$

确定唯一的 $U \in \Lambda(M)$.

对任意的 $x \in M$, M 上的 k 阶张量空间 T_x^k 的内积可定义为如下形式: 设 $e_1, e_2, \cdots, e_n$ 是 M_x 的正交基, 对任意 $\alpha, \beta \in T_x^k, x \in M$,

$$\langle \alpha, \beta \rangle_{T_x^k} = \sum_{i_1,\cdots,i_k=1}^{n} \alpha(e_{i_1}, \cdots, e_{i_k}) \beta(e_{i_1}, \cdots, e_{i_k}). \tag{B.1}$$

特别地, 当 $k = 1$ 时, 定义 (B.1) 变为

$$g(\alpha, \beta) = \langle \alpha, \beta \rangle_{T_x} = \langle \alpha, \beta \rangle, \quad \forall\, \alpha, \beta \in M_x.$$

设 Ω 是曲面 M 中带有正则边界 Γ 或无边界的有界区域, 由 (B.1) 可知, $T^k(\Omega)$ 是在如下意义下的内积空间:

$$(T_1,T_2)_{T^k(\Omega)} = \int_\Omega \langle T_1,T_2\rangle_{T_x^k}\,\mathrm{d}x, \quad \forall\, T_1, T_2 \in T^k(\Omega), \tag{B.2}$$

其中 $\mathrm{d}x$ 为 M 在度量 g 下的体积元.

$T^k(\Omega)$ 在内积 (B.2) 下的完备化记为 $L^2(\Omega, T^k)$. 特别地, $L^2(\Omega, \Lambda) = L^2(\Omega, T)$, $L^2(\Omega)$ 是 $C^\infty(\Omega)$ 在如下内积下的完备化:

$$(f,h)_{L^2(\Omega)} = \int_\Omega f(x)h(x)\,\mathrm{d}x, \quad \forall\, f, h \in C^\infty(\Omega). \tag{B.3}$$

设 D 为 M 在度量 g 下的 Levi-Civita 联络. 对任意 $U \in \mathcal{X}(M)$, DU 是 U 的协变微分, 在下面的意义下, 它是二阶张量场:

$$DU(X,Y) = D_Y U(X) = \langle D_Y U, X\rangle, \quad \forall\, X, Y \in M_x, x \in M.$$

定义 $D^*U \in T^2(M)$ 如下

$$D^*U(X,Y) = DU(Y,X), \quad \forall\, X, Y \in M_x, x \in M,$$

即 $D^*U \in T^2(M)$ 为 DU 的转置. 对任意 $T \in T^2(M)$, T 在 $x \in M$ 的迹定义为

$$\mathrm{tr}\,T = \sum_{i=1}^n T(e_i, e_i),$$

其中 $e_1, e_2, \cdots, e_n$ 为 M_x 的正交基. 显然, 当 $T \in T^2(M)$ 时, $\mathrm{tr}\,T \in C^\infty(M)$.

给定 $T \in T^k(M)$ 与 $X \in \mathcal{X}(M)$, 定义 $l_X T \in T^{k-1}(M)$ 如下:

$$l_X T(X_1, \cdots, X_{k-1}) = T(X, X_1, \cdots, X_{k-1}), \quad \forall\, X_1, \cdots, X_{k-1} \in \mathcal{X}(M).$$

Sobolev 空间 $H^k(\Omega)$ 为 $C^\infty(\Omega)$ 在下面范数下的完备化:

$$\|f\|_{H^k(\Omega)}^2 = \sum_{i=1}^k \|D^i f\|_{L^2(\Omega, T^i)}^2 + \|f\|_{L^2(\Omega)}^2, \quad \forall\, f \in C^\infty(\Omega), \tag{B.4}$$

其中 $D^i f$ 为 f 在度量 g 下的 i 阶协变微分, 它是 i 阶张量场, 并且 $\|\cdot\|_{L^2(\Omega, T^i)}$ 与 $\|\cdot\|_{L^2(\Omega)}$ 分别为在内积 (B.2) 与 (B.3) 下诱导的范数.

另一个重要的 Sobolev 空间为 $H^k(\Omega, \Lambda)$, 可由下面的方法来定义:

$$H^k(\Omega, \Lambda) = \{U \,|\, U \in L^2(\Omega, \Lambda), D^i U \in L^2(\Omega, T^{i+1}), 1 \leqslant i \leqslant k\}, \tag{B.5}$$

赋予内积[127]

$$(U,V)_{H^k(\Omega, \Lambda)} = \sum_{i=0}^k (D^i U, D^i V)_{L^2(\Omega, T^{i+1})}, \quad \forall\, U, V \in H^k(\Omega, \Lambda). \tag{B.6}$$

特别地, $H^0(\Omega, \Lambda) = L^2(\Omega, \Lambda)$.

对于 $\hat{\Gamma} \subset \Gamma$, 令
$$H^1_{\hat{\Gamma}}(\Omega, \Lambda) = \{ W \,|\, W \in H^1(\Omega, \Lambda), \ W|_{\hat{\Gamma}} = 0 \},$$
$$H^2_{\hat{\Gamma}}(\Omega) = \left\{ w \,\bigg|\, w \in H^2(\Omega), \ w|_{\hat{\Gamma}} = \frac{\partial w}{\partial n}\bigg|_{\hat{\Gamma}} = 0 \right\}.$$

特别地, $H^1_0(\Omega, \Lambda) = H^1_\Gamma(\Omega, \Lambda)$, $H^2_0(\Omega) = H^2_\Gamma(\Omega)$.

下面给出几个流形上的算子和测地法坐标系的概念.

外微分算子 $d: \Lambda^k(\Omega) \to \Lambda^{k+1}(\Omega)$. d 满足 $d^2 = 0$, 并且存在一阶微分算子 $\delta: \Lambda^{k+1}(\Omega) \to \Lambda^k(\Omega)$ 为 d 的形式共轭, 即对任意的 $\alpha \in \Lambda^k(\Omega), \beta \in \Lambda^{k+1}(\Omega)$, 并且具有紧支集, 则有
$$(d\alpha, \beta)_{L^2(\Omega, \Lambda^{k+1})} = (\alpha, \delta\beta)_{L^2(\Omega, \Lambda^k)}. \tag{B.7}$$

对于 0 形式 (即函数), 规定 $\delta = 0$. 由 $d^2 = 0$, 有 $\delta^2 = 0$.

对于算子 d, δ 有以下 Green 公式: 任给 $\alpha \in \Lambda^k(\overline{\Omega})$, $\beta \in \Lambda^{k+1}(\overline{\Omega})$,
$$(d\alpha, \beta)_{L^2(\Omega, \Lambda^{k+1})} = (\alpha, \delta\beta)_{L^2(\Omega, \Lambda^k)} + \int_\Gamma \langle n \wedge \alpha, \beta \rangle_{T^{k+1}_x} d\sigma, \tag{B.8}$$

任给 $\alpha \in \Lambda^{k+1}(\overline{\Omega})$, $\beta \in \Lambda^k(\overline{\Omega})$,
$$(\delta\alpha, \beta)_{L^2(\Omega, \Lambda^k)} = (\alpha, d\beta)_{L^2(\Omega, \Lambda^{k+1})} - \int_\Gamma \langle l_n \alpha, \beta \rangle_{T^k_x} d\sigma, \tag{B.9}$$

其中 $d\sigma$ 为 Γ 上的体积元, n 为 Γ 上的单位外法向量, $\wedge$ 为微分形式的外积.

作用在 k 阶微分形式上的 Hodge-Laplace 算子
$$\boldsymbol{\Delta}: C^\infty(\Omega, \Lambda^k) \to C^\infty(\Omega, \Lambda^k), \tag{B.10}$$

定义为
$$\boldsymbol{\Delta} = (d + \delta)^2 = d\delta + \delta d. \tag{B.11}$$

对任给 $X, Y \in \mathcal{X}(M)$, 曲率算子 $R_{XY}: \mathcal{X}(M) \to \mathcal{X}(M)$ 定义为
$$R_{XY} = -D_X D_Y + D_Y D_X + D_{[X,Y]}. \tag{B.12}$$

对任意的 $T \in T^k(M), \cdots, X, Y \in \mathcal{X}(M)$,
$$D^2 T(\cdots, X, Y) = D^2 T(\cdots, Y, X) + (R_{XY}) T(\cdots). \tag{B.13}$$

曲率张量 R 为 M 上的四阶协变张量场, 定义为
$$R(X, Y, Z, W) = \langle R_{XY} Z, W \rangle, \quad X, Y, Z, W \in M_x, \ x \in M. \tag{B.14}$$

若 $E_1, E_2, \cdots, E_n$ 为向量场的局部幺正基 (即在 $x \in M$ 的某邻域内有 $\langle E_i, E_j \rangle = \delta_{ij}$), 并且满足 $D_{E_i} E_j(x) = 0 (i, j = 1, 2, \cdots, n)$, 则称 $E_1, E_2, \cdots, E_n$ 为 x 处的法标架场. 取 $E_1, E_2, \cdots, E_n$ 为 x 处的法标架场, 则有

$$d = \sum_{i=1}^{n} E_i \wedge E_i, \tag{B.15}$$

$$\delta = -\sum_{i=1}^{n} l_{E_i} D_{E_i}, \tag{B.16}$$

当 $n = 2$ 时,

$$\boldsymbol{\Delta} = -\sum_{i=1}^{2} D_{E_i} D_{E_i} + \kappa(x) \quad \text{在 } x \text{ 处}, \tag{B.17}$$

其中 κ 为 M 的 Gauss 曲率函数. 特别地,

$$\boldsymbol{\Delta} : \mathcal{X}(M) \to \mathcal{X}(M),$$

并且对任意 $N \in \mathcal{X}(M), \varphi \in C^2(M)$ 有如下关系式 (参见文献 [137] 中的式 (2.2.7)):

$$\Delta(N(\varphi)) = -(\boldsymbol{\Delta} N)(\varphi) + 2\langle DN, D^2\varphi \rangle_{T^2(\mathbb{R}_x^n)} + N(\Delta\varphi) + 2\mathrm{Ric}(N, D\varphi), \tag{B.18}$$

其中 $\mathrm{Ric}(\cdot, \cdot)$ 为黎曼度量 g 的 Ricci 曲率张量场, $D^2\varphi$ 为黎曼度量 g 下的 φ 的 Hessian 矩阵.

另外, 对任给的 $X \in \mathcal{X}(M)$, 容易验证

$$X = \sum_{i=1}^{2} X(E_i) E_i \tag{B.19}$$

与

$$\mathrm{div} X = \sum_{i=1}^{2} DX(E_i, E_i) = \sum_{i=1}^{2} E_i(X(E_i)) \quad \text{在 } x \text{ 处}, \tag{B.20}$$

其中 $\mathrm{div} X$ 为向量场 X 在度量 g 下的散度.

边界上测地法坐标系. 任给 $q \in \partial\Omega$, 设 $\gamma_q : [0, \varepsilon) \to \overline{\Omega}$ 表示在 q 点开始的边界 $\partial\Omega$ 上法向的单位速度的测地线. 如果 $x_1, \cdots, x_{n-1}$ 为 $q \in \partial\Omega$ 点附近 $\partial\Omega$ 的局部坐标系, 令它沿每个法测地线 γ_q 为常数, 则将它光滑延拓为在 $\overline{\Omega}$ 中 q 的一个邻域上的函数. 如果定义 x_n 为 γ_q 的参数, 则容易得到, $\{x_1, \cdots, x_{n-1}, x_n\}$ 构成在 $\overline{\Omega}$ 中 q 的某个邻域上的一个坐标系, 把它作为边界测地法坐标系. 在这样定义的坐标系下, 在 Ω 上, $x_n > 0$, 并且 $\partial\Omega$ 可局部地表示为 $x_n = 0$. 由标准的计算可知, 度量 g 为

$$g = \sum_{i=1}^{n} g_i(x_1, \cdots, x_{n-1}) dx_i^2 + dx_n^2.$$

下面再给出常用的散度公式和 Green 公式, 这些公式都是熟知的, 可参见文献 [111] 的第 128, 138, 160 页的有关部分. 设 Ω 为黎曼流形 M 中的有界区域, $\partial\Omega$ 上的单位外法向量场为 ν.

令 $\varphi, \psi \in C^1(\overline{\Omega})$ 和 N 为 $\overline{\Omega}$ 上的向量场, 则有

散度公式和定理

$$\mathrm{div}(\varphi N) = \varphi \mathrm{div}(N) + N(\varphi),$$

$$\int_\Omega \mathrm{div}(N)\,\mathrm{d}x = \int_\Gamma \langle N, \nu \rangle\,\mathrm{d}\Gamma;$$

Green 第一公式

$$\int_\Omega \psi \Delta \varphi\,\mathrm{d}\Omega = \int_\Gamma \psi \frac{\partial \varphi}{\partial \nu}\,\mathrm{d}S - \int_\Omega \langle \nabla \varphi, \nabla \psi \rangle\,\mathrm{d}\Omega;$$

Green 第二公式

$$\int_\Omega \psi \Delta \varphi\,\mathrm{d}\Omega - \int_\Omega \Delta \psi\, \varphi\,\mathrm{d}\Omega = \int_\Gamma \psi \frac{\partial \varphi}{\partial \nu}\,\mathrm{d}S - \int_\Gamma \frac{\partial \psi}{\partial \nu} \varphi\,\mathrm{d}\Gamma,$$

其中, $\mathrm{d}\Omega$ 和 $\mathrm{d}S$ 分别为 $\overline{\Omega}$ 和 Γ 的体积元和面积元.

最后给出超曲面的第二基本形式的一个概念.

设 M 为带有度量 g 的黎曼流形, $\overline{M}$ 为 M 中的超曲面, 分别用 D 和 $\overline{D}$ 来记 M 和 $\overline{M}$ 上关于黎曼度量 g 的 Levi-Civita 联络, 则有第二基本形式 (参见文献 [128] 第 233 页中的式 (13.9))

$$S(N_1, N_2) = \overline{D}_{N_1} N_2 - D_{N_1} N_2, \quad \forall\, N_1, N_2 \in \overline{M}. \tag{B.21}$$

B.2 线性弹性系统的几何形式

令 $\Omega \subset \mathbb{R}^n (n \geqslant 2)$ 为具有边界 $\partial\Omega$ 的有界开区域, $\partial\Omega = \Gamma$ 为 C^2 的, $u(x,t) = (u_1(x,t), \cdots, u_n(x,t))$ 为在点 $x \in \Omega$ 和时间 $t \in \mathbb{R}$ 时的位移向量场. 将 $\mathbb{R}^n$ 看成 n 维黎曼流形. 由于在每一点切空间都同构于欧几里得空间 $\mathbb{R}^n$, 定义它的黎曼度量 g 为 $\mathbb{R}^n$ 上的欧几里得内积 $\langle \cdot, \cdot \rangle$. 于是 $u = (u_1, u_2, \cdots, u_n)$ 可看成 $\overline{\Omega}$ 流形 $\mathbb{R}^n$ 上的向量场或者 1 形式. 线性弹性系统应变和应力张量能被写为

$$\varepsilon(u) = \frac{1}{2}(Du + D^* u) \tag{B.22}$$

和

$$\sigma(u) = \lambda \mathrm{tr}\varepsilon(u) + 2\mu \varepsilon(u), \tag{B.23}$$

其中 λ, μ 为 Lamé 常数. 同时, 线性弹性系统相应于向量场 u 的应变能写为

$$\mathcal{P}(u) = \int_\Omega \left(2\mu|\varepsilon(u)|^2_{T_x^2} + \lambda(\mathrm{tr}\varepsilon(u))^2\right)\mathrm{d}x. \tag{B.24}$$

用 B.1 节的知识和文献 [133] 中的方法可导出下面第 11 章中线性弹性系统的几何形式:

$$\begin{cases} u'' + (\mu\delta d + (2\mu+\lambda)d\delta)u = 0, & (x,t) \in \Omega \times (0,\infty), \\ u = J, & (x,t) \in \Gamma \times (0,\infty), \\ u(0) = u^0,\ u'(0) = u^1, & x \in \Omega, \\ y = -\mathcal{B}(\mathcal{A}^{-1}u')\nu, & (x,t) \in \Gamma \times (0,\infty), \end{cases} \tag{B.25}$$

其中 d 和 δ 为 B.1 节中给出的外微分算子和它的形式共轭,

$$\mathcal{B}(v) = 2\mu l_\nu \varepsilon(v) + \lambda \mathrm{tr}\varepsilon(v)\nu, \quad v \in \mathcal{X}(\overline{\Omega}),$$

$$\mathcal{A}u = (\mu\delta d + (2\mu+\lambda)d\delta)u, \quad D(\mathcal{A}) = H^2(\Omega,\Lambda) \cap H_0^1(\Omega,\Lambda),$$

ν 为沿 Γ 的在度量下指向 Ω 外部的单位法向量场.

B.3 方程 (B.25) 的推导

下面应用文献 [133] 中的方法给出一个类似于 Laplace 算子的 Green 公式的公式, 于是把 $\mathbb{R}^n$ 看成具有度量 g 的黎曼流形后, 可以由相应于位移向量场的应变能导出线性弹性系统几何形式的系统 (B.25).

首先给出几个有用的公式. 令 $E_1, E_2, \cdots, E_n$ 为 x 点的法标架场, 由于 $\mathbb{R}^n$ 的度量 g 是扁平的, 于是由 Weitzenbock 公式[128] 可得

$$\mathbf{\Delta} = -\sum_{i=1}^n D_{E_i} D_{E_i} \quad \text{在 } x \text{ 处}. \tag{B.26}$$

另外, 对任意的 $X \in \mathcal{X}(\mathbb{R}^n)$, 容易验证

$$\mathrm{div}X = \sum_{i=1}^n DX(E_i, E_i) = \sum_{i=1}^n E_i(X(E_i)) \quad \text{在 } x \text{ 处} \tag{B.27}$$

和

$$\int_\Omega \mathrm{div}X \mathrm{d}x = \int_\Gamma \langle X, \nu \rangle \mathrm{d}\Gamma, \tag{B.28}$$

其中 $\mathrm{div}X$ 为向量场 X 在度量 g 下的散度.

B.3 方程 (B.25) 的推导

令 $\mathcal{Q}: T^2(\Omega) \to \mathcal{X}(\Omega)$ 为 $-D$ 的形式自伴算子, 它可以表示为

$$(\alpha, D\beta)_{L^2(\Omega, T^2)} = (-\mathcal{Q}\alpha, \beta)_{L^2(\Omega, T^2)} \tag{B.29}$$

对任意有紧支集的 $\beta \in \mathcal{X}(\Omega)$ 和任意的 $\alpha \in T^2(\Omega)$.

需要下面更进一步的公式.

引理 B.1　对任意的 $G \in T^2(\overline{\Omega})$, $\mathcal{Q}G \in \mathcal{X}(\overline{\Omega})$ 由下式给定:

$$\langle X, \mathcal{Q}G \rangle = \mathrm{tr}\, l_X DG, \quad \forall X \in \mathcal{X}(\overline{\Omega}) \tag{B.30}$$

和

$$(G, DU)_{L^2(\Omega, T^2)} = (-\mathcal{Q}G, U) + \int_\Gamma \langle l_\nu G^*, U \rangle \mathrm{d}\Gamma, \tag{B.31}$$

任给 $U \in \mathcal{X}(\overline{\Omega})$, 其中 G^* 为 G 的转置.

证　定义 $\overline{\Omega}$ 上向量场 X 如下. 给定 $x \in \Omega$. 令 $E_1, E_2, \cdots, E_n$ 为 x 点在度量 g 下的法标架. 设

$$X = \sum_{i=1}^n \langle l_{E_i} G^*, U \rangle E_i \quad \text{在 } x \text{ 处}. \tag{B.32}$$

容易验证, (B.32) 与 $E_1, E_2, \cdots, E_n$ 的选取无关. 如果 $x \in \Gamma$, 选取 x 点的标架场 $E_1, E_2, \cdots, E_n$, 使得 $E_1(x) = \nu(x)$, 则定义

$$X(x) = \langle l_\nu G^*, U \rangle \nu + \sum_{i=2}^n \langle l_{E_i} G^*, U \rangle E_i \quad \text{在 } x \in \Gamma \text{ 处}. \tag{B.33}$$

进一步, 定义 $\mathcal{G}(G) \in \mathcal{X}(\overline{\Omega})$ 如下:

$$\mathcal{G}(Y) = \mathrm{tr}\, l_Y DG, \quad \forall Y \in \mathcal{X}(\overline{\Omega}). \tag{B.34}$$

由 (B.32)~(B.34) 和 (B.27) 可得

$$\begin{aligned}
\langle G, DU \rangle &= \sum_{i,j=1}^n G(E_i, E_j) DU(E_i, E_j) = \sum_{i,j=1}^n G(E_i, E_j) E_j(U(E_i)) \\
&= \sum_{i,j=1}^n E_j(G(E_i, E_j) U(E_i)) - \sum_{i,j=1}^n DG(E_i, E_j, E_j) U(E_i) \\
&= \sum_{j=1}^n E_j \langle l_{E_i} G^*, U \rangle - \sum_{i=1}^n U(E_i) \mathrm{tr}\, l_{E_i} DG \\
&= \mathrm{div}\, X - \langle \mathcal{G}(G), U \rangle \quad \text{在 } x \text{ 处}.
\end{aligned} \tag{B.35}$$

由于 $D_{E_j} E_i(x) = 0 (1 \leqslant i, j \leqslant n)$. 由 (B.33), (B.35) 和散度公式 (B.28) 可得

$$\begin{aligned}
(G, DU)_{L^2(\Omega, T^2)} &= \int_\Omega \langle G, DU \rangle_{T_x^2} \mathrm{d}x = \int_\Gamma \langle X, \nu \rangle \mathrm{d}\Gamma - \int_\Omega \langle \mathcal{G}(G), U \rangle \mathrm{d}x \\
&= (\mathcal{G}(G), U)_{L^2(\Omega, \Lambda)} + \int_\Gamma \langle l_\nu G^*, U \rangle \mathrm{d}\Gamma.
\end{aligned} \tag{B.36}$$

由 (B.29) 和 (B.36) 可得 $\mathcal{Q} = \mathcal{G}$ 和 (B.31). ∎

引理 B.2　任给 $U, V \in \Lambda(\overline{\Omega})$ 有

$$(DU, DV)_{L^2(\Omega, T^2)} = (\mathbf{\Delta} U, V)_{L^2(\Omega, \Lambda)} + \int_\Gamma \langle D_\nu U, V \rangle \mathrm{d}\Gamma, \tag{B.37}$$

$$(DU, D^*V)_{L^2(\Omega, T^2)} = (d\delta U, V)_{L^2(\Omega, \Lambda)} + \int_\Gamma \langle D_V U, \nu \rangle \mathrm{d}\Gamma. \tag{B.38}$$

证　令 $\mathcal{Q}$ 为 (B.30) 定义的算子，$E_1, E_2, \cdots, E_n$ 为 x 点的法标架场. 由 Weitzenbock 公式 (B.26), 并且在 x 点处有 $D_{E_i} E_j(x) = 0 (1 \leqslant i, j \leqslant n)$ 成立, 于是有

$$\begin{aligned} \langle \mathcal{Q}DU, E_i \rangle &= \mathrm{tr} l_{E_i} D^2 U = \sum_{j=1}^n D^2 U(E_i, E_j, E_j) = \sum_{j=1}^n E_j(DU(E_i, E_j) \\ &= \sum_{j=1}^n E_j(D_{E_j} U(E_i) = \sum_{j=1}^n D_{E_j} D_{E_j} U(E_i) + D_{E_j} U(D_{E_j} E_i) \\ &= -\mathbf{\Delta} U(E_i) \quad \text{在 } x \text{ 处}, \ i = 1, 2, \cdots, n, \end{aligned} \tag{B.39}$$

即

$$\mathcal{Q}DU = -\mathbf{\Delta} U. \tag{B.40}$$

另外, 任给 $X \in \mathcal{X}(\Omega)$, 有

$$l_X D^* U = \sum_{i=1}^n DU(E_i, X) E_i, \tag{B.41}$$

于是成立

$$\langle l_X D^* U, V \rangle = \sum_{i=1}^n DU(E_i, X) \langle E_i, V \rangle = DU(V, X) = \langle D_X U, V \rangle, \quad \forall X \in \mathcal{X}(\Omega). \tag{B.42}$$

在 (B.31) 中取 $G = DU$, 由 (B.40) 和 (B.33) 可得 (B.37).

由 (B.30) 且在 x 点处有 $D_{E_i} E_j(x) = 0 (1 \leqslant i, j \leqslant n)$ 成立, 因此,

$$\begin{aligned} \mathcal{Q}D^* U &= \sum_{j=1}^n (\mathrm{tr} l_{E_j} DD^* U) E_j = \sum_{j=1}^n \sum_{i=1}^n DD^* U(E_j, E_i, E_i) E_j \\ &= \sum_{j=1}^n \sum_{i=1}^n E_i(DU(E_i, E_j)) E_j = \sum_{j=1}^n \sum_{i=1}^n D^2 U(E_i, E_j, E_i) E_j \quad \text{在 } x \text{ 处}. \end{aligned} \tag{B.43}$$

于是由 (B.28) 可得

$$\delta U = -\sum_{i=1}^n l_{E_i} D_{E_i} U = -\sum_{i=1}^n D_{E_i} U(E_i) = -\sum_{i=1}^n DU(E_i, E_i). \tag{B.44}$$

B.3 方程 (B.25) 的推导

应用 (B.27) 和 (B.43), 并且 $\mathbb{R}^n$ 在度量 g 下为扁平的, 于是有

$$d\delta U = \sum_{i=1}^n E_j \wedge D_{E_j}(\delta U) = -\sum_{i=1}^n E_j \wedge \left(\sum_{i=1}^n D^2 U(E_i, E_i, E_j)\right)$$

$$= -\sum_{i=1}^n \left(\sum_{i=1}^n D^2 U(E_i, E_i, E_j)\right) E_j$$

$$= -\sum_{i=1}^n \left(\sum_{i=1}^n D^2 U(E_i, E_j, E_i)\right) E_j = -\mathcal{Q}D^* U \quad \text{在 } x \text{ 处}. \quad \text{(B.45)}$$

另外, 在边界 Γ 上有

$$\langle l_\nu DU, V\rangle = l_\nu DU(V) = DU(\nu, V) = \langle D_V U, \nu\rangle. \quad \text{(B.46)}$$

在 (B.31) 中, 取 $G = D^* U$, 则 (B.38) 可由 (B.45) 和 (B.46) 得到. ∎

令

$$\mathcal{P}(U, V) = \int_\Omega (2\mu\langle\varepsilon(U), \varepsilon(V)\rangle_{T_x^2} + \lambda\mathrm{tr}\varepsilon(U)\mathrm{tr}\varepsilon(V))\mathrm{d}x, \quad \forall U, V \in H^1(\Omega, \Lambda). \quad \text{(B.47)}$$

引理 B.3 令双线性形式 $\mathcal{P}(\cdot, \cdot)$ 为 (B.47) 给定的. 任给 $U, V \in H^1(\Omega, \Lambda)$, 则有

$$\mathcal{P}(U, V) = ((\mu\delta d + (2\mu+\lambda)d\delta)U, V)_{L^2(\Omega,\Lambda)} + \int_\Gamma \langle\mathcal{B}(U), V\rangle\mathrm{d}\Gamma, \quad \text{(B.48)}$$

其中

$$\mathcal{B}(U) = 2\mu l_\nu\varepsilon(U) + \lambda\mathrm{tr}\varepsilon(V)\nu. \quad \text{(B.49)}$$

证 给定 $x \in \Omega$. 由 ε 的定义, (B.37), (B.38) 和 (B.31) 可得

$$\int_\Omega \langle\varepsilon(U), \varepsilon(V)\rangle_{T_x^2}\mathrm{d}x = \frac{1}{2}\int_\Omega \langle DU, DV + D^*V\rangle_{T_x^2}\mathrm{d}x$$

$$= \frac{1}{2}\int_\Omega \langle\mathbf{\Delta}U + d\delta U, V\rangle\mathrm{d}x + \frac{1}{2}\int_\Gamma [\langle D_\nu U, V\rangle + \langle D_V U, \nu\rangle]\mathrm{d}\Gamma. \quad \text{(B.50)}$$

另外, (B.44) 可推出

$$\mathrm{tr}DU = -\delta U. \quad \text{(B.51)}$$

由 (B.51) 和 (B.9) 可得

$$\int_\Omega \mathrm{tr}\varepsilon(U)\mathrm{tr}\varepsilon(V)\mathrm{d}x = \int_\Omega \delta U \delta V \mathrm{d}x$$

$$= \int_\Omega \langle d\delta U, V\rangle\mathrm{d}x + \int_\Gamma \langle V, \nu\rangle\mathrm{tr}\varepsilon(U)\mathrm{d}\Gamma. \quad \text{(B.52)}$$

合并 (B.50) 和 (B.52), 于是有 (B.48). ∎

参 考 文 献

[1] Adams R A. Sobolev Spaces. Boston: Academic Press, 1975.

[2] Agranovich M S. Elliptic Boundary Problems, in Partial Differential Equations IX. Berlin: Encyclopedia Math. Sci., 79, Springer, 1997.

[3] Alabau F, Komornik V. Boundary observability, controllability, and stabilization of linear elastodynamic systems. SIAM J. Control Optim., 1998, 37: 521-542.

[4] Ammari K, Tucsnak M. Stabilization of second order evolution equations by a class of unbounded feedbacks. ESAIM Control Optim. Calc. Var., 2001, 6: 361-386.

[5] Ammari K. Dirichlet boundary stabilization of the wave equation. Asymptot. Anal., 2002, 30: 117-130.

[6] Avalos G, Lasiecka I, Rebarber R. Well-posedness of a structural acoustics control model with point observation of the pressure. J. Differential Equations, 2001, 173: 40-78.

[7] Belishev M I, Lasiecka I. The dynamical Lamé system: regularity of solutions, boundary controllability and boundary data continuation. ESAIM Control Optim. Calc. Var., 2002, 8: 143-167.

[8] Bardos C, Lebeau G, Rauch J. Sharp sufficient conditions for the observation, control, and stabilization of waves from the boundary. SIAM J. Control Optim., 1992, 30: 1024-1065.

[9] Byrnes C I, Gilliam D S, Shubov V I, et al. Regular linear systems governed by a boundary controlled heat equation. J. Dynam. Control Systems, 2002, 8: 341-370.

[10] Cannon R H, Schmitz E. Initial experiments on the end-point control of a flexible one-link robot. Int. J. Robot. Res., 1984, 3: 62-75.

[11] Chai S G, Guo B Z. Well-posedness and regularity of Naghdi's shell equation under boundary control. J. Differential Equations, 2010, 249: 3174-3214.

[12] Chai S G, Guo B Z. Feedthrough operator for linear elasticity system with boundary control and observation. SIAM J. Control Optim., 2010, 48: 3708-3734.

[13] Chai S G, Guo B Z. Well-posedness and regularity of weakly coupled wave-plate equation with boundary control and observation. J. Dyn. Control Syst., 2009, 15: 331-358.

[14] Chai S G, Guo Y, Yao P F. Boundary feedback stabilization of shallow shell. SIAM J. Control Optim., 2004, 42: 239-259.

[15] 柴树根. 薄壳的边界控制问题研究. 中国科学院数学与系统科学研究院博士学位论文, 2002.

[16] Curtain R F, Weiss G. Well-posedness of triples of operators (in the sense of linear systems theory)//Kappel F, Kunisch K, Schappacher W. Control and Estimation of Distributed Parameter Systems. Basel: Birkhäuser, 1989, 91: 41-59.

[17] Curtain R F, Zwart H. An Introduction to Infinite-dimensional Linear Systems Theory. New York: Springer-Verlag, 1995.

[18] Curtain R F. The Salamon-Weiss class of well-posed infinite dimensional linear systems: a survey. IMA J. Math. Control Inform., 1997, 14: 207-223.

[19] Curtain R F, Logemann H, Staffans O. Stability results of Popov-type for infinite-dimensional systems with applications to integral control. Proc. London Math. Soc.(3), 2003, 86: 779-816.

[20] Doetsch G. Guide to the Application of Laplace Transformations. Münich: R. Oldenbourg, 1961.

[21] Duvaut G, Lions J L. Les iné Euations en Mécanique et en Physique. Paris: Dunod, 1972.

[22] Evans L C. Partial Differential Equations. Rhode Island: AMS, Providence, 1998.
[23] Feng S J, Feng D X. Boundary stabilization of wave equations with variable coefficients. Sci. China Ser. A, 2001, 44(3): 345-350.
[24] Gilbarg D, Trudinger N S. Elliptic Partial Differential Equations of Second Order. Berlin: Springer-Verlag, 1977.
[25] Glad T, Ljung L. Control Theory. London: Taylor and Francis, 2000.
[26] Gohberg I C, Kreĭn M G. Introduction to the Theory of Linear Nonselfadjoint Operators. Phode Island: AMS, Providence, 1969.
[27] Grabowski P, Callier F M. Admissible observation operators, semigroup criteria of admissibility. Integral Equations Operator Theory, 1996, 25: 182-198.
[28] Grubb G. Pseudo-differential boundary problems in L_p spaces. Comm. Partial Differential Equations, 1990, 15: 289-340.
[29] Guo B Z. Riesz basis approach to the stabilization of a flexible beam with a tip mass. SIAM J. Control Optim., 2001, 39: 1736-1747.
[30] Guo B Z, Shao Z C. Well-posedness and regularity for non-uniform Schrödinger and Euler-Bernoulli equations with boundary control and observation. Quart. Appl. Math., in press.
[31] Guo B Z, Zhang Z X. Well-posedness of systems of linear elasticity with Dirichlet boundary control and observation. SIAM J. Control Optim., 2009, 48: 2139-2167.
[32] Guo B Z, Shao Z C. Stabilization of an abstract second order system with application to wave equations under non-collocated control and observations. Systems Control Lett., 2009, 58: 334-341.
[33] Guo B Z, Zhang Z X. Well-Posedness and regularity for an Euler-Bernoulli plate with variable coefficients and boundary control and observation. Math. Control Signals Systems, 2007, 19: 337-360.
[34] Guo B Z, Shao Z C. On well-posedness, regularity and exact controllability for problems of transmission of plate equation with variable coefficients. Quart. Appl. Math., 2007, 65: 705-736.
[35] Guo B Z, Zhang Z X. On the well-posedness and regularity of the wave equation with variable coefficients. ESAIM Control Optim. Calc. Var., 2007, 13: 776-792.
[36] Guo B Z, Shao Z C. Regularity of an Euler-Bernoulli equation with Neumann control and collocated observation. J. Dyn. Control Syst., 2006, 12: 405-418.
[37] Guo B Z, Zhang Z X. The regularity of the wave equation with partial Dirichlet control and colocated observation. SIAM J. Control Optim., 2005, 44: 1598-1613.
[38] Guo B Z, Shao Z C. Regularity of a Schrödinger equation with Dirichlet control and colocated observation. Systems Control Lett., 2005, 54: 1135-1142.
[39] Guo B Z, Luo Y H. Controllability and stability of a second order hyperbolic system with collocated sensor/actuator. Systems Control Lett., 2002, 46: 45-65.
[40] Guo B Z, Yu R. The Riesz basis property of discrete operators and application to an Euler-Bernoulli beam equation with boundary linear feedback control. IMA J. Math. Control and Inform., 2001, 18: 241-251.
[41] Guo B Z, Wang J M, Wang S P. On the C_0-semigroup generation and exponential stability resulting from a shear force feedback on a rotating beam. Systems Control Lett., 2005, 54: 557-574.

[42] Guo Y X, Yao P F. On boundary stability of wave equations with variable coefficients. Acta Math. Appl. Sin. Engl. Ser., 2002, 18(4): 589-598.

[43] Hebey E. Sobolev Spaces on Riemannian Manifolds. Lecture Notes in Mathematics, Berlin: Springer-Varlag, 1996, 1635.

[44] Ho L F, Russell D L. Admissible input elements for systems in Hilbert space and a Carleson measure criterion. SIAM J. Control Optim., 1983, 21: 614-640.

[45] Ho L F. Obervabilité frontière de l'équation de ondes [Boundary observability of the wave eqaution]. C. R. Acad. Sci. Paris Sér. I Math., 1986, 302(12): 443-446.

[46] Hörmander L. The Analysis of Linear Partial Differential Operators I. Berlin: Springer-Verlag, 1985.

[47] Hörmander L. The Analysis of Linear Partial Differential Operators III. Berlin: Springer-Verlag, 1985.

[48] Horn M A. Sharp trace regularity for the solutions of the equations of dynamic elasticity. J. Math. Systems Estim. Control, 1998, 8: 1-11.

[49] Horn M A. Implications of sharp trace regularity results on boundary stabilization of the system of linear elasticity. J. Math. Anal. Appl., 1998, 223: 126-150.

[50] Immonen E, Pohjolainen S. Feedback and feedforward output regulation of bounded unformly continuous signals for infinite-dimensional systems. SIAM J. Control Optim., 2006, 45: 1714-1735.

[51] Iosifescu O. Regularity for Naghdi's shell equations. Mathematics and Mechanics of Solids, 2000, 2: 453-465.

[52] Jacob B, Zwart H. Counterexamples concerning observation operators for C_0-semigroups. SIAM J. Control Optim., 2004, 43: 137-153.

[53] Jacob B, Zwart H. Properties of the realization of inner functions. Math. Control Signals Systems, 2002, 15: 356-379.

[54] Jacob B, Partington J R. The weiss conjecture on admissibility of observation operators for contraction semigroups. Integral Equations Operator Theory, 2001, 40: 231-243.

[55] Jacob B, Zwart H. On the Hautus test for exponentially stable C_0-groups. SIAM J. Control Optim., 2009, 48: 275-1288.

[56] Jacob B. Zwart H. An Review on Realization Theory for Infinite-dimensional Systems. The Netherland: Preprint, University of Twent, 2002.

[57] Kalman R E, Arbib M, Falb P. Topics in Mathematical Systems Theory. New York: McGraw-Hill, 1969.

[58] Kellogg B. Properties of solutions of elliptic boundary value problems//Aziz A K. The Mathematical Foundations of the Finite Element Method with Applications to Partial Differential Equations. New York: Academic Press, 1972.

[59] Komornok V. Exact Controllability and Stabilization: The Multiplier Method. Chichester: John Wiley, 1994.

[60] Komornik V. Fourier Series in Control Theory. Berlin: Springer-Verlag, 2005.

[61] Lagnese J E. Recent progress in exact boundary controllability and uniform stabilizability of thin beams and plates//Distributed Parameter Control Systems. Lecture Notes in Pure and Appl. Math., 128. New York: Dekker, 1991: 61-111.

[62] Lagnese J E. Boundary stabilization of linear elastodynamic systems. SIAM J. Control Optim.,

1983, 21: 968-984.

[63] Lasiecka I. Exponetnial decay rates for the solutions of Euler-Bernoulli equations with boundary dissipation occurring in the moments only. J. Differential Equations, 1992, 95: 169-182.

[64] Lasiecka I, Lions J L, Triggiani R. Nonhomogeneous boundary value problems for second order hyperbolic operators. J. Math. Pures Appl., 1986, 65(9): 149-192.

[65] Lasiecka I, Triggiani R. $L_2(\Sigma)$-regularity of the boundary to boundary operator B^*L for hyperbolic and Petrowski PDEs. Abstr. Appl. Anal., 2003. 2003(19): 1061-1139.

[66] Lasiecka I, Triggiani R. The operator B^*L for the wave equation with Dirichlet control. Abstr. Appl. Anal., 2004, 2004(7): 625-634.

[67] Lasiecka I, Triggiani R. Optimal regularity, exact controllability and uniform stabilization of Schrödinger equations with Dirichlet control. Differential Integral Equations, 1992, 5: 521-535.

[68] Lasiecka I, Triggiani R. Uniform stabilization of shallow shell model with nonlinear boundary feedbacks. J. Math. Anal. Appl., 2002, 269: 642-688.

[69] Lasiecka I, Triggiani R. A lifting theorem for the time regularity of solutions to abstract equations with unbounded operators and applications to hyperbolic equations. Proc. AMS, 1988, 104: 745-755.

[70] Lasiecka I, Triggiani R. Sharp regularity theory for second order hyperbolic equations of Neumann type, Part I: L^2-nonhomogeneous data. Ann. Matem. Pura. Appl., (IV), 1990, CLVII: 285-367.

[71] Lasiecka I. Uniform exponential energy of wave equations in a bounded region with $L_2(0, \infty; L_2(\Gamma))$-feedback control in the Dirichlet boundary conditions. J. Differential Equations, 1987, 66: 340-390.

[72] Lasiecka I, Triggiani R. Control Theory for Partial Differential Equations: Continuous and Approximation Theories I, Abstract Parabolic Systems. Cambridge: Cambridge University Press, 2000.

[73] Lasiecka I, Triggiani R. Control Theory for Partial Differential Equations: Continuous and Approximation Theories II, Abstract Parabolic Systems. Cambridge: Cambridge University Press, 2000.

[74] Lasiecka I. Sharp regularity results for mixed hyperbolic problems of second order. Lecture Notes in Mathematics, Berlin: Springer-Verlag, 1985, 1223: 160-175.

[75] Lebeau G, Zuazua E. Decay rates for the three-dimensional linear system of thermoelasticity. Arch. Ration. Mech. Anal., 1999, 148: 179-231.

[76] Lee J, Uhlmann G. Determining anisotropic real-analytic conductives by boundary measurements. Comm. Pure Appl. Math., 1989, 42: 1097-1112.

[77] Latushkin Y, Randolph T, Schnaubelt R. Regularization and frequency-domain stability of well-posed systems. Math. Control Signals Systems, 2005, 17: 128-151.

[78] Lions J L. Exact controllability, stabilization and perturbations for distributed systems. SIAM Review, 1988, 30: 1-68.

[79] Lions J L, Magenes E. Non-Homogeneous Boundary Value Problems and Applications. Berlin: Springer-Verlag, 1972.

[80] Lions J L. Contrôlabilité exacte, perturbations et stabilisation de systèmes distribués, Tome 1, Contrôlabilité exacte. Recherches en Mathématiques Appliquées 8, Paris: Masson, 1988.

[81] Lions J L. Optimal Control of Systems Governed by Partial Differential Equations. Berlin:

Springer-Verlag, 1971.

[82] Liu W J, Krstić M. Strong stabilization of the system of linear elasticity by a Dirichlet boundary feedback. IMA J. Appl. Math., 2000, 65: 109-121.

[83] 刘嘉荃. 一类线性算子的一秩扰动与极点配置问题. 系统科学与数学, 1982, 2(2): 81-94.

[84] Logemann H, Rebarber R, Weiss G. Conditions for robustness and nonrobustness of the stability of feedback systems with respect to small delays in the feedback loop. SIAM J. Control Optim., 1996, 34: 572-600.

[85] Luo Z H, Guo B Z, Mörgül O. Stability and Stabilization of Infinite Dimensional System with Applications. London: Springer-Verlag, 1999.

[86] Luo Z H, Guo B Z. Shear force feedback control of a single link flexible robot with revolute joint. IEEE Trans. on Automatic Control, 1997, 42: 53-65.

[87] Mei Z D, Peng J G. On robustness of exact controllability and exact observability under cross perturbations of the generator in Banach spaces. Prof. AMS, 2010, 138: 4455-4468.

[88] Meurer T, Krstić M. Finite-time multi-agent development: A nonlinear PDE motion planning approach. Automatica, 2011, 47: 2534-2542.

[89] Melrose R B, Sjöstrand J. Singularities of boundary value problems I. Comm. Pure Appl. Math., 1978, 31: 593-617.

[90] Morris K A. Justification of input-output methods for systems with unbounded control and observation. IEEE Trans. Autom. Control, 1999, 44: 81-84.

[91] Engel K J, Nagel R. One-Parameter Semigroups for Linear Evolution Equations. Berlin: Spinger-Verlag, 1999.

[92] Naghdi P M. The theory of shell and plates, in: "Handbuch der Physik". VIa.2, Berlin: Springer-Verlag, 1972, 425-640.

[93] Nikol'skiĭ N K. Treatise on The Shift Operator. Berlin: Springer-Verlag, 1986.

[94] Pazy A. Semigroups of Linear Operators and Applications to Partial Differential Equations. New York: Springer-Verlag, 1983.

[95] Qurada N, Triggiani R. Unifrom stabilization of the Euler-Bernoulli equation with feedback operator only in the Neumann boundary condition. Differential Integral Equations, 1991, 4: 277-292.

[96] Rebarber R. Conditions for the equivalence of internal and external stability for distributed parameter systems. IEEE Trans. Automat. Control, 1993, 38: 994-998.

[97] Rebiai S E. Uniform energy decay of Schrödinger equations with variable coefficients. IMA J. Math. Control Inform., 2003, 20: 335-345.

[98] Rempel S, Schulze B W. Index Theory of Elliptic Boundary Problems. Berlin: Akademie-Verlag, 1982.

[99] Roĭtberg Y A. Elliptic Boundary-Value Problems in the Space of Distributions. Dordrecht: Kluwer, 1996.

[100] Russell D L, Weiss G. A general necessary condition for exact observability. SIAM J. Control Optim., 1994, 32: 1-23.

[101] Russell D L. Exact boundary value controllability theorems for wave and heat processes in star-complemented regions//Roxin E O, Liu P T, Sternberg R L. Differential Games and Control Theory. Lecture Notes in Pure Appl. Math., 10. New York: Marcel Dekker, 1974: 291-319.

[102] Salamon D. Realization teory in Hilbert space. Mathematical Systems Theory, 1989, 21: 147-164.
[103] Salamon D. Infinite dimensional systems with unbounded control and observation: A functional analytic approach. Trans. Am. Math. Soc., 1987, 300: 383-431.
[104] Singer I. Bases in Banach Spaces I. Berlin: Spinger-Verlag, 1970.
[105] Smyshlyaev A, Guo B Z, Krstic M. Arbitrary decay rate for Euler-Bernoulli beam by backstepping boundary feedback. IEEE Trans. on Automat. Control, 2009, 54: 1134-1140.
[106] 宋健, 于景元. 点测量、点控制的分布参数系统. 中国科学 A 辑, 1979, 22(2): 131-141.
[107] Sontag E D. Mathematical Control Theory, Determinitic Finite Dimensional systems. New York: Springer-Verlag, 1990.
[108] Staffans O J, Weiss G. Transfer functions of regular linear systems. II. The system operator and the Lax-Phillips semigroup. Trans. Amer. Math. Soc., 2002, 354: 3229-3262.
[109] Staffans O J, Weiss G. Transfer functions of regular linear systems Part III: Inversions and duality. Integral Equations Operator Theory, 2004, 49: 517-558.
[110] Sun S H. On spectrum distribution of completely controllable linear systems. SIAM J. Control Optim., 1981, 19: 730-743.
[111] Taylor M E. Partial Differential Equation I: Basic Theory. New York: Springer-Verlag, 1996.
[112] Triggiani R. Wave equation on a bounded domain with boundary dissipation: an operator approach. J. Math. Anal. Appl., 1989, 137: 438-461.
[113] Triggiani R. Exact boundary controllability on $L_2(\Omega) \times H^{-1}(\Omega)$ of the wave equation with Dirichlet boundary control acting on a portion of the boundary $\partial\Omega$, and related problems. Appl. Math. Optim., 1988, 18: 241-277.
[114] Triggiani R. Uniform stabilization of the wave equation with Dirichlet or Neumann feedback control without geometrical conditions. Appl. Math. Optim., 1992, 25: 189-224.
[115] Tucsnak M, Weiss G. Observation and Control for Operator Semigroups. Basel: Birkhäuser, 2009.
[116] Tucsnak M, Vanninathan M. Locally distributed control for a model of fluid-structure interaction. Systems Control Lett., 2009, 58: 547-552.
[117] Wang J M, Guo B Z, Krstic M. Wave equation stabilization by delays equal to even multiples of the wave propagation time. SIAM J. Control Optim., 2011, 49: 517-554.
[118] Weiss G. Admissible observation operators for linear semigroups. Israel J. Math., 1989, 65: 17-43.
[119] Weiss G. Admissibility of unbounded control operators. SIAM J. Control Optim., 1989, 27: 527-545.
[120] Weiss G. The representation of regular linear systems on Hilbert spaces//Kappel F, Kunisch K, Schappacher W. Control and Estimation of Distributed Parameter Systems. Internat. Ser. Numer. Math., 91. Basel: Birkhäuser, 1989: 401-416.
[121] Weiss G. Regular linear systems with feedback. Math. Control Signals Systems, 1994, 7: 23-57.
[122] Weiss G. Transfer functions of regular linear systems I. Characterizations of regularity. Trans. Amer. Math. Soc., 1994, 342: 827-854.
[123] Weiss G, Curtain R F. Dynamic stabilization of regular linear systems. IEEE Trans. Automat. Control, 1997, 42: 4-21.
[124] Weiss G, Rebarber R. Optimizability and estimatability for infinite-dimensional linear sys-

tems. SIAM J. Control Optim., 2000, 39: 1204-1232.

[125] Weiss G. Two conjectures on the admissibility of control operators//Desch W, Kappel F, Kunisch K. Estimation and Control of Distributed Parameter Systems. Internat. Ser. Numer. Math., 100. Basel: Birkhäuser, 1991: 367-378.

[126] Weiss G. Representation of shift-invariant operators on L^2 by H^∞ transfer functions: an elementary proof, a generalization to L^p, and a counterexample for L^{∞^*}. Math. Control Signals Systems, 1991, 4: 193-203.

[127] 伍鸿熙, 陈维桓. 黎曼几何选讲. 北京: 北京大学出版社, 1981.

[128] 伍鸿熙, 沈纯理, 虞言林. 黎曼几何初步. 北京: 北京大学出版社, 1989.

[129] Xu C Z, Sallet G. On spectrum and Riesz basis assignment of infinite-dimensional linear systems by bounded linear feedback. SIAM J. Control Optim., 1996, 34: 521-541.

[130] Xu G Q, Shang Y F. Characteristic of left invertible semigroups and admissibility of observation operators. Systems Control Lett., 2009, 59: 561-566.

[131] Yamamoto Y. Realization theory of the inifnite-dimensional linear systems, Part I. Math. System Theory, 1981, 15: 55-77.

[132] Yao P F. On the observability inequalities for exact controllablility of wave equations with variable coefficients. SIAM J. Control Optim., 1999, 37: 1568-1599.

[133] Yao P F. On the shallow shell equation. Discrete Contin. Dyn. Syst. Ser. S, 2009, 2: 697-722.

[134] Yao P F, Feng D X. Structure for nonnegative square roots of unbounded nonnegative self-adjoint operators. Quart. Appl. Math., 1996, 54: 457-473.

[135] 姚鹏飞. 一类线性算子的极点配置问题. 系统科学与数学, 1985, 5(2): 154-150.

[136] Yao P F. Observability inequalities for Naghdi's model. Proc. of the Sixth International Conference on Methods and Models in Automation and Robotics, Poland: Miedzyzdroje, 2000, 133-138.

[137] Yao P F. Observability inequalities for the Euler-Bernoulli plate with variable coefficients. Contemp. Math., 2000, 268: 383-406.

[138] Yao P F. Modelling and Control in Vibrational and Structural dynamics: A Diffeential Geometric Approach. London: CRC Press, 2011.

[139] 姚翠珍, 郭宝珠. 弹性梁点控制、点测量与指数镇定. 控制理论与应用, 2003, 20(3): 351-360.

[140] Young R M. An Introduction to Nonharmonic Fourier Series. Revised first edition. London: Academic Press, 2001.

[141] Zabczyk J. Mathematical Control Theory–An Introduction. Boston: Birkhäuser, 1992.

[142] Zemanian A H. Realizability Theory for Continuous Linear Systems. New York: Academic Press, 1972.

[143] Zhou K M, Doyle J C, Glover K. Robust and Optimal Control. Canada Prentice-Hall, Inc., 1995.

[144] Zwart H. Linear quadratic optimal control for abstract linear systems//Malanowski K. Modelling and Optimization of Distributed Parameter Systems. New York: Chapman & Hall, 1996: 175-182.

[145] Zwart H, Jacob B, Staffans O. Weak admissibity does not imply admissibility for analytical semigroups. Systems Control Lett., 2003, 48: 341-350.

[146] Zwart H. Transfer functions for infinite-dimensional systems. Systems Control Lett., 2004, 52: 247-255.

[147] 张恭庆, 郭懋正. 泛函分析讲义. 上下册. 北京: 北京大学出版社, 1987.